新编高等教育电子信息类系列教材

STC15 系列单片机丛书

STC 单片机应用技术
——从设计、仿真到实践

（第 2 版）

丁向荣　编著

姚永平　主审

電子工業出版社
Publishing House of Electronics Industry
北京 · BEIJING

内容简介

STC15W4K32S4 单片机已成功地被纳入著名 EDA 工具 Proteus 的仿真元器件库中，利用 8.9 SP0 版本的 Proteus 可以真正地实施 STC 单片机的仿真。本书基于 Proteus8.9 中文版，以微型计算机原理、单片机内部资源及常用 I/O 口资源为内容导向，从设计、仿真到实践，详细地介绍了单片机应用系统的开发过程，包括微型计算机基础、STC 单片机应用的开发工具、C51 程序设计与 I/O 操作、单片机应用系统的设计、STC15W4K32S4 单片机的片内资源（增强型 8051 内核、指令系统与汇编语言程序设计、存储器与应用编程、定时/计数器、中断系统、串行通信、A/D 转换模块、比较器、PCA 模块、SPI 接口与增强型 PWM 模块），以及对 STC8 系列单片机的简要介绍。

本书既可作为普通高校计算机类、电子信息类、电气自动化与机电一体化等专业的教学用书，也可作为电子设计竞赛、电子设计工程师考证的培训教材，还可作为传统 8051 单片机应用工程师升级转型的参考书籍。

图书在版编目（CIP）数据

STC 单片机应用技术：从设计、仿真到实践/ 丁向荣编著．—2 版．—北京：电子工业出版社，2021.1
ISBN 978-7-121-40214-2

Ⅰ. ①S… Ⅱ. ①丁… Ⅲ. ①单片微型计算机－高等学校－教材 Ⅳ. ①TP368.1

中国版本图书馆 CIP 数据核字（2020）第 250977 号

责任编辑：郭乃明　　　　特约编辑：田学清
印　　刷：涿州市般润文化传播有限公司
装　　订：涿州市般润文化传播有限公司
出版发行：电子工业出版社
　　　　　北京市海淀区万寿路 173 信箱　邮编　100036
开　　本：787×1092　1/16　印张：32　字数：819.2 千字
版　　次：2020 年 5 月第 1 版
　　　　　2021 年 1 月第 2 版
印　　次：2025 年 2 月第 5 次印刷
定　　价：70.00 元

凡所购买电子工业出版社图书有缺损问题，请向购买书店调换。若书店售缺，请与本社发行部联系，联系及邮购电话：（010）88254888，88258888。

质量投诉请发邮件至 zlts@phei.com.cn，盗版侵权举报请发邮件至 dbqq@phei.com.cn。

本书咨询联系方式：（010）88254561，QQ34825072。

前　言

在广大单片机教育工作者的呼吁下，广州风标电子技术有限公司和江苏国芯科技有限公司通力合作，经过数月的协作与开发，发布了包含 STC15W4K32S4 单片机模型的 Proteus8.9 中文版，从而可以真正地仿真 STC 单片机了。

STC 单片机传承自 Intel 8051 单片机，其在 Intel 8051 单片机框架基础上注入了新鲜血液。深圳市宏晶科技有限公司（以下简称宏晶科技）对 8051 单片机进行了较为全面的技术升级与创新：采用了 Flash 技术（可反复编程 10 万次以上）和 ISP/IAP（在系统可编程/在应用可编程）技术；针对抗干扰性能和加密进行了专门设计；并为 STC 单片机的新产品增加了高性能 I/O 接口模块。

宏晶科技从 2006 年创立起，已经推出了 STC89 系列、STC90 系列、STC10 系列、STC11 系列、STC12 系列、STC15 系列产品，累计发布了上百种产品。2014 年 4 月，宏晶科技重磅推出了 STC15W4K32S4 单片机，这种单片机能在较宽的电源电压范围内（2.4～5.5V）工作，可直接与计算机的 USB 接口相连（不需要转换芯片）；集成了更多的数据存储器、定时/计数器及串行通信端口；集成了更多的高性能部件（如比较器、增强型 PWM 模块）。宏晶科技为 STC15W4K32S4 单片机开发了功能强大的 STC-ISP 在线编程软件，该软件除具有在线编程功能外，还具有在线仿真器制作、脱机编程工具制作、加密传输、项目发布、各系列单片机头文件的生成、串行通信端口波特率的计算、定时器定时程序的设计、软件延时程序的设计等功能，为学习者或单片机设计开发人员带来了极大的便利。

本书选用 STC15 系列单片机中的 STC15W4K32S4 单片机作为主讲机型，系统地介绍了 STC15W4K32S4 单片机的硬件结构、指令系统与应用编程，并基于 Proteus 与 STC 官方 STC15 开发板进行设计、仿真及实践。这里需要说明的是，目前的 Proteus 只能仿真 STC15W4K32S4 单片机，而 STC 官方 STC15 开发板采用的是 IAP15W4K58S4 单片机；STC15W4K32S4 单片机与 IAP15W4K58S4 单片机同属 STC15 系列，两者的 CPU 内核是完全一样的，仅在 Flash ROM 空间的程序存储器与 EEPROM 的配置方面不同；此外，IAP15W4K58S4 单片机还可用作仿真芯片。

本书力求体现实用性、应用性与易学性，并以提高读者的工程设计能力与实践动手能力为目标。本书具有以下几方面的特点。

（1）采用 STC15W4K32S4 单片机作为教学机型，与时俱进，贴近生产实际。

（2）采用“双”语言编程。绝大多数应用程序的编程采用的是汇编语言和 C 语言（C51）对照编程。采用汇编语言设计的程序进行教学更有利于加强读者对单片机的理解，而 C51 在功能、结构，以及用其编写的程序的可读性、可移植性、可维护性方面相对于汇编语言而言有非常明显的优势。

（3）精选工程实例。基于 Proteus 与 STC 官方 STC15 开发板进行设计、仿真与实践，进一步强化了课程的实践性与应用性。

（4）强化了单片机应用系统的概念。学习单片机就是为了能开发与制作有具体意义的单片机应用系统，本书第 13 章强化学习了单片机基本的外围接口技术与典型单片机应用系统的设计与开发。

（5）丰富的附录。本书附录收录了 STC15 系列单片机学习板各模块电路、STC15W4K32S4 单片机指令系统表、STC15W4K32S4 单片机特殊功能寄存器一览表、C 语言编译常见错误信息一览表、U8 脱机编程器的操作使用、C51 的模块化编程与 C51 库函数的制作等，收录这些内容的目的之一是拓展单片机的可持续学习空间；之二是增强单片机学习的便捷性；之三是增强单片机应用系统开发的应用性。

（6）本书是 STC 单片机大学推广计划合作教材。

（7）本书配有免费电子课件、工程实例代码及习题答案等教学资源。教学资源采用便捷的二维码方式呈现，即扫即用。

本书由丁向荣编著，由 STC 单片机创始人姚永平先生担任本书的主审，他们在本书编写过程中给予了大力支持。本书在任务程序的仿真调试过程中得到了广州风标电子技术有限公司工程师们的支持，尤其得到了汪伟捷工程师的直接帮助，在此向他们表示衷心的感谢。此外，有些引用资料由于各种原因未能出现在参考文献中，在此向其作者表示歉意与感谢。

由于编者水平有限。书中定有疏漏和不妥之处，敬请读者不吝指正，相关信息也会动态地公布在 STC 官网上（网址为 www.stcmcu.com）。如果有其他建议，可发电子邮件到 dingxiangrong65@163.com，与编者进一步沟通与交流。

编　者

2020 年 7 月于广州

序 1

21 世纪，全球全面进入了计算机智能控制和计算时代，而其中的一个重要方向就是以单片机为代表的嵌入式计算机控制和计算。在中国工程师和学生群体中普遍使用的 8051 单片机已有三十多年的应用历史，相当多的工科院校均有相关必修课，行业企业中也有几十万名对该单片机十分熟悉的工程师在长期地相互交流开发和学习心得，还有大量的经典程序和电路可以直接套用，大幅降低了开发风险，极大地提高了开发效率，这也是宏晶科技和南通国芯微电子有限公司研发的基于 8051 系列单片机的单片机产品的巨大优势。

Intel 8051 架构诞生于 20 世纪 70 年代，如果不对其进行大规模创新，我国的单片机教学与应用将陷入被动局面，从而将面临落伍的危险。为此，宏晶科技对 8051 单片机进行了较为全面的技术升级与创新，发布了 STC89 系列、STC90 系列、STC10 系列、STC11 系列、STC12 系列、STC15 系列产品，累计有上百种产品。这些产品具有如下特点：采用 Flash 技术（可反复编程 10 万次以上）和 ISP/IAP（在系统可编程/在应用可编程）技术；针对抗干扰性能和加密进行了专门设计；STC 单片机的指令执行速度最高可达传统 8051 单片机的 24 倍；STC 单片机的集成度也很高，如集成了 A/D、CCP/PCA/PWM（PWM 还可作为 D/A 转换器使用）、高速同步串行通信端口 SPI、高速异步串行通信端口 UART、定时器、硬件看门狗、内部高精度时钟（温漂为±1%，工作温度为−40～+85℃，可彻底置换价格昂贵的外部晶振）、内部高可靠性复位电路（可彻底置换外部复位电路）、大容量 SRAM、大容量 EEPROM、大容量 Flash 程序存储器等。

对于高等院校的单片机教学，一个 STC15 系列单片机就是一个仿真器。在 STC15 系列单片机中，定时器被改造为支持 16 位自动重载（学生只需要学一种模式），串行通信端口通信波特率计算公式变为“系统时钟/[4÷(65536−重装数)]”，极大地简化了教学。针对实时操作系统（RTOS），STC15 系列单片机设有不可屏蔽的 16 位自动重载定时器，并且在 STC-ISP 在线编程软件中提供了大量贴心工具及功能，如范例程序、定时/计算器、软件延时计算器、波特率计算器、头文件、指令表、Keil 仿真设置等。

STC15 系列单片机的封装也从传统的 PDIP40 发展到 DIP20/SKDIP28、SOP28、TSSOP28、QFN64、LQFP64L 等。每个芯片的 I/O 口有 6 个到 62 个不等，价格从 0.89 元到 5.9 元不等，极大地方便了客户选型和设计。

2014 年 4 月，宏晶科技重磅推出了 STC15W4K32S4 单片机，该单片机能在较宽的电源电压范围内（2.4～5.5V）工作，可直接与计算机的 USB 接口相连（不需要转换芯片）进行 ISP 下载编程；集成了更多的 SRAM（4KB）、定时器（共 7 个，5 个普通定时器+2 个 CCP 定时器）、串行通信端口（4 个），集成了更多高性能部件（如比较器、增强型 PWM 模块等）；宏晶科技为该产品专门开发了功能强大的 STC-ISP 在线编程软件，具有项目发布、脱机下载、RS-485 下载、程序加密后传输下载、下载需要口令等功能，并已申请专利。IAP15W4K58S4 单片机芯片是利用一个芯片不需要 J-Link/D-Link 就可以进行仿真的芯片。

现在高等学校的学生单片机入门到底先学 32 位机好还是先学 8 位机（8051）好？我觉得还是 8 位机（8051）好。因为现在大学嵌入式课程一般只有 64 学时，甚至只有 48 学时，仅够学生把 8 位机（8051）学懂，达不到能做出产品的水平，但如果用同样的时间去学 ARM，学生很可能学不懂，最多只会函数调用，对于实际应用来讲意义不大，反而不如先打牢基础，如果想继续深入学习，也可以凭借坚实的基础迅速提高。

感谢 Intel 公司推出了经久不衰的 8051 体系结构，感谢英国 Lab Center Electronics 公司将 STC15W4K32S4 单片机纳入 Proteus 软件，感谢丁向荣老师的新书，有机融合了 STC15W4K32S4 单片机与 Proteus 软件，集设计、仿真与实操于一体，保证了本书的教学先进性。本书是 STC 大学计划推荐教材、STC 高性能单片机联合实验室上机实践指导教材、STC 杯单片机系统设计大赛参考教材，也是 STC 推荐的全国大学生电子设计竞赛 STC 单片机参考教材。

STC 单片机创始人

姚永平

序 2

作为国际知名的 EDA 软件，Proteus 遍布全球数千所职教、专科和本科院校，每年有数十万名学生基于 Proteus 学习电子学、嵌入式设计和 PCB 布局。Proteus 是世界上较早的基于原理图设计的微控制器仿真工具，它已经成为嵌入式系统教学标准的重要组成部分。

Proteus 支持七百多种主流处理器芯片，并支持越来越多的嵌入式外部设备和技术，相对于市场上的其他工具，Proteus 仍然是其所属领域的全球领先者。

Proteus 具有强大的仿真引擎 Prospice、独特的微控制器模型仿真工具、逼真的可视化工具和世界级的 PCB 布局设计工具，广泛应用于电子信息课程的入门（导论）、电子学基础、计算机硬件、单片机微控制、嵌入式系统设计、物联网和 PCB 设计等教学活动，并成为公认教学标准的重要组成部分。

单片机和微控制器仿真是 Proteus 真正引领潮流的地方，整个学习过程都是在软件中进行的，原理图模块用于“虚拟硬件”仿真，VSM Studio IDE 模块用于程序开发和编译。

Proteus 可以对微控制器系统进行仿真，如使用中断、ADC 读取数据或设置 UART 等。用户可以随时设置断点和暂停，查看原理图上的源代码或电压电平，然后单步执行代码，也可以使用寄存器窗口、变量窗口和监视窗口来显示相关信息，还可以显示诊断信息和整个仿真的数据信息。

国产 STC15 系列产品集成了大量外部设备，具有高性价比及高可靠性的特点，国内各级教育机构师生广泛将其用于实验教学、电子竞赛和项目开发。包括丁向荣教授在内的很多单片机教学专家希望 Proteus 能增加对 STC51 芯片仿真模型的开发，使采用 STC15 系列产品作为单片机课程主芯片的师生也能使用 Proteus 进行仿真教学与实训。在江苏国芯科技有限公司的大力支持下，经过数月的协作与开发，2019 年 5 月我们发布了包含 STC15 系列产品模型的 Proteus8.9 中文版。

丁向荣教授长期从事单片机的课程教学与科研，对 STC 芯片有非常丰富的教学及应用开发实践经验，在本书中，丁向荣教授结合 Proteus 仿真，将基于 STC15 系列单片机相关课程的教学与实践进行了重新设计和呈现。相信本书一定能以全新的方法和视角为广大师生提供帮助。

广州风标电子技术有限公司

匡载华

目　录

第 1 章 微型计算机基础

1.1 数制与编码

数制与编码是微型计算机的基本数字逻辑基础，是学习微型计算机的必备知识。数制与编码的知识一般会在数字逻辑或计算机文化基础相关课程中学习。但由于数制与编码的知识与当前课程的联系并不密切，所以在微型计算机原理或单片机的教学中，教师普遍感觉到学生这方面的基础知识不太扎实。我们在下文将对相关知识进行梳理。

1.1.1 数制及转换方法

数制就是计数的方法，通常采用进位计数制。在学习与应用微型计算机的过程中，主要有十进制、二进制和十六进制 3 种计数方法。日常生活采用的是十进制计数方法；微型计算机只能识别和处理数字信息，其硬件电路采用的是二进制计数方法，但为了更好地记忆与描述微型计算机的地址、程序代码及运算数字，一般采用十六进制计数方法。

1．各种数制及其表示方法（见表 1.1）

表 1.1 各种数制及其表示方法

数制	计数规则	基数	各位的权	数码	权值展开式	表示方法	
						后缀字符	下标
二进制	逢二进一 借一当二	2	2^i	0，1	$(b_{n-1}\cdots b_1 b_0 b_{-1}\cdots b_{-m})_2=\sum_{i=-m}^{n-1} b_i\times 2^i$	B	$()_2$
十进制	逢十进一 借一当十	10	10^i	0，1，2，3，4，5，6，7，8，9	$(d_{n-1}\cdots d_1 d_0 d_{-1}\cdots d_{-m})_{10}=\sum_{i=-m}^{n-1} d_i\times 10^i$	D 通常默认表示	$()_{10}$
十六进制	逢十六进一 借一当十六	16	16^i	0，1，2，3，4，5，6，7，8，9，A，B，C，D，E，F	$(h_{n-1}\cdots h_1 h_0 h_{-1}\cdots h_{-m})_{16}=\sum_{i=-m}^{n-1} h_i\times 16^i$	H	$()_{16}$

注：i 是各进制数码在数字中的位置，i 值以小数点为界，往左依次为 0、1、2、3、…，往右依次为-1、-1、-3、…。

2．数制之间的转换

数值在任意进制之间相互转换，其整数部分和小数部分都必须分别进行。各进制数的相互转换关系如图 1.1 所示。

（1）二进制数、十六进制数转换为十进制数。

将二进制数、十六进制数按权值展开式展开，所得数相加即十进制数。

（2）十进制数转换为二进制数。

十进制转二进制要分成整数部分与小数部分进行，而且其转换方法与二进制转十进制的转换方法是完全不同的。

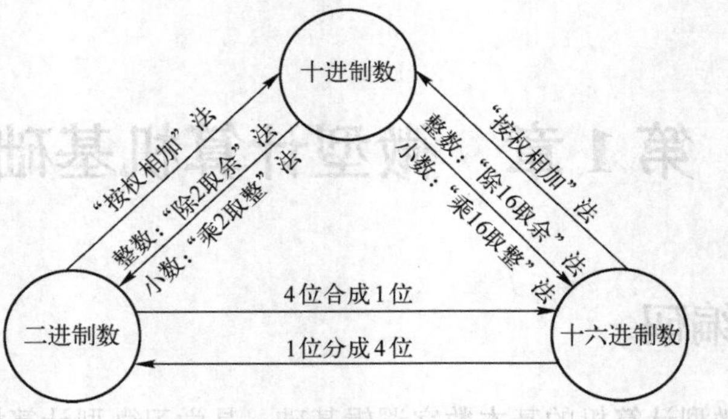

图 1.1　各进制数的相互转换关系

① 将十进制整数部分转换成二进制整数，使用"除 2 取余"法，并倒序排列，如下所示：

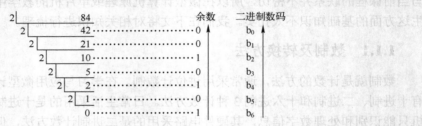

所以$(84)_{10}=(1010100)_2$。

② 将十进制小数转换成二进制小数，使用"乘 2 取整"法，如下所示：

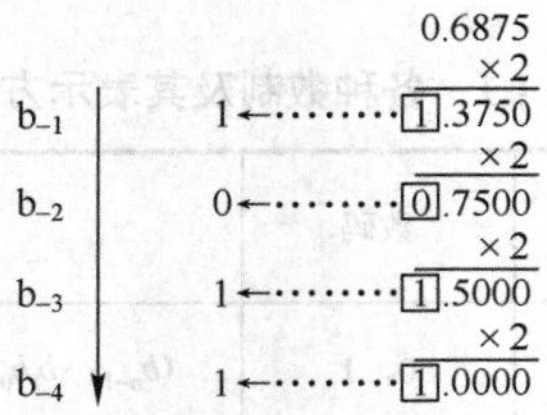

所以$(0.6875)_{10}=(0.1011)_2$。

将上述两部分合起来，则有$(84.6875)_{10}=(1010100.1011)_2$。

（3）二进制数与十六进制数互转。

① 二进制转十六进制。以小数点为界，往左、往右每 4 位二进制数为一组，每 4 位二进制数用 1 位十六进制数表示，往左高位不够用 0 补齐，往右低位不够用 0 补齐，例如

$$(111101.011101)_2=(\underline{0011}\ \underline{1101}.\underline{0111}\ \underline{0100})_2=(3D.74)_{16}$$

② 十六进制转二进制。每位十六进制数用 4 位二进制数表示，将整数部分最高位的 0 去掉，小数部分最低位的 0 去掉，例如

$$(3C20.84)_{16}=(\underline{0011}\ \underline{1100}\ \underline{0010}\ \underline{0000}.\underline{1000}\ \underline{0100})_2=(11110000100000.100001)_2$$

3．数制转换工具

利用计算机附件中的计算器（科学型）可实现各数制之间的相互转换。单击任务栏"开始"按钮，依次选择"所有程序"→"附件"→"计算器"，即可打开"计算器"窗口。在"计算器"窗口的"查看"下拉菜单中选择"科学型"，此时的计算器界面即科学型计算器工具界

面，如图 1.2 所示。

图 1.2 科学型计算器界面

转换方法：先选择被转换数制的类型，并在文本框中输入转换数字，再选择目标转换数制类型，此时，文本框中的数字就是转换后的数字。例如，将 96 分别转换为十六进制数、二进制数的步骤为，先选择数制类型为十进制，再在文本框中输入 96，然后选择数制类型为十六进制，此时文本框中的数字即转换后的十六进制数 60；再选择数制类型为二进制，此时，文本框中的数字即转换后的二进制数 1100000，如图 1.2 所示。

4．二进制数的运算规则

（1）加法运算规则

$$0+0=0，0+1=1，1+1=0（有进位）$$

（2）减法运算规则

$$0-0=0，1-0=1，1-1=0，0-1=1（有借位）$$

（3）乘法运算规则

$$0\times0=0，1\times0=1，1\times1=1$$

1.1.2 微型计算机中数的表示方法

1．机器数与真值

数学中数的正和负用符号“+”和“−”表示，计算机中是如何表示数的正和负呢？在计算机中数据是存放在存储单元内的。每个存储单元是由若干二进制位组成的，其中每一数位或是 0 或是 1，而数的符号或为“+”号或为“−”号，因此，可用一个数位来表示数的符号。在计算机中规定用 0 表示“+”，用 1 表示“−”。用来表示数的符号的数位称为符号位（通常为最高数位），这样数的符号在计算机中就被数码化了，但从表示形式上看，符号位与数值位没有区别。

设有两个数 x_1、x_2

$$x_1=+1011011\text{ B}，x_2=-1011011\text{B}$$

它们在计算机中分别表示为

$$x_1=\underline{0}1011011\text{ B}；x_2=\underline{1}1011011\text{B}$$

其中，带下画线部分为符号位，字长为 8 位。为了区分这两种形式的数，我们把机器中以数码形式表示的数称为机器数（x_1=<u>0</u>1011011B 及 x_2=<u>1</u>1011011B），把以原来一般书写形式表示的数称为真值（x_1=+1011011 B 及 x_2=−1011011B）。

若一个数的所有数位均为数值位，则该数为无符号数；若一个数的最高数位为符号位，而其他数位为数值位，则该数为有符号数。由此可见，同一个存储单元中存放的无符号数和有符号数所能表示的数值范围是不同的。例如，若存储单元为 8 位，当它存放无符号数时，因有效的数值位为 8 位，故该数的范围为 0～255；当它存放有符号数时，因有效的数值位为 7 位，故该数的范围（补码）为−128～+127。

2．原码

对于一个二进制数，如果用最高数位表示该数的符号（0 表示“+”号，1 表示“−”号），其余各数位表示其数值本身，则称这种表示方法为原码表示法。

若 $x=\pm x_1x_2\cdots x_{n-1}$，则$[x]_{原码}=x_0x_1x_2\cdots x_{n-1}$。其中，$x_0$ 为原机器数的符号位，它满足

$$x_0=\begin{cases}0 & (x\geqslant 0)\\ 1 & (x<0)\end{cases}$$

3．反码

如果$[x]_原=0x_1x_2\cdots x_{n-1}$，则$[x]_反=[x]_原$。

如果$[x]_原=1x_1x_2\cdots x_{n-1}$，则$[x]_反=1\overline{x}_1\overline{x}_2\cdots\overline{x}_{n-1}$。

也就是说，正数的反码与其原码相同，而负数的反码保持原码的符号位不变，各数值位按位取反。

4．补码

（1）补码的引进。

首先以日常生活中经常遇到的钟表对时为例来说明补码的概念，假定现在是北京时间 8 点整，而一只表却指向 10 点整。为了校正此表．可以采用倒拨和顺拨两种方法：倒拨就是反时针减少 2 小时，把倒拨视为减法，相当于 10−2=8，时针指向 8；顺拨就是将时针顺时拨 10 小时，时针同样指向 8，把顺拨视为加法，相当于 10+10=12（自动丢失）+8=8，这自动丢失的数（12）就称为模（mod）。上述加法称为“按模 12 的加法”，用数学式可表示为

10+10=12+8=8（modl2）

因时针转一圈会自动丢失一个数 12，故 10−2 与 10+10 是等价的．称 10 和−2 对模 12 互补，10 是−2 对模 12 的补码。引进补码概念后，就可将原来的减法 10−2=8 转化为加法 10+10=12（自动丢失）+8=8（modl2）。

（2）补码的定义。

通过上面的例子不难理解计算机中负数的补码表示法。设寄存器（或存储单元）的位数为 n，则它能表示的无符号数最大值为 2^n−l，逢 2^n 进 1（2^n 自动丢失）。换句话说，在字长为 n 的计算机中，数 2^n 和 0 的表示形式一样。若机器中的数以补码表示，则数的补码以 2^n 为模，即

$$[x]_补=2^n+x(\text{mod}2^n)$$

若 x 为正数，则$[x]_补=x$；若 x 为负数，则$[x]_补=2^n+x=2^n-|x|$，即负数 x 的补码等于模 2^n 加上其真值或减去其真值的绝对值。

在补码表示法中，0 只有唯一的表示形式，即 0000…0。

（3）求补码的方法。

根据上述介绍可知，正数的补码等于原码。下面介绍求负数补码的 3 种方法。

① 根据真值求补码。根据真值求补码就是根据定义求补码，即

$$[x]_补=2^n+x=2^n-|x|$$

负数的补码等于 2^n（模）加上其真值，或者等于 2^n（模）减去其真值的绝对值。

② 根据反码求补码（推荐使用方法）。

$$[x]_补=[x]_反+1$$

③ 根据原码求补码。负数的补码等于其反码加 1，这也可理解为负数的补码等于其原码各位（除符号位外）取反并在最低位加 1。如果反码的最低位是 1，则它加 1 后就变成 0，并产生向次低位的进位。如果次低位也为 1，则它同样变成 0，并产生向其高位的进位（这相当于在传递进位），依次类推，进位一直传递到第 1 个为 0 的位为止。于是可得到这样的转换规律：从反码的最低位起直到第一个为 0 的位以前（包括第一个为 0 的位），一定是 1 变 0，第一个为 0 的位以后的位都保持不变。由于反码是由原码求得的，因此可得从原码求补码的规律为：从原码的最低位开始到第 1 个为 1 的位之前（包括此位）的各位均不变，此后各位取反，但符号位保持不变。

特别要指出的是，在计算机中凡是带符号的数一律用补码表示且符号位参加运算，其运算结果也是用补码表示，若结果的符号位为 0，则表示结果为正数，此时可以认为该结果是以原码形式表示的（正数的补码即原码）；若结果的符号位为 1，则表示结果为负数，此时可以认为该结果是以补码形式表示的；若用原码来表示该结果，还需要对结果求补（除符号位外“取反加 1”），即

$$[[x]_补]_补=[x]_原$$

1.1.3 微型计算机中常用编码

由于微型计算机不但要处理数值计算问题，还要处理大量非数值计算问题。因此，除非直接给出二进制数，否则不论是十进制数还是英文字母、汉字以及某些专用符号都必须编成二进制代码才能被计算机识别、接收、存储、传送及处理。

1．十进制数的编码

在微型计算机中，十进制数除了可以转换成二进制数，还可用二进制数对其进行编码：用 4 位二进制数表示 1 位十进制数，使它既具有二进制数的形式又具有十进制数的特点。二-十进制码又称为 BCD 码（Binary-Coded Decimal），它有 8421 码、5421 码、2421 码、余 3 码等编码，其中最常用的是 8421 码。8421 码与十进制数的对应关系如表 1.2 所示，每位二进制数位都有固定的权，各数位的权从左到右分别为 2^3、2^2、2^1、2^0，即 8、4、2、1，这与自然二进制数的权完全相同，故 8421 码又称为自然权 BCD 码。其中，1010～1111 这 6 个编码属于非法 8421 码，是不允许出现的。

表 1.2　8421 码与十进制数的对应关系

十进制数	8421 BCD 码	十进制数	8421 BCD 码
0	0000	5	0101
1	0001	6	0110
2	0010	7	0111
3	0011	8	1000
4	0100	9	1001

由于 BCD 码低位与高位之间是“逢十进一”，而 4 位

二进制数（十六进制数）低位与高位之间是“逢十六进一”，因此在用二进制加法器进行 BCD 码运算时，如果 BCD 码运算的低位、高位的和都在 0～9，则其加法运算规则与二进制加法运算规则完全一样；如果相加后某位（BCD 码位，低 4 位或高 4 位）的和大于 9 或产生了进位，则此位应进行“加 6 调整”。在微型计算机中，通常设置了 BCD 码的调整电路，每执行一条十进制调整指令，就会自动根据二进制加法结果进行修正。由于 BCD 码低位向高位借位是“借一当十”，而 4 位二进制数（十六进制数）是“借一当十六”，因此在进行 BCD 码减法运算时，如果某位（BCD 码位）有借位时，那么必须在该位进行“减 6 调整”。

2．字符编码

由于微型计算机需要进行非数值处理（如指令、数据、文字的输入及处理等），因此必须对字母、文字以及某些专用符号进行编码。微型计算机系统的字符编码多采用美国信息交换标准代码——ASCII 码（American Standard Code for Information Interchange），ASCII 码是 7 位代码，共有 128 个字符，详见附录 A。在附录 A 中，有 94 个是图形字符，可通过字符印刷或显示设备打印出来，包括 10 个数字、52 个英文大小写字母，以及 32 个其他字符；另外 34 个字符是控制字符，包括传输字符、格式控制字符、设备控制字符、信息分隔符和其他控制字符，这类字符不可打印、不可显示，但其编码可进行存储，在信息交换中起控制作用。其中，数字 0～9 对应的 ASCII 码为 30H～39H，英文大写字母 A～Z 对应的 ASCII 码为 41H～5AH，英文小写字母 a～z 对应的 ASCII 码为 61H～7AH，这些规律对今后的码制转换的编程非常有用。

我国于 1980 年制定了国家标准 GB 1988—80《信息处理交换用的七位编码字符集》，其中除用人民币符号“¥”代替美元符号“$”外，其余字符与 ASCII 码的字符相同。

1.2　微型计算机原理

1946 年 2 月，第一台电子数字计算机 ENIAC（Electronic Numerical Integrator and Computer）问世，这标志着计算机时代的到来。

ENIAC 是电子管计算机，体积庞大，时钟频率仅有 100kHz。与现代计算机相比，ENIAC 的各方面性能都较差，但它的问世开创了计算机科学的新纪元，对人类的生产和生活方式产生了巨大的影响。

1946 年 6 月，美籍匈牙利数学家冯·诺依曼提出了“程序存储”和“二进制运算”的思想，构建了由运算器、控制器、存储器、输入设备和输出设备组成的电子计算机的冯·诺依曼经典结构，如图 1.3 所示。电子计算机技术的发展，相继经历了电子管计算机、晶体管计算机、集成电路计算机、大规模集成电路计算机和超大规模计算机五个时代，但是，计算机的结构始终没有突破冯·诺依曼提出的计算机的经典结构框架。

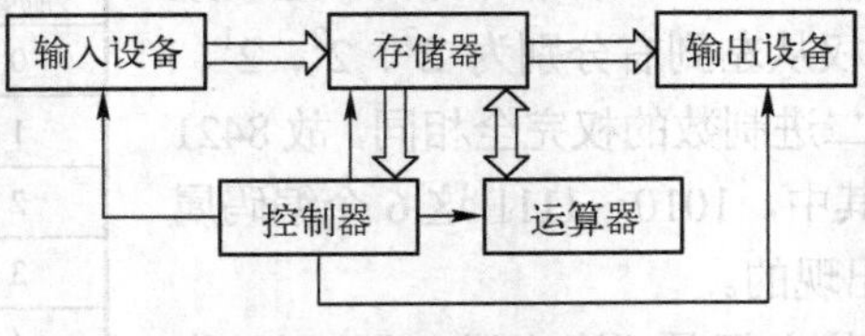

图 1.3　电子计算机的冯·诺依曼经典结构

1.2.1 微型计算机的基本组成

随着集成电路技术的飞速发展，1971 年 1 月 Intel 公司的德·霍夫将运算器、控制器及一些寄存器集成在一块芯片上，组成了微处理器或中央处理单元（以下简称 CPU），形成了以 CPU 为核心的总线结构框架。

微型计算机的组成框图如图 1.4 所示。微型计算机由微处理器、存储器（ROM、RAM）和输入/输出接口（I/O 口）和连接它们的总线组成。微型计算机配上相应的输入/输出设备（如键盘、显示器）就构成了微型计算机系统。

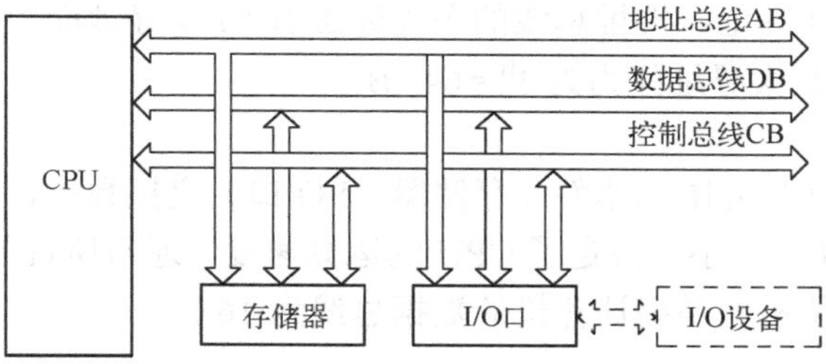

图 1.4 微型计算机的组成框图

1. CPU

CPU 由运算器和控制器两部分组成，是计算机的控制核心。

（1）运算器。

运算器由算术逻辑单元（ALU）、累加器（ACC）和寄存器等部分组成，主要负责数据的算术运算和逻辑运算。

（2）控制器。

控制器是发布指令的“决策机构”，可协调和指挥整个计算机系统的操作。控制器由指令部件、时序部件和微操作控制部件 3 部分组成。

指令部件是一种能对指令进行分析、处理和产生控制信号的逻辑部件，是控制器的核心部件。指令部件通常由程序计数器（Program Counter，PC）、指令寄存器（Instruction Register，IR）和指令译码器（Instruction Decode，ID）3 部分组成。

时序部件由时钟系统和脉冲发生器组成，用于产生微操作控制部件所需的定时脉冲信号。

微操作控制部件根据指令译码器判断出的指令功能形成相应的伪操作控制信号，用以完成该指令所规定的功能。

2. 存储器

通俗来讲，存储器是微型计算机的仓库，包括程序存储器和数据存储器两部分。程序存储器用于存储程序和一些固定不变的常数和表格数据，一般由只读存储器（ROM）组成；数据存储器用于存储运算中的输入数据、输出数据或中间变量数据，一般由随机存取存储器（RAM）组成。

3. I/O 口

微型计算机的 I/O 设备（如键盘、显示器等），有高速的也有低速的，有机电结构的也有全电子式的，由于其种类繁多且速度各异，因此它们不能直接同高速工作的 CPU 相连。I/O 口是 CPU 与 I/O 设备连接的桥梁，其相当于一个转换器，用于保证 CPU 与 I/O 设备协调工作。不同的 I/O 设备需要的 I/O 口不同。

4．总线

CPU 与存储器和 I/O 口是通过总线相连的，总线包括地址总线（AB）、数据总线（DB）与控制总线（CB）。

（1）地址总线。

地址总线用于 CPU 寻址，地址总线的多少标志着 CPU 寻址能力的大小。若地址总线的根数为 16，则 CPU 的最大寻址能力为 2^{16}=64KB。

（2）数据总线。

数据总线用于 CPU 与外围元器件（存储器、I/O 口）交换数据，数据总线的多少标志着 CPU 一次交换数据的能力大小，决定了 CPU 的运算速度。通常所说的 CPU 的位数就是指数据总线的宽度，如 16 位机就是指计算机的数据总线为 16 位。

（3）控制总线。

控制总线用于确定 CPU 与外围元器件交换数据的类型，主要为读和写两种类型。

1.2.2　指令、程序与编程语言

一个完整的计算机是由硬件和软件两部分组成的。上文所述为计算机的硬件部分，是看得到、摸得着的实体部分，但计算机硬件只有在软件的指挥下，才能发挥其效能。计算机采取“存储程序”的工作方式，即事先把程序加载到计算机的存储器中，当启动运行后，计算机便自动地按照程序进行工作。

指令是规定计算机完成特定任务的命令，CPU 就是根据指令指挥与控制计算机各部分协调工作的。

程序是指令的集合，是解决某个具体任务的一组指令。在用计算机完成某个工作任务之前，人们必须事先将计算方法和步骤编制成由逐条指令组成的程序，并预先将它以二进制代码（机器代码）的形式存放在程序存储器中。

编程语言分为机器语言、汇编语言和高级语言。

- 机器语言是用二进制代码表示的，是机器能直接识别和执行的语言。采用机器语言编写的程序称为目标程序。机器语言具有灵活、可直接执行和速度快的优点，但可读性、移植性及重用性较差，编程难度较大。
- 汇编语言是用英文助记符来描述指令的，是面向机器的程序设计语言。采用汇编语言编写程序，既保持了机器语言的一致性，又增强了程序的可读性，并且降低了编写难度。但使用汇编语言编写的程序，机器不能直接识别，还要由汇编程序（又称汇编语言编译器）转换成机器指令。
- 高级语言是采用自然语言描述指令功能的，与计算机的硬件结构及指令系统无关，它有更强的表达能力，可方便地表示数据的运算和程序的控制结构，能更好地描述各种算法，而且容易学习掌握。但用高级语言编译生成的程序代码长度一般比用汇编语言编写的程序代码长度长，执行的速度也慢。高级语言并不是特指的某一种具体的语言，

其包括很多编程语言，如目前流行的 Java、C、C++、C#、Pascal、Python、LISP、Prolog、FoxPro、VC 等，这些语言的语法、命令格式都不相同。目前，在单片机、嵌入式系统应用编程中，主要采用 C 语言编程，在具体应用中还增加了面向单片机、嵌入式系统硬件操作的程序语句，如 keil C（或称为 C51）。

1.2.3 微型计算机的工作过程

微型计算机的工作过程就是程序的执行过程，计算机执行程序是一条指令一条指令执行的。执行一条指令的过程分为三个阶段，即取指令、指令译码与执行指令，执行完一条指令，自动转向执行下一条指令。

1．取指令

取指令是根据 PC 中的地址，在程序存储器中取出指令代码，并将其送到 IR 中。之后，PC 自动加 1，指向下一指令（或指令字节）地址。

2．指令译码

指令译码是 ID 对 IR 中的指令进行译码，判断出当前指令的工作任务。

3．执行指令

执行指令是在判断出当前指令的工作任务后，控制器自动发出一系列微指令，指挥计算机协调动作，从而完成当前指令指定的工作任务。

微型计算机在工作时，程序存储器从 0000H 地址开始存放了如下所示的指令。

```
ORG   0000H                ；伪指令，指定下列程序代码从 0000H 地址开始存放
MOV   A,  #0FH             ；对应的机器代码为 740FH
ADD   A,  20H              ；对应的机器代码为 2520H
MOV   P1, A                ；对应的机器代码为 F590H
SJMP $                     ；对应的机器代码为 80FEH
```

下面分析微型计算机工作过程。

- 将 PC 内容 0000H 送至地址寄存器（MAR）；
- PC 值自动加 1，为获取下一个指令字节的机器代码做准备；
- 地址寄存器中的地址经地址译码器找到程序存储器的 0000H 单元；
- CPU 发读命令；
- CPU 将 0000H 单元内容 74H 读出，并送至数据寄存器中；
- 将 74H 送至 IR 中；
- 经 ID 译码，判断指令所代表的功能，操作控制器（OC）发出相应的微操作控制信号，完成指令操作；
- 根据指令功能要求，将 PC 内容 0001H 送至地址寄存器；
- PC 值自动加 1，为获取下一个指令字节的机器代码做准备；
- 地址寄存器中的地址经地址译码器找到程序存储器的 0001H 单元；
- CPU 发出读命令；

● CPU 将 0001H 单元内容 0FH 读出，并送至数据寄存器中；
● 数据读出后根据指令功能直接送至累加器（ACC），至此，完成该指令操作。

1.2.4 微型计算机的应用形态

微型计算机从应用形态上主要可分为系统机与单片机。微型计算机工作过程示意图如图 1.5 所示。

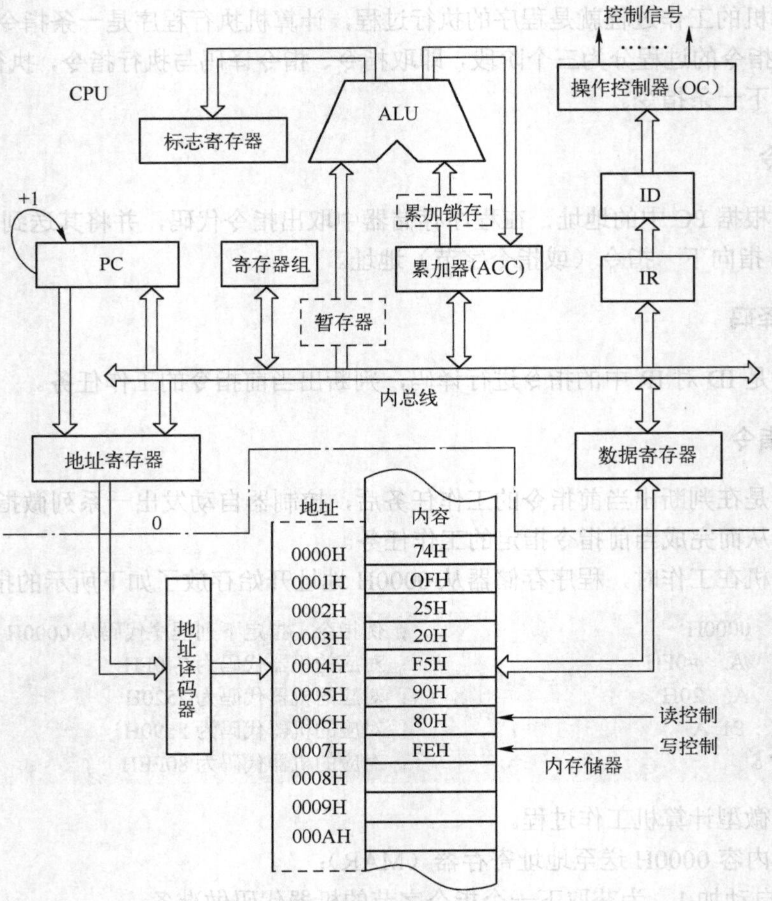

图 1.5 微型计算机工作过程示意图

1．系统机

系统机将 CPU、存储器、I/O 口电路和总线接口集成在一块芯片板（微机主板）上，再通过系统总线和多块适配卡连接键盘、显示器、打印机、硬盘驱动器及光驱等 I/O 设备。

目前人们广泛使用的计算机就是典型的系统机，它具有人机界面友好、功能强、软件资源丰富，通常用于办公或家庭的事务处理及科学计算，属于通用计算机。

系统机的发展追求的是高速度、高性能。

2．单片机

将 CPU、存储器、I/O 口电路和总线接口集成在一块芯片上，即可构成单片微型计算机，简称单片机。

单片机在应用时是嵌入控制系统（或设备）中的，属于专用控制器，也称为嵌入式微控制器。单片机应用讲究的是高性能价格比，需要针对控制系统任务的规模、复杂性选择合适的单片机，因此，高、中、低档单片机是并行发展的。

本章小结

数制与编码是微型计算机的基本数字逻辑基础，是学习微型计算机的必备知识。在计算机的学习与应用中，主要涉及二进制、十进制与十六进制；在计算机中，同样存在数据的正负问题，用数据位的最高位来表示数据的正负，0 表示“+”，1 表示“-”，并且是用补码形式来表示有符号数的。

在计算机中，编码与译码是常见的数据处理工作，最常见的计算机编码有两种，一是 BCD 编码，二是 ASCII 码。

冯·诺依曼提出了“程序存储”和“二进制运算”的思想，并构建了计算机由运算器、控制器、存储器、输入设备和输出设备所组成电子计算机的经典结构。

将运算器、控制器及各种寄存器集成在一块芯片上可组成 CPU。CPU 配上存储器、I/O 口便构成了微型计算机。微型计算机配以 I/O 设备，即可构成微型计算机系统。

一个完整的计算机包括硬件与软件两部分，硬件是指看得见、摸得着的实体部分，也就是计算机结构中所阐述的部分，软件是指挥计算机的指令的集合。简单来说，计算机的工作过程很简单，就是机械地按照取指令→指令译码→执行指令的顺序逐条执行指令。

单片机与系统机分属微型计算机的两个发展方向，均发展迅速，如今分别在嵌入式系统、科学计算与数据处理等领域起着至关重要的作用。

习　题　1

1．将下列十进制数转换成二进制数。

（1）67　（2）35　（3）41.75　（4）100

2．将下列二进制数转换成十进制数和十六进制数。

（1）10101010B　（2）11100110B　（3）0.0101B　（4）01111111B

3．已知原码如下，写出各数的反码和补码。

（1）10100110　（2）11111111　（3）10000000　（4）01111111

4．将下列十进制数转换为 8421 码。

（1）25　（2）1024　（3）688　（4）100

5．将下列字符转换为 ASCII 码。

（1）STC　（2）Compute　（3）MCU　（4）STC15W4K32S4

6．微型计算机的基本组成部分是什么？从微型计算机的地址总线、数据总线来看，能确认微型计算机哪几方面的性能？

7．与电子计算机的经典结构相比，微型计算机的结构有哪些改进？

8．简述微型计算机的工作过程。

第 2 章　STC15W4K32S4 单片机增强型 8051 内核

2.1　单片机概述

2.1.1　单片机的概念

将微型计算机的基本组成部分（CPU、存储器、I/O 口，以及连接它们的总线）集成在一块芯片上而构成的计算机，称为单片机。考虑到单片机的实质是用作控制，现已普遍改用微控制器（Micro Controller）一词来命名，缩写为 MCU。

由于单片机是嵌入式应用，故又称为嵌入式微控制器。根据单片机数据总线的宽度不同，单片机主要可分为 4 位机、8 位机、16 位机和 32 位机。在高端控制应用（如图形、图像处理与通信等）中，32 位机的应用已越来越普及；但在中低端控制应用中，在将来较长一段时间内，8 位机仍是单片机的主流机种。增强型单片机产品内部普遍集成有丰富的 I/O 口，而且集成有 ADC、DAC、PWM、WDT（硬件看门狗）等接口或功能部件，并在低电压、低功耗、串行扩展总线、程序存储器类型、存储器容量和开发方式等方面都有较大的发展。

由于单片机具有较高的性价比、良好的控制性能和灵活的嵌入特性，所以它在各个领域都得到了广泛的应用。

2.1.2　常见单片机

1．8051 内核单片机

8051 内核单片机应用比较广泛，常见的 8051 内核单片机有以下几种。

（1）Intel 公司的 MCS-51 系列单片机。

MCS-51 系列单片机是美国 Intel 公司研发的，该系列产品主要有 8031、8032、8051、8052、8751、8752 等。8051 是 MCS-51 系列单片机中的典型产品，其构成了 8051 单片机的标准。MCS-51 系列单片机的资源配置如表 2.1 所示。

表 2.1　MCS-51 系列单片机的资源配置

型号	程序存储器	数据存储器	定时/计数器	并行 I/O 口	串行通信端口	中断源
8031	无	128B	2	32	1	5
8032	无	256B	3	32	1	6
8051	4KB ROM	128B	2	32	1	5
8052	8KB ROM	256B	3	32	1	6

续表

型号	程序存储器	数据存储器	定时/计数器	并行 I/O 口	串行通信端口	中断源
8751	4KB EPROM	128B	2	32	1	5
8752	8KB EPROM	256B	3	32	1	6

由于 Intel 公司发展战略的重点并不在单片机方向，因此 Intel 公司已不生产 MCS-51 系列单片机，现在应用的 8051 单片机已不再是传统的 MCS-51 系列单片机。获得 8051 内核的厂商在该内核基础上对其进行了功能扩展与性能改进。

（2）深圳市宏晶科技有限公司的 STC 单片机。

（3）荷兰 PHILIPS 公司的 8051 内核单片机。

（4）美国 Atmel 公司的 89 系列单片机。

2．其他单片机

除了 8051 内核单片机，比较有代表性的单片机还有以下几种。

（1）Freescale 公司的 MC68 系列单片机、MC9S08 系列单片机（8 位）、MC9S12 系列单片机（16 位）及 32 位单片机。

（2）美国 Microchip 公司的 PIC 系列单片机。

（3）美国 TI 公司的 MSP430 系列单片机（16 位）。

（4）日本 National 公司的 COP8 系列单片机。

（5）美国 Atmel 公司的 AVR 系列单片机。

随着单片机技术的发展，其产品也趋于多样化和系列化，用户可以根据自己的实际需求进行选择。

虽然单片机技术缺乏统一的标准，但单片机的基本工作原理都是一样的，它们的主要区别在于包含的资源不同、编程语言的格式不同。在使用 C 语言进行编程时，编程语言的差别就更小了。因此，只要学好了一种单片机，使用其他单片机时，只需要仔细阅读相应的技术文档就可以进行项目或产品的开发。

2.1.3 STC 单片机

STC 单片机是深圳市宏晶科技有限公司研发的增强型 8051 内核单片机，相对于传统的 8051 内核单片机，STC 单片机在片内资源、性能及工作速度方面都有很大的改进。STC 系列单片机采用的基于 Flash 的在线系统编程（ISP）技术，使得单片机应用系统的开发变得简单了，不需要仿真器或专用编程器就可以进行单片机应用系统的开发，同时方便了人们对单片机的学习。

STC 单片机产品系列化、种类多，现有超过百种的产品，能满足不同单片机应用系统的控制需求。按照工作速度与片内资源配置的不同，STC 单片机可分为若干个系列。按照工作速度不同，STC 单片机可分为 12T/6T 型单片机和 1T 型单片机：12T/6T 是指每个机器周期可设置为 12 个系统时钟或 6 个系统时钟，12T/6T 型单片机包括 STC89 和 STC90 两个系列；1T 是指每个机器周期只有 1 个系统时钟，1T 型单片机包括 STC11/10 和 STC12/15 等系列。STC89、STC90 和 STC11/10 系列属于基本配置单片机；STC12/15 系列相应地增加了 PWM、A/D 和 SPI 等接口模块。在每个系列中包含若干产品，其差异主要是片内资源数量上的差异。在应用选型时，应根据控制系统的实际需求，选择合适的单片机，即单片机内部资源要尽可能地满足控制系统的要求而减少外部接口电路，同时，在选择片内资源时应遵循“够用”原则，以保证单片机应用系统的高性价比和高可靠性。

STC15 系列单片机采用 STC-Y5 超高速 CPU 内核，在相同频率下，其运行速度比早期 1T 型单片机（如 STC12、STC11、STC10 系列单片机）的运行速度快 20%。

1. STC15W4K××S4 系列单片机资源配置

STC 单片机的资源配置综合如下。

- 增强型 8051 CPU，1T 型单片机，每个机器周期只有 1 个系统时钟，运行速度比传统 8051 单片机运行速度快 8～12 倍。
- 工作电压：2.4～5.5V。
- ISP/IAP（在系统可编程/在应用可编程）功能。其中，以 STC15W4K 开头的单片机可直接采用 USB 接口进行在线编程。
- 内部高可靠复位，在系统中编程时可选 16 级复位门槛电压，能够彻底省掉外围复位电路。
- 内部高精度 RC 时钟，±1%温漂（-40～85℃），常温下温漂为±0.6%，在系统中编程时，内部可选时钟频率为 5～35MHz（如 5.5296MHz、11.0592MHz、22.1184MHz、33.1776MHz 等）。
- Flash 程序存储器（16KB、32KB、40KB、48KB、60KB、61KB、63.5KB 可选）。
- 4096KB 的 SRAM，包括常规的 256KB 的 RAM 和内部扩展的 3840KB 的 XRAM。
- 大容量的数据 Flash（EEPROM），擦写次数在十万次以上。
- 7 个定时器，包括 5 个 16 位可重装载初始值的定时/计数器（T0、T1、T2、T3、T4）和 2 个 2 通道 CCP 可再实现定时器。
- 4 个全双工异步串行通信端口（串行通信端口 1、串行通信端口 2、串行通信端口 3、串行通信端口 4）。
- 8 通道高速 10 位 ADC，运行速度可达 30 万次/s，8 路 PWM 可用作 8 路 D/A。
- 6 通道 15 位专门的高精度 PWM（带死区控制）。
- 2 通道 CCP。
- 高速 SPI 串行通信端口。
- 6 路可编程时钟输出（T0、T1、T2、T3、T4 及主时钟输出）。
- 比较器，可用作为 1 路 ADC，也可用作掉电检测设备。
- 最多 62 个 I/O 口，可设置为 4 种工作模式。
- WDT（硬件看门狗）。
- 低功耗设计：低速模式、空闲模式、掉电模式（停机模式）。
- 具有多种掉电唤醒资源：低功耗掉电唤醒专用定时器；唤醒引脚 INT0、INT1、$\overline{\text{INT2}}$、$\overline{\text{INT3}}$、$\overline{\text{INT4}}$、CCP0、CCP1、RXD、RXD2、RXD3、RXD4、T0、T1、T2、T3、T4 等。
- 支持程序加密后传输，防拦截。
- 支持 RS485 下载。
- 先进的指令集结构，兼容传统 8051 单片机指令集，有硬件乘法指令、除法指令。

2．STC15W4K××S4 系列单片机机型一览表与命名规则

（1）STC15W4K××S4 系列单片机机型一览表。

STC15W4K××S4 系列单片机各机型的不同点主要在于程序存储器与 EEPROM 容量的不同，具体如表 2.2 所示。

表 2.2　STC15W4K××S4 系列单片机机型一览表

机型	程序存储器	数据存储器 SRAM	EEPROM	复位门槛电压	内部精准时钟	程序加密后传输（防拦截）	可设程序更新口令	支持 RS485 下载	封装类型
STC15W4K16S4	16KB	4KB	43KB	16 级	可选	有	是	是	LQFP64L、LQFP64S QFN64、QFN48 LQFP48、LQFP44 LQFP32、SOP28 SKDIP28、PDIP40
STC15W4K32S4	32KB	4KB	27KB	16 级	可选	有	是	是	
STC15W4K40S4	40KB	4KB	19KB	16 级	可选	有	是	是	
STC15W4K48S4	48KB	4KB	11KB	16 级	可选	有	是	是	
STC15W4K56S4	56KB	4KB	3KB	16 级	可选	有	是	是	
IAP15W4K61S4	61KB	4KB	IAP	16 级	可选	有	是	是	
STC15W4K32S4	58KB	4KB	IAP	16 级	可选	有	是	是	
IRC15W4K63S4	63.5KB	4KB	IAP	固定	24MHz	无	否	否	

（2）STC 单片机的命名规则。

STC 单片机的命名规则如图 2.1 所示。

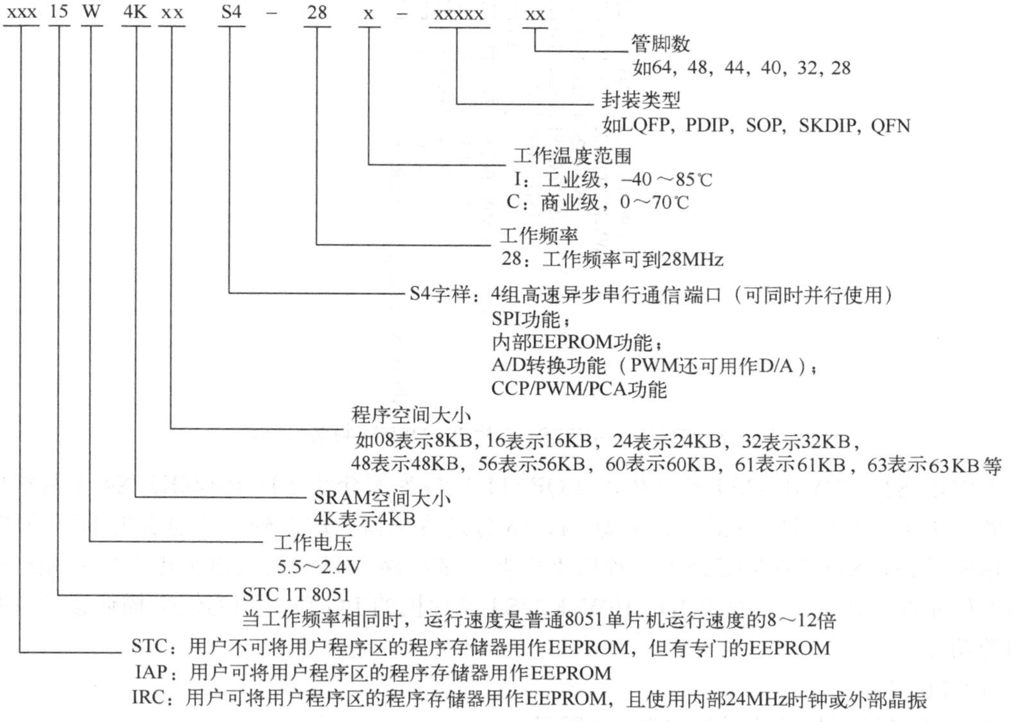

图 2.1　STC 单片机的命名规则

本书将 STC 单片机中的 STC15W4K32S4 单片机作为教学机型。

2.2 STC15W4K32S4 单片机的引脚功能

STC15W4K32S4 单片机有 LQFP64、LQFP48、LQFP44、LQFP32、PDIP40、SOP28、SOP32、SKDIP28 等封装类型。STC15W4K32S4 单片机 LQFP44 封装引脚图如图 2.2 所示，STC15W4K32S4 单片机 PDIP40 封装引脚图如图 2.3 所示。

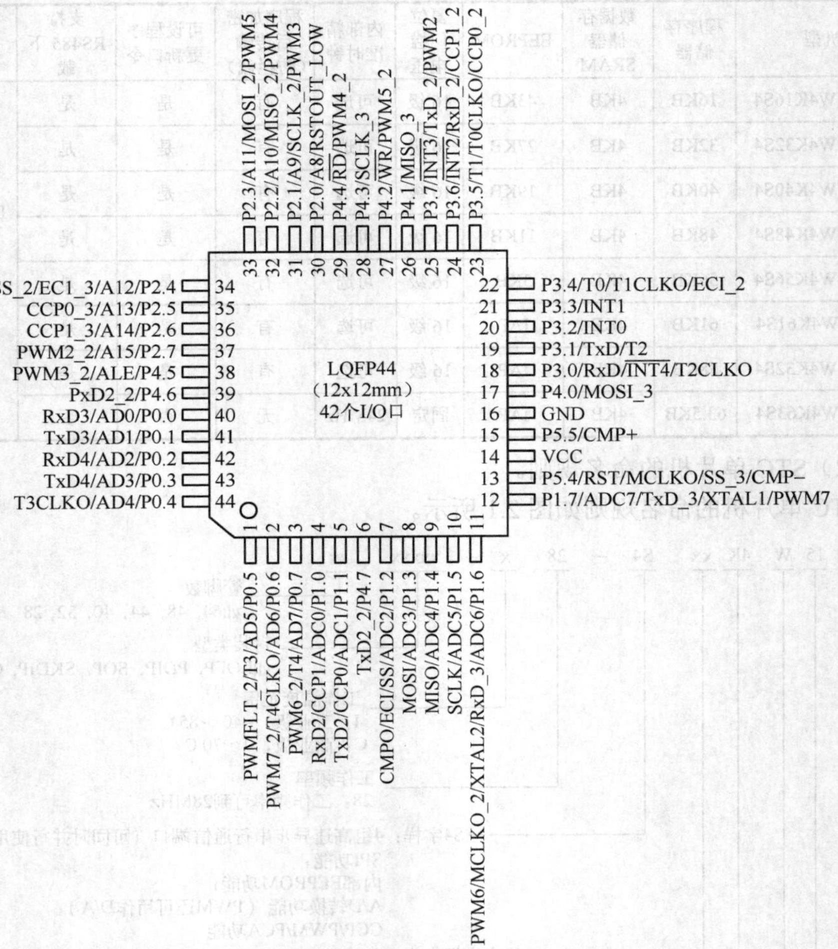

图 2.2 STC15W4K32S4 单片机 LQFP44 封装引脚图

下面以 STC15W4K32S4 单片机的 LQFP44 封装为例介绍 STC15W4K32S4 单片机的引脚功能。从图 2.2 中可以看出，除引脚 14、16 分别为电源、地以外，其他引脚都可用作 I/O 口，也就是说，STC15W4K32S4 单片机不需要外围电路，只要为其接上电源它就是一个最小单片机系统。因此，这里以 STC15W4K32S4 单片机的 I/O 口引脚为例来描述该单片机各引脚的功能。

（1）P0 口。

P0 口引脚排列与功能说明如表 2.3 所示。

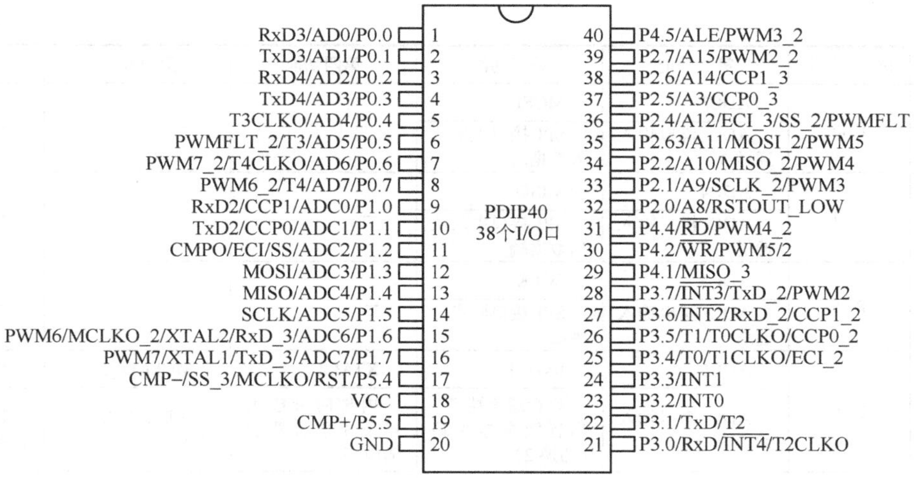

图 2.3　STC15W4K32S4 单片机 PDIP40 封装引脚图

表 2.3　P0 口引脚排列与功能说明

引脚号	I/O 口名称	第二功能	第三功能	第四功能
40	P0.0	（AD0～AD7）访问外部存储器时，分时复用，用作低 8 位地址总线和 8 位数据总线	RxD3 串行通信端口 3 数据接收端	—
41	P0.1		TxD3 串行通信端口 3 数据发送端	—
42	P0.2		RxD4 串行通信端口 4 数据接收端	—
43	P0.3		TxD4 串行通信端口 4 数据发送端	—
44	P0.4		T3CLKO T3 的时钟输出端	—
1	P0.5		T3 T3 的外部计数输入端	PWMFLT_2 PWM 异常停机控制引脚（切换 1）
2	P0.6		T4CLKO T4 的时钟输出端	PWM7_2 脉宽调制输出通道 7（切换 1）
3	P0.7		T4 T4 的外部计数输入端	PWM6_2 脉宽调制输出通道 6（切换 1）

（2）P1 口。

P1 口引脚排列与功能说明如表 2.4 所示。

表 2.4　P1 口引脚排列与功能说明

引脚号	I/O 口名称	第二功能	第三功能	第四功能	第五功能	第六功能
4	P1.0	ADC0 ADC 模拟输入通道 0	CCP1 CCP 输出通道 1	RxD2 串行通信端口 2 串行数据接收端	—	—
5	P1.1	ADC1 ADC 模拟输入通道 1	CCP0 CCP 输出通道 0	TxD2 串行通信端口 2 串行数据发送端	—	—
7	P1.2	ADC2 ADC 模拟输入通道 2	SS SPI 接口的从机选择信号	ECI CCP 模块计数器外部计数脉冲输入端	CMPO 比较器比较结果输出端	—

续表

引脚号	I/O 口名称	第二功能	第三功能	第四功能	第五功能	第六功能
8	P1.3	ADC3 ADC 模拟输入通道 3	MOSI SPI 接口主出从入数据端	—	—	—
9	P1.4	ADC4 ADC 模拟输入通道 4	MISO SPI 接口主入从出数据端	—	—	—
10	P1.5	ADC5 ADC 模拟输入通道 5	SCLK SPI 接口同步时钟端	—	—	—
11	P1.6	ADC6 ADC 模拟输入通道 6	RxD_3 串行通信端口 1 串行数据接收端（切换 2）	XTAL2 内部时钟放大器反相放大器的输出端	MCLKO_2 主时钟输出（切换 1）	PWM6 脉宽调制输出通道 6
12	P1.7	ADC7 ADC 模拟输入通道 7	TxD_3 串行通信端口 1 串行数据发送端（切换 2）	XTAL1 内部时钟放大器反相放大器的输入端	PWM7 脉宽调制输出通道 7	—

（3）P2 口。

P2 口引脚排列与功能说明如表 2.5 所示。

表 2.5 P2 口引脚排列与功能说明

引脚号	I/O 口名称	第二功能		第三功能	第四功能	第五功能
30	P2.0	A8	访问外部存储器时，用作高 8 位地址总线	RSTOUT_LOW 上电后输出低电平	—	—
31	P2.1	A9		SCLK_2 SPI 接口同步时钟端（切换 1）	PWM3 脉宽调制输出通道 3	
32	P2.2	A10		MISO_2 SPI 接口主入从出数据端（切换 1）	PWM4 脉宽调制输出通道 4	—
33	P2.3	A11		MOSI_2 SPI 接口主出从入数据端（切换 1）	PWM5 脉宽调制输出通道 5	
34	P2.4	A12		ECI_3 CCP 模块计数器外部计数脉冲输入端（切换 2）	SS_2 SPI 接口的从机选择信号（切换 1）	PWMFLT PWM 异常停机控制引脚
35	P2.5	A13		CCP0_3 CCP 输出通道 0（切换 2）	—	—
36	P2.6	A14		CCP1_3 CCP 输出通道 1（切换 2）	—	
37	P2.7	A15		PWM2_2 脉宽调制输出通道 2（切换 1）	—	—

（4）P3 口。

P3 口引脚排列与功能说明如表 2.6 所示。

表 2.6　P3 口引脚排列与功能说明

引脚号	I/O 口名称	第二功能	第三功能	第四功能
18	P3.0	RxD	$\overline{\text{INT4}}$	T2CLKO
		串行通信端口 1 串行数据接收端	外部中断 4 中断请求输入端	T2 的时钟输出端
19	P3.1	TxD	T2	—
		串行通信端口 1 串行数据发送端	T2 的外部计数脉冲输入端	
20	P3.2	INT0	—	—
		外部中断 0 中断请求输入端		
21	P3.3	INT1	—	—
		外部中断 1 中断请求输入端		
22	P3.4	T0	T1CLKO	ECI_2
		T0 的外部计数脉冲输入端	T1 的时钟输出端	CCP 模块计数器外部计数脉冲输入端（切换 1）
23	P3.5	T1	T0CLKO	CCP0_2
		T1 的外部计数脉冲输入端	T0 定时器的时钟输出端	CCP 输出通道 0（切换 1）
24	P3.6	$\overline{\text{INT2}}$	RxD_2	CCP1_2
		外部中断 2 中断请求输入端	串行通信端口 1 串行接收数据端（切换 1）	CCP 输出通道 1（切换 1）
25	P3.7	$\overline{\text{INT3}}$	TxD_2	PWM2
		外部中断 3 中断请求输入端	串行通信端口 1 串行发送数据端（切换 1）	脉宽调制输出通道 2

（5）P4 口。

P4 口引脚排列与功能说明如表 2.7 所示。

表 2.7　P4 口引脚排列与功能说明

引脚号	I/O 口名称	第二功能	第三功能
17	P4.0	MISO_3	—
		SPI 接口主入从出数据端（切换 2）	
26	P4.1	MOSI_3	—
		SPI 接口主出从入数据端（切换 2）	
27	P4.2	$\overline{\text{WR}}$	PWM5_2
		外部数据存储器写脉冲	脉宽调制输出通道 5（切换 1）
28	P4.3	SCLK_3	—
		SPI 接口同步信号输入端（切换 2）	
29	P4.4	$\overline{\text{RD}}$	PWM4_2
		外部数据存储器读脉冲	脉宽调制输出通道 4（切换 1）
38	P4.5	ALE	PWM3_2
		外部扩展存储器的地址锁存信号	脉宽调制输出通道 3（切换 1）
39	P4.6	RxD2_2	—
		串行通信端口 2 串行接收数据端（切换 1）	
6	P4.7	TxD2_2	—
		串行通信端口 2 串行发送数据端（切换 1）	

（6）P5 口。

P5 口引脚排列与功能说明如表 2.8 所示。

表 2.8　P5 口引脚排列与功能说明

引脚号	I/O 口名称	第二功能	第三功能	第四功能	第五功能
13	P5.4	RST 复位脉冲输入端	MCLKO 主时钟输出端	SS-3 SPI 接口的从机选择信号（切换 2）	CMP- 比较器负极输入端
15	P5.5	CMP+ 比较器正极输入端	—	—	—

注：STC15W4K32S4 单片机内部接口的外部输入、输出引脚可通过编程进行切换，上电或复位后，默认功能引脚的名称以原功能状态名称表示，切换后引脚状态的名称在原功能名称基础上加一下画线和序号，如 RXD 和 RXD_2，RXD 为串行通信端口 1 默认的数据接收端，RXD_2 为串行通信端口 1 切换（第 1 组切换）后的数据接收端名称，其功能与串行通信端口 1 的串行数据接收端的功能相同。

2.3　STC15W4K32S4 单片机的内部结构

2.3.1　内部结构框图

STC15W4K32S4 单片机的内部结构框图如图 2.4 所示。

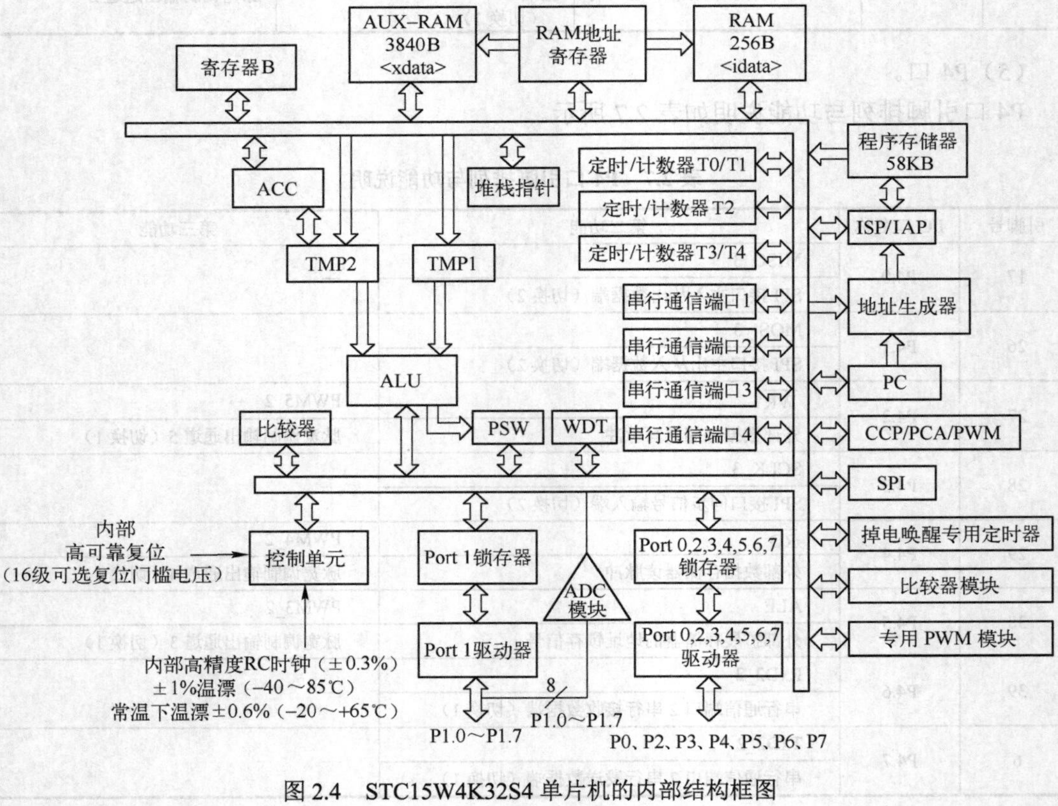

图 2.4　STC15W4K32S4 单片机的内部结构框图

STC15W4K32S4 单片机包含 CPU、程序存储器（程序 Flash，可用作 EEPROM）、数据存储器（包括基本 RAM、扩展 RAM、特殊功能寄存器）、EEPROM（数据存储器，与程序存储器共用一个地址空间）、定时/计数器、串行通信端口、中断系统、比较器模块、ADC 模块、CCP 模块（可用作 DAC）、专用 PWM 模块、SPI 接口，以及 WDT、电源监控、内部高可靠复位、内部高精度 RC 时钟等模块。

2.3.2 CPU 结构

单片机的 CPU 由运算器和控制器组成，其作用是读入并分析每条指令，根据各指令功能控制单片机的各功能部件执行指定的运算或操作。

1. 运算器

运算器由 ALU、ACC、寄存器 B、暂存器（TMP1，TMP2）和 PSW 组成，用于实现算术与逻辑运算、位变量处理与传送等操作。

ALU 功能极强，既可实现 8 位二进制数据的加、减、乘、除算术运算和与、或、非、异或、循环等逻辑运算，同时还具有一般 CPU 不具备的位处理功能。

ACC 又记作 A，用于向 ALU 提供操作数和存放运算结果，它是 CPU 中工作最频繁的寄存器，大多数指令的执行都要通过 ACC 进行。

寄存器 B 是专门为乘法运算和除法运算设置的寄存器，用于存放乘法运算和除法运算的操作数和运算结果。对于其他指令，寄存器 B 可用作普通寄存器。

PSW 简称程序状态字，它用来保存 ALU 运算结果的特征和处理状态，这些特征和状态可以作为控制程序转移的条件，供程序判别和查询。PSW 的地址与各位定义如下所示。

	地址	B7	B6	B5	B4	B3	B2	B1	B0	复位值
PSW	D0H	CY	AC	F0	RS1	RS0	OV	F1	P	0000 0000

CY：进位位。在执行加/减法指令时，如果操作结果的最高位 B7 出现进/借位，则 CY 置 1，否则清 0。在执行乘法运算后，CY 清 0。

AC：辅助进位位。在执行加/减法指令时，如果低 4 位数向高 4 位数（或者说 B3 位向 B4 位）进/借位，则 AC 置 1，否则清 0。

F0：用户标志位 0。该位是由用户定义的一个状态标志位。

RS1、RS0：工作寄存器组选择控制位。

OV：溢出标志位。该位用于指示运算过程中是否发生了溢出。有溢出时，(OV)=1；无溢出时，(OV)=0。

F1：用户标志位 1。该位是由用户定义的一个状态标志位。

P：奇偶标志位。如果 ACC 中 1 的个数为偶数，则(P)=0；否则，(P)=1。在具有奇偶校验的串行数据通信中，可以根据 P 值设置奇偶校验位。

2. 控制器

控制器是 CPU 的指挥中心，由指令寄存器 IR、指令译码器 ID、定时及控制逻辑电路，以及程序计数器 PC 等组成。

PC 是一个 16 位的计数器（PC 不属于特殊功能寄存器），它总是存放着下一个要取指令字节的 16 位程序存储器存储单元的地址，并且每取完一个指令字节，PC 的内容自动加 1，为取下一个指令字节做准备。因此在一般情况下，CPU 是按指令顺序执行程序的。只有在执行转移、子程序调用指令和中断响应时，CPU 是由指令或中断响应过程自动为 PC 置入新的地址的。PC 指向哪里，CPU 就从哪里开始执行程序。

IR 用于保存当前正在执行的指令，在执行一条指令前，先要把它从程序存储器取到 IR 中。指令内容包含操作码和地址码两部分，操作码送至 ID，并形成相应指令的微操作信号；地址码送至操作数形成电路，以形成实际的操作数地址。

定时及控制逻辑电路是 CPU 的核心部件，它的任务是控制取指令、执行指令、存取操作数或运算结果等操作，向其他部件发出各种微操作信号，协调各部件工作，完成指令指定的工作任务。

2.4 STC15W4K32S4 单片机的存储结构

STC15W4K32S4 单片机存储器结构的主要特点是程序存储器与数据存储器是分开编址的，STC15W4K32S4 单片机内部在使用上有 4 个相互独立的存储器空间：程序存储器（程序 Flash）、片内基本 RAM、片内扩展 RAM 与 EEPROM（数据 Flash），如图 2.5 所示。

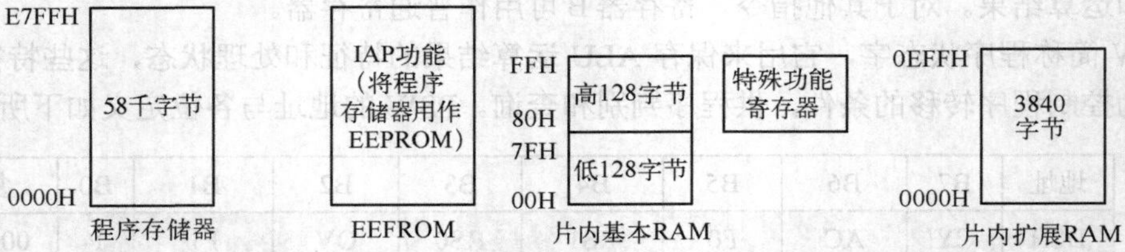

图 2.5　STC15W4K32S4 单片机内部的存储器结构

1. 程序存储器

程序存储器用于存放用户程序、数据和表格等信息。STC15W4K32S4 单片机片内集成了 58 千字节的程序存储器，其地址为 0000H～E7FFH。

在程序存储器中有些特殊的单元，在应用中应加以注意。

（1）0000H 单元。系统复位后，PC 值为 0000H，单片机从 0000H 单元开始执行程序。一般在 0000H 开始的三个单元中存放一条无条件转移指令，让 CPU 去执行用户指定位置的主程序。

（2）0003H～00BBH 单元。这些单元用作 24 个中断源中断响应的入口地址（又称中断向量）。

0003H：外部中断 0 中断响应的入口地址。

000BH：定时/计数器 T0 中断响应的入口地址。

0013H：外部中断 1 中断响应的入口地址。

001BH：定时/计数器 T1 中断响应的入口地址。

0023H：串行通信端口 1 中断响应的入口地址。

以上为 5 个基本中断源的中断响应的入口地址，其他中断源对应的中断响应的入口地址详见第 8 章。

每个中断响应的入口间相隔 8 个存储单元。在编程时，通常在这些中断响应的入口地址开始处放入一条无条件转移指令，指向真正存放中断服务程序的入口地址。只有在中断服务程序较短时，才可以将中断服务程序直接存放在相应中断响应的入口地址开始的几个单元中。

2．片内基本 RAM

片内基本 RAM 包括低 128 字节、高 128 字节和特殊功能寄存器（SFR）三部分。

（1）低 128 字节。

根据 RAM 作用的差异性，低 128 字节又分为工作寄存器区、位寻址区和通用 RAM 区，如图 2.6 所示。

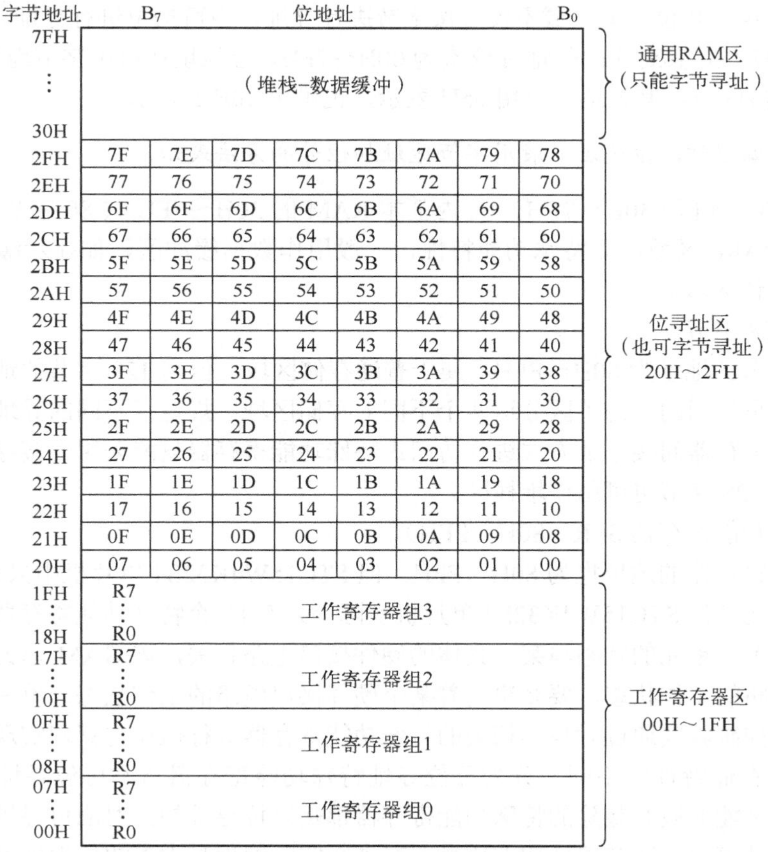

图 2.6 低 128 字节的功能分布

① 工作寄存器区（00H～1FH）。STC15W4K32S4 单片机片内基本 RAM 低端的 32 个字节分成 4 个工作寄存器组，每组占用 8 字节。但程序在运行时，只能有一个工作寄存器组为

当前工作寄存器组，当前工作寄存器组的存储单元可用作寄存器，即用寄存器符号（R0,R1,…,R7）来表示。当前工作寄存器组的选择是通过PSW中的RS1、RS0实现的。RS1、RS0的状态与当前工作寄存器组的关系如表2.9所示。

表2.9 RS1、RS0的状态与当前工作寄存器组的关系

工作寄存器组号	RS1	RS0	R0	R1	R2	R3	R4	R5	R6	R7
0	0	0	00H	01H	02H	03H	04H	05H	06H	07H
1	0	1	08H	09H	0AH	0BH	0CH	0DH	0EH	0FH
2	1	0	10H	11H	12H	13H	14H	15H	16H	17H
3	1	1	18H	19H	1AH	1BH	1CH	1DH	1EH	1FH

当前工作寄存器组从一个工作寄存器组切换到另一个工作寄存器组后，原来工作寄存器组的各寄存器的内容相当于被屏蔽保护起来了，利用这一特性可以方便地完成快速现场保护任务。

② 位寻址区（20H～2FH）。片内基本RAM的20H～2FH共16字节，是位寻址区，每字节有8位，共128位。该区域不仅可按字节进行寻址，也可按位进行寻址。从20H的B0位到2FH的B7位，其对应的位地址依次为00H～7FH。位地址还可用字节地址加位号表示，如20H单元的B5位，其位地址可用05H表示，也可用20H.5表示。

注意：*在编程时，位地址一般用字节地址加位号的方法表示。*

③ 通用RAM区（30H～7FH）。片内基本RAM的30H～7FH共80字节，为通用RAM区，即一般RAM区域，无特殊功能特性，一般用作数据缓冲区，如显示缓冲区。通常将堆栈也设置在该区域。

（2）高128字节。

高128字节的地址为80H～FFH，属于普通存储区域，但高128字节的地址与特殊功能寄存器的地址是相同的。为了区分这两个不同的存储区域，规定了不同的寻址方式，高128字节只能采用寄存器间接寻址方式进行访问；特殊功能寄存器只能采用直接寻址方式进行访问。此外，高128字节也可用作堆栈区。

（3）特殊功能寄存器SFR（80H～FFH）。

特殊功能寄存器的地址也为80H～FFH，但STC15W4K32S4单片机中只有88个地址有实际意义，也就是说STC15W4K32S4单片机实际上只有88个特殊功能寄存器。特殊功能寄存器是指该RAM单元的状态与某一具体的硬件接口电路相关，该RAM单元要么反映了某个硬件接口电路的工作状态，要么决定着某个硬件接口电路的工作状态。单片机内部I/O口电路的管理与控制就是通过对与其相关的特殊功能寄存器进行操作与管理实现的。特殊功能寄存器根据其存储特性的不同又分为可位寻址特殊功能寄存器与不可位寻址特殊功能寄存器。凡字节地址能够被8整除的特殊功能寄存器都是可位寻址的，对应可寻址位都有一个位地址，其位地址等于其字节地址加上位号，在进行实际编程时大多数位地址是采用其位功能符号表示的，如PSW中的CY、AC等。特殊功能寄存器与其可寻址位都是按直接地址进行寻址的。STC15W4K32S4单片机特殊功能寄存器字节地址与位地址表如表2.10所示，表2.10中给出了各特殊功能寄存器的符号、地址与复位状态值。

注意：在用汇编语言或 C 语言编程时，一般用特殊功能寄存器的符号或位地址的符号来表示特殊功能寄存器的地址或位地址。

表 2.10　STC15W4K32S4 单片机特殊功能寄存器字节地址与位地址表

字节地址	可位寻址	不可位寻址						
	+0	+1	+2	+3	+4	+5	+6	+7
80H	P0 11111111	SP 00000111	DPL 00000000	DPH 00000000	S4CON 00000000	S4BUF xxxxxxxx	—	PCON 00110000
88H	TCON 00000000	TMOD 00000000	TL0 (RL_TL0) 00000000	TL1 (RL_TL1) 00000000	TH0 (RL_TH0) 00000000	TH1 (RL_TH1) 00000000	AUXR 00000001	INT_CLKO 00000000
90H	P1 11111111	P1M1 11000000	P1M0 00000000	P0M1 00000000	P0M0 00000000	P2M1 00001110	P2M0 00000000	CLK_DIV 0000x000
98H	SCON 00000000	SBUF xxxxxxxx	S2CON 00000000	S2BUF xxxxxxxx	—	P1ASF 00000000	—	—
A0H	P2 11111110	BUS_SPEED xxxxxx10	P_SW1 00000000	—	—	—	—	—
A8H	IE 00000000	—	WKTCL (WKTCL_CNT) 11111111	WKTCH (WKTCH_CNT) 01111111	S3CON 00000000	S3BUF xxxxxxxx	—	IE2 x0000000
B0H	P3 11111111	P3M1 10000000	P3M0 00000000	P4M1 00000000	P4M0 00000000	IP2 xxxxxx00	—	—
B8H	IP x0x00000	—	P_SW2 Xxxxx000	—	ADC_CONTR 00000000	ADC_RES 00000000	ADC_RESL 00000000	—
C0H	P4 11111111	WDT_CONTR 0X000000	IAP_DATA 11111111	IAP_ADDRH 00000000	IAP_ADDRL 00000000	IAP_CMD xxxxxx00	IAP_TRIG xxxxxxxx	IAP_CONTR 00000000
C8H	P5 xxxx1111	P5M1 xxxx0000	P5M0 xxxx0000	—	—	SPSTAT 00xxxxxx	SPCTL 00000100	SPDAT 00000000
D0H	PSW 000000X0	T4T3M	T4H (RL_TH4) 00000000	T4L (RL_TL4) 00000000	T3H (RL_TH3) 00000000	T3L (RL_TL3) 00000000	T2H (RL_TH2) 00000000	T2L (RL_TL2) 00000000
D8H	CCON 00xx0000	CMOD 0xxx000	CCAPM0 x0000000	CCAPM1 x00000000	—	—	—	—
E0H	ACC 00000000	—	—	—	—	—	CMPCR1 00000000	CMPCR2 00001001
E8H	—	CL 00000000	CCAP0L 00000000	CCAP1L 00000000	—	—	—	—
F0H	B 00000000	—	PCA_PWM0 00xxxx00	PCA_PWM1 00xxxx00	—	—	—	—
F8H	—	CH 00000000	CCAP0H 00000000	CCAP1H 00000000	—	—	—	—

注：各特殊功能寄存器地址等于行地址加列偏移量；加阴影部分为相比于经典 8051 单片机新增的特殊功能寄存器。

① 与运算器相关的寄存器（3 个）。

ACC：累加器，它是 STC15W4K32S4 单片机中最繁忙的寄存器，用于向 ALU 提供操作数，同时许多运算结果也存放在 ACC 中。在进行实际编程时，若用 A 表示累加器，则表示寄存器寻址；若用 ACC 表示累加器，则表示直接寻址（仅在 PUSH、POP 指令中使用）。

B：寄存器 B，主要用于乘法、除法运算，也可用作一般 RAM 单元。

PSW：程序状态标志存储器。

② 指针类寄存器（3 个）。

SP：堆栈指针，它始终指向栈顶。堆栈是一种遵循“先进后出，后进先出”存储原则的存储区。入栈时，SP 先加 1，数据再压入 SP 指向的存储单元；出栈时，先将 SP 指向单元的数据弹出到指定的存储单元中，SP 再减 1。STC15W4K32S4 单片机复位时，SP 为 07H，即默认栈底是 08H 单元。在实际应用中，为了避免堆栈区与工作寄存器区、位寻址区发生冲突，堆栈区通常设置在通用 RAM 区或高 128 字节区。堆栈区主要用于存放中断或调用子程序时的断点地址和现场参数数据。

DPTR（16 位）：增强型双数据指针，由 DPL 和 DPH 组成，用于存放 16 位地址，并对 16 位地址的程序存储器和扩展 RAM 进行访问。

3．扩展 RAM（XRAM）

STC15W4K32S4 单片机的扩展 RAM 空间为 3840 字节，地址范围为 0000H～0EFFH。扩展 RAM 类似于传统的片外数据存储器，可采用访问片外数据存储器的访问指令（助记符为 MOVX）访问扩展 RAM 区。STC15W4K32S4 单片机保留了传统 8051 单片机片外数据存储器的扩展功能，但在使用时，扩展 RAM 与片外数据存储器不能并存，可通过 AUXR 中的 EXTRAM 进行选择，默认选择的是片内扩展 RAM。在扩展片外数据存储器时，要占用 P0 口、P2 口，以及 ALE、$\overline{RD}$ 与 $\overline{WR}$ 引脚，而在使用片内扩展 RAM 时与它们无关。在实际应用中，应尽量使用片内扩展 RAM，不推荐扩展片外数据存储器。

4．EEPROM

STC 单片机的程序存储器与 EEPROM 在物理上是共用一个地址空间的。以 IAP 开头的单片机用户程序可直接对程序存储器进行操作，在使用上，程序存储器与 EEPROM 也是统一编址的，不用的程序存储器就可用作 EEPROM，因此，STC15W4K32S4 单片机的 EEPROM 空间理论上为 0000H～E7FFH。若是以 STC 开头的单片机用户程序不能直接对程序存储器进行操作，在使用上，程序存储器与 EEPROM 是分开编址的，如 STC15W4K56S4 单片机的程序存储器的存储空间为 0000H～DFFFH，EEPROM 的存储空间为 0000H～0BFFH。

数据存储器被用作 EEPROM，用来存放一些应用时需要经常修改且掉电后又能保持不变的参数。数据存储器的擦除操作是按扇区进行的，在使用时建议将同一次修改的数据放在同一个扇区，不同次修改的数据放在不同的扇区。在程序中，用户可以对数据存储器进行字节读、字节写与扇区擦除等操作，具体操作方法见 6.4 节。

2.5　STC15W4K32S4 单片机的并行 I/O 口

2.5.1　I/O 口的功能与工作模式

1．I/O 口的功能

STC15W4K32S4 单片机最多有 62 个 I/O 口（P0.0～P0.7、P1.0～P1.7、P2.0～P2.7、P3.0～P3.7、P4.0～P4.7、P5.0～P5.5、P6.0～P6.7、P7.0～P7.7），采用 LQFP44 封装的 STC15W4K32S4 单片机共有 42 个 I/O 口，分别为 P0.0～P0.7、P1.0～P1.7、P2.0～P2.7、P3.0～P3.7、P4.0～P4.7、P5.4、P5.5，可用作准双向口；其中大多数 I/O 口至少具有两种功能，各 I/O 口的引脚功能名称前文已介绍过，详见表 2.3～表 2.8。

2．I/O 口的工作模式

STC15W4K32S4 单片机的所有 I/O 口均有 4 种工作模式：准双向口（传统 8051 单片机 I/O）

工作模式、推挽输出工作模式、仅为输入（高阻状态）工作模式与开漏工作模式。每个 I/O 口的驱动电流均可达到 20mA，但具有 40 及以上引脚的单片机整个芯片最大工作电流不要超过 120mA；具有 20 引脚以上、32 引脚以下的单片机整个芯片最大工作电流不要超过 90mA。每个 I/O 口的工作模式由 P*n*M1 和 P*n*M0（*n*=0,1,2,3,4,5）两个寄存器的相应位来控制。例如，P0M1 和 P0M0 用于设定 P0 口的工作模式，其中 P0M1.0 和 P0M0.0 用于设置 P0.0 口的工作模式，P0M1.7 和 P0M0.7 用于设置 P0.7 口的工作模式，以此类推。I/O 口工作模式的设置如表 2.11 所示，STC15W4K32S4 单片机上电复位后，除与专用 PWM 模块有关的引脚（P1.6、P1.7、P2.3、P2.2、P2.1、P3.7）处于高阻状态外，其余所有的 I/O 口均处于准双向口工作模式。

表 2.11 I/O 口工作模式的设置

控制信号		I/O 口工作模式
P*n*M1[7:0]	P*n*M0[7:0]	
0	0	准双向口工作模式：灌电流可达 20mA，拉电流为 150～230μA
0	1	推挽输出工作模式：强上拉输出，拉电流可达 20mA，要外接限流电阻
1	0	仅为输入（高阻状态）工作模式
1	1	开漏工作模式：内部上拉电阻断开，要外接上拉电阻才可以拉高。此工作模式可用于 5V 元器件与 3V 元器件的电平切换

2.5.2 并行 I/O 口的结构与工作原理

STC15W4K32S4 单片机的所有 I/O 口均有 4 种工作模式，下面介绍这 4 种工作模式下的 I/O 口的结构与工作原理。

1. 准双向口工作模式

准双向口工作模式下的 I/O 口的电路结构如图 2.7 所示。在准双向口工作模式下，I/O 口可直接输出而不需要重新配置 I/O 口输出状态。这是因为当 I/O 口输出高电平时驱动能力很弱，允许外部装置将其电平拉低；当 I/O 口输出低电平时，其驱动能力很强，可吸收相当大的电流。

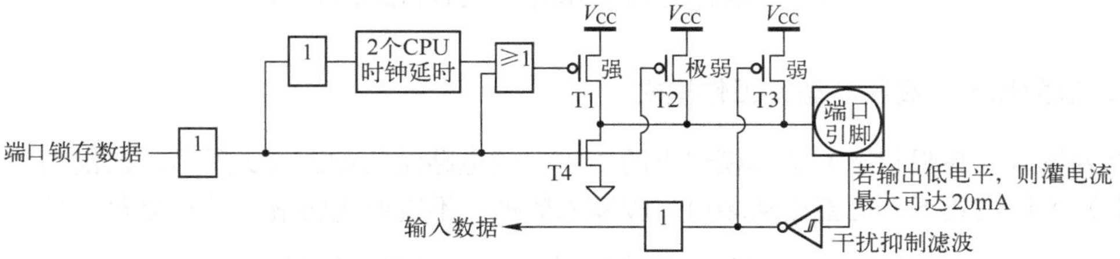

图 2.7 准双向口工作模式下的 I/O 口的电路结构

每个 I/O 口都包含一个 8 位锁存器，即特殊功能寄存器 P0～P5。这种结构在数据输出时具有锁存功能，即在重新输出新的数据之前，I/O 口上的数据一直保持不变，但其对输入信号是不锁存的，所以 I/O 设备输入的数据必须保持到取指令开始执行为止。

准双向口有 3 个上拉场效应管 T1、T2、T3，可以适应不同的需要。其中，T1 称为“强上拉”，上拉电流可达 20mA；T2 称为“极弱上拉”，上拉电流一般为 30μA；T3 称为“弱上拉”，上拉电流一般为 150～270μA，典型值为 200μA。若输出低电平，则灌电流最大可达 20mA。

当端口锁存器为“1”且引脚输出也为“1”时，T3 导通，T3 提供基本驱动电流使准双向口输出为“1”。当一个引脚输出为“1”且由外部装置下拉到低电平时，T3 断开，T2 维持导通状态，为了把这个引脚强拉为低电平，外部装置必须有足够的灌电流使引脚上的电压降到门槛电压以下。

当端口锁存器为“1”时，T2 导通。当引脚悬空时，这个极弱的上拉源产生很弱的上拉电流，引脚被上拉为高电平。

当端口锁存器由“0”跳变到“1”时，T1 用来加快准双向口由逻辑“0”到逻辑“1”的转换。当发生这种情况时，T1 导通约两个时钟以使引脚能够迅速地上拉到高电平。

准双向口带有一个施密特触发输入电路及一个干扰抑制电路。

当从端口引脚上输入数据时，T4 应一直处于截止状态。如果在输入之前曾输出锁存过数据“0”，那么 T4 是导通的，这样引脚上的电位就始终被钳位在低电平，使高电平输入无法被读入。因此，若要从端口引脚读入数据，必须先将端口锁存器置“1”，使 T4 截止。

2．推挽输出工作模式

推挽输出工作模式下的 I/O 口的电路结构如图 2.8 所示。在推挽输出工作模式下，I/O 口输出的下拉结构、输入电路结构与准双向口工作模式下的相同结构一致，不同的是推挽输出工作模式下 I/O 口的上拉是持续的“强上拉”，若输出高电平，则拉电流最大可达 20mA；若输出低电平，则灌电流最大可达 20mA。因此，若要从端口引脚上输入数据，则必须先将端口锁存器置“1”，使 T2 截止。

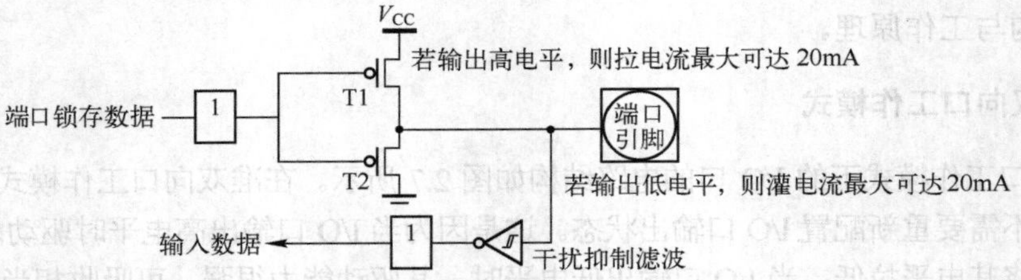

图 2.8　推挽输出工作模式下的 I/O 口的电路结构

3．仅为输入（高阻状态）工作模式

仅为输入（高阻状态）工作模式下的 I/O 口的电路结构如图 2.9 所示。在仅为输入（高阻状态）工作模式下，可直接从端口引脚读入数据，不需要先将端口锁存器置“1”。

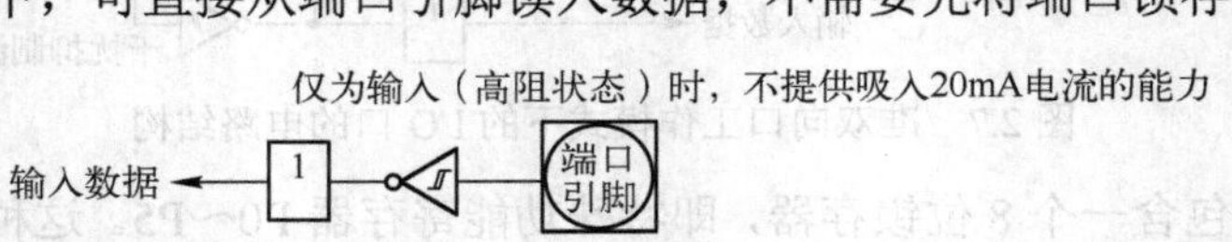

图 2.9　仅为输入（高阻状态）工作模式下的 I/O 口的电路结构

4．开漏工作模式

开漏工作模式下的 I/O 口的电路结构如图 2.10 所示。在开漏工作模式下，I/O 口输出的下拉结构与推挽输出工作模式和准双向口工作模式下的相同结构一致，输入电路结构与准双向口工作模式下的相同结构一致，但输出驱动无任何负载，即在开漏工作模式下输出应用时，必须外接上拉电阻。

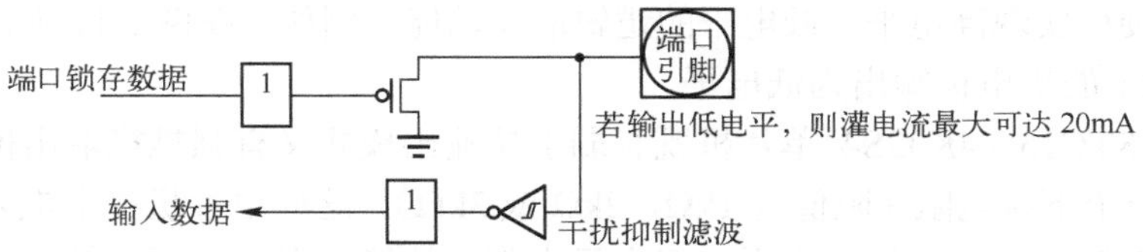

图 2.10　开漏工作模式下的 I/O 口的电路结构

2.5.3　并行 I/O 口的使用注意事项

1．典型三极管控制电路

单片机 I/O 口本身的驱动能力有限，如果需要驱动较大功率的元器件，那么可以采用单片机 I/O 口控制三极管进行输出的方法。典型三极管控制电路如图 2.11 所示，如果用弱上拉控制，那么建议加上拉电阻 R1，其阻值为 3.3～10kΩ；如果不加上拉电阻 R1，则建议电阻 R2 的取值在 15kΩ 以上，或者采用强推挽输出工作模式。

2．典型发光二极管驱动电路

在采用弱上拉驱动时，用灌电流方式驱动发光二极管，如图 2.12（a）所示；在采用推挽输出（强上拉）驱动时，用拉电流方式驱动发光二极管，如图 2.12（b）所示。

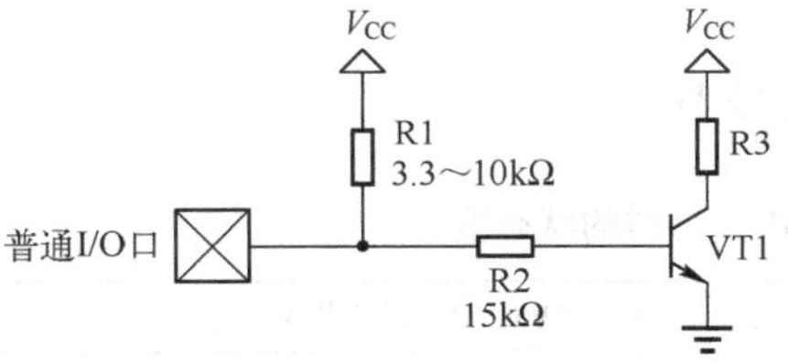

图 2.11　典型三极管控制电路

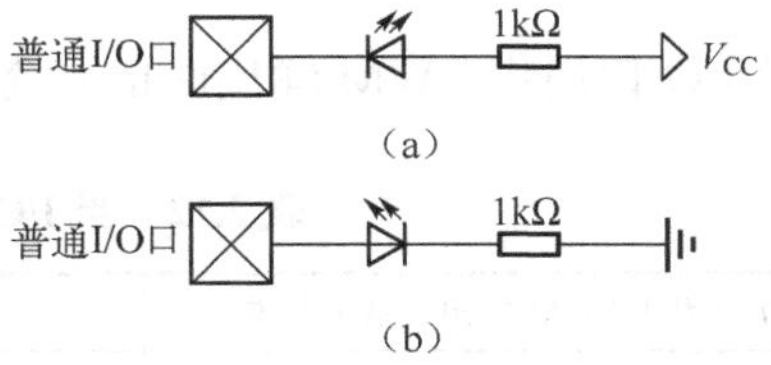

图 2.12　典型发光二极管驱动电路

在实际使用时，应尽量采用灌电流方式驱动发光二极管，而不要采用拉电流方式驱动，这样可以提高系统的负载能力和可靠性。当有特别需要时，可以采用拉电流方式驱动发光二极管，如供电线路要求比较简单的情况。

在行列矩阵按键扫描电路中，也需要加限流电阻。因为在实际工作时可能出现两个 I/O 口均输出低电平的情况，并且在按键按下时两个 I/O 短接，而 CMOS 电路的两个输出口不能直接短接，在行列矩阵按键扫描电路中，一个 I/O 口为了读另外一个 I/O 口的状态，必须先置为高电平，而单片机的弱上拉 I/O 口在由 0 变为 1 时，会有两个时钟的强推挽输出电流输出到另外一个输出低电平的 I/O 口，这样就有可能导致 I/O 口损坏。因此，建议在行列矩阵按键扫描电路的两侧各加一个阻值为 300Ω 的限流电阻；或者在软件处理上，不要出现按键两端的 I/O 口同时为低电平的情况。

3．使 I/O 口在单片机上电复位时输出为低电平

当单片机上电复位时，普通 I/O 口输出为弱上拉高电平，而在很多实际应用中要求单片

机上电复位时某些 I/O 口输出为低电平，否则所控制的系统（如电动机）就会产生误动作，该问题有以下两种解决方法。

（1）通过硬件实现高电平、低电平的逻辑取反功能。例如，在图 2.11 中，单片机上电复位后三极管 VT1 的集电极输出为低电平。

（2）由于 STC15W4K32S4 单片机既有弱上拉输出模式又有强推挽输出模式，所以可在其 I/O 口上加一个下拉电阻（阻值为 1kΩ、2kΩ 或 3kΩ），这样单片机在上电复位时，虽然单片机内部 I/O 口输出为弱上拉高电平，但由于内部上拉能力有限，而外部下拉电阻较小，无法将输出信号拉为高电平，所以该 I/O 口在单片机上电复位时外部输出为低电平。如果要将此 I/O 口驱动为高电平，那么可将此 I/O 口设置为强推挽输出工作模式，此时，I/O 口驱动电流可达 20mA。在实际应用时，先在电路中串联一个阻值大于 470Ω 的限流电阻，再将下拉电阻接地，如图 2.13 所示。

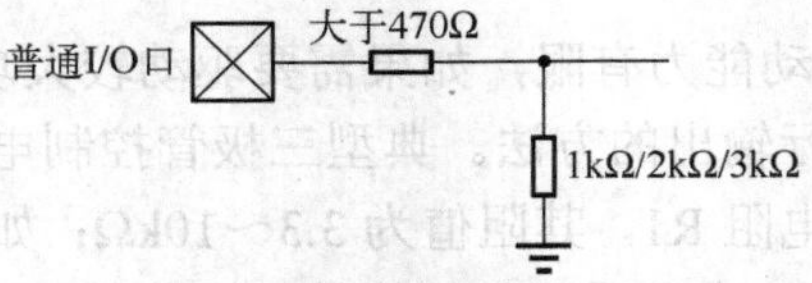

图 2.13　让 I/O 口上电复位时控制输出为低电平的驱动电路

注意： STC15W4K32S4 单片机的 P2.0（RST-OUT_LOW）引脚在单片机上电复位后的输出电平可通过 STC-ISP 在线编程软件设置为高电平或低电平。

4．当 I/O 口用作 PWM 输出时的状态变化

当 I/O 口用作 PWM 输出时的状态变化如表 2.12 所示。

表 2.12　当 I/O 口用作 PWM 输出时的状态变化

I/O 口用作 PWM 输出之前的状态	I/O 口用作 PWM 输出时的状态
弱上拉/准双向口	强推挽/强上拉输出，要加输出限流电阻 1～10kΩ
强推挽输出	强推挽/强上拉输出，要加输出限流电阻 1～10kΩ
仅为输入（高阻状态）	PWM 无效
开漏	开漏

2.6　STC15W4K32S4 单片机的时钟与复位

2.6.1　时钟

1．时钟信号源的选择

STC15W4K32S4 单片机的主时钟有 2 种时钟信号源：内部高精度 RC 时钟和外部时钟（由 XTAL1 和 XTAL2 外接晶振产生时钟信号源，或者直接输入时钟信号源）。

（1）内部高精度 RC 时钟。

如果使用 STC15W4K32S4 单片机的内部高精度 RC 时钟，可将 XTAL1 和 XTAL2 用作

I/O 口。STC15W4K32S4 单片机在常温下的时钟频率为 5～35MHz，在-40～+85℃环境下，温漂为±1%；在常温下，温漂为±0.5%。

在将用户程序下载至 STC15W4K32S4 单片机时，可以在用户程序内部 RC 时钟频率选项中选择用户程序运行时的高精度 RC 时钟的频率，如图 2.14 所示。

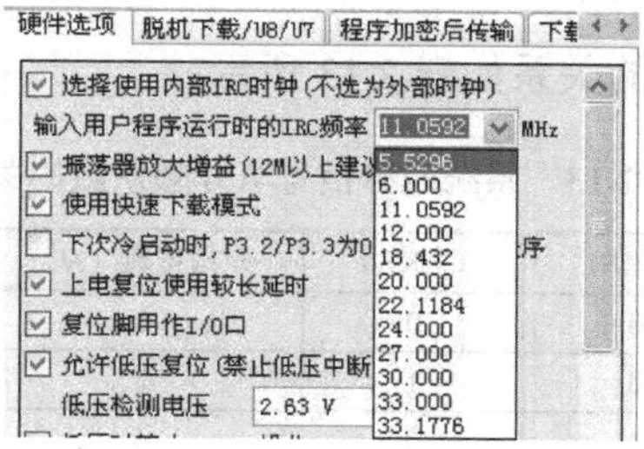

图 2.14　选择用户程序运行时的高精度 RC 时钟的频率

（2）外部时钟。

XTAL1 和 XTAL2 分别是芯片内部反相放大器的输入端和输出端。

STC15W4K32S4 单片机的出厂默认时钟为内部高精度 RC 时钟，若要选用外部时钟，则可以在将用户程序下载至 STC15W4K32S4 单片机时，在硬件选项中不勾选“选择使用内部 IRC 时钟（不选为外部时钟）”。

在使用外部时钟时，单片机时钟信号源由 XTAL1、XTAL2 引脚外接晶振产生，或者直接从 XTAL1 输入外部时钟信号。

采用外接晶振来产生时钟信号源如图 2.15（a）所示，时钟信号源的频率取决于外接晶振的频率，电容 C1 和 C2 的作用是稳定频率和快速起振，一般取值为 5～47pF，典型值为 47pF、30pF。STC15W4K32S4 单片机的时钟频率最大可达 35MHz。

当从 XTAL1 端直接输入外部时钟信号源时，XTAL2 端悬空，如图 2.15（b）所示。主时钟信号源（内部高精度 RC 时钟或外部时钟）的频率记为 f_{osc}。

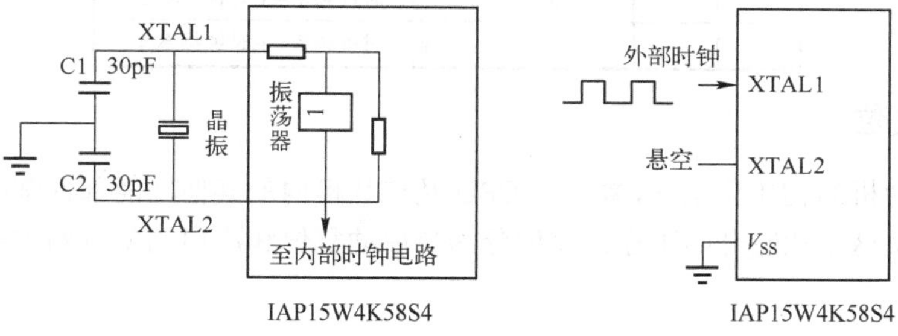

（a）　　（b）

图 2.15　STC15W4K32S4 单片机的外部时钟接入电路

2．系统时钟与时钟分频寄存器

时钟信号源输出信号不是直接提供给单片机 CPU、内部接口的，而是经过一个可编程时钟分频寄存器再提供给单片机 CPU 和内部接口的。为了区分时钟信号源时钟信号与 CPU、内部接口的时钟信号，时钟信号源时钟信号的频率记为 f_{OSC}；CPU、内部接口的时钟称为系统时钟，其信号记为 f_{SYS}，$f_{SYS}=f_{OSC}/N$，式中 N 为时钟分频寄存器的分频系数。利用时钟分频寄存器可进行时钟分频，从而使 STC15W4K32S4 单片机在较低频率下工作。

时钟分频寄存器 CLK_DIV 各位的定义如下。

CLK_DIV	地址	B7	B6	B5	B4	B3	B2	B1	B0	复位值
	97H	MCKO_S1	MCKO_S0	ADRJ	Tx_Rx	—	CLKS2	CLKS1	CLKS0	0000 x000

系统时钟信号与分频系数的关系如表 2.13 所示。

表 2.13　系统时钟信号与分频系数的关系

CLKS2	CLKS1	CLKS0	分频系数（N）	系统时钟信号
0	0	0	1	f_{osc}
0	0	1	2	$f_{osc}/2$
0	1	0	4	$f_{osc}/4$
0	1	1	8	$f_{osc}/8$
1	0	0	16	$f_{osc}/16$
1	0	1	32	$f_{osc}/32$
1	1	0	64	$f_{osc}/64$
1	1	1	128	$f_{osc}/128$

3. 主时钟输出与主时钟控制

主时钟从 P5.4 引脚输出，主时钟控制是由时钟分频寄存器中的 MCKO_S1、MCKO_S0 实现的。主时钟输出与主时钟控制如表 2.14 所示。

表 2.14　主时钟输出与主时钟控制

MCKO_S1	MCKO_S0	主时钟输出功能
0	0	禁止输出
0	1	输出时钟频率=主时钟频率
1	0	输出时钟频率=主时钟频率/2
1	1	输出时钟频率=主时钟频率/4

2.6.2 复位

复位是单片机的初始化工作，复位后 CPU 及单片机内的其他功能部件都处在一个确定的初始状态，并从这个状态开始工作。复位分为热启动复位和冷启动复位两大类，它们的区别如表 2.15 所示。

表 2.15　热启动复位和冷启动复位的区别

复位种类	复位源	上电复位标志（POF）	复位后程序启动区域
冷启动复位	系统停电后再上电引起的硬复位	1	从系统 ISP 监控程序区开始执行程序，如果检测不到合法的 ISP 下载指令流，那么将软复位到用户程序区执行用户程序
热启动复位	通过控制 RST 引脚产生的硬复位	不变	从系统 ISP 监控程序区开始执行程序，如果检测不到合法的 ISP 下载指令流，那么将软复位到用户程序区执行用户程序
	内部 WDT 复位	不变	若(SWBS)=1，则复位到系统 ISP 监控程序区；若(SWBS)=0，则复位到用户程序区 0000H 处
	通过对 IAP_CONTR 寄存器操作的软复位	不变	若(SWBS)=1，则软复位到系统 ISP 监控程序区；若(SWBS)=0，则软复位到用户程序区 0000H 处

PCON 的 B4 位是单片机的上电复位标志位（POF），冷启动复位后 POF 为 1，热启动复位后 POF 不变。在实际应用中，POF 用来判断单片机复位种类是冷启动复位，还是热启动复位，但应在判断出上电复位种类后及时将 POF 清 0。用户可以在初始化程序中判断 POF 是否为 1，并针对不同情况做出不同的处理。复位种类判断流程图如图 2.16 所示。

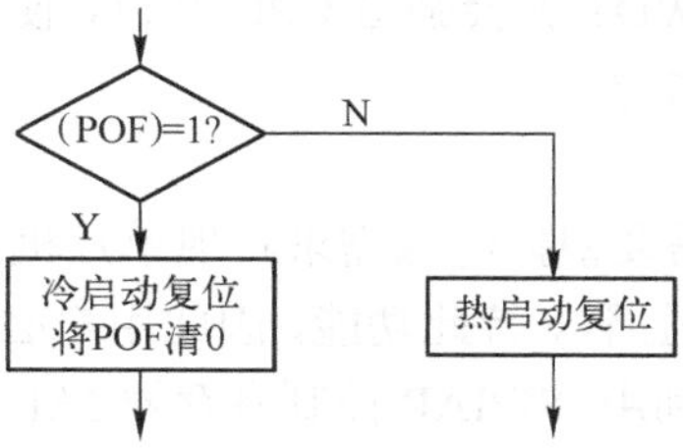

图 2.16　复位种类判断流程图

1．复位的实现

STC15W4K32S4 单片机有 6 种复位模式：内部上电复位（掉电/上电复位）、外部 RST 引脚复位、MAX810 专用电路复位、内部低压检测复位、内部 WDT 复位与软复位。

（1）内部上电复位与 MAX810 专用电路复位。

当电源电压低于掉电/上电复位检测门槛电压时，所有逻辑电路都会复位。当电源电压高于掉电/上电复位检测门槛电压时，延迟 8192 个时钟，掉电/上电复位结束。

若 MAX810 专用电路在 ISP 编程时被允许，则掉电/上电复位结束后产生约 180ms 的复位延迟。

（2）外部 RST 引脚复位。

外部 RST 引脚复位就是从外部向 RST 引脚施加一定宽度的高电平复位脉冲，从而实现单片机的复位。RST 引脚出厂时被设置为 I/O 口，若要将其配置为复位引脚，则必须在 ISP 编程时进行设置。将 RST 引脚拉高并维持至少 24 个时钟加 20μs，单片机进入复位状态，将 RST 引脚拉回低电平，单片机结束复位状态并从系统 ISP 监控程序区开始执行程序，如果检测不到合法的 ISP 下载指令流，那么将软复位到用户程序区执行用户程序。

STC15W4K32S4 单片机的复位原理及复位电路与传统 8051 单片机的复位原理及复位电路是一样的。STC15W4K32S4 单片机复位电路如图 2.17 所示。

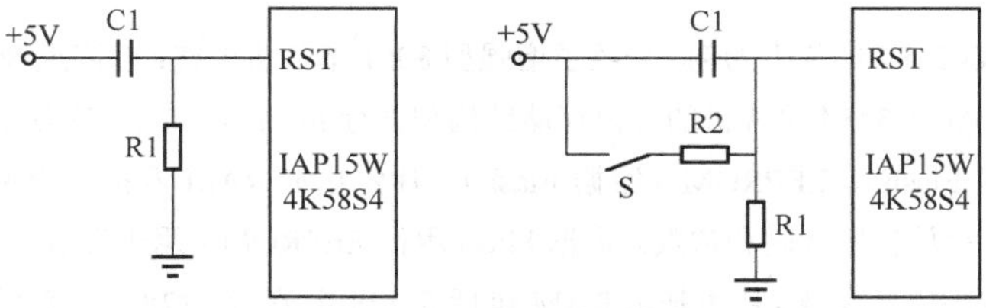

图 2.17　STC15W4K32S4 单片机复位电路

（3）内部低压检测复位。

除了上电复位检测门槛电压，STC15W4K32S4 单片机还有一组更可靠的内部低压检测门槛电压。当电源电压低于内部低压检测门槛电压时，若在 ISP 编程时允许低压检测复位，则可以产生复位，这相当于将低压检测门槛电压设置为复位门槛电压。

STC15W4K32S4 单片机内置了 16 级低压检测门槛电压。

（4）内部 WDT 复位。

WDT 的基本作用是监视 CPU 的工作。如果 CPU 在规定的时间内没有按要求访问 WDT，那么认为 CPU 处于异常状态，WDT 就会强迫 CPU 复位，使系统重新从用户程序区的 0000H 处开始执行用户程序，详见 13.5 节。

（5）软复位。

在系统运行过程中，有时需要根据特殊需求实现单片机系统软复位（热启动复位之一），由于传统的 8051 单片机在硬件上不支持此功能，因此用户必须用软件进行模拟，实现起来较麻烦。STC15W4K32S4 单片机利用 ISP/IAP 控制寄存器 IAP_CONTR 实现了此功能。用户只需要简单地控制 ISP_CONTR 中的两位（SWBS、SWRST）就可以使系统复位。IAP_CONTR 的地址与各位定义如下。

	地址	B7	B6	B5	B4	B3	B2	B1	B0	复位值
IAP_CONTR	C7H	IAPEN	SWBS	SWRST	CMD_FAIL	—	WT2	WT1	WT0	0000 x000

SWBS：软复位程序启动区的选择控制位。(SWBS)=0，从用户程序区启动；(SWBS)=1，从 ISP 监控程序区启动。

SWRST：软复位控制位。(SWRST)=0，不操作；(SWRST)=1，产生软复位。

若要切换到从用户程序区起始处开始执行程序，则执行“MOV　IAP_CONTR,#20H”指令；若要切换到从 ISP 监控程序区起始处开始执行程序，则执行“MOV　IAP_CONTR,#60H”指令。

2．复位状态

对于冷启动复位和热启动复位，除程序的启动区及上电标志的变化不同以外，复位后 PC 值与各特殊功能寄存器的初始状态是一样的（见表 2.10）。其中，(PC)=0000H，(SP)=07H，(P0)=(P1)=(P2)=(P3)=(P4)=(P5)=FFH（其中，P2.0 的输出状态取决于 STC-ISP 下载用户程序时硬件参数的设置，默认输出为高电平）。复位不影响片内 RAM 的状态。

本章小结

本章以 STC15W4K32S4 单片机为例，介绍了增强型 8051 单片机内核：超高速 8051 CPU、存储器和 I/O 口。重点介绍了 STC15W4K32S4 单片机的片内存储结构和并行 I/O 口。STC15W4K32S4 单片机内部在使用上有程序存储器（程序 Flash）、EEPROM（数据 Flash）、片内基本 RAM 及扩展 RAM 四部分。程序 Flash 用作程序存储器，用于存放程序代码和常数。数据 Flash 用作 EEPROM，用于存放一些应用时需要经常修改且停机时又能保持不变的工作参数。片内基本 RAM 包括低 128 字节、高 128 字节和特殊功能寄存器三部分，其中低 128 字节又分为工作寄存器区、位寻址区与通用 RAM 区三部分；高 128 字节是一般数据存储器，特殊功能寄存器具有特殊的含义，它总是与单片机的内部接口电路有关。扩展 RAM 是数据存储器的延伸，用于存储一般的数据，类似于传统 8051 单片机的片外扩展数据存储器。STC15W4K32S4 单片机保留了 8051 单片机的片外数据存储器，在使用片内扩展 RAM 与片外扩展 RAM 时，只能选择其中之一，可通过 AUXR

中的 EXTRAM 进行选择，默认选择的是片内扩展 RAM。

STC15W4K32S4 单片机有 P0、P1、P2、P3、P4、P5 等 I/O 口，封装不同，I/O 口的引脚数就不同。通过设置 P0、P1、P2、P3、P4、P5 口，这些 I/O 口可工作在准双向口工作模式，或推挽输出工作模式，或仅为输入（高阻状态）工作模式，或开漏工作模式。I/O 口的最大驱动电流为 20mA，但单片机的总驱动电流不能超过 120mA。

STC15W4K32S4 单片机的主时钟有内部高精度 RC 时钟和外部时钟两种时钟信号源，通过设置时钟分频寄存器，可动态调整单片机系统时钟的分频系数。STC15W4K32S4 单片机的主时钟可以通过 RST 引脚输出，其输出功能是由时钟分频寄存器中的 MCKO_S1、MCKO_S0 控制的。

STC15W4K32S4 单片机内部集成了 MAX810 专用电路，不需要外部复位电路就能正常工作。STC15W4K32S4 单片机主要有 6 种复位模式：内部上电复位（掉电/上电复位）、外部 RST 引脚复位、MAX810 专用电路复位、内部 WDT 复位和软复位。

习　题　2

一、填空题

1．STC 单片机是由我国________研发的。

2．STC15W4K32S4 单片机是 1T 单片机，1T 的含义是指________。

3．STC 单片机传承于 Intel 公司的________单片机，这两种单片机的指令系统是完全兼容的。

4．STC15W4K32S4 单片机型号中的“STC”代表的含义是________。

5．STC15W4K32S4 单片机型号中的“W”代表的含义是________。

6．STC15W4K32S4 单片机型号中的“4K”代表的含义是________。

7．STC15W4K32S4 单片机型号中的“32”代表的含义是________。

8．STC15W4K32S4 单片机型号中的“S4”代表的含义是________。

9．STC15W4K32S4 单片机 CPU 数据总线的位数是________。

10．STC15W4K32S4 单片机 CPU 地址总线的位数是________。

11．STC15W4K32S4 单片机 I/O 口的驱动电流是________。

12．STC15W4K32S4 单片机 CPU 中 PC 的作用是________，其工作特性是________。

13．STC15W4K32S4 单片机 CPU 中的 PSW 称作________，其中 CY 是________，AC 是________，OV 是________，P 是________。

14．STC15W4K32S4 单片机的并行 I/O 口有准双向口、________、输入（高阻状态）与________等 4 种工作模式。

15．STC15W4K32S4 单片机 P2.0（RSTOUT_LOW）引脚可通过________设置为上电复位后输出低电平。

二、选择性

1．STC15W4K32S4 单片机的 I/O 口数视封装不同而不同，I/O 口最多时为________。

A．38　　B．42　　C．60　　D．62

2．当 CPU 执行 25H 与 86H 加法运算后，ACC 中的运算结果为________。

A．ABH　　　　　B．11H　　　　　　　　　C．OBH　　　　D．A7H

3．当 CPU 执行 AOH 与 65H 加法运算后，PSW 中 CY、AC 的值分别为________。

A．0、1　　　　　B．1、0　　　　　　　　C．0、0　　　　D．1、1

4．当 CPU 执行 58H 与 38H 加法运算后，PSW 中 OV、P 的值分别为________。

A．0、0　　　　　B．0、1　　　　　　　　C．1、0　　　　D．1、1

5．当(P1M1)=10H、(P1M0)=56H 时，P1.7 处于________工作模式。

A．准双向口　　　B．输入（高阻状态）　　C．推挽　　　　D．开漏

6．当(P0M1)=33H、(P0M0)=55H 时，P0.6 处于________工作模式。

A．准双向口　　　B．输入（高阻状态）　　C．推挽　　　　D．开漏

7．当(SWBS)=1 时，硬件 WDT 复位后，CPU 从________开始执行程序。

A．ISP 监控程序区　　　　B．用户程序区

8．当 *f*osc=12MHz，(CLK_DIV)= 01000010B 时，主时钟输出频率与系统运行频率分别为________。

A．12MHz、6MHz　　　B．6MHz、3MHz　　C．3MHz、3MHz　　D．12MHz、3MHz

三、判断题

1．CPU 中的 PC 是特殊功能寄存器。（　）

2．CPU 中的 PSW 是特殊功能寄存器。（　）

3．CPU 中的 PC 是 8 位计数器。（　）

4．STC15W4K32S4 单片机的最大负载能力等于 I/O 口数乘以 I/O 口位的驱动能力。（　）

5．当 STC15W4K32S4 单片机复位后，P2.0 引脚输出低电平。（　）

6．当 STC15W4K32S4 单片机复位后，所有 I/O 口引脚都处于准双向口工作模式。（　）

7．在准双向口工作模式下，I/O 口的灌电流与拉电流都是 20mA。（　）

8．在推挽工作模式下，I/O 口的灌电流与拉电流都是 20mA。（　）

9．在开漏工作模式下，I/O 口在应用时一定要外接上拉电阻。（　）

10．在冷启动复位时，POF 为 1；在热复位时，POF 为 0。（　）

11．单片机在上电复位时，CPU 从 ISP 监控程序区起始处开始执行程序；其他复位时，CPU 从用户程序起始处开始执行程序。（　）

12．对于 STC15W4K32S4 单片机，除电源、地引脚外，其余引脚都可用作 I/O 口。（　）

四、问答题

1．在 STC 单片机型号中，“STC”与“IAP”的区别是什么？

2．CPU 从 ISP 监控程序区起始处开始执行程序与从用户程序区起始处开始执行程序有什么区别？

3．当 I/O 口分别处于准双向口工作模式、推挽工作模式、开漏工作模式时，若要从 I/O 口引脚输入数据，则首先应对 I/O 口进行什么操作？

4．STC15W4K32S4 单片机 I/O 口电路包含锁存器、输入缓冲器、输出驱动 3 部分，试说明锁存器、输入缓冲器、输出驱动在 I/O 口中的作用。

5．STC15W4K32S4 单片机的 I/O 口能否直接驱动 LED？在一般情况下，在驱动 LED 时应加限流电阻，如何计算限流电阻值？

6．STC15W4K32S4 单片机的时钟信号源有哪两种类型？如何设置内部时钟信号源？

7．如何实现软复位后从用户程序区起始处开始执行程序？

8．P2.0 口引脚与其他 I/O 口引脚有什么不同点？

9．STC15W4K32S4 单片机复位后，PC 与 SP 的值分别为多少？

10．STC15W4K32S4 单片机的主时钟是从哪个引脚输出的，又是如何控制的？

11．STC15W4K32S4 单片机集成了内部扩展 RAM，同时保留了外部扩展 RAM，内部扩展 RAM 与外部扩展 RAM 能否同时使用？在使用时应如何选择？

第 3 章　STC 单片机应用的开发工具

3.1　Keil μVision4 集成开发环境

3.1.1　概述

1．Keil μVision4 集成开发环境的工作界面

Keil C 集成开发环境是专为 8051 单片机设计的 C 语言程序开发工具，是一个集汇编语言和 C 语言编辑、编译与调试于一体的开发工具。目前流行的 Keil C 集成开发环境版本主要有 Keil μVision2、Keil μVision3 和 Keil μVision4。本章以 Keil μVision4 为例进行介绍，包括应用 Keil μVision4 集成开发环境编辑、编译 C 语言程序，并生成机器代码；应用 Keil μVision4 集成开发环境调试 C 语言程序或汇编语言源程序。

Keil μVision4 集成开发环境可分为两个工作界面，即编辑、编译界面与调试界面。Keil μVision4 集成开发环境的启动界面即编辑、编译界面，在此界面可完成汇编程序或 C51 程序的输入、编辑与编译工作，如图 3.1 所示。

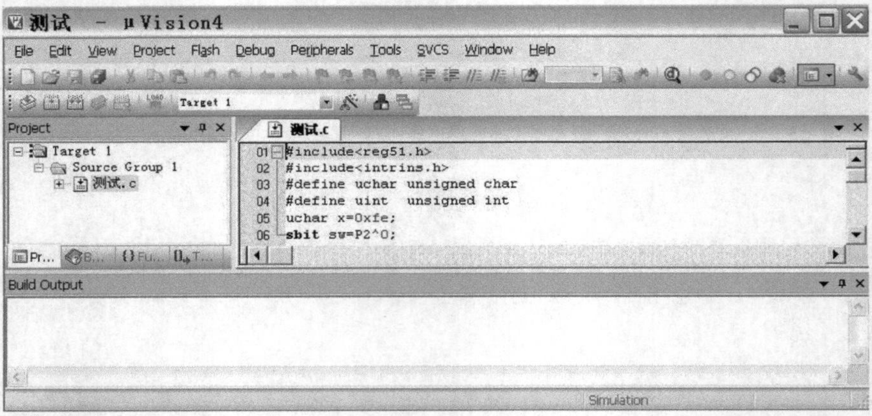

图 3.1　Keil μVision4 集成开发环境的编辑、编译界面

单击“”按钮，Keil μVision4 集成开发环境从编辑、编译界面切换到调试界面，反之，可从调试界面切换到编辑、编译界面。Keil μVision4 集成开发环境的调试界面如图 3.2 所示，在此界面可实现单步、跟踪、断点与全速运行方式的调试，并可打开寄存器窗口、存储器窗口、定时/计数器窗口、中断窗口、串行窗口及自定义变量窗口进行参数设置与监控。

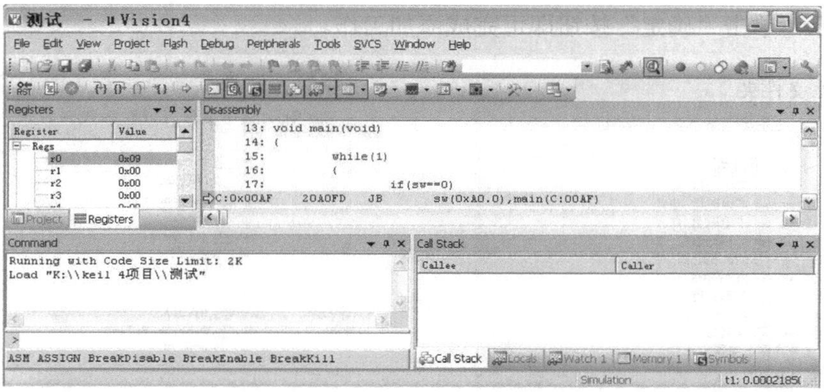

图 3.2　Keil µVision4 集成开发环境的调试界面

2．单片机应用程序的编辑、编译与调试流程

单片机应用程序的编辑、编译一般都采用 Keil C 集成开发环境实现，但程序有多种调试方法，如目标电路在线调试、Proteus 仿真软件模拟调试、Keil µVision4 模拟（软件）仿真、Keil µVision4 与目标电路硬件仿真。单片机应用程序的编辑、编译与调试流程如图 3.3 所示。

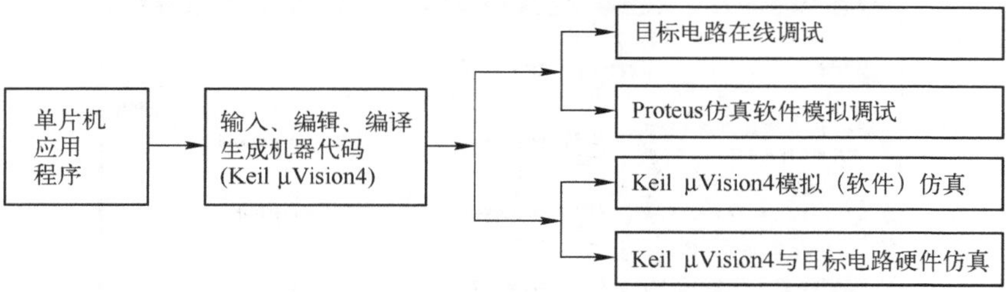

图 3.3　单片机应用程序的编辑、编译与调试流程

3.1.2　应用 Keil µVision4 集成开发环境编辑、编译用户程序，并生成机器代码

1．准备工作

Keil µVision4 集成开发环境本身不带 STC 单片机的数据库和头文件，为了能在 Keil µVision4 软件设备库中直接选择 STC 单片机型号，并在编程时直接使用 STC 单片机新增的特殊功能寄存器，需要用 STC-ISP 在线编程软件中的工具将 STC 单片机的数据库（包括 STC 单片机型号、STC 单片机头文件与 STC 单片机仿真驱动）添加到 Keil µVision4 软件设备库中，操作方法如下。

（1）运行 STC-ISP 在线编程软件，单击“keil 仿真设置”选项卡，如图 3.4 所示。

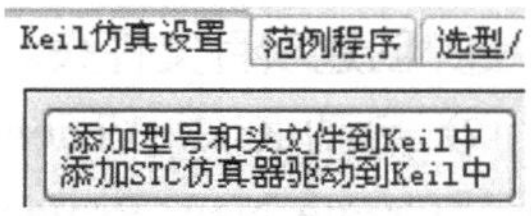

图 3.4　STC-ISP 在线编程软件“Keil 仿真设置”选项

（2）单击“添加型号和头文件到 Keil 中添加 STC 仿真器驱动到 Keil 中”按钮，弹出“浏览文件夹”对话框，如图 3.5 所示。在浏览文件夹中选择 Keil 的安装目录（如 C:\Keil），

如图 3.6 所示，单击“确定”按钮即可完成添加工作。

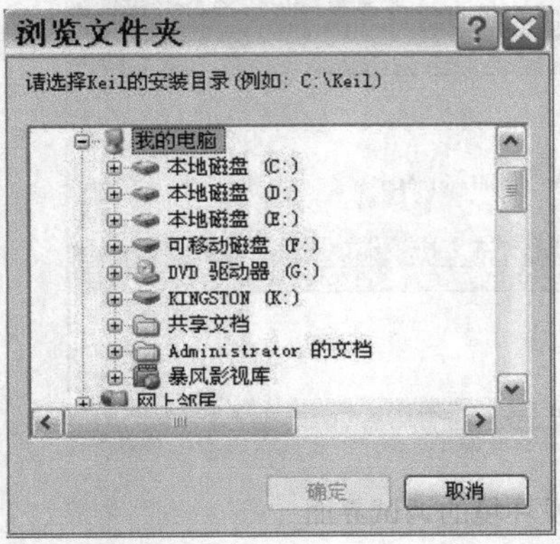

图 3.5 “浏览文件夹”对话框

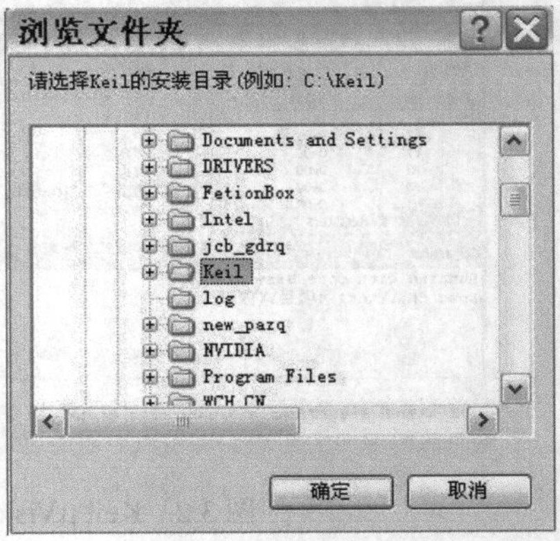

图 3.6 选择 Keil 的安装目录

（3）查看 STC 单片机头文件。添加的头文件在 Keil 的安装目录的子目录下，如 C:\Keil\C51\INC，打开 STC 文件夹，即可查看添加的 STC 单片机的头文件，如图 3.7 所示。其中，STC15.H 头文件适用于所有 STC15、IAP15 系列的单片机。

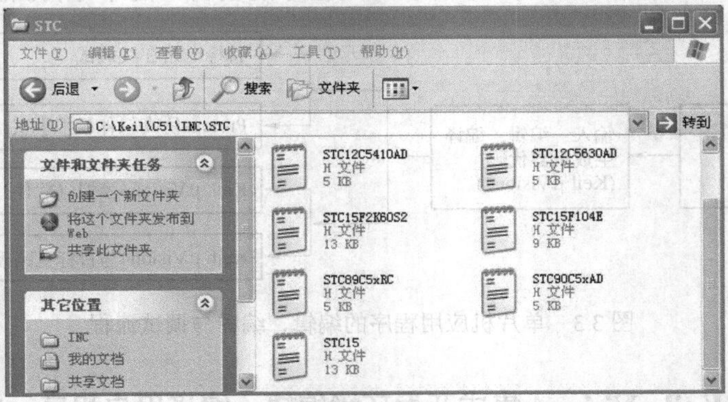

图 3.7 添加的 STC 单片机头文件

2．编辑、编译用户程序并生成机器代码

（1）创建项目。

Keil μVision4 集成开发环境中的项目是一种具有特殊结构的文件，它包含所有应用系统相关文件的相互关系。在 Keil μVision4 集成开发环境中，主要使用项目来进行应用系统的开发。

① 创建项目文件夹。根据自己的存储规划，创建一个存储该项目的文件夹，如 E:\流水灯。

② 启动 Kiel μVision4 集成开发环境，执行“Project”→“New μVision Project”命令，弹出“Create New Project（创建新项目）”对话框，在该对话框中选择新项目的保存路径并输入项目文件名，如图 3.8 所示。Keil μVision4 集成开发环境项目文件的扩展名为“. uvproj”。

③ 单击“保存”按钮，弹出“Select a CPU Data Base File”对话框，其下拉列表中有“Generic

CPU 数据库”和“STC MCU Database”2 个选项，如图 3.9 所示。选择“Generic CPU Database”选项并单击“OK”按钮，弹出“Select Device for Target‘Target 1’”对话框，拖曳垂直滚动条找到目标芯片（如 STC15W4K32S4），如图 3.10 所示。

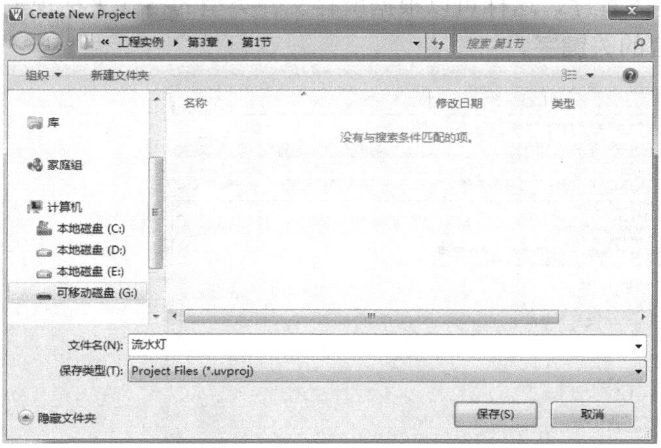

图 3.8 “Create New Project”对话框

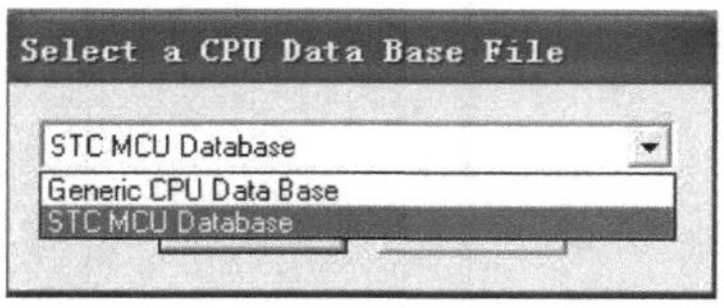

图 3.9 “Select a CPU Database File”对话框

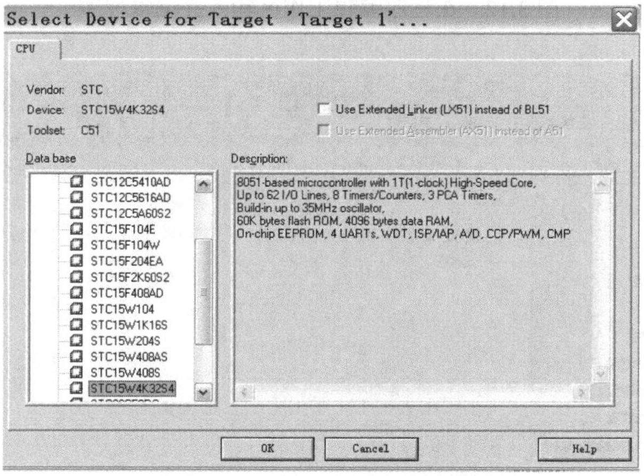

图 3.10 STC 目标芯片的选择

④ 单击“Select Device for Target‘Target 1’”对话框中的“OK”按钮，程序会弹出询问是否将标准 8051 初始化程序（STARTUP.A51）加入项目中的对话框，如图 3.11 所示。单击“是”按钮，程序会自动将标准 8051 初始化程序复制到项目所在目录并将其加入项目中。一般情况下应单击“否”按钮。

图 3.11 询问是否将标准 8051 初始化程序加入项目中的对话框

（2）输入、编辑应用程序。

执行“File”→“New”命令，弹出程序编辑工作区，在程序编辑工作区中，按如图 3.12 所示的源程序清单输入并编辑程序，并以“流水灯.c”文件名保存该程序，如图 3.13 所示。实际上，在新建文件后，可先保存再输入程序，这样可以根据所存文件类型的格式来标识输入的程序，比如，可以突出显示 C 语言的关键字。

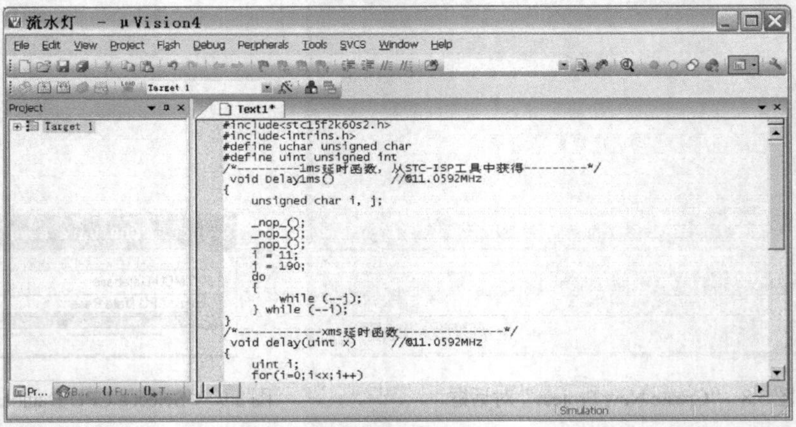

图 3.12　在程序编辑工作区输入并编辑程序

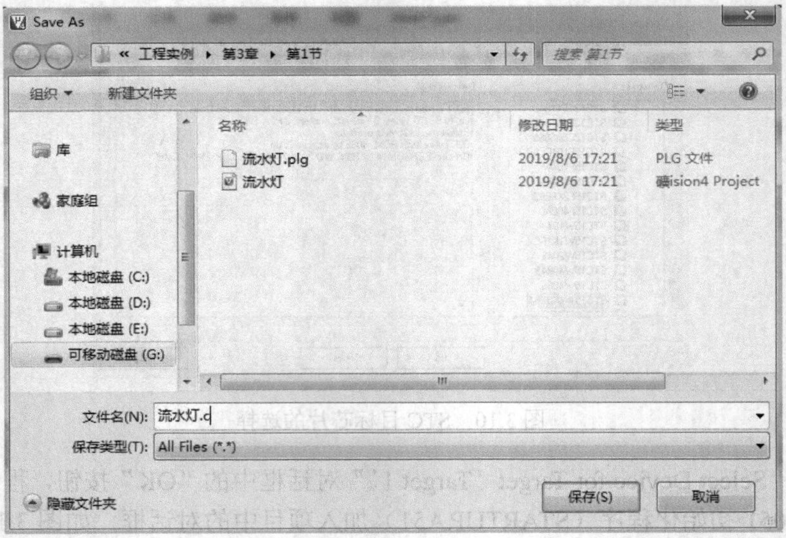

图 3.13　保存程序

流水灯源程序（对由 STC15W4K32S4 单片机 P1.7、P1.6、P4.7、P4.6 控制的 LED 灯实现流水控制）清单（流水灯.c）如下。

```
#include<stc15.h>                    //STC15 系列单片机头文件
#include<intrins.h>
#define uchar unsigned char
```

```
#define uint unsigned int
/*---------1ms 延时函数，从 STC-ISP 在线编程软件中获得---------*/
 void Delay1ms()                    //@11.0592MHz
{
        unsigned char i, j;

        _nop_();
        _nop_();
        _nop_();
        i = 11;
        j = 190;
        do
        {
                while (--j);
        } while (--i);
}
/*------------xms 延时函数---------------*/
 void delay(uint x)                 //@11.0592MHz
{
        uint i;
        for(i=0;i<x;i++)
        {
                Delay1ms();
        }
}
/*------------主函数---------------*/
void   main(void)
{
        while(1)
        {
                P17 = 0;
                delay(1000);
                P17 = 1;
                P16 = 0;
                delay(1000);
                P16 = 1;
                P47 = 0;
                delay(1000);
                P47 = 1;
                P46 = 0;
                delay(1000);
                P46 = 1;
        }
}
```

注意：保存时应注意选择文件类型，若是用汇编语言编辑的源程序，则以.asm 为扩展名保存；若是用 C 语言编辑的源程序，则以.c 为扩展名保存。

（3）将程序文件添加到项目中。

选中“Project”窗口中的文件组后单击鼠标右键，在弹出的快捷菜单中选择“Add File to Group ‘Source Group 1’”选项，如图 3.14 所示。打开为项目添加文件的对话框，如图 3.15 所示，“查找范围”下拉列表中选择“流水灯.c”文件，单击“Add”按钮添加文件，单击“Close”按钮关闭对话框。

展开“Project”窗口中的文件组，即可查看添加的文件，如图 3.16 所示。可连续添加多个文件，添加完所有必要的文件后，即可在程序组目录下查看并管理该文件，双击选中的文件即可在编辑窗口中打开该文件。

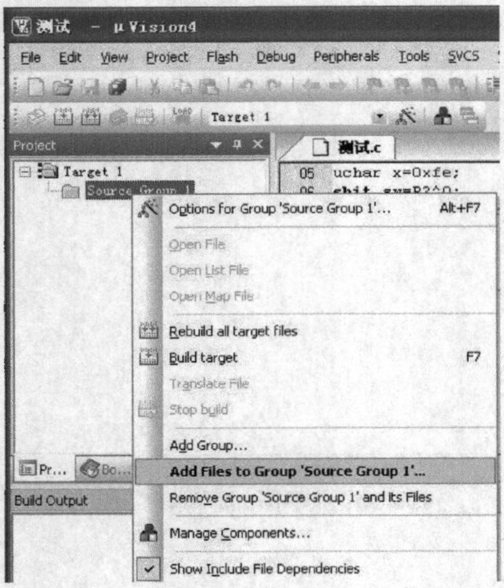

图 3.14　为项目添加文件的快捷菜单

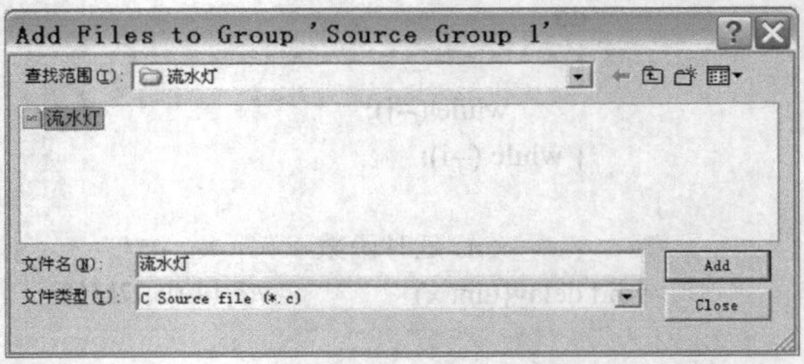

图 3.15　为项目添加文件的对话框

图 3.16　查看添加的文件

（4）编译与连接、生成机器代码文件。

项目文件创建完成后，就可以对项目文件进行编译与连接、生成机器代码文件（.hex），但在编译、连接前需要根据样机的硬件环境先在 Keil µVision4 集成开发环境中进行目标配置。

① 设置编译环境。执行“Project”→“Options for Target”命令或单击工具栏中的按钮，弹出“Options for Target ‘Target 1’”对话框，在该对话框中可以设定目标样机的硬件环境，如图 3.17 所示。“Options for Target ‘Target 1’”对话框有多个选项卡，用于设备选择，以及目标属性、输出属性、C51 编译器属性、A51 编译器属性、BL51 连接器属性、调试属性等信息的设置。一般情况下按默认设置应用即可，但在编译、连接程序时，自动生成机器代码文件是必须设置的。

单击“Output”选项卡，如图 3.18 所示，勾选“Create HEX File”选项，单击“OK”按钮结束设置。

② 编译与连接。执行“Project”→“Build target(Rebuild target files)”命令或单击编译工具栏中的按钮，启动编译、连接程序，在输出窗口中输出编译、连接信息，如图 3.19 所示。如果编译成功，系统将提示“0 Error”；否则，系统将提示错误类型和错误语句位置。双击错误信息，光标将出现在程序错误行，此时可修改程序，程序修改完成后，必须重新编译，直至系统提示“0 Error”为止。

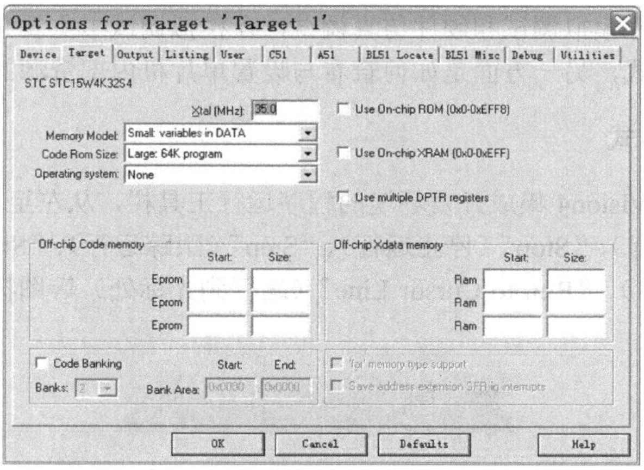

图 3.17 “Options for Target ‘Target 1’”对话框

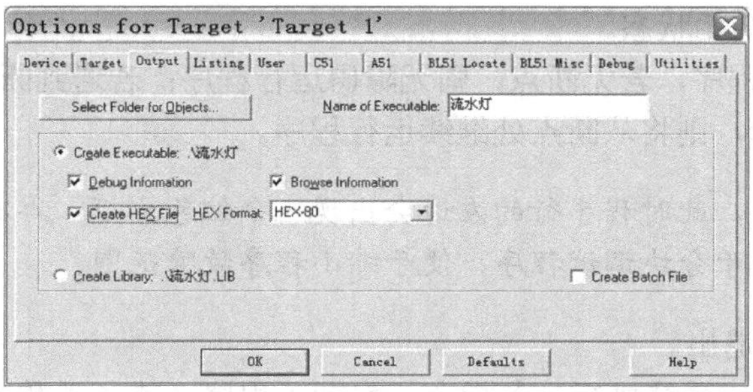

图 3.18 “Output”选项卡

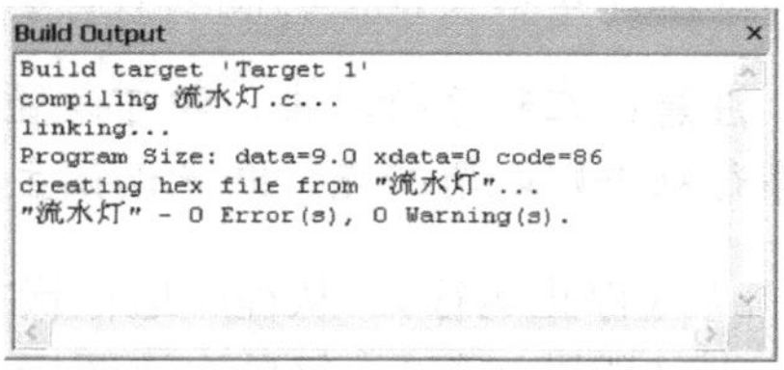

图 3.19 编译、连接信息

③ 查看机器代码文件。hex 文件是机器代码文件，是单片机运行文件。打开项目文件夹，查看是否存在机器代码文件。图 3.20 中的“流水灯.hex”就是编译时生成的机器代码文件。

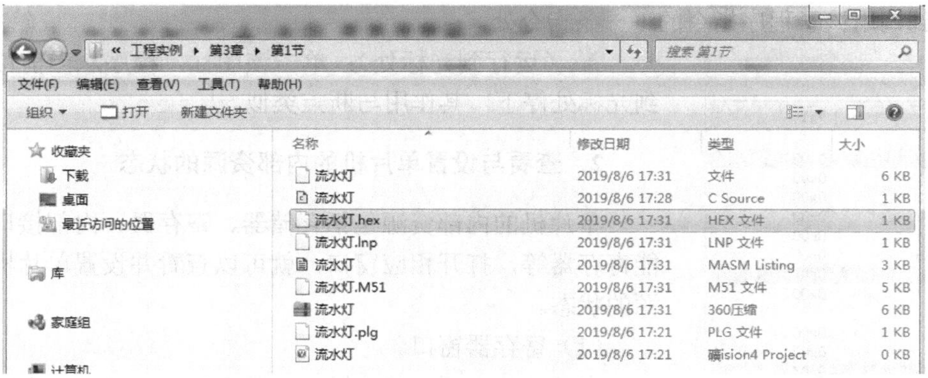

图 3.20 查看 hex 文件

3.1.3 应用 Keil μVision4 集成开发环境调试用户程序

Keil μVision4 集成开发环境除可以编辑 C 语言源程序和汇编语言源程序外，还可以进行软件模拟调试和硬件仿真调试用户程序，以验证用户程序的正确性。Keil μVision4 集成开发环境的模拟调试有软件模拟调试和硬件仿真调试，在模拟调试中主要介绍两方面的内容，一方面是程序的运行方式，另一方面是如何查看与设置单片机内部资源的状态。

1．程序的运行方式

图 3.21 为 Keil μVision4 集成开发环境的程序运行工具栏，从左至右依次为“Reset”（复位）、“Run”（全速运行）、“Stop”（停止运行）、“Step”（跟踪运行）、“Step Over”（单步运行）、“Step Out”（跳出跟踪）、“Run to Cursor Line”（运行到光标处）等图标。单击图标，即可实现图标对应的功能。

图 3.21　Keil μVision4 集成开发环境的程序运行工具栏

（复位）：使单片机的状态恢复到初始状态。

（全速运行）：从 0000H 开始运行程序，若无断点，则无障碍运行程序；若遇到断点，在断点处停止运行程序，再次单击该图标，则将从断点处继续运行程序。

注意：在程序行双击，即可设置断点，此时程序行的左边会出现一个红色方框；再次在程序行双击则取消断点。断点调试主要用于分块调试程序，便于缩小程序故障范围。

（停止运行）：从程序运行状态中退出。

（跟踪运行）：每单击该图标一次，系统执行一条指令，包括子程序（或子函数）的每一条指令，运用该工具可逐条进行指令调试。

（单步运行）：每单击该图标一次，系统执行一条指令，与跟踪运行不同的是单步运行将调用子程序指令当作一条指令执行。

（跳出跟踪）：当执行跟踪运行指令进入某个子程序时，单击该图标，可从子程序中跳出，回到调用该子程序指令的下一条指令处。

（运行到光标处）：单击该图标，程序从当前位置运行到光标处停下，其作用与断点类似。

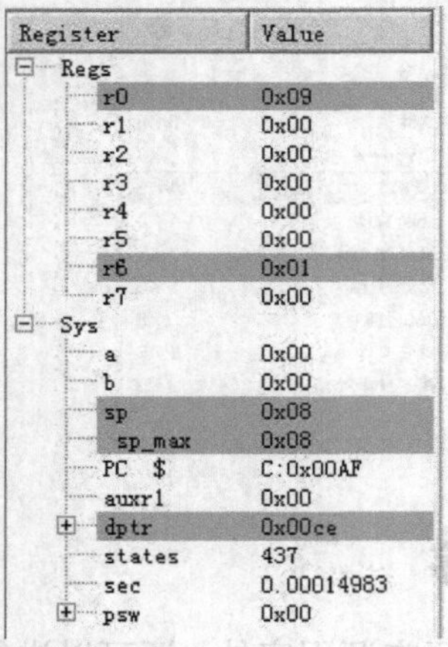

图 3.22　单片机寄存器窗口

2．查看与设置单片机的内部资源的状态

单片机的内部资源包括存储器、寄存器、内部接口特殊功能寄存器等，打开相应窗口，就可以查看并设置单片机内部资源的状态。

（1）寄存器窗口。

在默认状态下，单片机寄存器窗口位于 Keil μVision4 调试界面的左边，如图 3.22 所示，包括“r0”～“r7”寄存器、累加器“a”、寄存器“b”、寄存器“psw”、数据指针“dptr”及“PC”。选中要设置的寄存器并双击，即可输入数据。

（2）存储器窗口。

执行“View”→“Memory Window”→“Memory1”（或

“Memory2”或“Memory3”或“Memory4”）命令，即可显示与隐藏“Memory1”（或“Memory2”或“Memory3”或“Memory4”）窗口，如图 3.23 所示。存储器窗口用于显示当前程序内部数据存储器、外部数据存储器与程序存储器的内容。

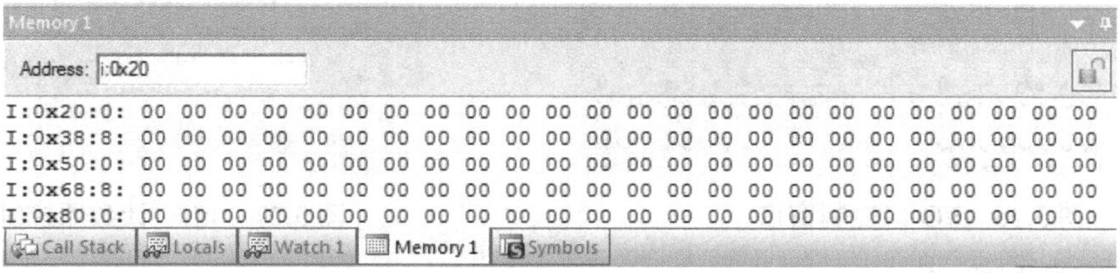

图 3.23 “Memory1”窗口

在“Address”文本框中输入存储器的类型与地址，“Memory”窗口中即可显示以该地址为起始地址的存储单元的内容。通过拖曳垂直滚动条即可查看其他地址单元的内容，或者修改存储单元的内容。

① 输入“C:存储器地址”，显示程序存储器相应地址的内容。

② 输入“I:存储器地址”，显示片内数据存储器相应地址的内容，图 3.23 中为以片内数据存储器 20H 单元为起始地址的存储内容。

③ 输入“X:存储器地址”，显示片外数据存储器相应地址的内容。

在“Address”文本框中单击鼠标右键，可以在弹出的快捷菜单中选择修改存储器内容的显示格式或修改指定存储单元的内容，如图 3.24 所示。将 20H 单元的内容修改为 55H 单元的内容，如图 3.25 所示。

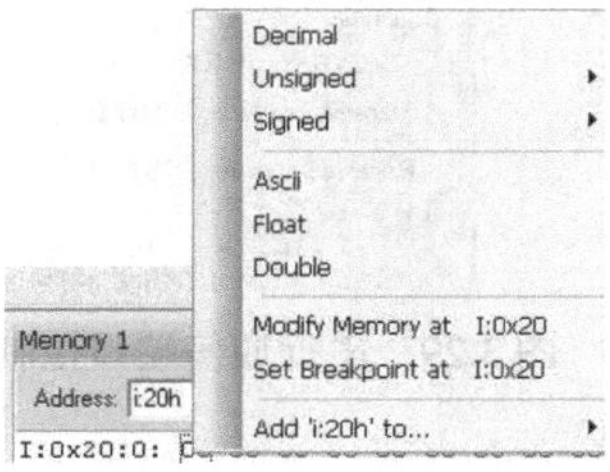

图 3.24 快捷菜单

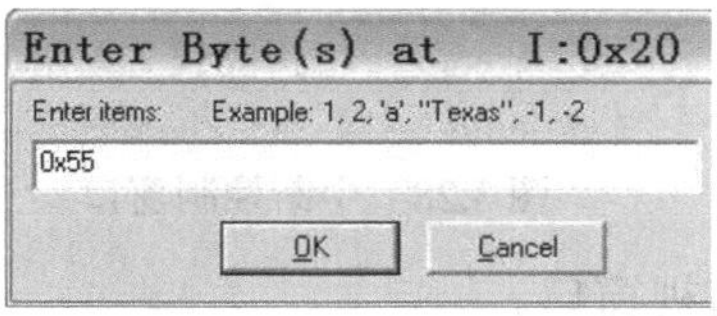

图 3.25 将 20H 单元的内容修改为 55H 单元的内容

（3）I/O 口控制窗口。

进入调试模式后，执行“Peripherals”→“I/O-Port”命令，在弹出的下级子菜单中选择显示与隐藏指定的 I/O 口（P0、P1、P2、P3 口）控制窗口，如图 3.26 所示。通过该窗口可以查看各 I/O 口的状态并设置输入引脚状态。在相应的 I/O 口中，第一行为 I/O 口输出锁存器值，第二行为输入引脚状态，单击相应位，方框将在“√”与空白框之间切换，“√”表示值为 1，空白框表示值为 0。

（4）定时/计数器控制窗口。

进入调试模式后，执行“Peripherals”→“Timer”命令，在弹出的下级子菜单中选择显示与隐藏指定的定时/计数器控制窗口，如图 3.27 所示。通过该窗口可以设置对应定时/计数器的工作方式，观察和修改定时/计数器相关控制寄存器的各个位及定时/计数器的当前状态。

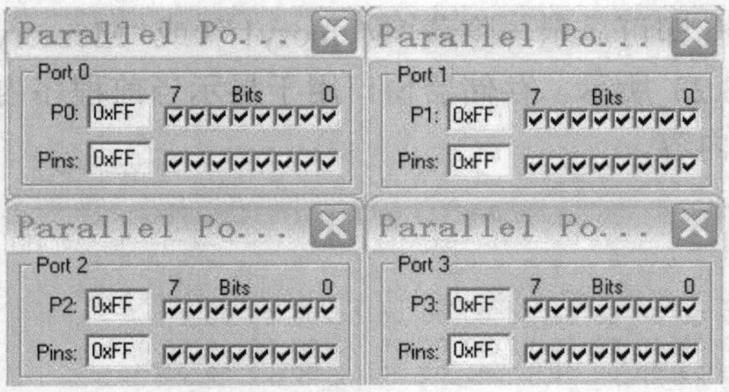

图 3.26　I/O 口控制窗口

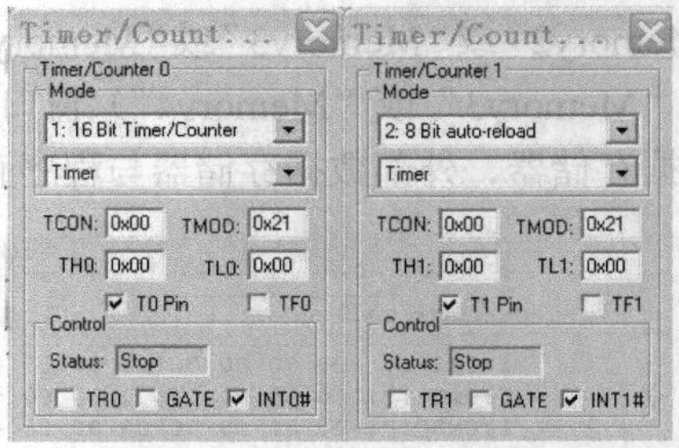

图 3.27　定时/计数器控制窗口

（5）中断控制窗口。

进入调试模式后，执行“Peripherals”→“Interrupt”命令，可以显示与隐藏中断控制窗口，如图 3.28 所示。中断控制窗口用于显示和设置 8051 单片机的中断系统。单片机型号不同，中断控制窗口会有所区别。

（6）串行通信端口控制窗口。

进入调试模式后，执行“Peripherals”→“Serial”命令，可以显示与隐藏串行通信端口控制窗口，如图 3.29 所示。通过该窗口可以设置串行通信端口的工作方式，观察和修改串行通信端口相关控制寄存器的各个位，以及发送缓冲器、接收缓冲器中的内容。

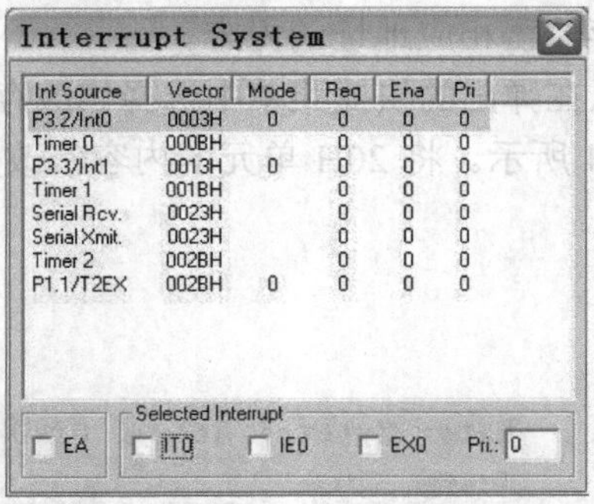

图 3.28　中断控制窗口

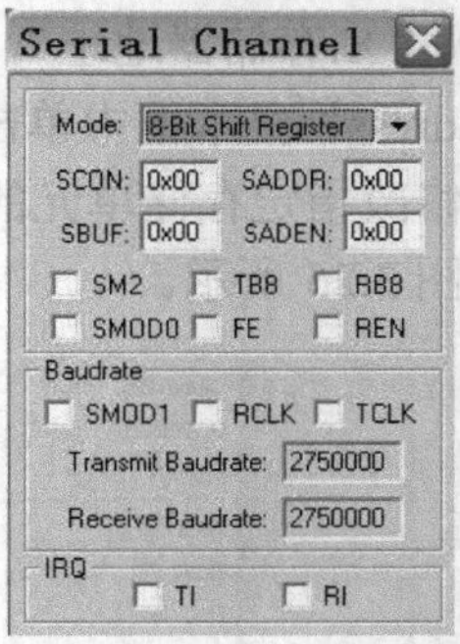

图 3.29　串行通信端口控制窗口

（7）监视窗口。

进入调试模式后，执行“View”→“Watch Window”命令，在弹出的下级子菜单中有“Locals”“Watch #1”“Watch #2”等选项，每个选项对应一个窗口，单击相应选项，可以显示与隐藏对应的监视窗口，如图 3.30 所示。通过该窗口可以观察程序运行中特定变量或寄存器的状态及函数调用时的堆栈信息。

Locals：用于显示当前运行状态下的变量信息。

Watch #1：对应“Watch 1”窗口，按“F2”键可以添加要监视的变量的名称，Keil μVision4 会在程序运行中全程监视该变量的值，如果该变量为局部变量，那么在运行变量有效范围外的程序时，该变量的值以“????”的形式表示。

Watch #2：对应“Watch 2”窗口，其操作与使用方法同“Watch 1”窗口。

（8）堆栈信息窗口。

进入调试模式后，执行“View”→“Call Stack Window”命令，可以显示与隐藏堆栈信息输出窗口，如图 3.31 所示。通过该窗口可以观察程序运行中函数调用时的堆栈信息。

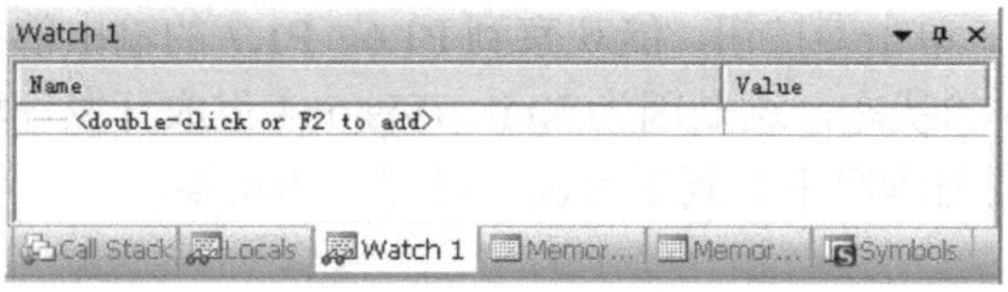

图 3.30　监视窗口

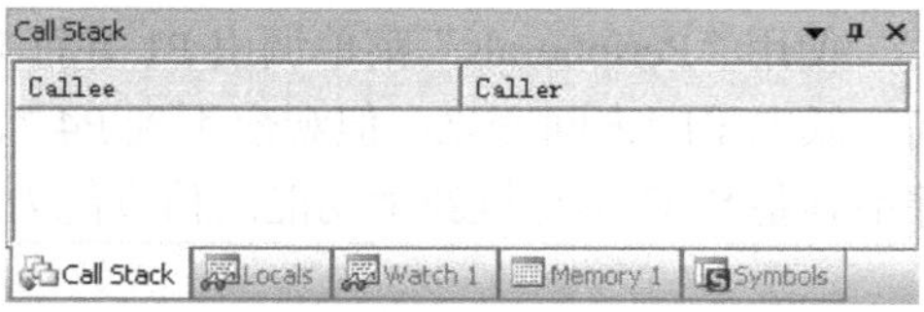

图 3.31　堆栈信息输出窗口

（9）反汇编窗口。

进入调试模式后，执行“View”→“Disassembly Window”命令，可以显示与隐藏反汇编窗口，如图 3.32 所示。反汇编窗口同时显示机器代码程序与汇编语言源程序（或 C 语言源程序和相应的汇编语言源程序）。

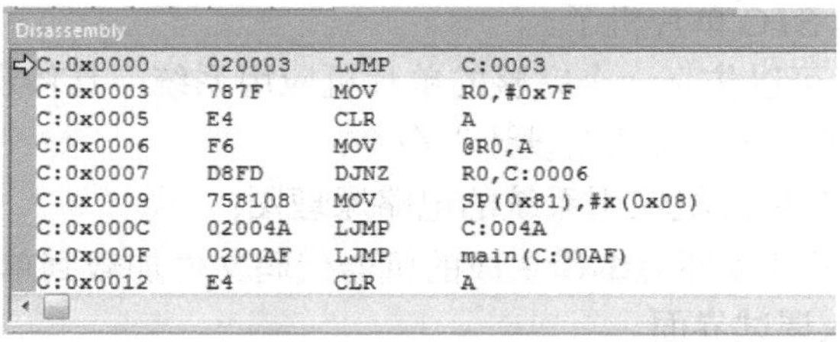

图 3.32　反汇编窗口

3．Keil μVision4 集成开发环境的软件模拟仿真

（1）设置软件模拟仿真模式。

打开“Options for Target‘Target 1’”对话框，单击“Debug”选项卡，单击“Use Simulator”单选按钮，如图 3.33 所示，单击“Settings”按钮，Keil μVision4 集成开发环境被设置为软件模拟仿真模式。

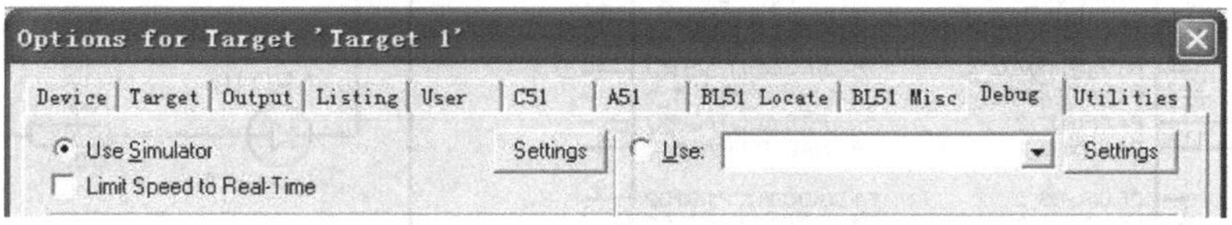

图 3.33　“Options for Target‘Target 1’”对话框

注意：默认状态是软件模拟仿真。

（2）仿真调试。

执行“Debug”→“Start/Stop Debug Session”命令或单击工具栏中的按钮，系统进入调试界面，若再次单击按钮，则退出调试界面。在调试界面可采用单步、跟踪、断点、运行到光标处、全速运行等方式进行调试。

使用调试界面中的监视窗口可以设定程序中要观察的变量并随时监视其变化，也可以使用存储器窗口观察各个存储器指定地址的内容。

使用“Peripherals”菜单可以调用 8051 单片机的片内接口电路的控制窗口，使用这些窗口可以实现对单片机硬件资源的完全控制。

使用“Peripherals”菜单调出 P1 并行 I/O 口。单击按钮，能观察到 P1.6、P1.7 的输出值在高、低电平间来回变化，但观察不到 P4.7、P4.6 的状态，这是因为 Keil μVision4 集成开发环境并不具备 STC 单片机新增功能的仿真能力，需要将程序下载到学习板上进行实物观察。

3.2 基于 Proteus 实现流水灯系统的仿真

Proteus 是英国 Labcenter 公司开发的，包括原理图设计模块（ISIS）和 PCB 制作模块（ARES）。Proteus 是一款集单片机片内资源、片外资源于一体的仿真软件，无须单片机应用电路硬件的支持就能进行单片机应用系统的仿真与测试。

2019 年 5 月，包含 STC15W4K32S4 单片机模型的 8.9 版本的 Proteus 面世，这意味着 Proteus 可以真正地仿真 STC 单片机了。

简单来说，Proteus 可以仿真一个完整的单片机应用系统，具体步骤如下。

① 执行“新建工程”→“原理图设计”命令；

② 利用 Proteus 绘制单片机应用系统的电路原理图；

③ 将用 Keil C 集成开发环境编译生成的机器代码文件加载到单片机中；

④ 运行程序，进入调试界面。

下面以流水灯控制为例，学习 Proteus 的使用方法并实施 STC 单片机的仿真。

3.2.1 流水灯系统电路与程序功能

图 3.34 为流水灯控制电路，系统上电后，红色 LED、黄色 LED、蓝色 LED、绿色 LED 四只 LED 周而复始地顺序点亮。

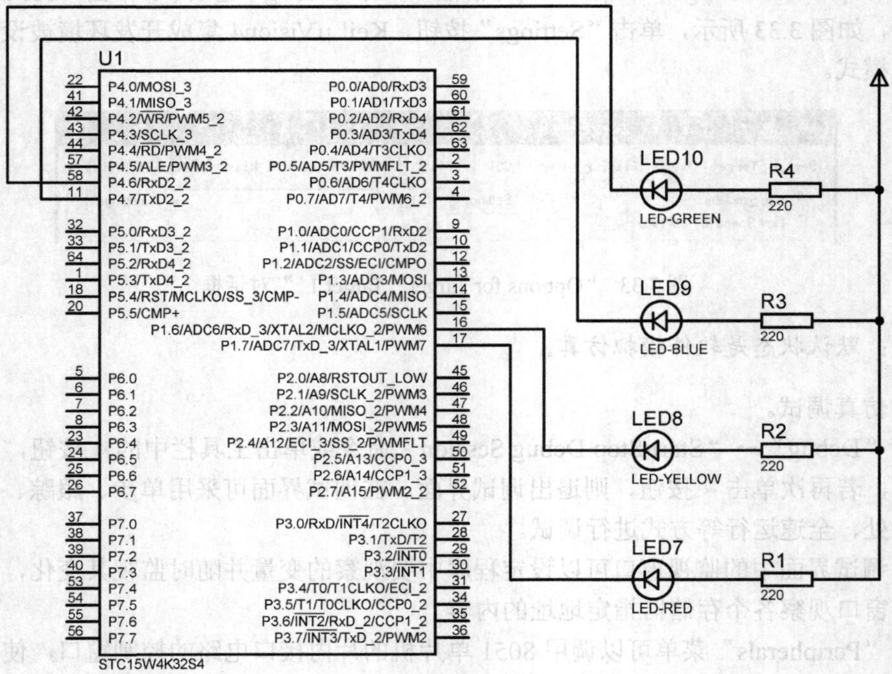

图 3.34 流水灯控制电路

3.2.2 Proteus 的启动

双击 Proteus 运行图标，即可启动 Proteus。Proteus 启动界面如图 3.35 所示。

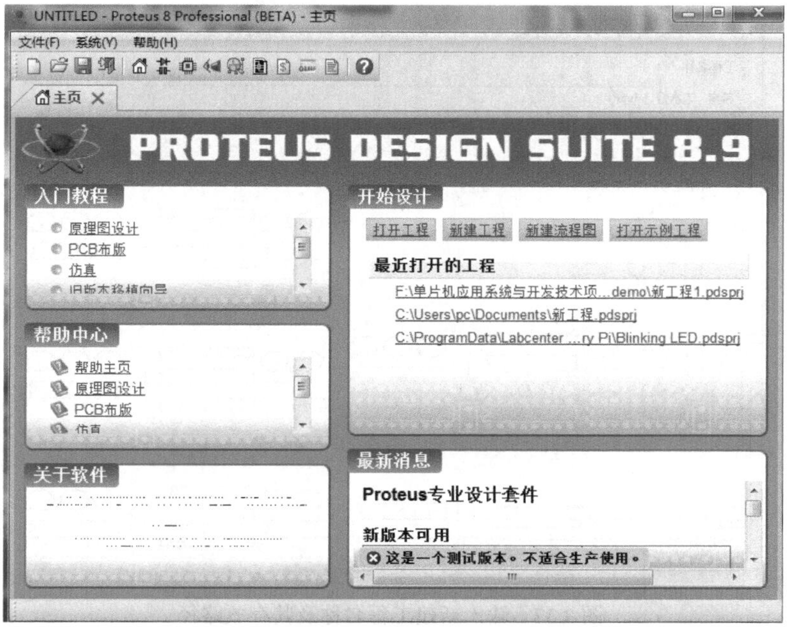

图 3.35 Proteus 启动界面

3.2.3 新建工程

① 单击“新建工程”按钮，进入“新建项目向导：开始设计”对话框，如图 3.36 所示。

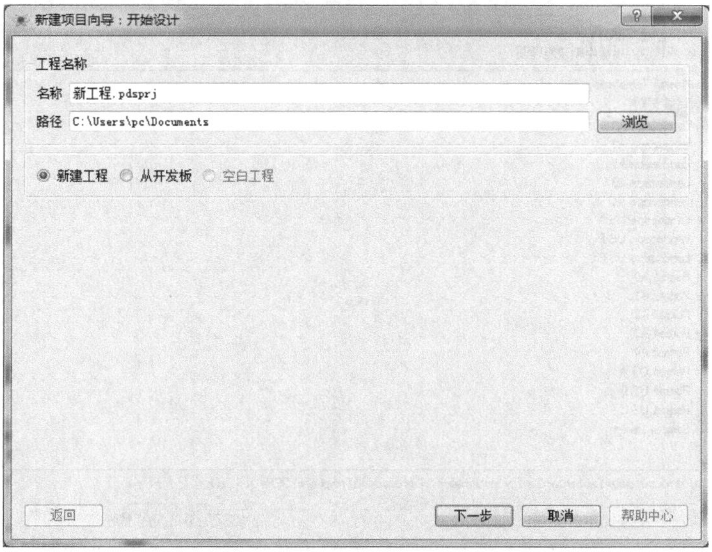

图 3.36 “新建项目向导：开始设计”对话框

② 在图 3.36 的“名称”文本框中输入新建工程的名称，如流水灯；在“路径”文本框中输入新建工程存放的路径，或者单击“浏览”按钮选择新建工程的存放路径；单击“新建工程”单选按钮，如图 3.37 所示。

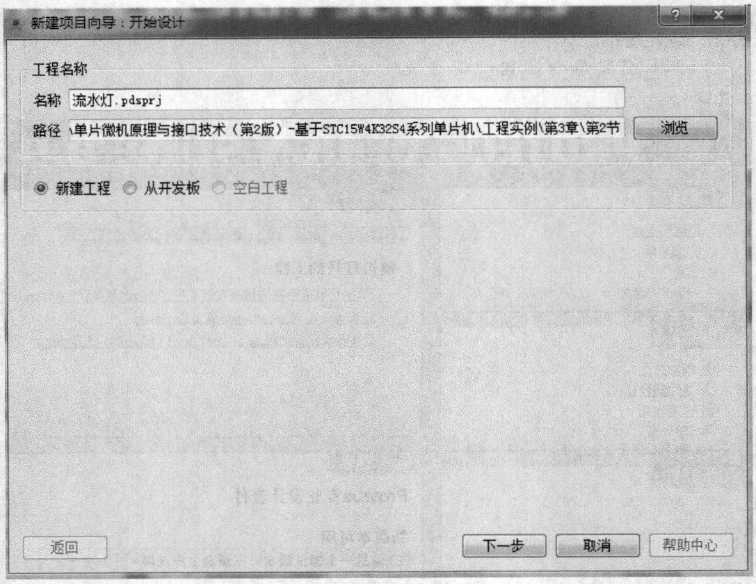

图 3.37 输入新建工程名称及其存放路径

③ 在图 3.37 中，单击“下一步”按钮，进入“新建项目向导：原理图设计”对话框，如图 3.38 所示。单击“从选中的模板中创建原理图”单选按钮，并在弹出的列表中选择“DEFAULT”选项。

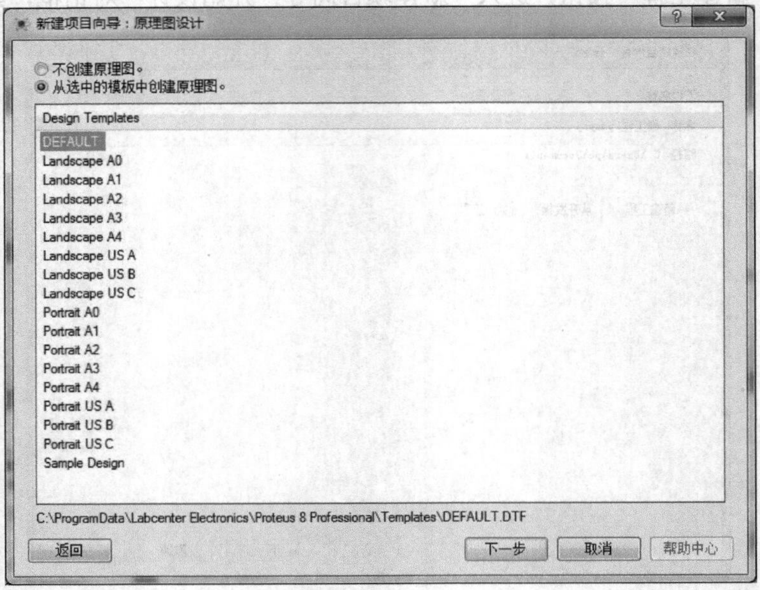

图 3.38 “新建项目向导：原理图设计”对话框

④ 在图 3.38 中，单击“下一步”按钮，进入“新建项目向导：PCB 布版”对话框，如图 3.39 所示。单击“不创建 PCB 布版设计”单选按钮。

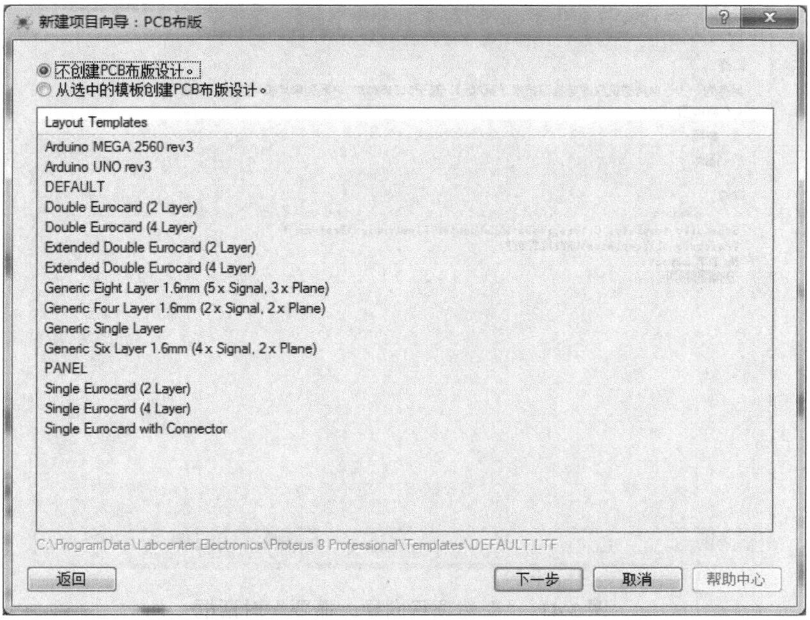

图 3.39 “新建项目向导：PCB 布版”对话框

⑤ 在图 3.39 中，单击“下一步”按钮，进入“新建项目向导：固件”对话框，如图 3.40 所示。单击“没有固件项目”单选按钮。

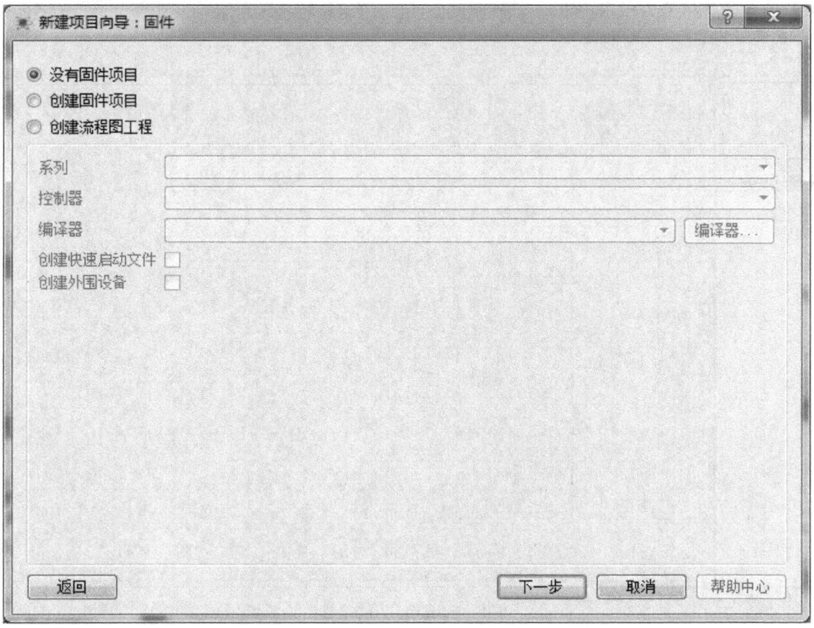

图 3.40 “新建项目向导：固件”对话框

⑥ 在图 3.40 中，单击“下一步”按钮，进入“新建项目向导：概要”对话框，如图 3.41 所示。

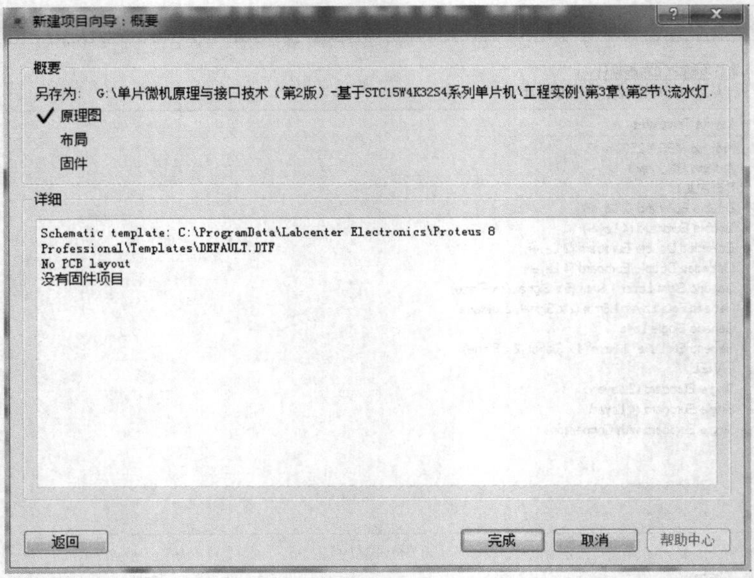

图 3.41 “新建项目向导：概要”对话框

⑦ 在图 3.41 中，核对新建工程信息，核对无误后单击“完成”按钮，即可完成新建工程，进入 Proteus 的原理图设计界面，如图 3.42 所示。

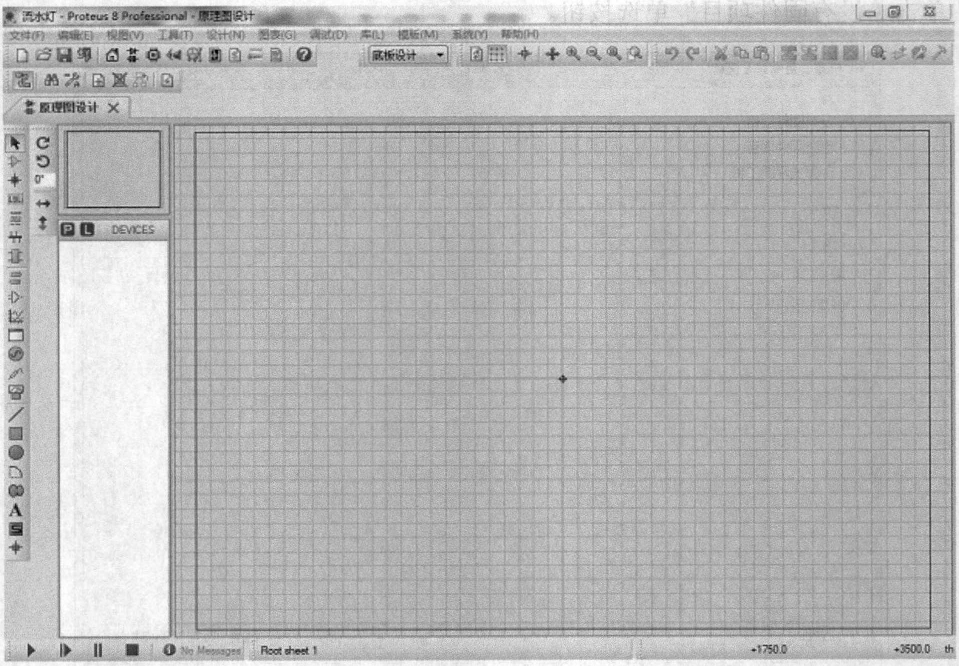

图 3.42 Proteus 的原理图设计界面

3.2.4 用 Proteus 绘制电路原理图

1. 将电路所需元器件加入对象选择器窗口

单击P（对象选择器）按钮，如图 3.43 所示，弹出“选取元器件”对话框，在“关键字”文本框中输入“STC15W4K32S4”，系统会根据关键字在对象库中进行搜索，并将搜索结果显示在“显示本地结果”栏中，如图 3.44 所示。

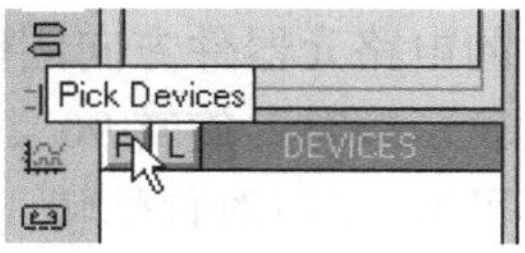

图 3.43 单击P（对象选择器）按钮

图 3.44 在搜索结果中选择元器件

在“显示本地结果”栏中，双击“STC15W4K32S4”，即可将“STC15W4K32S4”添加至对象选择器窗口，如图 3.45 所示。

按如下方法在“关键字”文本框中依次输入发光二极管（LED）、电阻（RES）等元器件的关键词，然后将电路需要的元器件加入对象选择器窗口，如图 3.46 所示。

图 3.45 添加的“STC15W4K32S4”

图 3.46 添加的电路元器件

2．将元器件放置到图形编辑窗口

在对象选择器窗口中，选中相应元器件，预览窗口中将显示该元器件的图形，比如，选中“RES”，则元器件的预览窗口中将出现电阻的图形，如图 3.47 所示。单击界面左侧工具栏中的电路元器件方向图标（见图 3.48），可改变元器件的方向，图 3.48 中的图标从上到下依次表示顺时针旋转 90°、逆时针旋转 90°、自由角度旋转（在文本框中输入角度数，按“Enter”键即可）、左右对称翻转、上下对称翻转。

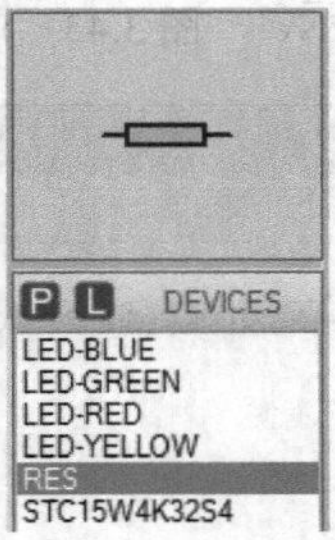

图 3.47　元器件的预览窗口

图 3.48　元器件方向的调整

在预览窗口选中元器件后，将光标置于图形编辑窗口任意位置并单击，在光标位置即会出现该元器件对象，将元器件拖曳到合适位置，再次在图形编辑窗口任意位置单击，即可完成该对象的放置。同理，可将 STC15W4K32S4 单片机、LED 和其他元器件放置到图形编辑窗口中，如图 3.49 所示。

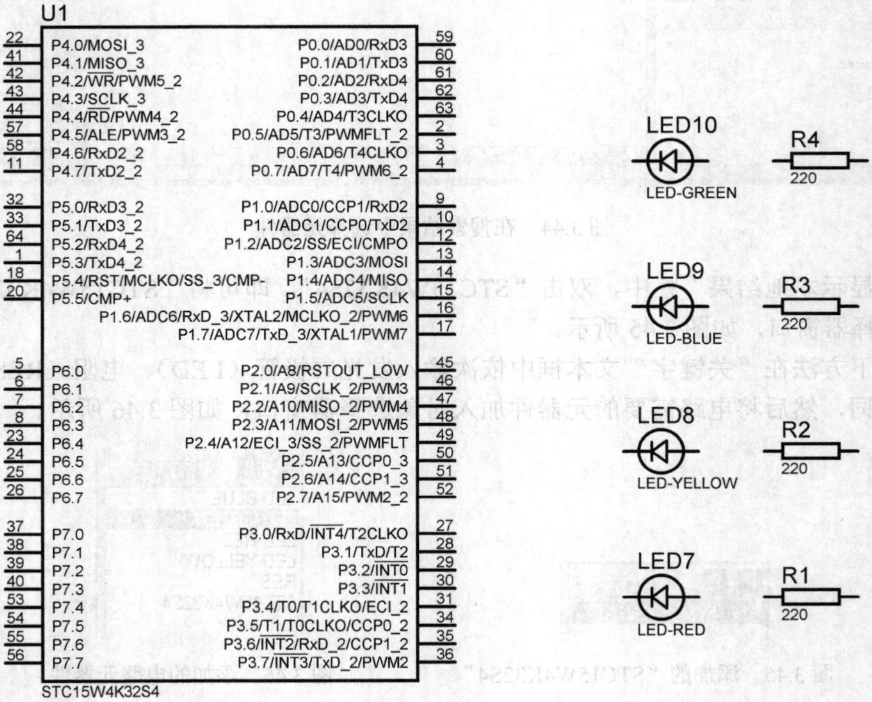

图 3.49　放置元器件

3．编辑图形

（1）调整元器件的方向。

为了便于连接，需要调整元器件的摆放方向。将光标移动到需要调整的元器件上，如 STC15W4K32S4，单击鼠标右键，在弹出的快捷菜单中选择“水平镜像”命令，即可将 STC15W4K32S4 单片机左引脚、右引脚对调。

（2）移动元器件。

若要移动元器件，将光标移动到该元器件上并单击，该元器件颜色将变至红色，这表明该元器件已被选中，按住鼠标左键不放，拖动鼠标，将元器件移动到新位置后，松开鼠标左键，完成元器件移动操作。

（3）编辑元器件属性。

若要修改元器件属性，则将光标移动到该元器件上并双击，即可弹出元器件属性编辑对话框，如图 3.50 所示。为了更好地观察，可以将 LED 的限流电阻值修改为 220，但在实际应用时，一般为 1000。利用编辑元器件属性的方法分别将红色、黄色、蓝色、绿色的 LED 的位号（序号）修改为 LED7、LED8、LED9、LED10。

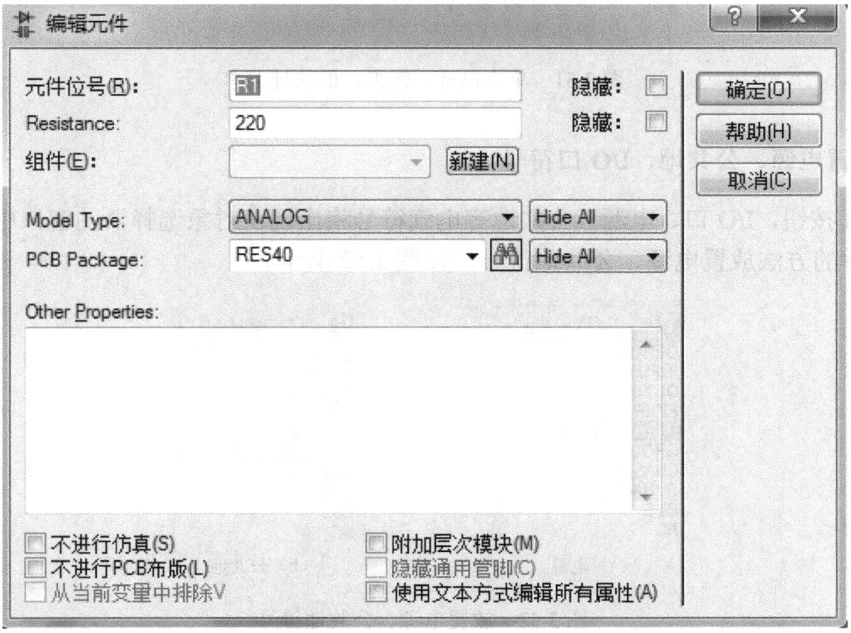

图 3.50　元器件属性编辑对话框

（4）删除元器件。

若要删除元器件，则将光标移动到该元器件上，单击鼠标右键，在弹出的快捷菜单中选择“删除对象”命令，即可删除所选元器件，如图 3.51 所示。

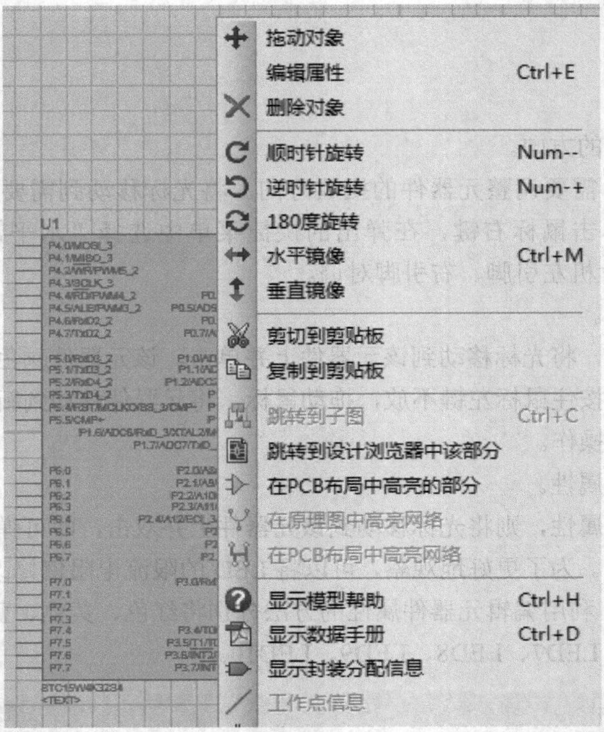

图 3.51　单击鼠标右键弹出的快捷菜单

4．放置电源、公共地、I/O 口符号

单击 按钮，I/O 口、电源、公共地等电气符号将出现在对象选择器的窗口中。用选择、放置元器件的方法放置电源、公共地符号，如图 3.52 所示。

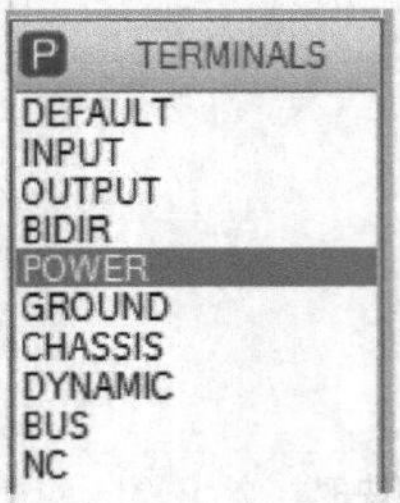

（a）电源

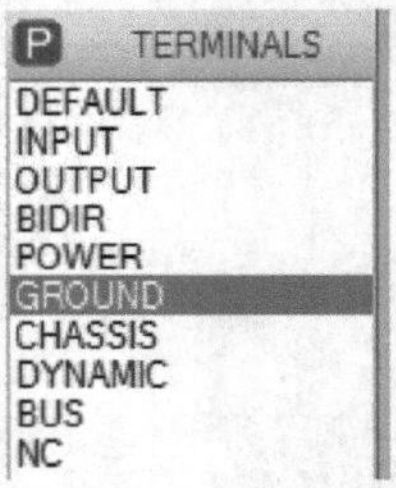

（b）公共地

图 3.52　放置电源、公共地符号

5．电气连接

Proteus 具有自动布线的功能，当单击 按钮时，Proteus 处于自动布线状态；否则 Proteus 处于手动布线状态。

当需要连接两个电气连接点时，将光标移动至其中一个电气连接点上，此时会自动显示一个小红圆点，单击该小红圆点；再将光标移动至另一个电气连接点上，此时同样会自动显示一个小红圆点，单击该小红圆点，即完成这两个电气连接点的电气连接。

3.2.5 用 Proteus 实施流水灯系统（单片机）仿真

1．编辑、编译用户程序

不管是用汇编语言还是用 C 语言编写的源程序，都需要用编译程序将源程序转换为单片机可识别的机器代码（二进制代码）程序。Keil C 集成开发环境集输入、编辑、编译与调试于一体，是目前最为常用的开发工具。下面采用 3.1.2 节生成的机器代码文件（流水灯.hex）进行讲解。

2．将用户程序机器代码文件下载到 STC15W4K32S4 单片机中

将光标移动到 STC15W4K32S4 单片机位置，单击鼠标右键，弹出单片机属性编辑对话框，如图 3.53 所示。

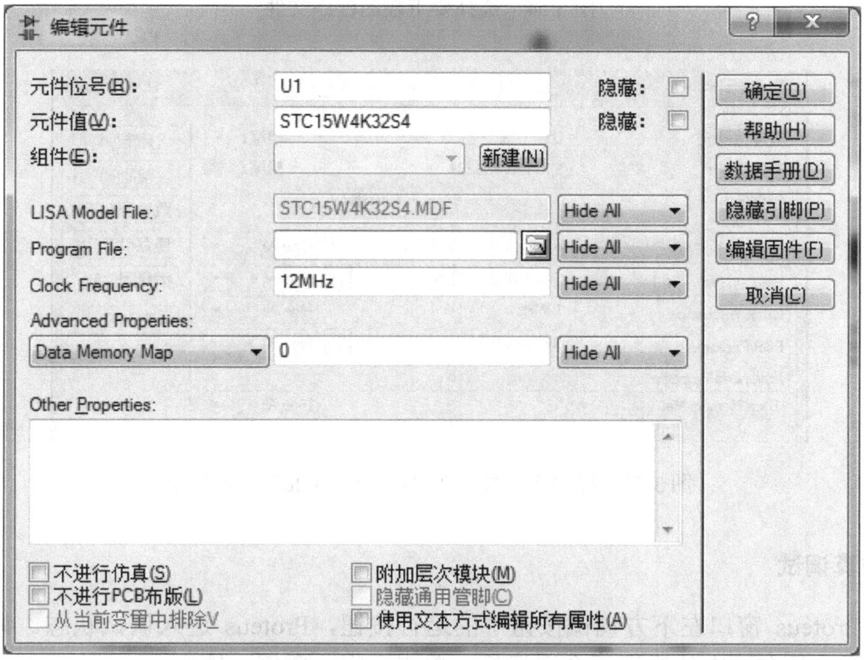

图 3.53　单片机属性编辑对话框

（1）在“Program File”文本框中输入要下载的文件所在的路径与文件名称。

（2）单击“Program File”文本框右边的文件夹图标，弹出查找、选择文件的对话框，在该对话框中找到要下载的程序文件（流水灯.hex），如图 3.54 所示，单击“打开”按钮，所选程序文件出现在“Program File”文本框中，如图 3.55 所示，再单击单片机属性编辑对话框中的“OK”按钮即可完成用户程序机器代码文件的下载。

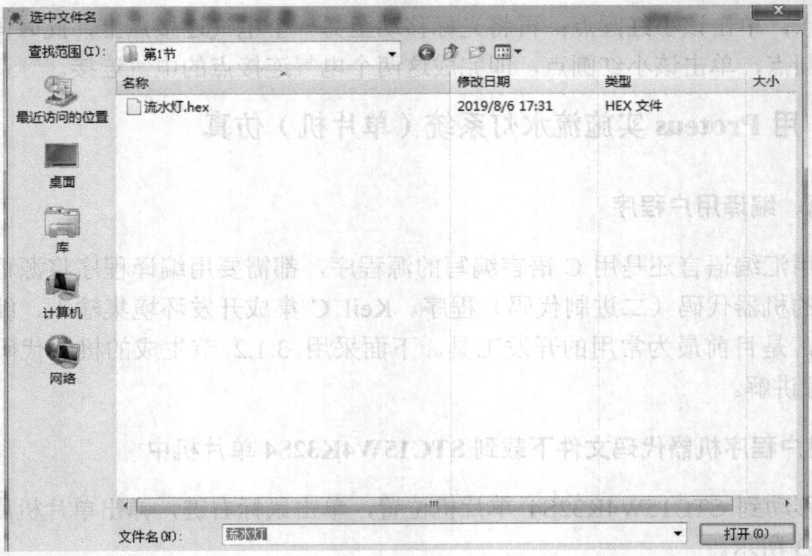

图 3.54　选择要下载的程序文件

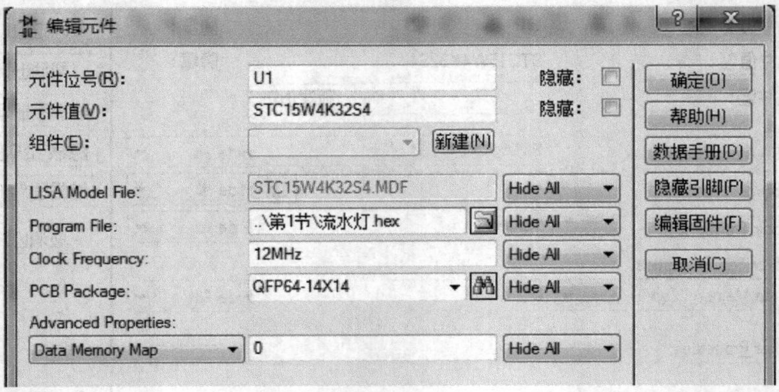

图 3.55　程序文件显示在“Program File”文本框中

3．仿真调试

单击 Proteus 窗口左下方调试按钮中的运行按钮，Proteus 进入调试状态。调试按钮如图 3.56 所示，从左至右依次表示全速运行、单步运行、暂停、停止。

（1）观察 LED 的显示情况，这时应能看到蓝色、绿色两只 LED 顺序点亮，但蓝色 LED→绿色 LED 与绿色 LED→蓝色 LED 的时间间隔相差很大。

（2）产生上述现象的原因是红色、黄色 LED 分别由 P1.7、P1.6 控制，P1.7、P1.6 上电复位默认的工作状态为高阻状态，没有输出。

（3）为了让 P1.7、P1.6 能正常输出，必须对 P1.7、P1.6 进行初始化。将 P1.7、P1.6 的工作模式设置为准双向口模式，将“P1M1=0; P1M0=0;”两条语句添加到流水灯.c 的主函数中，如图 3.57 所示。再利用 Keil C 集成开发环境编辑、编译程序，生成机器代码文件，即流水灯.hex。

图 3.56　调试按钮

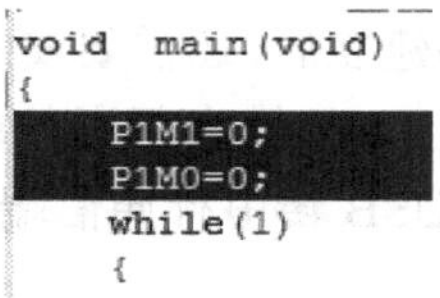

图 3.57　修改流水灯.c 的主函数

（4）打开 Proteus，单击暂停按钮，再单击运行按钮启动仿真，观察 LED 的运行情况，这时应能看到红色 LED、黄色 LED、蓝色 LED、绿色 LED 周而复始地顺序点亮。

3.3　基于 STC15 单片机学习板的在线编程与在线调试

STC 单片机采用基于 Flash ROM 的 ISP/IAP 技术，可进行在线编程，编程结束后，自动转换为运行程序。

3.3.1　STC 单片机在线可编程（ISP）电路

STC 单片机用户程序的下载是通过计算机的 RS232 串行通信端口与单片机的串行通信端口实现的。由于目前大多数计算机已没有 RS232 接口，因此下面就不介绍采用 RS232 转换芯片的在线编程电路了。

1．STC 单片机 USB 接口的在线编程电路与相关驱动程序

图 3.58 为基于 CH340G 转换芯片的 USB 接口与 STC 单片机串行通信端口相互转换通信电路。其中，P3.0 是 STC 单片机的串行接收端，P3.1 是 STC 单片机的串行发送端，D+、D− 是计算机 USB 接口的数据端。

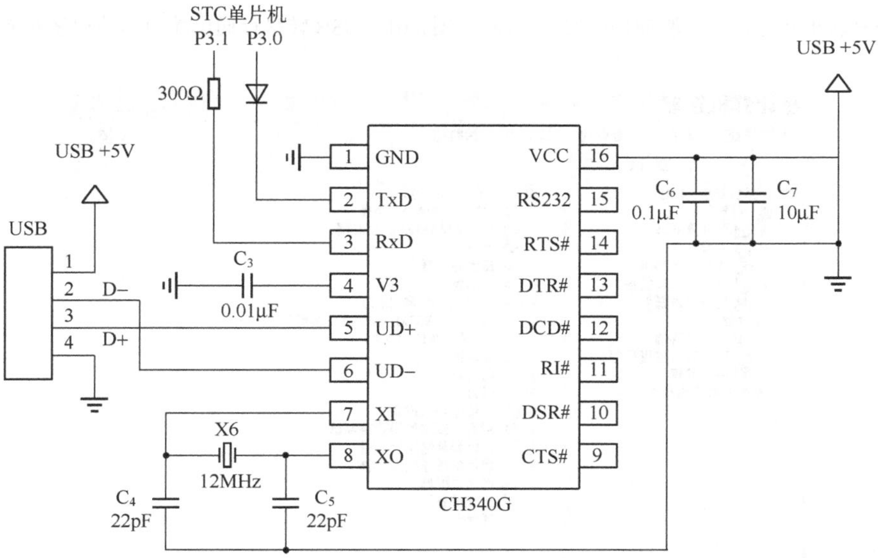

图 3.58　基于 CH340G 转换芯片的 USB 接口与 STC 单片机串行通信端口相互转换通信电路

通信线路建立后，还需要安装 USB 转串行通信端口驱动程序才可以建立计算机与单片机之间的通信。USB 转串行通信端口驱动程序可从 STC 单片机的官方网站下载，文件名为 CH341SER。USB 转串行通信端口驱动程序图标如图 3.59 所示。

图 3.59　USB 转串行通信端口驱动程序图标

启动 USB 转串行通信端口驱动程序，弹出该程序安装界面，如图 3.60 所示。单击“安装”按钮，系统进入安装流程，安装完成后弹出安装成功对话框，如图 3.61 所示。此时，打开计算机设备管理器的端口选项，就能看到 USB 转串行通信端口的模拟串行通信端口号，如图 3.62 所示，USB 的模拟串行通信端口号是 COM3。在下载程序时，必须按 USB 的模拟串行通信端口号设置在线编程（下载程序）的串行通信端口号。STC15 系列单片机的在线编程软件具备自动侦测 USB 模拟串行通信端口的功能，直接在串行通信端口号选项中选择即可，格式为 USB-SERIAL CH340 (COM3)。

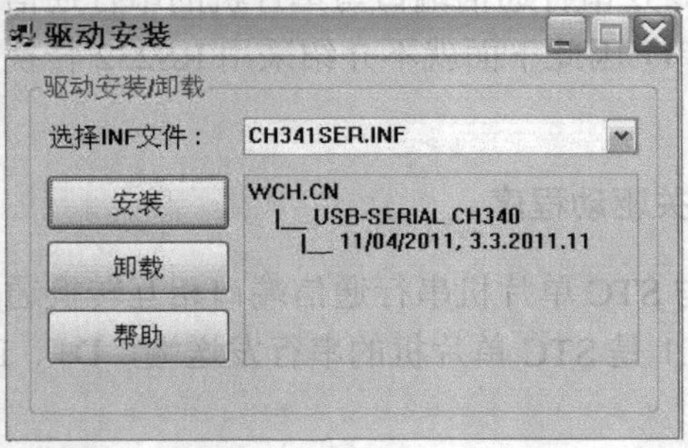

图 3.60　USB 转串行通信端口驱动程序安装界面

图 3.61　USB 转串行通信端口驱动程序安装成功对话框

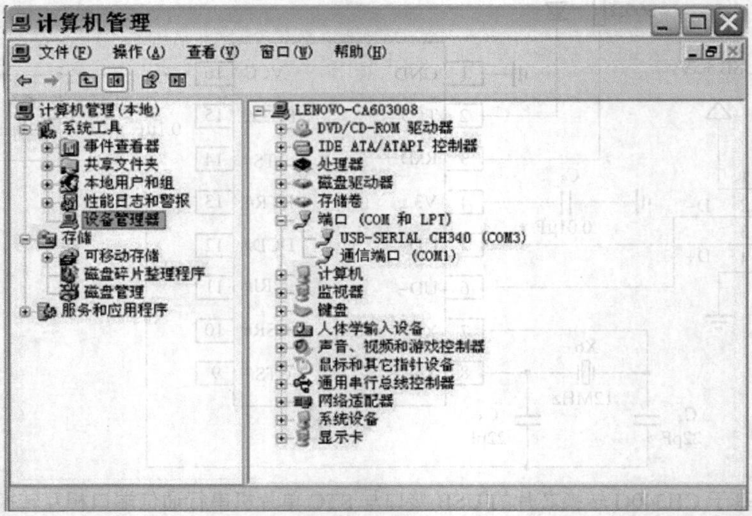

图 3.62　查看 USB 转串行通信端口的模拟串行通信端口号

2．STC15W4K32S4 单片机直接与 USB 接口相连的在线编程电路

STC15W4K32S4 单片机及以 STC15W4K 开头的单片机都采用最新的在线编程技术。STC15W4K32S4 单片机及以 STC15W4K 开头的单片机除可以通过 USB 转串行通信端口芯片（CH340G）进行数据转换外，还可以直接与计算机的 USB 接口相连进行在线编程。计算机 USB 接口与单片机直接相连的在线编程电路如图 3.63 所示。当 STC15W4K32S4 单片机直接与计算机的 USB 接口相连进行在线编程时，就不具备在线仿真功能了。

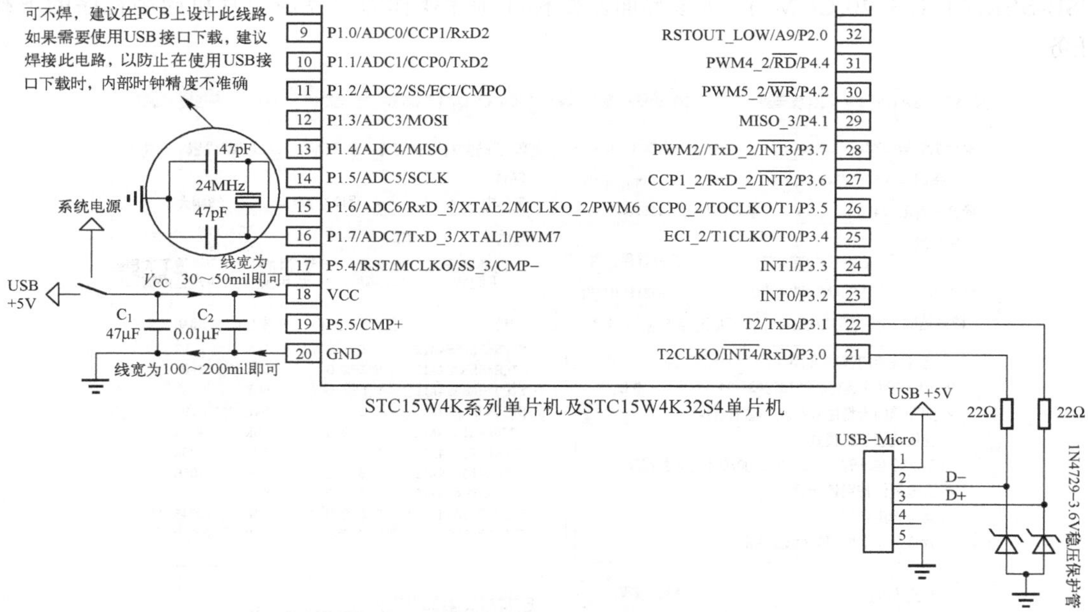

图 3.63　计算机 USB 接口与单片机直接相连的在线编程电路

（1）如果用户单片机直接使用 USB 接口供电，那么当用户单片机与 USB 接口相连时，计算机会自动检测 STC15W4K 系列单片机或 STC15W4K32S4 单片机是否插入了计算机的 USB 接口。如果用户第一次使用该计算机对 STC15W4K 系列单片机或 STC15W4K32S4 单片机进行 ISP 下载，则该计算机会自动安装 USB 驱动程序，而 STC15W4K 系列单片机或 STC15W4K32S4 单片机则自动处于等待状态，直到 USB 驱动程序安装完毕并收到“下载/编程”命令。

（2）如果用户单片机使用系统电源供电，那么用户单片机系统必须在停电后插入计算机 USB 接口。在用户单片机插入计算机 USB 接口并供电后，计算机会自动检测 STC15W4K 系列单片机或 STC15W4K32S4 单片机是否插入了计算机的 USB 接口。如果用户第一次使用该计算机对 STC15W4K 系列单片机或 STC15W4K32S4 单片机进行 ISP 下载，则该计算机会自动安装 USB 驱动程序，而 STC15W4K 系列单片机或 STC15W4K32S4 单片机则自动处于等待状态，直到 USB 驱动程序安装完毕并收到“下载/编程”命令。

3.3.2　单片机应用程序的下载与运行

在进行单片机应用程序的下载与运行之前，首先需要用 USB 线将计算机与 STC15W4K32S4

单片机开发板（如 STC15 单片机学习板）的电源、数据接口插座（USB 插座或 Micro 插座）相连。

1．单片机应用程序的下载

利用 STC-ISP 在线编程软件可将单片机应用系统的用户程序（hex 文件）下载到单片机中。STC-ISP 在线编程软件可从 STC 单片机的官方网站下载，运行下载程序（如 STC_ISP_V6.82O），弹出如图 3.64 所示的界面，并自动检测到学习板的模拟串行通信端口号 USB-SERIAL-CH340(COM3)，按该界面左侧标注顺序操作即可完成单片机应用程序的下载任务。

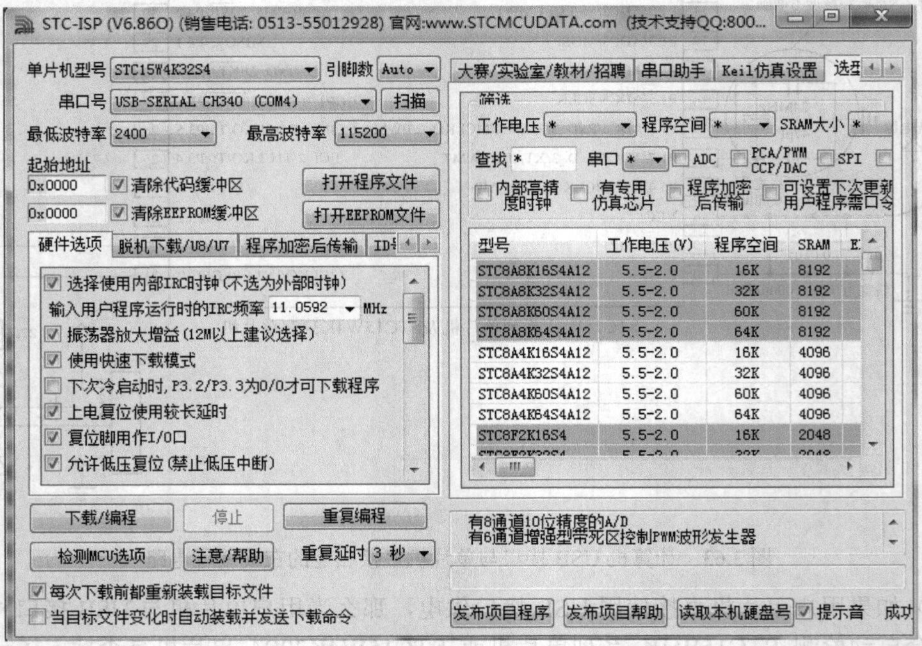

图 3.64　STC-ISP 在线编程软件工作界面

注意：STC-ISP 在线编程软件工作界面的右侧为单片机开发过程中常用的实用工具。

步骤 1：选择单片机型号，必须与所使用单片机的型号一致。单击“单片机型号”的下拉按钮，在其下拉菜单中选择“STC15W4K32S4”。

注意：STC 官方 STC15 单片机学习板采用的是 STC15W4K32S4 单片机。

步骤 2：选择串行通信端口。根据本机 USB 的模拟串行通信端口号选择，即 USB-SERIAL CH340（COM4）。

步骤 3：打开文件。打开要烧录到单片机中的程序，该程序是经过编译而生成的机器代码文件，扩展名为“.hex”，如本任务中的“流水灯.hex”。

步骤 4：设置硬件选项，一般情况下，按默认设置。

（1）勾选“选择使用内部 IRC 时钟（不选为外部时钟）”复选框；

在“输入用户程序运行时的 IRC 频率”的下拉菜单中选择时钟频率，这里选择 12MHz；

（2）勾选“振荡器放大增益（12M 以上建议选择）”复选框；

（3）勾选“使用快速下载模式”复选框；

（4）不勾选“下次冷启动时，P3.2/P3.3 为 0/0 才可下载程序”复选框；

（5）勾选“上电复位使用较长延时”复选框；

（6）勾选“允许低压复位（禁止低压中断）”复选框，并选择低压检测电压；

（7）勾选“低压时禁止 EEPROM 操作”复选框，并选择 CPU-Core 最高工作电压；

（8）不勾选“上电复位时由硬件自动启动看门狗”复选框，并选择看门狗定时器分频系数；

（9）勾选“空闲状态时停止看门狗计数”复选框；

（10）根据应用实际情况，勾选“下次下载用户程序时擦除 EEPROM 区”复选框；

（11）根据应用实际情况，勾选“P2.0 上电复位后为低电平”复选框；

（12）根据应用实际情况，勾选“串行通信端口 1 数据线[RxD，TxD]从[P3.0，P3.1]切换到[P3.6，P3.7]，P3.7 输出 P3.6 的输入电平”复选框；

（13）根据应用实际情况，勾选“是否为强推挽输出”复选框；

（14）根据应用实际情况，勾选“程序区结束处添加重要参数（包括 BandGap 电压、32K 唤醒定时器频率、24M 和 11.0592M 内部 IRC 设定参数）”复选框；

（15）输入 Flash 空白处填充值。

步骤 5： 下载用户程序。单击“下载/编程”按钮，按 SW19 键，重新为单片机上电，启动用户程序下载流程，即可完成用户程序的下载。

（1）若勾选“每次下载都重新装载目标文件”复选框，当用户程序发生变化时，不需要进行步骤 2，直接进入步骤 5 即可。

（2）若勾选“当目标文件变化时自动装载并发送下载命令”复选框，则当用户程序发生变化时，系统会自动侦测到该变化，同时启动用户程序装载并发送下载命令，用户只需要重新为单片机上电即可完成用户程序的下载。

2. 单片机应用程序的运行与调试

当用户程序下载完毕后，单片机自动运行用户程序，观察 LED7、LED8、LED9、LED10 的显示情况。

（1）下载无添加 P1.7、P1.6 I/O 初始化语句流水灯.hex 时，观察并记录 LED7、LED8、LED9、LED10 的显示情况。

（2）下载有添加 P1.7、P1.6 I/O 初始化语句流水灯.hex 时，观察并记录 LED7、LED8、LED9、LED10 的显示情况。

（3）对比两者运行结果的差异，并解释产生这种差异的原因。

3.3.3 STC-ISP 在线编程软件的其他功能

STC-ISP 在线编程软件除可实现在线编程（程序下载）外，还具有如下功能。

（1）串行通信端口助手：可作为计算机 RS-232 串行通信端口的控制终端，用于计算机 RS-232 串行通信端口发送与接收数据。

（2）Keil 设置：用于向 Keil C 集成开发环境添加 STC 单片机机型、STC 单片机头文件及 STC 仿真驱动器，同时可以生成仿真芯片。

（3）范例程序：提供 STC 各系列、型号单片机应用例程。

（4）波特率计算器：用于自动生成 STC 各系列、型号单片机串行通信端口应用时所需波特率的设置程序。

（5）软件延时计算器：用于自动生成所需延时的软件延时程序。

（6）定时器计算器：用于自动生成所需延时的定时器初始化设置程序。

（7）头文件：提供用于定义 STC 各系列、型号单片机特殊功能寄存器及可寻址特殊功能寄存器位的头文件。

（8）指令表：提供 STC 单片机的指令系统，包括汇编符号、机器代码、运行时间等。

（9）自定义加密下载：用户先将程序代码通过自己的一套专用密钥进行加密，然后将加密后的代码通过串行通信端口下载。此时下载的是加密文件，通过串行通信端口分析出来的是加密后的乱码，如果没有相应加密密钥，这个加密文件就无任何价值，这样可防止烧录人员在烧录程序时通过监测串行通信端口分析出代码。

（10）脱机下载：需要脱机下载电路的支持，用于批量生产使用。

（11）发布项目程序：主要用于将用户程序与相关的选项设置打包成一个可以直接对目标芯片进行下载编程的超级简单的、用户界面的可执行文件。用户可以自行定制（如可以自行修改发布项目程序的标题、按钮名称及帮助信息），还可以指定目标计算机的硬盘号和目标芯片的 ID 号。在指定了目标计算机的硬盘号后，便可以控制发布应用程序只能在指定的计算机上运行，若复制到其他计算机，则应用程序不能运行。当指定了目标芯片的 ID 号后，用户程序只能下载到具有相应 ID 号的目标芯片中，ID 号与目标芯片 ID 号不一致的其他芯片不能进行下载编程。

3.4 基于 Keil C 集成开发环境与 STC15 单片机学习板流水灯系统的在线仿真*

STC15W4K32S4 系列单片机中的 STC15W4K32S4 单片机和 IAP15W4K61S4 单片机既可用作仿真芯片，又可用作目标芯片。

Keil μVision4 集成开发环境的硬件仿真需要与外围 8051 单片机仿真器配合实现，这里选用 STC15W4K32S4 单片机来实现。STC15W4K32S4 单片机兼有在线仿真功能。

1. Keil 硬件仿真电路的连接

Keil 硬件仿真电路实际上就是相应的程序下载电路。STC 官方 STC15 系列单片机开发板中的电路已进行了连接，所用单片机也是具备在线仿真功能的 STC15W4K32S4 单片机。

2. 设置 STC 仿真器

由于 STC 单片机采用了基于 Flash 存储器的 ISP 技术，因此不需要仿真器、编程器就可进行单片机应用系统的开发，但为了满足习惯采用硬件仿真的单片机应用工程师的要求，STC开发了 STC 仿真器，单片机芯片既是仿真芯片，又是应用芯片。下面简单介绍 STC 仿真器的设置与使用。

（1）设置仿真芯片。

运行 STC-ISP 在线编程软件，单击“Keil 仿真设置”选项卡，如图 3.65 所示。

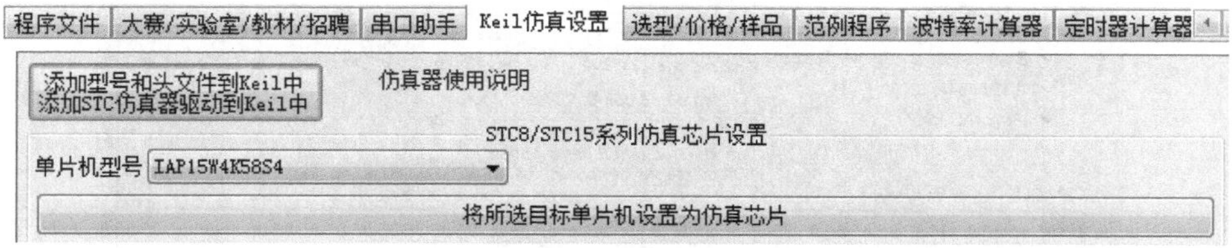

图 3.65　设置仿真芯片

在“单片机型号”的下拉菜单中选择“STC15W4K32S4”，单击“将所选单片机设置为仿真芯片”按钮，即可启动“下载/编程”功能，重新为单片机上电，启动用户程序下载流程。完成上述操作后该芯片即仿真芯片，即可与 Keil μVision4 集成开发环境进行在线仿真。

（2）设置 Keil μVision4 硬件仿真调试模式。

① 打开流水灯工程。

② 打开“Options for Target ‘Target 1’”对话框，如图 3.66 所示，打开“Debug”选项卡，单击“Use”单选按钮并选择“STC Monitor-51 Driver”，勾选“Load Application at Startup”复选框和“Run to main()”复选框。

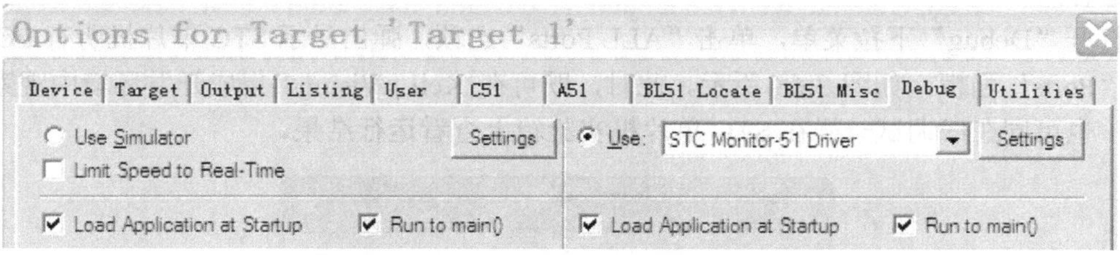

图 3.66　“Options for Target ‘Target 1’”对话框

③ 设置 Keil μVision4 硬件仿真参数。

单击图 3.66 右上角的“Settings”按钮，弹出 Keil μVision4 硬件仿真参数设置对话框，如图 3.67 所示。根据仿真电路所使用的串行通信端口号（或 USB 驱动的模拟串行通信端口号）选择串行通信端口。

- 选择串行通信端口：根据在线下载电路实际使用的串行通信端口号（或 USB 驱动时的模拟串行通信端口号）进行选择，如本例的“COM3”；
- 设置串行通信端口的波特率：单击“Baudrate”的下拉按钮，在弹出的下拉列表中选择合适的波特率，如本例中的“115200”；

设置完毕后，单击“OK”按钮，再单击“Options for Target’Targe’”对话框中的“OK”按钮，即可完成硬件仿真的设置。

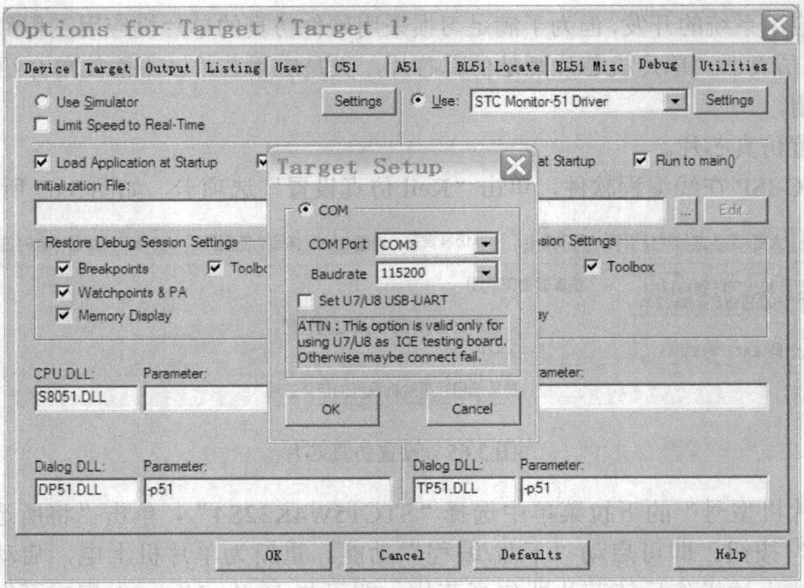

图 3.67　Keil μVision4 硬件仿真参数设置对话框

3. 在线仿真调试

同软件模拟调试一样，执行“Debug”→“Start/Stop Debug Session”命令或单击工具栏中的按钮，系统进入调试界面，再次单击按钮，即可退出调试界面。在线调试除可以在 Keil μVision4 集成开发环境调试界面观察程序运行信息外，还可以直接通过目标电路观察程序的运行结果。

打开“Debug”下拉菜单，单击“ALL Ports”选项，弹出显示 STC 单片机所有 I/O 口信息的“Ports”面板，如图 3.68 所示。此时，既可在 Keil μVision4 集成开发环境中观察运行结果，也可同在线调试一样在 STC 单片机实验箱上查看运行结果。

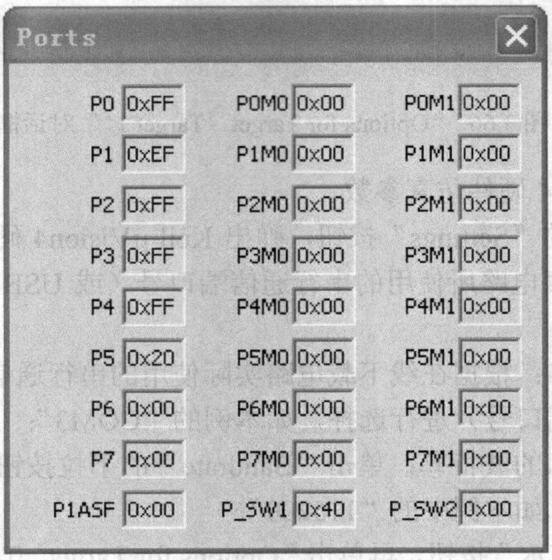

图 3.68　STC 单片机所有 I/O 口信息

① 无添加 P1.7、P1.6 I/O 初始化语句时流水灯.c 程序的调试，观察并记录图 3.68 中 P1 与 P4 端口中的 P1.7、P1.6、P4.7、P4.6 的信息，以及 STC15 学习板 LED7、LED8、LED9、LED10 的显示情况。

② 有添加 P1.7、P1.6 I/O 初始化语句时流水灯.c 程序的调试，观察并记录图 3.68 中 P1 与 P4 端口中的 P1.7、P1.6、P4.7、P4.6 的信息，以及 STC15 学习板 LED7、LED8、LED9、LED10 的显示情况。

3.5 STC15 单片机官方开发板简介

STC15 系列单片机官方开发板采用既可用作目标芯片，又可用作仿真芯片的 STC15W4K32S4 单片机，包含 USB 转 UART 的在线编程电路、8 位 LED 数码管显示电路、普通矩阵键盘、AD 矩阵键盘、简单按键与 LED 电路、红外发射与接收电路、热敏与光敏电路、PCF8563 日历时钟等模块电路。STC15 系列单片机官方开发板实物图如图 3.69 所示，具体各模块电路图详见附录 E。

图 3.69　STC15 系列单片机官方开发板实物图

本 章 小 结

程序的编辑、编译与下载是单片机应用系统开发过程中不可或缺的工作流程。由于 STC 单片机具有 ISP 在线下载功能，因此单片机应用系统的开发变得简单了。在硬件方面，只要在单片机应用系统中嵌入计算机与单片机的串行通信端口通信电路（又称 ISP 下载电路）即可。在软件方面，一是需要进行汇编语言或 C 语言源程序编辑、编译的开发工具（如 Keil C 集成开发环境）；二是需要 STC 单片机 ISP 下载软件。单片机应用系统的开发工具非常简单，也非常廉价，因此，我们可以用实际的单片机应用系统开发环境来学习单片机，相当于每人都拥有一个单片机实验室。

Keil C 集成开发环境除具备程序编辑、编译功能外，还具备程序调试功能，可对单片机的内部资源（包括存储器、并行 I/O 口、定时/计数器、中断系统与串行通信端口等）进行仿真，可采用全速运行、单步运行、跟踪运行、执行到光标处或设置断点等程序运行模式来调试用户程序，与 STC 仿真器配合可实现硬件在线仿真。

CH341SER 程序是 USB 转串行通信端口驱动程序。在采用 USB 转串行通信端口驱动电路构建 STC 在线编程（下载程序）电路时，必须安装 USB 转串行通信端口驱动程序，使用 USB 模拟的串行通信端口号进行计算机与单片机之间的通信。

Proteus 是唯一能仿真单片机的仿真软件，无须单片机和外围电路硬件，利用软件模型就可以仿真单片机应用系统的全过程，包括绘制电路、编辑/编译程序、下载程序、运行程序与调试程序。2019 年 5 月，英国 Labcenter 公司发布了包含 STC15W4K32S4 单片机模型的 8.9 版本的 Proteus，至此，Proteus 实现了真正地仿真 STC 单片机。

习　题　3

一、填空题

1. 目前，STC 单片机开发板中在线编程（下载程序）电路采用的 USB 转串行通信端口的芯片是________。

2. 在 Keil μVision4 集成开发环境中，既可以编辑、编译 C 语言源程序，也可以编辑、编译________源程序。在保存源程序文件时，若是采用 C 语言编程，其后缀名是________；若是采用汇编语言编程，其后缀名是________。

3. 在 Keil μVision4 集成开发环境中，除可以编辑、编译用户程序外，还可以________用户程序。

4. 在 Keil μVision4 集成开发环境中，编译时在允许自动创建机器代码文件状态下，其默认文件名称与________相同。

5. STC 单片机能够识别的文件类型为________，其后缀名是________。

二、选择题

1. 在 Keil μVision4 集成开发环境中，勾选“Create HEX File”复选框后，默认状态下的机器代码名称与________相同。

A. 项目名称　　B. 文件名称　　C. 项目文件夹名称

2. 在 Keil μVision4 集成开发环境中， 下列不属于编辑、编译界面操作功能的是________。

A. 输入用户程序　　B. 编辑用户程序

C. 全速运行程序　　D. 编译用户程序

3. 在 Keil μVision4 集成开发环境中， 下列不属于调试界面操作功能的是________。

A. 单步运行用户程序　　B. 跟踪运行用户程序

C. 全速运行用户程序　　D. 编译用户程序

4. 在 Keil μVision4 集成开发环境中，编译过程中生成的机器代码文件的后缀名是________。

A. .c　　B. .asm　　C. .hex　　D. .uvproj

5．下列 STC 单片机中，不能实现在线仿真的芯片是________。

A．IAP15F2K61S2　　B．STC15F4K32S4

C．IAP15W4K61S4　　D．STC15W4K32S4

三、判断题

1．STC89C52RC 单片机与 STC15W4K32S4 单片机在相同封装下，其引脚排列是一样的。（　　）

2．在 Keil μVision4 集成开发环境，编译时默认会自动生成机器代码文件。（　　）

3．在 Keil μVision4 集成开发环境中，若不勾选“Create HEX File”复选框编译用户程序，则不能调试用户程序。（　　）

4．Keil μVision4 集成开发环境既可以用于编辑、编译 C 语言源程序，也可以编辑、编译汇编语言源程序。（　　）

5．在 Keil μVision4 集成开发环境调试界面中，默认状态下选择的仿真模式是软件模拟仿真。（　　）

6．在 Keil μVision4 集成开发环境调试界面中，若调试的用户程序无子函数调用，那么单步运行与跟踪运行的功能是完全一致的。（　　）

7．在 Keil μVision4 集成开发环境中，若编辑、编译的源程序类型不同，则生成的机器代码文件的后缀名不同。（　　）

8．STC-ISP 在线编程软件是直接通过计算机的 USB 接口与单片机串行通信端口进行数据通信的。（　　）

9．在 STC-ISP 在线编程软件中，单击“下载/编程”按钮后，一定要让单片机重新上电才能完成程序下载工作。（　　）

10．STC15F2K60S2 单片机既可用作目标芯片，又可用作仿真芯片。（　　）

11．以 STC15W 开头的 STC 单片机与 STC15F2K60S2 单片机可不经过 USB 转串行通信端口芯片，直接与计算机 USB 接口相连，实现在线编程功能。（　　）

12．IAP15W4K61S4 单片机可不经过 USB 转串行通信端口芯片，直接与计算机 USB 接口相连，实现在线编程功能。（　　）

13．Proteus 能仿真所有的 STC 单片机。（　　）

四、问答题

1．简述应用 Keil μVision4 集成开发环境进行单片机应用程序开发的工作流程。

2．在 Keil μVision4 集成开发环境中，如何根据编程语言的种类选择存盘文件的扩展名？

3．在 Keil μVision4 集成开发环境中，如何切换编辑、编译界面与调试界面？

4．在 Keil μVision4 集成开发环境中，有哪几种程序调试方法？这几种调试方法各有什么特点？

5．Keil μVision4 集成开发环境在调试程序时，如何观察片内 RAM 的信息？

6．Keil μVision4 集成开发环境在调试程序时，如何观察片内通用寄存器的信息？

7．Keil μVision4 集成开发环境在调试程序时，如何观察或设置定时器、中断与串行通信端口的工作状态？

8．简述利用 STC-ISP 在线编程软件下载用户程序的工作流程。

9．怎样通过设置实现下载程序时自动更新用户程序。

10．怎样通过设置实现当用户程序发生变化时会自动更新用户程序并启动下载指令。

11．Proteus 能仿真哪几种型号的 STC 单片机？

12．STC15W4K32S4 单片机既可用作目标芯片，又可用作仿真芯片，当其用作仿真芯片时，应如何操作？

13．简述 Keil μVision4 集成开发环境硬件仿真（在线仿真）的设置。

14．Proteus 包含哪些功能？

15．在 Proteus 工作界面中，如何建立自己的元器件库？在绘图时，如何调整元器件的放置方向？

16．在 Proteus 工作界面中，如何将元器件放置在画布中？如何移动元器件及设置元器件的工作参数？

17．如何绘制元器件间电气连接点的连线？如何在画布空白区域放置电气连接点？

18．如何为电气接连接点设置网络标号？如何通过网络标号实现元器件间的电气连接？

19．简述 Proteus 实现单片机应用系统虚拟仿真的工作流程。

20．在利用 Proteus 绘图时，如何调用电源、公共地、I/O 口符号？

第 4 章　STC15W4K32S4 单片机的指令系统与汇编语言程序设计

指令是 CPU 按照人们的意图来完成某种操作的依据，一台计算机的 CPU 能执行的全部指令的集合称为这个 CPU 的指令系统。指令系统功能的强弱体现了 CPU 性能的高低。

STC15W4K32S4 单片机的指令系统与传统 8051 单片机完全兼容。42 种助记符代表了 33 种功能，而指令功能助记符与各种操作数寻址方式的结合构造出了 111 条指令。其中，数据传送类指令 29 条，算术运算类指令 24 条，逻辑运算类指令 24 条，控制转移类指令 17 条，位操作类指令 17 条。

单片机应用系统是硬件系统与软件系统的有机结合，其中，软件系统指用于完成系统任务、指挥 CPU 等硬件系统工作的程序。

STC15W4K32S4 单片机的程序设计主要采用两种语言：汇编语言和高级语言。采用汇编语言生成的目标程序占用的存储空间小、运行速度快，具有效率高、实时性强的优点，适合编写短小、高效的实时控制程序。采用高级语言进行程序设计对系统硬件资源的分配比采用汇编语言简单，且程序的阅读、修改及移植比较容易，所以高级语言适合编写规模较大的程序，特别是运算量较大的程序。本章重点介绍汇编语言程序设计。

4.1　STC15W4K32S4 单片机的指令系统

4.1.1　概述

计算机只能识别和执行二进制编码指令，该指令称为机器指令，但机器指令不便于记忆和阅读。为了编写程序的方便，一般采用汇编语言和高级语言编写程序，但编写好的源程序必须经汇编程序或编译程序转换成机器指令后，才能被计算机识别和执行。

STC15W4K32S4 单片机指令系统采用助记符指令（汇编语言指令）格式描述，与机器指令有一一对应的关系。

1．机器指令的编码格式

机器指令通常由操作码和操作数（或操作数地址）两部分构成，其中，操作码用来规定指令执行的操作功能；操作数是指参与操作的数据（或操作对象）。

STC15W4K32S4 单片机的机器指令按指令字节数分为三种格式：单字节指令、双字节指令和三字节指令。

（1）单字节指令。

单字节指令有以下两种编码格式。

① 仅为操作码的 8 位编码，格式如下：

位	76543210
字节	opcode

这类指令的 8 位编码仅为操作码，指令的操作数隐含在其中。例如，“DEC A”的指令编码为“14H”，其功能是累加器 A 的内容减 1。

② 含有操作码和寄存器编码的 8 位编码，格式如下：

位	76543	210
字节	opcode	r r r

这类指令的高 5 位为操作码，低 3 位为操作数对应的编码。例如，“INC R1”的指令编码为“09H”，其中，高 5 位 00001B 为寄存器 R1 内容加 1 的操作码；低 3 位 001B 为寄存器 R1 对应的编码。

（2）双字节指令。

双字节指令格式如下：

位	76543210
字节	opcode
	data或direct

双字节指令的第一字节为操作码，第二字节为参与操作的数据或存放数据的地址。如“MOV A, #60H”的指令代码为“01110100 01100000B”，其中，高 8 位 01110100B 为将立即数传送到累加器 A 的操作码；低 8 位 01100000B 为对应的立即数（源操作数，即 60H）。

（3）三字节指令。

三字节指令格式如下：

位	76543210
字节	opcode
	direct
	data或direct

三字节指令的第一字节为操作码，后两字节为参与操作的数据或存放数据的地址。例如，“MOV 10H, #60H”的指令代码为“01110101 00010000 01100000B”，其中，高 8 位 01110101B 为将立即数传送到直接地址单元的操作码；中间 8 位 00010000B 为目标操作数对应的存放地址（10H）；低 8 位 01100000B 为对应的立即数（源操作数，即 60H）。

2．汇编语言指令格式

汇编语言指令格式指用表示指令功能的助记符来描述指令。8051 单片机（包括 STC15 系列单片机，后同）汇编语言指令格式表示如下。

```
[标号:]  操作码  [第一操作数] [,第二操作数] [ ,第三操作数]   [;注释]
```

其中，方括号内为可选项。各部分之间必须用分隔符隔开，即标号要以“:”结尾，操作码和操作数之间要有一个或多个空格，操作数和操作数之间用“,”分隔，注释开始之前要加“;”。例如：

```
START:  MOV  P1,  #0FFH                    ；对 P1 口初始化
```

标号：表示该语句的符号地址，可根据需要设置。当计算机对汇编语言源程序进行汇编时，以该指令所在的地址值来代替标号。在编程的过程中，适当使用标号，不仅可以使程序便于查询、修改，还可以方便转移指令的编程。标号通常用在转移指令或调用指令对应的转移目标地址处。标号一般由若干个字符组成，但第一个字符必须是字母，其余的可以是字母也可以是数字或下画线，系统保留字符（含指令系统保留字符与汇编系统保留字符）不能用作标号，标号尽量用与转移指令或调用指令操作含义相近的英文缩写来表示。标号和操作码必须用“:”分开。

操作码：表示指令的操作功能，用助记符表示，是指令的核心，不能缺少。8051 单片机指令系统中共有 42 种助记符，代表 33 种不同的功能。例如，MOV 是数据传送的助记符。

操作数：表示操作码的操作对象。根据指令的功能不同，操作数的个数可以是 3、2、1，也可以没有操作数。例如，“MOV P1,#0FFH”，包含了两个操作数，即 P1 和#0FFH，它们之间用“,”隔开。

注释：用来解释该条指令或该段程序的功能。注释可有可无，对程序的执行没有影响。

3．指令系统中的常用符号

指令中常出现的符号及含义如下。

（1）#data：表示 8 位立即数，即 8 位常数，取值范围为#00H～#0FFH。

（2）#data16：表示 16 位立即数，即 16 位常数，取值范围为#0000H～#0FFFFH。

（3）direct：表示片内 RAM 和特殊功能寄存器的 8 位直接地址。其中，特殊功能寄存器的直接地址可直接使用特殊功能寄存器的名称来代替。

注意： 当常数（如立即数、直接地址）的首字符是字母（A～F）时，数据前面一定要添加一个“0”，以与标号或字符名称区分。例如，0F0H 和 F0H，0F0H 表示的是一个常数，即 F0H；而 F0H 表示的是一个转移标号地址或已定义的一个字符名称。

（4）Rn：n=0,1,2,⋯,7，表示当前选中的工作寄存器 R0～R7。选中的工作寄存器组的组别由 PSW 中的 RS1 和 RS0 确定。其中，工作寄存器组 0 的地址为 00H～07H；工作寄存器组 1 的地址为 08H～0FH；工作寄存器组 2 的地址为 10H～17H；工作寄存器组 3 的地址为 18H～1FH。

（5）Ri：i=0、1，可用作间接寻址的寄存器，指 R0 或 R1。

（6）addr16：16 位目的地址，只限于在 LCALL 和 LJMP 指令中使用。

（7）addr11：11 位目的地址，只限于在 ACALL 和 AJMP 指令中使用。

（8）rel：相对转移指令中的偏移量，为补码形式的 8 位带符号数，为 SJMP 和所有条件转移指令所用。转移范围为相对于下一条指令首地址的−128～+127。

（9）DPTR：16 位数据指针，用于访问 16 位的程序存储器或 16 位的数据存储器。

（10）bit：片内 RAM（包括部分特殊功能寄存器）中的直接寻址位。

（11）/bit：表示对 bit 位先取反再参与运算，但不影响该位的原值。

（12）@：间址寄存器或基址寄存器的前缀。例如，@Ri 表示将 R0 寄存器或 R1 寄存器内容作为地址的 RAM，@DPTR 表示根据 DPTR 内容指出外部存储器单元或 I/O 口的地址。

（13）(×)：表示某寄存器或某直接地址单元的内容。

（14）((×))：表示将由×寻址的存储单元中的内容作为地址的存储单元的内容。

（15）direct1←(direct2)：将直接地址 2 单元的内容传送到直接地址 1 单元中。

（16）R*i*←(A)：将累加器 A 的内容传送给 R*i* 寄存器。

（17）(R*i*)←(A)：将累加器 A 的内容传送到以 R*i* 的内容为地址的存储单元中。

4．寻址方式

寻址方式指在执行一条指令的过程中寻找操作数或指令地址的方式。

STC 单片机的寻址方式与传统 8051 单片机的寻址方式一致，可分为操作数寻址与指令寻址。一般来说，在研究寻址方式时更多的是指操作数寻址，而且当有两个操作数时，默认所指的是源操作数寻址。操作数寻址可分为立即寻址、直接寻址、寄存器寻址、寄存器间接寻址、变址寻址。寻址方式与其对应的存储空间如表 4.1 所示。本节仅介绍操作数寻址。

表 4.1　寻址方式与其对应的存储空间

寻址方式		存储空间
操作数寻址	立即寻址	程序存储器
	寄存器寻址	工作寄存器 R0～R7，A，AB，C，DPTR
	直接寻址	片内基本 RAM 的低 128 字节，特殊功能寄存器（SFR），位地址空间
	寄存器间接寻址	片内基本 RAM 的低 128 字节、高 128 字节，片外 RAM
	变址寻址	程序存储器
指令寻址		程序存储器

1．立即寻址

立即寻址是指由指令直接给出参与实际操作的数据（立即数）。为了与直接寻址方式中的直接地址相区别，立即数前必须冠以符号“#”。例如：

```
MOV   DPTR,#1234H
```

其中，1234H 为立即数，该指令的功能是将 16 位立即数 1234H 送至数据指针 DPTR。立即寻址示意图如图 4.1 所示。

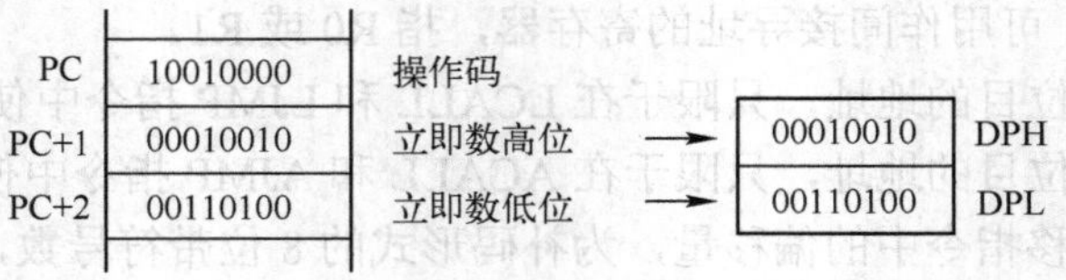

图 4.1　立即寻址示意图

2．寄存器寻址

寄存器寻址是由指令给出寄存器名，再以该寄存器的内容作为操作数的寻址方式。能用寄存器寻址的寄存器包括累加器 A、寄存器 AB、数据指针 DPTR、进位标志位 CY，以及工作寄存器组中的 R0～R7。例如：

```
INC  R0
```

该指令的功能是将 R0 中的内容加 1，再送回 R0。寄存器寻址示意图如图 4.2 所示。

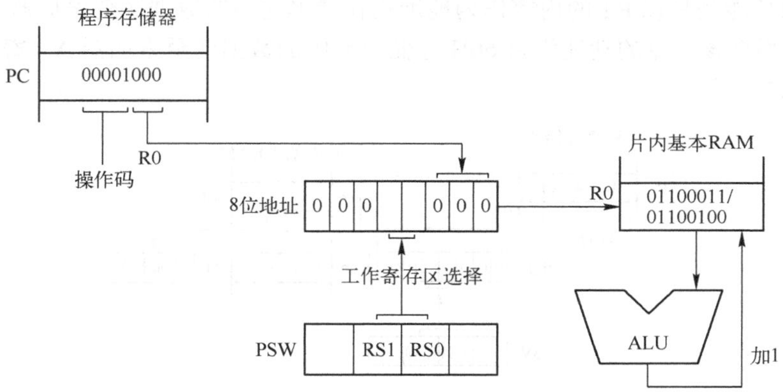

图 4.2　寄存器寻址示意图

3．直接寻址

直接寻址是指由指令直接给出操作数所在地址，即指令操作数为存储器单元的地址，真正的数据在存储器单元中。例如：

```
MOV  A,3AH
```

该指令的功能是将片内基本 RAM 中 3AH 单元内的数据送至累加器 A。直接寻址示意图如图 4.3 所示。

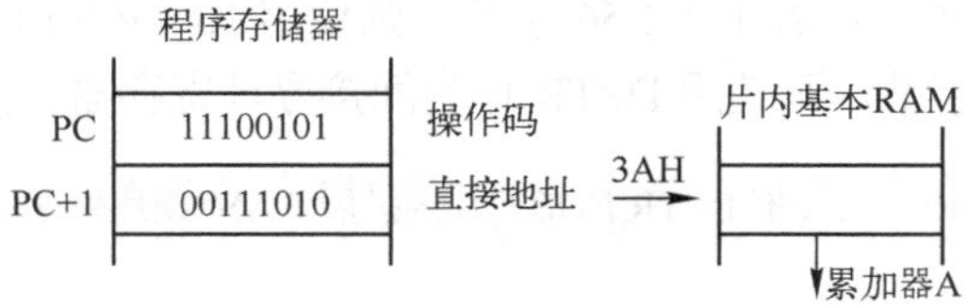

图 4.3　直接寻址示意图

直接寻址只能给出 8 位地址，因此，能用这种寻址方式的地址空间有以下几种。

（1）片内基本 RAM 的低 128 字节（00H～7FH），在指令中直接以单元地址形式给出。

（2）特殊功能寄存器除可以以单元地址形式给出寻址地址外，还可以以特殊功能寄存器名称的形式给出寻址地址。虽然特殊功能寄存器可以使用符号标志，但在指令代码中还是按地址进行编码的，其实质属于直接寻址。

（3）位地址空间（20H.0～2FH.7 及特殊功能寄存器中的可寻址位）。

4．寄存器间接寻址

指令给出的寄存器内容是操作数所在地址，从该地址中取出的数据才是操作数，这种寻址方式称为寄存器间接寻址。为了区别寄存器寻址和寄存器间接寻址，在寄存器间接寻址中，应在寄存器的名称前面加前缀“@”。例如：

```
MOV   A,@R1
```

该指令的功能是将以 R1 的内容作为地址的存储单元内的数据送至累加器 A。如果 R1 的内容为 60H，那么该指令的功能为将 60H 存储单元中的数据送至累加器 A。寄存器间接寻址示意图如图 4.4 所示。

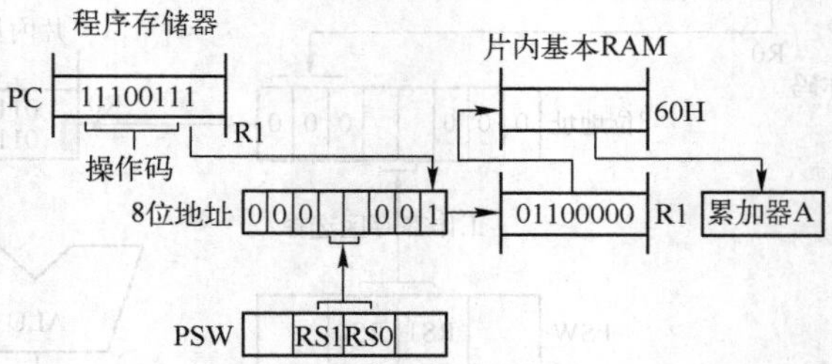

图 4.4　寄存器间接寻址示意图

寄存器间接寻址的寻址范围如下。

（1）片内基本 RAM 的低 128 字节、高 128 字节单元，可采用 R0 或 R1 作为间接寻址寄存器，其形式为@R*i*（*i*=0,1）。其中，高 128 字节单元只能采用寄存器间接寻址方式。例如：

```
MOV   A,@R0                ；将 R0 所指的片内基本 RAM 单元中的数据送至累加器 A
```

注意：高 128 字节地址空间（80H～FFH）和特殊功能寄存器的地址空间是一致的，它们是通过不同的寻址方式来区分的。对于 80H～FFH，若采用直接寻址方式，则访问的是特殊功能寄存器；若采用寄存器间接寻址方式，则访问的是片内基本 RAM 的高 128 字节。

（2）片内扩展 RAM 单元：若小于 256 字节，则使用 R*i*（*i*=0,1）作为间接寻址寄存器，其形式为@R*i*；若大于 256 字节，则使用 DPTR 作为间接寻址寄存器，其形式为@DPTR。例如：

```
MOVX   A,@DPTR        ；把 DPTR 所指的片内扩展 RAM 或片外 RAM 单元中的数据送至累加器 A
```

又如：

```
MOVX   A,@R1          ；把 R1 所指的片内扩展 RAM 或片外 RAM 单元中的数据送至累加器 A
```

5. 变址寻址

变址寻址是基址寄存器+变址寄存器间接寻址的简称。变址寻址是以 DPTR 或 PC 为基址寄存器，以累加器 A 为变址寄存器，将两者内容相加形成的 16 位程序存储器地址作为操作数地址。例如：

```
MOVC   A,@A+DPTR
```

该指令的功能是把 DPTR 和累加器 A 的内容相加所得到的程序存储器地址单元中的内容送至累加器 A。变址寻址示意图如图 4.5 所示。

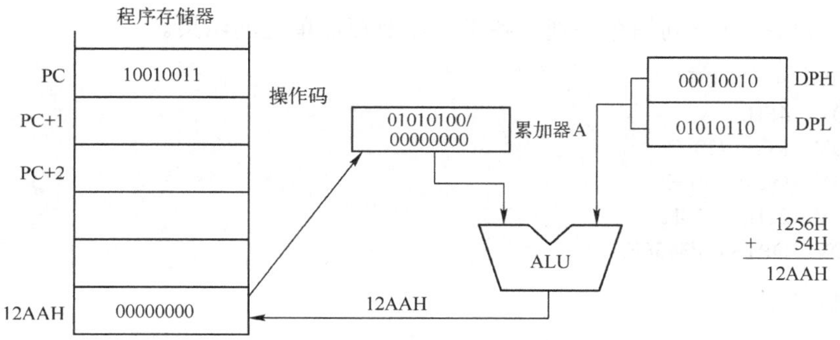

图 4.5 变址寻址示意图

4.1.2 数据传送类指令

数据传送类指令是 8051 单片机指令系统中最基本的一类指令，也是包含指令最多的一类指令。数据传送类指令共有 29 条，用于实现寄存器与存储器之间的数据传送，即把源操作数单元中的数据传送到目的操作数单元，而源操作数单元中的数据不变，目的操作数单元中的数据被源操作数单元中的数据代替。

1．基本 RAM 传送指令（16 条）

指令助记符：MOV。

指令功能：将源操作数单元中的数据送至目的操作数单元。

寻址方式：寄存器寻址、直接寻址、立即寻址与寄存器间接寻址。

基本 RAM 传送指令的具体形式与功能如表 4.2 所示。

表 4.2 基本 RAM 传送指令的具体形式与功能

指令分类	指令形式	指令功能	字节数	指令执行时间（系统时钟数）
累加器 A 为目的操作数单元	MOV A,Rn	将 R*n* 的内容送至累加器 A	1	1
	MOV A,direct	将 direct 单元的内容送至累加器 A	2	2
	MOV A,@Ri	将 R*i* 指示单元的内容送至累加器 A	1	2
	MOV A,#data	将 data 常数送至累加器 A	2	2
R*n* 为目的操作数单元	MOV Rn,A	将 A 的内容送至 R*n*	1	1
	MOV Rn,direct	将 direct 单元的内容送至 R*n*	2	3
	MOV Rn,#data	将 data 常数送至 R*n*	2	2
direct 为目的操作数单元	MOV direct,A	将累加器 A 的内容送至 direct 单元	2	2
	MOV direct,Rn	将 R*n* 的内容送至 direct 单元	2	2
	MOV direct1,direct2	将 direct2 单元的内容送至 direct1 单元	3	3
	MOV direct,@Ri	将 R*i* 指示单元的内容送至 direct 单元	2	3
	MOV direct,#data	将 data 常数送至 direct 单元	3	3
@R*i* 为目的操作数单元	MOV @Ri,A	将累加器 A 的内容送至 R*i* 指示单元	1	2
	MOV @Ri,direct	将 direct 单元的内容送至 R*i* 指示单元	2	3
	MOV @Ri,#data	将 data 常数送至 R*i* 指示单元	2	2
16 位传送	MOV DPTR,#data16	将 16 位常数送至 DPTR	3	3

例 4.1 分析执行下列指令序列后各寄存器及存储单元的结果。

```
MOV  A,  #30H
MOV  4FH,  A
MOV  R0,  #20H
MOV  @R0,  4FH
MOV  21H,   20H
MOV  DPTR，#3456H
```

解 分析如下：

```
MOV  A,  #30H              ;  (A)=30H
MOV  4FH,  A               ;  (4FH)=30H
MOV  R0,  #20H             ;  (R0)=20H
MOV  @R0,  4FH             ;  ((R0)) =(20H)=(4FH)=30H
MOV  21H,  20H             ;  (21H)=(20H)=30H
MOV  DPTR，#3456H          ;  (DPTR)=3456H
```

所以执行程序段后，(A)=30H，(4FH)=30H，(R0)=20H，(20H)=30H，(21H)=30H，(DPTR)=3456H。

例 4.2 编程实现片内 RAM 20H 单元内容与 21H 单元内容的互换。

解 实现片内 RAM 20H 单元内容与 21H 单元内容互换的方法有多种，分别编程如下：

```
（1）MOV  A,20H
     MOV  20H,21H
     MOV  21H,A
（2）MOV  R0,20H
     MOV  20H,21H
     MOV  21H,R0
（3）MOV  R0,#20H
     MOV  R1,#21H
     MOV  A,@R0
     MOV  20H,@R1
     MOV  @R1,A
```

例 4.3 编程实现 P1 口的输入数据从 P2 口输出。

解 编程如下：

```
（1）MOV  P1,#0FFH    ；将 P1 口设置为输入状态
     MOV  A,P1
     MOV  P2,A
（2）MOV  P1,#0FFH    ；将 P1 口设置为输入状态
     MOV  P2,P1
```

2．累加器 A 与扩展 RAM 之间的传送指令（4 条）

指令助记符：MOVX。

指令功能：实现累加器 A 与扩展 RAM 之间的数据传送。

寻址方式：R*i*（8 位地址）或 DPTR（16 位地址）寄存器间接寻址。

累加器 A 与扩展 RAM 之间的传送指令的具体形式与功能如表 4.3 所示。

表 4.3 累加器 A 与扩展 RAM 之间的传送指令的具体形式与功能

指令分类	指令形式	指令功能	字节数	指令执行时间（系统时钟数）
读扩展 RAM	MOVX A,@Ri	将 R*i* 指示单元（扩展 RAM）的内容送至累加器 A	1	3
	MOVX A,@DPTR	将 DPTR 指示单元（扩展 RAM）的内容送至累加器 A	1	2
写扩展 RAM	MOVX @Ri,A	将累加器 A 的内容送至 R*i* 指示单元（扩展 RAM）	1	4
	MOVX @DPTR,A	将累加器 A 的内容送至 DPTR 指示单元（扩展 RAM）	1	3

注：在用 R*i* 寄存器进行间接寻址时只能寻址 256 字节（00H～FFH），当访问超过 256 字节的扩展 RAM 空间时，可选用 DPTR 寄存器进行间接寻址，DPTR 寄存器可访问整个 64 千字节空间。

例 4.4 将扩展 RAM 2010H 单元中的内容送至扩展 RAM 2020H 单元，用 Keil C 集成开发环境进行调试。

解 （1）编程如下：

```
ORG     0               ；伪指令，指定下列程序从 0000H 单元开始存放
MOV   DPTR，#2010H      ；将 16 位地址 2010H 单元中的数据赋给 DPTR
MOVX   A，@DPTR         ；读扩展 RAM 2010H 单元中的数据送至累加器 A
MOV    DPTR，#2020H     ；将 16 位地址 2020H 单元中的数据赋给 DPTR
MOVX   @DPTR，A         ；将累加器 A 中的数据送至扩展 RAM 2020H 单元
END                     ；伪指令，汇编结束指令
```

（2）按第 3 章所学知识，编辑好文件与编译好上述指令后，进入调试界面，设置好被传送地址单元的数据，如 66H（见图 4.6）。

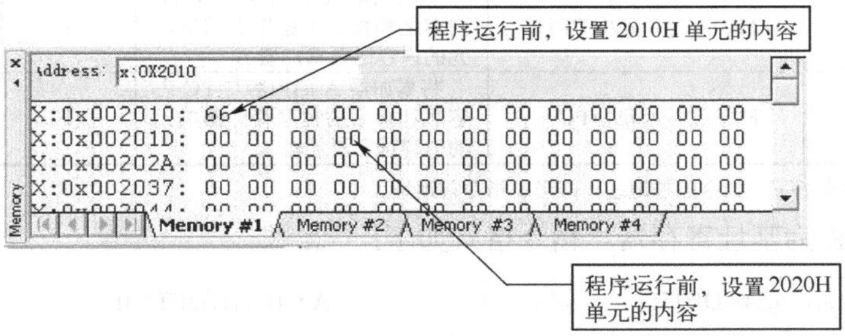

图 4.6 程序运行前设置 2010H 单元与 2020H 单元的内容

单步运行或全速运行上述指令，观察程序运行后 2010H 单元内容的变化（见图 4.7）。

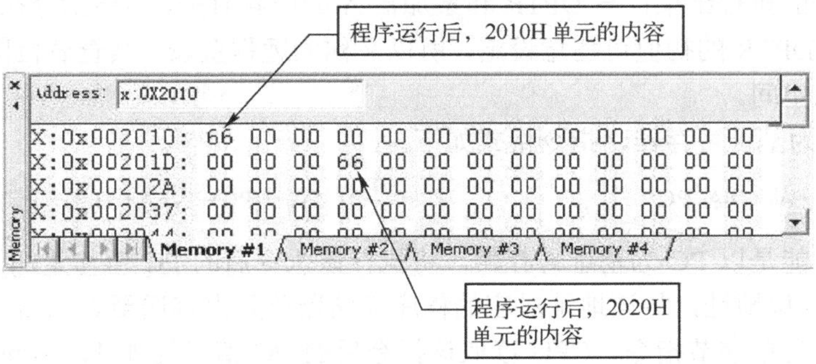

图 4.7 程序运行后 2010H 单元与 2020H 单元内容的变化

由图 4.6 和图 4.7 可知，传送指令执行后，传送目标单元的内容与被传送单元的内容一致，同时，被传送单元的内容不会改变。

教学建议：后续的例题尽可能用 Keil C 集成开发环境对指令功能进行仿真，以加深学生对指令功能的理解，同时可提高学生使用 Keil C 集成开发环境的熟练程度及应用能力。

例 4.5 将扩展 RAM 2000H 单元中的数据送至片内 RAM 30H 单元。

解 编程如下：

```
MOV   DPTR，#2000H    ；将 16 位地址 2000H 单元中的数据赋给 DPTR
MOVX   A，@DPTR       ；读扩展 RAM 2000H 单元中数据至累加器 A
MOV   R0，#30H        ；设定 R0 指针，指向基本 RAM 30H 单元
MOV   @R0，  A        ；将扩展 RAM 2000H 单元中的数据送至片内基本 RAM 30H 单元
```

3. 访问程序存储器指令（或称查表指令）（2 条）

指令助记符：MOVC。
指令功能：从程序存储器读取数据到累加器 A。
寻址方式：变址寻址。
累加器 A 与程序存储器之间的传送指令（查表指令）如表 4.4 所示。

表 4.4 累加器 A 与程序存储器之间的传送指令（查表指令）

指令分类	指令形式	指令功能	字节数	指令执行时间（系统时钟数）
DPTR 为基址寄存器	MOVC A,@A+DPTR	将累加器 A 的内容与 DPTR 内容之和指示的程序存储器单元的内容送至累加器 A	1	5
PC 为基址寄存器	MOVC A,@A+PC	将累加器 A 的内容与 PC 内容之和指示的程序存储器单元的内容送至累加器 A	1	4

注：PC 值为该指令的下一指令的首地址，即当前指令首地址加 1。

（1）以 DPTR 为基址寄存器，指令格式如下：

```
MOVC   A，@A+DPTR                 ；A←((A)+(DPTR))
```

该指令的功能是以 DPTR 为基址寄存器，其与累加器 A 相加后获得一个 16 位地址，然后将该地址对应的程序存储器单元中的内容送至累加器 A。

由于该指令的执行结果仅与 DPTR 和累加器 A 的内容有关，与该指令在程序存储器中的存放地址无关，DPTR 的初值可任意设定，所以又称为远程查表，其查表范围为 64 千字节程序存储器的任意空间。

（2）以 PC 为基址寄存器，指令格式如下：

```
MOVC   A，@A+PC                   ；PC←(PC)+1，A←((A)+(PC))
```

该指令的功能是以 PC 为基址寄存器，将执行该执令后的 PC 值与累加器 A 中的内容相加，获得一个 16 位地址，将该地址对应的程序存储器单元内容送至累加器 A。

由于该指令为单字节指令，CPU 读取该指令后的 PC 值已经加 1，指向下一条指令的首地址，所以 PC 值是一个定值，查表范围只能由累加器 A 的内容确定，因此常数表只能在查

表指令后256字节范围内，因此又称为近程查表。与前述指令相比，本指令易读性差，编程技巧要求高，但编写相同的程序比以DPTR为基址寄存器的指令简洁，占用寄存器资源少，在中断服务程序中更能体现其优越性。

例4.6 将程序存储器2010H单元中的数据送至累加器A(设程序的起始地址为2000H)。

解 方法一编程如下：

```
ORG     2000H                    ；伪指令，指定下列程序从2000H单元开始存放
MOV   DPTR，#2000H
MOV   A，#10H
MOVC    A，@A+DPTR
```

编程技巧：在访问前，必须保证(A)+(DPTR)等于访问地址，如本例中的2010H，一般方法是将访问地址低8位地址（10H）赋给累加器A，剩下的16位地址（2010H-10H=2000H）赋给DPTR。编程与指令所在的地址无关。

方法二编程如下：

```
ORG    2000H
MOV   A，#0DH
MOVC    A，@A+PC
```

分析：因为程序的起始地址为2000H，第一条指令为双字节指令，所以第二条指令的地址为2002H，第二条指令的下一条指令的首地址应为2003H，即(PC)=2003H，因为(A)+(PC) = 2010H，故(A)=0DH。

因为该指令与指令所在地址有关，不利于修改程序，所以不建议使用。

4. 交换指令（5条）

指令助记符：XCH、XCHD、SWAP。

指令功能：实现指定单元的内容互换。

寻址方式：寄存器寻址、直接寻址、寄存器间接寻址。

累加器A与基本RAM之间的交换指令如表4.5所示。

表4.5 累加器A与基本RAM之间的交换指令

指令分类	指令形式	指令功能	字节数	指令执行时间（系统时钟数）
字节交换	XCH A,Rn	将R*n*的内容与累加器A的内容互换	1	2
	XCH A,direct	将direct单元的内容与累加器A的内容互换	2	3
	XCH A,@Ri	将R*i*指示单元的内容与累加器A的内容互换	1	3
半字节交换	XCHD A,@Ri	将R*i*指示单元的低4位与累加器A的低4位互换	1	3
	SWAP A	将累加器A的高4位、低4位交换	1	1

例4.7 采用字节交换指令，编程实现片内RAM 20H单元与21H单元的内容互换。

解 编程如下：

```
XCH   A，20H
```

```
XCH   A，21H
XCH   A，20H
```

例 4.8　将累加器 A 的高 4 位与片内 RAM 20H 单元的低 4 位互换。

解　编程如下：

```
SWAP   A
MOV   R1，#20H
XCHD   A，@R1
SWAP   A
```

5．堆栈操作指令（2 条）

指令助记符：PUSH、POP。

指令功能：将指定单元的内容压入堆栈或将堆栈内容弹出到指定的直接地址单元中。

寻址方式：直接寻址，隐含寄存器间接寻址（间接寻址指针为 SP）。

堆栈操作指令的具体形式与功能如表 4.6 所示。

表 4.6　堆栈操作指令的具体形式与功能

指令分类	指令形式	指令功能	字节数	指令执行时间（系统时钟数）
入栈操作	PUSH　direct	将 direct 单元内容压入（传送）SP 指示单元（堆栈）	2	3
出栈操作	POP　direct	将 SP 指示单元（堆栈）内容弹出（传送）到 direct 单元中	2	2

在 8051 单片机片内基本 RAM 区中，可设定一个对存储单元数据进行“先进后出，后进先出”操作的区域，即堆栈，8051 单片机复位后，(SP)=07H，即栈底为 08H 单元；若要更改栈底位置，则需要重新为 SP 赋值（堆栈一般设在 30H～7FH 单元）。在应用中，SP 始终指向堆栈的栈顶。

例 4.9　设(A)=40H，(B)=41H，分析执行下列指令序列后的结果。

解　分析如下：

```
MOV   SP，#30H        ；(SP)=30H
PUSH   ACC           ；(SP)=31H，  (31H)=40H ，(A)=40H
PUSH   B             ；(SP)=32H，  (32H)=41H，  (B)=41H
MOV   A,   #00H      ；(A)=00H
MOV   B,   #01H      ；(B)=01H
POP   B              ；(B)= (32H)=41H，   (SP)=31H
POP   ACC            ；(A)= (31H)=40H，   (SP)=30H
```

程序执行后，(A)=40H，(B)=41H，(SP)=30H，累加器 A 和寄存器 B 中的内容恢复原样。入栈操作、出栈操作主要用于子程序及中断服务程序；入栈操作用来保护 CPU 现场参数，出栈操作用来恢复 CPU 现场参数。

例 4.10　利用堆栈操作指令，将累加器 A 的内容与寄存器 B 的内容互换。

解　编程如下：

```
PUSH   ACC     ；堆栈操作时，累加器必须用 ACC 表示
```

```
PUSH  B
POP   ACC    ；堆栈操作时，累加器必须用 ACC 表示
POP   B
```

4.1.3 算术运算类指令

8051 单片机算术运算类指令包括加法（ADD、ADDC）、减法（SUBB）、乘法（MUL）、除法（DIV）、加 1 操作（INC）、减 1 操作（DEC）和十进制调整（DA）等指令，共有 24 条，如表 4.7 所示。多数算术运算类指令会对 PSW 中的 CY、AC、OV 和 P 产生影响，但加 1 操作和减 1 操作指令并不直接影响 CY、AC、OV 和 P，只有当操作数为 A 时，加 1 操作和减 1 操作指令才会影响 P；乘法和除法指令会影响 OV 和 P。

表 4.7 算术运算类指令

指令分类	指令形式	指令功能	字节数	指令执行时间（系统时钟数）
不带进位位加法	ADD A,Rn	将累加器 A 和 R*n* 的内容相加送至累加器 A	1	1
	ADD A,direct	将累加器 A 和 direct 单元的内容相加送至累加器 A	2	2
	ADD A,@Ri	将累加器 A 的内容和 R*i* 指示单元的内容相加送至累加器 A	1	2
	ADD A,#data	将累加器 A 和 data 常数的内容相加送至累加器 A	2	2
带进位位加法	ADDC A,Rn	将累加器 A、R*n* 的内容及 CY 值相加送至累加器 A	1	1
	ADDC A,direct	将累加器 A、direct 单元的内容及 CY 值相加送至累加器 A	2	2
	ADDC A,@Ri	将累加器 A 的内容、R*i* 指示单元的内容及 CY 值相加送至累加器 A	1	2
	ADDC A,#data	将累加器 A 的内容、data 常数及 CY 值相加送至累加器 A	2	2
减法	SUBB A,Rn	将累加器 A 的内容减 R*n* 的内容及 CY 值送至累加器 A	1	1
	SUBB A,direct	将累加器 A 的内容减 direct 单元的内容及 CY 值送至累加器 A	2	2
	SUBB A,@Ri	将累加器 A 的内容减 R*i* 指示单元的内容及 CY 值送至累加器 A	1	2
	SUBB A,#data	将累加器 A 的内容减 data 常数及 CY 值送至累加器 A	2	2
乘法	MUL AB	将累加器 A 的内容乘以寄存器 B 的内容，积的高 8 位存入寄存器 B、低 8 位存入累加器 A	1	2
除法	DIV AB	将累加器 A 的内容除以寄存器 B 的内容，商存入累加器 A、余数存入寄存器 B	1	6
十进制调整	DA A	对 BCD 码加法结果进行调整	1	3
加 1 操作	INC A	将累加器 A 的内容加 1 送至累加器 A	1	1
	INC Rn	将 R*n* 的内容加 1 送至 R*n*	1	2
	INC direct	将 direct 单元的内容加 1 送至 direct 单元	2	3
	INC @Ri	将 R*i* 指示单元的内容加 1 送至 R*i* 指示单元	1	3
	INC DPTR	将 DPTR 的内容加 1 送至 DPTR	1	1
减 1 操作	DEC A	将累加器 A 的内容减 1 送至累加器 A	1	2
	DEC Rn	将 R*n* 的内容减 1 送至 R*n*	1	2
	DEC direct	将 direct 单元的内容减 1 送至 direct 单元	2	3
	DEC @Ri	将 R*i* 指示单元的内容减 1 送至 R*i* 指示单元	1	3

1. 加法指令

加法指令包括不带进位位的加法指令（ADD）和带进位位加法指令（ADDC）。

（1）不带进位位加法指令（4 条）。

```
ADD  A，#data       ；A←(A)+data
ADD  A，direct      ；A←(A)+(direct)
ADD  A，Rn          ；A←(A)+(Rn)
ADD  A，@Ri         ；A←(A)+((Ri))
```

该指令的功能是将累加器 A 中的值与源操作数指定的值相加，并把运算结果送至累加器 A。这类指令会对 AC、CY、OV、P 标志位产生如下影响。

CY：进位位，当运算中位 7 有进位时，CY 置位，表示和溢出，即和大于 255；否则，CY 清 0。这实际是将两个操作数作为无符号数直接相加得到 CY 的值。

OV：溢出标志位，当运算中位 7 与位 6 中有一位进位而另一位不产生进位时，OV 置位；否则，OV 清 0。如果将两个操作数当作有符号数运算，就需要根据 OV 值来判断运算结果是否有效，若 OV 为 1，则说明运算结果超出 8 位有符号数的表示范围（−128～127），运算结果无效。

AC：半进位位，当运算中位 3 有进位时，AC 置 1；否则，AC 清 0。

P：奇偶标志位，若结果中 1 的个数为偶数，则(P)=0；若结果中 1 的个数为奇数，则(P)=1。

（2）带进位位加法指令（4 条）。

```
ADDC  A，Rn         ；A←(A)+(Rn)+(CY)
ADDC  A，direct     ；A←(A)+(direct)+(CY)
ADDC  A，@Ri        ；A←(A)+((Ri))+(CY)
ADDC  A，#data      ；A←(A)+data+(CY)
```

该指令的功能是将指令中规定的源操作数、累加器 A 的内容和 CY 值相加，并把操作结果送至累加器 A。

注意：这里所指的 CY 值是指令执行前的 CY 值，而不是指令执行中形成的 CY 值。PSW 中各标志位状态变化和不带进位位加法指令的 PSW 中各标志位状态变化相同。

带进位位加法指令通常用于多字节加法运算。由于 8051 单片机是 8 位机，所以只能进行 8 位的数学运算，为扩大运算范围，在实际应用时通常将多个字节组合运算。例如，两字节数据相加时，先算低字节，再算高字节，低字节采用不带进位位加法指令，高字节采用带进位位加法指令。

例 4.11 试编制 4 位十六进制数加法程序，假定和超过双字节，要求如下：

```
(21H)(20H)+(31H)(30H)→(42H)(41H)(40H)
```

解 先做不带进位的低字节求和，再做带进位的高字节求和，最后处理最高位。

```
          (21H)(20H)
     +    (31H)(30H)
     ---------------
     (42H)(41H)(40H)
```

参考程序如下：

```
        ORG     0000H
        MOV   A，20H
        ADD   A，30H                        ；低字节不带进位加法
        MOV   40H，A
        MOV   A，21H
        ADDC   A，31H                       ；高字节带进位加法
        MOV   41H，A
        MOV   A，#00H                       ；最高位处理：0+0+(CY)
        ADDC   A，#00H
        MOV   42H，A
        SJMP   $                            ；原地踏步，作为程序结束命令
        END
```

2．减法指令（4 条）

```
        SUBB   A，Rn            ；A←(A) －(Rn) －(CY)
        SUBB   A，direct        ；A←(A) －(direct) －(CY)
        SUBB   A，@Ri           ；A←(A) －((Ri)) －(CY)
        SUBB   A，#data         ；A←(A) -data- (CY)
```

该指令的功能是将累加器 A 的内容减去指定的源操作数及 CY 值，并把结果（差）送至累加器 A。

（1）在 8051 单片机指令系统中，没有不带借位位的减法指令，如果需要做不带借位位的减法则需要用带借位位的减法指令替代，即在带借位位减法指令前预先用一条能够将 CY 清 0 的指令（CLR C）。

（2）产生各标志位的法则：若最高位在做减法时有借位，则(CY)=1，否则(CY)=0；若低 4 位在做减法时向高 4 位借位，则(AC)=1，否则(AC)=0；若在做减法时最高位有借位而次高位无借位或最高位无借位而次高位有借位，则(OV)=1，否则(OV)=0；P 只取决于累加器 A 自身的数值，与指令类型无关。

设(A)=85H，(R2)=55H，(CY)=1，指令“SUBB A,R2”的执行情况如下。

```
  1000 0101    累加器 A
 -0101 0101    R2
 -         1   CY
 ------------
  0010 1111
```

运算结果为(A)=2FH，(CY)=0，(OV)=1，(AC)=1，(P)=1。

例 4.12　编制下列减法程序，设够减，要求如下：

(31H)(30H) －(41H)(40H)→(31H)(30H)

解　先进行低字节不带借位位求差，再进行高字节带借位位求差。

编程如下：

```
        ORG     0000H
        CLR     C                          ；CY 清 0
```

```
MOV   A，30H             ；取低字节被减数
SUBB  A，40H             ；被减数减去减数，差送至累加器 A
MOV   30H，A             ；差存低字节
MOV   A，31H             ；取高字节被减数
SUBB  A，41H             ；被减数减去减数，差送至累加器 A
MOV   31H，A             ；差存高字节
SJMP  $                  ；原地踏步，作为程序结束指令
END
```

3．乘法指令（1 条）

```
MUL   AB                 ；BA←(A)×(B)
```

该指令的功能是把累加器 A 和寄存器 B 中的两个 8 位无符号数相乘，并把乘积的高 8 位存入寄存器B 中，乘积的低 8 位存入累加器 A 中。当乘积高字节(B) ≠0，即乘积大于 255(FFH)时，OV=1；当乘积高字节(B)=0 时，OV=0。CY 总是为 0，AC 保持不变。P 仍由累加器 A 中的 1 的个数决定。

设(A)=40H，(B)=62H，则其执行指令为

```
MUL   AB
```

运算结果为(B)=18H，(A)=80H，乘积为 1880H。(CY)=0，(OV)=1，(P)=1。

4．除法指令（1 条）

```
DIV   AB ；A←(A)÷(B)的商，B←(A)÷(B)的余数
```

该指令的功能是将累加器 A 中的 8 位无符号数除以寄存器 B 中的 8 位无符号数，所得商存入累加器 A 中，余数存入寄存器 B 中。CY 和 OV 都为 0，如果在做除法前，寄存器 B 中的值是 00H，即除数为 0，那么(OV)=1。

设(A)=F2H，(B)=10H，则其执行指令为

```
DIV   AB
```

运算结果为商(A)=0FH，余数(B)=02H，(CY)=0，(OV)=0，(P)=0。

5．十进制调整指令（1 条）

```
DA    A                  ；对十进制加法运算结果进行修正
```

该指令功能是对 BCD 码进行加法运算后，根据 CY、AC 的状态及累加器 A 中的结果对累加器 A 中的内容进行加 6 调整，使其转换成压缩的 BCD 码形式。

注意：

（1）该指令只能紧跟在加法指令（ADD/ADDC）后进行。

（2）两个加数必须是 BCD 码形式的。BCD 码是用二进制数表示十进制数的一种表示形式，与其值没有关系，如十进数 56 的 BCD 码形式为 56H。

（3）该指令只能对累加器 A 中的结果进行调整。

例 4.13 试编制十进制数加法程序（单字节 BCD 码加法），并说明程序运行后 22H 单元中的内容是什么？要求如下：

```
56+38→ (22H)
```

解 编程如下：

```
ORG    0000H
MOV  A，#56H
ADD  A，#38H
DA  A
MOV  22H，A
SJMP  $
END
```

分析如下：

```
  0101 0110     56
 +0011 1000     38
  1000 1110
 +     0110     低 4 位加 6 调整
  1001 0100     94
```

所以，22H 单元的内容为 94H，即十进制数 94（56+38）。

例 4.14 编程实现单字节的十进制数减法程序，假定够减，要求如下：

```
(20H) －(21H)→ (22H)
```

解 8051 单片机指令系统中无十进制减法调整指令，十进制减法运算需要通过加法运算来实现，即被减数加上减数的补数，再用十进制调整指令即可。

编程如下：

```
ORG 0000H
CLR  C
MOV  A,  #9AH          ；减数的补数为 100-减数
SUBB  A,  21H
ADD  A,  20H           ；被减数与减数的补数相加
DA   A                 ；十进制调整指令
MOV  22H,  A           ；保存十进制减法结果
SJMP   $
END
```

6．加 1 操作指令（5 条）

```
INC  A           ；A←(A)+1
INC  Rn          ；Rn←(Rn)+1
INC  direct      ；direct←(direct)+1
INC  @Ri         ；(Ri)←((Ri))+1
INC  DPTR        ；DPTR← (DPTR)+1
```

该指令的功能是将操作数指定单元的内容加 1。此组指令除“INC　A”影响 P 外，其余指令不对 PSW 产生影响。若执行指令前操作数指定的单元内容为 FFH，则加 1 后溢出为 00H。

设(R0)=7EH，(7EH)=FFH，(7FH)=40H。执行下列指令：

```
INC   @R0          ; (FFH)+1=00H，存入 7EH 单元
INC   R0           ; (7EH)+1=7FH，存入 R0
INC   @ R0         ; (40H)+1=41H，存入 7FH 单元
```

执行结果为(R0)=7FH，(7EH)=00H，(7FH)=41H。

说明：“INC　A”和“ADD　A,#1”虽然运算结果相同，但“INC　A”是单字节指令，而“INC　A”除了影响 P，不会影响其他 PSW 标志位；“ADD　A,#1”则是双字节指令，会对 CY、OV、AC 和 P 产生影响。若要实现十进制数加 1 操作，则只能用“ADD　A,#1”指令做加法，再用“DA　A”指令调整。

7. 减 1 操作指令（4 条）

```
DEC   A            ; A←(A) -1
DEC   Rn           ; Rn←(Rn) -1
DEC   direct       ; direct←(direct) -1
DEC   @Ri          ; (Ri)←((Ri)) -1
```

该指令的功能是将操作数指定单元的内容减 1。除“DEC　A”影响 P 外，其余指令不对 PSW 产生影响。若执行指令前操作数指定的单元内容为 00H，则减 1 后溢出为 FFH。

注意：不存在“DEC　DPTR”指令，在实际应用时可用“DEC　DPL”指令代替（在 DPL≠0 的情况下）。

4.1.4 逻辑运算与循环移位类指令

逻辑运算类指令可实现逻辑与、逻辑或、逻辑异或、累加器清 0 及累加器取反操作，循环移位类指令可完成对累加器 A 的循环移位（左移或右移）操作。逻辑运算与循环移位类指令如表 4.8 所示。逻辑运算与循环移位类指令一般不直接影响标志位，只有在操作中直接涉及累加器 A 或 CY 时，才会影响 P 和 CY。

表 4.8　逻辑运算与循环移位类指令

指令分类	指令形式	指令功能	字节数	指令执行时间（系统时钟数）
逻辑与	ANL　A,Rn	将累加器 A 和 R*n* 的内容按位相与送至累加器 A	1	1
	ANL　A,direct	将累加器 A 和 direct 单元的内容按位相与送至累加器 A	2	2
	ANL　A,@Ri	将累加器 A 的内容和 R*i* 指示单元的内容按位相与送至累加器 A	1	2
	ANL　A,#data	将累加器 A 的内容和 data 常数按位相与送至累加器 A	2	2
	ANL　direct,A	将 direct 单元的内容和累加器 A 的内容按位相与送至 direct 单元	2	3
	ANL　direct,#data	将 direct 单元的内容和 data 常数按位相与送至 direct 单元	3	3

续表

指令分类	指令形式	指令功能	字节数	指令执行时间（系统时钟数）
逻辑或	ORL A,Rn	将累加器A和R*n*的内容按位相或送至累加器A	1	1
	ORL A,direct	将累加器A和direct单元的内容按位相或送至累加器A	2	2
	ORL A,@Ri	将累加器A的内容和R*i*指示单元的内容按位相或送至累加器A	1	2
	ORL A,#data	将累加器A的内容和data常数按位相或送至累加器A	2	2
	ORL direct,A	将direct单元的内容和累加器A的内容按位相或送至direct单元	2	3
	ORL direct,#data	将direct单元的内容和data常数按位相或送至direct单元	3	3
逻辑异或	XRL A,Rn	将累加器A和R*n*的内容按位相异或送至累加器A	1	1
	XRL A,direct	将累加器A和direct单元的内容按位相异或送至累加器A	2	2
	XRL A,@Ri	将累加器A的内容和R*i*指示单元的内容按位相异或送至累加器A	1	2
	XRL A,#data	将累加器A的内容和data常数按位相异或送至累加器A	2	2
	XRL direct,A	将direct单元的内容和累加器A的内容按位相异或送至direct单元	2	3
	XRL direct,#data	将direct单元的内容和data常数按位相异或送至direct单元	3	3
累加器清0	CLR A	将累加器A的内容清0	1	1
累加器取反	CPL A	将累加器A的内容取反	1	1
循环左移	RL A	将累加器A的内容循环左移1位	1	1
	RLC A	将累加器A的内容及CY循环左移1位	1	1
循环右移	RR A	将累加器A的内容循环右移1位	1	1
	RRC A	将累加器A的内容及CY循环右移1位	1	1

1. 逻辑与指令（6条）

```
ANL   A，Rn              ；A←(A)∧(Rn)
ANL   A，direct          ；A←(A)∧(direct)
ANL   A，@Ri             ；A←(A)∧((Ri))
ANL   A，#data           ；A←(A)∧data
ANL   direct，A          ；direct←(A)∧(direct)
ANL   direct，#data      ；direct←(direct)∧data
```

前四条指令的功能是将源操作数指定的内容与累加器A的内容按位进行逻辑与运算，运算结果送至累加器A，源操作数可以是工作寄存器、片内RAM或立即数。

后两条指令的功能是将目的操作数（直接地址单元）指定的内容与源操作数（累加器A或立即数）按位进行逻辑与运算，运算结果送至直接地址单元。

位逻辑与运算规则：只要两个操作数中任意一位为0，该位操作结果为0，只有当两位均为1时，运算结果才为1。在实际应用中，逻辑与指令通常用于屏蔽某些位，具体方法是将需要屏蔽的位和0相与。

设(A)=37H，编写指令将累加器A中的高4位清0，低4位不变。

```
ANL   A， #0FH                    ;  (A)=07H
```

$$\begin{array}{r} 0011\ 0111 \\ \wedge\quad 0000\ 1111 \\ \hline 0000\ 0111 \end{array}$$

2．逻辑或指令（6 条）

```
ORL   A，Rn             ; A ←(A)∨(Rn)
ORL   A，direct         ; A ←(A)∨(direct)
ORL   A，@Ri            ; A ←(A)∨((Ri))
ORL   A，#data          ; A ←(A)∨data
ORL   direct，A         ; direct ←(A)∨(direct)
ORL   direct，#data     ; direct ←(direct)∨data
```

该指令的功能是将源操作数指定的内容与目的操作数指定的内容按位进行逻辑或运算，运算结果送至目的操作数指定的单元。

位逻辑或运算规则：只要两个操作数中任意一位为 1，运算结果就为 1，只有当两位均为 0 时，运算结果才为 0。在实际应用中，逻辑或指令通常用于使某些位置位。

例 4.15 将累加器 A 的 1、3、5、7 位清 0，其他位置 1，并将结果送至片内 RAM 20H 单元。

解 编程如下：

```
ANL   A，#55H           ; 将累加器 A 的 1、3、5、7 位清 0
ORL   A，#55H           ; 将累加器 A 的 0、2、4、6 位置 1
MOV   20H，A
```

3．逻辑异或指令（6 条）

```
XRL   A，Rn             ; A ←(A) ⊕ (Rn)
XRL   A，direct         ; A ←(A) ⊕ (direct)
XRL   A，@Ri            ; A ←(A) ⊕ ((Ri))
XRL   A， #data         ; A ←(A) ⊕data
XRL   direct，A         ; direct ←(A) ⊕ (direct)
XRL   direct，#data     ; direct ←(direct) ⊕data
```

该指令的功能是将源操作数指定的内容与目的操作数指定的内容进行逻辑异或运算，运算结果送至目的操作数指定的单元。

位逻辑异或运算规则：若两个操作数中进行逻辑异或运算的两个位相同，则该位运算结果为 0，只有当两个位不同时，运算结果才为 1，即相同运算结果为 0，相异运算结果为 1。在实际应用中，逻辑异或指令通常用于使某些位取反，具体方法是将取反的位与 1 进行逻辑异或运算。

例 4.16 设(A)=ACH，要求将第 0 位和第 1 位取反，第 2 位和第 3 位清 0，第 4 位和第 5 位置 1，第 6 位和第 7 位不变。

解 编程如下：

```
XRL   A,  #00000011B            ; (A)=10101111
ANL   A,  #11110011B            ; (A)=10100011
ORL   A,  #00110000B            ; (A)=10110011
```

例 4.17 试编写扩展 RAM 30H 单元内容的高 4 位不变，低 4 位取反的程序。

解 编程如下：

```
MOV    R0，#30H          ；将扩展 RAM 30H 单元的内容送至 R0
MOVX   A，  @R0          ；取扩展 RAM 30H 单元的内容
XRL    A，  #0FH         ；低 4 位与 1 进行逻辑异或运算，实施取反操作
MOVX   @R0，  A          ；将累加器 A 中的内容送回扩展 RAM 30H 单元
```

4．累加器 A 清 0 指令（1 条）

```
CLR  A;   A←0
```

该指令的功能是将累加器 A 的内容清 0。

5．累加器 A 取反指令（1 条）

CPL A; A←$\overline{(A)}$

该指令的功能是将累加器 A 的内容取反。

6．循环移位指令（4 条）

```
RL   A          ；将累加器 A 的内容循环左移一位
RR   A          ；将累加器 A 的内容循环右移一位
RLC  A          ；将累加器 A 的内容连同进位位循环左移一位
RRC  A          ；将累加器 A 的内容连同进位位循环右移一位
```

循环移位示意图如图 4.8 所示。

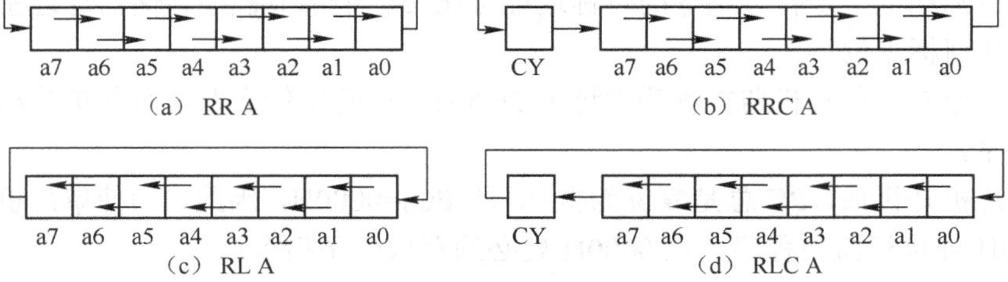

图 4.8 循环移位示意图

已知(A)=56H，(CY)=1，各指令运行结果如下：

```
RL   A          ；(A)=ACH，(CY)=1
RLC  A          ；(A)=59H，(CY)=1
```

```
RR  A                    ; (A)=ACH, (CY)=1
RRC  A                   ; (A)=D6H, (CY)=0
```

循环移位指令除可以实现左、右移位控制以外，还可以实现数据运算操作。

（1）当累加器 A 最高位为 0 时，左移 1 位，相当于累加器 A 的内容乘以 2。

（2）当累加器 A 最低位为 0 时，右移 1 位，相当于累加器 A 的内容除以 2。

4.1.5 控制转移类指令

控制转移类指令是用来改变程序的执行顺序的，即改变 PC 值，使 PC 有条件、无条件，或者通过其他方式从当前位置转移到一个指定的程序地址单元，从而改变程序的执行方向。

控制转移指令可分为无条件转移指令、条件转移指令、子程序调用及返回指令。

1. 无条件转移指令（5 条）

程序在执行无条件转移指令时，无条件地转移到指令所指定的目标地址，因此，在分析无条件转移指令时，应重点关注其转移的目标地址。无条件转移指令的具体形式与功能如表 4.9 所示。

表 4.9 无条件转移指令的具体形式与功能

指令分类	指令形式	指令功能	字节数	指令执行时间（系统时钟数）
长转移	LJMP addr16	将 16 位目标地址 addr16 装入 PC	3	4
短转移	AJMP addr11	提供低 11 位地址，PC 的高 5 位为下一指令首地址的高 5 位	2	3
相对转移	SJMP rel	目标地址为下一指令首地址与 rel 相加，rel 为 8 位有符号数	2	3
间接转移	JMP @A+DPTR	目标地址为累加器 A 中的内容与 DPTR 中的内容相加	1	5
空操作	NOP	目标地址为下一指令首地址	1	1

（1）长转移指令（1 条）。

```
LJMP  addr16             ; PC←addr15～0
```

该指令是三字节指令，在执行该指令时，将 16 位目标地址 addr16 装入 PC，程序无条件转向指定的目标地址。长转移指令的目标地址可在 64 千字节程序存储器地址空间的任何地方，不影响任何标志位。

例 4.18 已知某单片机监控程序地址为 2080H，试问用什么办法可使单片机开机后自动执行监控程序。

解 单片机开机后，PC 总是复位为全 0，即(PC)=0000H。因此，为使单片机开机后能自动转入 2080H 处执行监控程序，在 0000H 处必须存放一条指令：

```
LJMP  2080H
```

（2）短转移指令（1 条）。

```
AJMP  addr11             ; PC←(PC)+2, (PC10～0)←addr10～0, PC15～11 保持不变
```

该指令是双字节指令，在执行该指令时，先将 PC 值加 2，然后把指令中给出的 11 位地

址 addr11 送入 PC 的低 11 位（PC10～PC0），PC 的高 5 位保持原值，由 addr11 和 PC 的高 5 位形成新的 16 位目标地址，程序随即转移到该地址处。

注意：因为短转移指令只提供了低 11 位地址，PC 的高 5 位保持原值，所以转移的目标地址必须与 PC+2 后的值（AJMP 指令的下一条指令首址）位于同一个 2 千字节区域。

（3）相对转移指令（1 条）。

```
SJMP  rel          ；(PC)←(PC)+2，(PC)←(PC)+rel
```

该指令是双字节指令，在执行该指令时，先将 PC 值加 2，再把指令中带符号的偏移量加到 PC 上，然后将得到的跳转目的地址送入 PC。

$$目的地址 = (PC)+2+rel$$

其中，rel 表示相对偏移量，是一个 8 位有符号数，因此该指令转移的范围为 SJMP 指令的下一条指令首地址的前 128 字节和后 127 字节。

上面三条指令的根本区别在于转移的范围不同。LJMP 可以在 64 千字节范围内转移，而 AJMP 只能在 2 千字节范围内转移，SJMP 则只能在 256 字节之间转移。从原则上来讲，所有涉及 SJMP 或 AJMP 的地方都可以用 LJMP 来替代，需要注意的是，AJMP 和 SJMP 是双字节指令，而 LJMP 是三字节指令。在程序存储器空间较富裕时，采用长转移指令会更方便些。在实际编程时，addr16、addr11、rel 都是用转移目标地址的符号地址（标号）来表示的。程序在汇编时，汇编系统会自动计算出执行该指令转移到目标地址所需的 addr16、addr11、rel 值。

编程时通常使用的指令如下：

```
HERE：SJMP  HERE
```

或写成：

```
SJMP  $
```

rel 就是用转移目标地址的标号 HERE 来表示的，表示执行该指令后 PC 转移到 HERE 标号地址处。该指令是一条死循环指令，目标地址等于源地址，通常用作程序的结束指令或用来等待中断。当有中断申请时，CPU 转去执行中断服务程序；当中断返回时，仍然返回到该指令处继续等待中断。

（4）间接转移指令（1 条）。

```
JMP  @A+DPTR          ；PC←(A)+(DPTR)
```

该指令的功能是把数据指针 DPTR 的内容与累加器 A 中的 8 位无符号数相加形成的转移目标地址送入 PC，不改变 DPTR 和累加器 A 中的内容，也不影响标志位。当 DPTR 的值固定，而为累加器 A 赋以不同的值时，即可实现程序的多分支转移。

通常，DPTR 中的基地址是一个确定的值，常用来作为一个转移指令表的起始地址，以累加器 A 中的值为表的偏移量地址（与分支号相对应），根据分支号，通过间接转移指令 PC 转移到转移指令分支表中，再执行转移指令分支表的无条件转移指令（AJMP 或 LJMP）转移到该分支对应的程序中，即可完成多分支转移。

（5）空操作指令（1 条）。

```
NOP                        ; PC←(PC)+1
```

该指令是一条单字节指令，CPU 不进行任何操作，只在时间上进行消耗，因此常用于程序的等待或时间的延迟。

2．条件转移指令（8 条）

条件转移指令是根据特定条件是否成立来实现转移的指令。在执行条件转移指令时，先检测指令给定的条件，如果条件满足，则程序转向目标地址去执行；否则程序不转移，按顺序执行。

8051 单片机指令系统的条件转移指令采用的寻址方式都是相对寻址，其转移的目标地址为转移指令的下一条指令的首地址加上 rel 偏移量，rel 是一个 8 位有符号数。因此，8051 单片机指令系统的条件转移指令的转移范围为转移指令的下一条指令的前 128 字节和后 127 字节，即转移空间为 256 个字节单元。

条件转移指令可分为三类：累加器判 0 转移指令、比较不等转移指令、减 1 非 0 转移指令。实际上，还有位信号判断指令，为了区分字节与位操作，位信号判断指令被归纳到了位操作类指令中。

条件转移指令的具体形式与功能如表 4.10 所示。

表 4.10　条件转移指令的具体形式与功能

指令分类	指令形式	指令功能	字节数	指令执行时间（系统时钟数）
累加器判 0 转移	JZ　rel	累加器 A 为 0 转移	2	4
	JNZ　rel	累加器 A 为非 0 转移	2	4
比较不等转移	CJNE　A,#data,rel	将累加器 A 中的内容与 data 常数不等转移	3	4
	CJNE　A,direct,rel	将累加器 A 中的内容与 direct 单元中的内容不等转移	3	5
	CJNE　Rn,#data,rel	将 R*n* 中的内容与 data 常数不等转移	3	4
	CJNE　@Ri,#data,rel	将 R*i* 指示单元中的内容与 data 常数不等转移	3	5
减 1 非 0 转移	DJNZ　Rn,rel	将 R*n* 中的内容减 1，若不为 0 则转移	2	4
	DJNZ　direct,rel	将 direct 单元中的内容减 1，若不为 0 则转移	3	5

（1）累加器判 0 转移指令（2 条）。

```
JZ   rel   ; 若(A)=0，则 PC←(PC)+2，PC←(PC)+rel；若(A)≠0，则 PC←(PC)+2
JNZ  rel   ; 若(A)≠0，则 PC←(PC)+2+rel；若(A)=0，则 PC←(PC)+2
```

第一条指令的功能是，如果(A)=0，则转移到目标地址处执行，否则顺序执行（执行该指令的下一条指令）。

第二条指令的功能是，如果(A)≠0，则转移到目标地址处执行，否则顺序执行（执行该指令的下一条指令）。

其中，转移目标地址=转移指令首地址+2+rel，在实际应用时，通常使用标号作为目标地址。

JZ、JNZ 指令示意图如图 4.9 所示。

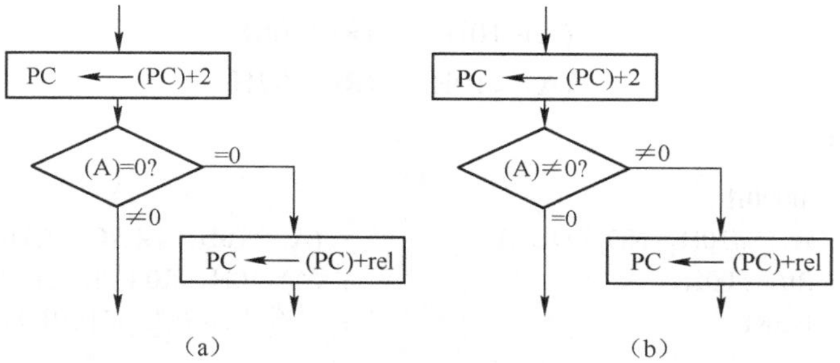

图 4.9 JZ、JNZ 指令示意图

例 4.19 试编程实现将扩展 RAM 的一个数据块（首地址为 0020H）传送到内部基本 RAM（首地址为 30H），当传送的数据为 0 时停止传送。

解：

```
        ORG     0000H
        MOV     R0，#30H          ；设置基本 RAM 指针
        MOV     DPTR，#0020H      ；设置扩展 RAM 指针
LOOP1:
        MOVX  A，@DPTR            ；获取被传送数据
        JZ  LOOP2                 ；传送数据不为 0，传送数据；传送数据为 0，结束传送
        MOV   @R0，A              ；传送数据
        INC   R0                  ；修改指针，指向下一个操作数
        INC   DPTR
        SJMP  LOOP1               ；重新进入下一个传送流程
LOOP2:
        SJMP  LOOP2               ；程序结束（原地踏步）
        END
```

（2）比较不等转移指令（4 条）。

```
CJNE   A，   #data，rel
CJNE   A，   direct，  rel
CJNE   Rn，#data，   rel
CJNE   @Ri，#data，rel
```

比较不等转移指令有三个操作数：第一个操作数是目的操作数，第二个操作数是源操作数，第三个操作数是偏移量。该指令具有比较和判断双重功能，比较的本质是做减法运算，用第一个操作数的内容减去第二个操作数的内容，该运算会影响 PSW 标志位，但差值不回存。

这 4 条指令的基本功能分别如下所示。

若目的操作数＞源操作数，则 PC←(PC)+3+rel，CY←0；

若目的操作数＜源操作数，则 PC←(PC)+3+rel，CY←1；

若目的操作数=源操作数，则 PC←(PC)+3，即顺序执行，CY←0。

因此，若两个操作数不相等，在执行该指令后利用判断 CY 值的指令便可确定前两个操作数的大小。

可通过 CJNE 指令和 JC 指令来完成三分支程序——相等分支、大于分支、小于分支。

例 4.20 编程实现如下功能。

(A)＞10H　　(R0)=01H

(A)=10H　　(R0)=00H

(A)<10H　　(R0)=02H

解　编程如下：

```
        ORG     0000H
        CJNE    A， #10H，NO_EQUAL              ；(A)≠10H，转 NO_EQUAL 标号处执行
        MOV     R0，#00H                        ；(A)=10H，R0 内容设置为 00H
        SJMP    HERE                            ；转分支结束处（HERE）
NO_EQUAL:
        JC   LESS                               ；CY 为 1，说明(A)<10H，转 LESS 标号处执行
        MOV     R0，#01H                        ；CY 为 0，说明(A)>10H，R0 设置为 01H
        SJMP    HERE                            ；转分支结束处
LESS:
        MOV     R0，#02H                        ；CY 为 1，R0 设置为 02H
HERE:
        SJMP    HERE                            ；分支结束处
        END
```

（3）减 1 非 0 转移指令（2 条）。

```
；PC←(PC)+2，Rn←(Rn)-1；若(Rn)≠0，PC←(PC)+rel；若(Rn)=0，则按顺序往下执行
DJNZ  Rn，rel
；PC←(PC)+3，direct←(direct) -1；若(direct)≠0，PC←(PC)+rel；若(direct)=0，则按顺序往下执行
DJNZ  direct，rel
```

该指令的功能是，每执行一次该指令，先将指定的 R*n* 或 direct 单元的内容减 1，再判别其内容是否为 0。若不为 0，则转向目标地址，继续执行循环程序段；若为 0，则结束循环程序段，程序往下执行。

例 4.21　试编写程序实现在扩展 RAM 0100H 开始的 100 个单元中分别存放 0～99。

解　编程如下：

```
        ORG 0000H
        MOV     R0，#64H            ；设定循环次数
        MOV     A，#00H             ；设置预置数初始值
        MOV     DPTR，#0100H        ；设置目标操作数指针
LOOP:
        MOVX    @DPTR，A            ；对指定单元置数
        INC   A                     ；预置数加 1
        INC   DPTR                  ；指向下一个目标操作数地址
        DJNZ    R0，LOOP            ；判断循环是否结束
        SJMP    $
        END
```

3. 子程序调用及返回指令（4 条）

在实际应用中，经常需要重复使用一个完全相同的程序段。为避免重复，可把这段程序独立出来，独立出来的程序称为子程序，原来的程序称为主程序。当主程序需要调用子程序时，通过一条调用指令进入子程序执行即可。在子程序结束处放一条返回指令，执行完子程

序后能自动返回主程序的断点处继续执行主程序。

为保证返回正确，子程序调用和返回指令应具有自动保护断点地址及恢复断点地址的功能，即在执行调用指令时，CPU 自动将下一条指令的地址（称为断点地址）保存到堆栈中，然后去执行子程序；当遇到返回指令时，按“后进先出”的原则把断点地址从堆栈中弹出，送到 PC 中。

子程序调用及返回指令的具体形式与功能如表 4.11 所示。

表 4.11 子程序调用及返回指令的具体形式与功能

指令分类	指令形式	指令功能	字节数	指令执行时间（系统时钟数）
子程序调用	LCALL addr16	调用 addr16 地址处子程序	3	4
	ACALL addr11	调用下一指令首地址的高 5 位与 addr11 合并所指的子程序	2	4
子程序返回	RET	返回子程序调用指令下一指令处	1	4
中断返回	RETI	返回到中断断点处	1	4

（1）子程序调用指令（2 条）。

```
；PC←(PC)+3，SP←(SP)+1，(SP)←(PCL)，SP←(SP)+1，(SP)←(PCH)，PC←addr16
LCALL   addr16
；PC←(PC)+2，SP←(SP)+1，(SP)←(PCL)，SP←(SP)+1，(SP)←(PCH)，PC10～0←addr11
ACALL   addr11
```

其中，addr16 和 addr11 分别为子程序的 16 位和 11 位入口地址，在编程时可用调用子程序的首地址（入口地址）标号代替。

第一条指令为长调用指令，是一条三字节指令，在执行时先将(PC)+3 获得下一条指令的地址，再将该地址压入堆栈（先 PCL，后 PCH）进行保护，然后将子程序入口地址 addr16 装入 PC，程序转去执行子程序。由于该指令提供了 16 位子程序入口地址，所以调用的子程序的首地址可以在 64 千字节范围内。

第二条指令为短调用指令，是一条双字节指令，在执行时先将(PC)+2 获得下一条指令的地址，再将该地址压入堆栈（先 PCL，后 PCH）进行保护，然后把指令给出的 addr11 送入 PC，并和 PC 的高 5 位组成新的 PC，程序转去执行子程序。由于该指令仅提供了 11 位子程序入口地址 addr11，所以调用的子程序的首地址必须与 ACALL 后面指令的第一字节在同一个 2 千字节区域。

例 4.22 已知(SP)=60H，分析执行下列指令后的结果。

```
① 1000H：ACALL      1100H
② 1000H：LCALL      0800H
```

解 ① (SP)=62H，(61H)=02H，(62H)=10H，(PC)=1100H。

② (SP)=62H，(61H)=03H，(62H)=10H，(PC)=0800H。

（2）返回指令（2 条）。

```
RET   ；PC15～8←((SP))，SP←(SP)-1，PC7～0←((SP))，SP←(SP)-1
；PC15～8←((SP))，SP←(SP)-1，PC7～0←((SP))，SP←(SP)-1，清除内部相应的中断状态寄存器
RETI
```

第一条指令为子程序返回指令，表示结束子程序，在执行时将栈顶的断点地址送入 PC（先 PCH，后 PCL），程序返回原断点地址继续往下执行。

第二条指令为中断返回指令，它除了从中断服务程序返回中断时保护的断点处继续执行程序（类似 RET 功能）外，还清除了内部相应的中断状态寄存器。

注意：在使用上，RET 指令必须作为调用子程序的最后一条指令；RETI 指令必须作为中断服务子程序的最后一条指令，两者不能混淆。

4.1.6 位操作类指令

在 8051 单片机的硬件结构中，有一个位处理器（又称布尔处理器），该处理器有一套位变量处理的指令集，它的操作对象是位，以进位标志位 CY 为位累加器。通过位操作类指令可以完成以位为对象的数据传送、运算、控制转移等操作。

位操作类指令的对象是内部基本RAM的位寻址区，它由两部分构成：一部分为片内RAM低 128 字节的位地址区 20H～2FH 的 128 个位，其位地址为 00H～7FH；另一部分为特殊功能寄存器中可位寻址的各位（字节地址能被 8 整除的特殊功能寄存器的各有效位），其位地址为 80H～FFH。

在汇编语言中，位地址的表达方式有以下几种。

（1）用直接位地址表示，如 20H、3AH 等。

（2）用寄存器的位定义名称表示，如 CY、RS1、RS0 等。

（3）用点操作符表示，如 PSW.3、20H.4 等，其中“.”前面部分为字节地址或可位寻址的特殊功能寄存器的名称，后面部分的数字表示它们在字节中的位置。

（4）用自定义的位符号地址表示，如“MM　BIT　ACC.7”，只要定义了位符号地址 MM，就可在指令中使用 MM 代替 ACC.7。

位操作类指令的具体形式与功能如表 4.12 所示。

表 4.12　位操作类指令的具体形式与功能

指令分类	指令形式	指令功能	字节数	指令执行时间（系统时钟数）
位数据传送	MOV　C,bit	将 bit 值送至 CY	2	2
	MOV　bit,C	将 CY 值送至 bit	2	3
位清 0	CLR　C	CY 值清 0	1	1
	CLR　bit	bit 值清 0	2	3
位置 1	SETB　C	CY 值置 1	1	1
	SETB　bit	bit 值置 1	2	3
位逻辑与	ANL　C,bit	将 CY 值与 bit 值相与结果送至 CY	2	2
	ANL　C,/bit	将 CY 值与 bit 取反值相与结果送至 CY	2	2
位逻辑或	ORL　C,bit	将 CY 值与 bit 值相或结果送至 CY	2	2
	ORL　C,/bit	将 CY 值与 bit 取反值相或结果送至 CY	2	2
位取反	CPL　C	CY 状态取反	1	1
	CPL　bit	bit 状态取反	2	3

续表

指令分类	指令形式	指令功能	字节数	指令执行时间（系统时钟数）
判 CY 转移	JC rel	CY 为 1 则转移	2	3
	JNC rel	CY 为 0 则转移	2	3
判 bit 转移	JB bit,rel	bit 值为 1 则转移	3	5
	JNB bit,rel	bit 值为 0 则转移	3	5
	JBC bit,rel	bit 值为 1 则转移，同时 bit 位清 0	3	5

1．位数据传送指令（2 条）

```
MOV   C，bit   ；CY←(bit)
MOV   bit，C   ；bit←(CY)
```

该指令的功能是将源操作数（位地址或位累加器）送至目的操作数（位累加器或位地址）。

注意：位数据传送指令的两个操作数，一个是指定的位单元，另一个必须是位累加器 CY（进位标志位 CY）。

例 4.23 试编写程序实现将位地址为 00H 的内容和位地址为 7FH 的内容相互交换。

解 编程如下：

```
ORG     0000H
MOV   C，   00H          ；获取位地址 00H 的值并将其送至 CY
MOV   01H，C             ；暂存在位地址 01H 中
MOV   C，   7FH          ；获取位地址 7FH 的值并将其送至 CY
MOV   00H，C             ；存在位地址 00H 中
MOV   C，   01H          ；获取暂存在位地址 01H 中的值并将其送至 CY
MOV   7FH，C             ；存在位地址 7FH 中
SJMP  $
END
```

2．位变量修改指令（6 条）

（1）位清 0 指令（2 条）。

```
CLR   C   ；CY←0
CLR   bit ；bit←0
```

设 P1 口的内容为 11111011 B，执行如下指令。

```
CLR   P1.0
```

执行结果为(P1)= 11111010 B。

（2）位置 1 指令（2 条）。

```
SETB   C    ；CY←1
SETB   bit  ；bit←1
```

设(CY)=0，P3 口的内容为 11111010B，执行如下指令。

```
SETB   P3.0
SETB   C
```

执行结果为(CY)=1，(P3.0)=1，即(P3)=11111011B。

（3）位取反指令（2 条）。

```
CPL   C    ；CY←（C̅Y̅）
CPL   bit  ；bit←(b̅i̅t̅)
```

设(CY)=0，P1 口的内容为 00111010B，执行如下指令。

```
CPL   P1.0
CPL   C
```

执行结果为(CY)=1，(P1.0)=1，即(P0)=00111011B。

3．位逻辑与指令（2 条）

```
ANL   C，bit     ；CY←(CY)∧(bit)
ANL   C，/bit    ；CY←(CY)∧(b̅i̅t̅)
```

该指令的功能是把位累加器 CY 的内容与位地址的内容进行逻辑与运算，并将结果送至位累加器 CY。

说明：指令中的“/”表示该位地址内容取反后再参与运算，但并不改变该位地址的原值。

4．位逻辑或指令（2 条）

```
ORL   C，bit     ；CY←(CY)∨(bit)
ORL   C，/bit    ；CY←(CY)∨(b̅i̅t̅)
```

该组指令的功能是把位累加器 CY 的内容与位地址的内容进行逻辑或运算，并将结果送至位累加器 CY。

5．位条件转移指令（5 条）

（1）判 CY 转移指令（2 条）。

```
JC   rel    ；若(CY)=1，则(PC)←(PC)+2+rel；若(CY)=0，则(PC)←(PC)+2
JNC   rel   ；若(CY)=0，则(PC)←(PC)+2+rel；若(CY)=1，则(PC)←(PC)+2
```

第一条指令的功能是，如果(CY)=1，则程序转移到目标地址处执行；否则，程序顺序执行。第二条指令的功能则与第一条指令的功能相反，即如果(CY)=0，则程序转移到目标地址处执行；否则，程序顺序执行。

上述两条指令在执行时不影响任何标志位，包括 CY 本身。

JC、JNC 指令示意图如图 4.10 所示。

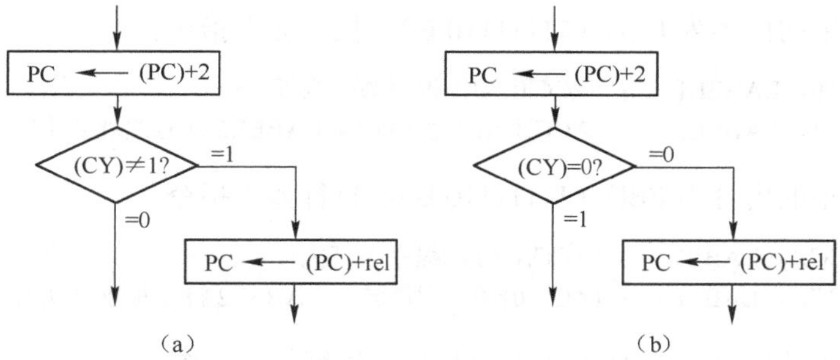

图 4.10　JC、JNC 指令示意图

设(CY)=0，执行如下指令。

```
JC   LABEL1          ；(CY)=0，程序顺序执行
CPL  C
JC   LABEL2          ；(CY)=1，程序转向 LABEL2 标号地址处执行
```

程序执行后，进位位取反变为 1，程序转向 LABEL2 标号地址处执行。

设(CY)=1，执行如下指令。

```
JNC  LABEL1          ；(CY)=1，程序顺序执行
CLR  C
JNC  LABEL2          ；(CY)=0，程序转向 LABEL2 标号地址处执行
```

程序执行后，进位位清 0，程序转向 LABEL2 标号地址处执行。

（2）判 bit 转移指令（3 条）。

```
JB   bit，rel        ；若(bit)=1，则 PC←(PC)+3+rel；若(bit)=0，则 PC←(PC)+3
JNB  bit，rel        ；若(bit)=0，则 PC←(PC)+3+rel；若(bit)=1，则 PC←(PC)+3
JBC  bit，rel        ；若(bit)=1，则 PC←(PC)+3+rel，且 bit←0；若(bit=0，则 PC←(PC)+3
```

该指令以指定位 bit 的值为判断条件。

第一条指令的功能是，若指定位 bit 的值是 1，则程序转移到目标地址处执行；否则，程序顺序执行。第二条指令的功能和第一条指令的功能相反，即如果指定位 bit 的值为 0，则程序转移到目标地址处执行；否则，程序顺序执行。第三条指令的功能是，判断指定位 bit 的值是否为 1，若为 1，则程序转移到目标地址处执行，并将指定位清 0；否则，程序顺序执行。

JB、JNB、JBC 指令示意图如图 4.11 所示。

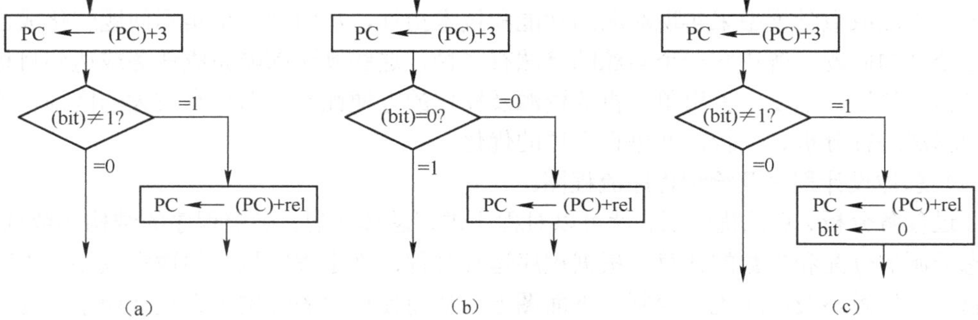

图 4.11　JB、JNB、JBC 指令示意图

设累加器 A 中的内容为 FEH（11111110 B），执行如下指令。

```
JB   ACC.0，LABEL1    ；(ACC.0)=0，程序顺序执行
JB   ACC.1，LABEL2    ；(ACC.1)=1，程序转向 LABEL2 标号地址处执行
```

设累加器 A 中的内容为 FEH（11111110 B），执行如下指令。

```
JNB   ACC.1，LABEL1  ；(ACC.1)=1，程序顺序执行
JNB   ACC.0，LABEL2  ；(ACC.0)=0，程序转向 LABEL2 标号地址处执行
```

设累加器 A 中的内容为 7FH（01111111 B），执行如下指令。

```
JBC   ACC.7，LABEL1  ；(ACC.7)=0，程序顺序执行
JBC   ACC.6，LABEL2  ；(ACC.6)=1，程序转向 LABEL2 标号地址处执行并将 ACC.6 位清 0
```

4.2 汇编语言程序设计

汇编语言是面向机器的语言，使用汇编语言对单片机的硬件资源进行操作既直接又方便，尽管对编程人员硬件知识的掌握水平要求较高，但对于学习和掌握单片机的硬件结构及编程技巧极为有用。虽然采用高级语言进行单片机开发是如今的主流，但我们仍然建议从汇编语言开始学习。本节介绍汇编语言程序设计，下一章介绍 C 语言程序设计，后续的单片机应用程序的学习将采用汇编语言和 C 语言对照讲解的方式，以达到在单片机的学习过程中，汇编语言和 C 语言程序设计相辅相成、相互促进的目的。

4.2.1 汇编语言程序设计基础

1．程序设计的步骤

程序设计的具体步骤如下。

（1）系统任务的分析。

首先，对单片机应用系统的设计任务进行深入分析，明确系统的功能要求和技术指标。其次，对系统的硬件资源和工作环境进行分析。系统任务的分析是单片机应用系统程序设计的基础。

（2）提出算法与算法的优化。

算法是解决问题的具体方法。一个应用系统经过分析、研究和明确规定后，可以通过严密的数学方法或数学模型来实现对应的功能和技术指标，从而把一个实际问题转化成由计算机进行处理的问题。解决同一个问题的算法有多种，这些算法都能完成任务或达到目标，但它们在程序的运行速度、占用单片机的资源及操作的方便性等方面会有较大的区别，所以应对各种算法进行分析、比较，并进行合理的优化。

（3）总体设计程序及绘制程序流程图。

经过任务分析、算法优化后，就可以对程序进行总体构思，确定程序的结构和数据形式，并考虑资源的分配和参数的计算。根据程序运行过程，确定程序执行的逻辑顺序，用图形符号将总体设计思路及程序流向绘制在平面图上，从而使程序的结构关系直观明了，便于检查和修改。

应用程序根据功能可以分为若干部分，通过程序流程图可以将具有一定功能的各部分有机地联系起来，并由此抓住程序的基本线索，从而对全局有一个完整的了解。清晰、正确的程序流程图是编制正确无误的应用程序的基础，所以，绘制一个好的程序流程图是设计程序的一项重要内容。

程序流程图可以分为总流程图和局部流程图。总流程图侧重反映程序的逻辑结构和各程序模块之间的相互关系。局部流程图侧重反映程序模块的具体实施细节。对于简单的应用程序，可以不画程序流程图。但当程序较为复杂时，绘制程序流程图是一个良好的编程习惯。

常用的程序流程图符号有开始或结束符号、工作任务（肯定性工作内容）符号、判断分支（疑问性工作内容）符号、程序连接符号、程序流向符号等，如图 4.12 所示。

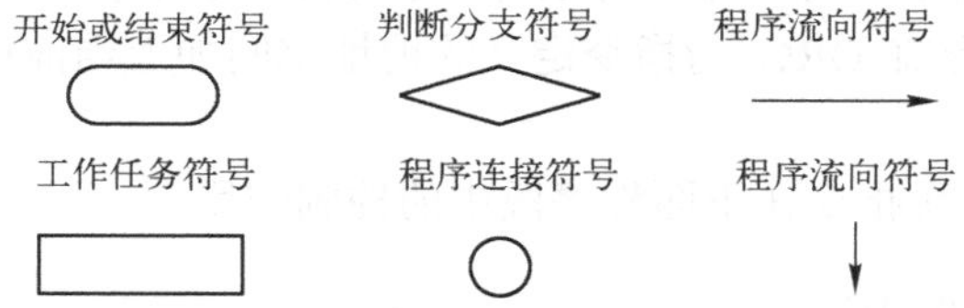

图 4.12　常用的程序流程图符号

除应绘制程序流程图以外，还应编制资源（寄存器、程序存储器与数据存储器等）分配表，包括数据结构和形式、参数计算、通信协议、各子程序的入口和出口说明等。

2．程序的模块化设计

（1）模块化的程序设计方法。

单片机应用系统的程序一般由包含多个模块的主程序和各种子程序组成。每个程序模块都要完成一个明确的任务，实现某个具体的功能，如发送、接收、延时、打印、显示等。采用模块化的程序设计方法，就是对这些功能不同的程序进行独立设计和分别调试，最后将这些模块程序装配成整体程序并进行联调。

模块化的程序设计方法具有明显的优点。把一个多功能的、复杂的程序划分为若干个简单的、功能单一的程序模块，不仅有利于程序的设计和调试，也有利于程序的优化和分工，可以提高程序的阅读性和可靠性，使程序的结构层次一目了然。所以，进行程序设计的学习，首先要树立模块化的程序设计思想。

（2）尽量采用循环结构和子程序。

循环结构和子程序可以使程序的长度变短，程序简单化，占用内存空间减少。对于多重循环，要注意各重循环的初值、循环结束条件与循环位置，避免出现程序无休止循环的现象。对于通用的子程序，除了用于存放子程序入口参数的寄存器，子程序中用到的其他寄存器的内容应压入堆栈进行现场保护，并要特别注意堆栈操作的压入和弹出的顺序。对于中断处理子程序，除了要保护程序中用到的寄存器，还应保护标志寄存器。这是由于中断处理难免会对标志寄存器中的内容产生影响，而中断处理结束后返回主程序时可能会遇到以中断前的状态标志位为依据的条件转移指令，如果该标志位被破坏，则程序的运行将发生混乱。

3．伪指令

为了便于编程和对汇编语言源程序进行汇编，各种汇编程序都提供一些特殊的指令，供人们编程使用，这些指令被称为伪指令。伪指令不是真正的可执行指令，只在对源程序进行汇编时起控制作用，如设置程序的起始地址、定义符号、为程序分配一定的存储空间等。在对汇编语言源程序进行汇编时，伪指令并不产生机器指令代码，不影响程序的执行。

常用的伪指令共 9 条，下面分别对其进行介绍。

（1）设置起始地址伪指令。

设置起始地址伪指令的指令格式：

```
ORG  16位地址
```

该指令的作用是指明后面的程序或数据块的起始地址，它总是出现在每段源程序或数据块的起始位置。一个汇编语言源程序中可以有多条 ORG 伪指令，但后一条 ORG 伪指令指定的地址空间大小应大于当前 ORG 伪指令定义的地址空间加上当前程序机器码所占用的存储空间的大小。

例 4.24 分析 ORG 伪指令在下面程序段中的控制作用。

```
        ORG   1000H
START:
        MOV   R0，  #60H
        MOV   R1，  #61H
        ……
        ORG   1200H
NEXT:
        MOV   DPTR，#1000H
        MOV   R2，#70H
        ……
```

解 以 START 开始的程序汇编后机器代码从 1000H 单元开始连续存放，不能超过 1200H 单元；以 NEXT 开始的程序汇编后机器代码从 1200H 单元开始连续存放。

（2）汇编语言源程序结束伪指令。

汇编语言源程序结束伪指令的指令格式：

```
[标号：]  END  [mm]
```

其中，mm 是程序起始地址。标号和 mm 不是必需的。

该指令的功能是表示源程序到此结束，汇编程序将不处理 END 伪指令之后的指令。一个汇编语言源程序中只能在末尾有一个 END 伪指令。

例 4.25 分析 END 伪指令在下面程序段中的控制作用。

```
START:
        MOV   A，#30H
        ……
        END   START
NEXT:
        ……
        RET
```

解 系统在对该程序进行汇编时，只将 END 伪指令前面的程序转换为对应的机器代码，而以 NEXT 标号为起始地址的程序将予以忽略。因此，若以 NEXT 标号为起始地址的子程序是本程序的有效子程序，那么应将整个子程序段放到 END 伪指令的前面。

（3）赋值伪指令。

赋值伪指令的指令格式：

```
字符名称  EQU  数值或汇编符号
```

该伪指令的功能是使指令中的“字符名称”等价于给定的“数值或汇编符号”。赋值后的字符名称可在整个汇编语言源程序中使用。字符名称必须先赋值后使用，通常将赋值放在汇编语言源程序的开头。

例 4.26 分析下列程序中 EQU 伪指令的作用。

```
AA      EQU   R1              ；将 AA 定义为 R1
DATA1   EQU   10H             ；将 DATA1 定义为 10H
DELAY   EQU   2200H           ；将 DELAY 定义为 2200H
        ORG   2000H
        MOV   R0，DATA1       ；R0←(10H)
        MOV   A，  AA         ；A←(R1)
        LCALL  DELAY          ；调用起始地址为 2200H 的子程序
        END
```

解 经 EQU 伪指令定义后，AA 等效于 R1，DATA1 等效于 10H，DELAY 等效于 2200H，在汇编时，系统自动将程序中的 AA 换成 R1、DATA1 换成 10H、DELAY 换成 2200H，之后汇编为机器代码程序。

使用 EQU 伪指令的好处在于，程序占用的资源数据符号或寄存器符号可用占用源的英文或英文缩写字符名称来定义，后续编程中只要出现该数据符号或寄存器符号就用该字符名称代替。因此，采用有意义的字符名称进行编程，更容易记忆和避免混淆，便于阅读和修改。

（4）数据地址赋值伪指令。

数据地址赋值伪指令的指令格式：

```
字符名称  DATA  表达式
```

该伪指令的功能是将表达式指定的数据地址赋予规定的字符名称。

例如：

```
AA    DATA    2000H
```

在对上述程序进行汇编时，将程序中的字符名称 AA 用 2000H 替代。

DATA 伪指令的功能与 EQU 伪指令的功能相似，两者的主要区别如下。

① DATA 伪指令定义的字符名称可先使用、后定义，放于汇编语言源程序的开头、结尾均可；而 EQU 伪指令定义的字符名称只能先定义、后使用。

② EQU 伪指令可以将一个汇编符号赋值给字符名称，而 DATA 伪指令只能将数据地址赋值给字符名称。

（5）定义字节伪指令。

定义字节伪指令的指令格式：

```
[标号：]  DB  字节常数表
```

该伪指令的功能是从指定的地址单元开始，定义若干个8位内存单元中的内容。字节常数可以采用二进制、十进制、十六进制和ASCII码等多种表示形式。例如：

```
        ORG     2000H
TABLE:
        DB   73H，100，10000001B，'A'；对应数据形式依次为十六进制、十进制、二进制
                                   ；和ASCII码形式
```

汇编结果为(2000H)=73H，(2001H)=64H，(2002H)=81H，(2003H)=41H。

（6）定义字伪指令。

定义字伪指令的指令格式：

```
[标号：] DW  字常数表
```

该伪指令功能是从指定地址开始，定义若干个16位数据，该数据的高8位存入低地址，低8位存入高地址。例如：

```
        ORG   1000H
TAB:
        DW   1234H，0ABH，10
```

汇编结果为(1000H)=12H，(1001H) = 34H，(1002H)= 00H，(1003H)) = ABH，(1004H) = 00H，(1005H)=0AH。

（7）定义存储区伪指令。

定义存储区伪指令的指令格式：

```
[标号：]  DS  表达式
```

该指令的功能为从指定的单元地址开始，保留一定数量的存储单元，以备使用。在对汇编语言源程序进行汇编时，对这些单元不赋值。例如：

```
    ORG 2000H
    DS   10
TAB:
    DB   20H
    ……
```

汇编结果为(200AH)=20H，即从2000H单元开始，保留10字节单元，以备汇编语言源程序使用。

注意：DB、DW、DS只能应用于程序存储器，而不能应用于数据存储器。

（8）位定义伪指令。

位定义伪指令的指令格式：

```
字符名称  BIT  位地址
```

该伪指令的功能是将位地址赋值给指定的符号名称，通常用于位符号地址的定义。例如：

```
KEY0   BIT   P3.0
```

该伪指令的功能是使 KEY0 等效于 P3.0，在后面的编程中，KEY0 即 P3.0。

（9）文件包含伪指令。

文件包含伪指令的指令格式：

```
$INCLUDE （文件名）
```

该伪指令用于将寄存器定义文件或其他程序文件包含于当前程序，也可直接包含汇编程序文件，寄存器定义文件的后缀名一般为“.INC”。例如：

```
$INCLUDE （STC15.INC）
```

使用上述伪指令后，在用户程序中就可以直接使用 STC15 系列单片机的所有特殊功能寄存器了，也不必对相对于传统 8051 单片机新增的特殊功能寄存器进行定义了。

4.2.2 基本程序结构与程序设计举例

模块化程序设计是指各模块程序都要按照基本程序结构进行编程。模块化程序主要有 4 种基本程序结构：顺序结构、分支结构、循环结构和子程序结构。

1．顺序结构程序

顺序结构程序是指无分支、无循环结构的程序，其执行流程是根据指令在程序存储器中的存放顺序进行的。顺序结构程序比较简单，一般不需要绘制程序流程图，直接编程即可。

例 4.27 试将 8 位二进制数转换为十进制（BCD 码）数。

解 8 位二进制数对应的最大十进制数是 255，说明一个 8 位二进制数需要用 3 位 BCD 码来表示，即百位数、十位数与个位数。

（1）用 8 位二进制数减 100，够减，则百位数加 1，直至不够减为止；再用剩下的数减 10，够减，则十位数加 1，直至不够减为止；剩下的数即个位数。

（2）用 8 位二进制数除以 100，商为百位数；再用余数除以 10，商为十位数，余数为个位数。

显然，第（1）种方法更复杂，应选用第（2）种方法。设 8 位二进制数存放在 20H 单元，转换后十位数、个位数存放在 30H 单元，百位数存放在 31H 单元。

参考程序如下：

```
ORG   0000H
MOV   A,  20H        ；取 8 位二进制数
MOV   B,  #100
DIV   AB             ；转换数除以 100，A 为百位数
MOV   31H,  A        ；百位数存放在 31H 单元
MOV   A,  B          ；取余数
MOV   B,  #10
DIV   AB             ；余数除以 10，A 为十位数，B 为个位数
SWAP  A              ；将十位数从低 4 位交换到高 4 位
```

```
        ORL   A,  B          ；十位数、个位数合并为压缩BCD码
        MOV   30H, A         ；十位数、个位数存放在30H单元（高4位为十位数，低4位为个位数）
        SJMP  $
        END
```

上述程序的执行顺序与指令的编写顺序是一致的，故该程序称为顺序结构程序，简称顺序程序。

2．分支结构程序

通常情况下，程序的执行是按照指令在程序存储器中存放的顺序进行的，但有时需要根据某种条件的判断结果来决定程序的走向，这种程序结构就属于分支结构。分支结构可以分为单分支结构、双分支结构和多分支结构，各分支间相互独立。

单分支结构如图4.13所示，若条件成立，则执行程序段A，然后执行下一条指令；若条件不成立，则不执行程序段A，直接执行下一条指令。

双分支结构如图4.14所示，若条件成立，则执行程序段A；否则；执行程序段B。

多分支结构如图4.15所示，通用的分支程序结构是先将分支按序号排列，然后按照序号来实现多分支选择。

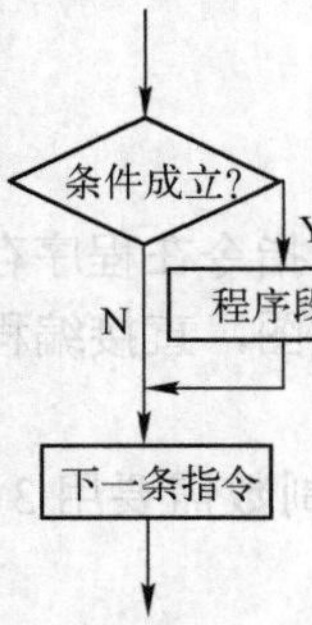

图4.13　单分支结构

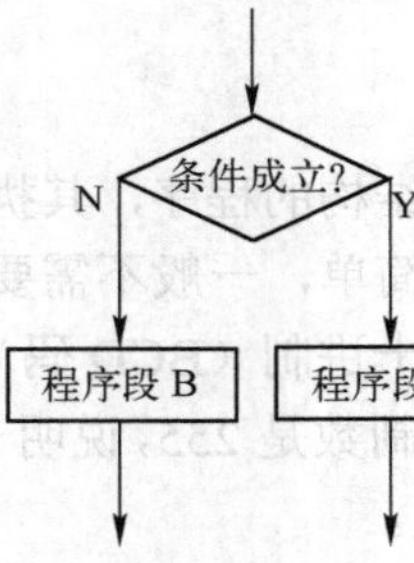

图4.14　双分支结构

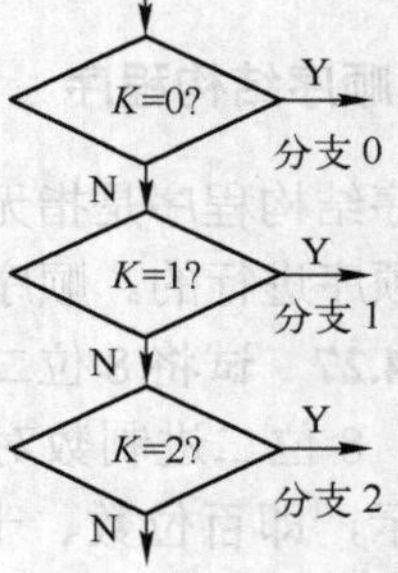

图4.15　多分支结构

由于分支结构程序中存在分支，因此在编程时存在先编写哪一段分支程序的问题，另外分支转移到何处在编程时也要安排正确。为了减少错误，对于复杂的程序，应先画出程序流程图，在转移目标处合理设置标号，按从左到右的顺序编写各分支程序。

例4.28　求8位有符号数的补码。设8位二进制数存放在片内RAM 30H单元。

解　由于负数的补码为除符号位以外按位取反加1，而正数的补码就是原码，所以判断数据的正负是关键，最高位为0，表示正数；最高位为1，表示负数。

参考程序如下：

```
        ORG 0000H
        MOV   A，30H
        JNB   ACC.7，NEXT            ；为正数，不进行处理
        CPL   A                      ；负数取反
        ORL   A，#80H                ；恢复符号位
        INC   A                      ；加1
```

```
        MOV   30H, A
    NEXT:
        SJMP  NEXT
        END                           ; 结束
```

例 4.29 试编写实现如下公式的程序。

$$Y=\begin{cases}100 & (X\geqslant 0)\\ -100 & (X<0)\end{cases}$$

解 该例是一个双分支结构程序，关键是判断 X 是正数还是负数。判断方法与例 4.28 相同。设 X 存放于 40H 单元中，结果 Y 存放于 41H 中。

程序流程图如图 4.16 所示。

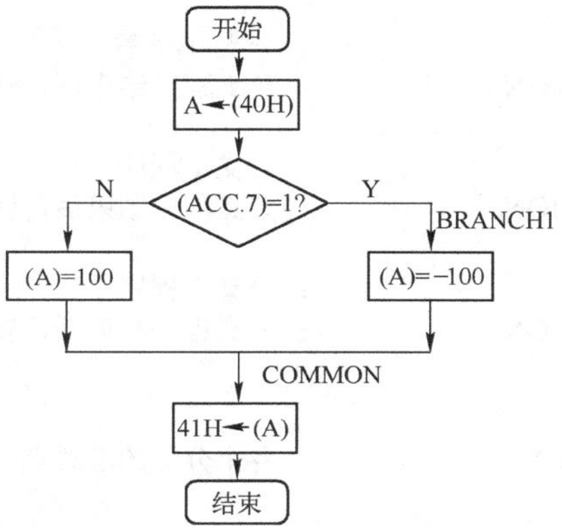

图 4.16 程序流程图

参考程序如下：

```
    X    EQU    40H           ; 定义X的存储单元
    Y    EQU    41H           ; 定义Y的存储单元
         ORG    0000H
         MOV    A, X          ; 取X
         JB  ACC.7, BRANCH1   ; 若ACC.7为1则转向BRANCH1；否则，顺序执行
         MOV    A, #64H       ; X≥0, Y=100
         SJMP   COMMON        ; 转向 COMMON（分支公共处）
BRANCH1:
         MOV    A, #9CH       ; X<0, Y=-100，把-100的补码（9CH）送至累加器A
COMMON:
         MOV    Y, A          ; 保存累加器A中的值
         SJMP   $
         END                  ; 程序结束
```

例 4.30 编写多分支处理程序，设各分支的分支号码从 0 开始按递增自然数排列，执行分支号存放在 R3 中。

解 首先，在程序存储器中建立一个分支表，分支表按从 0 开始的分支顺序从起始地址（表首地址，如 TABLE）开始存放各分支的一条转移指令（AJMP 或 LJMP，AJMP 占用 2 字节，LJMP 占用 3 字节），各转移指令的目标地址就是各分支程序的入口地址。

根据各分支程序的分支号，转移到分支表中对应分支的入口处，执行该分支的转移指令，再转到分支程序的真正入口处，执行该分支程序。

参考程序如下：

```
        ORG     0000H
        MOV   A, R3                    ；取分支号
        RL   A                         ；分支号×2，若分支表中用 LJMP，则改为分支号×3
        MOV   DPTR,   #TABLE           ；分支表表首地址送 DPTR
        JMP   @A+DPTR                  ；转移到分支表中对应分支的入口处
TABLE:
        AJMP   ROUT0                   ；分支表，采用短转移指令，每个分支占用 2 字节
        AJMP   ROUT1                   ；各分支在分支表的入口地址=TABLE+分支号×2
        AJMP   ROUT2
         ……
ROUT0:
        ……                             ；分支 0 程序
       LJMP   COMMON                   ；分支程序结束后，转各个分支的公共汇总点处
ROUT1:
        ……                             ；分支 1 程序
       LJMP   COMMON                   ；分支程序结束后，转各个分支的公共汇总点处
ROUT2:
        ……                             ；分支 2 程序
       LJMP   COMMON                   ；分支程序结束后，转各个分支的公共汇总点处
        ……
COMMON:
      SJMP   COMMON                    ；各个分支的汇总点
      END
```

注意：*无论哪个分支程序执行完毕后，都必须回到所有分支的公共汇合点处，如各分支程序中的“LJMP　COMMON”指令。*

3．循环结构程序

在程序设计中，当需要对某段程序进行大量的有规律重复执行时，可采用循环结构设计程序。循环结构程序主要包括以下 4 个部分。

① 循环初始化部分：设置循环开始时的状态，如地址指针、寄存器初值、循环次数、清 0 存储单元等。

② 循环体部分：需要重复执行的程序段，是循环结构的主体。

③ 循环修改部分：修改地址指针、工作参数等。

④ 循环控制部分：修改循环变量，并判断循环是否结束，直到符合结束条件并跳出循环。

根据条件的判断位置与循环次数的控制，循环结构又分为 while 结构、do…while 结构和 for 结构三种基本结构。

（1）while 结构。

while 结构的特点是先判断后执行，因此，循环体程序也许一次都不执行。

例 4.31　将内部 RAM 中起始地址为 DATA 的字符串数据传送到扩展 RAM 中起始地址

为 BUFFER 的存储区域，并统计传送字符的个数，发现空格字符，则停止传送。

解　由题可知，发现空格字符时就停止传送，因此在编程时应先对传送数据进行判断，再决定是否传送。

设 DATA 为 20H，BUFFER 为 0200H，参考程序如下：

```
          ORG 0000H
DATA      EQU    20H
BUFFER    EQU    0200H
          MOV    R2,   #00H              ；统计传送字符个数计数器清 0
          MOV    R0,   #DAT              ；设置源操作数指针
          MOV    DPTR,   #BUFFER         ；设置目标操作数指针
LOOP0：
          MOV    A,   @R0                ；取被传送数据
          CJNE   A,   #20H,   LOOP1      ；判断是否为空格字符（ASCII 码为 20H）
          SJMP   STOP                    ；是空格字符，则停止传送
LOOP1：
          MOVX   @DPTR,   A              ；不是空格字符，则继续传送数据
          INC    R0                      ；指向下一个被传送地址
          INC    DPTR                    ；指向下一个传送目标地址

          INC    R2                      ；传送字符个数计数器加 1
          SJMP   LOOP0                   ；继续下一个循环
STOP：
          SJMP   $
          END                            ；程序结束
```

（2）do…while 结构。

do…while 结构的特点是先执行、后判断，因此循环体程序至少执行一次。

例 4.32　将内部 RAM 中起始地址为 DATA 的字符串数据传送到扩展 RAM 中起始地址为 BUFFER 的存储区域，字符串的结束字符是“$”。

解　该程序的功能与例 4.31 基本一致，但字符串的结束字符“$”是字符串中的一员，也是需要传送的，因此在编程时应先传送，再判断字符串数据传送是否结束。

设 DATA 为 20H，BUFFER 为 0200H，参考程序如下：

```
DATA      EQU   20H
BUFFER    EQU   0200H
        ORG   0000H
        MOV   R0, #DAT
        MOV   DPTR, #BUFFER
LOOP0：
        MOV   A,   @R0               ；读取被传送的数据
        MOVX   @DPTR,   A
        INC   R0                     ；指向下一个被传送地址
        INC   DPTR                   ；指向下一个传送目标地址
        CJNE   A,   #24H,   LOOP0    ；判断是否为“$”字符（ASCII 码为 24H），若不是则
```

```
                                    ；继续传送
        SJMP   $                    ；若是“$”字符，则停止传送
        END
```

（3）for 结构。

for 结构的特点和 do…while 结构一样也是先执行、后判断，但是 for 结构循环体程序的执行次数是固定的。

例 4.33 编写将以扩展 RAM 0200H 为起始地址的 16 字节数据传送到以片内基本 RAM 20H 为起始地址的单元中的程序。

解 在本例中，数据传送的次数是固定的，即 16 次，因此，可用一个计数器来控制循环体程序的执行次数。既可以用加 1 计数来实现控制（采用 CJNE 指令），也可以采用减 1 计数来实现控制（采用 DJNZ 指令）。一般情况下，采用减 1 计数控制。

参考程序如下：

```
        ORG     0000H
        MOV   DPTR，#0200H；设置被传送数据的地址指针
        MOV   R0，#20H      ；设置目的地地址指针
        MOV   R2，#10H      ；将 R2 作为计数器，设置传送次数
LOOP：
        MOVX  A，@DPTR      ；获取被传送数
        MOV   @R0，A        ；传送到目的地
        INC   DPTR          ；指向下一个源操作数地址
        INC   R0            ；指向下一个目的操作数地址
        DJNZ  R2，LOOP      ；若计数器 R2 减 1 的值不为 0，则继续传送；否则，结束传送
        SJMP  $
        END
```

例 4.34 已知单片机系统的系统时钟频率为 12MHz，试设计一个软件延时程序，延时时间为 10ms。

解 软件延时程序是应用编程中的基本子程序，是通过反复执行空操作指令（NOP）和循环控制指令（DJNZ）来占用时间而达到延时目的的。因为执行一条指令的时间非常短，所以一般需要采用多重循环才能满足要求。

参考程序如下：

```
             源程序                    系统时钟数      占用时间
DELAY：
        MOV   R1，#100                    2            1/6μs
DELAY1：
        MOV   R2，#200                    2            1/6μs
DELAY2：
        NOP                               1            1/12μs   ┐
        NOP                               1            1/12μs   │内循环  ┐
        DJNZ  R2，DELAY2                  4            1/3μs    ┘        │外循环
        DJNZ  R1，DELAY1                  4            1/3μs             │
        RET                               4            1/3μs             ┘
```

例 4.34 的程序采用了多重循环，即在一个循环程序中又包含了其他循环程序。在例 4.34 的程序中，用 2 条“NOP”指令和一条“DJNZ　R2,DELAY2”指令构成内循环。执行一遍内循环占用系统时钟数为 6 个，即占用时间为 0.5μs，内循环的控制寄存器为 R2；执行一个外循环占用时钟数为 6×(R2)+2+4≈6×(R2)，即一个外循环占用时间为 0.5μs×(R2)=0.5μs×200=100μs，外循环的控制寄存器为 R1；这个延时程序占用的时钟数为 6×(R2)×(R1)+2+4≈6×(R2) ×(R1)，即占用时间为 0.5μs×200×100=10ms。

延时时间越长，所需的循环次数就越多，其延时时间的计算可简化为内循环体时间×第一重循环次数×第二重循环次数×……

提示：STC-ISP 在线编程软件实用工具箱中提供了软件延时计算工具，只需要输入所需延时时间就能自动提供汇编语言或 C 语言的源程序。

4．子程序结构程序

（1）在实际应用中，子程序的调用与返回经常会遇到一些通用性的问题，如数值转换、数值计算、数码显示等。这时可以将其设计成通用的子程序以供随时调用。利用子程序可以使程序结构更加紧凑，同时使程序的阅读和调试更加方便。

子程序的结构与一般程序的结构并无多大区别，它的主要特点是在执行过程中需要由其他程序来调用，执行完又需要把执行流程返回至调用该子程序的主程序中。

当主程序调用子程序时，需要使用子程序调用指令“ACALL”或“LCALL”；当子程序返回主程序时，需要使用子程序返回指令“RET”。因此，子程序的最后一条指令一定是子程序返回指令（RET），这也是判断一段程序是否为子程序结构的唯一标志。

在调用子程序时要注意两点：一是现场的保护和恢复；二是主程序与子程序间的参数传递。

（1）现场的保护与恢复。

在子程序执行过程中经常要用到单片机的一些通用单元，如工作寄存器 R0～R7、累加器 A、数据指针 DPTR 及有关标志和状态等。而这些单元中的内容在调用结束后的主程序中仍有用，所以需要进行保护，称其为现场保护。在执行完子程序返回继续执行主程序前，要恢复其原内容，称其为现场恢复。现场的保护与恢复是采用堆栈方式实现的，现场保护就是把需要保护的内容压入堆栈，现场保护必须在执行具体的子程序前完成；现场恢复就是把原来压入堆栈的数据弹回原来的位置，现场恢复必须在执行完具体的子程序后返回主程序前完成。根据堆栈的工作特性，在编程时现场的保护与恢复一定要保证弹出顺序与压入顺序相反。例如：

```
LAA:
        PUSH   ACC              ；现场保护
        PUSH   PSW
        MOV    PSW,  #10H       ；选择当前工作寄存器组
        ……                      ；子程序任务
```

```
        POP   PSW                    ；现场恢复
        POP   ACC
        RET                          ；子程序返回
```

（2）主程序与子程序间的参数传递。

由于子程序是主程序的一部分，所以，程序在执行时必然要发生数据上的联系。在调用子程序时，主程序应通过某种方式把有关参数（子程序的入口参数）传给子程序。当子程序执行完毕后，又需要通过某种方式把有关参数（子程序的出口参数）传给主程序。传递参数的方式主要有三种。

① 利用累加器或寄存器进行参数传递。在这种方式中，要把预传递的参数存放在累加器 A 或工作寄存器 R0～R7 中，即在主程序调用子程序时，应事先把子程序需要的数据送入累加器 A 或指定的工作寄存器，当执行子程序时，可以从指定的单元中取得数据，执行运算。反之，子程序也可以用同样的方法把结果传给主程序。

例 4.35 试编制可实现 $C=a^2+b^2$ 的程序。设 a、b 均小于 10 且分别存放于扩展 RAM 的 0300H、0301H 单元，要求运算结果 C 存放于外部 RAM 0302H 单元。

解 本例可利用子程序完成求单字节数据的平方，然后通过调用子程序求出 a^2 和 b^2。参考程序如下：

```
    ；主程序
        ORG     0000H
  START:
        MOV   DPTR，#0300H
        MOVX   A，@DPTR          ；获取 a 的值
        LCALL   SQUARE           ；调用子程序求 a 的平方
        MOV   R1，A              ；将 a² 暂存于 R1 中
        INC   DPTR
        MOVX   A，@DPTR          ；获取 b 的值
        LCALL   SQUARE           ；调用子程序求 b 的平方
        ADD   A，R1              ；A←a²+b²
        INC   DPTR
        MOVX   @DPTR，A          ；存结果
        SJMP   $
    ；子程序
        ORG       2500H
    SQUARE:
        INC   A                  ；表首地址与查表指令相隔 1 字节，故加 1 调整
        MOVC   A，@A+PC          ；使用查表指令求平方
        RET
    TAB:
        DB   0，1，4，9，16，25，36，49，64，81 ；平方表
        END
```

SQUARE 子程序的入口参数和出口参数都是通过累加器 A 进行传递的。

② 利用存储器进行参数传递。当传送的数据量比较大时，可以利用存储器实现参数的

传递。在这种方式中，要事先建立一个参数表，用指针指示参数表所在的位置，也称指针传递。当参数表建立在内部基本 RAM 中时，用 R0 或 R1 作为参数表的指针；当参数表建立在扩展 RAM 中时，用 DPTR 作为参数表的指针。

例 4.36 有两个 32 位无符号数分别存放在以片内基本 RAM 20H 和 30H 为起始地址的存储单元内，低字节在低地址，高字节在高地址。试编制将两个 32 位无符号数相加的结果存放在以扩展 RAM 0020H 为起始地址的存储单元中的程序。

解 入口时，R0、R1、DPTR 分别指向被加数、加数、和的低字节地址，R7 传递运算字节数，出口时，DPTR 指向和的高字节地址。

参考程序如下：

```
;主程序
        ORG     0000H
        MOV   R0,  #20H
        MOV   R1,  #30H
        MOV   DPTR,  #0020H
        MOV   R7,  #04H
        LCALL   ADDITION
        SJMP   $
;子程序
ADDITION:
        CLR   C
ADDITION1:
        MOV   A，@R0                ；取被加数
        ADDC   A，@R1               ；与加数相加
        MOVX   @DPTR，A             ；存和
        INC   R0                    ；修改指针，指向下一位操作数
        INC   R1
        INC   DPTR
        DJNZ   R7，ADDITION1        ；判断运算是否结束
        CLR   A
        ADDC   A,  #00H
        MOVX   @DPTR，A             ；计算与存储最高位的进位位
        RET
        END
```

③ 利用堆栈进行参数传递。利用堆栈进行参数传递是在子程序嵌套中常用的一种方式。在调用子程序前，用 PUSH 指令将子程序中所需数据压入堆栈；在执行子程序时，再用 POP 指令从堆栈中弹出数据。

例 4.37 把内部 RAM 20H 单元中的十六进制数转换为 2 位 ASCII 码，并存放在 R0 指示的连续单元中。

解 参考程序如下：

```
;主程序
        ORG    0000H
        MOV   A,   20H              ；获取转换数据
```

```
        SWAP  A                ; 高4位与低4位对调
        PUSH  ACC              ; 参数（转换数据）入栈
        LCALL  HEX_ASC         ; 调用十六进制转ASCII码子程序
        POP  ACC               ; 获取转换后数据
        MOV  @R0, A            ; 存高位十六进制数转换结果
        INC  R0                ; 修改指针，指向低位十六进制数转换结果存放地址
        PUSH  20H              ; 参数（转换数据）入栈
        LCALL  HEX_ASC         ; 调用十六进制转ASCII码子程序
        POP  ACC               ; 获取转换后数据
        MOV  @R0, A            ; 存低位十六进制数转换结果
        SJMP  $                ; 程序结束
; 子程序
HEX_ASC:
        MOV  R1, SP            ; 获取堆栈指针
        DEC  R1
        DEC  R1                ; R1指向被转换数据
        XCH  A, @R1            ; 获取被转换数据，同时保存累加器A的值
        ANL  A, #0FH           ; 获取1位十六进制数
        ADD  A, #2    ; 偏移量调整，所加值为MOVC指令与下一DB伪指令间字节数
        MOVC  A, @A+PC         ; 查表
        XCH  A, @R1            ; 将结果存入堆栈，同时恢复累加器A中的值
        RET                    ; 子程序返回
; 16位十六进制数码对应的ASCII码
ASC_TAB:
       DB  30H, 31H, 32H, 33H, 34H, 35H, 36H, 37H
       DB  38H, 39H, 41H, 42H, 43H, 44H, 45H, 46H
       END
```

一般来说，当相互传递的数据较少时，利用寄存器进行参数传递可以获得较快的传递速度；当相互传递的数据较多时，宜利用存储器进行参数传递；如果是嵌套子程序，宜利用堆栈进行参数传递。

4.3 基于 Proteus 仿真与 STC 实操 I/O 的逻辑控制

1. 系统功能

用2个按键（或开关）控制4只LED的显示。2个按键对应4种状态，每种状态对应一只点亮的LED。

2. 硬件设计

结合STC15系列单片机的官方学习板，采用SW17、SW18按键，以及LED7、LED8、LED9与LED10。用Proteus绘制的I/O逻辑控制电路图如图4.17所示，其中，LED7、LED8、LED9与LED10分别对应红色LED、黄色LED、蓝色LED、绿色LED。

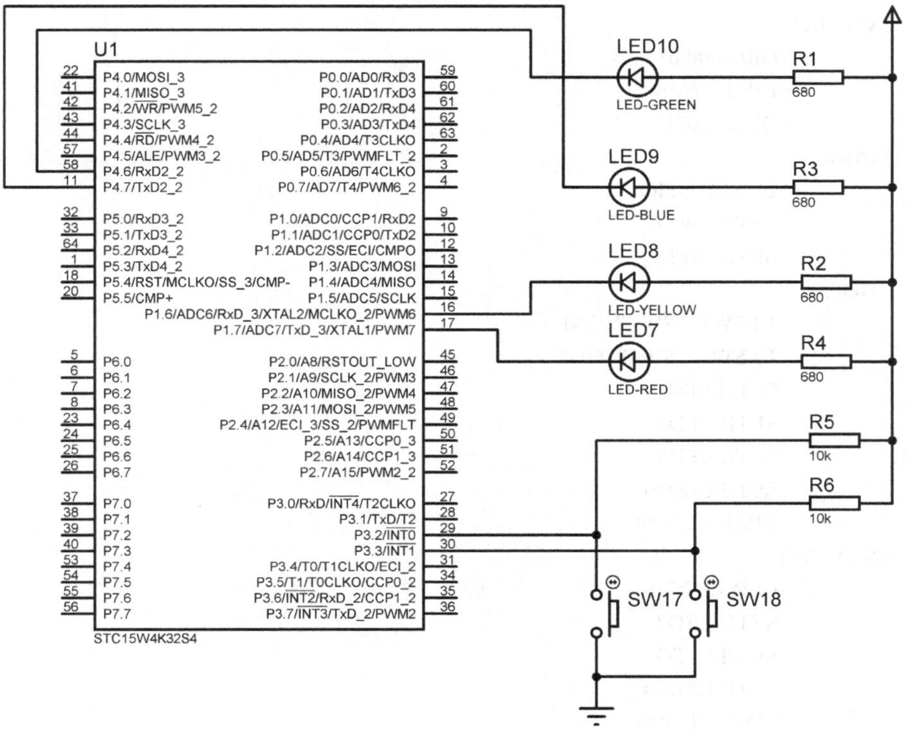

图 4.17　用 Proteus 绘制的 I/O 逻辑控制电路图

3. 程序设计

（1）程序说明。

本系统采用了 STC15 系列单片机的 P4.6 和 P4.7。普通 8051 单片机特殊功能寄存器的地址定义文件（如 reg51、reg52）中不包含 P4 口的相关定义，这里采用 STC15 系列单片机专用的特殊功能寄存器地址定义的头文件 stc15.inc。

本系统采用了 STC15 单片机的 P1.6 和 P1.7，这两个端口与 STC15W 系列单片机的增强型 PWM 输出端口有冲突，在复位后呈高阻状态，为了能正常使用，应将这两个端口设置为准双向口模式。除了 P1.6 和 P1.7，还有其他 I/O 端口与增强型 PWM 输出端口有冲突，而且这些 I/O 端口分散在不同位置。为便于编程，专门编写了一个将所有 I/O 端口设置为准双向口模式的子程序，并将其单独存储成一个.inc 文件，在编程时，只需要将其包含进去并在主程序中调用该子程序即可（LCAA　GPIO）。

（2）参考程序（IO 逻辑控制.asm）。

```
$include(stc15.inc)
LED7 BIT P1.7
LED8 BIT P1.6
LED9 BIT P4.7
LED10 BIT P4.6
SW17 BIT P3.2
```

```
SW18 BIT P3.3
        ORG 0000H
        LJMP MAIN
        ORG 0100H
MAIN:
        LCALL GPIO
        SETB SW17
        SETB SW18
LOOP:
        JB SW17, SW17_ONE
        JB SW18, SW18_ONE
        CLR LED7
        SETB LED8
        SETB LED9
        SETB LED10
        SJMP    LOOP
SW18_ONE:
        CLR LED8
        SETB LED7
        SETB LED9
        SETB LED10
        SJMP    LOOP
SW17_ONE:
        JB SW18, ONE_ONE
        CLR LED9
        SETB LED7
        SETB LED8
        SETB LED10
        SJMP    LOOP
ONE_ONE:
        CLR LED10
        SETB LED7
        SETB LED8
        SETB LED9
        SJMP    LOOP
$include(gpio.inc)
        END
```

4. 系统调试

（1）用 Keil C 集成开发环境编辑、编译与调试用户程序。

① 编辑与编译 IO 逻辑控制.asm 程序，生成机器代码文件，即 IO 逻辑控制.hex。

② 进入调试界面，调出 P1、P3 端口（注意没有 P4 端口），单击全速运行按钮，P3.2/P3.3=0/0 时的运行结果如图 4.18 所示，此时 P1.7 输出低电平。

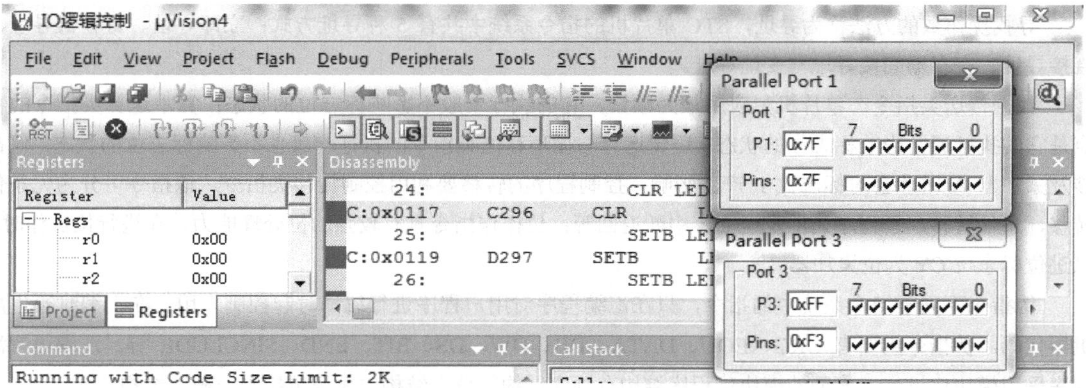

图 4.18 P3.2/P3.3=0/0 时的运行结果

③ 按如表 4.13 所示的内容进行调试。

表 4.13 逻辑控制程序调试表

输入		输出			
SW17（P3.2）	SW18（P3.3）	LED7（P1.7）	LED8（P1.6）	LED9（P4.7）	LED10（P4.6）
0	0				
0	1				
1	0				
1	1				

（2）Proteus 仿真。

① 按图 4.17 绘制电路。

② 将 IO 逻辑控制.hex 程序下载到 STC15W4K32S4 单片机中。

③ 启动仿真，按如表 4.13 所示的内容进行调试与记录。

（3）STC 单片机实操。

① 用 USB 接口连接计算机与 STC15W 系列单片机官方学习板（若非官方学习板，则需要根据实际端口修改程序）。

② 启动 STC-ISP 在线编程软件，将 IO 逻辑控制.hex 程序下载到 STC15W 系列单片机学习板中。

③ 按如表 4.13 所示的内容进行调试与记录。

本 章 小 结

指令系统的功能强弱体现了计算机性能的高低。指令由操作码和操作数组成，操作码用于规定要执行的操作性质；操作数用于为指令的操作提供数据和地址。

STC 单片机的指令系统完全兼容传统 8051 单片机的指令系统，其指令分为数据传送类指令、算术运算类指令、逻辑运算与循环移位类指令、控制转移类指令与位操作类指令，42 种助记符代表了 33 种功能，而指令功能助记符与操作数各种寻址方式的结合构造出了 111 条指令。

寻找操作数的方法称为寻址，STC 单片机的指令系统中共有 5 种寻址方式：立即寻址、寄存器寻址、直接寻址、寄存器间接寻址与变址寻址。

数据传送类指令在单片机中应用最为频繁，它的执行一般不影响标志位的状态；算术运算类指令的特点是它的执行通常影响标志位的状态；逻辑运算与循环移位类指令的执行一般也不影响标志位的状态，仅在涉及累加器 A 时才会对标志位 P 产生影响；控制程序的转移要利用控制转移类指令，该指令可分为无条件转移、条件转移、子程序调用及返回、中断返回等；位操作指令具有较强的位处理能力，在进行位操作时，以进位标志位 CY 为位累加器。

伪指令不同于指令系统中的指令，只在汇编程序对用户程序进行编译时起控制作用，在汇编时不生成机器代码。伪指令主要有 ORG、EQU、DATA、DB、DW、DS、BIT、END、$INCLUDE 等。汇编语言源程序采用模块化设计，典型的模块化程序结构有顺序结构、分支结构、循环结构与子程序结构。

习　题　4

一、填空题

1．STC15W4K32S4 单片机操作数的寻址方式包括立即寻址、________、直接寻址、________和变址寻址 5 种方式。

2．一条指令包括操作码和________两个部分。

3．STC15W4K32S4 单片机指令系统与 8051 单片机指令系统完全兼容，包括________指令、算术运算类指令、________指令、________指令和________指令 5 种类型，42 种指令功能助记符代表________种功能，而指令功能助记符与操作数各种寻址方式的结合共构造出了________条指令。

4．用于设置程序存放首地址的伪指令是________。

5．用于表示汇编语言源程序结束的伪指令是________。

6．用于定义存储字节的伪指令是________。

7．用于定义存储区的伪指令是________。

二、选择题

1．累加器与扩展 RAM 进行数据传送，采用的指令助记符是________。

A．MOV　　B．MOVX　　C．MOVC

2．对于高 128 字节，访问时采用的寻址方式是________。

A．直接寻址　　B．寄存器间接寻址

C．变址寻址　　D．立即寻址

3．对于特殊功能寄存器，访问时采用的寻址方式是________。

A．直接寻址　　B．寄存器间接寻址

C．变址寻址　　D．立即寻址

4．对于程序存储器，访问时采用的寻址方式是________。

A．直接寻址　　B．寄存器间接寻址

C．变址寻址　　D．立即寻址

三、判断题

1．堆栈入栈操作源操作数的寻址方式是直接寻址。（　　）
2．堆栈出栈操作源操作数的寻址方式是直接寻址。（　　）
3．堆栈数据的存储规则是先进先出，后进后出。（　　）
4．“MOV A, #55H”的指令字节数是 3。（　　）
5．“PUSH B”的指令字节数是 1。（　　）
6．DPTR 数据指针的减 1 操作可用“DEC DPTR”指令实现。（　　）
7．“INC direct”指令的执行对 PSW 标志位有影响。（　　）
8．“POP　ACC”的指令字节数是 1。（　　）

四、问答题

1．简述 STC15W4K32S4 单片机寻址方式与寻址空间的关系。
2．简述长转移、短转移、相对转移指令的区别。
3．简述利用间接转移指令实现多分支转移的方法。
4．简述转移指令与调用指令之间的相同点与不同点。
5．简述“RET”与“RETI”指令的区别。
6．简述“MOVC A,@a+PC”与“MOVC A,@A+DPTR”指令各自的访问空间。

五、指令分析题

（建议先分析各段程序，判断程序运行结果，然后利用 Keil 集成开发环境编辑、编译与调试如下各段程序，验证程序结果。）

1．执行如下三条指令后，30H 单元的内容是多少？

```
MOV    R1，＃30H
MOV    40H，#0EH
MOV    @R1，40H
```

2．设内部基本 RAM(30H)=5AH，(5AH)=40H，(40H)=00H，P1 端口输入数据为 7FH，问执行下列指令后，各存储单元（即 R0，R1，A，B，P1，30H，40H 及 5AH）的内容如何？

```
MOV    R0，#30H
MOV    A，@R0
MOV    R1，A
MOV    B，R1
MOV    @R1，P1
MOV    A，P1
MOV    40H，#20H
MOV    30H，40H
```

3．执行下列指令后，各存储单元（即 A，B， 30H，R0）的内容如何？

```
MOV  A，  #30H
```

```
MOV   B, #0AFH
MOV   R0, #31H
MOV   30H, #87H
XCH   A, R0
XCHD  A, @R0
XCH   A, B
SWAP  A
```

4．执行下列指令后，A、B 和 SP 的内容分别为多少？

```
MOV   SP, #5FH
MOV   A, #54H
MOV   B, #78H
PUSH  ACC
PUSH  B
MOV   A, B
MOV   B, #00H
POP   ACC
POP   B
```

5．分析执行下列指令序列后各寄存器及存储单元的结果。

```
MOV   34H, #10H
MOV   R0, #13H
MOV   A, 34H
ADD   A, R0
MOV   R1, #34H
ADD   A, @R1
```

6．若(A)=25H，(R0)=33H，(33H)=20H，则执行下列指令后，33H 单元的内容是多少？

```
CLR   C
ADDC  A, #60H
MOV   20H, @R0
ADDC  A, 20H
MOV   33H, A
```

7．分析下列程序段的运行结果。若将“DA　A”指令取消，则结果会有什么不同？

```
MOV   30H, #89H
MOV   A, 30H
ADD   A, #11H
DA    A
MOV   30H, A
```

8．分析执行下列各条指令后的结果。

指令助记符	结果
MOV 20H，#25H ；	________________

```
MOV   A，#43H          ；________________
MOV   R0，#20H         ；________________
MOV   R2，#4BH         ；________________
ANL   A，R2            ；________________
ORL   A，@R0           ；________________
SWAP  A                ；________________
CPL   A                ；________________
XRL   A，#0FH          ；________________
ORL   20H，A           ；________________
```

9．分析如下指令，判断指令执行后 PC 值为多少。

```
（1）2000H：LJMP 3000H    ；   (PC)=_______
（2）1000H：SJMP 20H      ；   (PC)=_______
```

10．分析如下程序段，判断程序执行后 PC 值为多少。

```
（1）ORG    1000H
     MOV    DPTR,  #2000H
     MOV    A,  #22H
     JMP    @A+DPTR        ；  (PC)=_______
（2）ORG    0000H
     MOV    R1,  #33H
     MOV    A,  R1
     CJNE   A,  #20H,  L1  ；  (PC)=________
     MOV    70H,  A
     SJMP   L2             ；  (PC)= ________
     L1：
     MOV    71H,  A
     L2：
     ……
```

11．若(CY)=1，P1 口输入数据为 10100011B，P3 口输入数据为 01101100B。试指出执行下列程序后，CY、Pl 口及 P3 口内容的变化情况。

```
MOV   Pl.3，  C
MOV   Pl.4，  C
MOV   C，     Pl.6
MOV   P3 .6，C
MOV   C，     P1.2
MOV   P3.5，  C
```

六、程序设计题

（建议利用 Keil C 集成开发环境编辑、编译与调试自己编写的程序，验证程序是否正确。）

1．编写程序段，实现如下功能。

（1）将 R1 中的数据传送到 R3。

（2）将基本 RAM 30H 单元的数据传送到 R0。

（3）将扩展 RAM 0100H 单元的数据传送到基本 RAM 20H 单元。

（4）将程序存储器 0200H 单元的数据传送到基本 RAM 20H 单元。

（5）将程序存储器 0200H 单元的数据传送到扩展 RAM 0030H 单元。

（6）将程序存储器 2000H 单元的数据传送到扩展 RAM 0300H 单元。

（7）将扩展 RAM 0200H 单元的数据传送到扩展 RAM 0201H 单元

（8）将片内基本 RAM 50H 单元的数据与 51H 单元中的数据进行交换。

2．编写程序，实现 16 位无符号数加法，两数分别存放在 R0R1、R2R3 寄存器中，其和存放在 30H、31H 和 32H 单元，低 8 位先存放，即

$$(R0)(R1)+(R2)(R3)\rightarrow(32H)(31H)(30H)$$

3．编写程序，将片内基本 RAM 30H 单元的数据与 31H 单元的数据相乘，乘积的低 8 位送至 32H 单元，高 8 位送 P2 口输出。

4．编写程序，将片内基本 RAM 40H 单元的数据除以 41H 单元的数据，商送至 P1 口输出，余数送至 P2 口输出。

5．试用位操作类指令实现下列逻辑操作。要求不得改变未涉及位的内容。

（1）使 ACC.1、ACC.2 置位。

（2）清除累加器的高 4 位。

（3）使 ACC.3、ACC.4 取反。

6．试编程实现十进制数加 1 功能。

7．试编程实现十进制数减 1 功能。

第 5 章　C51 程序设计与 I/O 操作

与汇编语言程序相比，用高级语言程序对系统硬件资源进行分配更简单。高级语言程序的阅读、修改及移植比较容易，适用于编写规模较大，尤其是运算量较大的程序。

C51 是在 ANSI C 基础上，根据 8051 单片机特性开发的专门用于 8051 单片机及 8051 兼容单片机的编程语言。相比于汇编语言，C51 在功能、结构、可读性、可移植性、可维护性方面，都有非常明显的优势。目前，比较先进、功能很强大、国内用户很多的 C51 编译器是 Keil Software 公司推出的 Keil C51 编译器，一般所说的 C51 编译器就是 Keil C51 编译器。

C 语言程序设计是普通高等学校理工科专业学生的必修课程，很多同学在学习单片机时已有良好的 C 语言程序设计基础，有关 C 语言程序设计的基础内容，此处不再赘述，下面结合 8051 单片机的特点，针对 C51 的一些新增特性介绍 C51 程序设计方法。

5.1　C51 基础

标识符是用来标识源程序中某个对象的名字的，这些对象可以是语句、数据类型、函数、变量、常量、数组等。

标识符由字符串、数字和下画线组成，第一个字符必须是字母或下画线，通常以下画线开头的标识符是编译系统专用的，因此在编写 C 语言源程序时一般不使用以下画线开头的标识符，而将下画线用作分段符。由于 C51 编译器在编译时只编译标识符的前 32 个字符，因此在编写源程序时，标识符的长度不能超过 32 个字符。在 C 语言源程序中，字母是区分大小写的。

关键字是编程语言保留的特殊标识符，也称保留字，它们具有固定名称和含义。在 C 语言的程序编写过程中，不允许标识符与关键字相同。ANSI C 一共规定了 32 个关键字，如表 5.1 所示。

表 5.1　ANSI C 规定的关键字

关键字	类型	作用
auto	存储种类说明	用于说明局部变量，默认值为 auto
break	程序语句	退出最内层循环体
case	程序语句	switch 语句中的选择项
char	数据类型说明	单字节整型数据或字符型数据
const	存储类型说明	在程序执行过程中不可更改的常量值
continue	程序语句	转向下一次循环

续表

关键字	类型	作用
default	程序语句	switch 语句中的失败选项
do	程序语句	构成 do…while 循环结构
double	数据类型说明	双精度浮点数
else	程序语句	构成 if…else 选择结构
enum	数据类型说明	枚举
extern	存储种类说明	表示变量或函数的定义在其他程序文件中
float	数据类型说明	单精度浮点数
for	程序语句	构成 for 循环结构
goto	程序语句	构成 goto 循环结构
if	程序语句	构成 if…else 选择结构
int	数据类型说明	基本整型数据
long	数据类型说明	长整型数据
register	存储种类说明	使用 CPU 内部寄存器变量
return	程序语句	函数返回
short	数据类型说明	短整型数据
signed	数据类型说明	有符号数据
sizeof	运算符	计算表达式或数据类型的字节数
static	存储种类说明	静态变量
struct	数据类型说明	结构类型数据
switch	程序语句	构成 switch 选择结构
typedef	数据类型说明	重新定义数据类型
union	数据类型说明	联合类型数据
unsigned	数据类型说明	无符号数据
void	数据类型说明	无类型数据
volatile	数据类型说明	该变量在程序执行过程中可被隐含地改变
while	程序语句	构成 while 和 do…while 循环结构

C51 编译器的关键字除了有 ANSI C 标准规定的 32 个关键字，还根据 8051 单片机的特点扩展了相关的关键字。在 Keil C 集成开发环境的文本编辑器中编写 C 语言程序，系统可以用不同颜色表示关键字，默认颜色为蓝色。C51 编译器扩展的关键字如表 5.2 所示。

表 5.2　C51 编译器扩展的关键字

关键字	类型	作用
bit	位标量声明	声明一个位标量或位类型的函数
sbit	可寻址位声明	定义一个可位寻址变量地址
sfr	特殊功能寄存器声明	定义一个特殊功能寄存器（8 位）地址

续表

关键字	类型	作用
sfr16	特殊功能寄存器声明	定义一个 16 位的特殊功能寄存器地址
data	存储器类型说明	直接寻址的 8051 单片机内部数据存储器
bdata	存储器类型说明	可位寻址的 8051 单片机内部数据存储器
idata	存储器类型说明	间接寻址的 8051 单片机内部数据存储器
pdata	存储器类型说明	“分页”寻址的 8051 单片机外部数据存储器
xdata	存储器类型说明	8051 单片机的外部数据存储器
code	存储器类型说明	8051 单片机程序存储器
interrupt	中断函数声明	定义一个中断函数
reetrant	再入函数声明	定义一个再入函数
using	寄存器组定义	定义 8051 单片机使用的工作寄存器组
small	变量的存储模式	所有未指明存储区域的变量都存储在 data 区域
large	变量的存储模式	所有未指明存储区域的变量都存储在 xdata 区域
compact	变量的存储模式	所有未指明存储区域的变量都存储在 pdata 区域
_at_	地址定义	定义变量的绝对地址
far	存储器类型说明	用于某些单片机扩展 RAM 的访问
alicn	函数外部声明	C 语言函数调用 PL/M-51，必须先用 alicn 声明
task	支持 RTX51	指定一个函数是一个实时任务
priority	支持 RTX51	指定任务的优先级

5.1.1 C51 数据类型

C 语言的数据结构是由数据类型决定的，数据类型可分为基本数据类型和复杂数据类型，而复杂数据类型是由基本数据类型构造而成的。

C 语言的基本数据类型：char、int、short、long、float、double 等。

1．C51 编译器支持的数据类型

对于 C51 编译器，short 型数据与 int 型数据相同，double 型数据与 float 型数据相同。C51 编译器支持的数据类型如表 5.3 所示。

表 5.3 C51 编译器支持的数据类型

数据类型	长度	值域
unsigned char	1 字节	0～255
signed char	1 字节	-128～＋127
unsigned int	2 字节	0～65535
signed int	2 字节	-32768～＋32767
unsigned long	4 字节	0～4294967295
signed long	4 字节	-2147483648～＋2147483647
float	4 字节	±1.175494E-38～±3.402823E+38
*	1～3 字节	对象的地址
bit	位	0 或 1
sfr	1 字节	0～255
sfr16	2 字节	0～65535
sbit	位	0 或 1

2．数据类型分析

（1）char（字符）型数据。

char 型数据有 unsigned char 型数据和 signed char 型数据之分，默认为 signed char 型数据，长度为 1 字节，用于存放 1 字节数据。signed char 型数据的字节的最高位表示该数据的符号，“0”表示正数，“1”表示负数，数据格式为补码形式，所能表示的数值范围为-128～＋127；而 unsigned char 型数据是无符号字符型数据，所能表示的数值范围为 0～255。

（2）int（整）型数据。

int 型数据有 unsigned int 型数据和 signed int 型数据之分，默认为 signed int 型数据，长度为 2 字节，用于存放双字节数据。signed int 型数据是有符号整型数据；unsigned int 型数据是无符号整型数据。

（3）long（长整）型数据。

long 型数据有 unsigned long 型数据和 signed long 型数据之分，默认为 signed long 型数据，长度为 4 字节。signed long 型数据是有符号长整型数据，unsigned long 型数据是无符号长整型数据。

（4）float（浮点）型数据。

float 型数据是符合 IEEE-754 标准的单精度浮点型数据。float 型数据占用 4 字节（32 位二进制数），其存放格式如下。

字节（偏移）地址	＋3	＋2	＋1	＋0
浮点数内容	SEEEEEEE	EMMMMMMM	MMMMMMMM	MMMMMMMM

其中，S 为符号位，存放在最高字节的最高位。“1”表示负，“0”表示正。

E 是阶码，占用 8 位二进制数，E 值是以 2 为底的指数加上偏移量 127，这样处理的目的是避免出现负阶码，而指数是可正可负的。阶码 E 的正常取值范围为 1～254，而实际指数的取值范围为-126～＋127

M 是尾数的小数部分，用 23 位二进制数表示。尾数的整数部分永远为 1，因此不予保存，但它是隐含存在的。小数点位于隐含的整数位 1 的后面，一个浮点数的数值表示为$(-1)^S\times 2^{E-127}\times(1.M)$。

（5）指针型数据。

指针型数据不同于以上 4 种基本类型数据，它本身是一个指针变量。但在这个变量中存放的不是普通的数据，而是指向另一个数据的地址。指针变量也要占据一定的内存单元，在 C51 编译器中，指针变量的长度一般为 1～3 字节。指针变量也具有类型，其表示方法是在指针符号（*）的前面冠以数据类型符号，如 char *point。指针变量的类型表示该指针指向地址中的数据的类型。

（6）bit（位标量）。

bit 是 C51 编译器的一种扩充数据类型，用来定义位标量。

（7）sfr（定义特殊功能寄存器）。

sfr 是 C51 编译器的一种扩充数据类型，利用它可以访问 8051 单片机内部的所有特殊功能寄存器。sfr 占用一个内存单元，取值范围为 0～255。

① sfr16（定义 16 位特殊功能寄存器）。sfr16 占用两个内存单元，取值范围为 0～65535。

② sbit（定义可寻址位）。sbit 也是 C51 编译器的一种扩充数据类型，利用它可以访问 8051 单片机内部 RAM 中的可寻址位地址和特殊功能寄存器的可寻址位地址。

3．选择变量的数据类型

选择变量的数据类型的基本原则如下。

① 若能预算出变量的变化范围，则可以根据变量长度来选择变量的类型，应尽量减少变量的长度。

② 如果程序中不需要使用负数，那么选择无符号数类型的变量。

③ 如果程序中不需要使用浮点数，那么要避免使用浮点数变量。

4．数据类型之间的转换

在 C 语言程序的表达式或变量的赋值运算中，有时会出现运算对象的数据类型不同的情况，C 语言程序允许运算对象在标准数据类型之间进行隐式转换，隐式转换按以下优先级别（由低到高）自动进行：bit→char→int→long→float→signed→unsigned。

一般来说，如果几种不同类型的数据同时参与运算，应先将低级别数据类型的数据转换成高级别数据类型的数据，再进行运算处理，且运算结果为高级别数据类型数据。

5.1.2 C51 的变量

在使用一个变量或常量之前，必须先对该变量或常量进行定义，指出它的数据类型和存储器类型，以便编译系统为它们分配相应的存储单元。

在 C51 中对变量的定义格式如下。

存储种类	数据类型	存储器类型	变量名表
auto	int	data	x
	char	code	y=0x22

在第 1 行中，变量 x 的存储种类、数据类型、存储器类型分别为 auto、int、data。在第 2 行中，变量 y 只定义了数据类型和存储器类型，未直接给出存储种类。在实际应用中，存储种类和存储器类型是可以选择的，默认的存储种类是 auto；若省略存储器类型，则按 C51 编译器编译模式 small、compact、large 所规定的默认存储器类型来确定存储器的存储区域。C 语言允许在定义变量的同时为变量赋初值，如在第 2 行中对变量赋值。

1．变量的存储种类

变量的存储种类有 4 种，分别为 auto（自动）、extern（外部）、static（静态）、register（寄存器）。

2．变量的存储器类型

C51 编译器完全支持 8051 单片机的硬件结构，也可以访问其硬件系统的各个部分，对于各个变量可以准确地赋予其存储器类型，使之能够在单片机内准确定位。C51 编译器支持的存储器类型如表 5.4 所示。

表 5.4 C51 编译器支持的存储器类型

存储器类型	说明
data	变量分配在低 128 字节，采用直接寻址方式，访问速度最快
bdata	变量分配在 20H～2FH，采用直接寻址方式，允许位或字节访问
idata	变量分配在低 128 字节或高 128 字节，采用间接寻址方式
pdata	变量分配在 XRAM，分页访问外部数据存储器（256 字节），使用 MOVX @R*i* 指令访问
xdata	变量分配在 XRAM，访问全部外部数据存储器（64 千字节），使用 MOVX @DPTR 指令访问
code	变量分配在程序存储器（64 千字节），使用 MOVC A, @A+ DPTR 指令访问

3．C51 编译器的编译模式与默认存储器类型

（1）small 编译模式。

在 small 编译模式下，变量被定义在 8051 单片机的内部数据存储器低 128 字节区，即默认存储器类型为 data，因此对该变量的访问速度最快。另外，所有的对象，包括堆栈，都必须嵌入内部数据存储器。

（2）compact 编译模式。

在 compact 编译模式下，变量被定义在外部数据存储区，即默认存储器类型为 pdata，外部数据段长度可达 256 字节。这时对变量的访问是通过寄存器间接寻址（MOVX @R*i*）来实现的。在采用这种模式进行编译时，变量的高 8 位地址由 P2 口确定。因此，在采用这种模式的同时，必须适当改变启动程序 STARTUP.A51 中的参数：pdatastart 和 pdatalen，用 L51 进行连接时还必须采用控制命令 pdata 对 P2 口地址进行定位，这样才能确保 P2 口为所需要的高 8 位地址。

（3）large 编译模式。

在 large 编译模式下，变量被定义在外部数据存储区，即默认存储器类型为 xdata，使用数据指针 DPTR 进行访问。这种访问数据的方法效率不高，尤其对于 2 字节或多字节的变量，这种数据访问方法对程序的代码长度影响非常大。此外，在采用这种数据访问方法时，数据指针不能对称操作。

5.1.3 8051 单片机特殊功能寄存器变量的定义

传统的 8051 单片机有 21 个特殊功能寄存器，它们离散地分布在片内 RAM 的高 128 字节中。为了能直接访问这些特殊功能寄存器，C51 编译器扩充了关键字 sfr 和 bit，利用这些关键字可以在 C 语言源程序中直接对特殊功能寄存器进行地址定义。

1．8 位地址特殊功能寄存器变量的定义

定义格式：

```
sfr  特殊功能寄存器名=特殊功能寄存器的地址常数 ;
```

例如：

```
sfr  P0 = 0x80 ;     //定义特殊功能寄存器 P0 口的地址为 80H
```

需要注意的是，特殊功能寄存器变量定义中的赋值与普通变量定义中的赋值，其意义是不一样的。在特殊功能寄存器变量的定义中必须赋值，用于定义特殊功能寄存器名称所对应的地址（分配存储地址）；而普通变量定义中的赋值是可选的，是对变量存储单元进行赋值。

例如：

```
unsigned int    i = 0x22 ;
```

此语句为定义 i 为整型变量，同时对 i 进行赋值，i 的内容为 22H。

C51 编译器包含了对 8051 单片机各特殊功能寄存器变量定义的头文件 reg51.h，在进行程序设计时利用包含指令将头文件 reg51.h 包含进来即可。但对于增强型 8051 单片机，新增特殊功能寄存器需要重新定义。例如：

```
sfr   AUXR=0x8E ;      //定义 STC15W4K32S4 单片机特殊功能寄存器 AUXR 的地址为 8EH
```

2．16 位特殊功能寄存器变量的定义

在新一代的增强型 8051 单片机中，经常将 2 个特殊功能寄存器组合成 1 个 16 位特殊功能寄存器使用。为了有效地访问这种 16 位的特殊功能寄存器，可采用 sfr16 关键字进行定义。

3．特殊功能寄存器中位变量的定义

在 8051 单片机编程中，需要经常访问特殊功能寄存器中的某些位，为此，C51 编译器提供了 sbit 关键字，利用 sbit 关键字可以对特殊功能寄存器中的可位寻址变量进行定义，定义方法有如下 3 种。

（1）sbit 位变量名=位地址。这种方法将位的绝对地址赋给位变量，位的绝对地址必须位于 80H～FFH。例如：

```
sbit   OV = 0xD2 ;        //定义位变量 OV（溢出标志位），其位地址为 D2H
sbit   CY = 0xD7;         //定义位变量 CY（进位位），其位地址为 D7H
sbit   RSPIN= 0x80;       //定义位变量 RSPIN，其位地址为 80H
```

（2）sbit 位变量名=特殊功能寄存器名^位位置。这种方法适用于已定义的特殊功能寄存器中的位变量，位位置值为 0～7。例如：

```
sbit   OV= PSW^2 ;        //定义位变量 OV（溢出标志位），它是特殊功能寄存器的第 2 位
sbit   CY= PSW^7 ;        //定义位变量 CY（进位位），它是特殊功能寄存器的第 7 位
sbit   RSPIN = P0^0;      //定义位变量 RSPIN，它是 P0 口的第 0 位
```

（3）sbit 位变量名=字节地址^位位置。这种方法将特殊功能寄存器的地址作为基址，其字节地址是 80H～FFH，位位置值为 0～7。例如：

```
//定义位变量 OV（溢出标志位），直接指明了特殊功能寄存器的地址，它是 0xD0 地址单元的第 2 位
sbit   OV = 0xD0^2 ;
//定义位变量 CY（进位位），直接指明了特殊功能寄存器的地址，它是 0xD0 地址单元第 7 位
sbit   CY = 0xD0^7 ;
```

```
//定义位变量 RSPIN，直接指明了 P0 口的地址为 80H，它是 80H 的第 0 位
sbit   RSPIN = 0x80^0;
```

说明：可利用 STC-ISP 在线编程软件为 Keil C 集成开发环境添加 STC 单片机的头文件。例如，STC15 系列单片机的头文件是 stc15.h，在编写程序时，只需要使用包含命令（#include）将 stc15.h 包含进来，STC15 系列单片机的所有特殊功能寄存器名称及可寻址位名称就可以直接使用了。

5.1.4　8051 单片机位寻址区（20H～2FH）位变量的定义

当位对象位于 8051 单片机内部存储器的可寻址区 bdata 时，称其为可位寻址对象。C51 编译器在编译时会将可位寻址对象放入 8051 单片机内部可位寻址区。

1．定义位寻址区变量

定义位寻址区变量示例如下。

```
//定义变量 my_y 的存储器类型为 bdata，在分配内存时，会自动将其分配到位寻址区，并对其赋
//值 20H
unsigned int   bdata   my_y = 0x20 ;
```

2．定义位寻址区位变量

sbit 关键字可以定义可位寻址对象中的某一位。例如：

```
sbit   my_ybit0 = my_y^0 ;          //定义位变量 my_y 的第 0 位地址为变量 my_ybit0
sbit   my_ybit15 = my_y^15 ;        //定义位变量 my_y 的第 15 位地址为变量 my_ybit15
```

操作符后面的位位置的取值范围取决于指定基址的数据类型，char 型数据的取值范围是 0～7；int 型数据的取值范围是 0～15；long 型数据的取值范围是 0～31。

5.1.5　函数的定位

1．指定工作寄存器区

当需要指定函数使用的工作寄存器区时，在关键字 using 后跟一个 0～3 的数，该数对应的是工作寄存器组 0～3。例如：

```
unsigned char GetKey(void) using 2
{
    ……              //用户代码区
}
```

在上述代码中，using 后面的数字是 2，说明使用工作寄存器组 2，R0～R7 对应地址为 10H～17H。

2. 指定存储模式

用户可以使用 small、compact 及 large 说明存储模式。例如：

```
void   OutBCD(void)   small{}
```

在上述代码中，small 可以指定函数内部变量全部使用内部 RAM。关键的、经常性的、耗时的地方可以这样声明，以提高程序运行速度。

5.1.6 中断服务函数

1. 中断服务函数的定义

中断服务函数定义的一般形式：

```
函数类型 函数名（形式参数表）［interrupt n］ ［using m］
```

其中，关键字 interrupt 后面的 n 是中断号，n 的取值范围为 0～31。编译器在 $8n+3$ 处产生中断向量，具体的中断号 n 和中断向量取决于单片机芯片型号。

关键字 using 用于选择工作寄存器组，m 为对应的寄存器组号，m 的取值范围为 0～3，对应 8051 单片机的 0～3 寄存器组。

2. 8051 单片机中断源的中断号与中断向量

8051 单片机中断源的中断号与中断向量如表 5.5 所示。

表 5.5　8051 单片机中断源的中断号与中断向量

中断源	中断号	中断向量
外部中断 0	0	0003H
定时/计数器中断 0	1	000BH
外部中断 1	2	0013H
定时/计数器中断 1	3	001BH
串行通信端口中断	4	0023H

注：STC15W4K32S4 单片机有很多中断源，各中断源的中断号及中断向量地址详见第 8 章。

3. 中断服务函数的编写规则

① 中断服务函数不能进行参数传递，若中断服务函数中包含参数声明将导致编译出错。

② 中断服务函数没有返回值，用其定义返回值将得到不正确的结果。因此，在定义中断服务函数时最好将其定义为 void 类型，以说明没有返回值。

③ 在任何情况下都不能直接调用中断服务函数，否则会产生编译错误。这是因为中断服务函数的返回是由 RETI 指令完成的，RETI 指令会影响 8051 单片机的硬件中断系统。

④ 如果中断服务函数中涉及浮点运算，那么必须保存浮点寄存器的状态；当没有其他程序执行浮点运算时，可以不保存浮点寄存器的状态。

⑤ 如果在中断服务函数中调用了其他函数，那么被调用函数所使用的寄存器组必须与中断服务函数使用的寄存器组相同。用户必须按要求使用相同的寄存器组，否则会产生错误的结果。如果在定义中断服务函数时没有使用 using 选项，那么由编译器选择一个寄存器组作为绝对寄存器组进行访问。

5.1.7 函数的递归调用与再入函数

C 语言允许在调用一个函数的过程中，直接或间接地调用该函数本身，这称为函数的递归调用。递归调用可以使程序更简洁，代码更紧凑，但会使程序运行速度变慢，并且会占用较大的堆栈空间。

C51 采用一个扩展关键字 reentrant 作为定义函数的选项，从而构造出再入函数，使其在函数体内可以直接或间接地调用自身函数，实现递归调用。当需要将一个函数定义为再入函数时，只需要在函数名称后面加上关键字 reentrant 即可，格式如下。

```
函数类型 函数名（形式参数表）［reentrant］
```

C51 对再入函数有如下规定。

① 再入函数不能传送 bit 类型的参数，也不能定义一个局部位标量。换言之，再入函数不能进行位操作也不能定义 8051 单片机的可位寻址区。

② 在编译时，在存储器模式的基础上在内部或外部存储器中为再入函数建立一个模拟堆栈区，称为再入栈。再入函数的局部变量及参数被放在再入栈中，从而使再入函数可以进行递归调用。而非再入函数的局部变量被放在再入栈之外的暂存区内，如果对非再入函数进行递归调用，那么上次调用时使用的局部变量数据将被覆盖。

③ 在参数的传递过程中，实际参数可以传递给间接调用的再入函数。无再入属性的间接调用函数虽然不能包含调用参数，但是可以通过定义全局变量进行参数传递。

5.1.8 在 C51 中嵌入汇编语言程序

在对硬件进行操作时，或者在一些对时钟要求很严格的场合，可以用汇编语言来编写部分程序，以使控制更直接，时序更准确。

（1）在 C 程序文件中以如下方式嵌入汇编语言程序。

```
#pragma   ASM
    …     ；嵌入的汇编语言代码
    …     ；
#pragma   END ASM
```

（2）在 C51 编译器“Project”窗口中包含汇编代码的 C 文件上右击，选择“Options for”选项，单击右边的“Generate Assembler SRC File”选项并选择“Assemble SRC File”选项，使检查框由灰色（无效）变成黑色（有效）。

（3）根据选择的编译模式，把相应的库文件（如在 Small 模式下，库文件目录是 KEIL\C51\LIB\C51S.LIB）加入工程中，该文件必须作为工程的最后文件。

（4）编译，即可生成目标代码。

这样，在“ASM”和“END ASM”中的代码将被复制到输出的 SRC 文件中，然后由该文件编译并和其他的目标文件连接，产生最后的可执行文件。

5.2 C51 程序设计

5.2.1 C51 程序框架

C51 程序的基本组成部分包括预处理、全局变量定义与函数声明、主函数、子函数与中断服务函数。

1．预处理

预处理是指编译器在对 C 语言源程序进行正常编译之前，先对一些特殊的预处理命令进行解释，产生一个新的源程序。预处理主要是为程序调试、程序移植提供便利。

在 C 语言源程序中，为了区分预处理指令和一般的 C 语言语句，所有预处理指令行都以符号“#”开头，并且结尾不用分号。预处理指令可以出现在程序的任何位置，但习惯上尽可能地写在 C 语言源程序的开头，其作用范围从其出现的位置到文件末尾。

C 语言提供的预处理指令主要包括文件包含、宏定义和条件编译。

（1）文件包含。

文件包含是指一个源程序文件可以包含另外一个源程序文件的全部内容。文件包含不仅可以包含头文件，如 #include < REG51.H>；还可以包含用户自己编写的源程序文件，如 #include MY__PROC.C。

在 C51 文件中必须包含有关 8051 单片机特殊功能寄存器地址及位地址定义的头文件，如 #include < REG51.H>。对于增强型 8051 单片机，可以采用传统 8051 单片机的头文件，然后用 sfr、sfr16、sbit 对新增特殊功能寄存器和可寻址位进行定义；也可以将用 sfr、sfr16、sbit 对新增特殊功能寄存器和可寻址位进行定义的指令添加到 REG51.H 头文件中，形成增强型 8051 单片机的头文件，在进行预处理时，将 REG51.H 换成增强型 8051 单片机的头文件即可。

提示：STC-ISP 在线编程软件中有 STC 单片机头文件生成工具，只需要选择好所使用单片机的系列，就能自动生成该系列单片机的头文件，对其进行保存即可，详见附录 D。

C51 编译器中有许多库函数，这些库函数往往是极常用的、高水平的、经过反复验证过的，所以应尽量直接调用，以减少程序编写的工作量并减小出错概率。为了直接使用库函数，一般应在程序的开始处用预处理指令（#include*）将有关函数说明的头文件包含进来，这样就不用进行另外说明了。C51 常用库函数如表 5.6 所示。

表 5.6　C51 常用库函数

头文件名称	函数类型	头文件名称	函数类型
CTYPL .H	字符函数	ABSACC.H	绝对地址访问函数
STDIO.H	一般 I/O 函数	INTRINS.H	内部函数
STRING.H	字符串函数	STDARG.H	变量参数表
STDLIB.H	标准函数	SETJMP.H	全程跳转
MATH.H	数学函数		

① 文件包含预处理命令的一般格式为#include <文件名>或# include "文件名"，这两种格式的区别是，前一种格式的文件名称是用尖括号括起来的，系统会在包含 C 语言库函数的头文件所在的目录（通常是 keil 目录中的 include 子目录）中寻找文件；后一种格式的文件名称是用双引号括起来的，系统先在当前目录下寻找，若找不到，再到其他目录中寻找。

② 在使用文件包含时，应注意如下事项。

- 一个#include 指令只能指定一个被包含的文件。
- 如果文件 1 包含了文件 2，而文件 2 要用到文件 3 的内容，则需要在文件 1 中用两个#include 指令分别包含文件 2 和文件 3，并且对文件 3 的包含指令要写在对文件 2 的包含指令之前，即在 file1.c 中定义：

```
# include＜file3.c＞
# include＜file2.c＞
```

- 文件包含可以嵌套。一个被包含的文件可以包含另一个被包含文件。文件包含为多个源程序文件的组装提供了一种方法。在编写程序时，习惯上将公共的符号常量定义、数据类型定义和 extern 类型的全局变量说明构成一个源文件，并将“.H”作为文件名的后缀。如果其他文件用到这些说明，只要包含该文件即可，无须重新说明，从而减少了工作量。这样编程使得各源程序文件中的数据结构、符号常量及全局变量形式统一，便于对程序进行修改和调试。

（2）宏定义。

宏定义分为带参数的宏定义和不带参数的宏定义。

① 不带参数的宏定义的一般格式：

```
#define 标识符　字符串
```

上述指令的作用是在预处理时，将 C 语言源程序中所有标识符替换成字符串。例如：

```
# define   PI   3.148                //PI 即 3.148
# define uchar   unsigned char       //在定义数据类型时，uchar 等效于 unsigned   char
```

当需要修改某元素时，直接修改宏定义即可，无须对程序中所有出现该元素的地方一一进行修改。所以，宏定义不仅提高了程序的可读性，便于调试，同时方便了程序的移植。

在使用不带参数的宏定义时，要注意以下几个问题。

- 宏定义名称一般用大写字母，以便与变量名称区别。用小写字母也不为错。
- 在预处理中，宏定义名称与字符串进行替换时，不进行语法检查，只进行简单的字符替换，只有在编译时才对已经展开宏定义名称的 C 语言源程序进行语法检查。
- 宏定义名称的有效范围是从定义位置到文件结束。如果需要终止宏定义的作用域，则可以用#undef 指令。例如：

```
# undef   PI  //该语句之后的 PI 不再代表 3.148，这样可以灵活控制宏定义的范围
```

- 在进行宏定义时可以引用已经定义的宏定义名称。例如：

```
# define   X   2.0
```

```
#define  PI  3.14
#define  ALL  PI*X
```

● 对程序中用双引号括起来的字符串内的字符，不进行宏定义替换操作。

② 带参数的宏定义。为了进一步扩大宏定义的应用范围，还可以进行带参数的宏定义。带参数的宏定义的一般格式：

```
#define  标识符（参数表）  字符串
```

上述指令的作用是在预处理时，将 C 语言源程序中所有标识符替换成字符串，并将字符串中的参数用实际使用的参数替换。例如：

```
# define  S(a, b)  (a*b) / 2
```

上述指令表示若程序中使用了 S(3, 4)，则在编译预处理时将其替换为(3*4) / 2。

（3）条件编译。

条件编译指令允许对程序中的内容选择性地编译，即可以根据一定条件选择是否进行编译。条件编译指令主要有以下几种形式。

① 形式 1：

```
#ifdef 标识符
程序段 1
#else
程序段 2
#endif
```

上述指令的作用是如果标识符已经被#define 定义过了，那么编译程序段 1；否则，编译程序段 2。如果没有程序段 2，那么上述形式可以变换为：

```
#ifdef 标识符
程序段 1
#endif
```

② 形式 2：

```
#ifndef 标识符
程序段 1
#else
程序段 2
#endif
```

上述指令的作用是如果标识符没有被#define 定义过，那么编译程序段 1；否则，编译程序段 2。如果没有程序段 2，那么上述形式可以变换为：

```
# ifndef 标识符
程序段 1
#endif
```

③ 形式 3：

```
#if 表达式
程序段 1
#else
程序段 2
#endif
```

上述指令的作用是如果表达式的值为真，编译程序段 1；否则，编译程序段 2。如果没有程序段 2，那么上述形式可以变换为：

```
#if 表达式
程序段 1
#endif
```

以上 3 种形式的条件编译预处理结构都可以嵌套使用。当# else 后嵌套＃if 时，可以使用预处理指令# elif，它相当于# else…# if。

在程序中使用条件编译主要是为了方便进行程序的调试和移植。

2．全局变量的定义与函数声明

（1）全局变量的定义。

全局变量是指在程序开始处或各个功能函数外定义的变量。在程序开始处定义的变量在整个程序中有效，可供程序中所有函数共同使用。在各个功能函数外定义的全局变量只对定义处之后的各个函数有效，只有定义之后的各个功能函数可以使用该变量。

有些变量是整个程序都需要使用的，如 LED 数码管的字形码或位码，有关 LED 数码管的字形码或位码的定义就应放在程序开始处。

（2）函数声明。

一个 C 语言程序可包含多个具有不同功能的函数，但一个 C 语言程序中只能有一个且必须有一个名为 main()的主函数。主函数的位置可以在其他功能函数的前面、之间，也可以在最后。当功能函数位于主函数的后面时，在主函数调用时，必须先对各功能函数进行声明，声明一般放在程序的前面。例如：

```
#include <REG51.H>
void    delay(void);          //声明子函数
void    light1(void);         //声明子函数
void    light2(void);         //声明子函数
/*——————————主函数————————————*/
void main(void)
{
        while(1)
        {
                light1();
                delay();
                light2();
```

```
            delay();
        }
    }
    /*——————————各功能函数（略）——————————————*/
```

在上述代码中，主函数调用了 light1()、delay()、light2()三个功能函数，而且这三个功能函数在主函数的后面，所以在声名主函数前必须先对这三个功能函数进行声明。

若功能函数位于主函数的前面，则不必对各功能函数进行声明。

5.2.2 C51 程序设计举例

C51 程序设计中常用的语句有 if、while、switch、for 等，下面结合 8051 单片机实例介绍与之相关的常用语句及数组的编程。

例 5.1 用 4 个按键控制 8 只 LED：按下 S1 键，P1 口 B3、B4 对应的 LED 亮；按下 S2 键，P1 口 B2、B5 对应的 LED 亮；按下 S3 键，P1 口 B1、B6 对应的 LED 亮；按下 S4 键，P1 口 B0、B7 对应的 LED 亮；不按键，P1 口 B2、B3、B4、B5 对应的 LED 亮。

解 设 P1 口控制 8 只 LED，低电平驱动；S1、S2、S3、S4 按键分别接 P3.0、P3.1、P3.2、P3.3 引脚，低电平有效。

参考程序如下：

```
    #include <REG51.H>
    #define  uint  unsigned  int
    sbit  S1 = P3^0;                          //定义输入引脚
    sbit  S2 = P3^1;
    sbit  S3 = P3^2;
    sbit  S4 = P3^3;
    /*—————————延时子函数———————————*/
    void  delay(uint k)                       //定义延时子函数
    {
        uint  i, j;
        for(i=0; i<k; i++)
        {
            for(j=0; j<1210; j++)
            {;}
        }
    }
    /*———————主函数———————*/
    void main(void)                           //定义主函数
    {
        delay(50);                            //调用延时子函数
        while(1)
        {
            if(!S1){P1=0xe7;}                 //按 S1 键，P1 口 B3、B4 对应的 LED 亮
            else if(!S2){P1=0xdb;}            //按 S2 键，P1 口 B2、B5 对应的 LED 亮
            else if(!S3){P1=0xbd;}            //按 S3 键，P1 口 B1、B6 对应的 LED 亮
            else if(!S4){P1=0x7e;}            //按 S4 键，P1 口 B0、B7 对应的 LED 亮
```

```
            else {P1=0xc3;}                     //不按键，P1 口 B2、B3、B4、B5 对应的 LED 亮
            delay(5);
        }
    }
```

例 5.2 用 4 个按键控制 8 只 LED：按下 S1 键，P1 口 B3、B4 对应的 LED 亮；按下 S2 键，P1 口 B2、B5 对应的 LED 亮；按下 S3 键，P1 口 B1、B6 对应的 LED 亮；按下 S4 键，P1 口 B0、B7 对应的 LED 亮；当不按键或同时按下多个键时，P1 口 B2、B3、B4、B5 对应的 LED 亮。

解 本例实现的功能与例 5.1 基本一致，例 5.1 是采用分支语句 if 实现的，这里采用开关语句 switch 实现。设 P1 口控制 8 只 LED，低电平驱动；S1、S2、S3、S4 按键分别接 P3.0、P3.1、P3.2、P3.3 引脚，低电平有效。

参考程序如下：

```
#include <REG51.H>
#define uchar unsigned char
/*————————主函数——————————*/
void main(void)
{
    uchar   temp;
    P3 |= 0x0f;                                         //将 P3 口的低 4 位置为输入状态
    while(1)
    {
        temp=P3;                                        //读 P3 口的输入状态
        switch(temp&=0x0f)                              //屏蔽高 4 位
        {
            case 0x0e:   P1 = 0xe7; break;              //按 S1 键，P1 口 B3、B4 对应的 LED 亮
            case 0x0d:   P1 = 0xdb; break;              //按 S2 键，P1 口 B2、B5 对应的 LED 亮
            case 0x0b:   P1 = 0xbd; break;              //按 S3 键，P1 口 B1、B6 对应的 LED 亮
            case 0x07:   P1 = 0x7e; break;              //按 S4 键，P1 口 B0、B7 对应的 LED 亮
            default :   P1 = 0xc3; break;
                  //不按键或同时按下多个按键时，P1 口 B2、B3、B4、B5 对应的 LED 亮
        }
    }
}
```

5.3 基于 Proteus 仿真与 STC 实操 LED 数码管的显示

1. 系统功能

用 8 位 LED 数码管顺序显示 0～9 字符（每次 8 位数码管显示同一个字符），换屏时间间隔为 1s，最后固定显示当前的日期（年、月、日）。

2. 硬件设计

结合 STC15 系列单片机的官方学习板，采用 8 位共阴极 LED 数码管，以及两块 74HC595

芯片驱动，一块用于连接 LED 数码管的段控制端（a、b、c、d、e、f、g、h），另一块用于连接 LED 数码管各自的公共端，实现位控制。用 Proteus 绘制的 LED 数码管显示与驱动电路如图 5.1 所示。

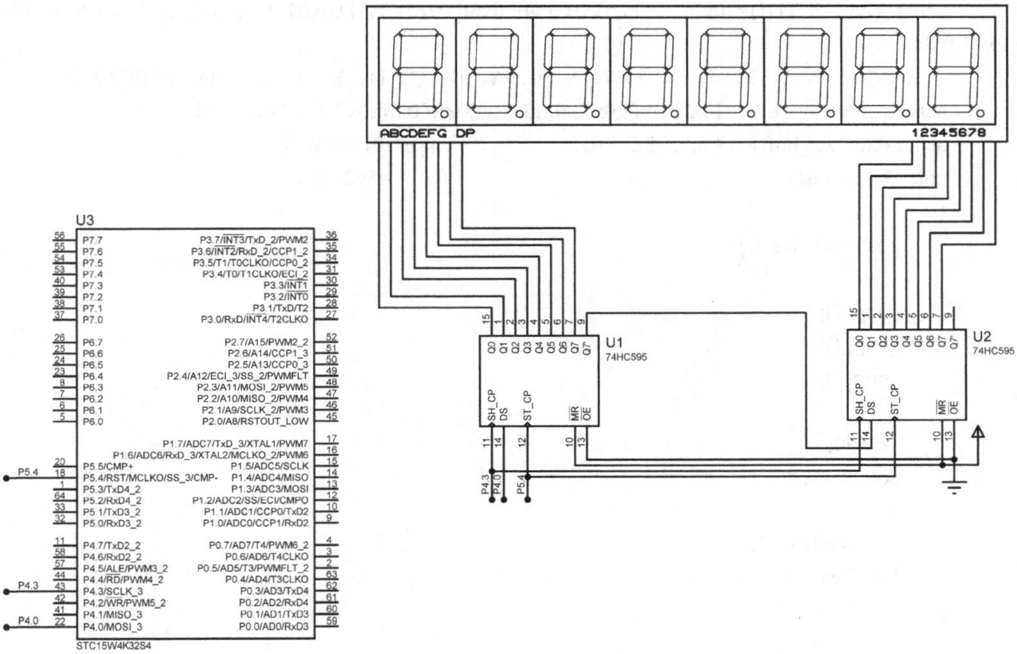

图 5.1　用 Proteus 绘制的 LED 数码管显示与驱动电路

3. 程序设计

（1）程序说明。

LED 数码管是单片机应用系统最为常用的显示装置，为了后续应用能直接使用控制 LED 数码管显示的驱动程序，将控制 LED 数码管显示的驱动程序设计成一个独立文件，并将其命名为 595hc.h。入口参数为每个数码管对应的显示缓冲区（Dis_buf[0]～Dis_buf[7]），Dis_buf[0] 对应 LED 数码管的最高显示位；Dis_buf[7] 对应 LED 数码管的最低显示位，显示函数名为 display。使用时，首先将显示头文件（595hc.h）复制到项目文件夹中，然后用包含语句将显示头文件包含到主程序文件中，在需要数码管显示相应数字时，直接将这个数字存放（利用赋值语句）在对应的显示缓冲区，再调用显示函数（display();）即可。

（2）参考程序。

LED 数码管显示文件（595hc.h）：

```
#include <stc15.h>                    //包含支持 STC15W4K32S4 单片机的头文件
#include <intrins.h>                  //包含循环左移、右移子函数
#define   uchar   unsigned   char
#define   uint   unsigned   int
/*---------------------I/O 口定义---------------*/
sbit P_HC595_SER=P4^0;                //pin 14 SER          data input
sbit P_HC595_RCLK=P5^4;               //pin 12 RCLk         store (latch) clock
```

```
sbit P_HC595_SRCLK=P4^3;        //pin 11 SRCLK        Shift data clock

/*-------------段控制码、位控制码、显示缓冲区的定义 ---------------*/
uchar  code  SEG7[]={0x3F,0x06,0x5B,0x4F,0x66,0x6D,0x7D,0x07,0x7F,0x6F,0x77,0x7C,0x39,0x5E,
0x79,0x71,0x00};
        // "0、1、2、3、4、5、6、7、8、9、A、B、C、D、E、F、灭"的共阴极字形码
uchar code Scon_bit[]={0xfe,0xfd,0xfb,0xf7,0xef,0xdf,0xbf,0x7f}; //位控制码
uchar data Dis_buf[]={7,6,5,4,3,2,1,0};                 //显示缓冲区定义
void Delay1ms()                                         //@11.0592MHz
{
    unsigned char i, j;

    _nop_();
    _nop_();
    _nop_();
    i = 11;
    j = 190;
    do
    {
        while (--j);
    } while (--i);
}

/*------------ 向 595 发送字节函数----------------*/
void F_Send_595(uchar x)
{
    uchar i;
    for(i=0;i<8;i++)
    {
        x=x<<1;
        P_HC595_SER=CY;
        P_HC595_SRCLK=1;
        P_HC595_SRCLK=0;
    }
}

/*------------ LED 数码管驱动函数----------------*/
void display(void)
{
    uchar i;
    for(i=0;i<8;i++)
        {
        F_Send_595(Scon_bit[i]);
        P_HC595_RCLK=1;
        P_HC595_RCLK=0;
        F_Send_595(SEG7[Dis_buf[i]]);
```

```
            P_HC595_RCLK=1;
            P_HC595_RCLK=0;
            Delay1ms();
        }
    }
```

主函数文件（数码管显示.c）：

```
#include<stc15f2k60s2.h>
#include<intrins.h>
#define uchar unsigned char
#define uint unsigned int
#include<595hc.h>
#include<gpio.h>
void Delay()
{
    uchar i;
    for(i=0;i<125;i++)
    {
        display();
    }

}

void main(void)
{
    uchar i,j;
    gpio();
    for(j=0;j<10;j++)
    {
        for(i=0;i<8;i++)
        {
            Dis_buf[i]=j;
        }
        Delay();
    }
    Dis_buf[0]=2; Dis_buf[1]=0;Dis_buf[2]=1;Dis_buf[3]=9;
    Dis_buf[4]=0; Dis_buf[5]=8;Dis_buf[6]=2;Dis_buf[7]=2;
    while(1)
    {
            display();
    }
}
```

4. 系统调试

（1）用 Keil C 集成开发环境编辑、编译用户程序，生成机器代码文件，即数码管显示.hex。

（2）Proteus 仿真。

- 按图 5.1 绘制电路。
- 将数码管显示.hex 程序下载到 STC15W4K32S4 单片机中。
- 启动仿真，记录程序运行结果并观察其是否与系统功能一致。

（3）STC 单片机实操。

- 用 USB 接口连接计算机与 STC15W 系列单片机官方学习板（若非官方学习板，需要根据实际端口修改程序）。
- 启动 STC-ISP 在线编程软件，将数码管显示.hex 代码下载到 STC15W 系列单片机学习板中的单片机中。
- 记录程序运行结果并观察其是否与系统功能一致。

（4）修改程序，将当前显示日期的年、月、日之间加一个小数点，并上机调试。

提示：先在 LED 数码管显示文件的字形码数组中添加带小数点数字的字形码，当要显示带小数点的数字时，只需要将带小数点数字字形码在数组中的位置送给显示缓冲区即可。

本 章 小 结

STC15W4K32S4 单片机的程序设计主要采用两种语言：汇编语言和高级语言。汇编语言生成的目标程序占用的存储空间小、运行速度快，具有效率高、实时控制性强的优点，适合编写短小、高效的实时控制程序。与汇编语言程序相比，用高级语言程序对系统硬件资源进行分配更简单。高级语言程序的阅读、修改及移植比较容易，适合编写规模较大，尤其是运算量较大的程序。

C51 是在 ANSI C 基础上，根据 8051 单片机的特点进行扩展得到的语言，主要增加了特殊功能寄存器与可位寻址的特殊功能寄存器通过可寻址位进行地址定义的功能（sfr、sfr16、sbit）、指定变量的存储类型及中断服务函数等功能。常用的 C51 语句有 if、for、while、switch 等。

习 题 5

一、填空题

1. 在 C51 中，用于定义特殊功能寄存器地址的关键字是________。
2. 在 C51 中，用于定义特殊功能寄存器可寻址位地址的关键字是________。
3. 在 C51 中，用于定义功能符号与引脚位置关系的关键字是________。
4. 在 C51 中，中断服务函数的关键字是________。
5. 在 C51 中，用于定义程序存储器存储类型的关键字是________。
6. 在 C51 中，用于定义位寻址区存储类型的关键字是________。

二、选择题

1. 下列字符中，属于伪指令符号的是________。

A. MOV　　B. MOVC　　C. PUSH　　D. DB

2．下列字符中，不属于伪指令符号的是________。

A．DATA　　B．EQU　　C．PUSH　　D．DB

3．下列字符中，不属于 8051 单片机指令系统指令符号的是________。

A．XCH　　B．MOVC　　C．POP　　D．DW

4．下列字符中，用于定义存储字节的伪指令是________。

A．XCH　　B．DB　　C．DS　　D．DW

5．定义变量 x，数据类型为 8 位无符号数，并将其分配到程序存储空间，赋值 100，正确的指令是________。

A．unsigned char code　x=100;

B．unsigned char data　x= 100;

C．unsigned char xdata　x =100;

D．unsigned char code x; x= 100;

6．定义一个 16 位无符号数变量 y，并将其分配到位寻址区，正确的指令是________。

A．unsigned int y；　　B．unsigned int data y；

C．unsigned int xdata y；　　D．unsigned int bdata y；

7．当执行“P1=P1&0xfe;”指令时，相当于对 P1.0 进行________操作。

A．置 1　　B．置 0　　C．取反　　D．不变

8．当执行“P2=P2|0x01;”指令时，相当于对 P2.0 进行________操作。

A．置 1　　B．置 0　　C．取反　　D．不变

9．当执行“P3=P3^0x01;”指令时，相当于对 P3.0 进行________操作。

A．置 1　　B．置 0　　C．取反　　D．不变

10．若程序预处理部分有“#include<stc15.h>”指令，当要对 P0.1 进行置 1 操作时，可执行________指令。

A．P01=1;　　B．P0.1=1;　　C．P0^1=1;　　D．P01=!P01;

三、判断题

1．顺序结构程序中无分支、无循环，执行顺序是指令的存放顺序。（　　）

2．在 C51 中，若有“#include<stc15.h>”指令，则在编程中，可直接用 P12 表示 P1.2。（　　）

3．在分支程序中，各分支程序是相互独立的。（　　）

4．while(1)与 for(; ;)的功能是一样的。（　　）

5．在 C51 变量定义中，默认的存储器类型是低 128 字节，采用直接寻址方式。（　　）

四、问答题

1．在 C 语言程序中，哪个函数是必须存在的？C 语言程序的执行顺序是如何决定的？

2．当主函数与子函数在同一个程序文件中时，在调用这些函数时应注意什么？当主函数与子函数分属不同程序文件时，在调用这些函数时有什么要求？

3．函数的调用方式主要有 3 种，试举例说明。

4．全局变量与局部变量的区别是什么？如何定义全局变量与局部变量？

5．Keil C 编译器相比于 ANSI C，多了哪些数据类型？举例说明定义单字节数据。

6．sfr、sbit 是 Keil C 编译器部分新增的关键词，请说明其含义。

7．C51 编译器支持哪些存储器类型？C51 编译器的编译模式与默认存储器类型的关系是怎样的？在实际应用中，最常用的编译模式是什么？

8．数据类型隐式转换的优先顺序是什么？

9．位逻辑运算符的优先顺序是什么？

10．简述 while 与 do…while 的区别。

11．解释 x/y、x%y 的含义。简述算术运算结果在送至 LED 数码管显示时，如何分解个位数、十位数、百位数等数字位。

五、程序分析

试说明下列指令的含义。

```
（1）unsigned   char   x;
     unsigned   char   y;
     bit k;
     k = (bit)(x+y);
（2）#define   uchar   unsigned   char
     uchar   a=10;
     uchar   b=0x10;
     uchar   min;
     min = (a<b) ?a:b;
（3）#define   uchar   unsigned   char
     uchar   tmp;
     P1 = 0xff;
     temp = P1;
     temp &= 0x0f;
（4）for (;   ; )
     {
          …
     }
```

六、系统设计

用一个端口输入数据，用另一个端口输出数据并控制 8 只 LED。当输入数据小于 20 时，奇数位 LED 亮；当输入数据位于 20～30 时，8 只 LED 全亮；当输入数据大于 30 时，偶数位 LED 亮。

（1）画出硬件电路图。

（2）画出程序流程图。

（3）分别用汇编语言和 C 语言编写程序并进行调试。

第 6 章　STC15W4K32S4 单片机的存储器与应用编程

STC15W4K32S4 单片机存储器在物理上可分为程序存储器（程序 Flash）、基本 RAM、扩展 RAM 3 个相互独立的存储空间；在使用上可分为程序存储器、基本 RAM、扩展 RAM 与 EEPROM（数据 Flash，与程序 Flash 共用一个存储空间）4 个部分。本章主要介绍各存储器的存储特性与应用编程。

6.1　程序存储器

程序存储器的主要作用是存放用户程序，使单片机按用户程序指定的流程与规则运行，完成用户程序指定的任务。除此以外，程序存储器通常还用来存放一些常数或表格数据（如π值、数码显示的字形数据等），供用户程序在运行中使用，用户可以把这些常数当作程序通过 ISP 下载程序存放在程序存储器内。在程序运行过程中，程序存储器的内容只能读，而不能写。存在程序存储器中的常数或表格数据，只能通过“MOVC　A,@A+DPTR”或“MOVC A,@A+PC”指令进行访问。若采用 C 语言编程，则需要把存放在程序存储器中的数据存储类型定义为 code。下面以 8 只 LED 的显示控制为例，说明程序存储器的应用编程。

例 6.1　设 P1 口驱动 8 只 LED，低电平有效。从 P1 口顺序输出“E7H、DBH、BDH、7EH、3EH、18H、00H、FFH”8 组数据，周而复始。

解　首先将这 8 组数据存放在程序存储器中，在汇编编程时，采用伪指令 DB 对这 8 组数据进行存储定义；在采用 C 语言编程时，通过指定程序存储器的存储类型的方法定义存储数据。

（1）汇编语言参考程序（CODE.ASM）如下。

```
$include(stc15.inc)          ; STC15 系列单片机新增特殊功能寄存器的定义文件，详见附录 F
        ORG     0000H
        LJMP    MAIN
        ORG     0100H
MAIN:
        LCALL GPIO                  ; 调用 I/O 口初始化程序
        MOV   DPTR, #ADDR           ; DPTR 指向数据存放首地址
        MOV   R3, #08H              ; 顺序输出显示数据次数，分 8 次传送
LOOP:
        CLR   A                     ; 累加器 A 清 0，DPTR 直接指向读取数据所在地址
        MOVC  A, @A+DPTR            ; 读取数据
```

```
            MOV   P1,  A                    ; 将数据送至 P1 口显示
            INC   DPTR                      ; DPTR 指向下一个数据
            LCALL   DELAY500MS              ; 调用延时子程序
            DJNZ   R3,LOOP  ; 判断一个循环是否结束，若没有结束，则读取并传送下一个数据
            SJMP   MAIN                     ; 若结束，则重新开始
DELAY500MS:                                 ; @11.0592MHz，从 STC-ISP 在线编程软件中获得
        NOP
        NOP
        NOP
        PUSH 30H
        PUSH 31H
        PUSH 32H
        MOV 30H,#17
        MOV 31H,#208
        MOV 32H,#24
NEXT:
        DJNZ 32H,NEXT
        DJNZ 31H,NEXT
        DJNZ 30H,NEXT
        POP 32H
        POP 31H
        POP 30H
        RET
ADDR:
        DB   0E7H,0DBH,0BDH,7EH,3EH,18H,00H,0FFH        ; 定义存储字节数据
$include(gpio.inc)                      ; 包含 STC15 系列单片机 I/O 口的初始化文件，详见附录 F
            END
```

（2）C51 参考程序（code.c）如下。

```
#include <stc15.h>                  //包含支持 STC15 系列单片机头文件
#include <intrins.h>
#include <gpio.h>                   //包含 I/O 口初始化文件，详见附录 F
#define uchar unsigned char
#define uint unsigned int
uchar code date[8] = {0xe7,0xdb,0xbd,0x7e,0x3e,0x18,0x00,0xff};  // 定义显示数据
/*－－－－－－－－－1ms 延时子函数－－－－－－－－－－－－*/
void Delay1ms()                     //@11.0592MHz，从 STC-ISP 在线编程软件中获得
{
    unsigned char i, j;
    _nop_();
    _nop_();
    _nop_();
    i = 11;
    j = 190;
    do
    {
```

```
            while (--j);
        } while (--i);
    }
    /*——————————延时子函数————————————*/
    void delay(uint t)                          //定义延时子函数
    {
        uint k;
        for(k = 0; k<t; k++)
        {
            Delay1ms() ;
        }
    }
    /*——————————主函数————————————*/
    void main(void)
    {
      uchar i;
      gpio();                                   //I/O 口初始化
      while(1)                                  //无限循环
      {
        for(i = 0; i<8; i++)                    //顺序输出 8 次
        {
            P1 = date[i];                       //读取存放在程序存储器中的数据
            delay(500);                         //设置显示间隔，当晶振频率不同时，时间可能不同，自行调整
        }
      }
    }
```

6.2 基本 RAM

STC15W4K32S4 单片机的基本 RAM 包括低 128 字节 RAM（00H～7FH）、高 128 字节 RAM（80H～FFH）和特殊功能寄存器（80H～FFH）。

1. 低 128 字节 RAM

低 128 字节 RAM 是 STC15W4K32S4 单片机最基本的数据存储区，可以说它是离 STC15W4K32S4 单片机 CPU 最近的数据存储区，也是功能最丰富的数据存储区。整个 128 字节地址，既可以直接寻址，也可以采用寄存器间接寻址。其中，00H～1FH 单元可以用作工作寄存器，20H～2FH 单元具有位寻址能力。

例 6.2 采用不同的寻址方式，将数据 00H 写入低 128 字节的 00H 单元。

解 寻址方式及程序如下。

（1）寄存器寻址[（RS1）（RS0=00）]。

```
CLR   RS0          ；令工作寄存器处于 0 区，R0 就等效于 00H 单元
CLR   RS1
```

```
MOV   R0, #00H
```

（2）直接寻址。

```
MOV   00H, #00H        ；直接将数据 00H 送入 00H 单元
```

（3）寄存器间接寻址。

```
MOV    R0,   #00H       ；R0 指向 00H 单元
MOV    @R0, #00H        ；将数据 00H 送至 R0 所指的存储单元中
```

在 C51 编程中，若采用直接寻址方式访问低 128 字节，则变量的数据类型定义为 data；若采用寄存器间接寻址方式访问低 128 字节，则变量的数据类型定义为 idata。

2．高 128 字节 RAM 和特殊功能寄存器

高 128 字节和特殊功能寄存器的地址是相同的，也就是说，两者地址是冲突的。在实际应用中，采用不同的寻址方式来区分高 128 字节 RAM 和特殊功能寄存器的地址，高 128 字节 RAM 只能用寄存器间接寻址方式进行访问（读或写），而特殊功能寄存器只能用直接寻址方式进行访问。

例 6.3　将数据 20H 分别写入高 128 字节 80H 单元和特殊功能寄存器 80H 单元（P0）。

解　编程如下。

（1）对高 128 字节 80H 单元进行编程。

```
MOV   R0,   #80H
MOV   @R0, #20H
```

（2）对特殊功能寄存器 80H 单元进行编程。

```
MOV   80H, #20H   或  MOV    P1, #20H
```

在 C51 编程中，若采用高 128 字节 RAM 存储数据，则在定义变量时，要将变量的存储类型定义为 idata；若采用特殊功能寄存器存储数据，则直接通过寄存器名称进行存取操作即可。

6.3　扩展 RAM

STC15W4K32S4 单片机的扩展 RAM 空间为 3840 字节，地址范围为 0000H～0EFFH。扩展 RAM 类似于传统的片外数据存储器，可以采用访问片外数据存储器的访问指令（助记符为 MOVX）访问扩展 RAM。STC15W4K32S4 单片机保留了传统 8051 单片机片外数据存储器的扩展功能，但片内扩展 RAM 与片外扩展 RAM 不能同时使用，可通过 AUXR 中的 EXTRAM 控制位进行选择，默认选择的是片内扩展 RAM。在扩展片外数据存储器时，要占用 P0 口、P2 口，以及 ALE、$\overline{RD}$ 与 $\overline{WR}$ 引脚，而在使用片内扩展 RAM 时与它们无关。STC15W4K32S4 单片机的片内扩展 RAM 与片外扩展 RAM 的关系如图 6.1 所示。

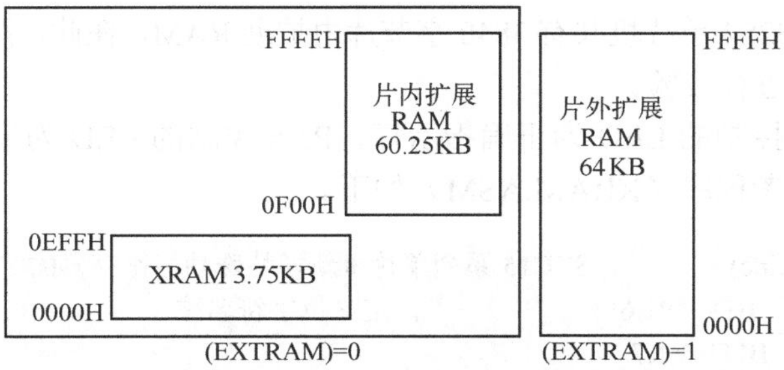

图 6.1 STC15W4K32S4 单片机的片内扩展 RAM 与片外扩展 RAM 的关系

1．内部扩展 RAM 的允许访问与禁止访问

内部扩展 RAM 的允许访问与禁止访问是通过 AUXR 的 EXTRAM 控制位进行选择的，AUXR 的格式如下。

	地址	B7	B6	B5	B4	B3	B2	B1	B0	复位值
AUXR	8EH	T0x12	T1x12	UART_M0x6	T2R	T2_C/$\overline{T}$	T2x12	EXTRAM	S1ST2	0000 0000

EXTRAM：片内扩展 RAM 访问控制位。(EXTRAM)=0，允许访问，推荐使用；(EXTRAM)=1，禁止访问。当扩展了片外 RAM 或 I/O 口时，禁止访问片内扩展 RAM。

片内扩展 RAM 通过 MOVX 指令访问，即 MOVX A,@DPTR（或@Ri）和 MOVX @DPTR（或@Ri）,A 指令。在 C 语言中，可使用 xdata 声明存储类型，例如：

```
unsigned char xdata i=0;
```

当访问地址超出片内扩展 RAM 地址时，自动指向片外扩展 RAM。

2．双数据指针的使用

STC15W4K32S4 单片机在物理上设置了两个 16 位的数据指针 DPTR0 和 DPTR1，但在逻辑上只有一个数据指针地址 DPTR，在使用时通过 P_SW1（AUXR1）中的 DPS 控制位进行选择。P_SW1（AUXR1）的格式如下。

	地址	B7	B6	B5	B4	B3	B2	B1	B0	复位值
P_SW1	A2H	S1_S1	S1_S0	CCP_S1	CCP_S0	SPI_S1	SPI_S0	0	DPS	0000 0000

DPS：数据寄存器位。(DPS)=0，选择 DPTR0；(DPS)=1，选择 DPTR1。P_SW1（AUXR1）不可位寻址，但由于 DPS 位于 P_SW1（AUXR1）的最低位，因此可通过对 P_SW1（AUXR1）的加 1 操作来改变 DPS 的值，当 DPS 为 0 时加 1，DPS 就变为 1；当 DPS 为 1 时加 1，DPS 就变为 0。实现指令为 INC P_SW1。

例 6.4 STC15W4K32S4 单片机内部扩展 RAM 的测试，分别在片内扩展 RAM 的 0000H 和 0200H 起始处存入相同的数据，然后对两组数据一一进行校验，若相同，则说明片内扩展 RAM 完好无损，正确指示灯亮；只要有一组数据不同，则停止校验，错误指示灯亮。

解 STC15W4K32S4 单片机共有 3840 字节片内扩展 RAM，在此，仅对在 0000H 和 0200H 起始处的前 256 字节进行校验。

程序说明：P1.7 控制的 LED 为正确指示灯，P1.6 控制的 LED 为错误指示灯。

（1）汇编语言参考程序（XRAM.ASM）如下。

```
$include(stc15.inc)         ; STC15 系列单片机新增特殊功能寄存器的定义文件，详见附录 F
ERROR_LED    BIT   P1.6               ; 定义位字符名称
OK_LED       BIT   P1.7
        ORG          0000H
        LJMP     MAIN
        ORG          0100H
MAIN:
        LCALL GPIO
        MOV    R0, #00H               ; R0 指向校验 RAM 的低 8 位的起始地址
        MOV    R4, #00H               ; R4 指向校验 RAM1 的高 8 位地址
        MOV    R5, #02H               ; R5 指向校验 RAM2 的高 8 位地址
        MOV    R3, #00H               ; 用 R3 循环计数器，循环计数 256 次
        CLR    A                      ; 赋值寄存器清 0
LOOP0:
        MOV    P2 ,R4                 ; P2 指向校验 RAM1
MOVX      @R0, A                      ; 存入校验 RAM1
        MOV    P2 ,R5                 ; P2 指向校验 RAM2
MOVX      @R0, A                      ; 存入校验 RAM2
        INC    R0                     ; R0 加 1
        INC    A                      ; 存入数据值加 1
        DJNZ   R3, LOOP0              ; 判断存储数据是否结束，若没有，转 LOOP0;
LOOP1:
        MOV    P2 ,R4                 ; 进入校验，P2 指向校验 RAM1
        MOVX   A ,@R0                 ; 取第 1 组数据
        MOV    20H, A                 ; 暂存在 20H 单元
        MOV    P2 ,R5                 ; P2 指向校验 RAM1
        MOVX   A ,@R0                 ; 取第 2 组数据
        INC    R0                     ; R0 加 1
        CJNE   A, 20H, ERROR          ; 比较第 1 组数据与第 2 组数据，若不相等，转错误处理
        DJNZ   R3, LOOP1              ; 若相等，判断校验是否结束
        CLR    OK_LED                 ; 全部校验正确，点亮正确指示灯
        SETB   ERROR_LED
        SJMP   FINISH                 ; 转结束处理
ERROR:
        CLR    ERROR_LED              ; 点亮错误指示灯
        SETB   OK_LED
FINISH:
        SJMP   $                      ; 原地踏步，表示结束
$include(gpio.inc)                    ; STC15 系列单片机 I/O 口的初始化文件，详见附录 F
        END
```

（2）C 语言参考程序（xram.c）如下。

```
#include <stc15.h>                          //包含支持 STC15 系列单片机的头文件
#include <intrins.h>
#include <gpio.h>                           //初始化 I/O 口头文件
#define uchar unsigned char
#define uint   unsigned int
sbit ok_led=P1^7;
sbit error_led=P1^6;
uchar   xdata   ram256[256];                //定义片内 RAM，256 字节
/*------------------主函数---------------------*/
void main(void)
{
    uint   i;
    gpio();                                 //I/O 口初始化
    for(i=0;i<256;i++)                      //先把 RAM 数组用 0～255 填满
    {
        ram256[i]=i;
    }
    for(i=0;i<256;i++)                      //通过串行通信端口把数据送到计算机进行显示
    {
        if(ram256[i]!=i) goto Error;
    }
    ok_led=0;
    error_led=1;
    while(1);                               //结束
Error:
    ok_led=1;
    error_led=0;
    while(1);
}
```

3．片外扩展 RAM 的总线管理

当需要扩展片外扩展 RAM 或 I/O 口时，单片机 CPU 需要利用 P0（低 8 位地址总线与低 8 位数据总线分时复用，低 8 位地址总线通过 ALE 由外部锁存器锁存）、P2（高 8 位地址总线）和 P4.2（$\overline{WR}$）、P4.4（$\overline{RD}$）、P4.5（ALE）外引总线进行扩展。STC15W4K32S4 单片机是 1T 单片机，工作速度较高，为了提高单片机对片外扩展芯片工作速度的适应能力，STC15W4K32S4 单片机增加了总线管理功能，由特殊功能寄存器 BUS_SPEED 进行控制。BUS_SPEED 的格式如下。

	地址	B7	B6	B5	B4	B3	B2	B1	B0	复位值
BUS_SPEED	A1H	—	—	—	—	—	—	EXRTS[1:0]		xxxxxx10

EXRTS[1:0]：P0 输出地址建立与保持时间的设置（见表 6.1）。

表 6.1　P0 输出地址建立与保持时间的设置

EXRTS[1:0]		P0 地址从建立（建立时间和保持时间）到 ALE 信号下降沿的系统时钟数（ALE_BUS_SPEED）
0	0	1
0	1	2
1	0	4（默认设置）
1	1	8

片内扩展 RAM 和片外扩展 RAM 都是采用 MOVX 指令进行访问的，C51 中的数据存储类型都是 xdata。当(EXTRAM)=0 时，允许访问片内扩展 RAM，数据指针所指地址为片内扩展 RAM 地址，当超过片内扩展 RAM 地址时，数据指针指向片外扩展 RAM 地址；当(EXTRAM)=1 时，禁止访问片内扩展 RAM，数据指针所指地址为片外扩展 RAM 地址。虽然片内扩展 RAM 和片外扩展 RAM 都是采用 MOVX 指令进行访问的，但片外扩展 RAM 的访问速度较慢。片内扩展 RAM 和片外扩展 RAM 访问时间对照表如表 6.2 所示。

表 6.2　片内扩展 RAM 和片外扩展 RAM 访问时间对照表

指令助记符	访问区域与指令周期	
	片内扩展 RAM 指令周期（系统时钟数）	片外扩展 RAM 指令周期（系统时钟数）
MOVX A, @Ri	3	5×ALE_BUS_SPEED+2
MOVX A, @DPTR	2	5×ALE_BUS_SPEED+1
MOVX @Ri, A	4	5×ALE_BUS_SPEED+3
MOVX @DPTR, A	3	5×ALE_BUS_SPEED+2

注：ALE_BUS_SPEED 如表 6.1 所示，BUS_SPEED 可提高或降低片外扩展 RAM 的访问速度，一般建议采用默认设置。

6.4　EEPROM

STC 单片机的用户程序区和 EEPROM 区共享单片机中的 Flash 存储器。STC15W 系列单片机的用户程序区与 EEPROM 区是分开编址的，但两者之和是固定的，如 STC15W 系列单片机的用户程序区与 EEPROM 区的容量之和是 59 字节。IAP15W 系列单片机的用户程序区与 EEPROM 区是统一编址的，空闲的用户程序区可用作 EEPROM。EEPROM 的操作是通过 IAP 技术实现的，内部 Flash 擦写次数可达 100000 次。EEPROM 可分为若干个扇区，每个扇区包含 512 字节，EEPROM 的擦除是按扇区进行的。

1．STC15W4K32S4 单片机 EEPROM 的大小与地址

STC15W4K32S4 单片机 EEPROM 的大小与地址是不确定的，STC15W4K32S4 单片机可通过 IAP 技术直接使用用户程序区，即空闲的用户程序区可用作 EEPROM，用户程序区的地址就是 EEPROM 的地址。EEPROM 除可以用 IAP 技术读取外，还可以用 MOVC 指令读取。

2．与 ISP/IAP 功能有关的特殊功能寄存器

STC15W4K32S4 单片机是通过一组特殊功能寄存器进行管理与控制的，与 ISP/IAP 功能有关的特殊功能寄存器如表 6.3 所示。

表 6.3　与 ISP/IAP 功能有关的特殊功能寄存器

符号	地址	D7	D6	D5	D4	D3	D2	D1	D0	复位状态
IAP_DATA	C2H	—	—	—	—	—	—	—	—	1111,1111
IAP_ADDRH	C3H	—	—	—	—	—	—	—	—	0000,0000
IAP_ADDRL	C4H	—	—	—	—	—	—	—	—	0000,0000
IAP_CMD	C5H	—	—	—	—	—	—	MS1	MS0	xxxx,x000
IAP_TRIG	C6H	—	—	—	—	—	—	—	—	xxxx,xxxx
IAP_CONTR	C7H	IAPEN	SWBS	SWRST	CMD_FAIL	—	WT2	WT1	WT0	0000,x000

① IAP_DATA：ISP/IAP Flash 数据寄存器，它是 ISP/IAP 操作从 EEPROM 区中读写数据的数据缓冲寄存器。

② IAP_ADDRH、IAP_ADDRL：ISP/IAP Flash 地址寄存器，它们是 ISP/IAP 操作的地址寄存器，其中，IAP_ADDRH 用于存放操作地址的高 8 位，IAP_ADDRL 用于存放操作地址的低 8 位。

③ IAP_CMD：ISP/IAP Flash 指令寄存器，用于设置 ISP/IAP 的操作指令，但必须在指令触发寄存器实施触发后，才能生效。

- 当(MS1)/(MS0)=0/0 时，为待机模式，无 ISP/IAP 操作；
- 当(MS1)/(MS0)=0/1 时，对 EEPROM 区进行字节读；
- 当(MS1)/(MS0)=1/0 时，对 EEPROM 区进行字节编程；
- 当(MS1)/(MS0)=1/1 时，对 EEPROM 区进行扇区擦除。

④ IAP_TRIG：ISP/IAP Flash 指令触发寄存器，当(IAPEN)=1 时，对 IAP_TRIG 先写入 5AH，再写入 A5H，ISP/IAP 操作才能生效。

⑤ IAP_CONTR：ISP/IAP Flash 控制寄存器。

IAPEN：ISP/IAP 功能允许位。(IAPEN)=1，允许 ISP/IAP 操作改变 EEPROM；(IAPEN)=0，禁止 ISP/IAP 操作改变 EEPROM。

SWBS、SWRST：软件复位控制位。

CMD_FAIL：ISP/IAP Flash 指令触发失败标志。当地址非法时，会引起触发失败，CMD_FAIL 标志为 1，需要用软件清 0。

WT2、WT1、WT0：进行 ISP/IAP 操作时 CPU 等待时间的设置位，具体设置情况如表 6.4 所示。

表 6.4　进行 ISP/IAP 操作时 CPU 等待时间的设置

WT2	WT1	WT0	CPU 等待时间（系统时钟）			
			编程（55μs）	读	扇区擦除（21ms）	系统时钟频率 f_{SYS}
1	1	1	55	2	21012	f_{SYS}<1MHz
1	1	0	110	2	42024	1MHz<f_{SYS}<2MHz
1	0	1	165	2	63036	2MHz<f_{SYS}<3MHz
1	0	0	330	2	126072	3MHz<f_{SYS}<6MHz
0	1	1	660	2	252144	6MHz<f_{SYS}<12MHz
0	1	0	1100	2	420240	12MHz<f_{SYS}<20MHz
0	0	1	1320	2	504288	20MHz<f_{SYS}<24MHz
0	0	0	1760	2	672384	24MHz<f_{SYS}<30MHz

3．ISP/IAP 编程与应用

EEPROM 可实现的操作包括扇区擦除、读及编程。

（1）汇编对应的子程序。

进行 ISP/IAP 操作时 CPU 等待时间的设置如下。

```
ISP_IAP_BYTE_READ         EQU    1      ；字节读指令代码
ISP_IAP_BYTE_PROGRAM      EQU    2      ；字节编程指令代码
ISP_IAP_SECTOR_ERASE      EQU    3      ；扇区擦除指令代码
WAIT_TIME                 EQU    2      ；根据系统时钟频率设置进行 ISP/IAP 操作时
                                        ；CPU 等待时间
```

字节读，相关代码如下。

```
BYTE_READ:
    MOV   IAP_ADDRH，#BYTE_ADDR_HIGH        ；发送读单元地址的高字节
    MOV   IAP_ADDRL，#BYTE_ADDR_LOW         ；发送读单元地址的低字节
    MOV   IAP_CONTR，#WAIT_TIME             ；设置 CPU 等待时间
    ORL   IAP_CONTR，#80H                   ；允许 ISP/IAP 操作
    MOV   IAP_CMD，#ISP_IAP_BYTE_READ       ；发送字节读指令
    ；先送 5AH，后送 A5H 到 ISP/IAP Flash 指令触发器，用于触发 ISP/IAP 指令。只有当 ISP/IAP
    ；操作完成后 CPU 才会继续执行程序
    MOV   IAP_TRIG，#5AH
    MOV   IAP_TRIG，#0A5H
    NOP
    MOV   A，  IAP_DATA                     ；将读取的 Flash 数据送至累加器 A。
    MOV   IAP_CONTR，#00H                   ；关闭 ISP/IAP 操作
    RET
```

字节编程（需要注意的是，在进行字节编程前，必须保证编程单元内容为空，即 FFH；否则需要进行扇区擦除），相关代码如下。

```
BYTE_PROGRAM:
    MOV   IAP_DATA，#ONE_DATA               ；发送字节编程数据到 IAP_DATA 中
    MOV   IAP_ADDRH，#BYTE_ADDR_HIGH        ；发送编程单元地址的高字节
    MOV   IAP_ADDRL，#BYTE_ADDR_LOW         ；发送编程单元地址的低字节
    MOV   IAP_CONTR，#WAIT_TIME             ；设置 CPU 等待时间
    ORL   IAP_CONTR，#80H                   ；允许 ISP/IAP 操作
    MOV   IAP_CMD，#ISP_IAP_BYTE_PROGRAM    ；发送字节编程指令
    ；先送 5AH，后送 A5H 到 ISP/IAP Flash 指令触发器，用于触发 ISP/IAP 指令。只有当 ISP/IAP
    ；操作完成后 CPU 才会继续执行程序
    MOV   IAP_TRIG，#5AH
    MOV   IAP_TRIG，#0A5H
    NOP
    NOP                                     ；等待 ISP/IAP 操作结束
    MOV   IAP_CONTR，#00H                   ；关闭 ISP/IAP 操作
    RET
```

扇区擦除，相关代码如下。

```
SECTOR_ERASE:
    MOV   IAP_ADDRH，#SECTOR_FIRST_BYTE_ADDR_HIGH   ；发送编程单元地址的高字节
    MOV   IAP_ADDRL，#SECTOR_FIRST_BYTE_ADDR_LOW    ；发送编程单元地址的低字节
    MOV   IAP_CONTR，#WAIT_TIME                     ；设置 CPU 等待时间
    ORL   IAP_CONTR，#80H                  ；允许 ISP/IAP 操作
    MOV   IAP_CMD，#ISP_IAP_SECTOR_ERASE   ；发送字节编程指令
    ；先送 5AH，后送 A5H 到 ISP/IAP Flash 指令触发寄存器，用于触发 ISP/IAP 指令。只有当 ISP/IAP
    ；操作完成后 CPU 才会继续执行程序
    MOV   IAP_TRIG，#5AH
    MOV   IAP_TRIG，#0A5H
    NOP
    NOP                                    ；CPU 等待 ISP/IAP 操作结束
    MOV   IAP_CONTR，#00H                  ；关闭 ISP/IAP 操作
    RET
```

（2）C 语言函数如下。

```
/*--------------------定义 ISP/IAP 操作模式字与测试地址--------------------*/
#define   CMD_IDLE        0          //无效模式
#define   CMD_READ        1          //读指令
#define   CMD_PROGRAM     2          //编程指令
#define   CMD_ERASE       3          //擦除指令
#define   ENABLE_IAP      0x82       //允许 ISP/IAP 操作，并设置 CPU 等待时间
#define   IAP_ADDRESS     0x0000     //ISP/IAP 操作首地址
/*---------------------读 EEPROM 字节子函数--------------------*/
uchar   IapReadByte(uint   addr)     //形参为高位地址和低位地址
{
    uchar   dat;
    IAP_CONTR = ENABLE_IAP;          //设置 CPU 等待时间，并允许 ISP/IAP 操作
    IAP_CMD = CMD_READ;              //发送读字节数据指令 0x01
    IAP_ADDRL = addr;                //设置 ISP/IAP 读操作地址
    IAP_ADDRH = addr>>8;
    IAP_TRIG = 0x5a;                 //将 IAP_TRIG 先送 0x5a，再送 0xa5，以触发 ISP/IAP 操作
    IAP_TRIG=0xa5;
    _nop_();                         //CPU 等待 ISP//IAP 操作完成
    dat= IAP_DATA;                   //返回读出数据
    IAP_CONTR=0x00;                  //关闭 ISP/IAP 操作
    return dat;
}
 /*---------------------写 EEPROM 字节子函数--------------------*/
void IapProgramByte(uint addr,   uchar dat)     //擦除字节地址所在扇区
{
    IAP_CONTR = ENABLE_IAP;             //设置 CPU 等待时间，并允许 ISP/IAP 操作
    IAP_CMD = CMD_PROGRAM;              //发送编程指令 0x02
    IAP_ADDRL =addr;                    //设置 ISP/IAP 编程操作地址
    IAP_ADDRH = addr>>8;
```

```
        IAP_DATA = dat;                     //设置编程数据
        IAP_TRIG = 0x5a;                    //将 IAP_TRIG 先送 0x5a，再送 0xa5，以触发 ISP/IAP 操作
        IAP_TRIG = 0xa5;
        _nop_();                            //CPU 等待 ISP/IAP 操作完成
        IAP_CONTR=0x00;                     //关闭 ISP/IAP 操作
}
/*---------------------扇区擦除---------------------*/
void IapEraseSector(uint addr)
{
        IAP_CONTR = ENABLE_IAP;             //设置 CPU 等待时间为 3，并允许 ISP/IAP 操作
        IAP_CMD = CMD_ERASE;                //发送扇区擦除指令 0x03
        IAP_ADDRL = addr;                   //设置 ISP/IAP 扇区擦除操作地址
        IAP_ADDRL = addr>>8;
        IAP_TRIG = 0x5a;                    //将 IAP_TRIG 先送 0x5a，再送 0xa5，以触发 ISP/IAP 操作
        IAP_TRIG = 0xa5;
        _nop_();                            //CPU 等待 ISP/IAP 操作完成
        IAP_CONTR=0x00;                     //关闭 ISP/IAP 操作
}
```

特别说明：在进行扇区擦除时，输入该扇区的任意地址皆可。

4．EEPROM 使用注意事项

（1）ISP/IAP 操作的工作电压要求。

当单片机 Vcc＜低压检测门槛电压时，禁止 ISP/IAP 操作，即禁止对 EEPROM 的正常操作，此时单片机不响应相应的 ISP/IAP 指令。实际情况是，虽然执行了对 ISP/IAP 寄存器的操作，但由于此时单片机的工作电压低于可靠的低压检测门槛电压，单片机内部此时禁止执行 ISP/IAP 操作，即对 EEPROM 的擦除、编程、读指令均无效。

如果电源上电缓慢，那么当程序已经开始运行而电源电压还未达到 EEPROM 的最低可靠工作电压时，执行相应的 EEPROM 指令是无效的，所以建议用户选择高复位门槛电压。如果用户需要宽的工作电压范围，但选择了低复位门槛电压，建议用户在进行 EEPROM 操作时，判断低电压标志位 LVDF。如果 LVDF 为 1，那么说明电源电压低于有效的低压检测门槛电压，软件将其清 0，加几个空操作延时后再读 LVDF 的状态；如果该位为 0，那么说明工作电压高于有效的低压检测门槛电压，则可进行 ISP/IAP 操作。LVDF 在电源控制寄存器 PCON 中。PCON 的格式如下。

	地址	D7	D6	D5	D4	D3	D2	D1	D0	复位值
PCON	87H	SMOD	SMOD0	LVDF	POF	GF1	GF0	PD	IDL	00110000B

PCON 是不可位寻址的，不可直接对 LVDF 进行判别，可通过如下方法判别。

```
MOV   A,   PCON
ANL   A,   #00100000B
JZ   FY                      ；若为 0，则说明 LVDF 不等于 1
……                           ；若不为 0，则说明 LVDF 等于 1
```

（2）同一次修改的数据放在同一扇区中，不是同一次修改的数据放在另外的扇区，这样

在操作时就不需要读出来进行保护了。在使用扇区时，使用的字节数越少越方便。如果一个扇区只放一个字节，那就是真正的 EEPROM 了。STC 单片机内部的 EEPROM 的运行速度比外部 EEPROM 运行速度要快很多，它读一个字节需要 2 个时钟，编程一个字节需要 55μs，擦除一个扇区需要 21ms。

6.5　基于 Proteus 仿真与 STC 实操 EEPROM 的测试

1. 系统功能

当程序开始运行时，正常工作指示灯点亮；接着进行扇区擦除并检验，若擦除成功则扇区擦除成功指示灯点亮；接着写入数据（编程），写完数据后编程成功指示灯点亮；接着进行数据校验，若校验成功则测试成功指示灯点亮，否则，测试成功指示灯闪烁。

2. 硬件设计

结合 STC15 系列单片机的官方学习板，采用 LED7、LED8、LED9 与 LED10 四个 LED，它们分别代表正常工作指示灯、扇区擦除成功指示灯、编程成功指示灯与测试成功指示灯。在 Proteus 中分别用红灯、黄灯、蓝灯、绿灯对应 LED7、LED8、LED9 与 LED10。用 Proteus 绘制的 EEPROM 测试电路如图 6.2 所示。

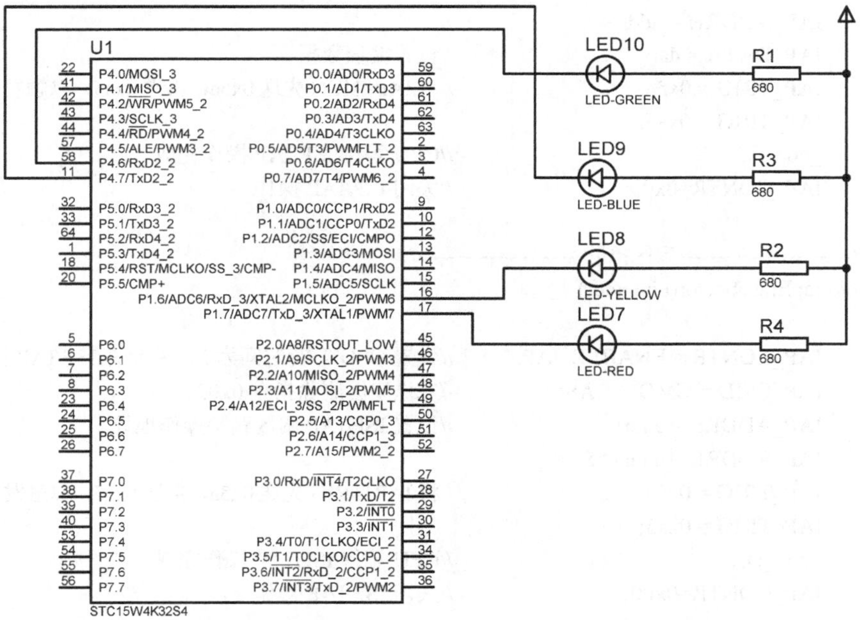

图 6.2　用 Proteus 绘制的 EEPROM 测试电路

3. 程序设计

（1）程序说明。

为了使 EEPROM 具有使用的通用性，将 EEPROM 的扇区擦除、字节读与字节编程操作设计为一个独立文件，并将该文件命名为EEPROM.h。其中，扇区擦除函数名为IapEraseSector(uint addr)，字节读函数名为IapReadByte(uint addr)，字节写（编程）函数名为IapProgramByte(uint addr, uchar dat)。在需要使用EEPROM时，首先将EEPROM.h 文件复制到项目文件夹中，然后在主函数中用包含语句将EEPROM.h包含进去，就可以调用相应的函数了。

（2）参考程序。

EEPROM操作函数（EEPROM.h）：

```
/*--------------------定义ISP/IAP操作模式字与测试地址--------------------*/
#define   CMD_IDLE          0              //无效模式
#define   CMD_READ          1              //读指令
#define   CMD_PROGRAM       2              //编程指令
#define   CMD_ERASE         3              //擦除指令
#define   ENABLE_IAP     0x82              //允许ISP/IAP操作，并设置CPU等待时间
#define   IAP_ADDRESS    0xe000            //EEPROM操作起始地址

/*--------------------写EEPROM字节子函数--------------------*/
void IapProgramByte(uint addr,   uchar dat)    //对字节地址所在扇区进行擦除
{
    IAP_CONTR = ENABLE_IAP;        //设置CPU等待时间，并允许ISP/IAP操作
    IAP_CMD = CMD_PROGRAM;         //发送编程指令0x02
    IAP_ADDRL =addr;               //设置ISP/IAP编程操作地址
    IAP_ADDRH = addr>>8;
    IAP_DATA = dat;                //设置编程数据
    IAP_TRIG = 0x5a;               //将IAP_TRIG先送0x5a，再送0xa5，以触发ISP/IAP操作
    IAP_TRIG = 0xa5;
    _nop_();                       //CPU等待ISP/IAP操作完成
    IAP_CONTR=0x00;                //关闭ISP/IAP操作
}
/*--------------------扇区擦除--------------------*/
void IapEraseSector(uint addr)
{
    IAP_CONTR = ENABLE_IAP;        //设置CPU等待时间为3，并允许ISP/IAP操作
    IAP_CMD = CMD_ERASE;           //发送扇区删除指令0x03
    IAP_ADDRL = addr;              //设置ISP/IAP扇区删除操作地址
    IAP_ADDRL = addr>>8;
    IAP_TRIG = 0x5a;               //将IAP_TRIG先送0x5a，再送0xa5，以触发ISP/IAP操作
    IAP_TRIG = 0xa5;
    _nop_();                       //CPU等待ISP/IAP操作完成
    IAP_CONTR=0x00;                //关闭ISP/IAP操作
}
/*--------------------读EEPROM字节子函数--------------------*/
uchar   IapReadByte(uint   addr)         //形参为高位地址和低位地址
{
    uchar   dat;
    IAP_CONTR = ENABLE_IAP;        //设置CPU等待时间，并允许ISP/IAP操作
    IAP_CMD = CMD_READ;            //发送读字节数据指令0x01
```

```
        IAP_ADDRL = addr;                  //设置 ISP/IAP 读操作地址
        IAP_ADDRH = addr>>8;
        IAP_TRIG = 0x5a;                   //将 IAP_TRIG 先送 0x5a，再送 0xa5，以触发 ISP/IAP 操作
        IAP_TRIG=0xa5;
        _nop_();                           //CPU 等待 ISP/IAP 操作完成
        dat= IAP_DATA;                     //返回读出数据
        IAP_CONTR=0x00;                    //关闭 ISP/IAP 操作
        return dat;
    }
```

（3）主函数文件（EEPROM 测试.c）如下。

```
    #include <stc15.h>                          //包含支持 STC15 系列单片机的头文件
    #include <intrins.h>
    #include <gpio.h>                           //包含 I/O 口初始化文件
    #define uchar  unsigned  char
    #define uint  unsigned  int
    #include<EEPROM.h>                          //EEPROM 操作函数文件
    sbit LED7=P1^7;
    sbit LED8=P1^6;
    sbit LED9=P4^7;
    sbit LED10=P4^6;
    /*---------------------延时子函数，从 STC-ISP 在线编程软件中获取---------------------*/
    void Delay500ms()                           //@11.0592MHz
    {
        unsigned char i, j, k;

        _nop_();
        _nop_();
        i = 22;
        j = 3;
        k = 227;
        do
        {
            do
            {
                while (--k);
            } while (--j);
        } while (--i);
    }
    /*---------------------主函数---------------------*/
    void main()
    {
        uint i;
        gpio();                                 //I/O 口初始化
        LED7=0;                                 //程序运行时点亮 LED7
        Delay500ms();
```

```
        IapEraseSector(IAP_ADDRESS);             //扇区擦除
        for(i=0;i<512; i++)
        {
            if(IapReadByte (IAP_ADDRESS+i)!=0xff)
            goto Error;                          //转错误处理
        }
        LED8=0;                                  //扇区擦除成功，点亮 LED8
        Delay500ms();
        for(i=0;i<512;i++)
        {
            IapProgramByte (IAP_ADDRESS+i, (uchar)i);
        }
        LED9=0;                                  //编程完成，点亮 LED9
        Delay500ms();
        for(i=0;i<512;i++)
        {
            if(IapReadByte(IAP_ADDRESS+i)!=(uchar)i)
            goto    Error;                       //转错误处理
        }
        LED10=0;                                 //编程校验成功，点亮 LED10
        while(1);
    Error:                                       //若扇区擦除不成功或编程校验不成功，LED10 闪烁
        while(1)
        {
            LED10=~LED10;
            Delay500ms();
        }
    }
```

4. 系统调试

（1）用 Keil C 集成开发环境编辑 EEPROM.h 和 EEPROM 测试.c 文件，并添加与编译用户程序（EEPROM 测试.c），生成机器代码文件 EEPROM 测试.hex。

（2）Proteus 仿真。

① 按图 6.2 绘制电路。

② 将 EEPROM 测试.hex 程序下载到 STC15W4K32S4 单片机中（因为目前 Proteus 中只有 STC15E4K32S4 单片机的模型，所以 EEPROM 的测试地址需要进行修改，这里修改为 0000H）。

③ 启动仿真，观察并记录程序运行结果，若 LED10（绿灯）点亮，则说明 EEPROM 测试成功；若 LED10（绿灯）闪烁，则说明 EEPROM 测试失败。

（3）STC 单片机实操。

① 用 USB 接口连接计算机与 STC15W 系列单片机官方学习板（若非官方学习板，则需要根据实际端口修改程序）。

② 启动 STC-ISP 在线编程软件，将 EEPROM 测试.hex 程序下载到 STC15W 系列单片机

学习板中的单片机中。

③ 观察并记录程序运行结果，若 LED10（绿灯）点亮，则说明 EEPROM 测试成功；若 LED10（绿灯）闪烁，则说明 EEPROM 测试失败。

本 章 小 结

STC15W4K32S4 单片机存储器在物理上可分为程序存储器（程序 Flash）、基本 RAM、扩展 RAM 3 个相互独立的存储空间；在使用上可分为程序存储器、基本 RAM、扩展 RAM 与 EEPROM（数据 Flash，与程序 Flash 共用一个存储空间）4 个部分。

程序存储器不仅可以用来存储指挥单片机工作的程序代码，还可以用来存放一些固定不变的常数或表格数据，如数码管的字形数据。在用汇编语言编程时，采用伪指令 DB 或 DW 对存储数据进行定义；在用 C 语言编程时，采用指定程序存储器存储类型的方法定义存储数据。在使用时，若是汇编语言，则采用查表指令获取数据；若是 C 语言，则采用数组引用的方法获取数据。

基本 RAM 分为低 128 字节、高 128 字节和特殊功能寄存器，其中高 128 字节和特殊功能寄存器的地址是相同的，它们是靠寻址方式来进行区分的。高 128 字节只能采用寄存器间接寻址方式进行访问，而特殊功能寄存器只能采用直接寻址方式进行访问。低 128 字节既可以采用直接寻址方式，也可以采用寄存器间接寻址方式进行访问，其中 00H～1FH 区间还可采用寄存器寻址方式，20H～2FH 区间的每一位都具有位寻址能力。

片内扩展 RAM 相当于将传统 8051 单片机的片外数据存储器移到了片内，因此，片内扩展 RAM 采用 MOVX 指令进行访问。

STC15W4K32S4 单片机的 EEPROM 操作是在 EEPROM 区（与程序 Flash 是同一个存储空间）通过 IAP 技术实现的，内部 Flash 擦写次数可达 100000 次。可以对 EEPROM 区进行字节读、字节写与扇区擦除操作。

习 题 6

一、填空题

1．STC15W4K32S4 单片机存储结构的主要特点是________与数据存储器是分开编址的。

2．程序存储器用于存放________、常数和________数据等固定不变的信息。

3．STC15W4K32S4 单片机 CPU 中的 PC 所指的地址空间是________。

4．STC15W4K32S4 单片机的用户程序是从________单元开始执行的。

5．程序存储器的 0003H～00BBH 单元地址是 STC15W4K32S4 单片机的________地址。

6．STC15W4K32S4 单片机存储器在物理上可分为 3 个互相独立的存储空间：________、________和扩展 RAM；在使用上可分为 4 个部分：________、________、扩展 RAM 和________。

7．STC15W4K32S4 单片机基本 RAM 分为低 128 字节、________和________3 个部分。低 128 字节根据 RAM 作用的差异性又分为________、________和通用 RAM 区。

8．工作寄存器区的地址空间为________，位寻址的地址空间为________。

9．高 128 字节与特殊功能寄存器的地址空间相同的，当采用________寻址方式访问时，访问的是高

128 字节地址空间；当采用________寻址方式访问时，访问的是特殊功能寄存器空间。

10．在特殊功能寄存器中，只要字节地址可以被________整除的，就是可位寻址的。对应可寻址位都有一个位地址，该位地址等于字节地址加上________。但在实际编程时，采用________来表示该位地址，如 PSW 中的 CY、AC 等。

11．STC 单片机的 EEPROM 实际上不是真正的 EEPROM，而是采用________模拟的。STC15W 系列单片机的用户程序区与 EEPROM 区是________编址的；IAP15W 系列单片机的用户程序区与 EEPROM 区是________编址的，空闲的用户程序区可以用作 EEPROM。

12．STC15W4K32S4 单片机扩展 RAM 分为片内扩展 RAM 和________扩展 RAM，但两者不能同时使用，当 AUXR 中的 EXTRAM 为________时，选择的是片外扩展 RAM，当单片机复位时，(EXTRAM)=________，选择的是________。

13．STC15W4K32S4 单片机程序存储器的空间大小为________，地址范围是________。

14．STC15W4K32S4 单片机扩展 RAM 的空间大小为________，地址范围是________。

二、选择题

1．当(RS1)(RS0)= 01 时，CPU 选择的工作寄存组是________组。

A．0　　B．1　　C．2　　D．3

2．当 CPU 需要选择 2 组工作寄存的组时，(RS1)(RS0)应设置为________。

A．00　　B．01　　C．10　　D．11

3．当(RS1)(RS0)=11 时，R0 对应的 RAM 地址为________。

A．00H　　B．08H　　C．10H　　D．18H

4．当(IAP_CMD)=01H 时，ISP/IAP 的操作是________。

A．无 ISP/IAP 操作　　B．对 EEPROM 进行读

C．对 EEPROM 进行编程　　D．对 EEPROM 进行擦除

三、判断题

1．STC15W4K32S4 单片机保留扩展片外程序存储器与片外数据存储器的功能。（　　）

2．凡是字节地址能被 8 整除的特殊功能寄存的都是可位寻址的。（　　）

3．STC15W4K32S4 单片机的 EEPROM 区与用户程序区是统一编址的，空闲的用户程序区可通过 IAP 技术用作 EEPROM。（　）

4．高 128 字节与特殊功能寄存器区域的地址是冲突的，当 CPU 采用直接寻址方式时访问的是高 128 字节，采用寄存器间接寻址方式时访问的是特殊功能寄存器。（　）

5．片内扩展 RAM 和片外扩展 RAM 是可以同时使用的。（　）

6．STC15W4K32S4 单片机的 EEPROM 是真正的 EEPROM，可按字节擦除或读写数据。（　）

7．STC15W4K32S4 单片机的 EEPROM 是按扇区擦除数据的。（　）

8．STC15W4K32S4 单片机的 EEPROM 操作的触发代码是先 A5H，后 5AH。（　）

9．当将变量的存储类型定义为 data 时，其访问速度是最快的。（　）

四、问答题

1．高 128 字节地址和特殊功能寄存器的地址是冲突的，在应用中是如何区分的？

2．在实际应用中，特殊功能寄存器的可寻址位的位地址是如何描述的？

3．片内扩展 RAM 和片外扩展 RAM 是不能同时使用的，在实际应用中如何选择？

4．程序存储器的 0000H 单元地址有什么特殊含义？

5．程序存储器的 000023 单元地址有什么特殊含义？

6．简述 STC15W4K32S4 单片机的 EEPROM 读操作的工作流程。

7．简述 STC15W4K32S4 单片机的 EEPROM 擦除操作的工作流程。

五、程序设计题

1．在程序存储器中，定义存储共阴极数码管的字形数据 3FH、06H、5BH、4FH、66H、6DH、7DH、07H、7FH、6FH，并编程将这些字形数据存储到 EEPROM 的 0000H～0009H 单元中。

2．编程，将数据 100 存入 EEPROM 的 E200H 单元和片内扩展 RAM 的 0100H 单元中，读取 EEPROM 的 0200H 单元内容与片内扩展 RAM 的 0200H 单元内容并对这两个单元的内容进行比较，若相等，则点亮 P1.7 控制的 LED；否则，P1.7 控制的 LED 闪烁。

3．编程，读取 EEPROM 的 0001H 单元中的数据，若数据中 1 的个数是奇数，则点亮 P1.7 控制的 LED；否则，点亮 P1.6 控制的 LED。

第 7 章　STC15W4K32S4 单片机的定时/计数器

在单片机的应用中，经常需要利用定时/计数器实现定时（或延时）控制，以及对外界事件进行计数。在单片机应用中，可供选择的定时方法有以下几种。

（1）软件定时。

让 CPU 循环执行一段程序，通过选择指令和安排循环次数实现软件定时。采用软件定时会完全占用 CPU，增加 CPU 开销，降低 CPU 的工作效率。因此软件定时的时间不宜太长，这种定时方法仅适用于 CPU 较空闲的程序。

（2）硬件定时。

硬件定时的特点是，定时功能全部由硬件电路（如采用 555 时基电路）完成，不占用 CPU 时间，但需要改变电路的参数调节定时时间，在使用上不够方便，同时增加了硬件成本。

（3）可编程定时器定时。

可编程定时器的定时值及定时范围很容易通过软件进行确定和修改。STC15W4K32S4 单片机内部有 5 个 16 位的定时/计数器（T0、T1、T2、T3 和 T4），通过对系统时钟或外部输入信号进行计数与控制，可以方便地用于定时控制、事件记录，或者用作分频器。

7.1　定时/计数器（T0、T1）的结构和工作原理

STC15W4K32S4 单片机内部有 5 个 16 位的定时/计数器，即 T0、T1、T2、T3 和 T4。下面，首先介绍 T0、T1，其结构框图如图 7.1 所示。TL0、TH0 分别是 T0 的低 8 位、高 8 位状态值，TL1、TH1 分别是 T1 的低 8 位、高 8 位状态值。TMOD 是 T0、T1 的工作方式寄存器，由它确定 T0、T1 的工作方式和功能。TCON 是 T0、T1 的控制寄存器，用于控制 T0、T1 的启动与停止，并记录 T0、T1 的计满溢出标志。AUXR 称为辅助寄存器，其 T0x12、T1x12 分别用于设定 T0、T1 内部计数脉冲的分频系数。P3.4、P3.5 分别为 T0、T1 的外部计数脉冲输入端。

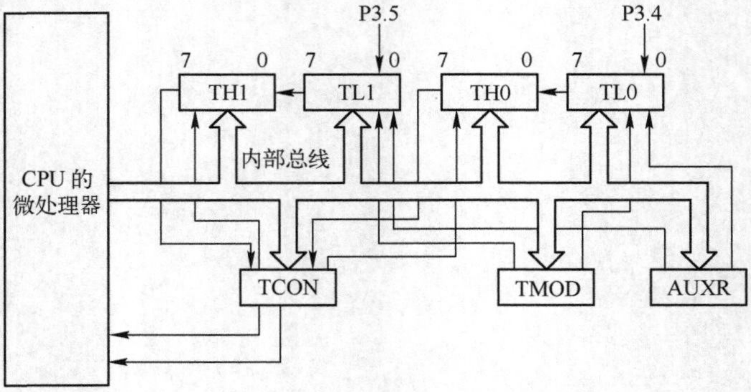

图 7.1　T0、T1 的结构框图

STC15W4K32S4 单片机计数器电路框图如图 7.2 所示。T0、T1 的核心电路是一个加 1 计数器。加 1 计数器的脉冲来源有两个：一个是外部脉冲源，即 T0（P3.4）和 T1（P3.5）；另一个是系统的时钟信号。加 1 计数器对其中一个脉冲源进行输入计数，每输入一个脉冲，计数值加 1，当计数到计数器为全 1 时，再输入一个脉冲就使计数值回 0，同时使计数器计满溢出标志位 TF0 或 TF1 置 1，并向 CPU 发出中断请求。

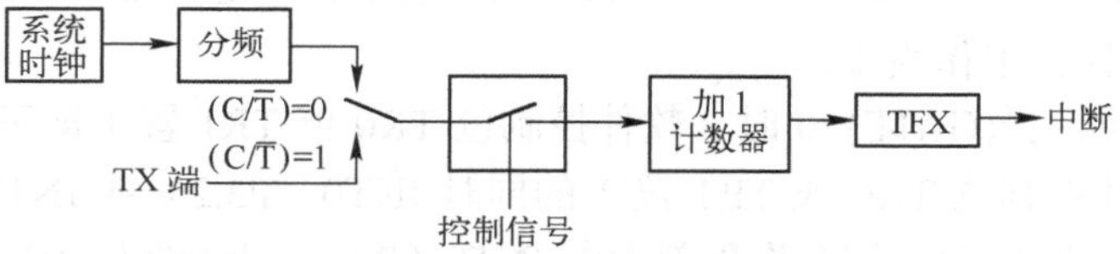

图 7.2　STC15W4K32S4 单片机计数器电路框图

定时功能。当脉冲源为系统时钟（等间隔脉冲序列）时，由于计数脉冲为一时间基准，因此脉冲数乘以计数脉冲周期（系统周期或 12 倍系统周期）就是定时时间。换言之，当系统时钟确定时，利用计数器的计数值就可以确定定时时间。

计数功能。当脉冲源为单片机外部引脚的输入脉冲时，定时/计数器就是外部事件的计数器，比如，当 T0 的计数输入端 P3.4 有一个负跳变时，T0 计数器的状态值加 1。外部输入信号的速率是不受限制的，但必须保证给出的电平在变化前至少被采样一次。

7.2　定时/计数器（T0、T1）的控制

STC15W4K32S4 单片机内部定时/计数器（T0、T1）的工作方式和控制由 TMOD、TCON 和 AUXR 三个特殊功能寄存器进行管理。

TMOD：用于设置定时/计数器（T0、T1）的工作方式与功能。

TCON：用于控制定时/计数器（T0、T1）的启动与停止，并记录定时/计数器（T0、T1）的溢出标志。

AUXR：用于设置定时计数脉冲的分频系数。

1．TMOD

TMOD 为 T0、T1 的工作方式寄存器，其格式如下。

	地址	B7	B6	B5	B4	B3	B2	B1	B0	复位值
TMOD	89H	GATE	$C/\overline{T}$	M1	M0	GATE	$C/\overline{T}$	M1	M0	0000 0000
		T1				T0				

TMOD 的低 4 位为 T0 的方式字段，高 4 位为 T1 的方式字段，它们的含义完全相同。

M1 和 M0：T0、T1 的工作方式选择位。T0、T1 的工作方式及功能说明如表 7.1 所示。

表 7.1　T0、T1 的工作方式及功能说明

M1 和 M0	工作方式	功能说明
0　0	工作方式 0	自动重装初始值的 16 位定时/计数器（推荐）
0　1	工作方式 1	16 位定时/计数器

续表

M1 和 M0	工作方式	功能说明
1　　0	工作方式 2	自动重装初始值的 8 位定时/计数器
1　　1	工作方式 3	定时/计数器 0：分成两个 8 位定时/计数器 定时/计数器 1：停止计数

$C/\overline{T}$：功能选择位。当$(C/\overline{T})=0$时，T0 和 T1 被设置为定时工作模式；当$(C/\overline{T})=1$时，T0 和 T1 被设置为计数工作模式。

GATE：门控位。当(GATE)=0 时，软件控制位 TR0 或 TR1 置 1 即可启动 T0 或 T1；当(GATE)=1 时，软件控制位 TR0 或 TR1 置 1 的同时 INT0（P3.2）或 INT1（P3.3）引脚输入为高电平方可启动 T0 或 T1，即允许外部中断 INT0（P3.2）或 INT1（P3.3）输入引脚信号参与控制 T0 或 T1 的启动与停止。

TMOD 不能进行位寻址，只能用字节指令设置 T0 或 T1 工作方式，高 4 位定义 T1，低 4 位定义 T0。当系统复位时，TMOD 的所有位均置 0。

如果需要设置 T1 工作于方式 1 定时模式下，T1 的启停与外部中断 INT1（P3.3）输入引脚信号无关，则(M1)=0、(M0)=1，$(C/\overline{T})=0$、(GATE)=0，因此，TMOD 的高 4 位应为 0001；T0 未用，低 4 位可随意设置，一般将其设置为 0000。因此，指令形式为 MOV　TMOD,#10H 或 TMOD=0x10。

2．TCON

TCON 的作用是控制定时/计数器的启动与停止，记录定时/计数器的溢出标志，以及控制外部中断。TCON 的格式如下。

	地址	B7	B6	B5	B4	B3	B2	B1	B0	复位值
TCON	88H	TF1	TR1	TF0	TR0	IE1	IT1	IE0	IT0	0000 0000

TF1：T1 溢出标志位。当 T1 计满产生溢出时，由硬件自动置位 TF1，在中断允许时，向 CPU 发出中断请求，中断响应后，由硬件自动清除 TF1 标志。也可通过查询 TF1 标志来判断计满溢出时刻，查询结束后，用软件清除 TF1 标志。

TR1：T1 运行控制位，由软件置 1 或清 0，从而实现启动或关闭 T1。当(GATE)=0 时，TR1 置 1 即可启动 T1；当(GATE)=1 时，TR1 置 1 且 INT1（P3.3）输入引脚信号为高电平方可启动 T1。

TF0：T0 溢出标志位，其功能及操作情况同 TF1。

TR0：T0 运行控制位，其功能及操作情况同 TR1。

TCON 中的低 4 位用于控制外部中断，与定时/计数器无关，该内容将在第 8 章详细介绍。当系统复位时，TCON 的所有位均清 0。

TCON 的字节地址为 88H，可以进行位寻址，清除溢出标志、启动或停止定时/计数器都可以用位操作指令实现。

3．AUXR

AUXR 的 T0x12、T1x12 用于设定 T0、T1 定时计数脉冲的分频系数。AUXR 的格式如下。

	地址	B7	B6	B5	B4	B3	B2	B1	B0	复位值
AUXR	8EH	T0x12	T1x12	UART_M0x6	T2R	T2_C/$\overline{T}$	T2x12	EXTRAM	S1ST2	00000000

T0x12：用于设置 T0 定时计数脉冲的分频系数。当(T0x12)=0 时，定时计数脉冲与传统 8051 单片机的定时计数脉冲完全一样，定时计数脉冲周期为系统时钟周期的 12 倍，即 12 分频；当(T0x12)=1 时，定时计数脉冲为系统时钟脉冲，定时计数脉冲周期等于系统时钟周期，即无分频。

T1x12：用于设置 T1 定时计数脉冲的分频系数。当(T1x12)=0 时，定时计数脉冲与传统 8051 单片机的定时计数脉冲完全一样，定时计数脉冲周期为系统时钟周期的 12 倍，即 12 分频；当(T1x12)=1，定时计数脉冲为系统时钟脉冲，定时计数脉冲周期等于系统时钟周期，即无分频。

7.3 定时/计数器（T0、T1）的工作方式

定时/计数器有 4 种工作方式，分别为工作方式 0、工作方式 1、工作方式 2 和工作方式 3。其中，T0 可以工作在这 4 种工作方式中的任何一种，而 T1 只能工作在工作方式 0、工作方式 1 和工作方式 2。除工作方式 3 以外，在其他 3 种工作方式下，T0 和 T1 的工作原理是相同的。下面以 T0 为例，详细介绍定时/计数器的 4 种工作方式。

1. 工作方式 0

定时/计数器在工作方式 0 下工作的电路框图如图 7.3 所示。T0 有两个隐含的寄存器 RL_TH0、RL_TL0，用于保存 16 位计数器的重装初始值，当 TH0、TL0 构成的 16 位计数器计满溢出时，RL_TH0、RL_TL0 的值自动装入 TH0、TL0。RL_TH0 与 TH0 共用一个地址，RL_TL0 与 TL0 共用一个地址。当(TR0)=0 时，在对 TH0、TL0 写入数据时，也会同时将数据写入 RL_TH0、RL_TL0 中；当(TR0)=1 时，在对 TH0、TL0 写入数据时，数据只写入 RL_TH0、RL_TL0 中，而不会写入 TH0、TL0 中，这样不会影响 T0 的正常计数。

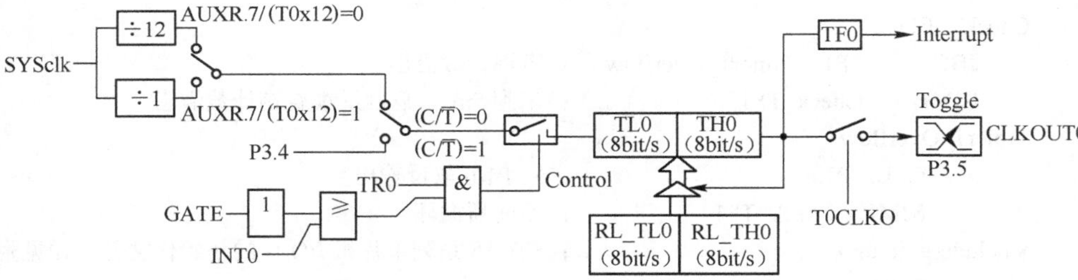

图 7.3　定时/计数器在工作方式 0 下工作的电路框图

当$(C/\overline{T})=0$时，多路开关连接系统时钟的分频输出，T0 对定时计数脉冲计数，即 T0 处于定时工作状态。T0x12 决定了如何对系统时钟进行分频，当(T0x12)=0 时，使用 12 分频（与传统 8051 单片机兼容）；当(T0x12)=1 时，直接使用系统时钟（不分频）。

当$(C/\overline{T})=1$时，多路开关连接外部输入脉冲引脚 P3.4，T0 对 P3.4 引脚输入脉冲计数，即 T0 处于计数工作状态。

GATE 的作用：一般情况下，应使 GATE 为 0，这样，T0 的运行控制仅由 TR0 的状态确定（TR0 为 1 时启动，TR0 为 0 时停止）。只有在启动计数要由外部输入引脚 INT0（P3.2）控制时，才使 GATE 为 1。由图 7.3 可知，当(GATE)=1，TR0 为 1 且 INT0 引脚输入高电平时，T0 才能启动计数。利用 GATE 的这一功能，可以很方便地测量脉冲宽度。

当 T0 工作在定时状态下时，定时时间的计算公式为

$$定时时间=(2^{16}-T0\ 的定时初始值)\times 系统时钟周期\times 12^{(1-T0x12)}$$

注意： 传统 8051 单片机 T0 的在工作方式 0 下为 13 位定时/计数器，没有 RL_TH0、RL_TL0 这两个隐含的寄存器，新增的 RL_TH0、RL_TL0 也没有分配新的地址。T1 中增加的 RL_TH1、RL_TL1 用于保存 16 位定时/计数器的重装初始值，当 TH1、TL1 构成的 16 位计数器计满溢出时，RL_TH1、RL_TL1 的值自动装入 TH1、TL1 中。RL_TH1 与 TH1 共用一个地址，RL_TL1 与 TL1 共用一个地址。

例 7.1 用工作方式 0 下的 T1 实现定时，并在 P1.6 引脚输出周期为 10ms 的方波。

解 根据题意，采用工作方式 0 下的 T1 进行定时，因此，(TMOD)=00H。

因为方波周期为 10ms，所以 T1 的定时时间应为 5ms，每 5ms 就对 P1.6 取反，这样就可实现在 P1.6 引脚输出周期为 10ms 的方波。系统采用频率为 12MHz 的晶振，其分频系数为 12，即定时脉钟周期为 1μs，则 T1 的初始值为

$$2^{16}-计数值=65536-5000=60536=EC78H$$

即(TH1) = ECH，(TL1) = 78H。

汇编语言参考源程序如下。

```
$include(stc15.inc)          ；STC15 系列单片机新增特殊功能寄存器的定义文件，详见附录 F
    ORG     0000H
    LCALL   GPIO                  ；调用 I/O 口初始化程序
    MOV     TMOD，#00H            ；设置 T1 处于工作方式 1 定时模式
    MOV     TH1，#0ECH            ；置 T1 初始值为 5ms
    MOV     TL1，#78H
    SETB    TR1                   ；启动 T1
Check_TF1：
    JBC     TF1，Timer1_Overflow   ；查询计数溢出
    SJMP    Check_TF1             ；未到 5ms，返回继续查询计数溢出
Timer1_Overflow:
        CPL   P1.6                ；对 P1.6 取反输出
        SJMP  Check_TF1           ；不间断循环
$include(gpio.inc)               ；STC15 系列单片机 I/O 口的初始化文件，详见附录 F
        END
```

C 语言参考源程序如下。

```
#include <stc15.h>                  //包含支持 STC15 系列单片机的头文件
#include <intrins.h>
#include <gpio.h>                   //包含 I/O 口初始化文件
```

```
#define uchar unsigned char
#define uint   unsigned int
sbit P16=P1^6;                                  //该语句可取消，STC15.h 头文件包含该语句
void main(void)
{
      gpio();                                   //I/O 初始化
      TMOD=0x00;                                //T1 初始化
      TH1=0xec;
      TL1=0x78;
      TR1=1;                                    //启动 T1
      while(1)
      {
          if(TF1==1)                            //判断 5ms 定时时间是否到达
          {
              TF1=0;
              P16=!P16;                         //5ms 定时时间到达，取反输出
          }
      }
}
```

2．工作方式 1

T0 在工作方式 1 下工作的电路框图如图 7.4 所示。

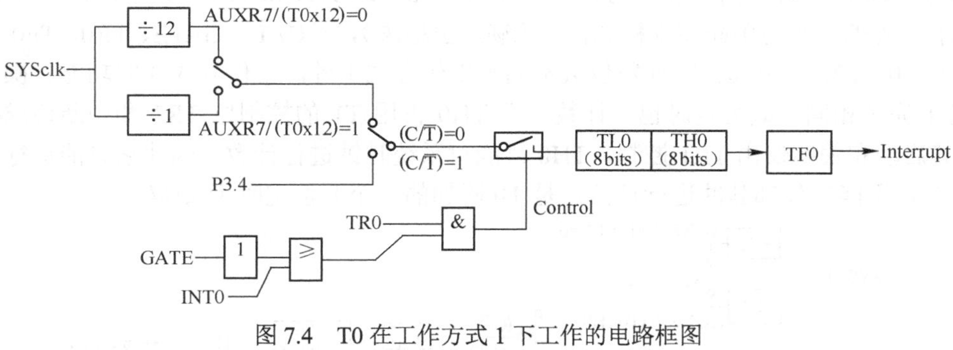

图 7.4　T0 在工作方式 1 下工作的电路框图

工作在工作方式 1 和工作方式 0 下的定时/计数器都是 16 位的定时/计数器，TH0 作为高 8 位，TL0 作为低 8 位，工作方式 1 的定时时间的计算公式与工作方式 0 的定时时间的计算公式一样，工作方式 1 和工作方式 0 的不同点在于，工作在工作方式 0 下的定时/计数器是可重装初始值的 16 位的定时/计数器；而工作在工作方式 1 下的定时/计数器是不可重装初始值的 16 位的定时/计数器。因此，有了可重装初始值的 16 位的定时/计数器，不可重装初始值的 16 位的定时/计数器的应用意义就不大了。

3．工作方式 2

T0 在工作方式 2 下工作的电路框图如图 7.5 所示。

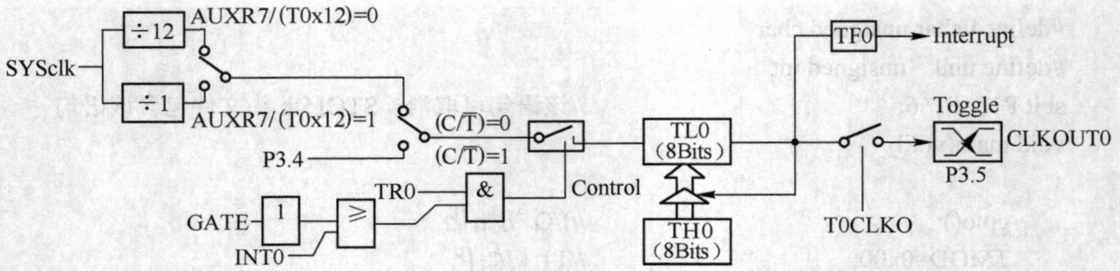

图 7.5　T0 在工作方式 2 下工作的电路框图

工作在工作方式 2 下的 T0 是具有自动重装功能的 8 位定时/计数器，TL0 是 8 位计数器，TH0 是数据缓冲器，用于存放 8 位初始值。当 TL0 计满溢出时，在 TF0 置 1 的同时，还自动将 TH0 的常数送至 TL0，使 TL0 从初值开始重新计数。这种工作方式可省去在用户软件中重置定时常数的程序，并可产生高精度的定时时间，工作在工作方式 2 下的定时/计数器特别适合用作串行通信端口的波特率发生器。

工作方式 2 定时时间的计算公式如下

$$定时时间=(2^8-定时器的初始值)\times 系统时钟周期\times 12^{(1-T0x12)}$$

注意：由于 8 位可自动重装初始值的定时/计数器完全可以由 16 位可重装初始值的定时/计数器取代，故 8 位可自动重装初始值的定时/计数器实际应用意义也就不大了。

4．工作方式 3

T0 在工作方式 3 下工作的电路框图如图 7.6 所示。由图 7.6 可知，当 T0 在工作方式 3 下工作时，T0 被分解成两个独立的 8 位定时/计数器，即 TL0 和 TH0。其中，TL0 占用原 T0 的控制位、外部引脚与中断请求标志位（计满溢出标志），即 $C/\overline{T}$ 、GATE、TR0、TF0 和 P3.4 引脚、INT0（P3.2）引脚。除计数位数不同于工作方式 1 外，工作方式 3 的功能、操作与工作方式 1 完全相同，既可定时也可计数。而 TH0 占用 T1 的控制位 TR1 和中断请求标志位 TF1，其启动和关闭仅由 TR1 控制，TH0 只能对系统时钟进行计数，因此它只能进行简单的内部定时，不能对外部脉冲进行计数，是 T0 附加的一个 8 位定时/计数器。

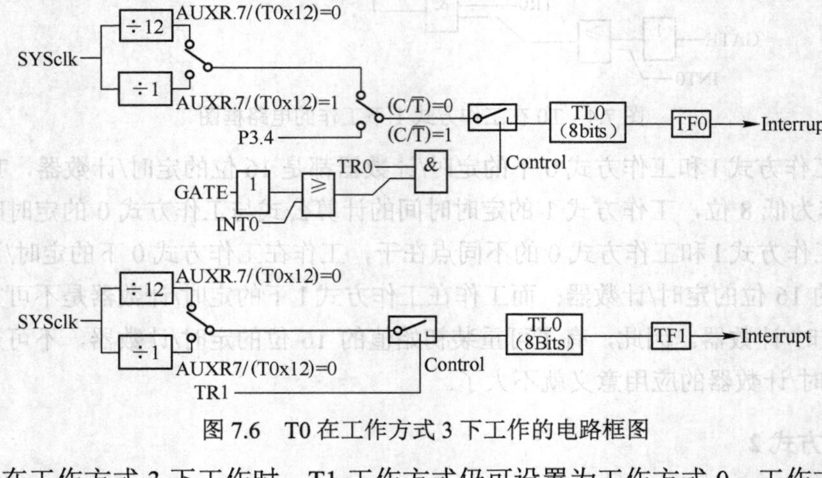

图 7.6　T0 在工作方式 3 下工作的电路框图

当 T1 在工作方式 3 下工作时，T1 工作方式仍可设置为工作方式 0、工作方式 1 或工作方式 2。但由于 TR1、TF1 已被 T0 占用，因此，T1 仅由控制位 $C/\overline{T}$ 切换其定时或计数功能，当计数器计满溢出时，计满溢出脉冲只能送往串行通信端口，或作为可编程脉冲输出。在这种情况下，T1 一般用作串行通信端口波特率发生器。因为 T1 的 TR1 被占用，所以其启动和关闭较为特殊，当设置好工作方式后，T1 即自动开始运行，若要停止计数，只需要送入一个可以将 T1 设置为工作方式 3 的方式字。

7.4　定时/计数器（T0、T1）的应用举例

STC15W4K32S4 单片机的定时/计数器是可编程的，在利用定时/计数器进行定时或计数之前，先要通过软件对它进行初始化。定时/计数器初始化程序应完成如下工作。

① 对 TMOD 赋值，确定 T0、Tl 的工作方式。

② 对 AUXR 赋值，确定定时脉冲的分频系数，默认值为 12 分频，与传统 8051 单片机兼容。

③ 根据定时时间计算初值，并将其写入 TH0、TL0，或者 TH1、TL1。

④ 当定时/计数器工作在中断方式时，对 IE 赋值，开放中断，必要时，还需要对 IP 进行操作，以确定 T0、T1 中断源的优先等级。

⑤ 置位 TR0 或 TR1，启动 T0 或 Tl 开始定时或计数。

温馨提示：STC-ISP 在线编程软件具有定时计算功能，可用于定时器定时的初始化设置，详见附录 D。

7.4.1　定时应用

例 7.2　要求用单片机定时/计数器 T1 实现 LED 闪烁点亮，闪烁间隔时间为 1s。

解　LED 采用低电平驱动，其显示电路如图 7.7 所示。

系统采用频率为 12MHz 的晶振，分频系数为 12，即定时时钟周期为 1μs；用工作方式 0 下的 T1 定时，但最大定时时间只有 65.536ms，因此，这里需要采用定时累计的方法实现 1s 定时。拟采用 T1 定时 50ms，累计 20 次实现 1s 定时。用 R3 作为 50ms 计数单元，初始值为 20，50ms 定时对应的初始值为 3CB0H。

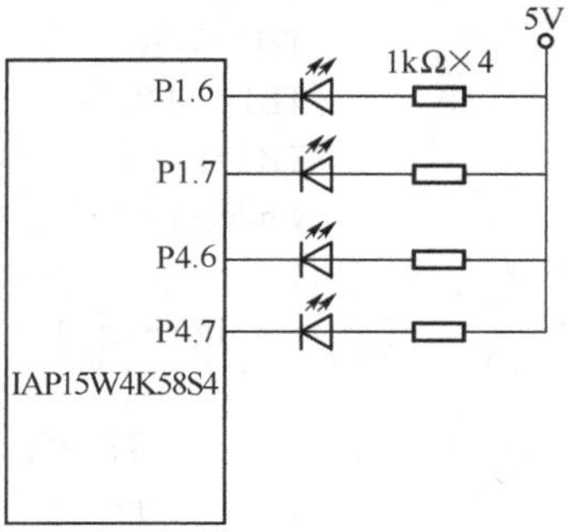

图 7.7　LED 显示电路

汇编语言参考源程序（FLASH.ASM）如下。

```
$include(stc15.inc)          ；STC15 系列单片机新增特殊功能寄存器的定义文件，详见附录 F
    ORG      0000H
    LCALL GPIO               ；调用 I/O 口初始化程序
    MOV   R3,#20             ；置 50ms 计数循环初始值
    MOV   TMOD,#00H          ；将 T1 的工作方式设置为工作方式 0
    MOV   TH1,#3CH           ；置 50msT1 初始值
    MOV   TL1,#0B0H
    SETB  TR1                ；启动 T1
```

```
Check_TF1:
    JBC   TF1,Timer1_Overflow    ; 查询计数溢出
    SJMP  Check_TF1              ; 未到 50ms 返回继续查询
Timer1_Overflow:
    DJNZ  R3,Check_TF1           ; 未到 1s 继续循环
    MOV   R3, #20
    CPL   P1.6                   ; 对 LED 的驱动取反输出
    CPL   P1.7
    CPL   P4.6
    CPL   P4.7
    SJMP  Check_TF1
$include(gpio.inc)               ; STC15 系列单片机 I/O 口的初始化文件，详见附录 F
    END
```

C 语言参考源程序（flash.c）如下。

```
#include <stc15.h>                   //包含支持 STC15 系列单片机的头文件
#include <intrins.h>
#include <gpio.h>
#define  uchar  unsigned  char
#define  uint   unsigned  int
uchar  i = 0;
void main(void)
{
    gpio();                          //I/O 口初始化
    TMOD=0x00;                       //T1 初始化
    TH1=0x3c;
    TL1=0xb0;
    TR1=1;                           //启动 T1
    while(1)
    {
        if(TF1==1)                   //50ms 到，清 0TF1，50ms 计数器 i 加 1
        {
            TF1=0;
            i++;
            if(i==20)                //1s 到，执行 LED 驱动取反输出语句
            {
                i=0;
                P16=~P16;            //LED 的驱动取反输出
                P17=~P17;
                P46=~P46;
                P47=~P47;
            }
        }
    }
}
```

7.4.2 计数应用

例 7.3 连续输入 5 个单次脉冲使单片机控制的 LED 状态翻转一次，要求用定时/计数器的计数功能实现。

解 采用 T1 的计数功能实现，LED 的计数控制如图 7.8 所示。T1 采用工作方式 0 的计数方式，初始值为 FFFBH，当输入 5 个单次脉冲时，即将 T1 计满溢出标志位 TF1 置 1，通过查询 TF1 的状态，进而对 P1.6 控制的 LED 进行控制。

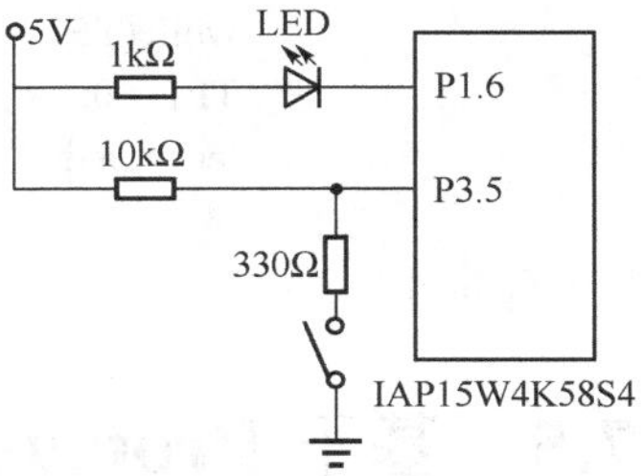

图 7.8 LED 的计数控制

汇编语言参考源程序（COUNTER.ASM）如下。

```
$include(stc15.inc)                          ; STC15 新增特殊功能寄存器的定义文件详见附录 F
         ORG     0000H
         LCALL GPIO                          ; 调用 I/O 口初始化程序
         MOV   TMOD,  #40H                   ; 设定 T1 采用工作方式 0，以实现计数功能
         MOV   TH1,   #0FFH
         MOV   TL1,   #0FBH                  ; 设置计数器初始值（256-5）
         SETB  TR1                           ; 启动计数功能
Check_TF1:
         JBC   TF1,   Timer1_Overflow        ; 查询是否计数溢出
         LJMP  Check_TF1
Timer1_Overflow:
         CPL   P1.6                          ; 当累计 5 个脉冲时，LED 状态翻转
         LJMP  Check_TF1
$include(gpio.inc)                           ; STC15 系列单片机 I/O 口的初始化文件，详见附录 F
         END
```

C 语言参考源程序（counter.c）如下。

```
#include<stc15.h>
#include<gpio.h>
#include<intrins.h>
#define uchar unsigned char
#define uint unsigned int
sbit   led = P1^6;
void   Timer1_initial(void)
{
    TMOD = 0x40;                  //设定 T1 采用工作方式 0，以实现计数功能
    TH1 = 0xff;                   //设定 T1 初始值（65536-5）
    TL1 = 0xfb;
    TR1 = 1;                      //开始计数
}
void main(void)
{
    gpio();
    Timer1_initial();             //T1 初始化
    while(1)
    {
```

```
    //不断查询是否溢出，若没有溢出，则等待溢出；若有溢出，则清空溢出标志，LED 状态取反
        while(TF1==0);
        TF1 = 0;
        led = !led;
    }
}
```

7.5 基于 Proteus 仿真与 STC 实操秒表的设计

1. 系统功能

利用单片机定时/计数器设计一个秒表，采用 LED 数码管显示，计满 100s 后重新计数，依次循环。利用一只开关控制秒表的启动和停止。

2. 硬件设计

结合 STC15 系列单片机的官方学习板，采用由 74HC595 驱动的 8 位 LED 数码管显示秒表的数值，利用 SW17 模拟开关控制秒表的启动和停止，断开计时，合上停止计时。用 Proteus 绘制的秒表电路如图 7.9 所示。

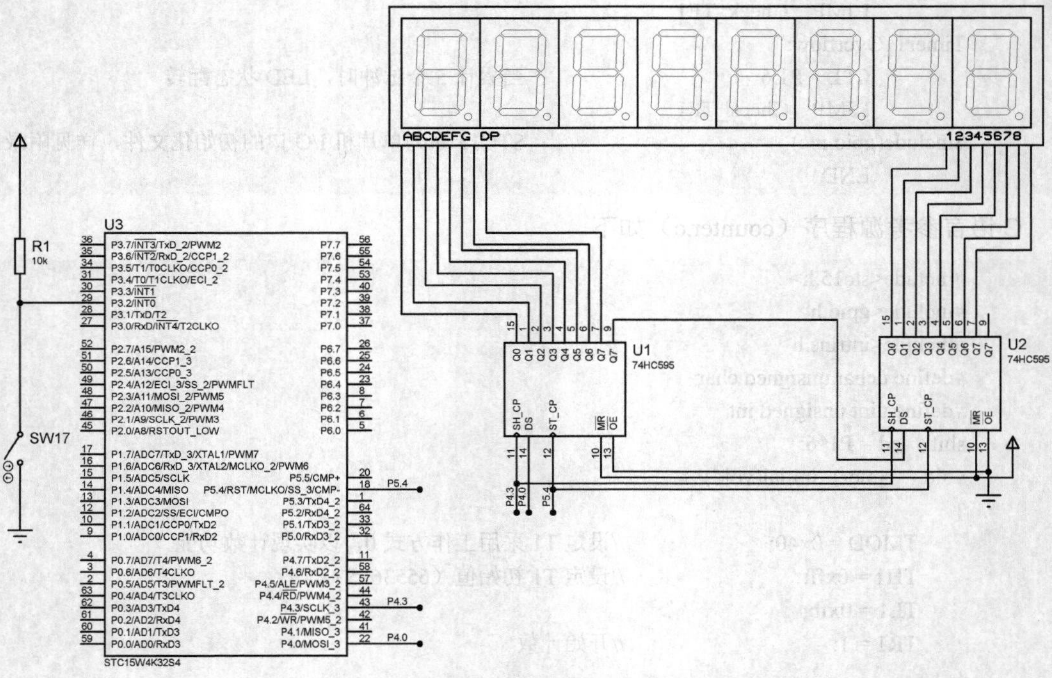

图 7.9　用 Proteus 绘制的秒表电路

3. 程序设计

（1）程序说明。

利用 T0 定时 50ms，累计 20 次实现 1s 定时，秒计数值直接送 LED 数码管的显示缓冲区，

循环调用显示驱动函数即可。

（2）参考程序（秒表.c）如下。

```
#include <stc15.h>                          //包含支持 STC15 系列单片机的头文件
#include <intrins.h>
#include <gpio.h>                           //包含 I/O 口初始化文件
#define uchar unsigned char
#define uint   unsigned int
#include <595hc.h>
uchar dat=0;                                //定义 BCD 计数单元（范围为 0～99）
uchar cnt=0;                                //定义循环变量
sbit SW17=P3^2;                             //定义按键
/*---------------------------T0 初始化子函数--------------------------------*/
void Timer0_init(void)
{
    TMOD = 0x00;                            //设定 T0 采用工作方式 0
    TH0 = (65536-50000)/256;                //赋 50ms 定时初始值
    TL0 = (65536-50000)%256;
}
/*---------------------------启停子函数--------------------------------*/
void Start_STOP(void)
{
    if(SW17==1)                             //判断开关的状态
    {
        TR0=1;                              //开始计时
    }
    else
    {
        TR0=0;
    }
}
/*-------------------------主函数-------------------------------*/
void main(void)
{
    gpio();
    Timer0_init();                          //T0 初始化
    while(1)
    {
        display();                          //调用显示函数
        Start_STOP();                       //启动定时功能
        if(TF0==1)
        {
            TF0=0;
            cnt++;
            if(cnt==20)                     //当计数器 i 显示数值为 20 时，计时 1s
```

```
            {
                cnt = 0;
                dat++;
                if(dat==100)                //当计时满 100s 时，从 0 开始重新计数
                {
                    dat=0;
                }
            }
            Dis_buf[7]= dat%10;             //秒计数值送至显示缓冲区
            Dis_buf[6]= dat/10;

        }
    }
}
```

4. 系统调试

（1）用 Keil C 集成开发环境编辑与编译用户程序（秒表.c），生成机器代码文件秒表.hex。

（2）Proteus 仿真。

① 按图 7.9 绘制电路。

② 将秒表.hex 程序下载到 STC15W4K32S4 单片机中。

③ 启动仿真，观察并记录程序运行结果。

- 开关断开，应能看到显示器数值每隔 1s 加 1。
- 开关合上，应能看到显示器数值不会改变。

（3）STC 单片机实操。

① 用 USB 接口连接计算机与 STC15W 系列单片机官方学习板（若非官方学习板，则需要根据实际端口修改程序）。

② 启动 STC-ISP 在线编程软件，将秒表.hex 程序下载到 STC15W 系列单片机学习板中的单片机中。

③ 观察并记录程序运行结果。

- 松开 SW17，应能看到显示器数值每隔 1s 加 1。
- 按住 SW17，应能看到显示器数值不会改变。

（4）修改与调试程序，实现显示的高位灭“零”功能，以及扩大秒表的计时范围（扩大至 1000s）。

7.6 定时/计数器 T2

7.6.1 T2 的电路结构

STC15W4K32S4 单片机 T2 的电路结构如图 7.10 所示。T2 的电路结构与 T0、T1 的电路结构基本一致，但 T2 的工作模式固定为 16 位自动重装初始值模式。T2 可以用作定时/计数

器，也可以用作串行通信端口的波特率发生器和可编程时钟输出源。

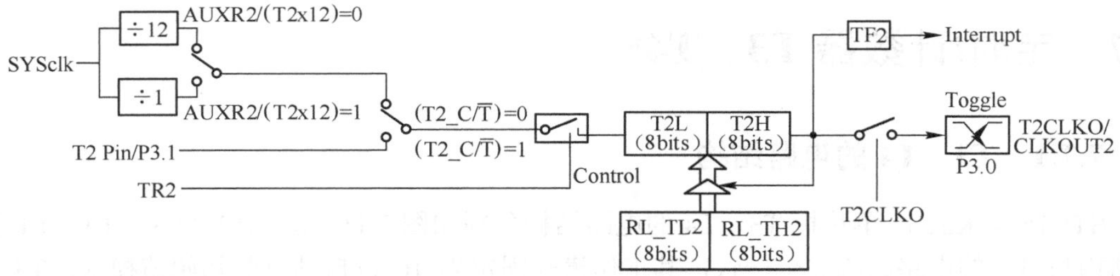

图 7.10 STC15W4K32S4 单片机 T2 的电路结构

7.6.2 T2 的控制寄存器

STC15W4K32S4 单片机内部 T2 的状态寄存器为 T2H、T2L，T2 由特殊功能寄存器 AUXR、INT_CLKO、IE2 进行控制与管理。与 T2 有关的特殊功能寄存器如表 7.2 所示。

表 7.2 与 T2 有关的特殊功能寄存器

符号	地址	B7	B6	B5	B4	B3	B2	B1	B0	复位值
T2H	D6H	T2 的高 8 位								0000.0000
T2L	D7H	T2 的低 8 位								0000.0000
AUXR	8EH	T0x12	T1x12	UART_M0x6	T2R	T2_C/T̄	T2x12	EXTRAM	S1ST2	0000.0000
INT_CLKO	8FH	—	EX4	EX3	EX2	LVD_WAKE	T2CLKO	T1CLKO	T0CLKO	0000.0000
IE2	AFH	—	—	—	—	—	ET2	ESPI	ES2	xxxx.x000

（1）T2R：T2 运行控制位。

0：T2 停止运行。

1：T2 运行。

（2）T2_C/T̄：定时、计数选择控制位。

0：T2 为定时状态，计数脉冲为系统时钟或系统时钟的 12 分频信号。

1：T2 为计数状态，计数脉冲为 P3.1 输入引脚的脉冲信号。

（3）T2x12：定时脉冲的选择控制位。

0：定时脉冲为系统时钟的 12 分频信号。

1：定时脉冲为系统时钟信号。

（4）T2CLKO：T2 时钟输出控制位。

0：不允许将 P3.0 配置为 T2 的时钟输出引脚。

1：将 P3.0 配置为 T2 的时钟输出引脚。

（5）ET2：T2 的中断允许位。

0：禁止 T2 中断。

1：允许 T2 中断。

T2 的中断向量地址是 0063H，其中断号是 12。

（6）S1ST2：串行通信端口 1（UART1）波特率发生器的选择控制位。

0：选择 T1 为串行通信端口 1（UART1）波特率发生器。

1：选择 T2 为串行通信端口 1（UART1）波特率发生器。

7.7　定时/计数器 T3、T4*

7.7.1　T3、T4 的电路结构

STC15W4K32S4 单片机 T3、T4 的电路结构分别如图 7.11、图 7.12 所示。T3、T4 的电路结构与 T2 的电路结构完全一致，其工作模式固定为 16 位自动重装初始值模式。T3、T4 可以用作定时/计数器，也可以用作串行通信端口的波特率发生器和可编程时钟输出源。

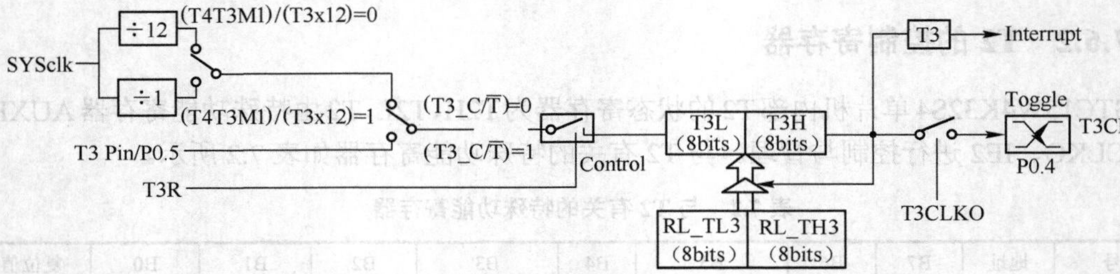

图 7.11　STC15W4K32S4 单片机 T3 的电路结构

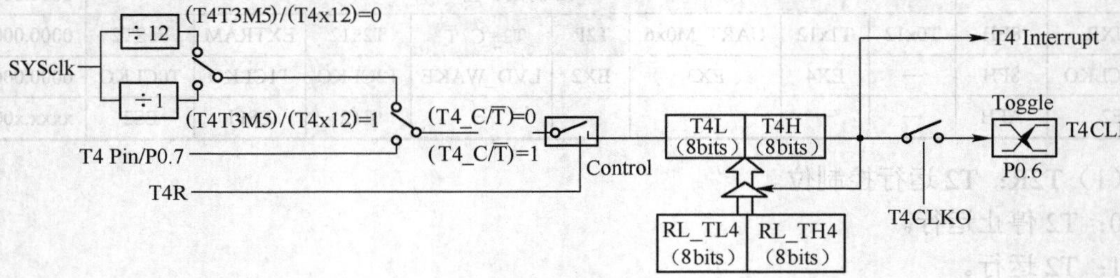

图 7.12　STC15W4K32S4 单片机 T4 的电路结构

7.7.2　T3、T4 的控制寄存器

STC15W4K32S4 单片机内部 T3 的状态寄存器是 T3H、T3L，T4 的状态寄存器是 T4H、T4L，T3、T4 由特殊功能寄存器 T4T3M、IE2 进行控制与管理。与 T3、T4 有关的特殊功能寄存器如表 7.3 所示。

表 7.3　与 T3、T4 有关的特殊功能寄存器

符号	地址	B7	B6	B5	B4	B3	B2	B1	B0	复位值
T3H	D4H	T3 的高 8 位								0000.0000
T3L	D5H	T3 的低 8 位								
T4H	D2H	T4 的高 8 位								0000.0000
T4L	D3H	T4 的低 8 位								—
T4T3M	D1H	T4R	T4_C/$\overline{T}$	T4x12	T4CLKO	T3R	T3_C/$\overline{T}$	T3x12	T3CLKO	0000.0000
IE2	AFH	—	ET4	ET3	ES4	ES3	ET2	ESPI	ES2	x000.0000

（1）T3R：T3 运行控制位。

0：T3 停止运行。

1：T3 运行。

（2）T3_C/$\overline{\mathrm{T}}$：定时、计数选择控制位。

0：T3 为定时状态，计数脉冲为系统时钟或系统时钟的 12 分频信号。

1：T3 为计数状态，计数脉冲为 P0.5 输入引脚的脉冲信号。

（3）T3x12：定时脉冲的选择控制位。

0：定时脉冲为系统时钟的 12 分频信号。

1：定时脉冲为系统时钟信号。

（4）T3CLKO：T3 时钟输出控制位。

0：不允许将 P0.4 配置为 T3 的时钟输出引脚。

1：将 P0.4 配置为 T3 的时钟输出引脚。

（5）T4R：T4 运行控制位。

0：T4 停止运行。

1：T4 运行。

（6）T4_C/$\overline{\mathrm{T}}$：定时、计数选择控制位。

0：T4 为定时状态，计数脉冲为系统时钟或系统时钟的 12 分频信号。

1：T4 为计数状态，计数脉冲为 P0.7 输入引脚的脉冲信号。

（7）T4x12：定时脉冲的选择控制位。

0：定时脉冲为系统时钟的 12 分频信号。

1：定时脉冲为系统时钟信号。

（8）T4CLKO：T4 时钟输出控制位。

0：不允许将 P0.6 配置为 T4 的时钟输出引脚。

1：将 P0.6 配置为 T4 的时钟输出引脚。

（9）ET3：T3 的中断允许位。

0：禁止 T3 中断。

1：允许 T3 中断。

T3 的中断向量地址是 009BH，其中断号是 19。

（10）ET4：T4 的中断允许位。

0：禁止 T4 中断。

1：允许 T4 中断。

T4 的中断向量地址是 00A3H，其中断号是 20。

7.8 可编程时钟输出功能

STC15W4K32S4 单片机除主时钟可编程输出时钟信号以外，其 T0、T1、T2、T3、T4

也可编程输出时钟信号。

7.8.1 T0～T4 的可编程时钟输出

很多实际应用系统需要为外围元器件提供时钟，如果单片机能提供可编程时钟输出功能，则可以降低系统成本，缩小 PCB 的面积；当不需要时钟输出时，可关闭时钟输出，这样不但可以降低系统的功耗，还可以减轻时钟对外的电磁辐射。STC15W4K32S4 单片机增加了 T0CLKO（P3.5）、TlCLKO（P3.4）、T2CLKO（P3.0）、T3CLKO（P0.4）和 T4CLKO（P0.6）五个可编程时钟输出引脚。T0CLKO（P3.5）的输出时钟频率由 T0 控制，TlCLKO（P3.4）的输出时钟频率由 T1 控制，相应的 T0、T1 需要工作在工作方式 0 或工作方式 2（自动重装数据模式）下。T2CLKO（P3.0）的输出时钟频率由 T2 控制，T3CLKO（P0.4）的输出时钟频率由 T3 控制，T4CLKO（P0.6）的输出时钟频率由 T4 控制。

1．可编程时钟输出的控制

5 个定时/计数器的可编程时钟输出都是由特殊功能寄存器 INT_CLKO 和 T4T3M 进行控制的。INT_CLKO、T4T3M 的相关控制位定义如下。

	地址	B7	B6	B5	B4	B3	B2	B1	B0	复位值
INT_CLKO	8FH	—	EX4	EX3	EX2	—	T2CLKO	T1CLKO	T0CLKO	x000.x000
T4T3M	D1H	T4R	T4_ $C/\overline{T}$	T4x12	T4CLKO	T3R	T3_ $C/\overline{T}$	T3x12	T3CLKO	0000.0000

（1）T0CLKO：T0 时钟输出控制位。

0：不允许将 P3.5（CLKOUT0）配置为 T0 的时钟输出引脚。

1：将 P3.5（CLKOUT0）配置为 T0 的时钟输出引脚。

（2）T1CLKO：T1 时钟输出控制位。

0：不允许将 P3.4（CLKOUT1）配置为 T1 的时钟输出引脚。

1：将 P3.4（CLKOUT1）配置为 T1 的时钟输出引脚。

（3）T2CLKO：T2 时钟输出控制位。

0：不允许将 P3.0（CLKOUT2）配置为 T2 的时钟输出引脚。

1：将 P3.0（CLKOUT2）配置为 T2 的时钟输出引脚。

（4）T3CLKO：T3 时钟输出控制位。

0：不允许将 P0.4 配置为 T3 的时钟输出引脚。

1：将 P0.4 配置为 T3 的时钟输出引脚。

（5）T4CLKO：T4 时钟输出控制位。

0：不允许将 P0.6 配置为 T4 的时钟输出引脚。

1：将 P0.6 配置为 T4 的时钟输出引脚。

2．可编程时钟输出频率的计算

可编程时钟输出频率为定时/计数器溢出率的 2 分频信号。下面以 T0 为例分析定时/计数器可编程时钟输出频率的计算方法。

P3.5 输出时钟频率(CLKOUT0)=(1/2)T0 溢出率

（1）T0 工作在工作方式 0 定时状态。

当(T0x12)=0 时，CLKOUT0=(f_{SYS}/12)/[65536−(RL_TH0,RL_TL0)]/2。

当(T0x12)=1 时，CLKOUT0=f_{SYS}/[65536−(RL_TH0,RL_TL0)]/2。

（2）T0 工作在工作方式 2 定时状态。

当(T0x12)=0 时，CLKOUT0=(f_{SYS}/12)/(256−TH0)/2。

当(T0x12)=1 时，CLKOUT0=f_{SYS}/(256−TH0)/2。

（3）T0 工作在工作方式 0 计数状态。

CLKOUT0=(T0_PIN_CLK)/[65536−(RL_TH0,RL_TL0)]/2。

注意：T0_PIN_CLK 为 T0 的计数输入引脚 P3.5 输入脉冲的频率。

7.8.2 可编程时钟的应用举例

例 7.6 编程实现在 P3.0、P3.5、P3.4 引脚上分别输出频率为 115.2kHz、51.2kHz、38.4kHz 的时钟信号。

解 设系统时钟频率为 12MHz，T0、T1 工作在工作方式 2 定时状态，且处于无分频模式下，即各定时/计数器的定时脉冲频率等于时钟频率，也即(T0x12)=(T1x12)=(T2x12)=1；根据前面可编程时钟输出频率的计算公式计算各定时/计数器的定时初始值。

(T2H)=FFH，(T2L)=CCH，(TH0)=(TL0)=8BH，(TH1)=(TL1)=64H

汇编语言参考源程序（CLOCK-OUT.ASM）如下。

```
$include(stc15.inc)          ；STC15 系列单片机新增特殊功能寄存器的定义文件，详见附录 F
        ORG     0000H
        LCALL GPIO               ；调用 I/O 口初始化程序
        MOV   TMOD, #22H         ；T0、T1 工作在工作方式 2 定时状态
        ORL   AUXR, #80H         ；T0 工作在无分频模式
        ORL   AUXR, #40H         ；T1 工作在无分频模式
        ORL   AUXR, #04H         ；T2 工作在无分频模式
        MOV   T2H, #0FFH         ；设置 T2 定时初始值
        MOV   T2L, #0CCH
        MOV   TH0, #139          ；设置 T0 定时初始值
        MOV   TL0, #139
        MOV   TH1, #100          ；设置 T1 定时初始值
        MOV   TL1, #100
        ORL   INT_CLKO,#07H      ；允许 CLKOUT0、CLKOUT1、CLKOUT2 时钟输出
        SETB  TR0                ；启动 T0
        SETB  TR1                ；启动 T1
        ORL   AUXR, #10H         ；启动 T2
$include(gpio.inc)           ；STC15 系列单片机 I/O 口的初始化文件，详见附件 F
        SJMP  $
```

C 语言参考源程序（clock-out.c）如下。

```
#include <stc15.h>                          //包含支持 STC15 系列单片机的头文件
#include <intrins.h>
#include <gpio.h>                           //包含 I/O 口初始化文件
#define uchar unsigned char
#define uint    unsigned int
void main(void)
{
    gpio();
    TMOD = 0x22;                            //T0、T1 工作在工作方式 2 定时状态
    AUXR = (AUXR|0x80);                     //T0 工作在无分频模式
    AUXR = (AUXR|0x40) ;                    //T1 工作在无分频模式
    AUXR = (AUXR|0x04) ;                    //T2 工作在无分频模式
    T2H = 0xFF;                             //设置 T2、T0、T1 的定时初始值
    T2L = 0xCC;
    TH0 = 139;
    TL0 = 139;
    TH1 = 100;
    TL1 = 100;
    INT_CLKO =(INT_CLKO|0x07);              //允许 T0、T1、T2 输出时钟信号
    TR0 = 1;                                //启动 T0
    TR1 = 1;                                //启动 T1
    AUXR = (AUXR|0x10) ;                    //启动 T2
    while(1);                               //无限循环
}
```

7.9 基于 Proteus 仿真与 STC 实操频率计的设计

1．系统功能

利用单片机定时/计数器设计一个简易频率计，采用 LED 数码管显示；频率计的信号源可由单片机自身的可编程时钟提供，利用 2 只开关实现 4 种可编程时钟频率信号（10Hz、100Hz、1000Hz、10kHz）的输出。

2．硬件设计

结合 STC15 系列单片机的官方学习板，采用由 74HC595 驱动的 8 位 LED 数码管显示频率计的频率值；利用 SW17 和 SW18 模拟开关控制可编程时钟输出的频率信号。利用 T2 输出可编程时钟信号，利用 T1 进行计数，即 T2 的可编程时钟输出引脚 P3.0 与 T1 的计数输入引脚 P3.5 相接。用 Proteus 绘制的频率计电路如图 7.13 所示。

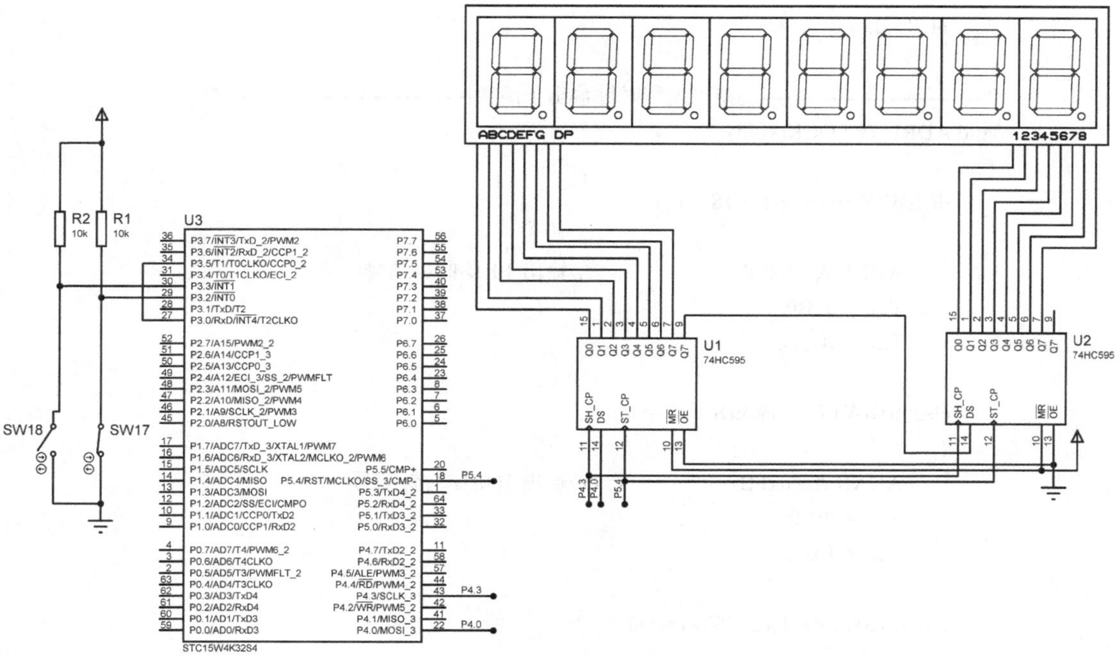

图 7.13 用 Proteus 绘制的频率计电路

3．程序设计

（1）程序说明。

频率为单位时间内计数的次数，当定时时间为 1s 时，计数的次数即频率。

利用 T0 定时 50ms，累计 20 次实现 1s 定时；当 T0 开始定时时，启动 T1 进行计数，当 1s 定时到达后，读取 T1 的计数值，该值即频率值。周而复始，实现频率的测量。

（2）参考程序（频率计.c）如下。

```
#include <stc15.h>                    //包含支持 STC15 系列单片机的头文件
#include <intrins.h>
#include <gpio.h>                     //包含 I/O 口初始化文件
#define uchar unsigned char
#define uint    unsigned int
#include <595hc.h>
sbit SW17=P3^2;                       //定义按键
sbit SW18=P3^3;
/*---------------------------T0 初始化子函数--------------------------------*/
void Timer_init(void)
{
    TMOD = 0x40;          //T0 工作在工作方式 0 下实现定时，T1 工作在工作方式 0 下实现计数
    TH0 = (65536-50000)/256;              //设置 T0 定时 50ms 初始值
    TL0 = (65536-50000)%256;
    TH1 = 0;                              //清 0 T1
```

```
        TL1 = 0;
    }
    /*----------------------------调整可编程时钟输出子函数--------------------------------*/
    void ADRI_TCLOCK(void)
    {
        if((SW17==0)&&(SW18==0))
        {
            AUXR &= 0xFB;                   //输出 10Hz 时钟信号
            T2L = 0xB0;
            T2H = 0x3C;
        }
        else if((SW17==0)&&(SW18==1))
        {
            AUXR &= 0xFB;                   //输出 100Hz 时钟信号
            T2L = 0x78;
            T2H = 0xEC;
        }
        else if((SW17==1)&&(SW18==0))
        {
            AUXR &= 0xFB;                   //输出 1000Hz 时钟信号
            T2L = 0x0C;
            T2H = 0xFE;
        }
        else
        {
            AUXR &= 0xFB;                   //输出 10kHz 时钟信号
            T2L = 0xCE;
            T2H = 0xFF;
        }

    }

    /*-------------------------主函数------------------------------*/
    void main(void)
    {
        uint counter=0;                     //定义频率变量
        uchar cnt;
        gpio();
        Timer_init();                       //T0 初始化
        TR0=1;
        TR1=1;
        AUXR |= 0x10;                       //T2 开始计时
        INT_CLKO=INT_CLKO|0x04;
        while(1)
```

```
        {
            display();
            ADRI_TCLOCK();                          // 调整 T2 可编程时钟输出
            if(TF0==1)
            {
                TF0=0;
                cnt++;
                if(cnt==20)                         //当计数器 i 显示数值为 20 时，计时 1s
                {
                    cnt = 0;
                    counter=(TH1<<8)+TL1;
                    Dis_buf[7] =counter%10;
                    Dis_buf[6] =counter/10%10;
                    Dis_buf[5] =counter/100%10;
                    Dis_buf[4] =counter/1000%10;
                    Dis_buf[3] =counter/10000;
                    TR1=0;                          //满足对 TH1、TL1 进行清 0 的条件
                    TL1=0;
                    TH1=0;
                    TR1=1;
                }
            }
        }
    }
```

4．系统调试

（1）用 Keil C 集成开发环境编辑与编译用户程序（频率计.c），生成机器代码文件频率计.hex。

（2）Proteus 仿真。

① 按图 7.13 绘制电路。

② 将频率计.hex 程序下载到 STC15W4K32S4 单片机中。

③ 启动仿真，观察并记录程序运行结果。

- 当 SW17=1、SW18=1 时，应能看到显示器数值为 10kHz 左右。
- 当 SW17=1、SW18=0 时，应能看到显示器数值为 1000Hz 左右。
- 当 SW17=0、SW18=1 时，应能看到显示器数值为 100Hz 左右。
- 当 SW17=0、SW18=0 时，应能看到显示器数值为 10Hz。

（3）STC 单片机实操。

① 用 USB 接口连接计算机与 STC15W 系列单片机官方学习板（若非官方学习板，则需要根据实际端口修改程序），用杜邦线将 T2 可编程时钟输出引脚 P3.0 与 T1 计数输

入引脚 P3.5 相连。

② 启动 STC-ISP 在线编程软件，将频率计.hex 程序下载到 STC15W 系列单片机学习板中的单片机中。

③ 观察并记录程序运行结果。

- 当 SW17=1、SW18=1 时，应能看到显示器数值为 10kHz 左右。
- 当 SW17=1、SW18=0 时，应能看到显示器数值为 1000Hz 左右。
- 当 SW17=0、SW18=1 时，应能看到显示器数值为 100Hz 左右。
- 当 SW17=0、SW18=0 时，应能看到显示器数值为 10Hz。

（4）调用 Proteus 虚拟仪器中的示波器，测试 T2 可编程时钟的输出频率。

（5）调用 Proteus 虚拟仪器中的信号发生器，分别输出频率为 10Hz、100Hz、1000Hz、10kHz 的方波信号，用设计的频率计进行测量。

本章小结

STC15W4K32S4 单片机内有 5 个通用的可编程定时/计数器 T0、T1、T2、T3 和 T4，T0 和 T1 的核心电路是 16 位加法计数器，分别对应特殊功能寄存器中的两个 16 位寄存器对 TH0/TL0 和 TH1/TL1。每个定时/计数器都可以通过 TMOD 中的 $C/\overline{T}$ 位设定为定时模式或计数模式。定时模式与计数模式的区别在于计数脉冲的来源不同，定时器的计数脉冲为单片机内部的系统时钟信号或其 12 分频信号，而计数器的计数脉冲来自单片机外部计数输入引脚的输入脉冲。无论用作定时器，还是用作计数器，这 5 个定时/计数器都有 4 种工作方式，由 TMOD 中的 Ml 和 M0 设定，具体如下。

(Ml)/(M0)=0/0：工作方式 0，可重装初始值的 16 位定时/计数器；

(Ml)/(M0)=0/1：工作方式 1，16 位定时/计数器；

(Ml)/(M0)=1/0：工作方式 2，可重装初始值的 8 位定时/计数器；

(Ml)/(M0)=1/1：工作方式 3，T0 分为两个独立的 8 位定时/计数器，Tl 停止工作。

从功能方面来看，工作方式 0 包含了工作方式 1、工作方式 2 所能实现的功能，而工作方式 3 不常使用。因此，在实际编程中，几乎只用到工作方式 0，建议重点学习工作方式 0。

T1 除可用作一般的定时/计数器外，还可用作波特率发生器。

T0、T1 的启停分别由 TMOD 中的 GATE 位和 TCON 中的 TR1、TR0 位进行控制。当 GATE 位为 0 时，T0、T1 的启停分别仅由 TR1、TR0 位进行控制；当 GATE 位为 1 时，T0、T1 的启停必须分别由 TR0、TR1 位和 INT0、INT1 引脚输入的外部信号一起控制。

无论在电路结构方面，还是在控制管理方面，T2 和 T0、T1 是基本一致的，主要区别是，T2 是固定的 16 位可重装初始值定时/计数器。T3、T4 的电路结构和 T2 的电路结构完全一致，也是固定的 16 位可重装初始值定时/计数器。

STC15W4K32S4 单片机增加了 T0CLKO（P3.5）、TlCLKO（P3.4）、T2CLKO（P3.0）、T3CLKO（P0.4）和 T4CLKO（P0.6）5 个可编程时钟输出引脚。T0CLKO（P3.5）的输出时钟频率由 T0 控制，TlCLKO（P3.4）的输出时钟频率由 T1 控制，相应的 T0、T1 需要工作在工作方式 0 或工作方式 2（自动重装数据模式）。T2CLKO（P3.0）的输出时钟频率由 T2 控制、T3CLKO（P0.4）的输出时钟频率由 T3 控制、T4CLKO（P0.6）

的输出时钟频率由 T4 控制。T1、T2、T3、T4 除可用作定时/计数器以外，还可用作串行通信端口的波特率发生器。

广义上讲，STC15W4K32S4 单片机还有看门狗定时器、停机唤醒专用定时器，以及 CCP 模块，它们的具体应用将在后面相应的章节进行介绍。

习　题　7

一、填空题

1．STC15W4K32S4 单片机有________个 16 位的定时/计数器。

2．T0 的外部计数脉冲输入引脚是________，可编程序时钟输出引脚是________。

3．T1 的外部计数脉冲输入引脚是________，可编程序时钟输出引脚是________。

4．T2 的外部计数脉冲输入引脚是________，可编程序时钟输出引脚是________。

5．STC15W4K32S4 单片机定时/计数器的核心电路是________，当 T0 工作于定时状态时，计数电路的计数脉冲是________；当 T0 工作于计数状态时，计数电路的计数脉冲是________。

6．T0 计满溢出标志位是________，启停控制位是________。

7．T1 计满溢出标志位是________，启停控制位是________。

8．T0 有________种工作方式，T1 有________种工作方式，工作方式选择字是________。无论是 T0，还是 T1，当处于工作方式 0 时，它们都是________位________初始值的定时/计数器。

二、选择题

1．当(TMOD)= 25H 时，T0 工作于________方式________状态。

A．2，定时　　B．1，定时　　C．1，计数　　D．0，定时

2．当(TMOD)= 01H 时，T1 工作于________方式________状态。

A．0，定时　　B．1，定时　　C．0，计数　　D．1，计数

3．当(TMOD)= 00H 且 T0x12 为 1 时，T0 的计数脉冲是________。

A．系统时钟　　B．系统时钟的 12 分频信号

C．P3.4 引脚输入信号　　D．P3.5 引脚输入信号

4．当(TMOD)=04H 且 T1x12 为 0 时，T1 的计数脉冲是________。

A．系统时钟　　B．系统时钟的 12 分频信号

C．P3.4 引脚输入信号　　D．P3.5 引脚输入信号

5．当(TMOD)=80H 时，________，T1 启动。

A．(TR1)=1

B．(TR0)=1

C．TR1 为 1 且 INT0 引脚（P3.2）输入为高电平

D．TR1 为 1 且 INT1 引脚（P3.3）输入为高电平

6．在(TH0)=01H，(TL0)=22H，(TR0)=1 的状态下，执行“TH0=0x3c;TL0= 0xb0;”语句后，TH0、TL0、RL_TH0、RL_TL0 的值分别为________。

A．3CH，B0H，3CH，B0H　　　　　　　　B．01H，22H，3CH，　B0H

C．3CH，B0H，不变，不变　　　　　　　　D．01H，22H，不变，不变

7．在(TH0)=01H，(TL0)=22H，(TR0)=0 的状态下，执行“TH0=0x3c;TL0=0xb0;”语句后，TH0、TL0、RL_TH0、RL_TL0 的值分别为________。

A．3CH，B0H，　3CH，B0H　　　　　　　　B．01H，22H，3CH，　B0H

C．3CH，B0H，不变，不变　　　　　　　　D．01H，22H，不变，不变

8．INT_CLKO 可设置 T0、T1、T2 的可编程脉冲的输出。当(INT_CLKO)=05H 时，________。

A．T0、T1 允许可编程脉冲输出，T2 禁止

B．T0、T2 允许可编程脉冲输出，T1 禁止

C．T1、T2 允许可编程脉冲输出，T0 禁止

D．T1 允许可编程脉冲输出，T0、T2 禁止

三、判断题

1．STC15W4K32S4 单片机定时/计数器的核心电路是计数器电路。（　　）

2．当 STC15W4K32S4 单片机定时/计数器处于定时状态时，其计数脉冲是系统时钟。（　　）

3．STC15W4K32S4 单片机 T0 的中断请求标志位是 TF0。（　　）

4．STC15W4K32S4 单片机定时/计数器的计满溢出标志位与中断请求标志位是不同的标志位。（　　）

5．STC15W4K32S4 单片机 T0 的启停仅受 TR0 控制。（　　）

6．STC15W4K32S4 单片机 T1 的启停不仅受 TR0 控制，还与其 GATE 控制位有关。（　　）

四、问答题

1．简述 STC15W4K32S4 单片机定时/计数器的定时模式与计数模式的相同点和不同点。

2．STC15W4K32S4 单片机定时/计数器的启停控制原理是什么？

3．STC15W4K32S4 单片机 T0 工作在工作方式 0 时，定时时间的计算公式是什么？

4．当(TMOD)=00H，T0x12 为 1，T0 定时 10ms 时，T0 的初始值应为多少？

5．当(TR0)=1，(TR0)=0 时，对 TH0、TL0 的赋值有什么不同？

6．T2 与 T0、T1 有什么不同？

7．T0、T1、T2 都可以编程输出时钟，简述如何设置且从何端口输出时钟信号。

8．T0、T1、T2 可编程输出时钟是如何计算的？如果不使用可编程时钟，建议关闭可编程时钟输出，其原因是什么？

五、程序设计题

1．利用 T0 的定时功能设计一个 LED 闪烁灯，高电平时间为 600ms，低电平时间为 400ms，试编写程序并上机调试。

2．利用 T1 的定时功能设计一个 LED 流水灯，时间间隔为 500ms，试编写程序并上机调试。

3．利用 T0 测量脉冲宽度，脉宽时间采用 LED 数码管显示。试画出硬件电路图，编写程序并上机调试。

4．利用 T2 的可编程时钟输出功能，输出频率为 1000Hz 的时钟信号。试编写程序并上机调试。

5．利用 T1 设计一个倒计时秒表，采用 LED 数码管显示。

（1）倒计时时间可设置为 60s 和 90s；

（2）具备启停控制功能；

（3）倒计时归零，声光提示。

6．利用 T0、T1 设计一个频率计，采用 LED 数码管显示频率值，T2 输出可编程时钟信号，利用频率计测量 T2 输出的可编程时钟信号。设置两个开关 K1、K2，当 K1、K2 都断开时，T2 输出 20Hz 信号；当 K1 断开、K2 合上时，T2 输出 200Hz 信号；当 K1 合上、K2 断开时，T2 输出 2000Hz 信号；当 K1、K2 都合上时，T2 输出 15kHz 信号。试画出硬件电路图，编写程序并上机调试。

第 8 章　STC15W4K32S4 单片机中断系统

中断概念是在 20 世纪中期提出的，中断技术是计算机中的一种很重要的技术，它既和硬件有关，也和软件有关。正是因为有了中断技术，计算机的工作才变得更加灵活，效率更高。现代计算机操作系统实现的管理调度的基础就是丰富的中断功能和完善的中断系统。一个 CPU 面向多个任务会出现资源竞争，而中断技术实质上是一种资源共享技术。中断技术的出现大大推动了计算机的发展和应用。中断功能的强弱已成为衡量一台计算机功能完善与否的重要指标。

中断系统是为使 CPU 具有对外界紧急事件的实时处理能力而设置的。

8.1　中断系统概述

8.1.1　中断系统的几个概念

1．中断

中断是指在执行程序的过程中，允许外部或内部事件通过硬件打断程序的执行，使 CPU 外部或内部事件的中断服务程序，执行完中断服务程序后，CPU 继续执行被打断的程序。图 8.1 为中断响应过程示意图。一个完整的中断过程包括 4 个步骤：中断请求、中断响应、中断服务与中断返回。

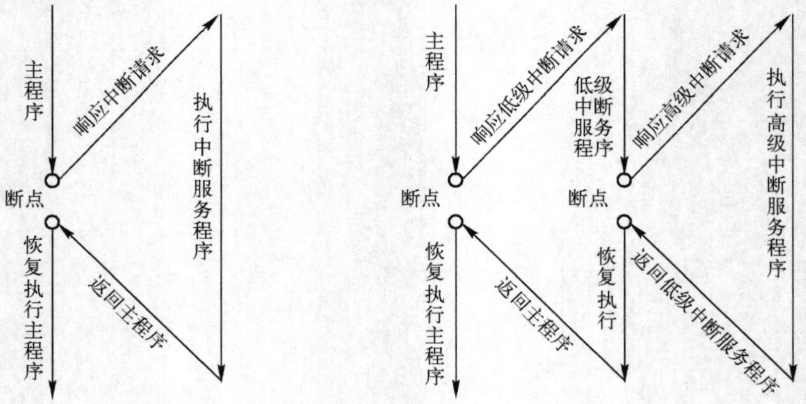

（a）　（b）

图 8.1　中断响应过程示意图

完整的中断过程与如下场景类似，一位经理在处理文件时电话铃响了（中断请求），他不得不在文件上做一个标记（断点地址，即返回地址），暂停工作，接电话（响应中断），并处理“电话请求”（中断服务），然后静下心来（恢复中断前状态），接着处理文件（中断返回）。

2．中断源

引起 CPU 执行中断的根源或原因称为中断源。中断源向 CPU 提出的处理请求称为中断请求或中断申请。

3．中断优先级

如果有几个中断源同时申请中断，那么就存在 CPU 优先响应哪个中断源提出的中断请求的问题。因此，CPU 要对各中断源确定一个优先等级，该优先等级称为中断优先级。CPU 优先响应中断优先级高的中断请求。

4．中断嵌套

中断优先级高的中断请求可以中断 CPU 正在处理的优先级较低的中断服务程序，待执行完中断优先级高的中断服务程序，再继续执行被打断的优先级较低的中断服务程序，这称为中断嵌套，如图 8.1（b）所示。

8.1.2 中断的技术优势

（1）可解决快速 CPU 和慢速 I/O 设备之间的矛盾，使快速 CPU 和 I/O 设备并行工作。

由于计算机应用系统的许多 I/O 设备运行速度较慢，可以通过中断的方法来协调快速 CPU 与慢速 I/O 设备之间的工作。

（2）可及时处理控制系统中的许多随机参数和信息。

中断技术能实现实时控制。实时控制要求计算机能及时完成被控对象随机提出的分析和计算任务。在自动控制系统中，要求各控制参量可随机地向计算机发出请求，CPU 必须快速做出响应。

（3）可使机器具备处理故障的能力，提高了机器自身的可靠性。

由于外界的干扰、硬件或软件的设计中存在问题等因素，在程序的实际运行中会出现硬件故障、运算错误、程序运行故障等问题，而有了中断技术，计算机就能及时发现故障并自动处理故障。

（4）实现人机联系。

例如，通过键盘向计算机发出中断请求，可以实时干预计算机的工作。

8.1.3 中断系统需要解决的问题

中断技术的实现依赖于一个完善的中断系统，中断系统主要需要解决如下问题。

① 当有中断请求时，需要有一个寄存器能把中断源的中断请求记录下来；

② 能够灵活地对中断请求信号进行屏蔽与允许；

③ 当有中断请求时，CPU 能及时响应中断，停下正在执行的程序，自动转去执行中断服务程序，执行完中断服务程序后能返回断点处继续执行之前的程序；

④ 当有多个中断源同时提出中断请求时，CPU 应能优先响应中断优先级高的中断请求，实现中断优先级的控制；

⑤ 当 CPU 正在执行中断优先级低的中断源的中断服务程序时，有中断优先级高的中断

源也提出中断请求，要求 CPU 能暂停执行中断优先级低的中断源的中断服务程序，转而去执行中断优先级高的中断源的中断服务程序，实现中断嵌套，并能正确地逐级返回原断点处。

8.2 STC15W4K32S4 单片机中断系统的简介

一个完整的中断过程包括中断请求、中断响应、中断服务与中断返回 4 个步骤，下面按照中断系统的工作过程介绍 STC15W4K32S4 单片机的中断系统。

8.2.1 中断请求

STC15W4K32S4 单片机的中断系统结构图如图 8.2 所示。STC15W4K32S4 单片机的中断系统有 21 个中断源，2 个中断优先级，可实现二级中断服务嵌套。由 IE、IE2、INT_CLKO 等特殊功能寄存器控制 CPU 是否响应中断请求；由中断优先级控制寄存器 IP、IP2 安排各中断源的中断优先级；当同一中断优先级内有 2 个以上中断源同时提出中断请求时，由内部的查询逻辑确定其响应次序。

1．中断源

STC15W4K32S4 单片机有 21 个中断源，详述如下。

① 外部中断 0（INT0）：中断请求信号由 P3.2 引脚输入。通过 IT0 设置中断请求的触发方式。当 IT0 为 1 时，外部中断 0 由下降沿触发；当 IT0 为 0 时，无论是上升沿还是下降沿，都会引发外部中断 0。一旦输入信号有效，则置位 IE0，向 CPU 申请中断。

② 外部中断 1（INT1）：中断请求信号由 P3.3 引脚输入。通过 IT1 设置中断请求的触发方式。当 IT1 为 1 时，外部中断 1 由下降沿触发；当 IT1 为 0 时，无论是上升沿还是下降沿，都会引发外部中断 1。一旦输入信号有效，则置位 IE1，向 CPU 申请中断。

③ 定时/计数器 T0 溢出中断（Timer0）：当定时/计数器 T0 计数产生溢出时，定时/计数器 T0 中断请求标志位 TF0 置位，向 CPU 申请中断。

④ 定时/计数器 T1 溢出中断（Timer1）：当定时/计数器 T1 计数产生溢出时，定时/计数器 T1 中断请求标志位 TF1 置位，向 CPU 申请中断。

⑤ 串行通信端口 1 中断（UART1）：串行通信端口 1 在接收完一串行帧时置位 RI 或发送完一串行帧时置位 TI，向 CPU 申请中断。

⑥ A/D 转换中断（ADC）：当 A/D 转换结束后，置位 ADC_FLAG，向 CPU 申请中断，详见第 10 章。

⑦ 片内电源低压检测中断（LVD）：当检测到电源电压为低压时，置位 LVDF。在上电复位时，由于电源电压上升需要经过一段时间，因此低压检测电路会检测到低压，此时置位 LVDF，向 CPU 申请中断。当单片机上电复位后，(LVDF)=1，若需要应用 LVDF，则需要先将 LVDF 清 0，若干个系统时钟后，再检测 LVDF。

⑧ PCA 中断（PCA）：PCA 中断的中断请求信号由 CF、CCF0、CCF1 标志位共同形成，CF、CCF0、CCF1 中任一标志位为 1，都可引发 PCA 中断，详见第 12 章。

⑨ 串行通信端口 2 中断（UART2）：串行通信端口 2 在接收完一串行帧时置位 S2RI 或发送完一串行帧时置位 S2TI，向 CPU 申请中断。

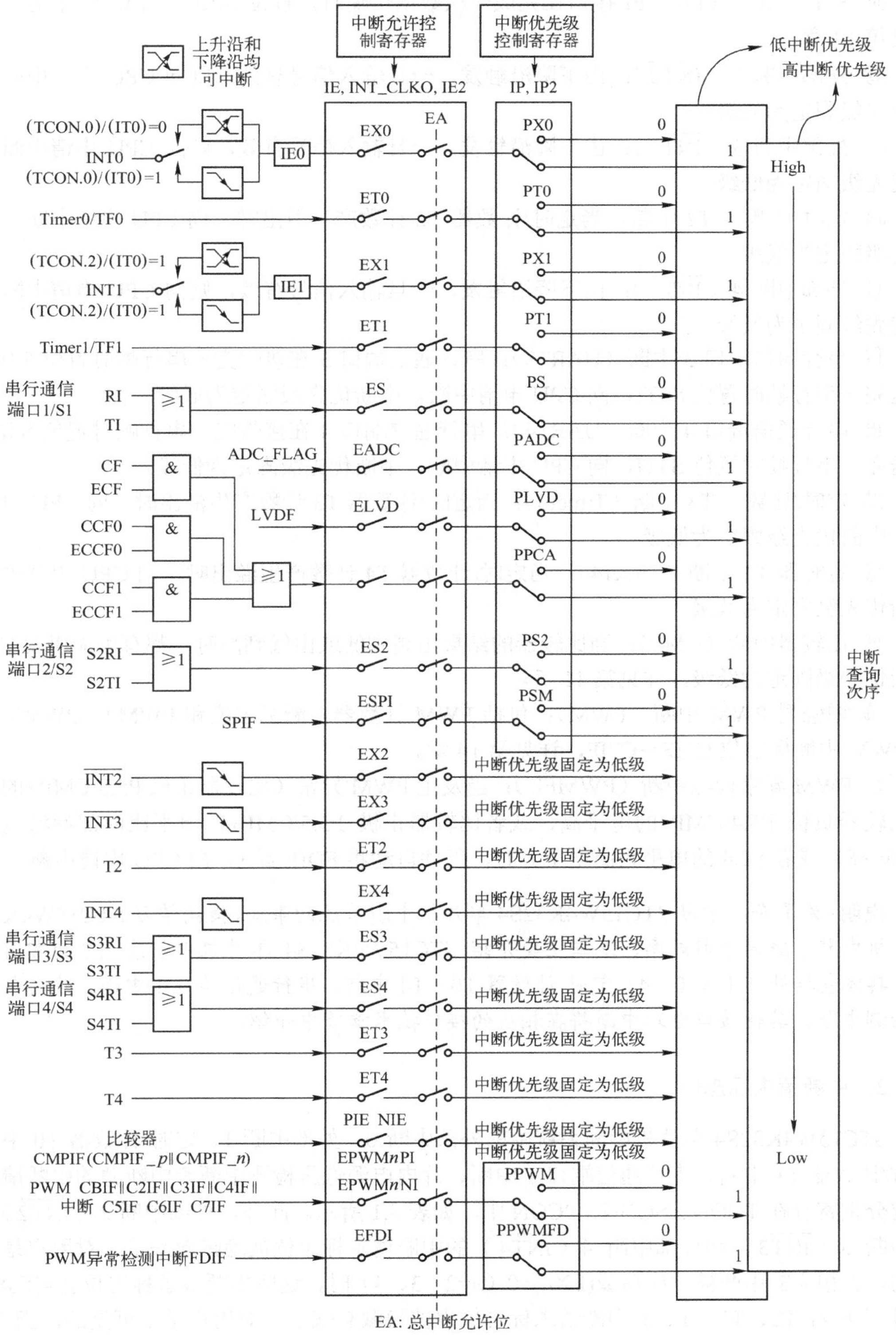

图 8.2　STC15W4K32S4 单片机的中断系统结构图

⑩ SPI 中断（SPI）：SPI 接口在完成一次数据传输时，置位 SPIF，向 CPU 申请中断，详见第 14 章。

⑪ 外部中断 2（$\overline{\text{INT2}}$）：由下降沿触发，一旦输入信号有效，则向 CPU 申请中断。中断优先级固定为低级。

⑫ 外部中断 3（$\overline{\text{INT3}}$）：由下降沿触发，一旦输入信号有效，则向 CPU 申请中断。中断优先级固定为低级。

⑬ 定时/计数器 T2 中断：当定时/计数器 T2 计数产生溢出时，向 CPU 申请中断。中断优先级固定为低级。

⑭ 外部中断 4（$\overline{\text{INT4}}$）：由下降沿触发，一旦输入信号有效，则向 CPU 申请中断。中断优先级固定为低级。

⑮ 串行通信端口 3 中断（UART3）：串行通信端口 3 在接收完一串行帧时置位 S3RI 或发送完一串行帧时置位 S3TI，向 CPU 申请中断。中断优先级固定为低级。

⑯ 串行通信端口 4 中断（UART4）：串行通信端口 4 在接收完一串行帧时置位 S4RI 或发送完一串行帧时置位 S4TI，向 CPU 申请中断。中断优先级固定为低级。

⑰ 定时/计数器 T3 中断（Timer3）：当定时/计数器 T3 计数产生溢出时，向 CPU 申请中断。中断优先级固定为低级。

⑱ 定时器 T4 中断（Timer4）：当定时/计数器 T4 计数产生溢出时，向 CPU 申请中断。中断优先级固定为低级。

⑲ 比较器中断（CMP）：当比较器的结果由高到低或由低到高时，都有可能引发中断。中断优先级固定为低级，详见第 11 章。

⑳ 增强型 PWM 中断（PWM）：包括 PWM 计数器中断标志位和 PWM2～PWM7 通道的 PWM 中断标志位 C2IF～C7IF，详见第 14 章。

㉑ PWM 异常检测中断（PWMFD）：当发生 PWM 异常（比较器正极 P5.5/CMP+的电平比比较器负极 P5.4/CMP-的电平高，或者比较器正极 P5.5/CMP+的电平比内部参考电压源 1.28V 高，或者 P2.4 的电平为高电平）时，硬件自动将 FDIF 置 1，向 CPU 申请中断。

说明：为了降低学习 STC15W4K32S4 单片机中断系统的难度，提高学习 STC15W4K32S4 单片机中断系统的学习效率，本章主要介绍 STC15W4K32S4 单片机中断系统中的常用中断源，具体包括外部中断 0～4、定时/计数器 T0～T4 中断、串行通信端口 1 中断、片内电源低压检测中断，其他接口电路中断将在相应的接口技术章节中介绍。

2. 中断请求标志位

STC15W4K32S4 单片机中断系统中的外部中断 0、外部中断 1、定时/计数器 T0 中断、定时/计数器 T1 中断、串行通信端口 1 中断、片内电源低压检测中断等中断源的中断请求标志位分别寄存在 TCON、SCON、PCON 中，如表 8.1 所示。此外，外部中断 2（$\overline{\text{INT2}}$）、外部中断 3（$\overline{\text{INT3}}$）和外部中断 4（$\overline{\text{INT4}}$）的中断请求标志位被隐藏起来了，对用户是不可见的，当相应的中断被响应后或(EXn)=0（n=2、3、4）时，这些中断请求标志位会自动清 0。定时/计数器 T2、T3、T4 的中断请求标志位也被隐藏起来了，对用户是不可见的，当 T2、T3、T4 的中断被响应后或(ETn)=0（n=2、3、4）时，这些中断请求标志位会自动清 0。

表 8.1　STC15W4K32S4 单片机常用中断源的中断请求标志位

符号	地址	B7	B6	B5	B4	B3	B2	B1	B0	复位值
TCON	88H	TF1	TR1	TF0	TR0	IE1	IT1	IE0	IT0	0000 0000
SCON	98H	SM0/FE	SM1	SM2	REN	TB8	RB8	TI	RI	0000 0000
PCON	87H	SMOD	SMOD0	LVDF	POF	GF1	GF0	PD	IDL	0011 0000

（1）TCON 中的中断请求标志位。

TCON 为定时/计数器 T0 和 T1 的控制寄存器，同时用于锁存 T0 和 T1 的溢出中断请求标志及外部中断 0 和外部中断 1 的中断请求标志等。TCON 中与中断有关的位如下。

	地址	B7	B6	B5	B4	B3	B2	B1	B0	复位值
TCON	88H	TF1	TR1	TF0	TR0	IE1	IT1	IE0	IT0	0000 0000

① TF1：T1 的溢出中断请求标志位。T1 启动后，从初始值开始进行加 1 计数，计满溢出后由硬件置位 TF1，同时向 CPU 发出中断请求，此标志位一直保持到 CPU 响应中断后才由硬件自动清 0。也可由软件查询该标志位，并由软件清 0。

② TF0：T0 的溢出中断请求标志位。T0 启动后，从初始值开始进行加 1 计数，计满溢出后由硬件置位 TF0，同时向 CPU 发出中断请求，此标志位一直保持到 CPU 响应中断后才由硬件自动清 0。也可由软件查询该标志位，并由软件清 0。

③ IE1：外部中断 1 的中断请求标志位。当 P3.3 引脚的输入信号满足中断触发要求时，置位 IE1，外部中断 1 向 CPU 申请中断。中断响应后中断请求标志位自动清 0。

④ IT1：外部中断 1（INT1）的中断触发方式控制位。

当(IT1)=1 时，外部中断 1 为下降沿触发方式。在这种情况下，若 CPU 检测到 P3.3 引脚出现下降沿信号，则认为有中断申请，置位 IE1。中断响应后，外部中断 1 的中断请求标志位自动清 0，无须做其他处理。

当(IT1)=0 时，外部中断 1 为上升沿、下降沿触发方式。在这种情况下，无论 CPU 检测到 P3.3 引脚出现下降沿信号还是上升沿信号，都认为有中断申请，置位 IE1。中断响应后，外部中断 1 的中断请求标志位自动清 0，无须做其他处理。

⑤ IE0：外部中断 0 的中断请求标志位。当 P3.2 引脚的输入信号满足中断触发要求时，置位 IE0，外部中断 0 向 CPU 申请中断。中断响应后中断请求标志位自动清 0。

⑥ IT0：外部中断 0 的中断触发方式控制位。

当(IT0)=1 时，外部中断 1 为下降沿触发方式。在这种情况下，若 CPU 检测到 P3.2 引脚出现下降沿信号，则认为有中断申请，随即使 IE0 标志位置位。中断响应后，外部中断 0 的中断请求标志位自动清 0，无须做其他处理。

当(IT0)=0 时，外部中断 0 为上升沿、下降沿触发方式。在这种情况下，无论 CPU 检测到 P3.2 引脚出现下降沿信号还是上升沿信号，都认为有中断申请，置位 IE0。外部中断 0 的中断响应后中断请求标志位自动清 0，无须做其他处理。

（2）SCON 中的中断请求标志位。

SCON 是串行通信端口 1 的控制寄存器，其低 2 位 TI 和 RI 用于锁存串行通信端口 1 的发送中断请求标志和接收中断请求标志。SCON 中与中断有关的位如下。

	地址	B7	B6	B5	B4	B3	B2	B1	B0	复位值
SCON	98H	SM0/FE	SM1	SM2	REN	TB8	RB8	TI	RI	0000 0000

① TI：串行通信端口 1 发送中断请求标志位。CPU 在将数据写入发送缓冲器 SBUF 时，启动发送，每发送完一个串行帧，硬件将 TI 置位。但 CPU 在响应中断时并不清除 TI，TI 必须由软件清除。

② RI：串行通信端口 1 接收中断请求标志位。在串行通信端口 1 允许接收时，每接收完一个串行帧，硬件将 RI 置位。CPU 在响应中断时不会清除 RI，RI 必须由软件清除。

STC15W4K32S4 单片机系统复位后，TCON 和 SCON 均清 0。

（3）PCON 中的中断请求标志位。

PCON 是电源控制寄存器，其 B5 位为 LVD 中断源的中断请求标志位。PCON 中与中断有关的位如下。

	地址	B7	B6	B5	B4	B3	B2	B1	B0	复位值
PCON	87H	SMOD	SMOD0	LVDF	POF	GF1	GF0	PD	IDL	00110000B

LVDF：片内电源低压检测中断请求标志位，当检测到低压时，置位 LVDF。LVDF 需要由软件清 0。

3．中断允许控制位

计算机中断系统中有两种不同类型的中断：一种为非屏蔽中断，另一种为可屏蔽中断。对于非屏蔽中断，用户不能通过软件加以禁止，一旦有中断申请，CPU 必须予以响应。对于可屏蔽中断，用户可以通过软件来控制是否允许某中断源的中断请求。允许中断称为中断开放，不允许中断称为中断屏蔽。STC15W4K32S4 单片机的 12 个常用中断源的中断类型都是可屏蔽中断。STC15W4K32S4 单片机的中断允许控制位如表 8.2 所示。

表 8.2　STC15W4K32S4 单片机的中断允许控制位

符号	地址	B7	B6	B5	B4	B3	B2	B1	B0	复位值
IE	A8H	EA	ELVD	EADC	ES	ET1	EX1	ET0	EX0	00x0 0000
IE2	AFH	—	ET4	ET3	ES4	ES3	ET2	ESPI	ES2	x000 0000
INT_CLKO	8FH	—	EX4	EX3	EX2	—	T2CLKO	T1CLKO	T0CLKO	x000 x000

（1）EA：总中断允许控制位。

当(EA)=1 时，CPU 中断开放，各中断源的允许和禁止还需要通过相应的中断允许控制位单独控制。

当(EA)= 0 时，禁止所有中断。

（2）EX0：外部中断 0 中断允许控制位。

(EX0)= 1，允许外部中断 0 中断。

(EX0)= 0，禁止外部中断 0 中断。

（3）ET0：定时/计数器 T0 中断允许控制位。

当(ET0)= 1 时，允许 T0 中断。

当(ET0)= 0 时，禁止 T0 中断。

（4）EX1：外部中断 1 中断允许控制位。

当(EX1)= 1 时，允许外部中断 1 中断。

当(EX1)= 0 时，禁止外部中断 1 中断。

（5）ET1：定时/计数器 T1 中断允许控制位。

当(ET1)= 1 时，允许 T1 中断。

当(ET1)= 0 时，禁止 T1 中断。

（6）ES：串行通信端口 1 中断允许控制位。

当(ES)= 1 时，允许串行通信端口 1 中断。

当(ES)= 0 时，禁止串行通信端口 1 中断。

（7）ELVD：片内电源低压检测中断的中断允许控制位。

当(ELVD)= 1 时，允许 LVD 中断。

当(ELVD)= 0 时，禁止 LVD 中断。

（8）EX2：外部中断 2 中断允许控制位。

当(EX2)= 1 时，允许外部中断 2 中断。

当(EX2)= 0 时，禁止外部中断 2 中断。

（9）EX3：外部中断 3 中断允许控制位。

当(EX3)= 1 时，允许外部中断 3 中断。

当(EX3)= 0 时，禁止外部中断 3 中断。

（10）EX4：外部中断 4 中断允许控制位。

当(EX4)= 1 时，允许外部中断 4 中断。

当(EX4)= 0 时，禁止外部中断 4 中断。

（11）ET2：定时/计数器 T2 中断允许控制位。

当(ET2)= 1 时，允许 T2 中断。

当(ET2)= 0 时，禁止 T2 中断。

（12）ET3：定时/计数器 T3 中断允许控制位。

当(ET3)= 1 时，允许 T3 中断。

当(ET3)= 0 时，禁止 T3 中断。

（13）ET4：定时/计数器 T4 中断允许控制位。

当(ET4)= 1 时，允许 T4 中断。

当(ET4)= 0 时，禁止 T4 中断。

当 STC15W4K32S4 单片机系统复位后，所有中断源的中断允许控制位及总中断允许控制位（EA）均清 0，即禁止所有中断。

一个中断要处于允许状态，必须满足两个条件：总中断控制位为 1；该中断的中断允许控制位为 1。

4．中断优先控制

STC15W4K32S4 单片机中断系统的常用中断中除外部中断 2、外部中断 3、外部中断 4、定时/计数器 T2 中断、定时/计数器 T3 中断、定时/计数器 T4 中断的中断优先级固定为低优先级以外，其他中断都具有 2 个中断优先级，可实现二级中断服务嵌套。IP 为 STC15W4K32S4

单片机外部中断 0、外部中断 1、定时/计数器 T0 中断、定时/计数器 T1 中断、串行通信端口 1 中断、片内电源低压检测中断等中断源的中断优先级控制寄存器，如表 8.3 所示。

表 8.3　STC15W4K32S4 单片机的中断优先级控制寄存器

符号	地址	B7	B6	B5	B4	B3	B2	B1	B0	复位值
IP	B8H	PPCA	PLVD	PADC	PS	PT1	PX1	PT0	PX0	0000 0000

（1）PX0：外部中断 0 的中断优先级控制位。

当(PX0)= 0 时，外部中断 0 为低优先级中断。

当(PX0)= 1 时，外部中断 0 为高优先级中断。

（2）PT0：定时/计数器 T0 中断的中断优先级控制位。

当(PT0)= 0 时，T0 中断为低中断优先级中断。

当(PT0)= 1 时，T0 中断为高中断优先级中断。

（3）PX1：外部中断 1 中断的优先级控制位。

当(PX1)= 0 时，外部中断 1 为低中断优先级中断。

当(PX1)= 1 时，外部中断 1 为高中断优先级中断。

（4）PT1：定时/计数器 T1 中断优先级控制位。

当(PT1)= 0 时，T1 中断为低中断优先级中断。

当(PT1)= 1 时，T1 中断为高中断优先级中断。

（5）PS：串行通信端口 1 中断的优先级控制位。

当(PS)= 0 时，串行通信端口 1 中断为低中断优先级中断。

当(PS)= 1 时，串行通信端口 1 中断为高中断优先级中断。

（6）PLVD：片内电源低电压检测中断优先级控制位。

当(PLVD)= 0 时，片内电源低电压检测中断为低中断优先级中断。

当(PLVD)= 1 时，片内电源低电压检测中断为高中断优先级中断。

当系统复位后，所有中断优先级管理控制位全部清 0，所有中断源均设定为低中断优先级。

如果有多个同一中断优先级的中断源同时向 CPU 申请中断，则 CPU 通过内部硬件查询逻辑，按自然中断优先级顺序确定先响应哪个中断请求。自然中断优先级由内部硬件电路形成，排列如下。

中断源	同级自然中断优先级顺序
外部中断 0	最高
定时/计数器 T0 中断	↓
外部中断 1	
定时/计数器 T1 中断	
串行通信端口中断	
A/D 转换中断	
LVD 中断	
PCA 中断	
串行通信端口 2 中断	
SPI 中断	

外部中断 2
外部中断 3
定时/计数器 T2 中断
外部中断 4
串行通信端口 3 中断
串行通信端口 4 中断
定时/计数器 T3 中断
定时/计数器 T4 中断
比较器中断
增强型 PWM 中断
PWM 异常中断　　　　　　　　　　最低

8.2.2 中断响应、中断服务与中断返回

1．中断响应

中断响应是指 CPU 对中断源中断请求的响应，其过程包括保护断点和将程序转向中断服务程序的入口地址（也称中断向量）。CPU 并非任何时刻都响应中断请求，而是在中断响应条件满足之后才会响应中断请求。

（1）中断响应时间。

当中断源在中断允许的条件下向 CPU 发出中断请求后，CPU 一定会响应中断，但若存在下列任何一种情况，中断响应都会受到阻断，将不同程度地增加 CPU 响应中断的时间。

① CPU 正在执行同级或高级中断优先级的中断服务程序。

② CPU 正在执行 RETI 中断返回指令或访问与中断有关的寄存器的指令，如访问 IE 和 IP 的指令。

③ 当前指令未执行完。

只要存在上述任何一种情况，中断查询结果都会被取消，CPU 不响应中断请求而在下一指令周期继续查询，当条件满足时，CPU 在下一指令周期响应中断。

在每个指令周期的最后时刻，CPU 对各中断源进行采样，并设置相应的中断标志位，CPU 在下一个指令周期的最后时刻按中断优先级高低顺序查询各中断标志位，如果查询到某个中断标志位为 1，则在下一个指令周期按中断优先级的高低顺序进行处理。

（2）中断响应过程。

中断响应过程包括保护断点和将程序转向中断服务程序的入口地址。

CPU 在响应中断时，先将相应的中断优先级状态触发器置 1，然后由硬件自动产生一个长调用指令 LCALL，此指令首先把断点地址压入堆栈进行保护，再将中断服务程序的入口地址送入程序计数器 PC，使程序转向相应的中断服务程序。

STC15W4K32S4 单片机各中断源中断响应的入口地址由硬件事先设定。STC15W4K32S4 单片机各中断源中断响应的入口地址与中断号如表 8.4 所示。

表 8.4　STC15W4K32S4 单片机各中断源中断响应的入口地址与中断号

中断源	入口地址	中断号
外部中断 0	0003H	0
定时/计数器 T0 中断	000BH	1
外部中断 1	0013H	2
定时/计数器 T1 中断	001BH	3
串行通信端口 1 中断	0023H	4
A/D 转换中断	002BH	5
LVD 中断	0033H	6
PCA 中断	003BH	7
串行通信端口 2 中断	0043H	8
SPI 中断	004BH	9
外部中断 2	0053H	10
外部中断 3	005BH	11
定时/计数器 T2 中断	0063H	12
预留中断	006BH、0073H、007BH	13、14、15
外部中断 4	0083H	16
串行通信端口 3 中断	008BH	17
串行通信端口 4 中断	0093H	18
定时/计数器 T3 中断	009BH	19
定时/计数器 T4 中断	00A3H	20
比较器中断	00ABH	21
增强型 PWM 中断	00B3H	22
PWM 异常中断	00BBH	23

在实际应用中，通常在这些中断响应的入口地址处存放一条无条件转移指令，使程序跳转到用户安排的中断服务程序的起始地址。例如：

```
ORG   001BH              ；定时/计数器 T1 中断响应的入口
LJMP  T1_ISR             ；转向定时/计数器 T1 中断服务程序
```

中断号用于在 C 语言程序中编写中断函数，在中断函数中中断号与各中断源是一一对应的，不能混淆。例如：

```
void  INT0_ISR（void）interrupt 0 {}        //外部中断 0 中断函数
void  Timer0_ISR（void）interrupt 1 {}      //定时/计数器 T0 中断函数
void  INT1_ISR（void）interrupt 2 {}        //外部中断 1 中断函数
void  Timer1_ISR（void）interrupt 3 {}      //定时/计数器 T1 中断函数
void  UART_ISR（void）  interrupt 4 {}      //串行通信端口 1 中断函数
void  LVD_ISR（void）interrupt 6 {}         //LVD 中断函数
```

（3）中断请求标志位的撤除。

CPU 响应中断请求后进入中断服务程序，在中断返回前，应撤除该中断请求，否则会重复引起中断进而导致错误。STC15W4K32S4 单片机各中断源中断请求撤除的方法不尽相同，具体如下。

① 定时/计数器中断请求的撤除。对于定时/计数器 T0 或 T1 溢出中断，CPU 在响应中断后由硬件自动清除其中断标志位 TF0 或 TF1，无须采取其他措施；

定时/计数器 T2、T3、T4 中断的中断请求标志位被隐藏了，对用户是不可见的。因此，当执行完相应的中断服务程序后，这些中断请求标志位也会自动清 0。

② 串行通信端口中断请求的撤除。对于串行通信端口 1 中断，CPU 在响应中断后，硬件不会自动清除中断请求标志位 TI 或 RI，必须在中断服务程序中判别出是 TI 还是 RI 引起的中断后，再用软件将其清除。

③ 外部中断请求的撤除。外部中断 0 和外部中断 1 的触发方式可由 IT*x*（*x*=0，1）设置，但无论是将 IT*x*（*x*=0，1）设置为 0 还是设置为 1，都属于边沿触发，CPU 在响应中断后由硬件自动清除其中断请求标志位 IE0 或 IE1，无须采取其他措施。

外部中断 2、外部中断 3、外部中断 4 的中断请求标志位虽然是隐藏的，但同样属于边沿触发，CPU 在响应中断后由硬件自动清除其中断标志位，无须采取其他措施。

④ 片内电源低压检测中断。片内电源低电压检测中断的中断请求标志位在中断响应后不会自动清 0，需要用软件将其清除。

2. 中断服务与中断返回

中断服务与中断返回是通过执行中断服务程序实现的。中断服务程序从中断响应的入口地址处开始执行，到返回指令 RETI 为止，一般包括 4 部分内容：保护现场、中断服务、恢复现场、中断返回。

保护现场：通常主程序和中断服务程序都会用到累加器 A、状态寄存器 PSW 及其他寄存器，当 CPU 进入中断服务程序用到上述寄存器时，会破坏原来存储在寄存器中的内容，一旦中断返回，将导致主程序混乱，因此，在进入中断服务程序后，一般要先保护现场，即用入栈操作指令将需要保护的寄存器的内容压入堆栈。

中断服务：中断服务程序的核心部分，是中断源中断请求之所在。

恢复现场：在执行完中断服务程序之后，中断返回之前，用出栈操作指令将保护现场中压入堆栈的内容弹回相应的寄存器，注意弹出顺序必须与压入顺序相反。

中断返回：执行完中断服务程序后，计算机返回原来断开的位置（断点），继续执行原来的程序，中断返回由中断返回指令 RETI 实现。RETI 指令的功能是把断点地址从堆栈中弹出，送回程序计数器 PC，此外，还会通知中断系统已完成中断处理，并同时清除中断优先级状态触发器。注意不能用 RET 指令代替 RETI 指令。

在编写中断服务程序时的注意事项如下。

（1）各中断源的中断响应入口地址只相隔 8 字节，中断服务程序往往大于 8 字节，因此，在中断响应入口地址单元通常存放一条无条件转移指令，通过该指令转向执行存放在其他位置的中断服务程序。

（2）若要在执行当前中断服务程序时禁止其他高中断优先级的中断，需要先用软件关闭中断或用软件禁止相应高中断优先级的中断，在中断返回前再开放中断。

（3）在保护现场和恢复现场时，为了使现场数据不遭到破坏或造成混乱，一般规定此时CPU不再响应新的中断请求。因此，在编写中断服务程序时，要注意在保护现场前关闭中断，在保护现场后若允许高中断优先级的中断，再打开中断。同样，在恢复现场前也应先关闭中断，在恢复现场之后再打开中断。

8.2.3 STC15W4K32S4 单片机中断系统的中断应用举例

1．定时中断的应用

例 8.1 LED 闪烁点亮，闪烁间隔时间为 1s。要求用单片机定时/计数器 T1 并采用中断方式实现。

解 在例 7.2 的基础上将 TF1 的查询方式改为中断方式。

汇编语言参考源程序（FLASH-ISR.ASM）如下。

```
$include(stc15.inc)         ; STC15 系列单片机新增特殊功能寄存器的定义文件，详见附录 F
        ORG 0000H
        LJMP MAIN
        ORG 001BH
        LJMP T1_ISR
MAIN:
        LCALL GPIO              ; 调用 I/O 口初始化程序
        MOV   R3,#20            ; 置 50ms 计数循环初始值
        MOV   TMOD,#00H         ; 将定时/计数器 T1 的工作方式设置为工作方式 0
        MOV   TH1,#3CH          ; 置 50ms T1 初始值
        MOV   TL1,#0B0H
        SETB ET1                ; 开放 T1 中断
        SETB EA
        SETB  TR1               ; 启动 T1
        SJMP  $                 ; 原地踏步
T1_ISR:
        DJNZ  R3,T1_QUIT        ; 1s 未到，退出中断服务程序
        MOV   R3, #20
        CPL   P1.6
        CPL   P1.7
        CPL   P4.6
        CPL   P4.7
T1_QUIT:
        RETI
$include(gpio.inc)              ; STC15 系列单片机 I/O 口的初始化文件
        END
```

C 语言参考源程序（flash-isr.c）如下。

```
#include <stc15.h>               //包含支持 STC15 系列单片机的头文件
#include <intrins.h>
```

```c
#include <gpio.h>                           //包含 I/O 口初始化文件
#define   uchar   unsigned   char
#define   uint   unsigned   int
uchar    i = 0;
void main(void)
{
    gpio();                                 //初始化函数
    TMOD=0x00;
    TH1=0x3c;
    TL1=0xb0;
    ET1=1;
    EA=1;
    TR1=1;
    while(1);
}
void T1_isr() interrupt 3
{
    i++;
    if(i==20)
    {
        i=0;
        P16=～P16;                          //对 LED 的驱动取反输出
        P17=～P17;
        P46=～P46;
        P47=～P47;
    }
}
```

例 8.2　利用单片机定时/计数器设计一个简易频率计，采用 LED 数码管显示，利用一个开关控制频率计的启停。

解　T0 定时、T1 计数。T0 的定时功能采用中断方式实现。

汇编语言参考源程序（F-COUNTER-ISR.ASM）如下。

```asm
$include(stc15.inc)          ；STC15 系列单片机新增特殊功能寄存器的定义文件，详见附录 F
    ORG 0000H
    LJMP MAIN
    ORG 000BH
    LJMP T0_ISR
MAIN:
    LCALL GPIO
    MOV   TMOD,#40H  ；T0 工作在工作方式 0 下实现定时，T1 工作在工作方式 0 下实现计数
    MOV   TH0,#3CH              ；设置 T0 定时初始值为 50ms
    MOV   TL0,#0B0H
    MOV   R3,#14H               ；置 50ms 计数循环初始值
    MOV   TH1, #0               ；将 T1 清 0
```

```
        MOV   TL1,#0
        SETB ET0
        SETB EA
        MOV   30H, #16                ; 为显示缓冲器赋初始值，前 7 位灭，后 1 位显示 0
        MOV   31H, #16
        MOV   32H, #16
        MOV   33H, #16
        MOV   34H, #16
        MOV   35H, #16
        MOV   36H, #16
        MOV   37H, #0
Check_Start_Button:
        LCALL   F_DisplayScan         ; 调用显示函数
        JNB   P3.2,   Start           ; 开关状态为 1，频率计停止工作
        CLR   TR0
        CLR   TR1
        SJMP   Check_Start_Button
Start:
        SETB   TR0                    ; 开关状态为 0，频率计工作
        SETB   TR1
        SJMP   Check_Start_Button
T0_ISR:
        DJNZ   R3, T0_QUIT
        MOV   R3, #20                 ; 1s 到，读 T1 的计数值并将其送至 P1、P2 进行显示
        MOV   A, TL1
        ANL   A, #0FH
        MOV   37H, A
        MOV   A, TL1
        SWAP   A
        ANL   A, #0FH
        MOV   36H, A
        MOV   A, TH1
        ANL   A, #0FH
        MOV   35H, A
        MOV   A, TH1
        SWAP   A
        ANL   A, #0FH
        MOV   34H, A
        CLR TR1                       ; 将 T1 清 0
        MOV   TH1, #0
        MOV   TL1,#0
        SETB TR1
T0_QUIT:
        RETI
$include(gpio.inc)                    ; STC15 系列单片机 I/O 口的初始化文件
```

```
    $INCLUDE(595HC.INC)                    ；包含 LED 数码管驱动程序
        END
```

C 语言参考源程序（f-counter-isr.c）如下。

```
    #include <stc15.h>                     //包含支持 STC15 系列单片机的头文件
    #include <intrins.h>
    #include <gpio.h>                      //包含 I/O 口初始化文件
    #define uchar unsigned char
    #define uint   unsigned int
    #include <595hc.h>
    uint counter=0;                        //定义频率变量
    uchar cnt=0;
    sbit key=P3^2;                         //定义按键
    /*---------------------------T0 初始化子函数-------------------------------*/
    void Timer_init(void)
    {
        TMOD = 0x40;          //T0 工作在工作方式 0 下实现定时，T1 工作在工作方式 0 下实现计数
        TH0 = (65536-50000)/256;           //设置 T0 定时初始值为 50m
        TL0 = (65536-50000)%256;
        TH1 = 0;                           //将 T1 清 0
        TL1 = 0;
        ET0=1;
        EA=1;
    }
    /*---------------------------启动子函数-------------------------------*/
    void Start(void)
    {
        if(key==0)                         //判断开关的状态
        {
            TR0=1;                         //频率计工作
            TR1=1;

        }
        else
        {
            TR0=0;                         //频率计停止工作
            TR1=0;
        }
    }
    /*-------------------------主函数-------------------------------*/
    void main(void)
    {


        gpio();
        Timer_init();                      //T0 初始化
        while(1)
```

```
        {
            display();
            Start();                          //启动 T0
        }
}
/*----------------------------T0 中断服务函数--------------------------------*/
void T0_isr() interrupt 1
{
        cnt++;                               //50ms 计数器变量加 1
        if(cnt==20)                          //i=20 时，计时 1s
        {
            cnt = 0;
            counter=(TH1<<8)+TL1;
            Dis_buf[7] =counter%10;
            Dis_buf[6] =counter/10%10;
            Dis_buf[5] =counter/100%10;
            Dis_buf[4] =counter/1000%10;
            Dis_buf[3] =counter/10000;
            TR1=0;                           //满足对 TH1、TL1 清 0 的条件
            TL1=0;
            TH1=0;
            TR1=1;
        }

}
```

2．外部中断的应用

例 8.3 利用外部中断 0、外部中断 1 控制 LED，外部中断 0 改变 P1.7 引脚控制的 LED，外部中断 1 改变 P4.7 引脚控制的 LED。

解 根据题意，外部中断 0、外部中断 1 采用下降沿触发方式。

汇编语言参考程序（INT01.ASM）如下。

```
$include(stc15.inc)          ；STC15 系列单片机新增特殊功能寄存器的定义文件，详见附录 F
        ORG 0000H
        LJMP MAIN
        ORG 0003H
        LJMP INT0_ISR
        ORG 0013H
        LJMP INT1_ISR
MAIN:
        LCALL GPIO           ；调用 I/O 口初始化程序
        SETB IT0
        SETB IT1
        SETB EX0
        SETB EX1
```

```
        SETB EA
        SJMP $
INT0_ISR:
        CPL P1.7
        RETI
INT1_ISR:
        CPL P4.7
        RETI
$include(gpio.inc)                  ; STC15 系列单片机 I/O 口的初始化文件
        END
```

C 语言参考源程序（int01.c）如下。

```
#include <stc15.h>                  //包含支持 STC15 系列单片机的头文件
#include <intrins.h>
#include <gpio.h>                   //包含 I/O 口初始化文件
#define uchar unsigned char
#define uint   unsigned int
void ex01_init()                    //外部中断 0、外部中断 1 的中断初始化
{
        IT0=1;
        IT1=1;
        EX0=1;
        EX1=1;
        EA=1;
}
void main()
{
        gpio();                     //调用 I/O 口初始化函数
        ex01_init();                //调用外部中断 0、外部中断 1 的初始化函数
        while(1);                   //模拟一个主程序，等待中断
}
void int0_isr() interrupt 0         //外部中断 0 中断函数
{
        P17=~P17;
}
void int1_isr() interrupt 2         //外部中断 1 中断函数
{
        P47=~P47;
}
```

8.3 STC15W4K32S4 单片机外部中断源的扩展

STC15W4K32S4 单片机有 5 个外部中断源，在实际应用中，若外部中断源数超过 5 个，则需要扩充外部中断源。

1．利用外部中断加查询的方法扩展外部中断源

每个外部中断输入引脚（如 P3.2 引脚和 P3.3 引脚）都可以通过逻辑与（或逻辑或非）门电路的关系连接多个外部中断源，同时将并行输入端口线作为多个中断源的识别线。通过逻辑与关系将一个外部中断源扩展成多个外部中断源的电路原理图如图 8.3 所示。

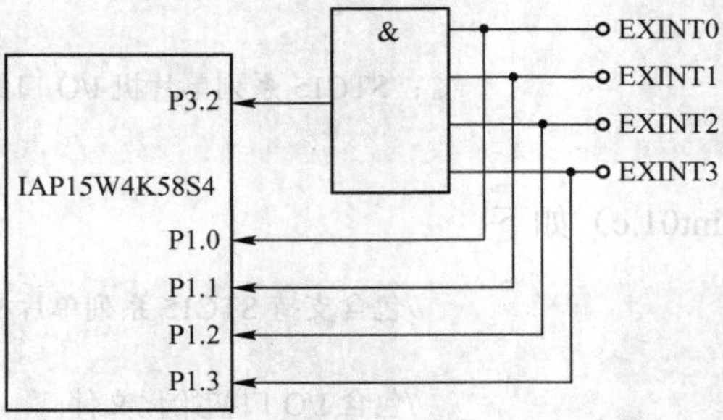

图 8.3　通过逻辑与关系将一个外部中断源扩展成多个外部中断源的电路原理图

由图 8.3 可知，4 个外部扩展中断源经逻辑与门相与后与 P3.2 引脚相连，当 4 个外部扩展中断源 EXINT0～EXINT3 中有一个或几个出现低电平时输出为 0，P3.2 脚为低电平，从而发出中断请求。CPU 在执行中断服务程序时，先依次查询 P1 口的中断源输入状态，然后转到相应的中断服务程序，4 个外部扩展中断源的中断优先级顺序由软件查询顺序决定，即最先查询的外部中断源的中断优先级最高，最后查询的外部中断源的中断优先级最低。

例 8.4　机器故障检测与指示系统如图 8.4 所示，当无故障时，LED3 亮；当有故障时，LED3 灭，0 号故障源出现故障时，LED0 亮；1 号故障源出现故障时，LED1 亮，2 号故障源出现故障时，LED2 亮。

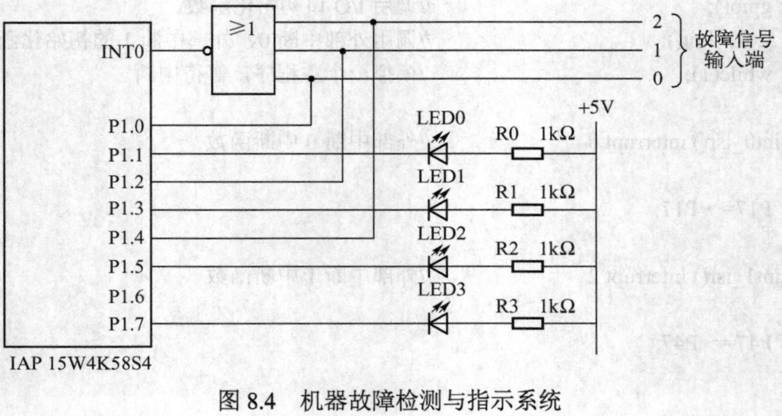

图 8.4　机器故障检测与指示系统

解　由图 8.4 可知，3 个故障信号分别为 0、1、2，故障信号为高电平时有效，当故障信号中至少有 1 个为高电平时，经逻辑或非门后输出低电平，产生下降沿信号，向 CPU 发出中断请求。

汇编语言参考源程序（EX0.ASM）如下。

```
$include(stc15.inc)          ；STC15 系列单片机新增特殊功能寄存器的定义文件，详见附录 F
```

```
        ORG     0000H
        LJMP    MAIN
        ORG     00003H
        LJMP    INT0_ISR
        ORG     0100H
MAIN:
        LCALL GPIO                      ；调用I/O口初始化程序
        MOV   SP,#60H                   ；设定堆栈区域
        SETB  IT0                       ；设定外部中断0为下降沿触发方式
        SETB  EX0                       ；开放外部中断0
        SETB  EA                        ；开放总中断
LOOP:
        MOV   A, P1                     ；读取P1口中断输入信号
        ANL    A,#15H                   ；截取中断输入信号
        JNZ    Trouble                  ；有中断请求，转Trouble，LED3熄灭
        CLR   P1.7                      ；无中断请求，LED3点亮
        SJMP  LOOP                      ；循环检查与判断
Trouble:
        SETB  P1.7                      ；LED3灭
        SJMP  LOOP                      ；循环检查与判断
INT0_ISR:
        JNB   P1.0,No_Trouble_0         ；查询0号故障源，无故障转No_Trouble_0，LED0熄灭
        CLR   P1.1                      ；0号故障源有故障，LED0点亮
        SJMP  Check_Trouble_1           ；继续查询1号故障源
No_Trouble_0:
        SETB  P1.1
Check_Trouble_1:
        JNB   P1.2,No_Trouble_1         ；查询1号故障源，无故障转No_Trouble_1，LED1熄灭
        CLR   P1.3                      ；1号故障源有故障，LED1点亮
        SJMP  Check_Trouble_2           ；继续查询2号故障源
No_Trouble_1:
        SETB  P1.3
Check_Trouble_2:
        JNB   P1.4,No_Trouble_2         ；查询2号故障源，无故障转No_Trouble_2，LED2熄灭
        CLR   P1.5                      ；2号故障源有故障，LED2点亮
        SJMP  Exit_INT0_ISR             ；转中断返回
No_Trouble_2:
        SETB  P1.5
Exit_INT0_ISR:
        RETI                            ；查询结束，中断返回
$include(gpio.inc)                      ；STC15系列单片机I/O口的初始化文件
        END
```

C语言参考源程序（ex0.c）如下。

```
#include <stc15.h>                      //包含支持STC15系列单片机的头文件
#include <intrins.h>
```

```
#include <gpio.h>                              //包含 I/O 口初始化文件
#define uchar unsigned char
#define uint   unsigned int
/*--------------外部中断 0 中断函数---------------*/
void   x0_isr(void) interrupt 0
{
       P11=～P10;                              //故障指示灯状态与故障信号状态相反
       P13=～P12;
       P15=～P14;
}
/*--------------主函数---------------*/
void main(void)
{
       uchar x;
       gpio();
       IT0=1;                          //外部中断 0 为下降沿触发方式
       EX0=1;                          //允许外部中断 0
       EA =1;                          //允许总中断
       while(1)
       {
              x=P1;
              if(!(x&0x15))            //若没有故障，则 LED3 点亮
                     P17=0;
              else
                     P17=1;            //若有故障，则 LED3 熄灭
       }
}
```

2．利用定时中断扩展外部中断

当定时/计数器不用时，可用来扩展外部中断。将定时/计数器设置为计数状态，初始值设置为全 1，这时的定时/计数器中断即由计数脉冲输入引脚引发的外部中断。

3．利用 PCA 中断扩展外部中断

当 PCA 不用时，也可扩展为由下降沿触发的外部中断，具体内容见第 13 章。

8.4 基于 Proteus 仿真与 STC 实操外部中断的应用

1．系统功能

利用外部中断功能，设计一个时间间隔可调的流水灯，时间间隔最大值为 2s，最小值为 200ms。

2．硬件设计

结合 STC15 系列单片机的官方学习板，采用 LED7、LED8、LED9、LED10 设计流水灯。

分别利用 SW17 和 SW18 输入外部中断 0 和外部中断 1 的中断请求信号。用 Proteus 绘制的流水灯外部中断控制电路如图 8.5 所示。

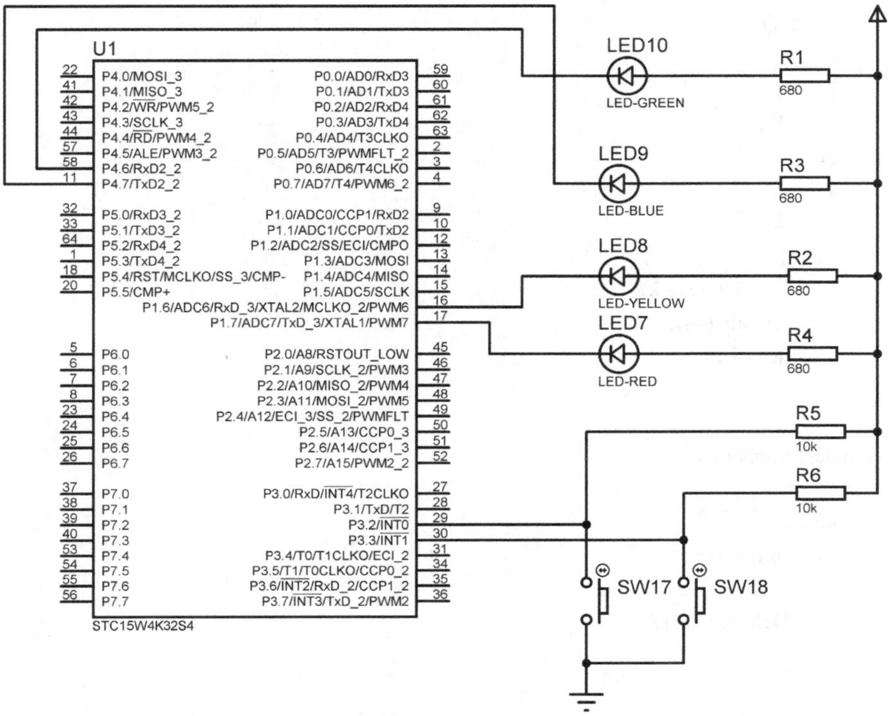

图 8.5　用 Proteus 绘制的流水灯外部中断控制电路

3．程序设计

（1）程序说明。

首先设计一个以 200ms 为基准时间的可变软件延时程序，用外部中断延长间隔时间，用外部中断 1 缩短间隔时间。

（2）参考程序（外部中断应用.c）。

```
#include <stc15.h>                  //包含支持 STC15 系列单片机的头文件
#include <intrins.h>
#include <gpio.h>                   //包含 I/O 口初始化文件
#define uchar unsigned char
#define uint   unsigned int
sbit LED7=P1^7;
sbit LED8=P1^6;
sbit LED9=P4^7;
sbit LED10=P4^6;
uchar tw=3;
void Delay200ms()                   //@12.000MHz
{
```

```
    unsigned char i, j, k;

    _nop_();
    _nop_();
    i = 10;
    j = 31;
    k = 147;
    do
    {
        do
        {
            while (--k);
        } while (--j);
    } while (--i);
}

void delay(uchar x)
{
    uchar i;
    for(i=0;i<x;i++)
    {
        Delay200ms();
    }
}
void main(void)
{
    gpio();
    IT0=1;
    IT1=1;
    EX0=1;
    EX1=1;
    EA=1;
    LED7=1;LED8=1;LED9=1;LED10=1;
    while(1)
    {
        LED10=1;LED7=0;
        delay(tw);
        LED7=1;LED8=0;
        delay(tw);
        LED8=1;LED9=0;
        delay(tw);
        LED9=1;LED10=0;
        delay(tw);
    }
}
void INT0_ISR(void) interrupt 0
```

```
        {
            tw++;
            if(tw>10)tw=10;
            while(P32==0);          //以免按键抖动产生误中断
        }
        void INT1_ISR(void) interrupt 2
        {
              if(tw>1)tw--;
              while(P33==0);        //以免按键抖动产生误中断
        }
```

4．系统调试

（1）用 Keil C 集成开发环境编辑与编译用户程序（外部中断应用.c），生成机器代码文件外部中断应用.hex。

（2）Proteus 仿真。

① 按图 8.5 绘制电路。

② 将外部中断应用.hex 程序下载到 STC15W4K32S4 单片机中。

③ 启动仿真，观察并记录程序运行结果。

- 用手机秒表（或其他秒表）检测流水灯（LED7、LED8、LED9、LED10）的时间间隔是否为 600ms。
- 按动 SW17，观察流水灯的时间间隔是否延长，检测每一次按动的延长间隔时间是否为 200ms，流水灯最大时间间隔是否为 2s。
- 按动 SW18，观察流水灯的时间间隔是否缩短，检测每一次按动的缩短间隔时间是否为 200ms，检测流水灯最小时间间隔是否为 200ms。

（3）STC 单片机实操。

① 用 USB 接口连接计算机与 STC15W 系列单片机官方学习板（若非官方学习板，则需要根据实际端口修改程序）。

② 启动 STC-ISP 在线编程软件，将外部中断应用.hex 程序下载到 STC15W 系列单片机学习板中的单片机中。

③ 进行与 Proteus 仿真同样的操作，观察并记录流水灯（LED7、LED8、LED9 与 LED10）的运行情况。

（4）修改程序，将可变软件延时函数改为用定时/计数器 T0 实现并调试。

本 章 小 结

中断概念是在 20 世纪中期提出的，中断技术是计算机中的一种很重要的技术，它既和硬件有关，也和软件有关。正是因为有了中断技术，计算机的工作才变得更加灵活、效率更高。现代计算机操作系统实现的管理调度的基础就是丰富的中断功能和完善的中断系统。一个 CPU 要面向多个任务，这样就会出现资源竞争，而中断技术实质上是一种资源共享技术。中断技术的出现大大推动了计算机的发展和应用。中断功能的强弱已成为衡量一台计算机功能完善与否的重要指标。

一个完整的中断过程一般包括中断请求、中断响应、中断服务和中断返回 4 个步骤。

STC15W4K32S4 单片机的中断系统有 21 个中断源，2 个中断优先级，可实现二级中断服务嵌套。由片内特殊功能寄存器中的 IE、IE2、INT_CLKO 等控制 CPU 是否响应中断请求；由中断优先级控制寄存器 IP、IP2 安排各中断源的中断优先级；当同一中断优先级内的中断同时提出中断请求时，由内部的查询逻辑确定其响应次序。

习　题　8

一、填空题

1．CPU 面向 I/O 设备的服务方式包括________、________与 DMA 通道 3 种方式。

2．中断过程包括中断请求、________、________与中断返回 4 个步骤。

3．在中断服务方式中，CPU 与 I/O 设备是________工作的。

4．根据中断请求能否被 CPU 响应，中断可分为非屏蔽中断和________两种类型。STC15W4K32S4 单片机的所有中断都属于________。

5．若要求定时/计数器 T0 中断，除对 ET0 置 1 外，还需要对________置 1。

6．STC15W4K32S4 单片机中断源的中断优先级分为________个，当处于同一中断优先级时，前 5 个中断的自然中断优先顺序由高到低是________、定时/计数器 T0 中断、________、________、串行通信端口 1 中断。

7. 外部中断 0 的中断请求信号输入引脚是________，外部中断 1 的中断请求信号输入引脚是________。外部中断 0、外部中断 1 的触发方式有________和________两种类型。当(IT0)=1 时，外部中断 0 的触发方式是________。

8. 外部中断 2 的中断请求信号输入引脚是________，外部中断 3 的中断请求信号输入引脚是________，外部中断 4 的中断请求信号输入引脚是________。外部中断 2、外部中断 3、外部中断 4 的中断触发方式都只有 1 种，属于________触发方式。

9．外部中断 0、外部中断 1、外部中断 2、外部中断 3、外部中断 4 的中断请求标志位在中断响应后，相应的中断请求标志位________自动清 0。

10．串行通信端口 1 中断包括________和________两个中断请求标志位，串行通信端口 1 中断的中断请求标志位在中断响应后，________自动清 0。

11．中断函数定义的关键字是________。

12．外部中断 0 的中断响应入口地址、中断号分别是________和________。

13．外部中断 1 的中断响应入口地址、中断号分别是________和________。

14．定时/计数器 T0 中断的中断响应入口地址、中断号分别是________和________。

15．定时/计数器 T1 中断的中断响应入口地址、中断号分别是________和________。

16．串行通信端口 1 中断的中断响应入口地址、中断号分别是________和________。

二、选择题

1．执行“EA=1;EX0=1;EX1=1;ES=1;”语句后，叙述正确的是________。

A．外部中断 0、外部中断 1、串行通信端口 1 允许中断

B．外部中断 0、定时/计数器 T0、串行通信端口 1 允许中断

C．外部中断 0、定时/计数器 T1、串行通信端口 1 允许中断

D．定时/计数器 T0、定时/计数器 T1、串行通信端口 1 允许中断

2．执行“PS=1;PT1=1;”语句后，按照中断优先级由高到低排序，叙述正确的是________。

A．外部中断 0→定时/计数器 T0 中断→外部中断 1→定时/计数器 T1 中断→串行通信端口 1 中断

B．外部中断 0→定时/计数器 T0 中断→定时/计数器 T1 中断→外部中断 1→串行通信端口 1 中断

C．T1 中断→串行通信端口 1 中断→外部中断 0→定时/计数器 T0 中断→外部中断 1

D．T1 中断→串行通信端口 1→定时/计数器 T0 中断→中断外部中断 0→外部中断 1

3．执行“PS=1;PT1=1;”语句后，叙述正确的是________。

A．外部中断 1 能中断正在处理的外部中断 0

B．外部中断 0 能中断正在处理的外部中断 1

C．外部中断 1 能中断正在处理的串行通信端口 1 中断

D．串行通信端口 1 中断能中断正在处理的外部中断 1

4．现要求允许 T0 中断，并将其设置为高中断优先级，下列编程正确的是________。

A．ET0=1;EA=1;PT0=1;　　B．ET0=1;IT0=1;PT0=1;

C．ET0=1;EA=1;IT0=1;　　D．IT0=1;EA=1;PT0=1;

5．当(IT0)=1 时，外部中断 0 的触发方式是________。

A．高电平触发　　B．低电平触发

C．下降沿触发　　D．上升沿、下降沿皆触发

6．当(IT1)=1 时，外部中断 1 的触发方式是________。

A．高电平触发　　B．低电平触发

C．下降沿触发　　D．上升沿、下降沿皆触发

三、判断题

1．在 STC15W4K32S4 单片机中，只要中断源有中断请求，CPU 一定会响应该中断请求。（　　）

2．当某中断请求允许位为 1 且总中断允许控制位为 1 时，该中断源发出中断请求，CPU 一定会响应该中断请求。（　　）

3．当某中断源在中断允许的情况下发出中断请求，CPU 会立刻响应该中断请求。（　　）

4．CPU 响应中断的首要事情是保护断点地址，然后自动转到该中断源对应的中断响应入口地址处执行程序。（　　）

5．外部中断 0 的中断号是 1。（　　）

6．定时/计数器 T1 中断的中断号是 3。（　　）

7．在同一中断优先级的中断中，外部中断 0 能中断正在处理的串行通信端口 1 中断。（　　）

8．高中断优先级中断能中断正在处理的低中断优先级中断。（　　）

9．中断函数中能传递参数。（　　）

10．中断函数能返回任何类型的数据。（　　）

11．中断函数定义的关键字是 using。（　　）

12．在主函数中，能主动调用中断函数。（　　）

四、问答题

1．影响 CPU 响应中断时间的因素有哪些？

2．相比于查询服务，中断服务有哪些优势？

3．一个中断系统应具备哪些功能？

4．什么是断点地址？

5．STC15W4K32S4 单片机的中断系统有几个中断优先级？按照自然中断优先级由高到低的顺序排列，前 5 个中断是什么？

6．要开放一个中断，应如何编程？

7. 在中断响应后，按照自然中断优先级由高到低排列，前 5 个中断的中断请求标志位的状态是怎样的？需要进行什么处理？

8．定义中断函数的关键字是什么？函数类型、参数列表一般取什么？

五、程序设计题

1．设计一个流水灯，流水灯初始时间间隔为 500ms。用外部中断 0 延长间隔时间，上限值为 2s；用外部中断 1 缩短间隔时间，下限值为 100ms，调整步长为 100ms。画出硬件电路图，编写程序并上机调试。

2．利用外部中断 2、外部中断 3 设计加、减计数器，计数值采用 LED 数码管显示。每产生一次外部中断 2，计数值加 1；每产生一次外部中断 3，计数值减 1。画出硬件电路图，编写程序并上机调试。

3．修改 7.5 节的程序，将计满溢出的判断方式由查询改为中断，并上机调试。

4．修改 7.9 节的程序，将计满溢出的判断方式由查询改为中断，并上机调试。

第 9 章　STC15W4K32S4 单片机的串行通信

9.1　串行通信基础

通信是人们传递信息的方式。计算机通信是将计算机技术和通信技术相结合，完成计算机与 I/O 设备或计算机与计算机之间的信息交换。这种信息交换可分为两种方式：并行通信与串行通信。

并行通信是将数据字节的各位用多条数据线同时进行传送，如图 9.1（a）所示。并行通信的特点是控制简单、传送速率快。并行通信的传输线较多，在进行长距离传送时成本较高，仅适用于短距离传送。

串行通信是将数据字节分成一位一位的形式在一条传输线上逐个传送，如图 9.1（b）所示。串行通信的特点是传送速率慢。串行通信传输线少，在进行长距离传送时成本较低，适用于长距离传送。

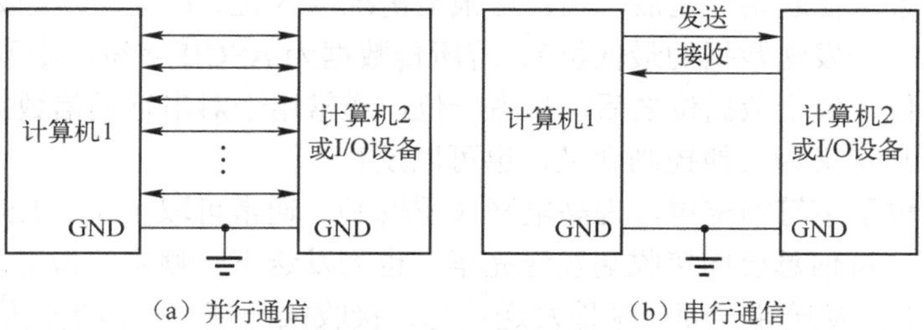

图 9.1　并行通信与串行通信工作示意图

1. 串行通信的分类

按照串行通信数据的时钟控制方式，串行通信可分为异步通信和同步通信两类。

（1）异步通信（Asynchronous Communication）。

在异步通信中，数据通常是以字符（或字节）为单位组成字符帧传送的。字符帧由发送端一帧一帧地发送，接收端通过传输线一帧一帧地接收。发送端和接收端可以通过各自的时钟来控制数据的发送和接收，这两个时钟彼此独立，互不同步，但要求传送速率一致。因为在异步通信中，两个字符之间的传输间隔时间是任意的，所以每个字符的前后都要用一些数位来作为分隔位。

发送端和接收端依靠字符帧格式来协调数据的发送和接收，在传输线空闲时，发送端为高电平（逻辑 1），当接收端检测到传输线上发送过来的低电平逻辑 0（字符帧中的起始位）时就知道发送端已开始发送；当接收端接收到字符帧中的停止位（实际上是按一个字符帧约定的位数来确定的）时就知道一帧字符信息已发送完毕。

在异步通信中，字符帧格式和波特率是两个重要指标，可由用户根据实际情况选定。

① 字符帧（Character Frame）。字符帧也称数据帧，由起始位、数据位（纯数据或数据加校验位）和停止位 3 部分组成，如图 9.2 所示。

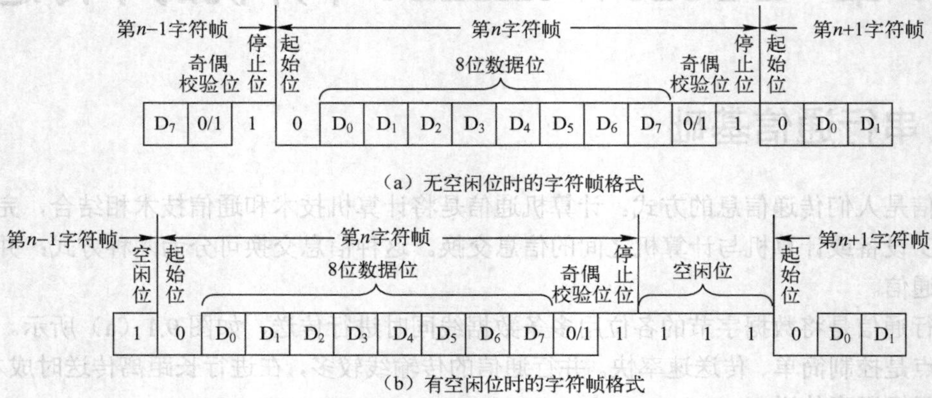

图 9.2 异步通信的字符帧格式

- 起始位：位于字符帧开头，只占一位，始终为低电平（逻辑 0），用于表示发送端开始向接收端发送一帧信息。
- 数据位：紧跟在起始位之后，用户可根据情况取 5 位、6 位、7 位或 8 位，低位在前高位在后（先发送数据的最低位）。若所传数据为 ASCII 字符，则取 7 位。
- 奇偶校验位：位于数据位之后，只占一位，通常用于对串行通信数据进行奇偶校验，可以由用户定义为其他控制含义，也可以没有。
- 停止位：位于字符帧末尾，为高电平（逻辑 1），通常可取 1 位、1.5 位或 2 位，用于表示一帧字符信息已向接收端发送完毕，也为发送下一帧字符做准备。

在串行通信中，发送端一帧一帧地发送信息，接收端一帧一帧地接收信息，两相邻字符帧之间可以无空闲位，也可以有若干空闲位，这由用户根据需要决定。有空闲位时的字符帧格式如图 9.2（b）所示。

② 波特率（Baud Rate）。异步通信的另一个重要指标为波特率。波特率为每秒钟传送二进制数码的位数，也称比特数，单位为 bit/s，即位/秒。波特率用于表征数据传输的速率，波特率越高，数据传输速率越快。波特率和字符的实际传输速率不同，字符的实际传输速率是每秒内所传字符帧的帧数，也就是说，字符的实际传送速率和字符帧格式有关。例如，波特率为 1200bit/s 的通信系统，若采用如图 9.2（a）所示的字符帧格式（每个字符帧包含 11 位数据），则字符的实际传输速率为 1200 / 11=109.09 帧 / s；若改用如图 9.2（b）所示的字符帧格式（每个字符帧包含 14 位数据，其中含 3 位空闲位），则字符的实际传输速率为 1200 / 14=85.71 帧 / s。

异步通信的优点是不需要传送同步时钟，字符帧长度不受限制，设备简单；缺点是由于字符帧中包含起始位和停止位，降低了有效数据的传输速率。

（2）同步通信（Synchronous Communication）。

同步通信是一种连续串行传送数据的通信方式，一次通信传输一组数据（包含若干个字符数据）。在进行同步通信时要建立发送方时钟对接收方时钟的直接控制，使双方达到完全同步。在发送数据前，先发送同步字符，再连续地发送数据。同步字符有单同步字符和双同步字符之分，同步通信的字符帧是由同步字符、数据字符和校验字符 CRC 3 部分组成的，如图 9.3 所示。在同步通信中，同步字符可以采用统一的标准格式，也可以由用户自行约定。

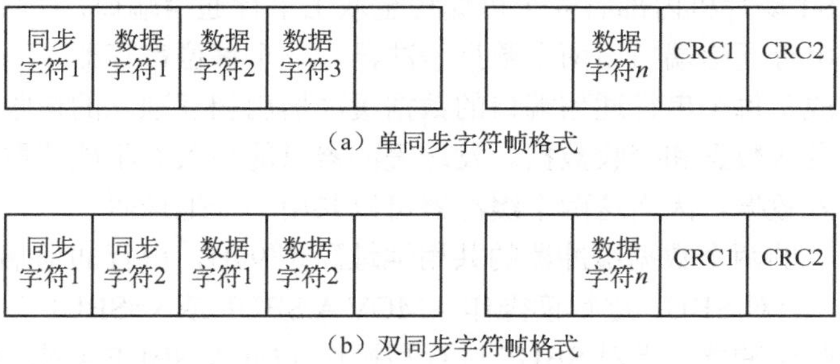

图 9.3　同步通信的字符帧格式

同步通信的优点是数据传输速率较高（通常可达 56000bit/s）；缺点是要求发送时钟和接收时钟必须保持严格同步，硬件电路较为复杂。

2．串行通信的传输方向

在串行通信中，数据是在两个站之间进行传送的，按照数据传送方向及时间关系，串行通信可分为单工（Simplex）、半双工（Half Duplex）和全双工（Full Duplex）3 种制式，如图 9.4 所示。

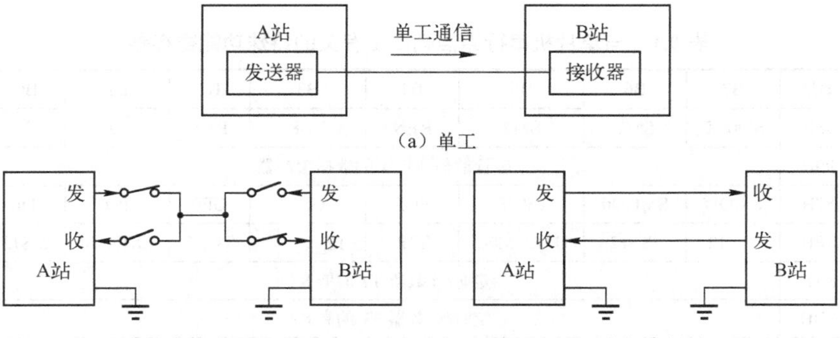

图 9.4　单工、半双工和全双工 3 种制式

单工制式：传输线的一端接发送器，另一端接接收器，数据只能按照一个固定的方向传送，如图 9.4（a）所示。

半双工制式：系统的每个通信设备都由一个发送器和一个接收器组成，如图 9.4（b）所示。在这种制式下，数据既能从 A 站传送到 B 站，也能从 B 站传送到 A 站，但是不能同时在两个方向上传送，即只能一端发送，一端接收。半双工制式的收发开关一般是由软件控制的电子开关。

全双工制式：通信系统的每端都有发送器和接收器，且可以同时发送和接收，即数据可以在两个方向上同时传送，如图 9.4（c）所示。

9.2 STC15W4K32S4 单片机的串行通信端口 1

STC15W4K32S4 单片机内部有 4 个可编程全双工串行通信端口，它们具有串行通信端口的全部功能。每个串行通信端口由两个数据缓冲器、一个移位寄存器、一个串行控制器和一个波特率发生器组成。每个串行通信端口的数据缓冲器由相互独立的接收缓冲器、发送缓冲器构成，可以同时发送数据和接收数据。发送缓冲器只能写入而不能读取数据，接收缓冲器只能读取而不能写入数据，因而这两个缓冲器可以共用一个地址码。

串行通信端口 1 的两个数据缓冲器的共用地址码是 99H，串行通信端口 1 的两个数据缓冲器统称为 SBUF。当对 SBUF 进行读操作（MOV A,SBUF 或 x=SBUF;）时，操作对象是串行通信端口 1 的接收缓冲器；当对 SBUF 进行写操作（MOV SBUF,A 或 SBUF=x;）时，操作对象是串行通信端口 1 的发送缓冲器。

STC15W4K32S4 单片机串行通信端口 1 的默认发送引脚、接收引脚分别是 TxD/P3.1、RxD/P3.0，通过设置 P_SW1 中的 S1_S1、S1_S0 控制位，串行通信端口 1 的 TxD、RxD 硬件引脚可切换为 P1.7、P1.6 或 P3.7、P3.6。

9.2.1 串行通信端口 1 的控制寄存器

与单片机串行通信端口 1 有关的特殊功能寄存器（见表 9.1）有单片机串行通信端口 1 控制寄存器、与波特率设置相关的定时/计数器 T1、T2 的寄存器、与中断控制相关的寄存器，如表 9.1 所示。

表 9.1 与单片机串行通信端口 1 有关的特殊功能寄存器

符号	地址	B7	B6	B5	B4	B3	B2	B1	B0	复位值
SCON	98H	SM0/FE	SM1	SM2	REN	TB8	RB8	TI	RI	0000 0000
SBUF	99H	串行通信端口 1 的数据缓冲器								—
PCON	87H	SMOD	SMOD0	LVDF	POF	GF1	GF0	PD	IDL	0011 0000
AUXR	8EH	T0x12	T1x12	UART_M0x6	T2R	T2_C/$\overline{T}$	T2x12	EXTRAM	S1ST2	0000 0000
TL1	8AH	定时/计数器 T1 的低 8 位								0000 0000
TH1	8BH	定时/计数器 T1 的高 8 位								0000 0000
T2L	D7H	定时/计数器 T2 的低 8 位								0000 0000
T2H	D6	定时/计数器 T2 的高 8 位								0000 0000
TMOD	89H	GATE	C/$\overline{T}$	M1	M0	GATE	C/$\overline{T}$	M1	M0	0000 0000
TCON	88H	TF1	TR1	TF0	TR0	IE1	IT1	IE0	IT0	0000 0000
IE	A8H	EA	ELVD	EADC	ES	ET1	EX1	ET0	EX0	0000 0000
IP	B8H	PPCA	PLVD	PADC	PS	PT1	PX1	PT0	PX0	0000 0000
P_SW1	A2H	S1_S1	S1_S0	CCP_S1	CCP_S0	SPI_S1	SPI_S0	0	DPS	0000 0000

1. SCON

SCON 是串行通信端口 1 的控制寄存器，用于设定串行通信端口 1 的工作方式、允许接收控制及状态标志位。SCON 的字节地址为 98H，可进行位寻址，当单片机系统复位时，所有位全为 0，其格式如下。

	地址	B7	B6	B5	B4	B3	B2	B1	B0	复位值
SCON	98H	SM0/FE	SM1	SM2	REN	TB8	RB8	TI	RI	0000 0000

SM0/FE、SM1：当 PCON 中的 SMOD0 位为 1 时，SM0/FE 用于帧错误检测，当检测到一个无效停止位时，通过串行通信端口接收器设置该位，该位必须由软件清 0；当 PCON 中的 SMOD0 位为 0 时，SM0/FE 和 SM1 一起指定串行通信的工作方式，如表 9.2 所示（其中，f_{SYS} 为系统时钟频率）。

表 9.2　串行通信工作方式选择位

SM0/FE、SM1	工作方式	功能	波特率
00	工作方式 0	8 位同步移位寄存器	$f_{SYS}/12$ 或 $f_{SYS}/2$
01	工作方式 1	10 位串行通信端口	可变，取决于定时/计数器 T1 或定时/计数器 T2 的溢出率
10	工作方式 2	11 位串行通信端口	$f_{SYS}/64$ 或 $f_{SYS}/32$
11	工作方式 3	11 位串行通信端口	可变，取决于定时/计数器 T1 或定时/计数器 T2 的溢出率

SM2：多机通信控制位，用于工作方式 2 和工作方式 3。当工作方式 2 和工作方式 3 处于接收状态时，若(SM2)=1 且(RB8)=0，则不激活 RI；若(SM2)=1 且(RB8)=1，则置位 RI。当工作方式 2 和工作方式 3 处于接收状态时，若(SM2)=0，则不论接收到的第 9 位数据 RB8 为 0 还是为 1，RI 都以正常方式被激活。

REN：允许串行接收控制位，由软件置位或清 0。当(REN)=1 时，启动接收；当(REN)=0 时，禁止接收。

TB8：在工作方式 2 和工作方式 3 状态下，串行发送数据的第 9 位，由软件置位或复位，可作为奇偶校验位。在多机通信中，TB8 可作为区别地址帧或数据帧的标志位，一般在约定地址帧时，TB8 为 1；在约定数据帧时，TB8 为 0。

RB8：在工作方式 2 和工作方式 3 状态下，串行接收数据的第 9 位，作为奇偶校验位或地址帧、数据帧的标志位。

TI：发送中断标志位。在工作方式 0 状态下，发送完 8 位数据后，由硬件置位；在其他工作方式下，在发送停止位之初由硬件置位。TI 是发送完一帧数据的标志位，既可以用查询的方法也可以用中断的方法来响应该标志位，然后在相应的查询服务程序或中断服务程序中，由软件清除 TI。

RI：接收中断标志位。在工作方式 0 状态下，接收完 8 位数据后，由硬件置位；在其他工作方式下，在接收停止位的中间由硬件置位。RI 是接收完一帧数据的标志位，既可以用查询的方法也可以用中断的方法来响应该标志位，然后在相应的查询服务程序或中断服务程序中，由软件清除 RI。

2．PCON

PCON 是单片机的电源控制寄存器，不可以进行位寻址，字节地址为 87H，复位值为 30H，其中 SMOD、SMOD0 与串行通信端口 1 控制有关，其格式与说明如下。

	地址	B7	B6	B5	B4	B3	B2	B1	B0	复位值
PCON	87H	SMOD	SMOD0	LVDF	POF	GF1	GF0	PD	IDL	0011 0000

SMOD：波特率倍增系数选择位。在工作方式 1、工作方式 2 和工作方式 3 状态下，串行通信的波特率与 SMOD 有关。当(SMOD)=0 时，通信速率为基本波特率；当(SMOD)=1 时，通信速率为基本波特率的 2 倍。

SMOD0：帧错误检测有效控制位。当(SMOD0)=1 时，SCON 中的 SM0/FE 用于帧错误检测；当(SMOD0)=0 时，SCON 中的 SM0/FE 与 SM1 一起用于指定串行通信的工作方式。

3．AUXR

AUXR 是辅助寄存器，其格式如下。

	地址	B7	B6	B5	B4	B3	B2	B1	B0	复位值
AUXR	8EH	T0x12	T1x12	UART_M0x6	T2R	T2_C/$\overline{\text{T}}$	T2x12	EXTRAM	S1ST2	0000 0000

UART_M0x6：串行通信端口 1 在工作方式 0 状态下的通信速率设置位。当(UART_M0x6)=0 时，串行通信端口 1 在工作方式 0 状态下的通信速率与传统 8051 单片机的通信速率一致，波特率为系统时钟频率的 12 分频，即 $f_{SYS}/12$；当(UART_M0x6)=1 时，串行通信端口 1 在工作方式 0 状态下的通信速率是传统 8051 单片机通信速率的 6 倍，波特率为系统时钟频率的 2 分频，即 $f_{SYS}/2$。

S1ST2：串行通信端口 1 工作在工作方式 1 和工作方式 3 时的波特率发生器选择控制位，当(S1ST2)=0 时，选择定时/计数器 T1 为波特率发生器；当(S1ST2)=1 时，选择定时/计数器 T2 为波特率发生器。

T1x12、T2R、T2_C/$\overline{\text{T}}$、T2x12：与定时/计数器 T1、T2 有关的控制位，相关控制功能上文已有详细介绍，在此不再赘述。

9.2.2 串行通信端口 1 的工作方式

STC15W4K32S4 单片机串行通信有 4 种工作方式，当(SMOD0)=0 时，通过 SCON 中的 SM0/FE、SM1 一起指定串行通信的工作方式。

1．工作方式 0

串行通信端口 1 在工作方式 0 下工作时用作同步移位寄存器，其波特率为 $f_{SYS}/12$（当 UART_M0x6 为 0 时）或 $f_{SYS}/2$（当 UART_M0x6 为 1 时）。串行数据从 RxD（P3.0）引脚输入或输出，同步移位脉冲由 TxD（P3.1）引脚送出。这种方式常用于扩展 I/O 口。

（1）发送。

当(TI)=0 时，将一个数据写入串行通信端口 1 的发送缓冲器，串行通信端口 1 将 8 位数据以 $f_{SYS}/12$ 或 $f_{SYS}/2$ 的波特率从 RxD 引脚输出（低位在前），发送完毕置位 TI，并向 CPU 请求中断。在再次发送数据之前，必须由软件对 TI 清 0。工作方式 0 的数据发送时序如图 9.5 所示。

当串行通信端口 1 在工作方式 0 状态下发送数据时，可以外接串行输入、并行输出的移位寄存器，如 74LS164、CD4094、74HC595 等，用来扩展并行输出口。工作方式 0 扩展并行输出口的逻辑电路如图 9.6 所示。

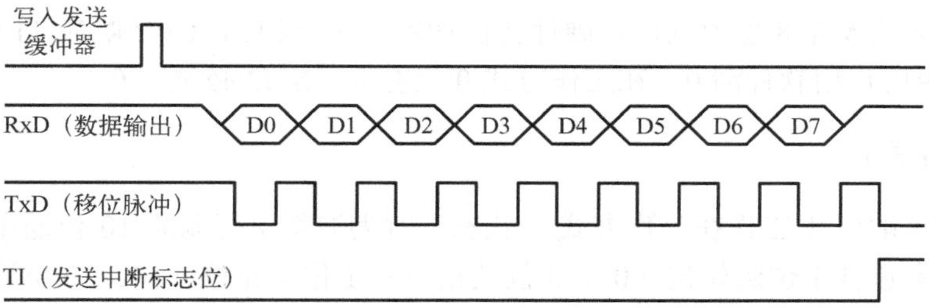

图 9.5　工作方式 0 的数据发送时序

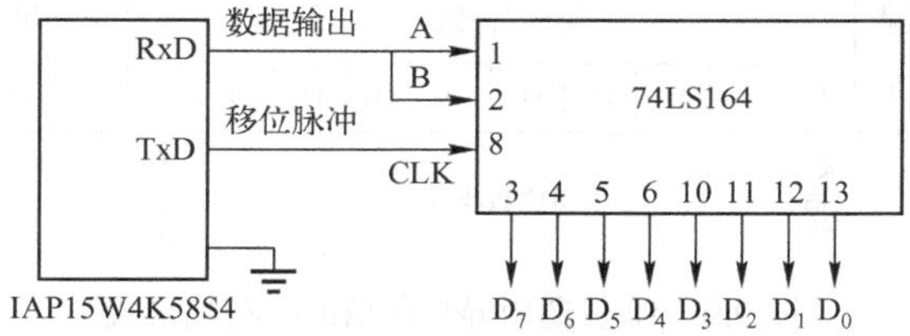

图 9.6　工作方式 0 扩展并行输出口的逻辑电路

（2）接收。

当(RI)=0 时，置位 REN，串行通信端口 1 开始从 RxD 引脚以 $f_{SYS}/12$ 或 $f_{SYS}/2$ 的波特率接收输入数据（低位在前），当接收完 8 位数据后，置位 RI，并向 CPU 请求中断。在再次接收数据之前，必须由软件对 RI 清 0。工作方式 0 的数据接收时序如图 9.7 所示。

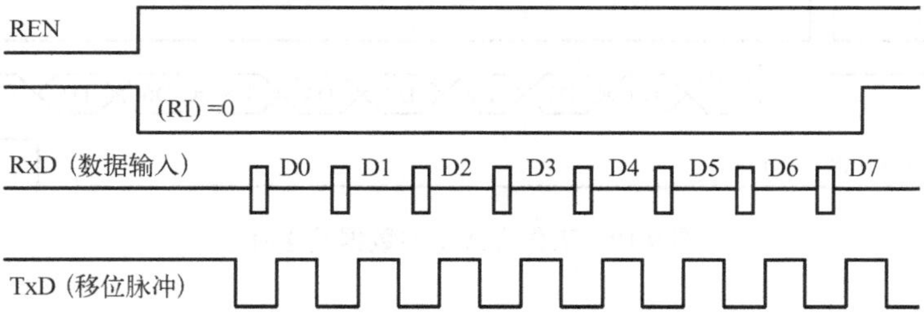

图 9.7　工作方式 0 的数据接收时序

当串行通信端口 1 在工作方式 0 状态下接收数据时，可以外接并行输入、串行输出的移位寄存器，如 74LS165，用来扩展并行输入口。工作方式 0 扩展并行输入口的逻辑电路如图 9.8 所示。

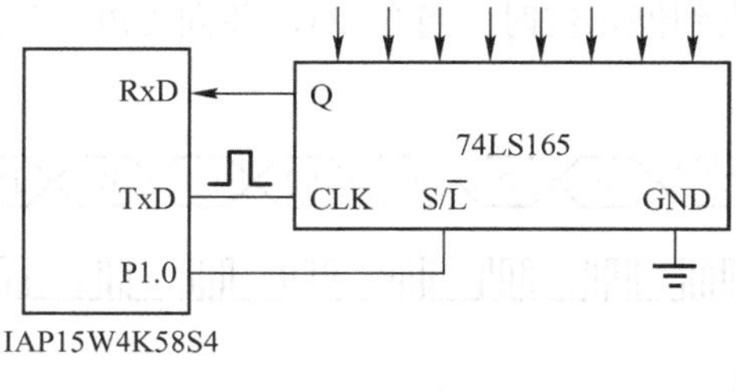

图 9.8　工作方式 0 扩展并行输入口的逻辑电路

串行通信端口 1 控制寄存器中的 TB8 和 RB8 在工作方式 0 状态下未启用。需要注意的是，每当发送或接收完 8 位数据后，硬件会自动置位 TI 或 RI，CPU 响应 TI 或 RI 中断后，TI 或 RI 必须由用户用软件清 0。在工作方式 0 状态下，SM2 必须为 0。

2．工作方式 1

当串行通信端口 1 工作在工作方式 1 状态下时为波特率可调的 10 位通用异步串行通信端口，一帧信息包含 1 位起始位（0），8 位数据位和 1 位停止位（1）。10 位通用异步通信的字符帧格式如图 9.9 所示。

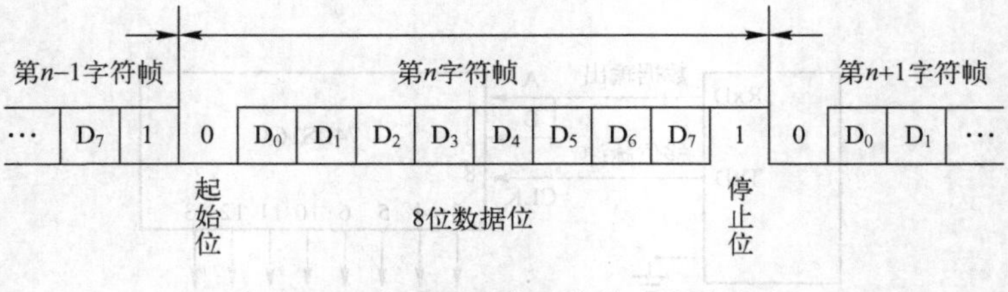

图 9.9　10 位通用异步通信的字符帧格式

（1）发送。

当(TI)=0 时，在数据写入发送缓冲器后，串行通信端口 1 的发送过程就启动了。在发送移位时钟的同步下，TxD 引脚先送出起始位，然后送出 8 位数据位，最后送出停止位。一帧 10 位数据发送完后，TI 置 1。工作方式 1 的数据发送时序如图 9.10 所示。工作方式 1 状态下的数据传输的波特率取决于定时/计数器 T1 或 T2 的溢出率。

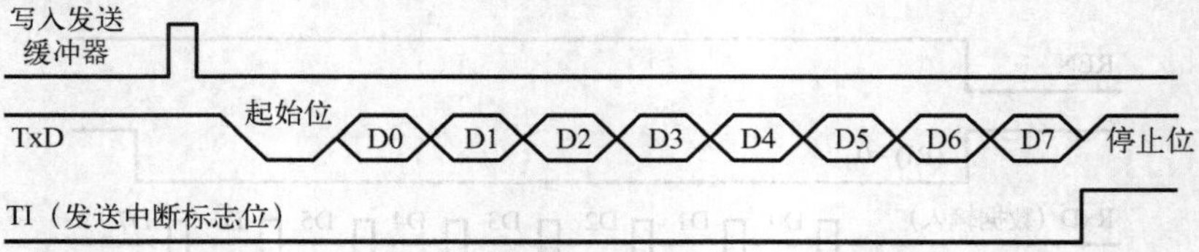

图 9.10　工作方式 1 的数据发送时序

（2）接收。

当(RI)=0 时，置位 REN，启动串行通信端口 1 的接收过程。当检测到 RxD 引脚输入电平发生负跳变时，接收缓冲器以所选波特率的 16 倍速率采样 RxD 引脚电平，以 16 个脉冲中的 7、8、9 三个脉冲为采样点，取两个或两个以上相同值为采样电平，若检测电平为低电平，则说明起始位有效，并以同样的检测方法接收这一帧信息的其余位。在接收过程中，8 位数据写入接收缓冲器，当接收到停止位时，置位 RI，并向 CPU 请求中断。工作方式 1 的数据接收时序如图 9.11 所示。

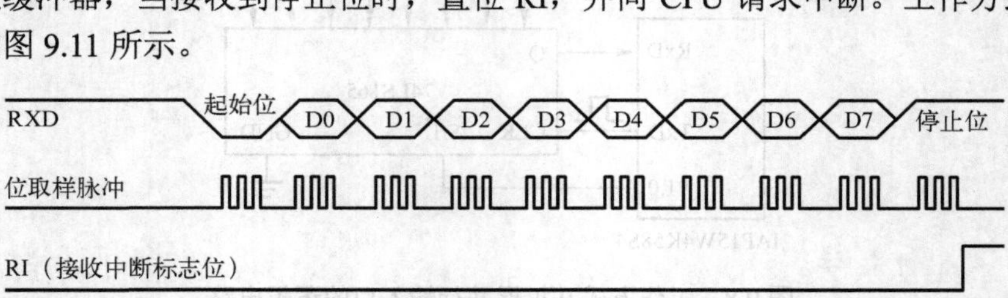

图 9.11　工作方式 1 的数据接收时序

3. 工作方式 2

当串行通信端口 1 工作在工作方式 2 状态下时为 11 位串行通信端口。一帧数据包括 1 位起始位（0），8 位数据位，1 位可编程位（TB8）和 1 位停止位（1）。11 位串行通信端口的字符帧格式如图 9.12 所示。

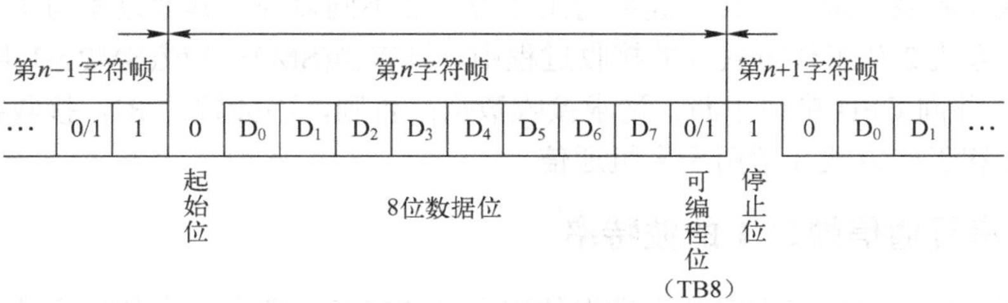

图 9.12　11 位串行通信端口的字符帧格式

（1）发送。

在发送数据前，先根据通信协议由软件设置好可编程位（TB8）。当(TI)=0 时，通过指令将要发送的数据写入发送缓冲器，启动串行通信端口 1 的发送过程。在发送移位时钟的同步下，TxD 引脚先送出起始位，然后送出 8 位数据位和可编程位，最后送出停止位。一帧 11 位数据发送完毕后，置位 TI，并向 CPU 发出中断请求。在发送下一帧信息之前，TI 必须由中断服务程序或查询程序清 0。工作方式 2 的数据发送时序如图 9.13 所示。

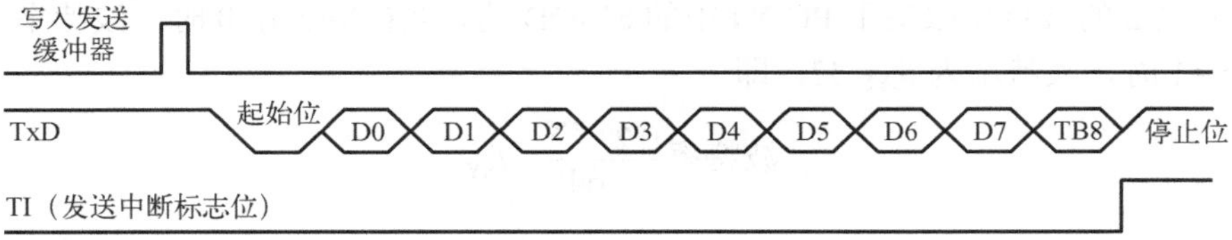

图 9.13　工作方式 2 的数据发送时序

（2）接收。

当(RI)=0 时，置位 REN，启动串行通信端口 1 的接收过程。当检测到 RxD 引脚输入电平发生负跳变时，接收缓冲器以所选波特率的 16 倍速率采样 RxD 引脚电平，以 16 个脉冲中的 7、8、9 三个脉冲为采样点，取两个或两个以上相同值为采样电平，若检测电平为低电平，则说明起始位有效，并以同样的检测方法接收这一帧信息的其余位。在接收过程中，8 位数据写入接收缓冲器，第 9 位数据写入 RB8，当接收到停止位时，若(SM2)=0 或(SM2)=1 且(RB8)=1，则置位 RI，并向 CPU 请求中断；否则，不置位 RI，接收数据丢失。工作方式 2 的数据接收时序如图 9.14 所示。

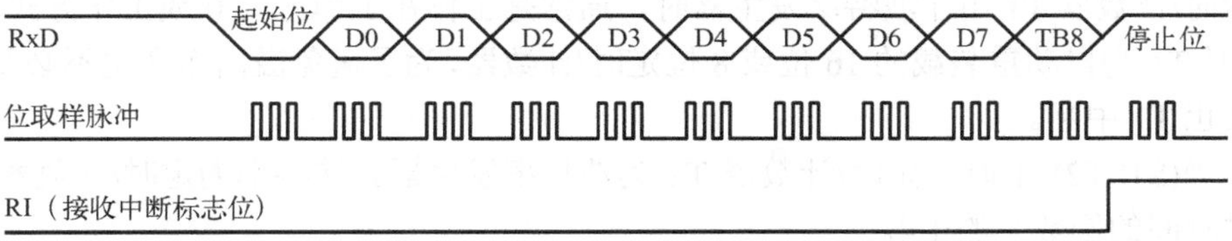

图 9.14　工作方式 2 的数据接收时序

4．工作方式 3

当串行通信端口 1 工作在工作方式 3 状态下时为 11 位串行通信端口。工作方式 2 与工作方式 3 的区别在于波特率的设置方法不同，工作方式 2 的波特率为 $f_{SYS}/64$（SMOD 为 0）或 $f_{SYS}/32$（SMOD 为 1）；工作方式 3 的波特率同工作方式 1 一样取决于定时/计数器 T1 或 T2 的溢出率。

工作方式 3 除发送速率、接收速率与工作方式 2 不同以外，其他过程与工作方式 2 完全一致。在工作方式 2 和工作方式 3 的接收过程中，只有当(SM2)=0 或(SM2)=1 且(RB8)=1 时，才会置位 RI，并向 CPU 申请中断，请求接收数据；否则，不会置位 RI，接收数据丢失，因而工作方式 2 和工作方式 3 常用于多机通信。

9.2.3　串行通信端口 1 的波特率

在串行通信中，收发双方对传送数据的速率（波特率）要有一定的约定才能进行正常的通信。单片机的串行通信有 4 种工作方式。其中工作方式 0 和工作方式 2 的波特率是固定的；工作方式 1 和工作方式 3 的波特率是可变的。串行通信端口 1 的波特率由定时/计数器 T1 的溢出率决定，串行通信端口 2 的波特率由定时/计数器 2 的溢出率决定。

1．工作方式 0 和工作方式 2

工作方式 0 的波特率为 $f_{SYS}/12$（当 UART_M0x6 为 0 时）或 $f_{SYS}/2$（当 UART_M0x6 为 1 时）。

工作方式 2 的波特率取决于 PCON 中的 SMOD 值，当(SMOD)=0 时，波特率为 $f_{SYS}/64$；当(SMOD)=1 时，波特率为 $f_{SYS}/32$，即

$$\text{波特率}=\frac{2^{\text{SMOD}}}{64}\cdot f_{SYS}$$

2．工作方式 1 和工作方式 3

工作方式 1 和工作方式 3 的波特率由定时/计数器 T1 或 T2 的溢出率决定。

（1）当(S1ST2)=0 时，定时/计数器 T1 为波特率发生器。波特率由定时/计数器 T1 的溢出率（T1 定时时间的倒数）和 SMOD 共同决定，即

$$\text{工作方式 1 和工作方式 3 的波特率}=\frac{2^{\text{SMOD}}}{32}\cdot \text{T1 溢出率}$$

其中，T1 的溢出率为 T1 定时时间的倒数，取决于单片机定时/计数器 T1 的计数速率和预置值。计数速率与 TMOD 中的 $C/\overline{T}$ 位有关，当 $(C/\overline{T})=0$ 时，计数速率为 $f_{SYS}/12$[当(T1x12)=0 时]或 f_{SYS}[当(T1x12=1)时]；当 $(C/\overline{T})=1$ 时，计数速率为外部输入时钟频率。

当定时/计数器 T1 用作波特率发生器时，通常是工作在工作方式 0 或工作方式 2 状态下的，即此时 T1 为自动重装载的 16 位或 8 位定时/计数器，为了避免溢出而产生不必要的中断，此时应禁止 T1 中断。

（2）当(S1ST2)=1 时，定时/计数器 T2 为波特率发生器。波特率为定时/计数器 T2 溢出率（定时时间的倒数）的 1/4。

例 9.1　设单片机采用频率为 11.059MHz 的晶振，串行通信端口 1 工作在工作方式 1 状

态下，波特率为 2400bit/s。试编程设置相关寄存器。

解 当波特率为 2400bit/s 时，(T1x12)=0，(SMOD)=0，(TH1)= (TL1)=F4H。

当单片机复位时，(T1x12)=0，(SMOD)=0，故不需要对 T1x12 和 SMOD 进行操作。编程如下。

```
MOV   TMOD，#20H     ；将定时/计数器 T1 设置为工作方式 2 定时模式
MOV   TL1，#0F4H
MOV   TH1，#0F4H     ；设置定时/计数器 T1 的初始值
SETB  TR1            ；启动 T1，产生波特率为 2400bit/s 的移位脉冲信号
```

提示：可利用 STC-ISP 在线编程软件中的波特率工具自动导出相应波特率对应的 C 语言程序或汇编语言程序。例如，设单片机采用频率为 11.059MHz 的晶振，串行通信端口 1 工作在工作方式 1 状态下，波特率为 9600bit/s，T1 用作波特率发生器，T1 工作在工作方式 0。根据上述参数，从 STC-ISP 在线编程软件中获得的波特率设置汇编程序如下（建议教师采用演示教学方法教学）。

```
UARTINIT:              ；9600bit/s@11.0592MHz
    MOV SCON,#50H      ；串行通信端口 1 工作在工作方式 1，允许串行接收
    ORL AUXR,#40H      ；定时/计数器 T1 时钟为 fSYS
    ANL AUXR,#0FEH     ；串行通信端口 1 选择定时器 1 为波特率发生器
    ANL TMOD,#0FH      ；设定定时/计数器 T1 工作方式为工作方式 0，16 位自动重装方式
    MOV TL1,#0E0H      ；设定定时初始值
    MOV TH1,#0FEH      ；设定定时初始值
    CLR ET1            ；禁止定时/计数器 T1 中断
    SETB TR1           ；启动定时/计数器 T1
    RET
```

9.2.4 串行通信端口 1 的应用举例

1. 工作方式 0 的编程和应用

串行通信端口 1 的工作方式 0 是同步移位寄存器工作方式。通过工作方式 0 可以扩展并行 I/O 口。例如，在键盘、显示器接口中，外扩串行输入并行输出的移位寄存器（如 74LS164），每扩展一个移位寄存器可扩展一个 8 位并行输出口，这个 8 位并行输出口可以用来连接一个 LED 显示器进行静态显示或用作键盘中的 8 根行列线。

例 9.2 使用 2 个 74HC595 芯片扩展 16 位并行输出口，外接 16 位 LED，如图 9.15 所示。利用该电路的串入并出及锁存输出功能，把 LED 从右向左依次点亮，并不断循环（16 位 LED）。

解 74HC595 和 74LS164 功能相仿，且二者都是 8 位串行输入并行输出移位寄存器。74LS164 的驱动电流（25mA）比 74HC595 的驱动电流（35mA）小。74HC595 的主要优点是具有数据存储寄存器，在移位过程中，输出端的数据可以保持不变。这在串行速率慢的场合很有意义，可以使 LED 没有闪烁感，而且 74HC595 具有级联功能，通过级联功能可以扩展更多输出口。

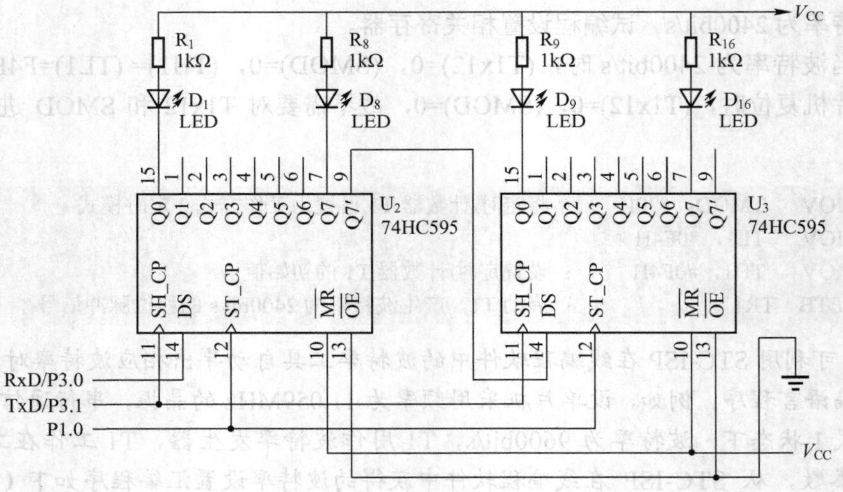

图 9.15　例 9.2 对应电路

Q0～Q7 是并行数据输出端，即存储寄存器的数据输出端；Q7′是串行输出端，用于连接级联芯片的串行数据输入端 DS；ST_CP 是存储寄存器的时钟脉冲输入端（低电平锁存）；SH_CP 是移位寄存器的时钟脉冲输入端（上升沿移位）；$\overline{\text{OE}}$ 是三态输出使能端；$\overline{\text{MR}}$ 是芯片复位端（低电平有效，低电平时移位寄存器复位）；DS 是串行数据输入端。

设 16 位 LED 数据存放在 R2 和 R3 中，汇编语言参考源程序如下。

```
        ORG   0000H
        MOV    SCON，#00H        ；将串行通信端口 1 设置为同步移位寄存器方式
        CLR    ES                ；禁止串行通信端口 1 中断
        CLR    P1.0
        SETB   C
        MOV    R2, #0FFH         ；设置流水灯初始数据
        MOV    R3，#0FEH         ；设置最右边的 LED 亮
        MOV    R4,  #16
LOOP:
        MOV    A,  R3
        MOV    SBUF，A           ；启动串行发送
        JNB    TI，$             ；等待发送结束信号
        CLR    TI                ；清除 TI，为下一次发送做准备
        MOV    A,R2
        MOV    SBUF，A           ；启动串行发送
        JNB    TI，$             ；等待发送结束信号
        CLR    TI                ；清除 TI，为下一次发送做准备
        SETB   P1.0              ；移位寄存器数据送至存储锁存器
        NOP
        CLR    P1.0
        MOV    A,R3              ；16 位 LED 数据左移 1 位
        RLC    A
        MOV    R3,A
        MOV    A,R2
```

```
        RLC    A
        MOV    R2,A
        LCALL   DELAY              ; 插入轮显间隔（轮流显示的间隔时间）
        DJNZ   R4,   LOOP1
        SETB   C
        MOV    R2, #0FFH           ; 设置 LED 初始数据
        MOV    R3, #0FEH           ; 设置最右边的 LED 亮
        MOV    R4, #16
LOOP1:
        SJMP   LOOP                ; 循环
DELAY:
        …                          ; 延时程序，具体由学生自行确定
        GND
```

C 语言参考源程序如下。

```
#include <stc15.h>                    //包含支持 STC15 系列单片机的头文件
#include<intrins.h>
#include<gpio.h>
#define uchar unsigned char
#define uint   unsigned int
uchar x;
uint y=0xfffe;
void main(void)
{
    uchar i ;
    GPIO();
    SCON=0x00;
    while(1)
    {
        for(i=0;i<16 ;i++)
        {
            x=y&0x00ff ;
            SBUF=x ;
            while(TI==0) ;
            TI=0 ;
            x=y>>8 ;
            SBUF=x ;
            while(TI==0) ;
            TI=0 ;
            P10=1 ;           //移位寄存器数据送至存储锁存器
            //50μs 的延时函数，建议从 STC_ISP 在线编程软件中获得，并放在主函数前面
            Delay50us ;
            P10=0 ;
            //500ms 的延时函数，建议从 STC_ISP 在线编程软件中获得，并放在主函数前面
            Delay500ms ;
            y=_crol_(y,1) ;
```

```
            }
            y=0xfffe;
        }
    }
```

思考：图 9.16 为用串行通信端口及 74HC595 驱动的 LED 电路。定义一个具有无符号 8 个数据的数组，即 LED 显示数据缓冲区。试编程实现在 8 位 LED 上依次显示 LED 显示数据缓冲区的 8 个数据。

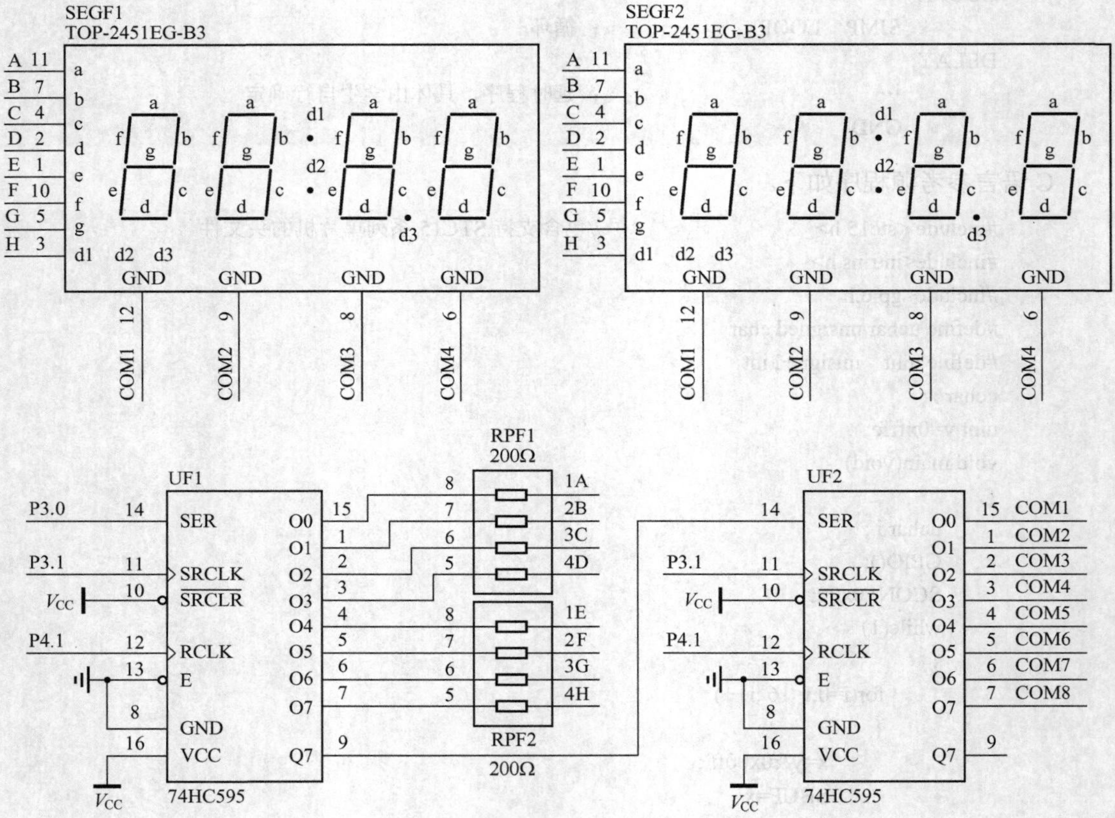

图 9.16　用串行通信端口及 74HC595 驱动的 LED 电路

2．双机通信

双机通信用于进行单片机之间的信息交换。双机异步通信程序的常用编程方式有两种：查询方式和中断方式。在很多应用中，双机通信的接收方都采用中断方式来接收数据，以提高 CPU 的工作效率；发送方采用查询方式发送数据。

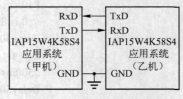

图 9.17　双机通信接口电路

双机通信的两个单片机的硬件可直接相连，如图 9.17 所示，甲机的 TxD 接乙机的 RxD，甲机的 RxD 接乙机的 TxD，甲机的 GND 接乙机的 GND。由于单片机的通信采用 TTL 电平传输信息，其传输距离一般不超过 5m，所以实际应用中通常采用 RS-232C 标准电平进行点对点的通信连接，如图 9.18 所示，MAX232 是电平转换芯片。RS-232C 标准电平是计算机串行通信标准，详细内容见下文。

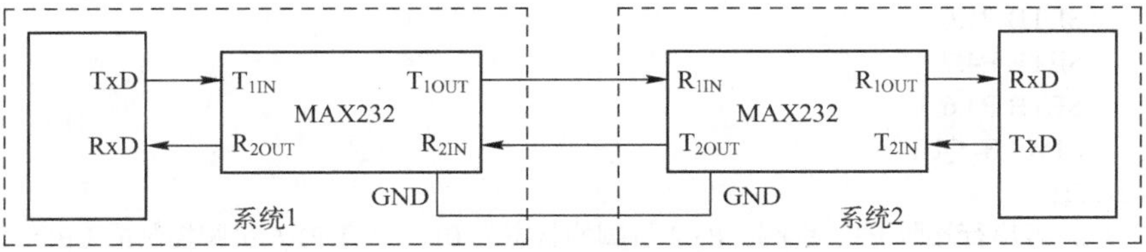

图 9.18　点对点通信接口电路

例 9.3　编程，使甲机和乙机能够进行通信。要求甲机从 P3.2 引脚、P3.3 引脚输入开关信号，并发送给乙机，乙机根据接收到的信号做出不同的动作：当 P3.2 引脚、P3.3 引脚输入 00 时，点亮 P1.7 引脚控制的 LED；当 P3.2 引脚、P3.3 引脚输入 01 时，点亮 P1.6 引脚控制的 LED；当 P3.2 引脚、P3.3 引脚输入 10 时，点亮 P4.7 引脚控制的 LED；当 P3.2 引脚、P3.3 引脚输入 11 时，点亮 P4.6 引脚控制的 LED。

解　设串行通信端口 1 工作在工作方式 1 下，将定时/计数器 T1 作为波特率发生器，晶振频率为 11.0592MHz，数据传输波特率为 9600bit/s。串行发送采用查询方式，串行接收采用中断方式。

汇编语言参考源程序（UART.ASM）如下。

```
$include(stc15.inc)          ；STC15 系列单片机新增特殊功能寄存器的定义文件，详见附录 F
    ORG 0000H
    LJMP MAIN
    ORG 0023H
    LJMP S_ISR
MAIN:
    LCALL   GPIO              ；调用 I/O 口初始化程序
    LCALL   UARTINIT          ；调用串行通信端口 1 初始化程序
    SETB    ES                ；开放串行通信端口 1 中断
    SETB    EA
    ORL P3,#00001100B         ；将 P3.3 引脚、P3.2 引脚设置为输入状态
LOOP:
    MOV A, P3
    ANL A, #00001100B         ；读 P3.3 引脚、P3.2 引脚的输入状态值
    MOV SBUF, A               ；串行发送
    JNB TI, $
    CLR TI
    LCALL DELAY100MS          ；设置发送间隔
    SJMP    LOOP
S_ISR:                        ；串行接收中断服务程序
    PUSH    ACC               ；将累加器值压入堆栈
    JNB RI, S_QUIT            ；判断是否串行接收中断请求
    CLR RI
    MOV   A, SBUF             ；读串行接收数据
```

```
        ANL A,    #00001100B
        ；若串行接收 P3.3 引脚、P3.2 引脚的状态为 00，点亮 P1.7 引脚控制的 LED
        CJNE A, #00H, NEXT1
        CLR P1.7
        SETB P1.6
        SETB P4.7
        SETB P4.6
        SJMP S_QUIT
NEXT1:
        ；若串行接收 P3.3 引脚、P3.2 引脚的状态为 01，点亮 P1.6 引脚控制的 LED
        CJNE A, #04H, NEXT2
        SETB P1.7
        CLR P1.6
        SETB P4.7
        SETB P4.6
        SJMP S_QUIT
NEXT2:
        ；若串行接收 P3.3 引脚、P3.2 引脚的状态为 10，点亮 P4.7 控制的 LED
        CJNE A, #08H, NEXT3
        SETB P1.7
        SETB P1.6
        CLR P4.7
        SETB P4.6
        SJMP S_QUIT
NEXT3:
        ；若串行接收 P3.3 引脚、P3.2 引脚的状态为 11，点亮 P4.6 控制的 LED
        SETB P1.7
        SETB P1.6
        SETB P4.7
        CLR P4.6
S_QUIT:
        POP ACC                 ；恢复累加器的状态
        RETI
UARTINIT:                       ；9600bit/s@11.0592MHz，从 STC-ISP 在线编程软件中获得
        MOV SCON,#50H           ；串行通信端口 1 的工作方式为工作方式 1，允许串行接收
        ORL AUXR,#40H           ；定时/计数器 T1 的波特率为 fSYS
        ANL AUXR,#0FEH          ；串行通信端口 1 选择定时/计数器 T1 为波特率发生器
        ANL TMOD,#0FH           ；设定定时/计数器 T1 为 16 位自动重装方式
        MOV TL1,#0E0H           ；设定定时初始值
        MOV TH1,#0FEH           ；设定定时初始值
        CLR ET1                 ；禁止定时/计数器 T1 中断
        SETB TR1                ；启动定时/计数器 T1
        RET
DELAY100MS:                     ；@11.0592MHz，从 STC-ISP 在线编程软件中获得
        NOP
        NOP
        NOP
```

```
        PUSH 30H
        PUSH 31H
        PUSH 32H
        MOV 30H,#4
        MOV 31H,#93
        MOV 32H,#152
NEXT:
        DJNZ 32H,NEXT
        DJNZ 31H,NEXT
        DJNZ 30H,NEXT
        POP 32H
        POP 31H
        POP 30H
        RET
$include(gpio.inc)                          ；STC15 系列单片机 I/O 口的初始化文件
        END
```

C 语言参考源程序（uart.c）如下。

```
#include <stc15.h>                          //包含支持 STC15 系列单片机的头文件
#include <intrins.h>
#include <gpio.h>                           //包含 I/O 口初始化文件
#define uchar unsigned char
#define uint    unsigned int
uchar temp;
uchar temp1;
void Delay100ms()                           //@11.0592MHz
{
        unsigned char i, j, k;

        _nop_();
        _nop_();
        i = 5;
        j = 52;
        k = 195;
        do
        {
                do
                {
                        while (--k);
                } while (--j);
        } while (--i);
}
void UartInit(void)                         //9600bit/s@11.0592MHz
{
        SCON = 0x50;                        //串行通信端口 1 的工作方式为工作方式 1，允许串行接收
        AUXR |= 0x40;                       //定时/计数器 T1 的波特率为 fSYS
```

```
        AUXR &= 0xFE;                    //串行通信端口 1 选择定时/计数器 T1 为波特率发生器
        TMOD &= 0x0F;                    //设定定时/计数器 T1 为 16 位自动重装方式
        TL1 = 0xE0;                      //设定定时初始值
        TH1 = 0xFE;                      //设定定时初始值
        ET1 = 0;                         //禁止定时/计数器 T1 中断
        TR1 = 1;                         //启动定时/计数器 T1
}
void main()
{
        gpio();                          //调用 I/O 口初始化函数
        UartInit();                      //调用串行通信端口 1 初始化函数
        ES=1;
        EA=1;
        while(1)
        {
                temp=P3;
                temp=temp&0x0c;          //读 P3.3 引脚、P3.2 引脚的输入状态值
                SBUF=temp;               //串行发送
                while(TI==0);            //检测串行发送是否结束
                TI=0;
                Delay100ms();            //设置串行发送间隔
        }
}
void uart_isr() interrupt 4              //串行接收中断函数
{
        if(RI==1)                        //若(RI)=1，执行以下语句
        {
                RI=0;
                temp1=SBUF;              //读串行接收的 P3.3 引脚、P3.2 引脚的状态
                switch(temp1&0x0c)       //根据 P3.3 引脚、P3.2 引脚状态，点亮相应的 LED
                {
                        case 0x00:P17=0;P16=1;P47=1;P46=1;break;
                        case 0x04:P17=1;P16=0;P47=1;P46=1;break;
                        case 0x08:P17=1;P16=1;P47=0;P46=1;break;
                        default:P17=1;P16=1;P47=1;P46=0;break;
                }
        }
}
```

3．多机通信

STC15W4K32S4 单片机串行通信端口 1 的工作方式 2 和工作方式 3 有一个专门的应用领域，即多机通信。多机通信通常采用主从式多机通信方式，在这种通信方式中有一台主机和多台从机。主机发送的信息可以传送到各个从机或指定的从机，各从机发送的信息只能被主机接收，从机与从机之间不能进行通信。多机通信的连接示意图如图 9.19 所示。

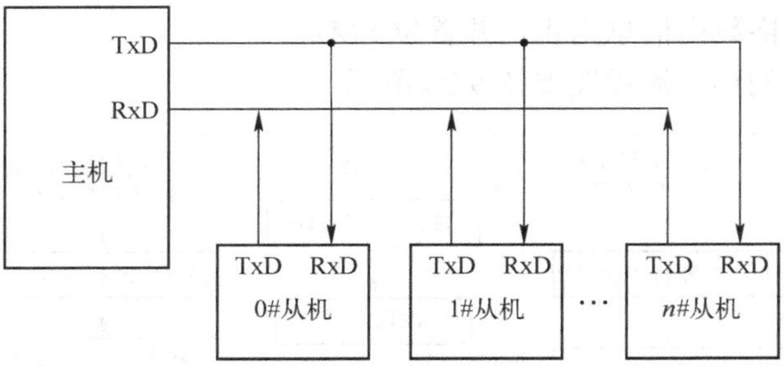

图 9.19　多机通信的连接示意图

多机通信主要依靠主机与从机之间正确地设置与判断 SM2 和发送/接收的第 9 位数据（TB8/RB8）来实现。在单片机串行通信端口 1 以工作方式 2 或工作方式 3 接收数据时，有如下两种情况。

① 若(SM2)=1，则表示允许多机通信，当接收到的第 9 位数据为 1 时，置位 RI，并向 CPU 发出中断请求；当接收到的第 9 位数据为 0 时，不置位 RI，不产生中断，数据将丢失，即不能接收数据。

② 若(SM2)=0，则接收到的第 9 位数据无论是 1 还是 0，都会置位 RI，即接收数据。

在编程前，首先要为各从机定义地址编号，系统允许接入 256 台从机，地址编码为 00H～FFH。当主机需要向某个从机发送一个数据块时，必须先发送一帧地址信息，以辨认从机。多机通信的过程如下。

① 主机发送一帧地址信息，与相关从机联络。主机应将 TB8 置为 1，表示发送的是地址帧。例如：

```
        MOV   SCON，#0D8H      ；将串行通信端口的工作方式设置为工作方式 3，(TB8)=1，允许接收
```

② 所有从机的(SM2)=1，处于准备接收一帧地址信息的状态。例如：

```
        MOV   SCON，#0F0H      ；将串行通信端口的工作方式设置为工作方式 3，(SM2)=1，允许接收
```

③ 各从机接收地址信息。各从机串行接收完成后，若 RB8 为 1，则置位 RI。串行接收中断服务程序先判断主机发送过来的地址信息与本地的地址信息是否相符。如果地址信息相符，那么从机 SM2 清 0，以接收主机随后发来的所有数据信息；如果地址信息不相符，那么从机保持 SM2 为 1 的状态，对主机随后发来的数据信息不予理睬，直到接收新一帧地址信息。

④ 主机向被寻址的从机发送控制指令或数据信息。其中主机置 TB8 为 0，表示发送的是数据信息或控制指令。因为没选中的从机的(SM2)=1，而串行接收到的第 9 位数据 RB8 为 0，所以不会置位 RI，不接收主机发送的数据信息；因为选中的从机的 SM2 为 0，串行接收完成后置位 RI，所以会引发串行接收中断，执行串行接收中断服务程序，接收主机发送过来的控制指令或数据信息。

例 9.4　设系统晶振频率为 11.0592MHz，以 9600bit/s 的波特率进行通信。主机向指定从机（如 10＃从机）发送以指定位置为起始地址（如扩展 RAM0000H）的若干个（如 10 个）数据，以发送空格（20H）作为结束；从机接收主机发来的地址帧信息，并与本机的地址信息相比较，若不相符，则保持(SM2)=1 不变；若相符，则清 0 SM2，以准备接收后续的数据

信息，直至接收到空格数据信息为止，并置位 SM2。

解 主机与从机的程序流程图如图 9.20 所示。

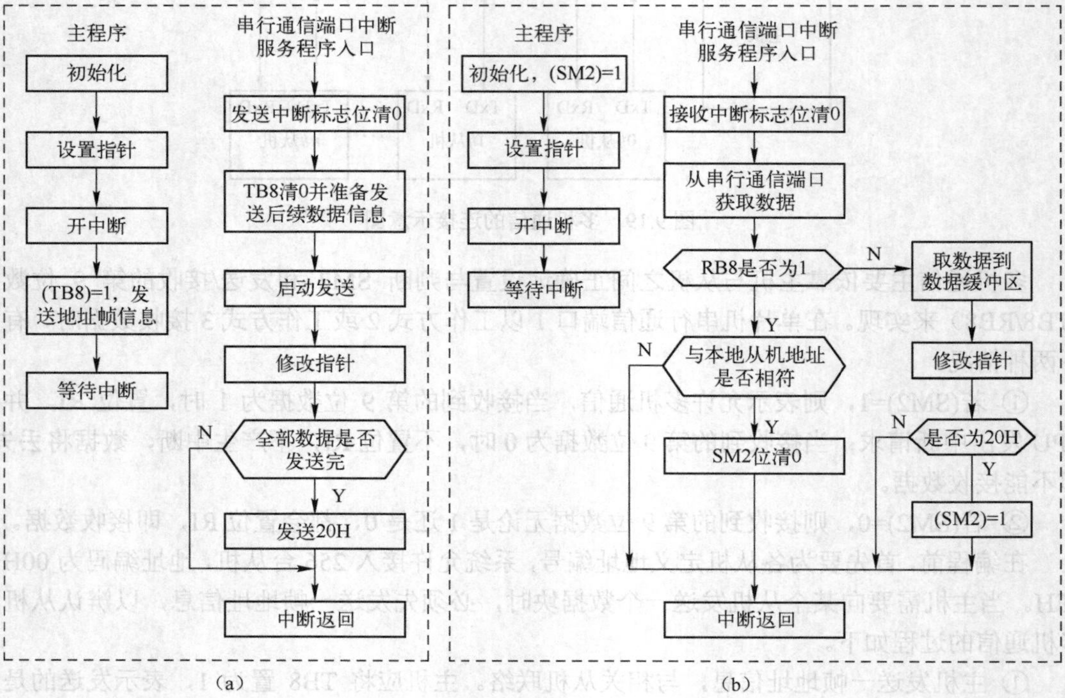

图 9.20 主机与从机的程序流程图

（1）主机程序。

汇编语言参考源程序（M_SEND.ASM）如下。

```
$include(stc15.inc)          ；STC15 系列单片机新增特殊功能寄存器的定义文件，详见附录 F
ADDRT       EQU     0000H
SLAVE       EQU     10          ；从机地址号
NUMBER_1        EQU     10
            ORG     0000H
            LJMP    Main_Send       ；主程序入口地址
            ORG     0023H
            LJMP    Serial_ISR      ；串行通信端口中断入口地址
            ORG     0100H
Main_Send：
            LCALL GPIO              ；调用 I/O 口初始化程序
            MOV   SP，  #60H
            LCALL   UARTINIT        ；调用串行通信端口 1 初始化程序
            MOV   DPTR，  #ADDRT    ；设置数据地址指针
            MOV   R0，  #NUMBER_1   ；设置发送数据字节数
            MOV   R2，  #SLAVE      ；从机地址号→R2
            SETB   ES               ；开放串行通信端口 1 中断
```

```
        SETB   EA
        SETB   TB8                   ; 置位 TB8，作为地址帧信息特征
        MOV    A,   R2               ; 发送地址帧信息
        MOV    SBUF,   A
        SJMP   $                     ; 等待中断
UARTINIT:                            ; 9600bps@11.0592MHz，从 STC-ISP 在线编程软件中获得
    MOV SCON,#0D0H                   ; 工作方式 3，允许串行接收
    ORL AUXR,#40H                    ; 定时/计数器 T1 的波特率为 fSYS
    ANL AUXR,#0FEH                   ; 串行通信端口 1 选择定时/计数器 T1 为波特率发生器
    ANL TMOD,#0FH                    ; 设定定时/计数器 T1 为 16 位自动重装方式
    MOV TL1,#0E0H                    ; 设定定时初始值
    MOV TH1,#0FEH                    ; 设定定时初始值
    CLR ET1                          ; 禁止定时/计数器 T1 中断
    SETB TR1                         ; 启动定时/计数器 T1
    RET
; 串行通信端口中断服务程序
Serial_ISR:
        JNB    TI,   Exit_Serial_ISR
        CLR    TI                    ; 发送中断标志位清 0
        CLR    TB8                   ; 清 TB8 清 0，为发送数据帧信息做准备
        MOVX   A,   @DPTR            ; 发送一个数据字节
        MOV    SBUF, A
        INC    DPTR                  ; 修改指针
        DJNZ   R0,   Exit_Serial_ISR     ; 判数据字节是否发送完
        CLR    ES
        JNB    TI,   $                   ; 检测最后一个数据发送结束标志位
        CLR    TI
        MOV    SBUF,   #20H              ; 数据发送完毕后，发结束代码 20H
Exit_Serial_ISR:
        RETI
$include(gpio.inc)                       ; STC15 系列单片机 I/O 口的初始化文件
        END
```

C 语言参考源程序（m_send.c）如下。

```
#include <stc15.h>                        //包含支持 STC15 系列单片机的头文件
#include <intrins.h>
#include <gpio.h>                         //包含 I/O 口初始化文件
#define uchar unsigned char
#define uint   unsigned int
uchar xdata   ADDRT[10];                  //设置保存数据的扩展 RAM 单元
uchar SLAVE=10;                           //设置从机地址号的变量
uchar num=10, *mypdata;                   //设置要传送数据的字节数
/*------------------------波特率子函数-----------------------------*/
void UartInit(void)                       //9600bps@11.0592MHz
{
    SCON = 0xD0;                          //工作方式 3，允许串行接收
```

```
    AUXR |= 0x40;                          //定时/计数器 T1 的波特率为 fSYS
    AUXR &= 0xFE;                  //串行通信端口 1 选择定时/计数器 T1 为波特率发生器
    TMOD &= 0x0F;                          //设定定时/计数器 T1 为 16 位自动重装方式
    TL1 = 0xE0;                            //设定定时初始值
    TH1 = 0xFE;                            //设定定时初始值
    ET1 = 0;                               //禁止定时/计数器 T1 中断
    TR1 = 1;                               //启动定时/计数器 T1
}

/*------------------------发送中断服务子函数-----------------------------*/
void Serial_ISR(void) interrupt 4
{
        if(TI==1)
        {
            TI = 0;
            TB8 = 0;
            SBUF = *mypdata;               //发送数据
            mypdata++;                     //修改指针
            num--;
            if(num==0)
            {
                ES = 0;
                while(TI==0) ;
                TI = 0;
                SBUF = 0x20;
            }
        }
}
/*-----------------------主函数----------------------------*/
void main (void)
{
        gpio();
        UartInit();
        mypdata = ADDRT;
        ES = 1;
        EA = 1;
        TB8 = 1;
        SBUF = SLAVE;                      //发送从机地址
        while(1);                          //等待中断
}
```

（2）从机程序。

汇编语言参考源程序（S_RECIVE.ASM）如下。

```
$include(stc15.inc)          ；STC15 系列单片机新增特殊功能寄存器的定义文件，详见附录 F
ADDRR       EQU      0000H
SLAVE       EQU      10                  ；从机地址号，根据各从机的地址号进行设置
```

```
        ORG 0000H
        LJMP      Main_Receive          ; 从机主程序入口地址
        ORG 0023H
        LJMP      Serial_ISR            ; 串行通信端口中断入口地址
        ORG 0100H
Main_Receive:
        LCALL GPIO
        MOV   SP,  #60H
        LCALL    UARTINIT
        MOV   DPTR,  #ADDRR             ; 设置数据地址指针
        SETB  ES                        ; 开放串行通信端口 1 中断
        SETB  EA
        SJMP  $                         ; 等待中断
UARTINIT:                               ; 9600bps@11.0592MHz
    MOV   SCON, #0F0H                   ; 工作方式 3，允许多机通信，允许串行接收
    ORL   AUXR, #40H                    ; 定时/计数器 T1 的波特率为 fSYS
    ANL   AUXR, #0FEH                 ; 串行通信端口 1 选择定时/计数器 T1 为波特率发生器
    ANL   TMOD, #0FH                    ; 设定定时/计数器 T1 为 16 位自动重装方式
    MOV   TL1, #0E0H                    ; 设定定时初始值
    MOV   TH1, #0FEH                    ; 设定定时初始值
    CLR   ET1                           ; 禁止定时/计数器 T1 中断
    SETB  TR1                           ; 启动定时/计数器 T1
    RET

; 从机接收中断服务程序
Serial_ISR:
        CLR   RI                        ; 接收中断标志位清 0
        MOV   A,  SBUF                  ; 获取接收信息
        MOV   C,  RB8                   ; RB8→C
        JNC   UAR_Receive_Data  ;(RB8)=0 表示传送的是数据帧信息，转 UAR_Receive_Data
        XRL   A,  #SLAVE  ;(RB8)=1 表示传送的是地址帧信息，与本机地址号 SLAVE 相异或
        JZ  Address_Ok                  ; 地址相等，则转 Address_Ok
        LJMP  Exit_Serial_ISR           ; 地址不相等，则转中断退出（返回）
Address_Ok:
        CLR   SM2                       ; SM2 清 0，为后面接收数据帧信息做准备
        LJMP  Exit_Serial_ISR           ; 转中断退出（返回）
UAR_Receive_Data:
        MOVX  @DPTR,A                   ; 接收的数据→数据缓冲区
        INC   DPTR                      ; 修改地址指针
        CJNE  A,  #20H,  Exit_Serial_ISR; 判断接收数据是否为结束代码 20H，若不是则继续
        SETB  SM2                       ; 全部接收完，置位 SM2
Exit_Serial_ISR:
        RETI                            ; 中断返回
$include(gpio.inc)                      ; STC15 系列单片机 I/O 口的初始化文件
        END
```

C 语言参考源程序（s_recive.c）如下。

```
#include <stc15.h>                          //包含支持 STC15 系列单片机的头文件
#include <intrins.h>
#include <gpio.h>                           //包含 I/O 口初始化文件
#define uchar unsigned char
#define uint   unsigned int
uchar   xdata   ADDRR[10];
uchar   SLAVE = 10, rdata, *mypdata;
/*----------------------串行通信端口波特率子函数---------------------------*/
void UartInit(void)                   //9600bps@11.0592MHz，从 STC-ISP 在线编程软件中获得
{
    SCON = 0xF0;                            //工作方式 3，允许多机通信，允许串行接收
    AUXR |= 0x40;                           //定时/计数器 T1 的波特率为 fSYS
    AUXR &= 0xFE;                           //串行通信端口 1 选择定时/计数器 T1 为波特率发生器
    TMOD &= 0x0F;                           //设定定时/计数器 T1 为 16 位自动重装方式
    TL1 = 0xE0;                             //设定定时初始值
    TH1 = 0xFE;                             //设定定时初始值
    ET1 = 0;                                //禁止定时/计数器 T1 中断
    TR1 = 1;                                //启动定时/计数器 T1
}

/*----------------------接收中断服务子函数---------------------------*/
void Serial_ISR(void) interrupt 4
{
    RI=0;
    rdata=SBUF;                             //将接收缓冲区的数据保存到 rdata 变量中
    if(RB8)                                 //RB8 为 1 说明接收到的信息是地址信息
    {
        if(rdata==SLAVE)                    //如果地址相等，则(SM2)=0
            SM2 = 0;
    }
    else                                    //接收到的信息是数据信息
    {
        *mypdata=rdata;
        mypdata++;
        if(rdata==0x20)       //所有数据接收完毕，置 SM2 为 1，为下一次接收地址信息做准备
        SM2 = 1;
    }
}
/*----------------------主函数---------------------------*/
void main (void)
{
    gpio();                                 //调用 I/O 口初始化函数
    UartInit();                             //调用串行通信端口 1 初始化函数
    mypdata =ADDRR;                         //获取存放数据数组的首地址
    ES = 1;                                 //开放串行通信端口 1 中断
```

```
        EA = 1;
        while(1);                              //等待中断
    }
```

9.3 STC15W4K32S4 单片机与计算机的通信

9.3.1 STC15W4K32S4 单片机与计算机 RS-232 串行通信端口设计

在单片机应用系统中，单片机与上位机的数据通信主要采用异步串行通信方式。在设计通信端口时，必须根据实际需要选择标准端口，并考虑传输介质、电平转换等问题。采用标准端口能够方便地把单片机和外部设备、测量仪器等有机地连接起来，从而构成一个测控系统。例如，当需要单片机和计算机通信时，通常采用 RS-232 串行通信端口进行电平转换。

1. RS-232C 串行通信端口

RS-232C 标准是使用最早、应用最多的一种异步串行通信总线标准，它是美国电子工业协会（EIA）于 1962 年公布，并于 1969 年最终修订的。其中 RS 表示 Recommended Standard，232 是该标准的标识号，C 表示最后一次修订。

RS-232C 标准主要用来定义计算机系统的一些数据终端设备（DTE）和数据电路终接设备（DCE）之间的电气性能。8051 单片机与计算机的通信通常采用 RS-232C 串行通信端口。

RS-232C 串行通信端口总线适用于设备之间通信距离不大于 15m、传输速率最大为 20KB/s 的应用场合。

（1）RS-232C 信息格式。

RS-232C 信息格式采用串行格式，如图 9.21 所示。信息开始为起始位，信息结束为停止位；信息本身可以是 5 位数据、6 位数据、7 位数据或 8 位数据加一位奇偶校验位。如果发送的两条信息之间无信息，则写入 1，表示空。

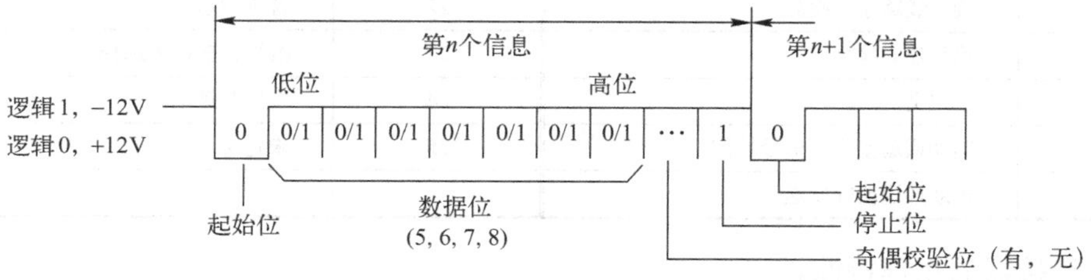

图 9.21 RS-232C 信息格式

（2）RS-232C 电平转换器。

RS-232C 标准规定了其自身的电气标准，由于它是在 TTL 电路之前研制的，所以其电平不是+5V 和地，而是采用负逻辑，即逻辑 0 为+5V～+15V，计算机 RS-232C 逻辑 0 为+12V；逻辑 1 为−15V～−5V，计算机 RS-232C 逻辑 1 为−12V。

因此，RS-232C 不能和 TTL 电路直接相连，在使用时必须进行电平转换，否则 TTL 电路将烧坏，在实际应用时必须注意。

目前，常用的电平转换电路是 MAX232 或 STC232。MAX232 的逻辑结构图如图 9.22 所示。

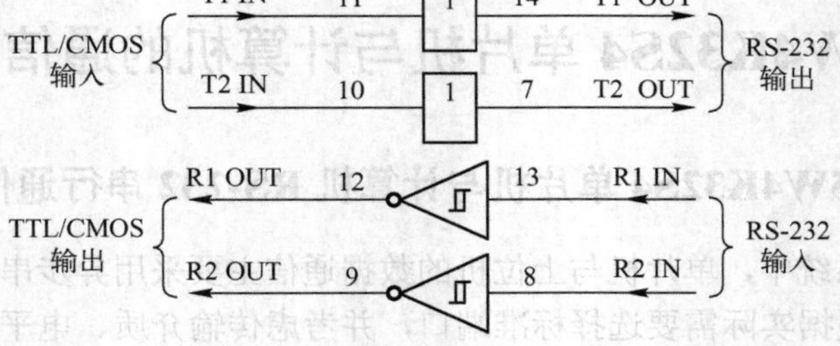

图 9.22　MAX232 的逻辑结构图

（3）RS-232C 标准总线规定。

RS-232C 标准总线为 25 根，使用具有 25 个引脚的连接器。RS-232C 标准总线引脚的功能如表 9.3 所示。

表 9.3　RS-232C 标准总线引脚的功能

引脚	功能	引脚	功能
1	保护地（PG）	14	辅助通道发送数据
2	发送数据（TxD）	15	发送时钟（TxC）
3	接收数据（RxD）	16	辅助通道接收数据
4	请求发送（RTS）	17	接收时钟（RxC）
5	清除发送（CTS）	18	未定义
6	数据通信设备准备就绪（DSR）	19	辅助通道请求发送
7	信号地（SG）	20	数据终端设备就绪（DTR）
8	接收线路信号检测（DCD）	21	信号质量检测
9	接收线路建立检测	22	音响指示
10	线路建立检测	23	数据传输速率选择
11	未定义	24	发送时钟
12	辅助通道接收线信号检测	25	未定义
13	辅助通道清除发送		

（4）连接器的物理特性。

由于 RS-232C 并未定义连接器的物理特性，因此出现了 DB-25、DB-15 和 DB-9 等类型的连接器，其引脚的定义也各不相同。下面介绍两种连接器。

① DB-25 连接器。DB-25 连接器的引脚图如图 9.23（a）所示，各引脚功能与表 9.3 中的相同引脚的功能一致。

② DB-9 连接器。DB-9 连接器只提供了异步通信的 9 个信号，如图 9.23（b）所示。DB-9 连接器的引脚分配与 DB-25 连接器的引脚分配完全不同。因此，若与配接 DB-25 连接器的 DCE 相连，则必须使用专门的电缆线。

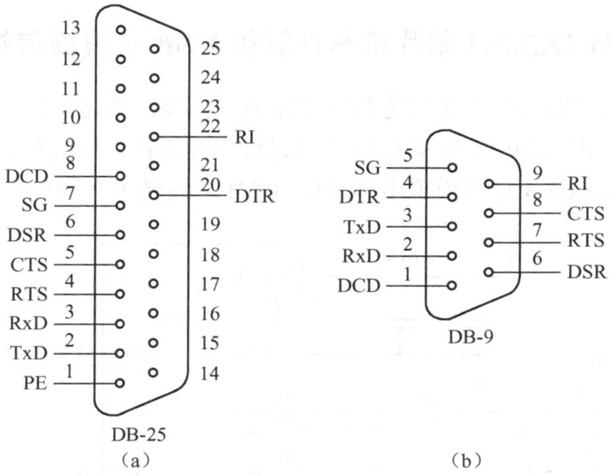

图 9.23　DB-9 连接器和 DB-25 连接器的引脚图

当通信速率低于 20KB/s 时，RS-232C 所能直接连接的最大物理距离为 15m。

2．RS-232C 串行通信端口与 STC15W4K32S4 单片机的通信端口设计

计算机系统内部都装有异步通信适配器，利用它可以实现异步串行通信。异步通信适配器的核心元件是可编程的 Intel 8250 芯片，它使计算机有能力与其他具有标准的 RS-232C 串行通信端口的计算机或设备进行通信。STC15W4K32S4 单片机本身具有一个全双工的串行通信端口，因此只要配以电平转换的驱动电路、隔离电路就可以组成一个简单可行的通信端口。计算机和单片机之间的通信分为双机通信和多机通信。

计算机和单片机进行串行通信的最简单的硬件连接是零调制三线经济型连接电路（见图 9.24），这是进行全双工通信所必需的最少线路，计算机的 9 针串行通信端口只需要连接其中的三个引脚：第 5 引脚的 GND，第 2 引脚的 RxD，第 3 引脚的 TxD。该电路也是 STC15W4K32S4 单片机程序下载电路之一。

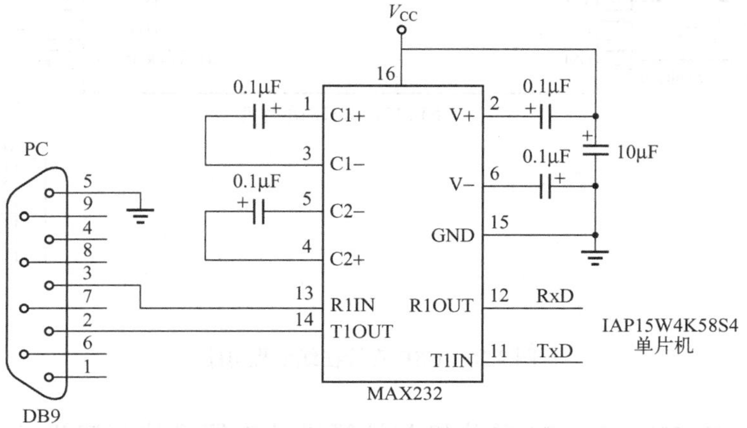

图 9.24　计算机和单片机串行通信的零调制三线经济型连接电路

9.3.2 STC15W4K32S4 单片机与计算机 USB 总线通信端口设计

目前，计算机常用的串行通信端口是 USB 口，绝大多数计算机已不再将 RS-232C 串行通信端口作为标配。为了实现计算机能与 STC 单片机进行串行通信，利用 CH340G 将 USB 总线转换为串行通信端口电路，用 USB 总线模拟串行通信。USB 总线转串行通信端口电路如图 9.25 所示。

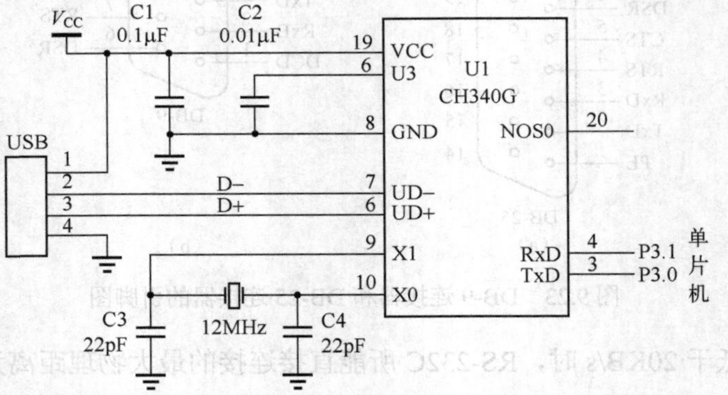

图 9.25 USB 总线转串行通信端口电路

STC15W4K32S4 单片机可直接与计算机的 USB 口进行通信。USB 直接在线编程电路如图 9.26 所示。实际上，STC 单片机与计算机的通信线路就是 STC 单片机的在线编程电路。

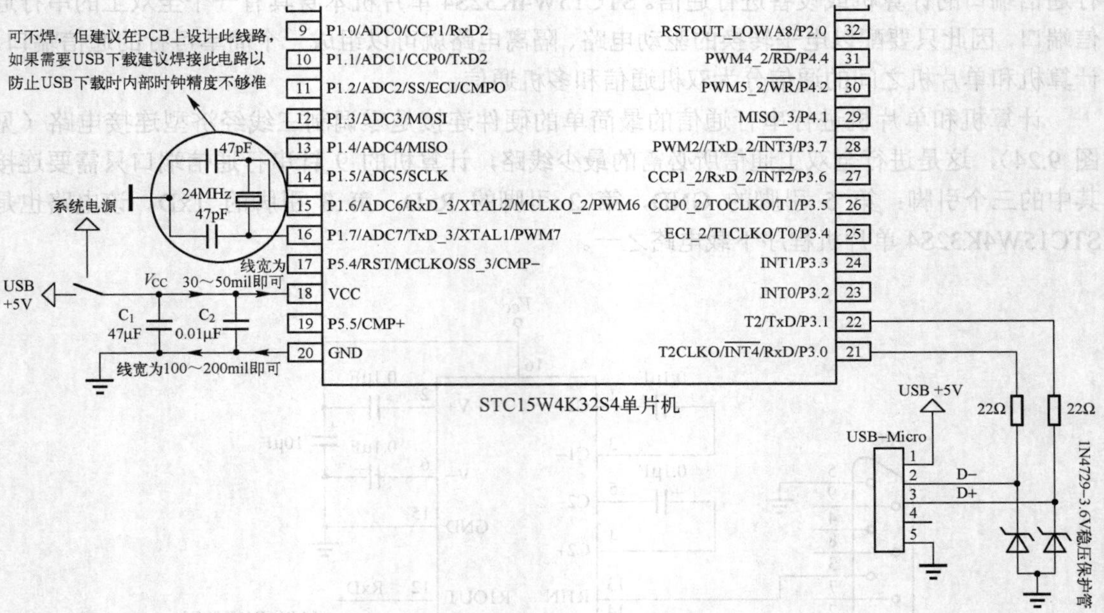

图 9.26 USB 直接在线编程电路

9.3.3 STC15W4K32S4 单片机与计算机的串行通信程序设计

通信程序设计分为计算机（上位机）程序设计与单片机（下位机）程序设计。

为了实现单片机与计算机的串行通信，计算机端需要开发相应的串行通信端口通信程序，这些程序通常是用各种高级语言来编写的，如 VC、VB 等。在实际开发调试单片机端的串行通信端口通信程序时，可以使用 STC 单片机下载程序中内嵌的串行通信端口调试程序或其他串行通信端口调试软件（如串行通信端口调试精灵软件）来模拟计算机端的串行通信端口通信程序。这也是在实际工程的开发中，特别是团队开发时常用的办法。

对于串行通信端口调试程序，不需要任何编程便可实现 RS-232C 的串行通信，这有效地提高了工作效率，使串行通信端口调试能够方便、透明地进行。串行通信端口调试程序可以在线设置各种通信速率、奇偶校验位及通信端口；可以发送十六进制（HEX）格式和文本（ASCII 码）格式的数据；可以设置定时发送的数据及时间间隔；可以自动显示接收到的数据，支持以十六进制格式和文本格式显示。串行通信端口调试程序是工程技术人员监视、调试串行通信端口程序的必备工具。

单片机程序设计人员根据不同项目的功能要求，设置串行通信端口并利用串行通信端口与计算机进行数据通信。

例 9.5 将计算机键盘的输入数据发送给单片机，单片机收到计算机发来的数据后，将同一数据送回计算机，并在屏幕上显示出来。计算端采用 STC-ISP 在线编程软件中内嵌的串行通信端口调试程序进行数据发送与数据接收并显示数据，试编写单片机通信程序。

解 通信双方约定，波特率为 9600bit/s；信息格式为 8 位数据位，1 位停止位，无奇偶校验位。设系统晶振频率为 11.0592MHz。

汇编语言参考源程序（PC_MCU.ASM）如下。

```
$include(stc15.inc)          ；STC15 系列单片机新增特殊功能寄存器的定义文件，详见附录 F
ORG      0000H
         LJMP      MAIN         ；转主程序
ORG      0023H
    LJMP     Sirial_ISR         ；转串行通信端口 1 中断程序
    ORG      0050H
MAIN:
    LCALL  GPIO
    LCALL  UARTINIT             ；将串行通信端口 1 的工作方式设置为工作方式 1，并启动
    SETB  ES
    SETB  EA                    ；开放串行通信端口 1 中断
    SJMP  $                     ；模拟主程序
UARTINIT:                       ；9600bps@11.0592MHz
    MOV SCON,#50H               ；工作方式 1，允许串行接收
    ORL AUXR,#40H               ；定时/计数器 T1 的波特率为 fSYS
    ANL AUXR,#0FEH              ；串行通信端口 1 选择定时/计数器 T1 为波特率发生器
    ANL TMOD,#0FH               ；设定定时/计数器 T1 为 16 位自动重装方式
    MOV TL1,#0E0H               ；设定定时初始值
    MOV TH1,#0FEH               ；设定定时初始值
    CLR ET1                     ；禁止定时/计数器 T1 中断
    SETB TR1                    ；启动定时/计数器 T1
```

```
        RET
;串行通信端口 1 中断服务子程序
Sirial_ISR :
        CLR   EA                          ;关中断
        CLR   RI                          ;串行通信端口中断标志位清 0
        PUSH  DPL                         ;保护现场
        PUSH  DPH
        PUSH  ACC
        MOV   A,SBUF                      ;接收计算机发送的数据
        MOV   SBUF,A                      ;将数据送回计算机
Check_TI:
        JNB   TI,Check_TI                 ;等待发送结束
        CLR   TI
        POP   ACC                         ;发送完，恢复现场
        POP   DPH
        POP   DPL
        SETB EA                           ;开中断
        RETI                              ;返回
$include(gpio.inc)                        ;STC15 系列单片机 I/O 口的初始化文件
        END
```

C 语言参考源程序（pc_mcu.c）如下。

```
#include <stc15.h>                    //包含支持 STC15 系列单片机的头文件
#include <intrins.h>
#include <gpio.h>                     //包含 I/O 口初始化文件
#define uchar unsigned char
#define uint   unsigned int
uchar   temp;
/*----------------串行通信端口波特率函数-----------------*/
void UartInit(void)                   //9600bps@11.0592MHz
{
      SCON = 0x50;                    //工作方式 1，允许串行接收
      AUXR |= 0x40;                   //定时/计数器 T1 的波特率为 fSYS
      AUXR &= 0xFE;                   //串行通信端口 1 选择定时/计数器 T1 为波特率发生器
      TMOD &= 0x0F;                   //设定定时/计数器 T1 为 16 位自动重装方式
      TL1 = 0xE0;                     //设定定时初始值
      TH1 = 0xFE;                     //设定定时初始值
      ET1 = 0;                        //禁止定时/计数器 T1 中断
      TR1 = 1;                        //启动定时/计数器 T1
}
/*----------------中断服务子函数-----------------*/
void Serial_ISR(void) interrupt 4
```

```
{
        RI =0 ;                         //串行接收标志位清 0
        temp = SBUF;                    //接收数据
        SBUF = temp;                    //发送接收到的数据
        while(TI==0);                   //等待发送结束
        TI = 0;                         //清 0 TI
}
/*----------------主函数-----------------*/
void main(void)
{
        gpio();                         //调用 I/O 口初始化函数
        UartInit();                     //调用串行通信端口初始化函数
        ES=1;                           //开放串行通信端口 1 中断
        EA=1;
        while(1);
}
```

9.4 STC15W4K32S4 单片机串行通信端口 1 的中继广播方式*

串行通信端口的中继广播方式，是指单片机串行通信端口 1 发送引脚（TxD）的输出可以实时反映串行通信端口 1 接收引脚（RxD）输入的电平状态。

STC15W4K32S4 单片机串行通信端口 1 具有中继广播功能，它是通过设置 CLK_DIV 特殊功能寄存器的 B4 位来实现该功能的。CLK_DIV 的格式如下。

	地址	B7	B6	B5	B4	B3	B2	B1	B0	复位值
CLK_DIV	97H	MCKO_S1	MCKO_S0	ADRJ	Tx_Rx	—	CLKS2	CLKS1	CLKS0	0000 x000

Tx_Rx：串行通信端口 1 中继广播方式设置位。(Tx_Rx)=0，串行通信端口 1 为正常工作方式；(Tx_Rx)=1，串行通信端口 1 为中继广播方式。

串行通信端口 1 的中继广播方式除可以通过设置 Tx_Rx 来选择外，还可以在 STC-ISP 在线编程软件中设置。

当单片机的工作电压低于上电复位门槛电压时，Tx_Rx 默认为 0，即串行通信端口默认为正常工作方式；当单片机的工作电压高于上电复位门槛电压时，单片机首先读取用户在 STC-ISP 在线编程软件中的设置，如果用户选择了“单片机 TxD 管脚的对外输出实时反映 RxD 端口输入的电平状态”，即中继广播方式，那么上电复位后 TxD 管脚的对外输出实时反映 RxD 端口输入的电平状态；如果用户未选择“单片机 TxD 管脚的对外输出实时反映 RxD 端口输入的电平状态”，那么上电复位后串行通信端口 1 为正常工作方式。

在 STC-ISP 在线编程软件中可设置串行通信端口 1 的发送/接收为 P3.7/P3.6，并设置其中继广播方式，即 P3.7 引脚输出 P3.6 引脚的输入电平。

在 STC-ISP 在线编程软件中，单片机上电后就可以执行；当用户程序中的设置与

STC-ISP 在线编程软件中的设置不一致时，在执行到相应的用户程序时就会覆盖原来 STC-ISP 在线编程软件中的设置。

9.5 STC15W4K32S4 单片机串行通信端口 2、串行通信端口 3 及串行通信端口 4*

9.5.1 串行通信端口 2

STC15W4K32S4 单片机串行通信端口 2 的默认发送引脚、接收引脚分别是 TxD2/P1.1、RxD2/P1.0，通过设置 P_SW2 中的 S2_S 控制位，串行通信端口 2 的 TxD2、RxD2 硬件引脚可切换为 P4.7、P4.6。

与单片机串行通信端口 2 有关的特殊功能寄存器有单片机串行通信端口 2 控制寄存器、与波特率设置相关的定时/计数器 T2 的寄存器、与中断控制相关的寄存器，如表 9.4 所示。

表 9.4 与单片机串行通信端口 2 有关的特殊功能寄存器

符号	地址	B7	B6	B5	B4	B3	B2	B1	B0	复位值
S2CON	9AH	S2SM0	—	S2SM2	S2REN	S2TB8	S2RB8	S2TI	S2RI	0x00 0000
S2BUF	9BH	串行通信端口 2 数据缓冲器								xxxx xxxx
T2L	D7H	T2 的低 8 位								0000 0000
T2H	D6	T2 的高 8 位								0000 0000
AUXR	8EH	T0x12	T1x12	UART_M0x6	T2R	T2_C/$\overline{\text{T}}$	T2x12	EXTRAM	S1ST2	0000 0000
IE2	AFH	—	ET4	ET3	ES4	ES3	ET2	ESPI	ES2	x000 0000
IP2	B5H	—	—	—	—	—	—	PSPI	PS2	xxxx xx00
P_SW2	BAH	—	—	—	—	—	S4_S	S3_S	S2_S	xxxx x000

1. 串行通信端口 2 控制寄存器 S2CON

S2CON 用于设定串行通信端口 2 的工作方式、串行接收控制及状态标志位。S2CON 的字节地址为 9AH，其格式及说明如下。

	地址	B7	B6	B5	B4	B3	B2	B1	B0	复位值
S2CON	9AH	S2SM0	—	S2SM2	S2REN	S2TB8	S2RB8	S2TI	S2RI	0x00 0000

S2SM0：用于指定串行通信端口 2 的工作方式，如表 9.5 所示。串行通信端口 2 的波特率为定时/计数器 T2 溢出率的 1/4。

表 9.5 串行通信端口 2 的工作方式

S2SM0	工作方式	功能	波特率
0	工作方式 0	8 位串行通信端口	T2 溢出率的 1/4
1	工作方式 1	9 位串行通信端口	

S2SM2：串行通信端口 2 多机通信控制位，用于工作方式 1。当工作在工作方式 1 下的

串行通信端口 2 处于接收状态时，若(S2SM2)=1 且(S2RB8)=0，则不激活 S2RI；若(S2SM2)=1 且(S2RB8)=1，则置位 S2RI。当工作在工作方式 1 下的串行通信端口 2 处于接收状态时，若(S2SM2)=0，则不论 S2RB8 为 0 还是为 1，S2RI 都以正常方式被激活。

S2REN：允许串行通信端口 2 接收控制位，由软件置位或清 0。当(S2REN)=1 时，启动串行接收；当(S2REN)=0 时，禁止串行接收。

S2TB8：串行通信端口 2 发送的第 9 位数据。在工作方式 1 中，S2TB8 由软件置位或复位，可作为奇偶校验位。在多机通信中，S2TB8 可作为区别地址帧或数据帧的标识位，一般约定地址帧时 S2TB8 为 1；约定数据帧时 S2TB8 为 0。

S2RB8：在工作方式 1 中，串行通信端口 2 接收到的第 9 位数据，可作为奇偶校验位、地址帧或数据帧的标识位。

S2TI：串行通信端口 2 发送中断标志位，在发送停止位之初由硬件置位。S2TI 是发送完一帧数据的标志位，既可以用查询方式来响应，也可以用中断方式来响应，然后在相应的查询服务程序或中断服务程序中由软件清 0。

S2RI：串行通信端口 2 接收中断标志位，在接收停止位的中间由硬件置位。S2RI 是接收完一帧数据的标志位，既可以用查询方式来响应，也可以用中断方式来响应，然后在相应的查询服务程序或中断服务程序中由软件清 0。

2．串行通信端口 2 数据缓冲器 S2BUF

S2BUF 是串行通信端口 2 的数据缓冲器，一个地址对应两个物理上的数据缓冲器。在对 S2BUF 进行写操作时，对应的是串行通信端口 2 的发送缓冲器，同时写操作也是串行通信端口 2 的启动发送指令；在对 S2BUF 进行读操作时，对应的是串行通信端口 2 的接收缓冲器，用于读取串行通信端口 2 串行接收的数据。

3．串行通信端口 2 的中断控制寄存器 IE2、IP2

IE2 的 ES2 位是串行通信端口 2 的中断允许位，1 表示允许中断，0 表示禁止中断。

IP2 的 PS2 位是串行通信端口 2 的中断优先级控制位，1 表示高级，0 表示低级。

串行通信端口 2 的中断入口地址是 0043H，其中断号是 8。

9.5.2 串行通信端口 3*

STC15W4K32S4 单片机串行通信端口 3 的默认发送引脚、接收引脚分别是 TxD3/P0.1、RxD3/P0.0，通过设置 P_SW2 中的 S3_S 控制位，串行通信端口 3 的 TxD3、RxD3 硬件引脚可切换为 P5.1、P5.0。

与单片机串行通信端口 3 有关的特殊功能寄存器有单片机串行通信端口 3 控制寄存器、与波特率设置相关的定时/计数器 T2、T3 的寄存器、与中断控制相关的寄存器，如表 9.6 所示。

表 9.6 与单片机串行通信端口 3 有关的特殊功能寄存器

符号	地址	B7	B6	B5	B4	B3	B2	B1	B0	复位值
S3CON	ACH	S3SM0	S3ST3	S3SM2	S3REN	S3TB8	S3RB8	S3TI	S3RI	0000 0000
S3BUF	ADH	串行通信端口 3 数据缓冲器								xxxx xxxx
T2L	D7H	T2 的低 8 位								0000 0000
T2H	D6	T2 的高 8 位								0000 0000

续表

符号	地址	B7	B6	B5	B4	B3	B2	B1	B0	复位值
AUXR	8EH	T0x12	T1x12	UART_M0x6	T2R	T2_C/$\overline{T}$	T2x12	EXTRAM	S1ST2	0000 0000
T3L	D4H	T3 的低 8 位								0000 0000
T3H	D5H	T3 的高 8 位								0000 0000
T4T3M	D1H	T4R	T4_C/$\overline{T}$	T4x12	T4CLKO	T3R	T3_C/$\overline{T}$	T3x12	T3CLKO	0000 0000
IE2	AFH	—	ET4	ET3	ES4	ES3	ET2	ESPI	ES2	x000 0000
P_SW2	BAH	—	—	—		S4_S		S3_S	S2_S	xxxx x000

1. 串行通信端口 3 控制寄存器 S3CON

S3CON 用于设定串行通信端口 3 的工作方式、串行接收控制及状态标志位。S3CON 的字节地址为 ACH，单片机复位时，所有位全为 0，其格式及说明如下。

	地址	B7	B6	B5	B4	B3	B2	B1	B0	复位值
S3CON	ACH	S3SM0	S3ST3	S3SM2	S3REN	S3TB8	S3RB8	S3TI	S3RI	0000 0000

S3SM0：用于指定串行通信端口 3 的工作方式，如表 9.7 所示。

表 9.7　串行通信端口 3 的工作方式

S3SM0	工作方式	功能	波特率
0	工作方式 0	8 位串行通信端口	T2 溢出率/4 或 T3 溢出率/4
1	工作方式 1	9 位串行通信端口	

S3ST3：串行通信端口 3 选择波特率发生器控制位。0 表示选择定时/计数器 T2 为波特率发生器，其波特率为 T2 溢出率的 1/4；1 表示选择定时/计数器 T3 为波特率发生器，其波特率为 T3 溢出率的 1/4。

S3SM2：串行通信端口 3 多机通信控制位，用于工作方式 1。当工作在工作方式 1 下的串行通信端口 2 处于接收状态时，若(S3SM2)=1 且(S3RB8)=0，则不激活 S3RI；若(S3SM2)=1 且(S3RB8)=1，则置位 S3RI。当工作在工作方式 1 下的串行通信端口 2 处于接收状态时，若(S3SM2)=0，则不论 S3RB8 为 0 还是为 1，S3RI 都以正常方式被激活。

S3REN：允许串行通信端口 3 串行接收控制位，由软件置位或清 0。当(S3REN)=1 时，启动串行接收；当(S3REN)=0 时，禁止串行接收。

S3TB8：串行通信端口 3 发送的第 9 位数据。在工作方式 1 中，S3TB8 由软件置位或复位，可作为奇偶校验位。在多机通信中，S3TB8 可作为区别地址帧或数据帧的标识位，一般约定地址帧时 S3TB8 为 1；约定数据帧时 S3TB8 为 0。

S3RB8：在工作方式 1 中，串行通信端口 3 接收到的第 9 位数据，可作为奇偶校验位、地址帧或数据帧的标识位。

S3TI：串行通信端口 3 发送中断标志位，在发送停止位之初由硬件置位。S3TI 是发送完一帧数据的标志位，既可以用查询方式来响应，也可以用中断方式来响应，然后在相应的查询服务程序或中断服务程序中，由软件清 0。

S3RI：串行通信端口 3 接收中断标志位，在接收停止位的中间由硬件置位。S3RI 是接收完一帧数据的标志位，既可以用查询方式来响应，也可以用中断方式来响应，然后在相应的查询服务程序或中断服务程序中，由软件清 0。

2．串行通信端口 3 数据缓冲器 S3BUF

S3BUF 是串行通信端口 3 的数据缓冲器，一个地址对应两个物理上的数据缓冲器。在对 S3BUF 进行写操作时，对应的是串行通信端口 3 的发送缓冲器，同时写操作也是串行通信端口 3 的启动发送指令；在对 S3BUF 进行读操作时，对应的是串行通信端口 3 的接收缓冲器，用于读取串行通信端口 3 串行接收的数据。

3．串行通信端口 3 的中断控制寄存器 IE2

IE2 的 ES3 位是串行通信端口 3 的中断允许位，1 表示允许中断，0 表示禁止中断。

串行通信端口 3 的中断入口地址是 008BH，其中断号是 17。串行通信端口 3 的中断优先级固定为低级。

9.5.3 串行通信端口 4*

STC15W4K32S4 单片机串行通信端口 4 的默认发送引脚、接收引脚分别是 TxD4/P0.3、RxD4/P0.2，通过设置 P_SW2 中的 S4_S 控制位，串行通信端口 4 的 TxD4、RxD4 硬件引脚可切换为 P5.3、P5.2。

与单片机串行通信端口 4 有关的特殊功能寄存器有单片机串行通信端口 4 控制寄存器、与波特率设置相关的定时/计数器 T2、T4 的寄存器、与中断控制相关的寄存器，如表 9.8 所示。

表 9.8　与单片机串行通信端口 4 有关的特殊功能寄存器

符号	地址	B7	B6	B5	B4	B3	B2	B1	B0	复位值
S4CON	84H	S4SM0	S4ST4	S4SM2	S4REN	S4TB8	S4RB8	S4TI	S4RI	0000 0000
S4BUF	85H	串行通信端口 3 数据缓冲器								xxxx xxxx
T2L	D7H	T2 的低 8 位								0000 0000
T2H	D6	T2 的高 8 位								0000 0000
AUXR	8EH	T0x12	T1x12	UART_M0x6	T2R	T2_C/$\overline{T}$	T2x12	EXTRAM	S1ST2	0000 0000
T4L	D2H	T4 的低 8 位								0000 0000
T4H	D3H	T5 的高 8 位								0000 0000
T4T3M	D1H	T4R	T4_C/$\overline{T}$	T4x12	T4CLKO	T3R	T3_C/$\overline{T}$	T3x12	T3CLKO	0000 0000
IE2	AFH	—	ET4	ET3	ES4	ES3	ET2	ESPI	ES2	x000 0000
P_SW2	BAH	—	—	—	—	—	S4_S	S3_S	S2_S	xxxx x000

1．串行通信端口 4 控制寄存器 S4CON

S4CON 用于设定串行通信端口 4 的工作方式、串行接收控制及状态标志位。S4CON 的字节地址为 84H，单片机复位时，所有位全为 0，其格式及说明如下。

	地址	B7	B6	B5	B4	B3	B2	B1	B0	复位值
S4CON	84H	S4SM0	S4ST3	S4SM2	S4REN	S4TB8	S4RB8	S4TI	S4RI	0000 0000

S4SM0：用于指定串行通信端口 4 的工作方式，如表 9.9 所示。

表 9.9 串行通信端口 4 的工作方式

S4SM0	工作方式	功能	波特率
0	工作方式 0	8 位串行通信端口	T2 溢出率的 1/4 或 T4 溢出率的 1/4
1	工作方式 1	9 位串行通信端口	

S4ST3：串行通信端口 4 选择波特率发生器控制位。0 表示选择定时/计数器 T2 为波特率发生器，其波特率为 T2 溢出率的 1/4；1 表示选择定时/计数器 T4 为波特率发生器，其波特率为 T4 溢出率的 1/4。

S4SM2：串行通信端口 4 多机通信控制位，用于工作方式 1。当工作在工作方式 1 下的串行通信端口 4 处于接收状态时，若(S4SM2)=1 且(S4RB8)=0，不激活 S4RI；若(S4SM2)=1 且(S4RB8)=1，则置位 S4RI。当工作在工作方式 1 下的串行通信端口 4 处于接收状态时，若(S4SM2)=0，不论 S4RB8 为 0 还是为 1，S4RI 都以正常方式被激活。

S4REN：允许串行通信端口 4 接收控制位，由软件置位或清 0。当(S4REN)=1 时，启动接收；当(S4REN)=0 时，禁止接收。

S4TB8：串行通信端口 4 发送的第 9 位数据。在工作方式 1 中，S4TB8 由软件置位或复位，可作为奇偶校验位。在多机通信中，S4TB8 可作为区别地址帧或数据帧的标识位，一般约定地址帧时 S4TB8 为 1；约定数据帧时 S4TB8 为 0。

S4RB8：在工作方式 1 中，串行通信端口 4 接收到的第 9 位数据，可作为奇偶校验位、地址帧或数据帧的标识位。

S4TI：串行通信端口 4 发送中断标志位，在发送停止位之初由硬件置位。S4TI 是发送完一帧数据的标志位，既可以用查询方式来响应，也可以用中断方式来响应，然后在相应的查询服务程序或中断服务程序中，由软件清 0。

S4RI：串行通信端口 4 接收中断标志位，在接收停止位的中间由硬件置位。S4RI 是接收完一帧数据的标志位，既可以用查询方式来响应，也可以用中断方式来响应，然后在相应的查询服务程序或中断服务程序中，由软件清 0。

2．串行通信端口 4 数据缓冲器 S4BUF

S4BUF 是串行通信端口 4 的数据缓冲器，一个地址对应两个物理上的数据缓冲器。在对 S4BUF 进行写操作时，对应的是串行通信端口 4 的发送缓冲器，同时写操作也是串行通信端口 4 的启动发送指令；在对 S4BUF 进行读操作时，对应的是串行通信端口 4 的接收缓冲器，用于读取串行通信端口 4 串行接收的数据。

3．串行通信端口 4 的中断控制寄存器 IE2

IE2 的 ES4 位是串行通信端口 4 的中断允许位，1 表示允许中断，0 表示禁止中断。串行通信端口 4 的中断入口地址是 0093H，其中断号是 18。串行通信端口 4 的中断优先级固定为低级。

9.6 基于 Proteus 仿真与 STC 实操双机通信的应用

1．系统功能

甲、乙双方功能一致：利用外部中断输入按键信号，每按一次，统计按键次数单元的数据加 1，并启动发送功能，对方串行通信端口接收到数据后将该数据送至 LED 数码管显示。

2．硬件设计

结合 STC15 系列单片机的官方学习板，利用本机的串行通信端口 1、串行通信端口 2 模拟甲、乙双方。串行通信端口 1 采用 SW17 通过外部中断 0 输入按键信号，串行通信端口 2 采用 SW18 通过外部中断 1 输入按键信号。甲方按键（SW17）输入按键信号，甲方按键次数单元的数据加 1，并通过串行通信端口 1 发送、串行通信端口 2 接收，接收数据送至 LED 数码管的高 3 位显示；乙方按键（SW18）输入按键信号，乙方按键次数单元的数据加 1，并通过串行通信端口 2 发送、串行通信端口 1 接收，接收数据送至 LED 数码管的低 3 位显示。用 Proteus 绘制的双机通信（串行通信端口 1 和串行通信端口 2 之间的通信）电路原理图如图 9.27 所示。

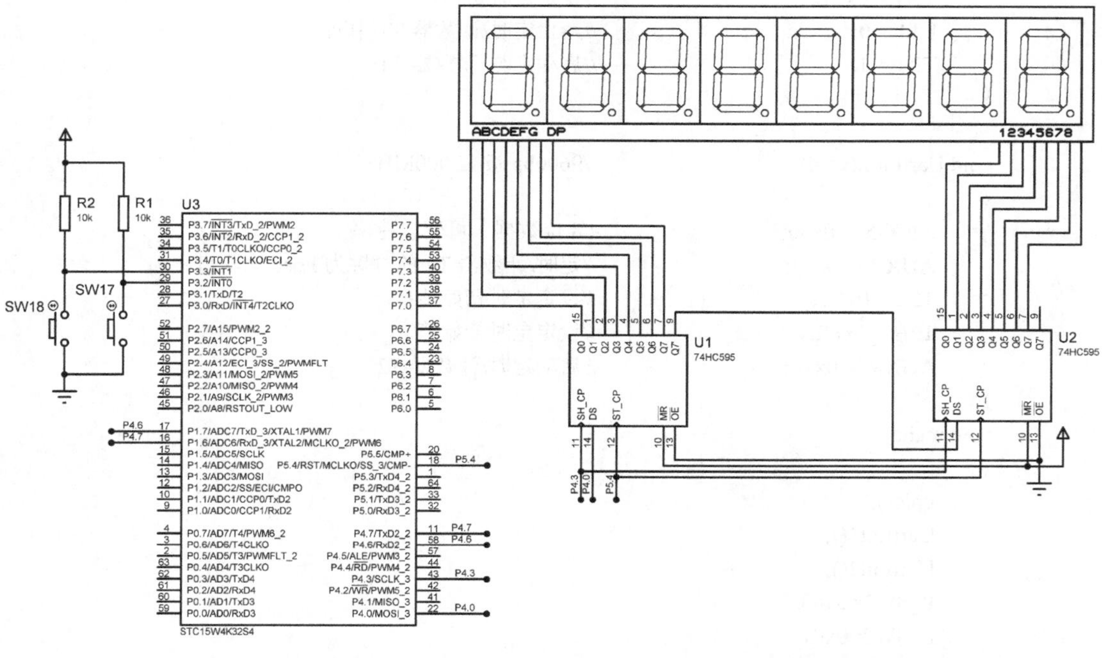

图 9.27　用 Proteus 绘制的双机通信（串行通信端口 1 与串行通信端口 2 之间的通信）电路原理图

3．程序设计

程序说明。

利用 STC-ISP 在线编程软件获取串行通信端口 1、串行通信端口 2 的初始化程序，串行通信端口 1 和串行通信端口 2 的工作模式必须相同，设数据位为 8 位，波特率为 9600bit/s。

8 位 LED 数码管为甲、乙双方公共的显示器，乙方接收到甲方发送的数据送至 LED 数码管的高 3 位显示；甲方接收到乙方发送的数据送至 LED 数码管的低 3 位显示。

参考源程序（双机通信.c）如下。

```
#include <stc15.h>                      //包含支持 STC15 系列单片机的头文件
#include <intrins.h>
#include <gpio.h>                       //包含 I/O 口初始化文件
#define uchar unsigned char
#define uint   unsigned int
#include <595hc.h>
uchar SW17_counter_T=0,SW17_counter_R=0;                   //统计甲方按键次数的变量
uchar SW18_counter_T=0,SW18_counter_R=0;                   //统计乙方按键次数的变量
void UartInit1(void)            //9600bps@12.000MHz
{
    SCON = 0x50;                        //8 位数据，可变波特率
    AUXR |= 0x40;                       //定时/计数器 T1 时钟为 Fosc，即 1T
    AUXR &= 0xFE;                       //串行通信端口 1 选择定时/计数器 T1 为波特率发生器
    TMOD &= 0x0F;                       //设定定时/计数器 T1 为 16 位自动重装方式
    TL1 = 0xC7;                         //设定定时初始值
    TH1 = 0xFE;                         //设定定时初始值
    ET1 = 0;                            //禁止定时/计数器 T1 中断
    TR1 = 1;                            //启动定时/计数器 T1
}

void UartInit2(void)                    //9600bps@12.000MHz
{
    S2CON = 0x50;                       //8 位数据，可变波特率
    AUXR |= 0x04;                       //定时/计数器 T2 的时钟为 Fosc，即 1T
    T2L = 0xC7;                         //设定定时初始值
    T2H = 0xFE;                         //设定定时初始值
    AUXR |= 0x10;                       //启动定时/计数器 T2
}
void main()
{
    gpio();
    UartInit1();
    UartInit2();
    P_SW1=0x80;
    P_SW2=0x01;
    IE2=IE2|0x01;
    IE2=IE2|0xfb;
    ES=1;
    IT0=1;
    IT1=1;
    EX0=1;
```

```
        EX1=1;
        EA=1;
        while(1)
        {
            display();
        }
    }
    void uart_isr1() interrupt 4
    {
        if(RI==1)
        {
            RI=0;
            SW18_counter_R=SBUF;
            Dis_buf[5]=SW18_counter_R/100%10;
            Dis_buf[6]=SW18_counter_R/10%10;
            Dis_buf[7]=SW18_counter_R%10;
        }
    }
    void uart_isr2() interrupt 8
    {
        if((S2CON&0x01)!=0)
        {
            S2CON=S2CON&0xfe;
            SW17_counter_R=S2BUF;
            Dis_buf[0]=SW17_counter_R/100%10;
            Dis_buf[1]=SW17_counter_R/10%10;
            Dis_buf[2]=SW17_counter_R%10;
        }
    }
    void INT0_ISR(void) interrupt 0
    {
        SW17_counter_T++;
        ES=0;                              //关闭串行通信端口 1 中断
        SBUF=SW17_counter_T;
        while(TI==0);
        TI=0;
        while(P32==0);
        ES=1;                              //允许串行通信端口 1 中断
    }
    void INT1_ISR(void) interrupt 2
    {
        SW18_counter_T++;
        IE2=IE2&0xfe;                      //关闭串行通信端口 2 中断
        S2BUF=SW18_counter_T;
        while((S2CON&0x02)==0);
        S2CON=S2CON&0xfd;
        while(P33==0);
        IE2=IE2|0x01;                      //允许串行通信端口 2 中断
```

```
}
```

4．系统调试

（1）用 Keil C 集成开发环境编辑与编译用户程序（双机通信.c），生成机器代码文件双机通信.hex。

（2）Proteus 仿真。

① 按图 9.28 绘制电路。

② 将双机通信.hex 程序下载到 STC15W4K32S4 单片机中。

③ 启动仿真，观察并记录程序运行结果。

- 初始状态，8 位 LED 数码管最右边显示一个“0”字符。
- 按动 SW17，高 3 位显示“001”，依次按动 SW17，高 3 位数字每按动一次加 1。
- 按动 SW18，低 3 位显示“001”，依次按动 SW18，低 3 位数字每按动一次加 1。

（3）STC 单片机实操。

① 用 USB 接口连接计算机与 STC15W 系列单片机官方学习板（若非官方学习板，则需要根据实际端口修改程序）。

② 启动 STC-ISP 在线编程软件，将双机通信.hex 程序下载到 STC15W 系列单片机学习板中的单片机中。

③ 同 Proteus 仿真测试一样的操作，观察并记录 8 位 LED 数码管的显示情况。

（4）选用 2 个单片机开发板，修改程序，实现双机通信。

9.7 基于 Proteus 仿真与 STC 实操单片机与计算机的通信

1．系统功能

STC 单片机的在线编程功能就是通过单片机串行通信端口 1 与计算机 RS232 串行通信端口通信实现的。本节通过一个简单应用来学习单片机串行通信端口与计算机 RS232 串行通信端口的通信，通过计算机 RS232 串行通信端口发送一个数字给单片机，单片机收到该数字后，向计算机返回“Receving Data:x”字符串，其中 x 为当前计算机向单片机发送的数字。

2．硬件设计

将 Proteus 软件中虚拟终端用作计算机的 RS232 串行通信端口，一个用作发送终端，一个用作接收终端。理论上，RS232 串行通信端口与 STC 单片机串行通信端口的逻辑电平是不匹配的，需要用 232 转换芯片进行电平转换后才能实现虚拟终端与 STC 单片机的通信。但在 Proteus 仿真系统中，可不接 232 转换芯片实现虚拟终端与 STC 单片机之间的通信，也可接 232 转换芯片实现虚拟终端与 STC 单片机之间的通信。用 Proteus 绘制的计算机与单片机通信电路原理图如图 9.28 所示。

STC15 系列单片机的官方学习板 STC 单片机与计算机之间是通过 USB 转串行通信端口芯片实现两者串行通信端口之间的逻辑转换的，如图 9.26 所示。在计算机系统中，是利用 USB 模拟 RS232 串行通信端口的。

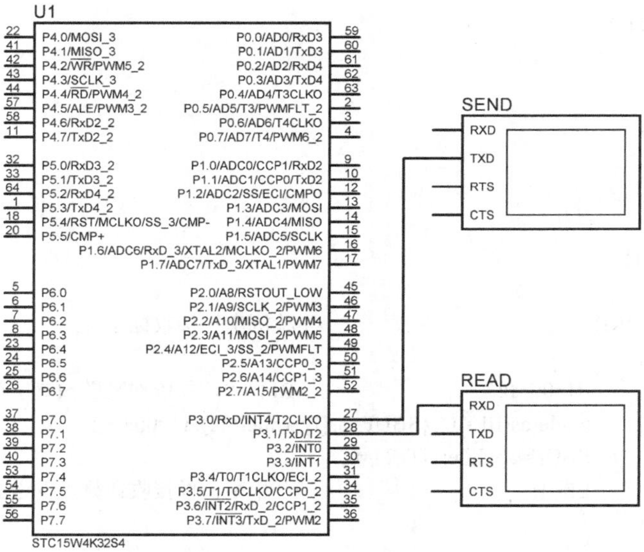

图 9.28　用 Proteus 绘制的计算机与单片机通信电路原理图

3．程序设计

（1）程序说明。

利用 STC-ISP 在线编程软件获取串行通信端口 1 的初始化程序，数据位为 8 位，波特率为 9600bit/s，系统时钟频率为 12MHz。

参考程序（双机通信.c）如下。

```
#include <stc15.h>                          //包含支持 STC15 系列单片机的头文件
#include <intrins.h>
#include <gpio.h>                           //包含 I/O 口初始化文件
#define uchar unsigned char
#define uint   unsigned int
uchar code as[]="Receving Data:";
uchar a;
/*——————————串行通信端口初始化函数——————————*/
void UartInit(void)                         //9600bps@12.000MHz
{
    SCON = 0x50;                            //8 位数据，可变波特率
    AUXR |= 0x40;                           //定时/计数器 T1 时钟为 Fosc，即 1T
    AUXR &= 0xFE;                      //串行通信端口 1 选择定时/计数器 T1 为波特率发生器
    TMOD &= 0x0F;                           //设定定时/计数器 T1 为 16 位自动重装方式
    TL1 = 0xC7;                             //设定定时初始值
    TH1 = 0xFE;                             //设定定时初始值
    ET1 = 0;                                //禁止定时/计数器 T1 中断
    TR1 = 1;                                //启动定时/计数器 T1
}

/*-------------------主函数-----------------------*/
```

```
void main(void)
{
	uchar i;
	gpio();
	UartInit();
	ES=1;
	EA=1;
	while(1)
	{
		if(RI)                                  //检测串行接收标志位
		{
			RI=0;i=0;                           //RI 清 0，并依次发送预置字符串与接收数据
			while(as[i]!='\0'){SBUF=as[i];while(!TI);TI=0;i++;}
			SBUF=a;while(!TI);TI=0;
			ES=1;                               //开中断，以接收计算机发送的下一个数据
		}
	}
}
/*——————————————串行通信端口中断服务函数————————————————*/
void serial_serve(void) interrupt 4
{
	a=SBUF;                                     //读串行接收数据
	ES=0;                                       //关闭串行通信端口 1
}
```

4. 系统调试

（1）用 Keil C 集成开发环境编辑与编译用户程序（双机通信.c），生成机器代码文件双机通信.hex。

（2）Proteus 仿真。

① 在 Proteus 仿真软件中用虚拟终端模拟计算机的串行通信端口，调用 2 个虚拟终端，一个用作发送终端，另一个用作接收终端（虚拟终端可直接与单片机串行通信端口相连，也可通过 RS232 转换芯片与单片机串行通信端口相连）。

② 将双机通信.hex 程序下载到单片机中。

③ 设置串行通信端口（虚拟终端）的参数，包括波特率、数据位与奇偶校验位等，要求与单片机串行通信端口 1 的参数（波特率为 9600bit/s，数据位为 8 位，无奇偶校验位，停止位为 1 位）一致。设置方法如下。

用鼠标右键单击要设置的虚拟终端（串行通信端口），在弹出的快捷菜单中选择“编辑属性”，则弹出虚拟终端（串行通信端口）参数设置窗口，如图 9.29 所示，依次设置发送终端与接收终端的参数。

④ 单击 Proteus 仿真按钮，弹出虚拟终端的操作对话框，在发送终端（SEND）上单击鼠标右键，选择在弹出的快捷菜单中“Echo Typed Characters”，用于在发送终端输入字符。

⑤ 在发送终端文本框中输入字符“6”，观察读取终端（READ）及 LED 数码管的信

息，如图 9.30 所示。

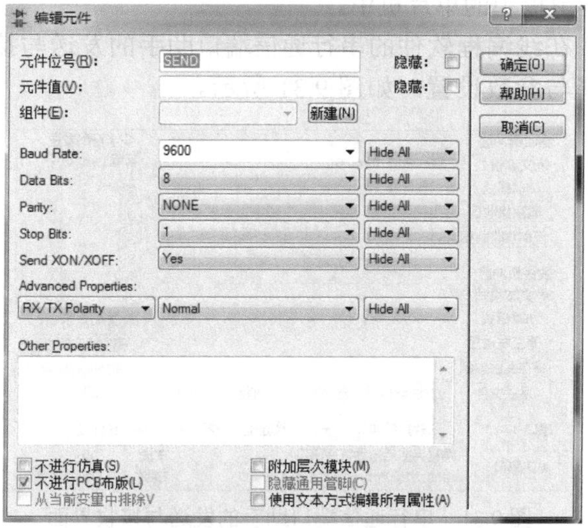

图 9.29　虚拟终端（串行通信端口）参数设置窗口

⑥ 依次输入其他字符，验证程序功能并记录。

（3）STC 单片机实操。

① 用 USB 接口连接计算机与 STC15W 系列单片机官方学习板（若非官方学习板，则需要根据实际端口修改程序）。

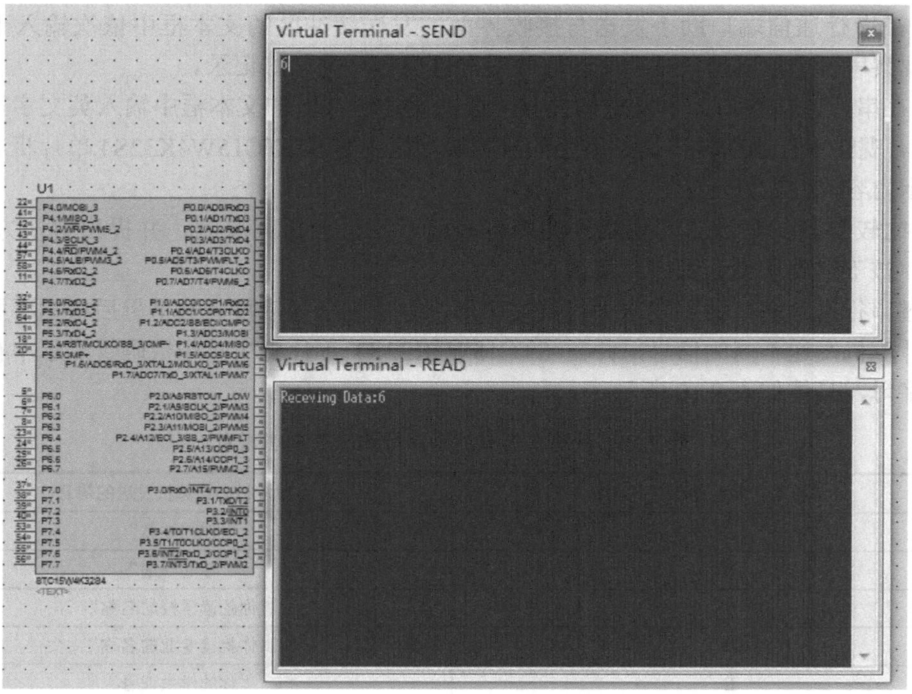

图 9.30　仿真效果图

② 启动 STC-ISP 在线编程软件，选择时钟频率为 12MHz，将双机通信.hex 程序下载到 STC15W 系列单片机学习板中的单片机中。

③ 打开 STC-ISP 在线编程软件的串行通信端口助手的发送与接收界面，在该界面中进行串行通信端口选择与参数设置，如图 9.31 所示。

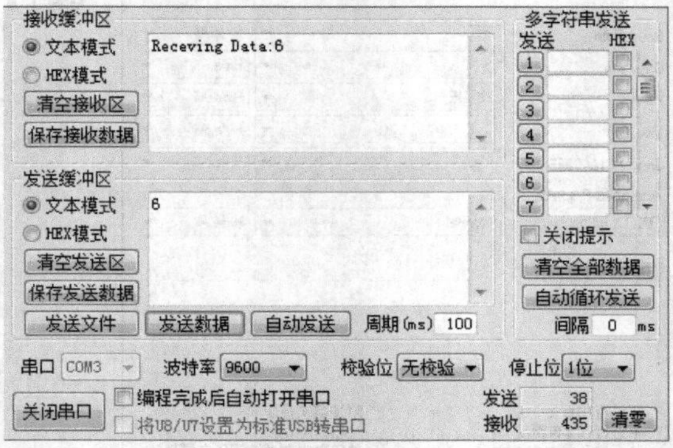

图 9.31　串行通信端口助手的发送与接收界面

- 根据下载程序的 USB 模拟的串行通信端口号选择串行助手的串行通信端口号，如 COM3。
- 设置串行通信端口参数：波特率与单片机串行通信端口的波特率一致（9600bit/s），无奇偶校验位，停止位为 1 位。
- 发送缓冲区与接收缓冲区的格式都选择文本（字符）格式。
- 勾选“编程完成后自动打开串口”复选框。

④ 在发送缓冲区输入数字 6，然后单击“发送数据”按钮，观察接收缓冲区的内容。

⑤ 在串行通信端口助手发送与接收界面的发送缓冲区的文本框中依次输入十进制数 0～9，观察串行通信端口调试助手的接收缓冲区内容，并做好记录。

⑥ 在串行通信端口助手发送与接收界面的发送缓冲区的文本框中输入英文字符（如字符“A”），观察串行通信端口调试助手的接收缓冲区内容和 STC15W4K32S4 单片机实验箱数码管显示内容，并做好记录。

⑦ 比较步骤⑤与步骤⑥观察到的内容有何不同，分析其原因，并提出解决方法。

（4）按下述要求设计程序并调试。

通过串行通信端口助手发送大写英文字母，单片机串行接收英文字母后根据不同的英文字母向计算机发送不同的信息，并在 STC15W4K32S4 单片机实验箱数码管显示串行接收到的英文字母，具体如表 9.10 所示。

表 9.10　计算机与单片机串行通信控制功能表

计算机串行助手发送的字符	单片机向计算机发送的信息
A	“你的姓名”
B	“你的性别”
C	“你就读学校的名称”
D	“你就读专业的名称”
E	“你的学生证号”
其他字符	非法命令

本 章 小 结

集散控制和多微机系统及现代测控系统经常采用串行通信方式进行信息交换。串行通信可分为异步通信和同步通信。异步通信是按字符传输数据的，每传送一个字符，就用起始位来进行收发双方的同步；同步通信是按数据块传输数据的，在进行数据传送时是通过发送同步脉冲来进行收发双方的同步的。发送和接收双方要保持完全同步，因此要求接收设备和发送设备必须使用同一时钟。同步通信的优点是可以提高传输速率，但硬件电路比较复杂。

按照数据传送方向及时间关系，串行通信可分为单工、半双工和全双工 3 种制式。

STC15W4K32S4 单片机有 4 个可编程串行通信端口：串行通信端口 1、串行通信端口 2、串行通信端口 3 和串行通信端口 4。

串行通信端口 1 有 4 种工作方式：工作方式 0、工作方式 1、工作方式 2 及工作方式 3。工作方式 0 和工作方式 2 的波特率是固定的；工作方式 1 和工作方式 3 的波特率是可变的，由定时/计数器 T1 或 T2 的溢出率决定。工作方式 0 主要用于扩展 I/O 口，工作方式 1 可实现 10 位串行通信端口，工作方式 2、工作方式 3 可实现 9 位串行通信端口。

串行通信端口 2、串行通信端口 3 及串行通信端口 4 有 2 种工作方式：工作方式 0 及工作方式 1。串行通信端口 2 的波特率为定时/计数器 T2 溢出率的 1/4，串行通信端口 3 的波特率为定时/计数器 T2 或 T3 的溢出率的 1/4，串行通信端口 4 的波特率为定时/计数器 T2 或 T4 的溢出率的 1/4。

串行通信端口 1、串行通信端口 2、串行通信端口 3 及串行通信端口 4 的发送引脚、接收引脚都可以通过软件进行设置，将它们的发送端与接收端切换到其他端口。

利用单片机的串行通信端口通信功能，可以实现单片机与单片机之间的双机通信或多机通信，也可以实现单片机与计算机之间的双机通信或多机通信。

STC15W4K32S4 单片机串行通信端口 1 具有中继广播功能，串行通信端口的串行发送引脚输出能实时反映串行接收引脚输入的电平状态，各单片机的串行通信端口可以构成一个线移位寄存器，大大减少利用串行通信端口接收再发送方式所需要的时间。

RS-232C 串行通信端口是一种应用广泛的标准串行通信端口，信号线根数少，有多种可供选择的数据传输速率，但信号传输距离仅为几十米。计算机与单片机的通信采用 RS-232 串行通信端口，但 RS-232 串行通信端口已不是计算机的标配，现在计算机更多地采用 USB 模拟 RS-232 串行通信端口进行串行通信。

在工控系统（尤其是多点现场工控系统）设计实践中，单片机与计算机组合构成分布式控制系统是一个重要的发展方向。

习 题 9

一、填空题

1．微型计算机的数据通信分为________与串行通信。

2．按照数据传送方向及时间关系，串行通信可分为________、半双工与________三种制式。

3．串行通信可分为________与同步通信。

4．异步通信是以字符帧为发送单位的，每个字符帧包括________、数据位与________3 个部分。

5．在异步通信中，起始位是________，停止位是________。

6．STC15W4K32S4 单片机有________个________的串行通信端口。

7．STC15W4K32S4 单片机包含 2 个________、1 个移位寄存器、1 个串行通信端口控制寄存器与 1 个________。

8．STC15W4K32S4 单片机串行通信端口 1 的数据缓冲器是________，实际上一个地址对应 2 个数据寄存器，在对数据缓冲器进行写操作时，对应的是________数据寄存器；在对数据缓冲器进行读操作时，对应的是________数据寄存器。

9．STC15W4K32S4 单片机串行通信端口 1 有 4 种工作方式，工作方式 0 是________，工作方式 1 是________，工作方式 2 是________，工作方式 3 是________。

10．STC15W4K32S4 单片机串行通信端口 1 的多机通信控制位是________。

11．STC15W4K32S4 单片机串行通信端口 1 工作方式 0 的波特率是________，工作方式 1、工作方式 3 的波特率是________，工作方式 2 的波特率是________。

12．STC15W4K32S4 单片机串行通信端口 1 的中断请求标志位有 2 个，发送中断请求标志位是________，接收中断请求标志位是________。

二、选择题

1．当(SM0)=0 且(SM1)=1 时，STC15W4K32S4 单片机串行通信端口 1 工作在________。

A．工作方式 0　　B．工作方式 1　　C．工作方式 2　　D．工作方式 3

2．若使 STC15W4K32S4 单片机串行通信端口 1 工作在工作方式 2 时，SM0、SM1 的值应分别设置为________。

A．0、0　　B．0、1　　C．1、0　　D．1、1

3．当 STC15W4K32S4 单片机串行通信端口 1 串行接收数据时，在________情况下串行接收结束后，不会置位 RI。

A．(SM2)=1、(RB8)=1　　B．(SM2)=0、(RB8)=1

C．(SM2)=1、(RB8)=0　　D．(SM2)=0、(RB8)=0

4．STC15W4K32S4 单片机串行通信端口 1 在工作方式 2、工作方式 3 下工作时，若要使串行发送的第 9 位数据为 1，则在串行发送前，应使________置 1。

A．RB8　　B．TB8　　C．TI　　D．RI

5．STC15W4K32S4 单片机串行通信端口 1 在工作方式 2、工作方式 3 下工作时，若要使串行发送的数据为奇偶校验位，则应使 TB8________。

A．置 1　　B．置 0　　C．为 P　　D．为 $\overline{P}$

6．STC15W4K32S4 单片机串行通信端口 1 工作在工作方式 1 时，每个字符帧的位数是________位。

A．8　　B．9　　C．10　　D．11

三、判断题

1．在同步通信中，发送、接收双方的同步时钟必须完全同步。（　　）

2．在异步通信中，发送、接收双方可以拥有各自的同步时钟，但发送、接收双方的通信速率要求一致。（　　）

3．STC15W4K32S4 单片机串行通信端口 1 在工作方式 0、工作方式 2 下工作时，S1ST2 的值不影响波

特率的大小。（　　）

4．STC15W4K32S4 单片机串行通信端口 1 在工作方式 0 下工作时，PCON 的 SMOD 控制位的值会影响波特率的大小。（　　）

5．STC15W4K32S4 单片机串行通信端口 1 在工作方式 1 下工作时，PCON 的 SMOD 控制位的值会影响波特率的大小。（　　）

6．STC15W4K32S4 单片机串行通信端口 1 在工作方式 1、工作方式 3 下工作时，若(S1ST2)=1，则选择定时/计数器 T1 为波特率发生器。（　　）

7．STC15W4K32S4 单片机串行通信端口 1 在工作方式 1、工作方式 3 下工作时，若(SM2)=1 且串行接收到的第 9 位数据为 1，则 RI 不会置 1。（　　）

8．STC15W4K32S4 单片机串行通信端口 1 串行接收的允许控制位是 REN。（　　）

9．STC15W4K32S4 单片机的串行通信端口 2 也有 4 种工作方式。（　　）

10．STC15W4K32S4 单片机串行通信端口 1 有 4 种工作方式，而串行通信端口 2 只有 2 种工作方式。（　　）

11．STC15W4K32S4 单片机串行通信端口 1 的串行发送引脚与串行接收引脚是固定不变的。（　　）

12．通过编程，可以实现 STC15W4K32S4 单片机串行通信端口 1 的串行发送引脚的输出信号实时反映串行接收引脚的输入信号。（　　）

四、问答题

1．微型计算机数据通信有哪 2 种？各有什么特点？

2．异步通信中字符帧的数据格式是怎样的？

3．什么叫波特率？如何利用 STC-ISP 在线编程软件获得 STC15W4K32S4 单片机串行通信端口波特率的应用程序？

4．STC15W4K32S4 单片机串行通信端口 1 有哪 4 种工作方式？如何设置？各有什么功能？

5．简述 STC15W4K32S4 单片机串行通信端口 1 工作方式 2、工作方式 3 的相同点与不同点。

6．STC15W4K32S4 单片机的串行通信端口 2 有哪 2 种工作方式？如何设置？各有什么功能？

7．简述 STC15W4K32S4 单片机串行通信端口 1 多机通信的实现方法。

8．简述 STC15W4K32S4 单片机串行通信端口 1 中继广播功能的实现方法。

五、程序设计题

1．甲机按 1s 定时从 P1 口读取输入数据，并通过串行通信端口 2 按奇校验方式发送到乙机。乙机通过串行通信端口 1 串行接收甲机发送过来的数据，并进行奇校验，若无误，则 LED 数码管显示串行接收到的数据；若有误，则重新接收；若连续 3 次有误，向甲机发送错误信号，甲机、乙机同时进行声光报警。

画出硬件电路图，编写程序并上机调试。

2．通过计算机向 STC15W4K32S4 单片机发送控制指令的具体要求如表 9.11 所示。

表 9.11　通过计算机向 STC15W4K32S4 单片机发送控制指令的具体要求

计算机发送字符	STC15W4K32S4 单片机功能要求
0	P1 控制的 LED 循环左移
1	P1 控制的 LED 循环右移

续表

计算机发送字符	STC15W4K32S4 单片机功能要求
2	P1 控制的 LED 按 500ms 时间间隔闪烁
3	P1 控制的 LED 按 500ms 时间间隔高 4 位与低 4 位交叉闪烁
其他字符	P1 控制的 LED 全亮

画出硬件电路图，编写程序并上机调试。

第 10 章　STC15W4K32S4 单片机的 A/D 转换模块

10.1　A/D 转换模块的结构

STC15W4K32S4 单片机集成有 8 通道 10 位高速电压输入型模拟数字转换器，即 A/D 转换模块，采用逐次比较方式进行 A/D 转换，转换速率可达 300kHz（30 万次/s），可将连续变化的模拟电压转化成相应的数字信号，可应用于温度检测、电池电压检测、距离检测、按键扫描、频谱检测等。

1．A/D 转换模块的结构

STC15W4K32S4 单片机 A/D 转换模块模拟信号输入通道与 P1 口复用，单片机上电复位后 P1 口为弱上拉型 I/O 口，用户可以通过程序设置特殊功能寄存器 P1ASF 将 8 路通道中的任何一路设置为 A/D 转换模块模拟信号输入通道，不作为 A/D 转换模块模拟信号输入通道的仍可作为普通 I/O 口使用。

STC15W4K32S4 单片机 A/D 转换模块的结构如图 10.1 所示。

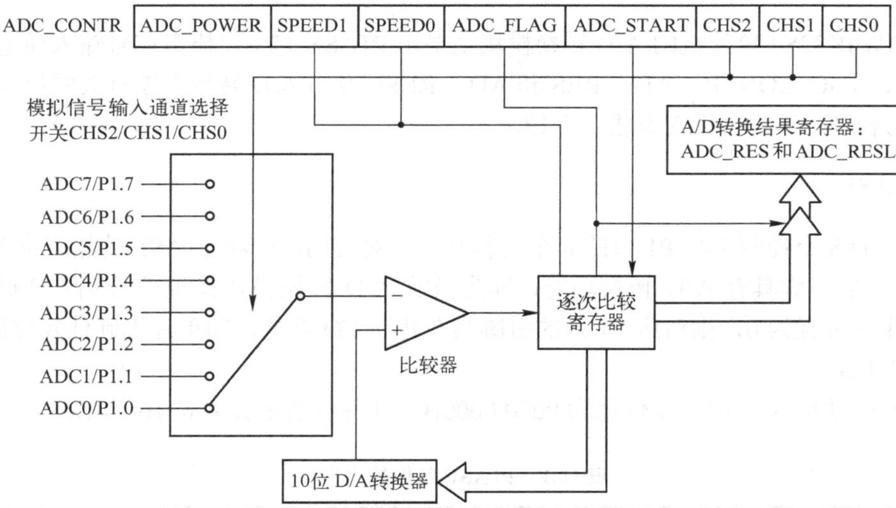

图 10.1　STC15W4K32S4 单片机 A/D 转换模块的结构

STC15W4K32S4 单片机的 A/D 转换模块由多路选择开关、比较器、逐次比较寄存器、

10 位数字模拟量转换器（D/A 转换器）、A/D 转换结果寄存器（ADC_RES 和 ADC_RESL）及 A/D 转换控制寄存器 ADC_CONTR 构成。

STC15W4K32S4 单片机的 A/D 转换模块是逐次比较型模拟数字转换器，通过逐次比较逻辑，从最高位（MSB）开始，逐次对每一输入电压模拟量与内置 D/A 转换器输出进行比较，经过多次比较，使转换所得的数字量逐次逼近输入模拟量对应值，直至 A/D 转换结束，并将最终的转换结果保存在 ADC_RES 和 ADC_RESL 中，同时，置位 ADC_CONTR 中的 A/D 转换结束标志位 ADC_FLAG，以供程序查询或发出中断请求。

2. A/D 转换模块的参考电压源

STC15W4K32S4 单片机 A/D 转换模块的转换参考电压 V_{ref} 就是其输入工作电压 V_{CC}，无专门的 A/D 转换模块参考电压输入端子，但 STC15W4K32S4 单片机新增了 A/D 转换模块第 9 通道且内部集成了稳定的 BandGap 参考电压（约为 1.27V），此电压不会随芯片的输入工作电压的改变而改变。因此可以通过 A/D 转换模块第 9 通道测量内部 BandGap 参考电压，然后通过测量外部 A/D 转换模块的值反推出外部电压或外部电池电压。

在电池供电不稳定的系统中，电池电压可能在一定范围内波动，或者系统要求 A/D 转换模块具有较高的转换精度，这时可在外部电压或外部电池电压很精准的情况下，测量出内部 BandGap 参考电压的值，并将该值保存到单片机内部的 EEPROM 中，以供计算使用。

当实际的外部电压或外部电池电压发生变化时，再次测量内部 BandGap 参考电压的 A/D 转换模块的转换值，以及有外部电压输入的 A/D 转换模块模拟信号输入通道的 A/D 转换模块的转换值，读取保存在 EEPROM 的 BandGap 参考电压的值，通过计算就可以得到外部电压的实际电压值。

10.2 A/D 转换模块的控制

STC15W4K32S4 单片机的 A/D 转换模块主要由 P1ASF（P1 口模拟信号输入通道功能控制寄存器）、ADC_CONTR、ADC_RES 和 ADC_RESL 及与 A/D 转换中断有关的控制寄存器进行控制与管理，下面分别对其进行介绍。

1. P1ASF

P1ASF 的 8 个控制位与 P1 口的 8 个引脚是一一对应的。若将 P1ASF 的相应位置为 1，则对应 P1 口的引脚具有 A/D 转换功能，即为当前 A/D 转换模块模拟信号输入通道；若将 P1ASF 的相应位置为 0，则对应 P1 口的引脚具有普通 I/O 功能，即单片机硬件复位后 P1 口默认是普通 I/O 口。

P1ASF 的地址为 9DH，复位值为 0000 0000B，其各位的定义如表 10.1 所示。

表 10.1　P1ASF 各位的定义

位号	B7	B6	B5	B4	B3	B2	B1	B0
位名称	P17ASF	P16ASF	P15ASF	P14ASF	P13ASF	P12ASF	P11ASF	P10ASF

P1ASF 不能位寻址，可以采用字节操作。例如，若要将 P1.0 口作为模拟信号输入通道，则可以采用控制位与 1 相或从而实现置 1 的目的，还可以通过执行 C 语言语句 “P1ASF | = 0x01” 实现。

2．ADC_CONTR

ADC_CONTR 主要用于设置 A/D 转换模块模拟信号输入通道、转换速度、A/D 转换模块的启动及转换结束标志位等。

ADC_CONTR 的地址为 BCH，复位值为 0000 0000B，其各位的定义如表 10.2 所示。

表 10.2　ADC_CONTR 各位的定义

位号	B7	B6	B5	B4	B3	B2	B1	B0
位名称	ADC_POWER	SPEED1	SPEED0	ADC_FLAG	ADC_START	CHS2	CHS1	CHS0

ADC_POWER：A/D 转换模块的电源控制位。(ADC_POWER)=0，关闭 A/D 转换模块的电源；(ADC_POWER)=1，打开 A/D 转换模块的电源。

在启动 A/D 转换前一定要确认 A/D 转换模块的电源已打开，A/D 转换结束后关闭 A/D 转换模块的电源可降低功耗，也可不关闭。在初次打开内部 A/D 转换模块的电源时，需要适当延时，当内部相关电路稳定后再启动 A/D 转换。

启动 A/D 转换后，在 A/D 转换结束之前，最好不改变任何 I/O 口的状态，这样有利于实现高精度 A/D 转换。

在进入空闲模式前，最好将 A/D 转换模块的电源关闭，即(ADC_POWER)=0，这样可降低功耗。

SPEED1、SPEED0：A/D 转换速度控制位。A/D 转换速度设置如表 10.3 所示。

表 10.3　A/D 转换速度设置

SPEED1	SPEED0	A/D 转换一次所需时间
1	1	90 个时钟周期
1	0	180 个时钟周期
0	1	360 个时钟周期
0	0	540 个时钟周期

ADC_FLAG：A/D 转换结束标志位。A/D 转换完成后，(ADC_FLAG)= 1。如果此时程序允许 A/D 转换中断（EADC 与 EA 都为 1），则由 ADC_FLAG 请求产生中断；如果由程序查询 ADC_FLAG 来判断 A/D 转换的状态，则查询该位可判断 A/D 转换是否结束。不管 A/D 转换是工作于中断方式，还是工作于查询方式，当 A/D 转换完成后，(ADC_FLAG)= 1，一定要用软件将其清 0。

ADC_START：A/D 转换启动控制位。(ADC_START)=1，开始转换；(ADC_START)= 0，不转换。

CHS2、CHS1、CHS0：模拟信号输入通道选择控制位。模拟信号输入通道选择如表 10.4 所示。

表 10.4　模拟信号输入通道选择

CHS2	CHS1	CHS0	模拟信号输入通道选择
0	0	0	选择 ADC0（P1.0）作为 A/D 输入
0	0	1	选择 ADC1（P1.1）作为 A/D 输入
0	1	0	选择 ADC2（P1.2）作为 A/D 输入
0	1	1	选择 ADC3（P1.3）作为 A/D 输入
1	0	0	选择 ADC4（P1.4）作为 A/D 输入
1	0	1	选择 ADC5（P1.5）作为 A/D 输入
1	1	0	选择 ADC6（P1.6）作为 A/D 输入
1	1	1	选择 ADC7（P1.7）作为 A/D 输入

ADC_CONTR 不能位寻址，在对其进行操作时，最好直接使用赋值语句，不要用 AND（与）和 OR（或）操作指令。

3．ADC_RES 和 ADC_RESL

ADC_RES、ADC_RESL 用于保存 A/D 转换结果，A/D 转换结果的存储格式由 CLK_DIV 的 B5 位 ADRJ 进行控制。在 C 语言中，执行“CLK_DIV | = 0x20”即可将 ADRJ 设置为 1，单片机硬件复位后 ADRJ 默认为 0。

当(ADRJ) = 0 时，10 位 A/D 转换结果的高 8 位存放在 ADC_RES 中，低 2 位存放在 ADC_RESL 的低 2 位中。其中 ADC_RES 的地址为 BDH，复位值为 0000 0000B，存储 10 位 A/D 转换结果的高 8 位；ADC_RESL 的地址为 BEH，复位值为 0000 0000B，存储 10 位 A/D 转换结果的低 2 位。(ADRJ) = 0 时的 ADC_RES 和 ADC_RESL 存储格式如表 10.5 所示。

表 10.5　(ADRJ) = 0 时的 ADC_RES 和 ADC_RESL 存储格式

位号	B7	B6	B5	B4	B3	B2	B1	B0
ADC_RES	ADC_RES9	ADC_RES8	ADC_RES7	ADC_RES6	ADC_RES5	ADC_RES4	ADC_RES3	ADC_RES2
ADC_RESL	—	—	—	—	—	—	ADC_RES1	ADC_RES0

当(ADRJ)=1 时，10 位 A/D 转换结果的高 2 位存放在 ADC_RES 中，低 8 位存放在 ADC_RESL 中。其中 ADC_RES 的地址为 BDH，复位值为 00H，存储 10 位 A/D 转换结果的最高 2 位；ADC_RESL 的地址为 BEH，复位值为 00H，存储 10 位 A/D 转换结果的低 8 位。(ADRJ)=1 时的 ADC_RES 和 ADC_RESL 存储格式如表 10.6 所示。

表 10.6　(ADRJ) = 1 时的 ADC_RES 和 ADC_RESL 存储格式

位号	B7	B6	B5	B4	B3	B2	B1	B0
ADC_RES	—	—	—	—	—	—	ADC_RES9	ADC_RES8
ADC_RESL	ADC_RES7	ADC_RES6	ADC_RES5	ADC_RES4	ADC_RES3	ADC_RES2	ADC_RES1	ADC_RES0

A/D 转换结果换算公式如下。

(ADRJ)= 0，取 10 位结果(ADC_RES[7:0],ADC_RESL[1:0])= $1024 \times V_{in}/V_{CC}$。

(ADRJ)= 0，取 8 位结果(ADC_RES[7:0])= 256×V_{in}/V_{CC}。

(ADRJ)= 1，取 10 位结果(ADC_RES[1:0],ADC_RESL[7:0])= 1024×V_{in}/V_{CC}。

其中 V_{in} 为模拟输入电压；V_{CC} 为 A/D 转换模块的参考电压，也就是单片机的实际工作电源电压。

4．与 A/D 转换中断有关的控制寄存器

中断允许控制寄存器 IE 中的 B7 位 EA 是 CPU 总中断控制端，B5 位 EADC 是 A/D 转换模块使能控制端。当(EA)=1 且(EADC)=1 时，A/D 转换结束中断允许，ADC_CONTR 中的 ADC_FLAG 既是 A/D 转换结束标志位，又是 A/D 转换结束中断请求标志位，在中断服务程序中，要用软件将 ADC_FLAG 清 0；当(EADC)=0 时，A/D 转换结束中断禁止，A/D 转换模块可以查询方式工作。

STC15W4K32S4 单片机的中断有 2 个优先等级，由中断优先寄存器 IP 设置，A/D 转换结束中断的中断优先级由 IP 的 B5 位 PADC 设置。A/D 转换结束中断的中断向量地址为 002BH。

10.3　A/D 转换模块的应用

1．A/D 转换模块的应用编程要点

- 设置 ADC_CONTR 中的(ADC_POWER) = 1，打开 A/D 转换模块工作电源。
- 一般延时 1ms 左右，等待 A/D 转换模块内部模拟电源稳定。
- 设置 P1ASF，选择 P1 口中的相应口线作为 A/D 转换模块模拟信号输入通道。
- 设置 ADC_CONTR 中的 CHS2～CHS0，选择 A/D 转换模块模拟信号输入通道。
- 根据需要设置 CLK_DIV 中的 ADRJ，选择 A/D 转换结果存储格式，ADRJ 默认为 0。
- 查询 ADC_FLAG，判断 A/D 转换是否完成，若完成，则读出 A/D 转换结果（A/D 转换结果保存在 ADC_RES 和 ADC_RESL 中），并进行数据处理。如果是多通道模拟量进行转换，则更换 A/D 转换模块模拟信号输入通道后要适当延时，使输入电压稳定，延时量与输入电压源的内阻有关，一般延时 20～200μs。如果输入电压信号源的内阻在 10kΩ 以下，可不延时；如果是单通道模拟量输入，则不需要更换 A/D 转换模块模拟信号输入通道，也就不需要延时。
- 若 A/D 转换工作方式为中断方式，还需要进行中断设置（EADC 置 1，EA 置 1 并设置中断优先级）。
- 在中断服务程序中读取 A/D 转换结果，并将 ADC_FLAG 清 0。

2．A/D 转换结果的采集

STC15W4K32S4 单片机集成有 8 通道 10 位 A/D 转换模块，可以根据需要选择 8 个通道中的任一通道进行 A/D 转换。A/D 转换结果可以是 10 位精度，对应十进制数是 0～1023，对应十六进制数是 00H～3FFH；也可以是 8 位精度，对应十进制数是 0～255，对应十六进制数是 00H～FFH。A/D 转换工作方式可以采用查询方式，也可以采用中断方式。下面给出 2 个典型的应用例子。

例 10.1 利用 STC15W4K32S4 单片机编程实现，A/D 转换模块通道 0 接外部 0～5V 直流模拟电压，8 位精度，采用查询方式进行循环转换，并将转换结果保存在整型变量 adc_value 中。

解 要求 8 位精度，如果 ADRJ 为 0，则可以直接使用 ADC_RES 的值。根据 A/D 转换模块的编程要点进行初始化后，直接查询判断 ADC_FLAG 是否为 1，若为 1，则读出 ADC_RES 的值，并存入整型变量 adc_value 中即可；若为 0，则继续等待。

C 语言参考源程序如下。

```
#include "stc15.h"                    //包含支持 STC15 系列单片机头文件
#include "gpio.h"                     //包含初始化 I/O 口头文件
unsigned char adc_value;              //定义无符号字符型变量 adc_value 用于保存 A/D 转换结果
void main(void)                       //主程序
{
    unsigned int i;                   //定义整型变量 i，用于适当延时
    unsigned char status;             //定义字符型变量 status，用于保存 A/D 转换状态
    gpio();                           //初始化 I/O 口为准双向口
    ADC_CONTR|=0x80;                  //打开 A/D 转换电源
    for(i=0;i<1000;i++);              //适当延时
    P1ASF=0x01;                       //设置 ADC0（P1.0）为模拟量输入功能(P1ASF)=0x01
    ADC_CONTR=0x88;                   //选择输入通道 ADC0（P1.0）并启动 A/D 转换
    while(1)
    {
        ADC_CONTR|=0x08;              //重新启动 A/D 转换
        status=0;                     //A/D 转换状态初始为 0
        while(status==0)              //等待 A/D 转换结束
        {
            status=ADC_CONTR&0x10;    //读取 ADC_FLAG 状态并存至 status
        }
        ADC_CONTR&=0xE7;              //将 ADC_FLAG 清 0
        adc_value=ADC_RES;            //保存 8 位 A/D 转换结果，范围为 0～255
    }
}
```

例 10.2 利用 STC15W4K32S4 单片机编程实现，A/D 转换模块的通道 1 接外部 0～5V 直流模拟电压，10 位精度，采用中断方式进行转换，并将转换结果保存在整型变量 adc_value 中。

解 要求 10 位精度，如果(ADRJ)=1，则 A/D 转换结果的最高 2 位存放在 ADC_RES 中的低 2 位，低 8 位存放在 ADC_RESL 中。因此，可以在中断服务程序中读出 ADC_RESL 和 ADC_RES 的值，合并成 10 位的 A/D 转换结果存至整型变量 adc_value 中即可。

C 语言参考源程序如下。

```
#include "stc15.h"                //包含支持 STC15 系列单片机头文件
#include "gpio.h"                 //包含初始化 I/O 口头文件
unsigned int adc_value;           //定义无符号字符型变量 adc_value，用于保存 A/D 转换结果
void main(void)                   //主程序
{
    unsigned int i;               //定义整型变量 i，用于适当延时
```

```
        gpio();                        //初始化 I/O 口为准双向口
        ADC_CONTR|=0x80;               //打开 A/D 转换电源
        for(i=0;i<1000;i++);           //适当延时
        P1ASF=0x02;                    //设置 ADC1（P1.1）为模拟量输入功能
        CLK_DIV|=0x20;                 //(ADRJ)=1，设置 A/D 转换结果的存储格式
        ADC_CONTR=0x89;                //选择输入通道 ADC1（P1.1）并启动 A/D 转换
        EADC=1;                        //打开 A/D 转换中断
        EA=1;                          //打开总中断
        while(1)
        {
        }
    }
void ADC_int(void) interrupt 5         //A/D 转换中断服务子程序
{
        ADC_CONTR=0x81;                //将 ADC_FLAG 清 0
        adc_value= ADC_RES*256+ADC_RESL;      //保存 10 位 A/D 转换结果，范围为 0～1023
        ADC_CONTR=0x89;                //重新启动 A/D 转换
}
```

从以上示例可以看出，ADRJ 的值决定了 A/D 转换结果的存储格式，但无论是哪种存储格式，都可以分别得到 8 位或 10 位精度的 A/D 转换结果。

当(ADRJ)=0 时，8 位精度 A/D 转换结果为 adc_value= ADC_RES，10 位精度 A/D 转换结果为 adc_value= ADC_RES×4+ADC_RESL。

当(ADRJ)=1 时，8 位精度 A/D 转换结果为 adc_value= ADC_RES×64+(ADC_RESL&0xFC)/4，10 位精度 A/D 转换结果为 adc_value= ADC_RES×256+ADC_RESL。

3．A/D 转换结果的显示及应用

（1）A/D 转换结果的显示。

STC15W4K32S4 单片机集成的 10 位 A/D 转换模块中的 A/D 转换结果既可以是 10 位精度的，也可以是 8 位精度的。A/D 转换模块采样得到的数据主要有 3 种显示方式：通过串行通信端口发送到上位机显示、LED 数码管显示、LCD 液晶显示模块显示。

① 通过串行通信端口发送到上位机显示。由于串行通信端口每次只能发送 8 位数据，所以如果 A/D 转换结果是 8 位精度的，则 A/D 转换结果可以直接通过串行通信端口发送到上位机进行显示；如果 A/D 转换结果是 10 位精度的，则 A/D 转换结果分成高位和低位的 2 个独立的数据，可分别通过串行通信端口发送到上位机进行显示。

② LED 数码管显示和 LCD 液晶显示模块显示。A/D 转换结果如果是 10 位精度的，则对应十进制数是 0～1023；如果是 8 位精度的，则对应十进制数是 0～255。若要通过 LED 数码管和 LCD 液晶显示模块显示 A/D 转换结果，则需要先将十进制数通过运算分别得到个位、十位、百位、千位的数据，再逐位进行显示。

已知 A/D 转换结果保存在整型变量 adc_value 中，通过运算分别得到个位、十位、百位、千位对应的数据 g、s、b、q 如下。

千位显示数据为 q=adc_value/1000

百位显示数据为 b=adc_value%1000/100

十位显示数据为 s=adc_value%1000%100/10

个位显示数据为 g=adc_value%1000%100%10

（2）A/D 转换结果用于处理物理量应用。由 A/D 转换模块模拟信号输入通道输入的模拟电压经过 A/D 转换后得到的只是一个对应大小的数字信号，当需要用 A/D 转换结果来表示具有实际意义的物理量时，还需要对数据进行一定的处理。这部分数据的处理方法主要有查表法和运算法。查表法主要是指建立一个数组，再查找并得到相应数据的方法。运算法则是经过 CPU 运算得到相应数据的方法。

例 10.3 通过 A/D 转换模块测量温度并通过 LED 数码管显示该温度，假设 A/D 转换模块输入端电压变化范围为 0～5.0V，要求 LED 数码管显示范围为 0～100。

解 A/D 转换模块输入端电压为 0.0～5.0V，8 位精度 A/D 转换结果就是 0～255，若要转换成 0～100 进行显示，则需要线性地转换，实际乘以一个系数就可以了，该系数是 100.0/255.0=0.3921……，为了避免使用浮点数，先乘以一个定点数 100，再除以 255 并取高位字节即可。

同理，若 A/D 转换模块输入端电压为 0.0～5.0V，10 位精度 A/D 转换结果就是 0～1023，若要转换成 0～100 进行显示，则需要线性地转换，先乘以 100，再除以 255 并将数据右移 2 位（除以 4）即可。

例 10.4 STC15W4K32S4 单片机的工作电压为 5V，设计一个数字电压表，对输入端电压（0～5.0V）进行测量，用 LED 数码管显示测量结果。

解 A/D 转换模块输入端电压为 0.0～5.0V，因为需要相对应的 LED 数码管显示测量电压值，所以应根据不同的测量精度对数据进行不同的线性转换。若测量精度为 8 位，则 A/D 转换结果为 0～255，此时如果乘以系数 50.0/255.0，再加入小数点，则显示为 0.0～5.0V；如果乘以系数 500.0/255.0，再加入小数点，则显示为 0.00～5.00V。

若测量精度为 10 位，则 A/D 转换结果为 0～1023，此时如果乘以系数 5，再除以 255 并将数据右移 2 位，则显示为 0.0～5.0V。

若需要测量的电压范围为 0.0～30.0V 的直流电压，测量精度为 10 位，则需要在 STC15W4K32S4 单片机 A/D 转换模块输入端加入相应的分压电阻调理电路，使输入的 0.0～30.0V 转变成 0.0～5.0V 的电压后加至 A/D 转换模块输入端口，再对数据进行线性转换，先乘以系数 30，再除以 255 将数据右移 2 位，最后就能显示为 0.0～30.0V。

（3）A/D 转换结果用于进行按键扫描识别。

利用 A/D 转换功能，将按键与不同的分压电阻相连，从而得到不同的模拟电压值并进行转换，进而实现相应的按键控制，这种键盘就是 AD 键盘。

例 10.5 利用 STC15W4K32S4 单片机 A/D 转换功能设计一个具有 16 个按键的键盘，实现对 4 个 LED 的控制，以二进制形式显示按键键值 0～F，4 个 LED 分别连接 P4.6、P4.7、P1.6 和 P1.7。单片机工作频率为 12MHz。

解 通过不同的电阻分压组合，利用 A/D 转换功能，对键盘输出的模拟电压值进行转换，然后将转换后的数字量传送给单片机进行相应的控制。

AD 键盘电路原理图如图 10.2 所示。图 10.2 中的电阻组成分压电路，当不同的按键按下时，分压电阻是不一样的，所以键盘输出的模拟电压也是不一样的。ADC4_KEY 接

STC15W4K32S4 单片机的 ADC4（P1.4）。

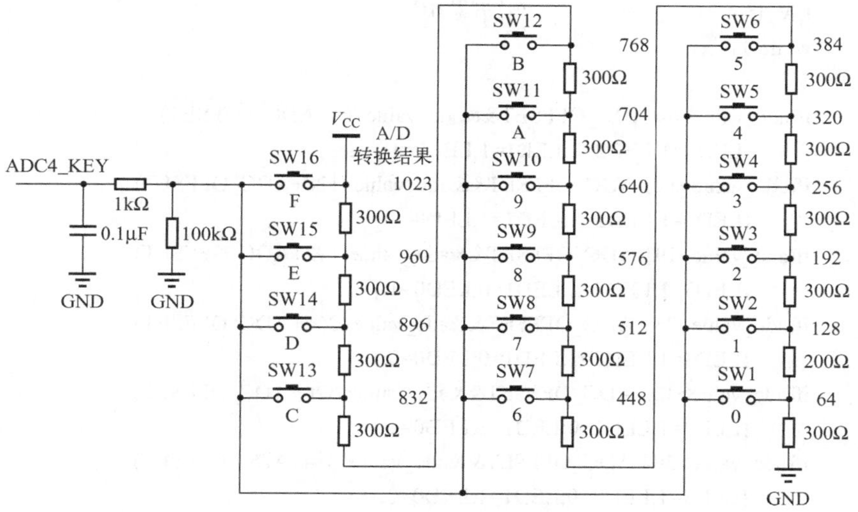

图 10.2　AD 键盘电路原理图

C 语言参考源程序如下。

```
#include "stc15.h"                  //包含支持 STC15 系列单片机头文件
#include "gpio.h"                   //包含初始化 I/O 口头文件
#define     ADC_OFFSET   16         //设置 A/D 转换偏差
unsigned int adc_value;             //定义无符号字符型变量 adc_value，用于保存 A/D 转换结果
sbit LED0=P4^6;                     //4 个 LED 用于显示按键键值
sbit LED1=P4^7;
sbit LED2=P1^6;
sbit LED3=P1^7;
void Delay(unsigned int n)          //延时子程序
{
    unsigned int x;
    while (n--)
    {
        x = 5000;
        while (x--);
    }
}
void main(void)                     //主程序
{
    unsigned int i;                 //定义整型变量 i，用于适当延时
    gpio();                         //初始化 I/O 口为准双向口
    ADC_CONTR|=0x80;                //打开 A/D 转换电源
    for(i=0;i<10000;i++);           //适当延时
    P1ASF=0x10;                     //设置 ADC4（P1.4）为模拟量输入功能
    CLK_DIV|=0x20;                  //(ADRJ)=1，设置 A/D 转换结果的存储格式
    ADC_CONTR=0x8C;                 //选择输入通道 ADC4（P1.4）并启动 A/D 转换
```

```
    EADC=1;                          //打开 A/D 转换中断
    EA=1;                            //打开总中断
    while(1)
    {
    if(adc_value>64-ADC_OFFSET&&adc_value<64+ADC_OFFSET)
        {LED3=1;LED2=1;LED1=1;LED0=1;}
    if(adc_value>128-ADC_OFFSET&&adc_value<128+ADC_OFFSET)
        {LED3=1;LED2=1;LED1=1;LED0=0;}
    if(adc_value>192-ADC_OFFSET&&adc_value<192+ADC_OFFSET)
        {LED3=1;LED2=1;LED1=0;LED0=1;}
    if(adc_value>256-ADC_OFFSET&&adc_value<256+ADC_OFFSET)
        {LED3=1;LED2=1;LED1=0;LED0=0;}
    if(adc_value>320-ADC_OFFSET&&adc_value<320+ADC_OFFSET)
        {LED3=1;LED2=0;LED1=1;LED0=1;}
    if(adc_value>384-ADC_OFFSET&&adc_value<384+ADC_OFFSET)
        {LED3=1;LED2=0;LED1=1;LED0=0;}
    if(adc_value>448-ADC_OFFSET&&adc_value<448+ADC_OFFSET)
        {LED3=1;LED2=0;LED1=0;LED0=1;}
    if(adc_value>512-ADC_OFFSET&&adc_value<512+ADC_OFFSET)
        {LED3=1;LED2=0;LED1=0;LED0=0;}
    if(adc_value>576-ADC_OFFSET&&adc_value<576+ADC_OFFSET)
        {LED3=0;LED2=1;LED1=1;LED0=1;}
    if(adc_value>640-ADC_OFFSET&&adc_value<640+ADC_OFFSET)
        {LED3=0;LED2=1;LED1=1;LED0=0;}
    if(adc_value>704-ADC_OFFSET&&adc_value<704+ADC_OFFSET)
        {LED3=0;LED2=1;LED1=0;LED0=1;}
    if(adc_value>768-ADC_OFFSET&&adc_value<768+ADC_OFFSET)
        {LED3=0;LED2=1;LED1=0;LED0=0;}
    if(adc_value>832-ADC_OFFSET&&adc_value<832+ADC_OFFSET)
        {LED3=0;LED2=0;LED1=1;LED0=1;}
    if(adc_value>896-ADC_OFFSET&&adc_value<896+ADC_OFFSET)
        {LED3=0;LED2=0;LED1=1;LED0=0;}
    if(adc_value>960-ADC_OFFSET&&adc_value<960+ADC_OFFSET)
        {LED3=0;LED2=0;LED1=0;LED0=1;}
    if(adc_value>1023-ADC_OFFSET&&adc_value<1023+ADC_OFFSET)
        {LED3=0;LED2=0;LED1=0;LED0=0;}
    Delay(15);
    }
}
void ADC_int(void) interrupt 5                    //A/D 转换中断服务子程序
{
    ADC_CONTR=0x85;                               //将 ADC_FLAG 清 0
    adc_value=ADC_RES*256+ADC_RESL;               //当(ADRJ)=1 时，A/D 转换结果为 10 位精度
    ADC_CONTR=0x8C;                               //重新启动 A/D 转换
}
```

10.4 基于 Proteus 仿真与 STC 实操 A/D 转换模块的应用（简易电压表）

1．系统功能

利用 A/D 转换模块设计一个简易数字电压表，可变电位器对电源电压进行分压作为被测电压信号源。

2．硬件设计

结合 STC15 系列单片机的官方学习板，采用 8 位 LED 数码管进行显示，J12 排针用于外接 LCD12864 显示模块，其中 J12 的 1 脚、3 脚、18 脚与可变电位器 W2 相接可用来输入模拟电压，1 脚接地（已内接）、18 脚接 VCC、3 脚输出模拟量电压，ADC0（P1.0）作为模拟信号输入通道，用 W2 对电源进行分压作为被测电压信号源。用 Proteus 绘制的数字电压表电路原理图如图 10.3 所示。

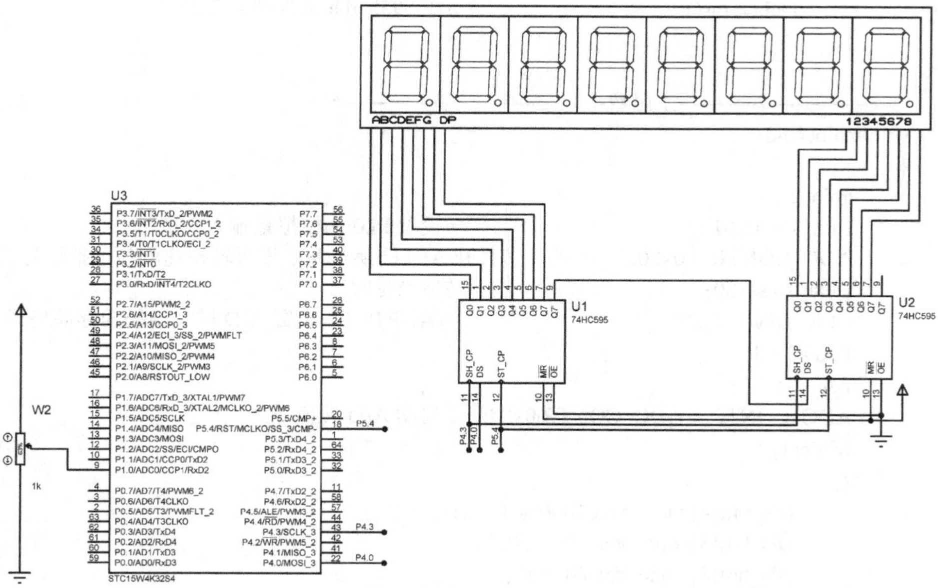

图 10.3　用 Proteus 绘制的数字电压表电路原理图

3．程序设计

（1）程序说明。

为了能够显示小数点（保留 3 位小数点），在显示文件的字形码数组中增加带小点数字的字形码，对应的显示头文件为 595hcd.h，具体代码如下。

```
//“0、1、2、3、4、5、6、7、8、9、A、B、C、D、E、F、灭”的共阴极字形码及带小数点数字的字形码
uchar code SEG7[]={0x3F,0x06,0x5B,0x4F,0x66,0x6D,0x7D,0x07,0x7F,0x6F,0x77,0x7C,0x39,0x5E,
```

```
0x79,0x71,0x00, 0xBF,0x86,0xDB,0xCF,0xE6,0xED,0xFD,0x87,0xFF,0xEF ,0x40};
```

（2）参考程序（AD 转换.c）如下。

```
#include <stc15.h>                              //包含支持 STC15 系列单片机的头文件
#include <intrins.h>
#include <gpio.h>                               //包含 I/O 口初始化文件
#define uchar unsigned char
#define uint    unsigned int
#include <595hcd.h>
uchar   adc_datah ;                             //A/D 转换结果的高 2 位
uchar   adc_datal ;                             // A/D 转换结果的低 8 位
unsigned long   adc_data;
/*————————系统时钟频率为 11.0592MHz 时为 tms 的延时函数————————————*/
void Delayxms(uint t)
{
    uint i;
    for(i=0;i<t;i++)
    {
        Delay1ms();                             //在 595hcd.h 文件中已定义
    }
}
/*——————————————主函数——————————————*/
void main(void)
{
    gpio();
    P1ASF = 0x01 ;                              //设置 Pl.0 为模拟量输入功能
    ADC_CONTR = 0x80;                      //打开 A/D 转换电源，设置转换速度与模拟信号输入通道
    Delayxms(100);                              //适当延时
    CLK_DIV |= 0x20;                            //(ADRJ)=1，设置 A/D 转换结果的存储格式
    EADC = 1;
    EA = 1;
    ADC_CONTR = ADC_CONTR|0x88;                 //启动 A/D 转换
    while(1)
    {
        Dis_buf[4]=adc_data/1000%10+17;
        Dis_buf[5]=adc_data/100%10;
        Dis_buf[6]= adc_data/10%10;
        Dis_buf[7]= adc_data%10;
        display();
    }
 }
/*------------------------A/D 转换中断服务子函数-------------------*/
void    ADC_int (void) interrupt 5
{
    ADC_CONTR=ADC_CONTR&0xef;                   // 将 ADC_FLAG 清 0
    adc_datah = ADC_RES&0x03;                   //保存 A/D 转换结果高 2 位
    adc_datal = ADC_RESL;                       //保存 A/D 转换结果低 8 位
    adc_data = (adc_datah<<8)+ adc_datal;       //10 位 A/D 转换结果
    adc_data= adc_data*5000/1024;               //数据处理：adc_data*5000/1024
```

```
        ADC_CONTR =ADC_CONTR|0x88;              //重新启动 A/D 转换
    }
```

4．系统调试

（1）用 Keil C 集成开发环境编辑与编译用户程序（AD 转换.c），生成机器代码文件 AD 转换.hex。

（2）Proteus 仿真。

① 按图 10.3 绘制电路。

② 将 AD 转换.hex 程序下载到 STC15W4K32S4 单片机中。

③ 启动仿真，观察并记录程序运行结果。

- 增大温度电阻，测量模拟输入电压值，观察并记录显示温度。
- 减小温度电阻，测量模拟输入电压值，观察并记录显示温度。

（3）STC 单片机实操计算。

① 用 USB 接口连接计算机与 STC15 系列单片机官方学习板（若非官方学习板，则需要根据实际端口修改程序）。

② STC15 系列单片机官方学习板 W2 电路原理图如图 10.4 所示，用杜邦线将 J12 的 18 脚与 19 脚相连，W2 的中间抽头位于 J12 的 3 脚，用杜邦线将 J12 的 3 脚与单片机 P1.0 引脚相连。

③ 启动 STC-ISP 在线编程软件，将 AD 转换.hex 程序下载到 STC15 系列单片机官方学习板的单片机中。

④ 调试。

- 顺时针调节 W2，观察并记录测量电压值。
- 逆时针调节 W2，观察并记录测量电压值。

（4）利用 STC15 系列单片机官方学习板的热敏电阻测量电路，设计并制作一个温度计。热敏（NTC）电阻电路原理图如图 10.5 所示。

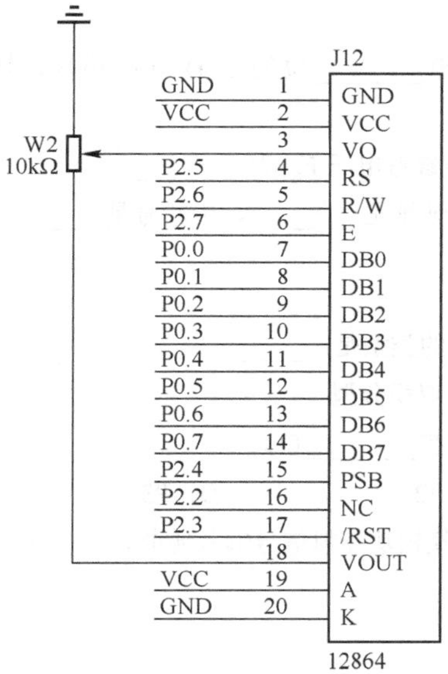

图 10.4　STC15 系列单片机官方学习板 W2 电路原理图

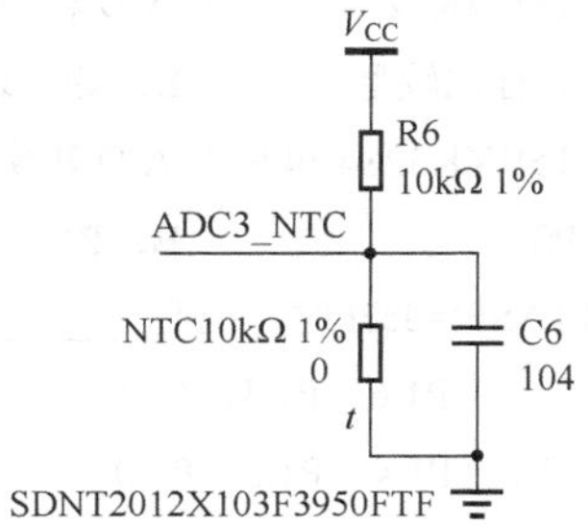

图 10.5　热敏（NTC）电阻电路原理图

① 根据热敏电阻的温度系数计算出各温度点对应的电阻值，进一步推导出各温度点对应的输入电压值及A/D转换后的数字量，并将其存储在一个数组中，利用A/D转换模块模拟信号输入通道对温度输入电压进行测量，采用比较法进行温度换算。

② 小数点部分采用插补算法求解。

本章小结

STC15W4K32S4单片机集成有8通道10位高速电压输入型模拟数字转换器，即A/D转换模块采用逐次比较方式进行A/D转换，转换速率可达300kHz（30万次/s）。STC15W4K32S4单片机A/D转换模块模拟信号输入通道与P1口复用，单片机上电复位后P1口为弱上拉型I/O口，用户可以通过程序设置特殊功能寄存器P1ASF将8个通道中的任何一路设置为A/D转换模块模拟信号输入通道，不作为A/D转换模块模拟信号输入通道的仍可作为普通I/O口使用。

STC15W4K32S4单片机的A/D转换模块主要由P1ASF、ADC_CONTR、ADC_RES、ADC_RESL及与A/D转换中断有关的控制寄存器进行控制与管理。

习 题 10

一、填空题

1．A/D转换电路按转换原理一般分为________、________与________ 3种类型。

2．在A/D转换电路中，转换位数越大，说明A/D转换电路的转换精度越________。

3．在10位A/D转换模块中的A/D转换参考电压V_{ref}为5V，当模拟输入电压为3V时，转换后对应的数字量为________。

4．在8位A/D转换模块中的A/D转换参考电压V_{ref}为5V，在进行A/D转换后获得的数字量为7FH，对应的模拟输入电压为________。

5．STC15W4K32S4单片机内部集成了________通道________位的A/D转换模块，转换速率可达________kHz。

6．STC15W4K32S4单片机A/D转换模块的A/D转换参考电压V_{ref}为________。

7．STC15W4K32S4单片机A/D转换模块的中断向量地址是________，中断号是________。

二、选择题

1．STC15W4K32S4单片机A/D转换模块中转换电路的类型是________。

A．并行比较型　　B．逐次逼近型　　C．双积分型

2．STC15W4K32S4单片机A/D转换模块的8路通道在________口。

A．P0　　B．P1　　C．P2　　D．P3

3．当(P1ASF)=35H时，说明________可用作A/D转换模块模拟信号输入通道。

A．P1.7、P1.6、P1.3、P1.1

B．P1.5、P1.4、P1.2、P1.0

C．P1.2、P1.0

D．P1.4、P1.5

4．当(ADC_CONTR)=83H 时，STC15W4K32S4 单片机的 A/D 转换模块选择________作为当前模拟信号输入通道。

A．P1.1　　B．P1.2　　C．P1.3　　D．P1.4

5．当(ADC_CONTR)=A3H 时，STC15W4K32S4 单片机的 A/D 模块转换的速率速度为________个系统时钟。

A．540　　B．360　　C．180　　D．90

6．STC15W4K32S4 单片机工作电源为 5V，当(ADRJ)=0、(ADC_RES)=25H、(ADC_RESL)=33H 时，测得的模拟输入信号约为________V。

A．0.737　　B．3.930　　C．0.180　　D．0.249

三、判断题

1．STC15W4K32S4 单片机 A/D 转换模块有 8 路通道，意味着可同时测量 8 路模拟输入信号。（　　）

2．STC15W4K32S4 单片机 A/D 转换模块的转换位数是 10 位，但也可用于 8 位测量。（　　）

3．STC15W4K32S4 单片机 A/D 转换模块的 A/D 转换中断标志位在中断响应后会自动清 0。（　　）

4．STC15W4K32S4 单片机 A/D 转换模块的 A/D 转换中断有 2 个中断优先级。（　　）

5．STC15W4K32S4 单片机 A/D 转换模块的 A/D 转换类型是双积分型。（　　）

四、问答题

1．STC15W4K32S4 单片机 A/D 转换模块的转换精度及转换速率是多少？

2．STC15W4K32S4 单片机 A/D 转换模块转换后数字量的数据格式是怎样的？

3．简述 STC15W4K32S4 单片机 A/D 转换模块的应用编程步骤。

4．STC15W4K32S4 单片机 A/D 转换模块的 A/D 转换参考电压就是单片机的输入工作电压，当输入工作电压不稳定时，如何保证测量精度？

五、程序设计题

1．利用 STC15W4K32S4 单片机 A/D 转换模块设计一个定时巡回检测 8 路模拟输入信号，每 10s 巡回检测一次，采用 LED 数码管显示测量数据，测量数据精确到小数点后 2 位。要求画出硬件电路图，绘制程序流程图，编写程序并上机调试。

2．利用 STC15W4K32S4 单片机设计一个温度控制系统。测温元件为热敏电阻，采用 LED 数码管显示温度数据，测量值精确到 1 位小数。当温度低于 30℃时，发出长“嘀”报警声和光报警，当温度高于 60℃时，发出短“嘀”报警声和光报警。画出硬件电路图，绘制程序流程图，编写程序并上机调试。

第 11 章 STC15W4K32S4 单片机比较器

11.1 比较器的内部结构与控制

1. 比较器的内部结构

STC15W4K32S4 单片机比较器的内部结构如图 11.1 所示，该比较器由集成运放比较电路、滤波电路（或称去抖动）、中断标志形成电路（含中断允许控制）等组成。

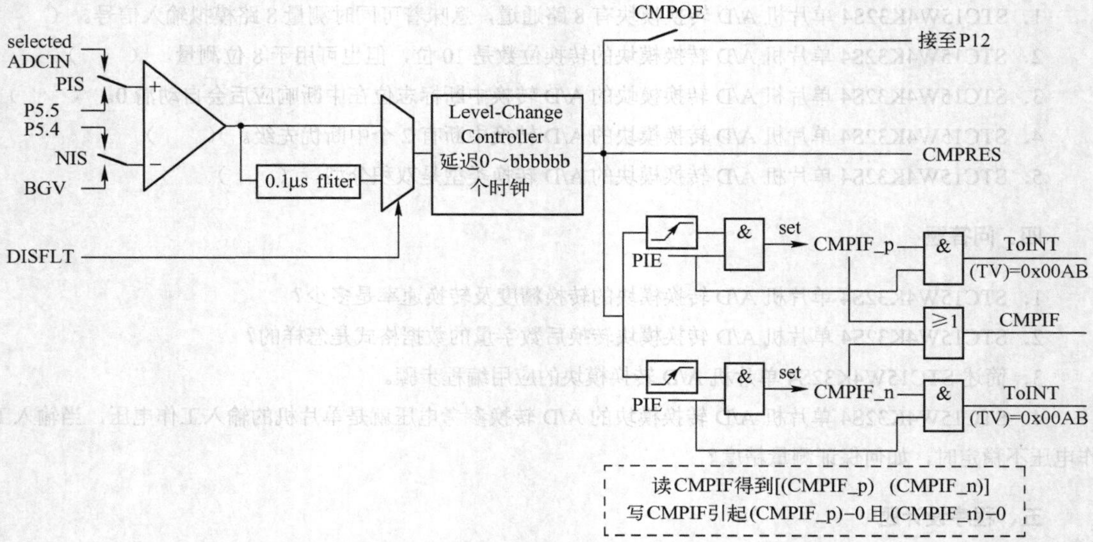

图 11.1 STC15W4K32S4 单片机比较器的内部结构

（1）集成运放比较电路。

集成运放比较电路的同相输入端和反相输入端的输入信号可通过比较器控制寄存器 1（CMPCR1）进行选择，即选择接内部信号或外接输入信号。集成运放比较电路的输出通过滤波电路形成稳定的输出信号。

（2）滤波电路。

当集成运放比较电路输出信号发生跳变时，不立即认为是跳变，而是经过一定延时后，再判断其是否为跳变。

（3）中断标志形成电路。

中断标志形成电路可以实现中断标志类型的选择、中断标志的形成及中断标志的允许。

2. 比较器的控制寄存器

STC15W4K32S4 单片机的比较器由比较器控制寄存器 1（CMPCR1）和比较器控制寄存

器 2（CMPCR2）进行控制管理。

（1）CMPCR1。

CMPCR1 的格式如下。

	地址	B7	B6	B5	B4	B3	B2	B1	B0	复位值
CMPCR1	E6H	CMPEN	CMPIF	PIE	NIE	PIS	NIS	CMPOE	CMPRES	0000 0000

① CMPEN：比较器模块使能位。

(CMPEN)=1，使能比较器模块。

(CMPEN)=0，禁用比较器模块，比较器的电源关闭。

② CMPIF：比较器中断标志位。

在 CMPEN 为 1 的情况下，当比较器的比较结果由低变高时，若 PIE 被设置成 1，则内建 CMPIF_p 置 1，CMPIF 置 1，向 CPU 申请中断；当比较器的比较结果由高变低时，若 NIE 被设置成 1，则内建 CMPIF_n 置 1，CMPIF 置 1，向 CPU 申请中断。

当 CPU 读取 CMPIF 数值时，读到的是 CMPIF_p 与 CMPIF_n 的或；当 CPU 对 CMPIF 写 0 后，CMPIF_p 及 CMPIF_n 都会被清 0。

比较器中断的中断向量地址是 00ABH，中断号是 21。比较器中断的中断优先级固定为低级。

③ PIE（Pos-edge Interrupt Enabling）：比较器上升沿中断使能位。

(PIE)= 1，当使能比较器由低变高时，置位 CMPIF_p，并向 CPU 申请中断。

(PIE)= 0，禁用比较器由低变高事件设定比较器中断。

④ NIE（Neg-edge Interrupt Enabling）：比较器下降沿中断使能位。

(NIE)= 1，当使能比较器由高变低时，置位 MPIF_n，并向 CPU 申请中断。

(NIE)= 0，禁用比较器由高变低事件设定比较器中断。

⑤ PIS：比较器正极选择位。

(PIS)= 1，将 ADCIS[2:0]选择的 ADCIN 作为比较器的正极输入源。

(PIS)= 0，将外部引脚 P5.5 作为比较器的正极输入源。

⑥ NIS：比较器负极选择位。

(NIS)= 1，选择外部引脚 P5.4 作为比较器的负极输入源。

(NIS)= 0，选择内部 BandGap 电压 BGV 为比较器的负极输入源。

注意：内部 BandGap 电压 BGV 在程序存储器中的最后第 7、8 字节中，高字节在前，单位为 mV。对于 STC15W4K32S4 单片机，BGV 在 E7F7H 单元、E7F8H 单元中。

⑦ CMPOE：比较结果输出控制位。

(CMPOE)= 1，允许比较器的比较结果输出到 P1.2 引脚。

(CMPOE)= 0，禁止比较器的比较结果输出。

⑧ CMPRES：比较器比较结果（Comparator Result）标志位。

(CMPRES)= 1，表示 CMP+的电平高于 CMP−的电平。

(CMPRES)= 0，表示 CMP+的电平低于 CMP−的电平。

注意：CMPRES 是一个只读位，软件对它进行写入的动作没有任何意义，且软件所读到的结果是经过“过滤”控制后的结果，而非集成运放比较电路的直接输出结果。

（2）CMPCR2。

CMPCR2 的格式如下。

	地址	B7	B6	B5	B4	B3	B2	B1	B0	复位值
CMPCR2	E7H	INVCMPO	DISFLT	LCDTY[5:0]						0000 1001

① INVCMPO（Inverse Comparator Output）：比较器输出取反控制位。

(INVCMPO)= 1，比较器取反后再输出到 P1.2 引脚。

(INVCMPO)= 0，比较器正常输出。

② DISFLT：比较器输出端 0.1μs 滤波控制位。

(DISFLT)= 1，关掉比较器输出端的 0.1μs 滤波。

(DISFLT)= 0，比较器的输出端有 0.1μs 滤波。

③ LCDTY[5:0]：比较器输出的去抖动时间控制位。

- 当比较器的输出结果由低变高时，必须侦测到后来的高电平持续至少 LCDTY[5:0]个系统时钟，此芯片线路才认定比较器的输出是由低电平转至高电平。如果在 LCDTY[5:0]个系统时钟内，集成运放比较电路的输出又恢复至低电平，那么此芯片线路认为什么都没有发生，即认为比较器的输出一直维持在低电平。
- 当比较器的输出结果由高变低时，必须侦测到后来的低电平持续至少 LCDTY[5:0]个系统时钟，此芯片线路才认定比较器的输出是由高电平转至低电平。如果在 LCDTY[5:0]个系统时钟内，集成运放比较电路的输出又恢复至高电平，那么此芯片线路认为什么都没有发生，即认为比较器的输出一直维持在高电平。

11.2 比较器的应用

1．比较器中断方式程序举例

例 11.1 P1.7、P1.6、P1.2 引脚分别接 LED7、LED8、LED9，这 3 只 LED 由低电平驱动，LED9 直接由比较器输出进行控制，当有上升沿中断请求时，点亮 LED7，当有下降沿中断请求时，点亮 LED8。P3.2 引脚接 1 只开关，开关断开时输出高电平，比较器处于上升沿中断请求工作方式，直接同相输出；开关合上时输出低电平，比较器处于下降沿中断请求工作方式，直接反相输出。要求以中断方式编程。

解 C 语言参考程序（comparer_isr.c）如下。

```
#include <stc15.h>                    //包含支持 STC15 系列单片机的头文件
#include <intrins.h>
#include <gpio.h>                     //包含 I/O 口初始化文件
#define uchar unsigned char
#define uint    unsigned int
#define CMPEN 0x80                    //CMPCR1.7：比较器模块使能位
#define CMPIF 0x40                    //CMPCR1.6：比较器中断标志位
#define PIE 0x20                      //CMPCR1.5：比较器上升沿中断使能位
```

```
#define NIE 0x10                    //CMPCR1.4：比较器下降沿中断使能位
#define PIS 0x08                    //CMPCR1.3：比较器正极选择位
#define NIS 0x04                    //CMPCR1.2：比较器负极选择位
#define CMPOE 0x02                  //CMPCR1.1：比较结果输出控制位
#define CMPRES 0x01                 //CMPCR1.0：比较器比较结果标志位
#define INVCMPO 0x80                //CMPCR2.7：比较器输出取反控制位
#define DISFLT 0x40                 //CMPCR2.6：比较器输出端 0.1μs 滤波控制位
#define LCDTY 0x3F                  //CMPCR2.[5:0]：比较器输出的去抖动时间控制位
sbit LED7 = P1^7;                   //上升沿中断请求指示灯
sbit LED8 = P1^6;                   //下降沿中断请求指示灯
sbit LED9 = P1^2;                   //比较器直接输出指示灯
sbit SW17 = P3^2;                   //中断请求方式控制开关
void cmp_isr() interrupt 21 using 1 //比较器中断向量入口
{
    CMPCR1 &=~CMPIF;                //清除完成标志
    if(SW17==1)
    {
        LED7=0;                     //点亮上升沿中断请求指示灯
    }
    else
    {
        LED8=0;                     //点亮下升沿中断请求指示灯
    }
}
void main()
{
    gpio();
    CMPCR1 = 0;                     //初始化比较器控制寄存器 1
    CMPCR2 = 0;                     //初始化比较器控制寄存器 2
    CMPCR1 &=~PIS;              //选择外部引脚 P5.5（CMP+）作为比较器的正极输入源
    CMPCR1 &=~NIS;              //选择内部 BandGap 电压 BGV 作为比较器的负极输入源
    CMPCR1 |= CMPOE;                //允许比较器的比较结果输出
    CMPCR2 &=~DISFLT;               //不禁用（使能）比较器输出端的 0.1μs 滤波电路
    CMPCR2 &=~LCDTY;                //比较器结果不去抖动，直接输出
    CMPCR1 |= PIE;                  //使能比较器的上升沿中断
    CMPCR1 |= CMPEN;                //使能比较器
    EA = 1;
    while (1)
    {
        if(SW17==1)
        {
            CMPCR2 &=~INVCMPO;  //比较器的比较结果正常输出到 P1.2 引脚
            CMPCR1 |= PIE;          //使能比较器的上升沿中断
            CMPCR1&=~NIE;           //关闭比较器的下降沿中断
        }
```

```
        else
        {
            CMPCR2 |= INVCMPO;          //比较器的比较结果取反后输出到 P1.2 引脚
            CMPCR1 |= NIE;              //使能比较器的下降沿中断
            CMPCR1&=~PIE;               //关闭比较器的上升降沿中断
        }
    }
}
```

2. 比较器查询方式程序举例

例 11.2 P1.7、P1.6、P1.2 引脚分别接 LED7、LED8、LED9，这 3 只 LED 由低电平驱动，LED9 直接由比较器输出进行控制，当有上升沿中断请求时，点亮 LED7，当有下降沿中断请求时，点亮 LED8。P3.2 引脚接 1 只开关，开关断开时输出高电平，比较器处于上升沿中断请求工作方式，直接同相输出；开关合上时输出低电平，比较器处于下降沿中断请求工作方式，直接反相输出。要求以查询方式编程。

解 C 语言参考程序如下。

```
#include <stc15.h>                  //包含支持 STC15 系列单片机的头文件
#include <intrins.h>
#include <gpio.h>                   //包含 I/O 口初始化文件
#define uchar unsigned char
#define uint   unsigned int
#define CMPEN 0x80                  //CMPCR1.7：比较器模块使能位
#define CMPIF 0x40                  //CMPCR1.6：比较器中断标志位
#define PIE 0x20                    //CMPCR1.5：比较器上升沿中断使能位
#define NIE 0x10                    //CMPCR1.4：比较器下降沿中断使能位
#define PIS 0x08                    //CMPCR1.3：比较器正极选择位
#define NIS 0x04                    //CMPCR1.2：比较器负极选择位
#define CMPOE 0x02                  //CMPCR1.1：比较结果输出控制位
#define CMPRES 0x01                 //CMPCR1.0：比较器比较结果标志位
#define INVCMPO 0x80                //CMPCR2.7：比较器输出取反控制位
#define DISFLT 0x40                 //CMPCR2.6：比较器输出端 0.1μs 滤波控制位
#define LCDTY 0x3F                  //CMPCR2.[5:0]：比较器输出的去抖动时间控制位
sbit LED7 = P1^7;                   //上升沿中断请求指示灯
sbit LED8 = P1^6;                   //下降沿中断请求指示灯
sbit LED9 = P1^2;                   //比较器直接输出指示灯
sbit SW17= P3^2;                    //中断请求方式控制开关
void main()
{
    gpio();                         //调用 I/O 口初始化函数
    CMPCR1 = 0;                     //初始化比较器控制寄存器 1
    CMPCR2 = 0;                     //初始化比较器控制寄存器 2
    CMPCR1 &= PIS;                  //选择外部引脚 P5.5（CMP+）作为比较器的正极输入源
    CMPCR1 &=~NIS;                  //选择内部 BandGap 电压 BGV 作为比较器的负极输入源
    CMPCR1 &=~CMPOE;                //禁用比较器的比较结果输出
```

```
        CMPCR2 &=~DISFLT;                          //不禁用（使能）比较器输出端的 0.1μs 滤波电路
        CMPCR2 &=~LCDTY;                           //比较器结果不去抖动，直接输出
        CMPCR1 |= CMPEN;                           //使能比较器
        while (1)
        {
            if(SW17==1)
            {
                CMPCR2 &=~INVCMPO; //比较器的比较结果正常输出到 P1.2 引脚
                CMPCR1 |= PIE;                 //使能比较器的上升沿中断
                CMPCR1&=~NIE;                  //关闭比较器的下降沿中断
            }
            else
            {
                CMPCR2 |= INVCMPO;         //比较器的比较结果取反后输出到 P1.2 引脚
                CMPCR1 |= NIE;             //使能比较器的下降沿中断
                CMPCR1&=~PIE;              //关闭比较器的上升沿中断
            }
            if(CMPCR1 & CMPIF)
            {
                CMPCR1 &=~CMPIF;           //清除完成标志
                if(SW17==1)
                {
                    LED7=0;                //点亮上升沿中断请求指示灯
                }
                else
                {
                    LED8=0;                //点亮下降沿中断请求指示灯
                }
            }
        }
    }
```

11.3 基于 Proteus 仿真与 STC 实操 BGV 信号的测试

1. 系统功能

利用比较器模块与 A/D 转换模块测量单片机内部 BGV 信号。

2. 硬件设计

结合 STC15 系列单片机的官方学习板进行硬件设计。J12 排针用于外接 LCD12864 显示模块，其中，J12 的 1、3、18 引脚接一个可变电位器 W2，可用来输入 0～VCC 模拟电压，J12 的 1 引脚接地、18 引脚接 VCC，J12 的 3 引脚输出模拟量电压，送到比较器的正极（P5.5

引脚），同时送至 A/D 转换模块的 0 通道（P1.0 引脚）输入，比较器的负极接内部 BandGap 电压 BGV，P1.2 引脚接一只发光二极管来显示比较器的输出状态（考虑到学习板中 P1.2 引脚没有接发光二极管，因此也可通过 LED7 来显示比较器的输出状态，编程时将 P1.2 引脚的输出转送 P1.7 引脚即可），通过改变 W2 就可改变比较器的正极输入电压，找到比较器的输出由高到低或由低到高的临界点，该点的电压值即为 BGV 值。用 Proteus 绘制的 BGV 信号测量电路如图 11.2 所示。

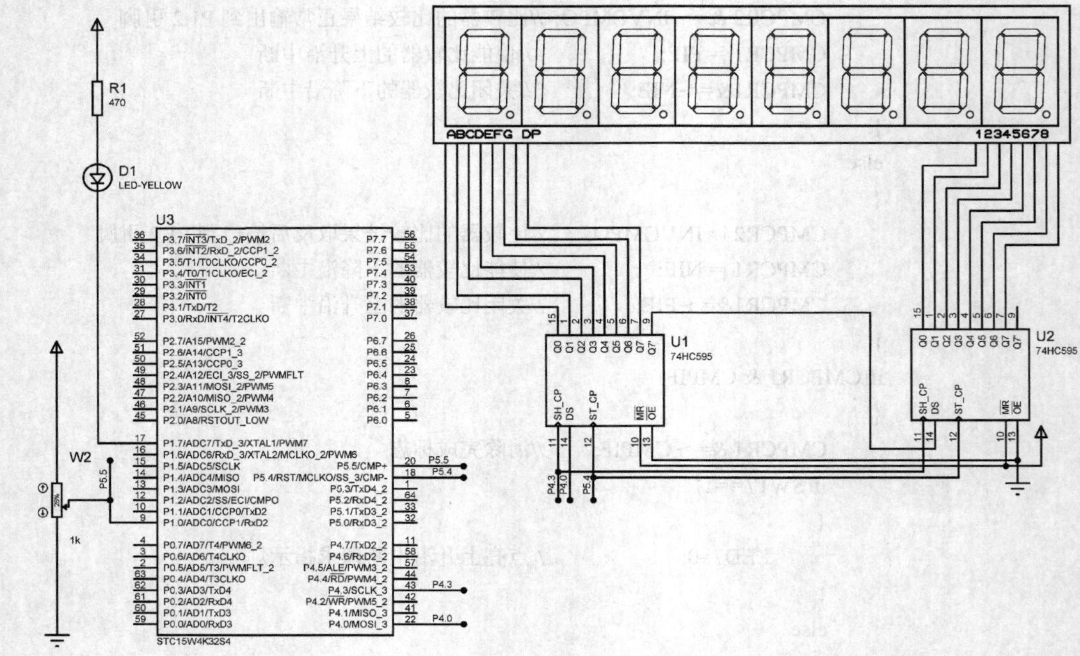

图 11.2　用 Proteus 绘制的 BGV 信号测量电路

3．程序设计

（1）程序说明。

① 设置比较器正极接 P5.5 引脚、负极接内部 BandGap 电压 BGV。

② W2 的输出信号既是比较器的正极输入信号，也是 A/D 转换模块通道 0 的输入信号，A/D 转换是 10 位 A/D 转换，1024 对应的电压为 V_{CC}（+5V），需要对 A/D 测量值进行电压的归化处理（将 A/D 数据转换为电压值）。

（2）参考程序（比较器.c）如下。

```
#include <stc15.h>                          //包含支持 STC15 系列单片机的头文件
#include <intrins.h>
#include <gpio.h>                           //包含 I/O 口初始化文件
#define uchar unsigned char
#define uint    unsigned int
#include <595hcd.h>
#define CMPEN 0x80                          //CMPCR1.7：比较器模块使能位
```

```
#define CMPIF 0x40                    //CMPCR1.6：比较器中断标志位
#define PIE 0x20                      //CMPCR1.5：比较器上升沿中断使能位
#define NIE 0x10                      //CMPCR1.4：比较器下降沿中断使能位
#define PIS 0x08                      //CMPCR1.3：比较器正极选择位
#define NIS 0x04                      //CMPCR1.2：比较器负极选择位
#define CMPOE 0x02                    //CMPCR1.1：比较结果输出控制位
#define CMPRES 0x01                   //CMPCR1.0：比较器比较结果标志位
#define INVCMPO 0x80                  //CMPCR2.7：比较器输出取反控制位
#define DISFLT 0x40                   //CMPCR2.6：比较器输出端 0.1μs 滤波控制位
#define LCDTY 0x3F                    //CMPCR2.[5:0]：比较器输出的去抖动时间控制位
uchar       con50ms=0;
void Timer0Init(void)                 //50 毫秒@12.000MHz
{
    AUXR &= 0x7F;                     //定时/计数器时钟 12T 模式
    TMOD &= 0xF0;                     //设置定时器模式
    TL0 = 0xB0;                       //设置定时初始值
    TH0 = 0x3C;                       //设置定时初始值
    TF0 = 0;                          //清 0 TF0
    TR0 = 1;                          //定时/计数器 T0 开始计时
}
uint Get_ADC10bitResult(uchar channel)
{
    uint AD_volume;
    CLK_DIV=CLK_DIV&0xdf;             //设置 A/D 转换数据格式
    P1ASF=0;
    P1ASF=P1ASF|(1<<channel);         //设置选择通道为模拟量输入通道
    ADC_CONTR = (ADC_CONTR & 0xe0) | 0x88 | channel;       //开始 A/D 转换
    _nop_();
    _nop_();
    _nop_();
    _nop_();
    while((ADC_CONTR & 0x10) = = 0)   ;                     //等待 A/D 转换结束
    ADC_CONTR &= (～0x10);                                  //清 0 A/D 转换结束标志位
    AD_volume=(ADC_RES << 2) | (ADC_RESL & 3) ;
    return   (AD_volume);
}
void main()
{
    unsigned long j;
    gpio();
    Timer0Init();
    ET0=1;
    EA=1;
    ADC_CONTR =0x80;                  //打开 A/D 转换模块的电源，设置 A/D 转换速度
    CMPCR1 = 0;                       //初始化比较器控制寄存器 1
    CMPCR2 = 0;                       //初始化比较器控制寄存器 2
    CMPCR1 &=～PIS;                   //选择外部引脚 P5.5（CMP+）作为比较器的正极输入源
```

```
        CMPCR1 &=~NIS;                    //选择内部 BandGap 电压 BGV 作为比较器的负极输入源
        CMPCR1 |= CMPOE;                  //允许比较器的比较结果输出
        CMPCR2 &=~DISFLT;                 //不禁用（使能）比较器输出端的 0.1μs 滤波电路
        CMPCR2 &=~LCDTY;                  //比较器结果不去抖动，直接输出
        CMPCR2 &=~INVCMPO;                //比较器的比较结果正常输出到 P1.2 引脚
        CMPCR1 |= CMPEN;                  //使能比较器
        while (1)
        {
            P17=P12;                      //转移至 LED7 输出
            display();
            if(con50ms==10)
            {
                con50ms=0;
                //选择 A/D 转换模块的 0 通道，以查询方式进行一次 A/D 转换，返回值就是结果
                j = Get_ADC10bitResult(0);
                j= j*5000/1024;           //数据处理：j*5000/1024
                Dis_buf[4] = j /1000%10+17; //显示电压值
                Dis_buf[5] = j/100%10;
                Dis_buf[6] = j/10%10 ;
                Dis_buf[7] = j%10;
            }
        }
}
void T0_int() interrupt 1
{
        con50ms++;
}
```

4. 系统调试

（1）用 Keil C 集成开发环境编辑与编译用户程序（比较器.c），生成机器代码文件比较器.hex。

（2）Proteus 仿真。

① 按图 11.2 绘制电路。

② 将比较器.hex 程序下载到 STC15W4K32S4 单片机中。

③ 启动仿真，观察并记录程序运行结果。

- 若比较器输出指示灯亮，则说明比较器正极电压低于负极电压，增大 W2 可变电阻输出电压，使比较器输出指示灯由亮变灭；反之，说明比较器正极电压高于于负极电压，减小 W2 可变电阻输出电压，使比较器输出指示灯由灭变亮。
- 缓慢反方向调节 W2 可变电阻，使比较器输出指示灯向反方向变化，找到反方向变化的临界点。
- 观察并记录 LED 数码管显示的数值，此值即 BGV 值。

（3）STC 单片机实操。

① 用 USB 接口连接计算机与 STC15W 系列单片机官方学习板（若非官方学习板，则需

要根据实际端口修改程序），J12 的 1 脚接地（已内接）、18 脚接 VCC，J12 的 3 脚输出接比较器的正极（P5.5）及 A/D 转换模块的 0 通道输入（P1.0）；

② 启动 STC-ISP 在线编程软件，将比较器.hex 程序下载到 STC15 系列单片机学习板中的单片机中。

③ 按照与 Proteus 仿真调试一样的流程，进行实操测试与记录。

本章小结

STC15W4K32S4 单片机的比较器内置 1 个集成运放比较电路，该集成运放比较电路的同相输入端、反相输入端的输入源可设置为内部输入或外接输入；比较器中设置了滤波电路，集成运放比较电路的输出不直接作为比较输出信号和中断请求信号，而是采用延时的方法去抖动，延时时间可调；比较器的比较结果可直接同相输出或反相输出，也可采用查询方式或中断方式检测比较器的结果状态，比较器中断有上升沿中断和下降沿中断两种形式。

STC15W4K32S4 单片机比较器可取代外部通用比较器功能电路（如温度、湿度、压力等控制领域中的比较器电路），且比一般比较器控制电路具有更可靠及更强的控制功能。除此之外，STC15W4K32S4 单片机比较器还可模拟实现 A/D 转换功能。

习　题　11

一、填空题

1．STC15W4K32S4 单片机比较器由________、过滤电路和中断标志形成电路等组成。

2．STC15W4K32S4 单片机内部 BandGap 电压 BGV 是存放在程序存储器的________单元和________单元中，单位是________。

3．STC15W4K32S4 单片机比较器比较结果的输出引脚是________。

4．STC15W4K32S4 单片机比较器反相输入端有 BGV 和________两种信号源，由 CMPCR1 中的 NIS 位进行控制。当 NIS 为 1 时选择的反相输入信号是________，当 NIS 为 0 时选择的反相输入信号是________。

5．STC15W4K32S4 单片机比较器同相输入端有 P5.5 和________两种信号源，由 CMPCR1 中的 PIS 位进行控制。当 PIS 为 1 时选择的同相输入信号是________，当 PIS 为 0 时选择的同相输入信号是________。

6．CMPCR2 中的________是比较器输出取反控制位，当其为________时取反输出，当其为________时正常输出。

7．CMPCR2 中的________是比较器输出端 0.1μs 滤波控制位。

8．CMPCR2 中的________是比较器输出的去抖动时间控制位。

二、选择题

1．当 CMPCR1 中的 PIS 为 1 时，比较器同相输入端的选择信号源是________。

A．选择的模拟输入通道信号　　B．P5.4

C．P5.5　　D．BGV

2. 当 CMPCR1 中的 NIS 为 1 时，比较器反相输入端的选择信号源是________。

A. 选择的模拟输入通道信号　　　　B. P5.4

C. P5.5　　　　D. BGV

3. 当 CMPCR1 中的 PIE 为 1 时，比较器的有效中断请求信号是________。

A. 上升沿　　　　B. 高电平

C. 下降沿　　　　D. 低电平

4. 当 CMPCR1 中的 NIE 为 1 时，比较器的有效中断请求信号是________。

A. 上升沿　　　　B. 高电平

C. 下降沿　　　　D. 低电平

5. 当 CMPCR1 中的 LCDTY[5:0]为 26 时，比较器比较结果确认时间为________个系统时钟。

A. 9　　　　B. 26

C. 13　　　　D. 17

三、判断题

1. 当 CMPCR1 中的 CMPOE 为 1 时，允许比较器的比较结果输出到 P1.0 引脚。（　）

2. CMPCR1 中的 CMPRES 是比较器比较结果标志位，它是一个只读位。（　）

3. CMPCR1 中的 CMPRES 是比较器比较结果标志位，它是经过去抖动后的输出结果。（　）

4. 只有当 CMPCR1 中的 CMPEN 为 1 时，比较器才能正常工作。（　）

5. CMPCR2 中的 INVCMPO 是比较器输出取反控制位。（　）

四、问答题

1. 比较器中断的中断信号是什么？其中断优先级是如何控制的？

2. 比较器的中断请求标志位是哪个？在什么情况下，该标志位会置 1？

3. 比较器比较结果输出引脚是哪个？

4. CMPCR2 中 LCDTY[5:0]的含义是什么？

5. 比较器比较结果的取反输出是如何实现的？

五、程序设计题

1. 编程读取内部 BandGap 电压 BGV 值，并送至 LED 数码管进行显示。

2. 编程实现 P5.4 引脚信号与 P5.5 引脚信号大小的比较，当 P5.4 引脚输入大于 P5.5 引脚输入时，点亮 P2.0 引脚控制的 LED；反之，点亮 P2.1 引脚控制的 LED。LED 由低电平驱动。

第 12 章　STC15W4K32S4 单片机的 PCA 模块

12.1　PCA 模块的结构与控制

1. PCA 模块介绍

STC15W4K32S4 单片机集成了 2 路可编程计数器阵列（Programmable Counter Array，PCA）模块，可实现外部脉冲的捕获（Capture）、软件定时器（实质是对计数值进行比较）、高速脉冲输出（实质是对计数值进行比较并输出）及脉冲宽度调制（Pulse Width Modulation，PWM，简称脉宽调制）输出 4 种功能，常简称这 4 种功能为 PCA 模块的 CCP 功能，有时 PCA 和 CCP 也会等同使用。

STC15W4K32S4 单片机的 PCA 模块中含有一个特殊的 16 位的计数器（CH 和 CL），有 2 个 16 位的捕获/比较模块与之相连。PCA 模块的结构如图 12.1 所示。其中，模块 0 连接到 P1.1 引脚，可通过设置 P_SW1 中的 CCP_S1、CCP_S0 将模块 0 连接到第 2 组的 P2.5 引脚，或者第 3 组的 P3.5 引脚。模块 1 连接到 P1.0 引脚，同样可通过设置 P_SW1 中的 CCP_S1、CCP_S0 将模块 1 连接到第 2 组的 P2.6 引脚，或者第 3 组的 P3.6 引脚。

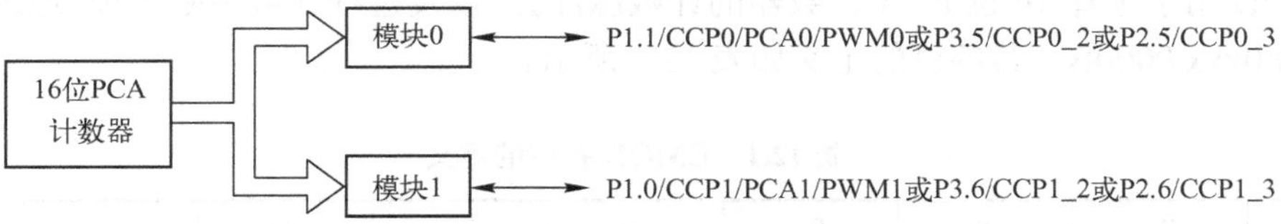

图 12.1　PCA 模块的结构

16 位 PCA 计数器是 2 个 16 位的捕获/比较模块的公共时间基准，其结构如图 12.2 所示。

CH 和 CL 构成 16 位 PCA 模块的自动递增计数器，CH 是高 8 位，CL 是低 8 位。PCA 计数器的时钟源有以下几种：1/12 系统时钟、1/8 系统时钟、1/6 系统时钟、1/4 系统时钟、1/2 系统时钟、系统时钟、定时/计数器 T0 溢出时钟或外部 ECI 引脚的输入时钟。外部 ECI 引脚连接 P1.2 引脚，也可连接第 2 组引脚 P2.4 或第 3 组引脚 P3.4。可通过设置 PCA 计数器工作模式寄存器 CMOD 中的 CPS2、CPS1 和 CPS0 来选择所需时钟源。

PCA 计数器主要由 PCA 计数器工作模式寄存器 CMOD 和 PCA 计数器控制寄存器 CCON 进行管理与控制。

STC15W4K32S4 单片机 PCA 模块工作于 PWM 模式时，输出为 PWM0 和 PWM1，本章对该内容进行介绍并给出实际编程应用示例。STC15W4K32S4 单片机还集成了 6 路独立的增强型 PWM 波形发生器，输出为 PWM2～PWM7，将设置单独章节进行介绍。

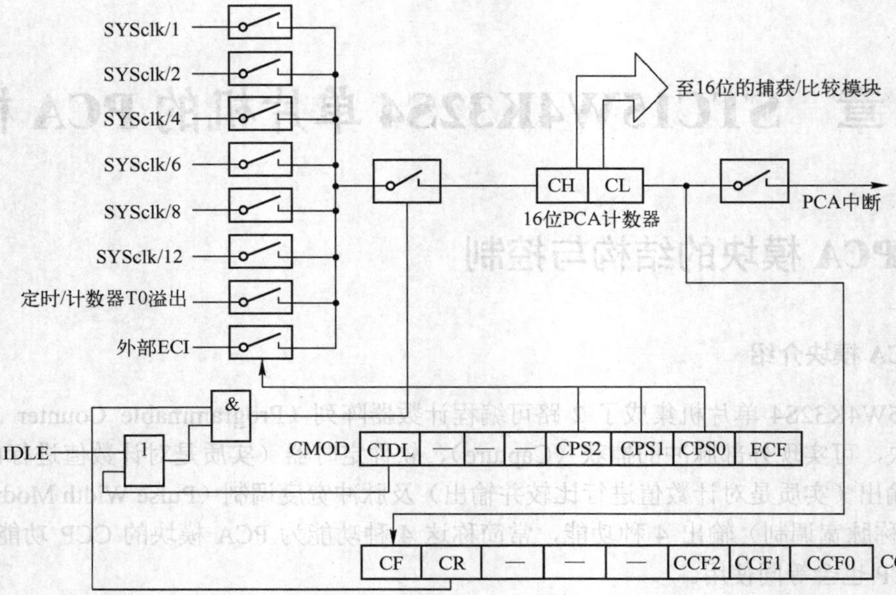

图 12.2　16 位 PCA 计数器结构

2．PCA 模块的特殊功能寄存器

（1）CMOD。

CMOD 用于选择 16 位 PCA 计数器的计数脉冲源，以及进行计数中断管理，地址为 D9H，复位值为 0xxx 0000B，其各位的定义如表 12.1 所示。

表 12.1　CMOD 各位的定义

位号	B7	B6	B5	B4	B3	B2	B1	B0
位名称	CIDL	—	—	—	CPS2	CPS1	CPS0	ECF

① CIDL：空闲模式下是否停止 PCA 计数器的控制位。

(CIDL)=0，空闲模式下 PCA 计数器继续计数。

(CIDL)=1，空闲模式下 PCA 计数器停止计数。

② CPS2、CPS1、CPS0：PCA 计数器的计数脉冲源选择控制位。PCA 计数器计数脉冲源的选择如表 12.2 所示。

表 12.2　PCA 计数器计数脉冲源的选择

CPS2	CPS1	CPS0	PCA 计数器的计数脉冲源
0	0	0	系统时钟/12
0	0	1	系统时钟/2
0	1	0	定时/计数器 T0 溢出时钟
0	1	1	外部 ECI 引脚输入时钟（最大速率=系统时钟/2）

续表

CPS2	CPS1	CPS0	PCA 计数器的计数脉冲源
1	0	0	系统时钟
1	0	1	系统时钟/4
1	1	0	系统时钟/6
1	1	1	系统时钟/8

③ ECF：PCA 计数器计满溢出中断使能位。

(ECF)=1，PCA 计数器计满溢出中断允许。

(ECF)=0，PCA 计数器计满溢出中断禁止。

（2）CCON。

CCON 用于控制 16 位 PCA 计数器的运行计数脉冲源与记录 PCA 模块的中断请求标志位，地址为 D8H，复位值为 00xx x000B，其各位的定义如表 12.3 所示。

表 12.3　CCON 各位的定义

位号	B7	B6	B5	B4	B3	B2	B1	B0
位名称	CF	CR	—	—	—	—	CCF1	CCF0

① CF：PCA 计数器计满溢出标志位。当 PCA 计数器计满溢出时，CF 由硬件置位。如果 CMOD 的 ECF 为 1，则 CF 作为 PCA 计数器计满溢出中断标志位，会向 CPU 发出中断请求。CF 可通过硬件或软件置位，但只能通过软件清 0。

② CR：PCA 计数器的运行控制位。

(CR)=1，启动 PCA 计数器计数。

(CR)=0，停止 PCA 计数器计数。

③ CCF1、CCF0：PCA 模块的中断请求标志位。CCF0 对应模块 0，CCF1 对应模块 1，当发生匹配或捕获时由硬件置位，只能通过软件清 0。

（3）PCA 模块工作模式寄存器 CCAPM0 和 CCAPM1。

模块 0 对应 CCAPM0，地址为 DAH；模块 1 对应 CCAPM1，地址为 DBH，两个寄存器的复位值均为 x000 0000B，它们各位的定义如表 12.4 所示。

表 12.4　CCAPM*n*（*n* 为 0 或 1）各位的定义

位号	B7	B6	B5	B4	B3	B2	B1	B0
位名称	—	ECOM*n*	CAPP*n*	CAPN*n*	MAT*n*	TOG*n*	PWM*n*	ECCF*n*

① ECOM*n*：比较器功能允许控制位。(ECOM*n*)=1，允许模块 *n* 的比较器功能。

② CAPP*n*：上升沿捕获控制位。(CAPP*n*)=1，允许模块 *n* 的引脚的上升沿捕获。

③ CAPN*n*：下降沿捕获控制位。(CAPN*n*)=1，允许模块 *n* 的引脚的下降沿捕获。

④ MAT*n*：匹配控制位。当(MAT*n*)=1 且 CH、CL 的计数值与模块 *n* 的 CCAP*n*H、CCAP*n*L 的值相等时，将置位 CCON 中的中断请求标志位 CCF*n*。

⑤ TOG*n*：翻转控制位。(TOG*n*)=1，PCA 模块工作于高速脉冲输出模式。当 CH、CL 的计数值与模块 *n* 的 CCAP*n*H、CCAP*n*L 的值匹配时，模块 *n* 引脚的输出状态翻转。

⑥ PWMn：脉宽调制模式控制位。(PWMn)=1，模块 n 工作于脉宽调制输出模式，模块 n 引脚用于脉宽调制输出。

⑦ ECCFn：模块 n 的中断使能控制位。

(ECCFn)= 1：允许模块 n 的 CCFn 被置 1，产生中断。

(ECCFn)= 0：禁止中断。

PCA 模块的功能与 CCAPMn 的控制关系如表 12.5 所示。

表 12.5　PCA 模块的功能与 CCAPM*n* 的控制关系

ECOM*n*	CAPP*n*	CAPN*n*	MAT*n*	TOG*n*	PWM*n*	ECCF*n*	设定值	PCA 模块的功能
0	0	0	0	0	0	0	00H	不工作
1	0	0	0	0	1	0	42H	PWM 模式，不产生中断
1	1	0	0	0	1	1	63H	PWM 模式，上升沿中断
1	0	1	0	0	1	1	53H	PWM 模式，下降沿中断
1	1	1	0	0	1	1	73H	PWM 模式，下降沿或上升沿均可中断
x	1	0	0	0	0	x	21H	16 位上升沿捕获模式
x	0	1	0	0	0	x	11H	16 位下降沿捕获模式
x	1	1	0	0	0	x	31H	16 位边沿捕获模式
1	0	0	1	0	0	x	49H	16 位软件定时器
1	0	0	1	1	0	x	4DH	16 位高速脉冲输出

（4）CH、CL。

CH 的地址为 F9H，CL 的地址为 E9H，它们的复位值均为 0000 0000B。

（5）PCA 模块捕获/比较寄存器 CCAPnH、CCAPnL。

当 PCA 模块用于捕获模式或比较模式时，CCAPnH、CCAPnL 用于保存各个模块 CH、CL 的 16 位计数值；当 PCA 模块用于 PWM 模式时，CCAPnH、CCAPnL 用于控制输出的占空比。

模块 0 捕获/比较寄存器高 8 位 CCAP0H 的地址为 FAH，低 8 位 CCAP0L 的地址为 EAH；模块 1 捕获/比较寄存器高 8 位 CCAP1H 的地址为 FBH，低 8 位 CCAP1L 的地址为 EBH。CCAPnH 和 CCAPnL 的复位值均为 0000 0000B。

（6）PCA 模块 PWM 寄存器 PCA_PWM0 和 PCA_PWM1。

PCA_PWM0 的地址为 F2H，PCA_PWM1 的地址为 F3H，它们的复位值均为 00xx xx00B，PCA_PWMn（n 为 0 或 1）各位的定义如表 12.6 所示。

表 12.6　PCA_PWM*n*（*n* 为 0 或 1）各位的定义

位号	B7	B6	B5	B4	B3	B2	B1	B0
位名称	EBS*n*-1	EBS*n*-0	PWM*n*_B9H	PWM*n*_B8H	PWM*n*_B9L	PWM*n*_B8L	EPC*n*H	EPC*n*L

① EPCnH：在 8/7/6 位 PWM 模式下，与 CCAPnH 组成 9 位数，EPCnH 为最高位，用于存放重装值。

② EPCnL：在 8/7/6 位 PWM 模式下，与 CCAPnL 组成 9 位数，EPCnL 为最高位，用于存放比较值。

③ PWM*n*_B9H，PWM*n*_B8H：在 10 位 PWM 模式下，与 CCAP*n*H 组成 10 位数，PWM*n*_B9H 为最高位，用于存放重装值。

④ PWM*n*_B9L，PWM*n*_B8L：在 10 位 PWM 模式下，与 CCAP*n*L 组成 10 位数，PWM*n*_B9L 为最高位，用于存放比较值。

⑤ EBS*n*-1、EBS*n*-0：用于选择 PWM 的位数。PCA 模块 PWM 位数的选择如表 12.7 所示。

表 12.7 PCA 模块 PWM 位数的选择

EBS*n*-1	EBS*n*-0	PWM 的位数
0	0	8 位
0	1	7 位
1	0	6 位
1	1	10 位

12.2 PCA 模块的工作模式与应用编程

12.2.1 捕获模式与应用编程

PCA 模块捕获模式结构图如图 12.3 所示。当 PCA 模块的 CCAPM*n* 中的上升沿捕获位 CAPP*n* 或下降沿捕获位 CAPN*n* 中至少有一位为高电平时，PCA 模块工作在捕获模式，此时对模块 *n* 外部输入引脚 CCP（*n* 为 0 或 1）电平的跳变进行采样。

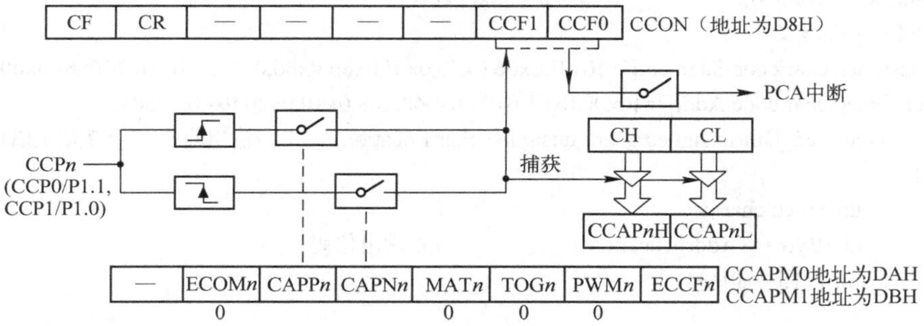

图 12.3 PCA 模块捕获模式结构图

当外部输入引脚采样到上升沿或下降沿有效跳变时，PCA 计数器的计数值被装载到模块 *n* 的 CCAP*n*H、CCAP*n*L 中，并将 CCON 中的 CCF*n* 置 1，产生中断请求。当 ECCF*n* 被置位，总中断 EA 也为 1 时，CPU 就会响应 PCA 模块中断，然后在 PCA 模块中断服务程序中判断是哪一个模块产生了中断，并进行相应的中断处理。需要注意的是，在退出中断前，必须用软件将对应的中断标志位清 0。

PCA 模块捕获模式的应用编程主要有两步：一是正确初始化，包括写入控制字、捕获常数的设置等；二是中断服务程序的编写，在中断服务程序中编写需要完成的任务的程序。PCA 模块的初始化思路如下。

① 设置 PCA 模块的工作方式，将控制字写入 CMOD、CCON 和 CCAPM*n*。

② 设置 CCAP*n*L 和 CCAP*n*H 的初始值。

③ 根据需要，开放 PCA 中断，包括 PCA 计数器计满溢出中断（ECF）、模块 *n* 中断，同时要开放 CPU 中断（置位 EA）。

④ 置位 CR，启动 PCA 计数器，进行计数。

例 12.1 利用 STC15W4K32S4 单片机 PCA 模块的捕获模式功能，对输入信号的上升沿或下降沿进行捕获，设计一个简易频率计，信号从 PCA 模块 0（P1.1 引脚）输入，单片机晶振频率为 12.0MHz，频率通过 LED 数码管进行显示。

解 在 STC15W4K32S4 单片机 PCA 模块的捕获模式下，设置对信号的上升沿或下降沿进行捕获，记录相邻两次捕获计数值，差值即信号周期，从而得到信号频率。如果设置对信号的上升沿和下降沿都可以进行捕获，那么得到的频率值翻倍。

C 语言源程序如下。

```
#include "stc15.h"                    //包含支持 STC15 系列单片机头文件
unsigned int Last_Cap=0;              //上一次捕获的数据
unsigned int New_Cap=0;               //本次捕获的数据
unsigned int g_Period=0;              //保存周期的变量=两次捕获数据之差
unsigned int g_Freq=0;                //保存频率的变量
unsigned long Freq;                   //用于显示的频率变量
unsigned char bdata OutByte;          //定义待输出字节变量
sbit Bit_Out=OutByte^7;               //定义输出字节的最高位，即输出位
sbit SER=P4^0;                        //位输出引脚
sbit SRCLK=P4^3;                      //位同步脉冲输出
sbit RCLK=P5^4;                       //锁存脉冲输出
// LED 段码表
unsigned char code Segment[]={0x3f,0x06,0x5b,0x4f,0x66,0x6d,0x7d,0x07,0x7f,0x6f,0x00};
unsigned char code Addr[]={0x00,0x01,0x02,0x04,0x08,0x10,0x20,0x40,0x80};
void OneLed_Out(unsigned char i,unsigned char Location)          //输出点亮一个 7 段 LED 数码管
{
    unsigned char j;
    OutByte=~Addr[Location];                    //先输出位码
    for(j=1;j<=8;j++)
    {
        SER=Bit_Out;
        SRCLK=0;SRCLK=1;SRCLK=0;  //位同步脉冲输出
        OutByte=OutByte<<1;
    }
    OutByte=Segment[i];                         //再输出段码
    for(j=1;j<=8;j++)
    {
        SER=Bit_Out;
        SRCLK=0;SRCLK=1;SRCLK=0;  //位同步脉冲输出
        OutByte=OutByte<<1;
    }
    RCLK=0;RCLK=1;RCLK=0;                       //一个锁存脉冲输出
}
```

```
void main()
{
    unsigned char i;
    CMOD = 0x00;                //空闲时 PCA 计数器也计数，计数时钟为系统时钟/12，关闭 PCA
                                  计数器溢出中断
    CCON = 0x00;                //PCA 计数器控制寄存器初始化
    CCAP0L = 0x00;              //清 0
    CCAP0H = 0x00;
    CL = 0x00;                  //清 0 PCA 计数器
    CH = 0x00;
    EA = 1;
    CR = 1;                     //启动 PCA 计数器，进行计数
//  CCAPM0 = 0x21;              //模块 0 为 16 位上升沿捕获模式，且产生捕获中断
    CCAPM0 = 0x11;              //模块 0 为 16 位下降沿捕获模式，且产生捕获中断
//  CCAPM0 = 0x31;              //模块 0 为 16 位上升沿/下降沿捕获模式，且产生捕获中断
    while (1)
    {
        Freq = g_Freq;                                        //更新频率显示数据
        for(i=0;i<120;i++)
        {
            OneLed_Out(Freq/10000,4);                         //LED 数码管显示
            OneLed_Out(Freq%10000/1000,5);                    //LED 数码管显示
            OneLed_Out(Freq%10000%1000/100,6);                //LED 数码管显示
            OneLed_Out(Freq%10000%1000%100/10,7);             //LED 数码管显示
            OneLed_Out(Freq%10000%1000%100%10,8);             //LED 数码管显示
        }
    }// while (1)
}// main

void PCA_Int(void) interrupt 7          //PCA 中断服务函数
{
    if (CCF0)                           //模块 0 中断
    {
        CCF0 = 0;                       //清 0 CCF0
        if(Last_Cap = = 0)              //说明是第一个边沿
        {
            Last_Cap = CCAP0H;                      //获得捕获数据的高 8 位
            Last_Cap = (Last_Cap << 8) + CCAP0L;
        }
        else                                        //说明是第二个边沿
        {
            CCF0 = 0;                               //清 0 CCF0
            New_Cap = CCAP0H;                       //获得捕获数据的高 8 位
            New_Cap = (New_Cap << 8) + CCAP0L;
            g_Period = New_Cap - Last_Cap;          //计数值单位为 μs
```

```
                    g_Freq = (long)1000000 / g_Period;        //得到信号周期
                    Last_Cap=0;                               //为下一次捕获设定初始条件
                    CCAP0L = 0x00;                            //清 0
                    CCAP0H = 0x00;
                    CL = 0x00;                                //清 0 PCA 计数器
                    CH = 0x00;
                }
            }
        }
```

12.2.2 16 位软件定时器模式与应用编程

当 CCAPM*n* 中的 ECOM*n* 和 MAT*n* 置 1 时，模块 *n* 工作于 16 位软件定时器模式。16 位软件定时器模式结构图如图 12.4 所示。

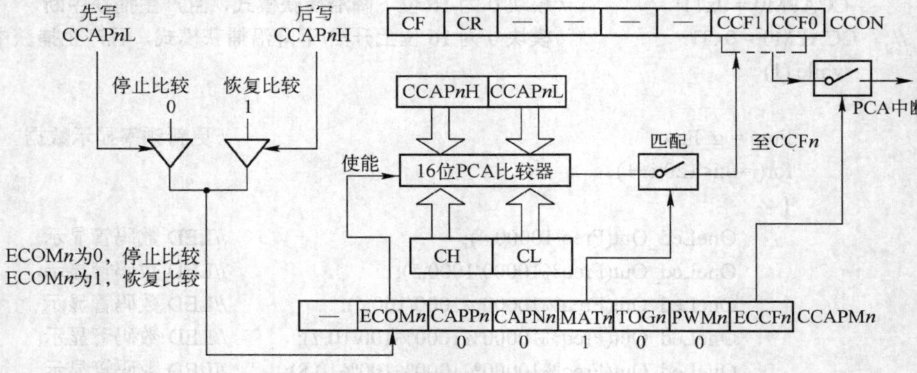

图 12.4　16 位软件定时器模式结构图

当 PCA 模块用作软件定时器时，将 CH、CL 的计数值与 CCAP*n*H、CCAP*n*L 的值相比较，当二者相等时，自动置位 CCF*n*。如果 CCAPM*n* 中的 ECCF*n* 为 1，总中断 EA 也为 1，那么 CPU 响应 PCA 中断，然后在 PCA 中断服务程序中判断是哪一个模块产生了中断，并进行相应的中断处理，同时清 0 该中断标志位。

通过设置 CCAP*n*H、CCAP*n*L 的值与 PCA 计数器的时钟源，可调整定时时间。在进行设置时，应先设置 CCAP*n*L 的值，再设置 CCAP*n*H 的值。一般在应用时，设置 CH、CL 初始值为 0，CH、CL 计数值与定时时间的计算公式为

CH、CL 计数值(CCAP*n*H、CCAP*n*L 设置值和递增步长值)=定时时间/时钟源周期

PCA 模块用于 16 位软件定时器模式的初始化思路如下。

① 设置 CCPAM*n* 初始值为 48H，如果允许定时器中断，则初始值为 49H。

② 设置 CH、CL 和 CCAP*n*H、CCAP*n*L 的初始值。

③ CCON 中的 CR 置 1，启动 PCA 计数器，进行计数。

④ 如果允许 PCA 中断，则打开总中断 EA 及相应的 PCA 中断使能位。

例 12.2　利用 STC15W4K32S4 单片机 PCA 模块的软件定时器功能，在 P4.7 引脚输出周期为 1s 的方波，P4.7 引脚连接 LED 指示灯，低电平时 LED 指示灯点亮。单片机工作频率为 18.432MHz。

解　通过置位 CCAPM0 中的 ECOM0 和 MAT0，使模块 0 工作于软件定时器模式。定时时间的长短取决于 CCAP0H、CCAP0L 的值与 PCA 计数器的时钟源。在本例中，因为系统时钟频率等于晶振频率，所以 f_{SYS}=18.432MHz，选择 PCA 模块的时钟源频率为 $f_{SYS}/12$，定时基准 T 为 5ms。对 5ms 计数 100 次，即可实现 0.5s 的定时，0.5s 时间到，对 P4.7 引脚的输出取反，即可实现输出周期为 1s 的方波。

C 语言源程序代码如下。

```
#include "stc15.h"                    //包含支持 STC15 系列单片机头文件
#define FOSC      18432000L           //工作频率为 18.432MHz
#define T100Hz   (FOSC / 12 / 100)
sbit PCA_LED     =     P4^7;          //PCA 测试 LED
unsigned char cnt;                    //定义计数次数
unsigned int value;                   //定义变量

void PCA_isr() interrupt 7 using 1
{
    CCF0 = 0;                         //清 0 中断标志位
    CCAP0L = value;
    CCAP0H = value >> 8;              //更新比较值
    value += T100Hz;
    if (cnt-- == 0)
    {
        cnt = 100;                    //计数 100 次，每次 1/100s
        PCA_LED = !PCA_LED;           //每秒闪烁一次
    }
}

void main()
{
    CCON = 0;                         //PCA 定时器停止，清 0 CF，并清 0 中断标志位
    CL = 0;                           //复位 PCA 计数器
    CH = 0;
    CMOD = 0x00;                      //设置 PCA 时钟源，禁止 PCA 定时器溢出中断
    value = T100Hz;
    CCAP0L = value;
    CCAP0H = value >> 8;              //初始化模块 0
    value += T100Hz;
    CCAPM0 = 0x49;                    //模块 0 为 16 位软件定时器模式
    CR = 1;                           //PCA 定时器开始工作
    EA = 1;                           //开总中断 EA
    cnt = 0;                          //初始化计数值
    while (1);
}
```

题目小结：在本例中，更改 PCA 模块的时钟源（可以改变定时基准 T），或者更改计数的次数 cnt，均可以更改输出周期的大小，也就是改变了 LED 指示灯闪烁的频率。

STC15W4K32S4 单片机 PCA 模块 16 位软件定时器模式的应用，与 PCA 模块 I/O 引脚没有直接联系，在本例中可以任意指定 LED 硬件连接单片机的引脚。

12.2.3 高速脉冲输出模式与应用编程

当 CCAPM*n* 中的 ECOM*n*、MAT*n* 和 TOG*n* 置 1 时，PCA 模块工作在高速脉冲输出模式。高速脉冲输出模式结构图如图 12.5 所示。

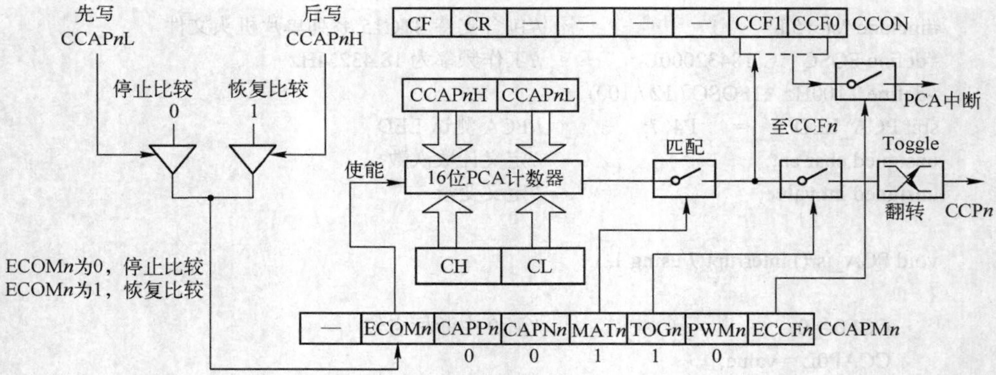

图 12.5　高速脉冲输出模式结构图

当 PCA 模块工作在高速脉冲输出模式时，CH、CL 的计数值与 CCAP*n*H、CCAP*n*L 的值相比较，当二者相等时，模块 *n* 的输出引脚 CCP*n* 将发生翻转，同时置位中断请求标志位，如果 ECCF*n* 为 1，也将产生 PCA 中断请求。

高速脉冲输出周期=PCA 计数器时钟源周期×计数次数([CCAP*n*H:CCAP*n*L]−[CH:CL])×2

计数次数（取整数）=高速脉冲输出周期/(PCA 计数器时钟源周期×2)

=PCA 计数器时钟源频率/(高速输出频率×2)

例 12.3　利用 STC15W4K32S4 单片机 PCA 模块中的模块 0（P1.1 引脚）进行高速脉冲输出，输出频率 *f* 为 100kHz 的方波信号，可通过连接示波器观察。单片机工作频率为 18.432MHz。

解　通过置位 CCAPM0 中的 ECOM0、MAT0 和 TOG0，使 PCA 模块 0 工作在高速脉冲输出模式。在本例中，因为系统时钟频率等于晶振频率，所以 f_{SYS}=18.432MHz，假设选择 PCA 模块的时钟源频率为 $f_{SYS}/2$，则高速输出所需计数次数为 INT($f_{SYS}/4/f$)= INT(18432000/4/100000)。

在初始化时，CH、CL 从 0 开始计数，直到与 CCAP0H、CCAP0L 匹配时，中断服务程序再次将该值赋给 CCAP0H、CCAP0L。

C 语言源程序如下。

```
#include "stc15.h"                  //包含支持 STC15 系列单片机头文件
#define   FOSC      18432000L   //工作频率为 18.432MHz
#define   T100KHz   (FOSC / 4 / 100000)
unsigned int value;                 //定义变量

void PCA_isr( ) interrupt 7 using 1
{
```

```
        CCF0 = 0;                       //清 0 中断标志位
        CCAP0L = value;
        CCAP0H = value >> 8;            //更新比较值
        value += T100KHz;
    }

    void main()
    {
        CCON = 0;                       //PCA 定时器停止，清 0 CF，并清 0 中断标志位
        CL = 0;                         //复位 PCA 计数器
        CH = 0;
        CMOD = 0x02;                    //设置 PCA 时钟源，禁止 PCA 定时器溢出中断
        value = T100KHz;
        CCAP0L = value;                 //P1.1 引脚输出频率 100kHz 的方波
        CCAP0H = value >> 8;            //初始化模块 0
        value += T100KHz;
        CCAPM0 = 0x4d;                  //模块 0 为 16 位软件定时器模式
        CR = 1;                         //PCA 定时器开始工作
        EA = 1;                         //开总中断 EA
        while (1);
    }
```

题目小结：*在本例中，更改 PCA 模块的时钟源，或者更改高速输出所需计数次数，均可以改变方波信号输出的频率和周期。*

STC15W4K32S4 单片机 PCA 模块高速脉冲输出模式的应用，只能由模块 0 或模块 1 的输出引脚输出脉冲信号。

12.2.4　PWM 模式与应用编程

PWM（脉宽调制）是一种使用程序来控制波形占空比、周期、相位波形的技术，在三相电机驱动、D/A 转换等场合得到广泛应用。

1．PWM 模式结构

PCA 模块 PWM 模式结构图如图 12.6 所示。当 CCAPM*n*（*n*=0,1）中的 ECOM*n* 和 PWM*n* 置 1 时，PCA 模块工作于 PWM 模式。

当 PCA_PWM*n*（*n*=0，1）中的(EBS*n*_1)/(EBS*n*_0)=0/0 时，PWM 模式为 8 位 PWM；当(EBS*n*_1)/(EBS*n*_0)=0/1 时，PWM 模式为 7 位 PWM；当(EBS*n*_1)/(EBS*n*_0)=1/0 时，PWM 的模式为 6 位 PWM；当(EBS*n*_1)/(EBS*n*_0)=1/1 时，PWM 的模式为 10 位 PWM。

2．PWM 的输出频率

当 STC15W4K32S4 单片机 PCA 模块用于 PWM 输出时，由于模块 0 和模块 1 共用相同的 PCA 定时器，所以这两个模块的输出频率相同，该输出频率取决于 PCA 定时器的时钟源，而 PCA 定时器的时钟源的输入由 CMOD 决定（时钟源有 SYSclk、SYSclk/2、SYSclk/4、

SYSclk/6、SYSclk/8、SYSclk/12、定时/计数器 0 溢出、外部 ECI 引脚）。

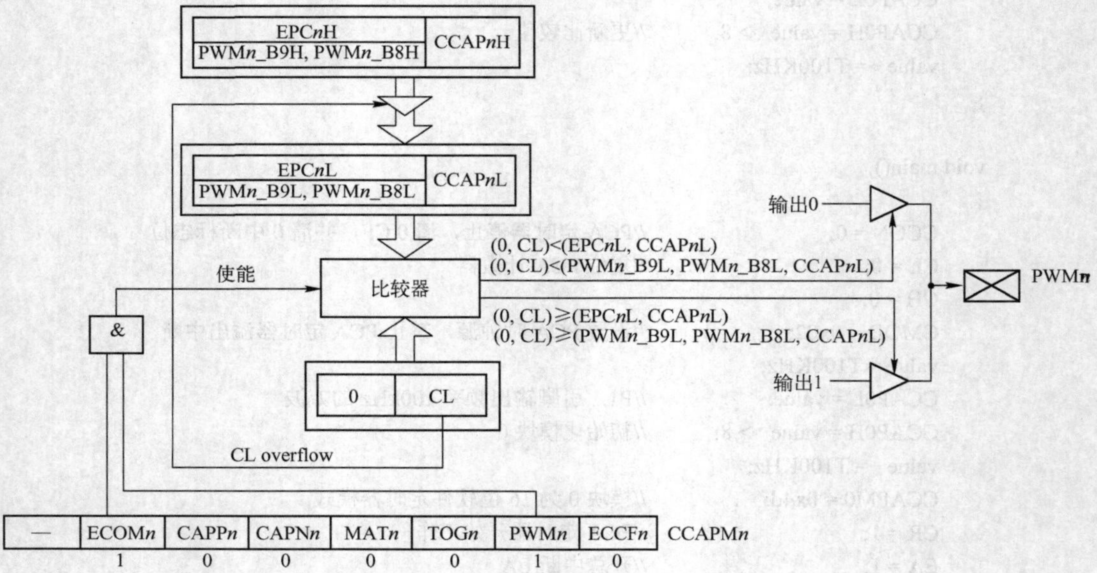

图 12.6　PCA 模块 PWM 模式结构图

8 位 PWM 的周期=PCA 时钟源周期×256，或者其频率= PCA 时钟源频率/256。

7 位 PWM 的周期=PCA 时钟源周期×128，或者其频率= PCA 时钟源频率/128。

6 位 PWM 的周期=PCA 时钟源周期×64，或者其频率= PCA 时钟源频率/64。

10 位 PWM 的周期=PCA 时钟源周期×1024，或者其频率= PCA 时钟源频率/1024。

如果要实现频率可调的 PWM 输出，则选择定时/计数器 T0 溢出或外部 ECI（P1.2）引脚输入时钟作为 PCA 定时器的时钟源。

3．PWM 的脉宽

PWM 的脉宽由 PCA 模块的 PCA_PWM*n* 和 CCAP*n*H、CCAP*n*L 设置。8/7/6 位 PWM 的比较值由[EPC*n*L，CCAP*n*L(8/7/6:0)]组成，重装值由[EPC*n*H，CCAP*n*H(8/7/6:0)]组成；10 位 PWM 的比较值由[PWM*n*_B9L，PWM*n*_B8L，CCAP*n*L(8:0)]组成，重装值由[PWM*n*_B9H，PWM*n*_B8H，CCAP*n*H(8:0)]组成。

当[0,CL]的值小于比较值时，输出为低电平；当[0,CL]的值等于或大于比较值时，输出为高电平。当 CL 的值变为 00H 溢出时，重装值再次装载到比较值相应寄存器，从而实现无干扰地更新 PWM。

在设定脉宽时，不仅要对比较值赋初始值，更要对重装值赋初始值，比较值和重装值的初始值是相等的。在对 10 位 PWM 的重装值进行更新时，必须先写高 2 位 PWM*n*_B9H，PWM*n*_B8H，后写低 8 位 CCAP*n*H。

8 位 PWM 的脉宽时间=PCA 时钟源周期× [256−(CCAP*n*L)]。

7 位 PWM 的脉宽时间=PCA 时钟源周期× [128−(CCAP*n*L)]。

6 位 PWM 的脉宽时间=PCA 时钟源周期× [64−(CCAP*n*L)]。

10 位 PWM 的脉宽时间=PCA 时钟源周期×[1024－(PWM*n*_B9L,PWM*n*_B8L,CCAP*n*L)]

PWM 可以固定输出高电平或低电平。当(EPC*n*L)=0 且(CCAP*n*L)=00H（8 位 PWM 为 00H，7 位 PWM 为 80H，6 位 PWM 为 C0H）时，PWM 固定输出高电平；当(EPC*n*L)=1 且(CCAP*n*L)=FFH 时，PWM 固定输出低电平。

4．I/O 口作为 PWM 使用时的状态

I/O 口作为 PWM 使用时的状态如表 12.8 所示。

表 12.8　I/O 口作为 PWM 使用时的状态

PWM 之前的状态	PWM 输出时的状态
弱上拉/准双向口	强推挽输出/强上拉输出，要加输出限流电阻 1～10kΩ
强推挽输出/强上拉输出	强推挽输出/强上拉输出，要加输出限流电阻 1～10kΩ
仅为输入（高阻状态）	PWM 输出无效
开漏	开漏

5．PWM 实现 D/A 输出

PWM 利用其输出功能可实现 D/A 转换，如图 12.7 所示。在图 12.7 中，2 个阻值为 3.3kΩ 的电阻和 2 个电容值为 0.1μF 的电容构成滤波电路，对 PWM 输出波形进行平滑滤波，从而在 D/A 输出端得到稳定的直流电压。采用两级 RC 滤波可以进一步减小输出电压的纹波电压。改变 PWM 输出波形的占空比即可改变 D/A 转换输出的直流电压。但由于 PWM 输出波形的最大值 V_H 和最小值 V_L 受到单片机输出高低电平的限制，一般情况下 V_L 不等于 0V，V_H 也不等于 V_{CC}，所以 D/A 转换输出的直流电压变化范围不是 0～V_{CC}。

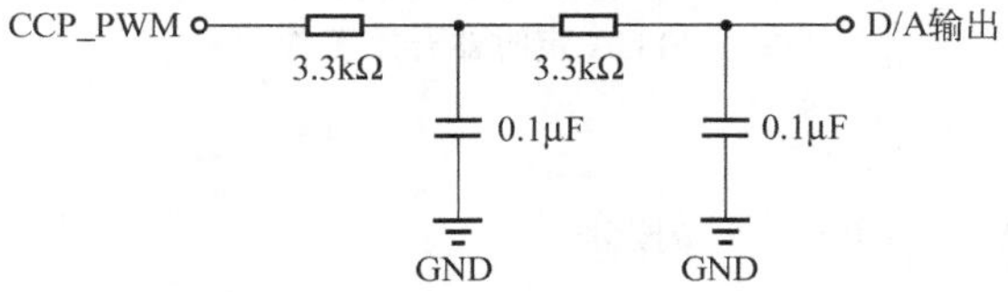

图 12.7　PWM 用于 D/A 转换的典型电路

例 12.4　利用 STC15W4K32S4 单片机 PCA 模块的模块 0 的第 2 组输出引脚(P3.5 引脚)进行 8/7/6 位 PWM 波形输出，利用 PCA 模块的模块 1 的第 2 组输出引脚（P3.6 引脚）进行 10 位 PWM 波形输出。其中，PCA 时钟源频率等于系统时钟频率，2 组 PWM 波形初始占空比均为 50%，输出波形占空比均可以同时由按键 SW17（P3.2 引脚）和按键 SW18（P3.3 引脚）增加或减少。其中模块 0 的第 2 组输出引脚（P3.5 引脚）接如图 12.7 所示的电路进行 D/A 转换输出，当占空比发生变化时，可以用直流电压表观察到输出直流电压的变化。

解　假设系统晶振频率为 18.432MHz。CCAP0H、CCAP0L 计数值对于 8 位 PWM 波形来说，对应取值范围为 0～255；在初始化时占空比为 50%，对应的初始值是 128；对于 7 位 PWM 波形来说，对应取值范围为 0～127，对应 50%占空比的初始值是 64；对于 6 位 PWM 波形来说，对应取值范围为 0～63，对应 50%占空比的初始值是 32；对于 10 位 PWM 波形来说，对应取值范围为 0～1023，对应 50%占空比的初始值是 512。

C 语言源程序如下。

```
#include "stc15.h"                    //包含支持 STC15 系列单片机头文件
sbit SW17 =   P3^2;                   //按键-
sbit SW18 =   P3^3;                   //按键+
signed int Duty0=128;                 //初始化 8 位 PWM 占空比为 50%
signed int Duty1=512;                 //初始化 10 位 PWM 占空比为 50%
#define CCP_S0 0x10                   //P_SW1.4
#define CCP_S1 0x20                   //P_SW1.5
void Delay(unsigned   int x)          //延时
{
    for(;x>0;x--);
}
void main()
{
//    以下为使用第 2 组接口 P3.4/ECI_2, P3.5/CCP0_2, P3.6/CCP1_2
    ACC = P_SW1;
    ACC &=~(CCP_S0 | CCP_S1);          //CCP_S0 为 1，CCP_S1 为 0
    ACC |= CCP_S0;
    P_SW1 = ACC;
    CCON = 0;                         //PCA 定时器停止，清 0 CF，并清 0 中断标志位
    CL = 0;                           //复位 PCA 计数器
    CH = 0;
    CMOD = 0x08;                      //设置 PCA 时钟源等于系统时钟
    CCAPM0 = 0x42;                    //模块 0 为 PWM 模式
    CCAPM1 = 0x42;                    //模块 1 为 PWM 模式
    CR = 1;                           //PCA 定时器开始工作
    while (1)
    {
        if( SW17 = = 0 )              //按键-
        {
            Delay(100);
            if( SW17 = = 0 )
            {
                Duty0--;                                  //PWM0 占空比减 1
                if(Duty0<0)       { Duty0=0; }            //Duty0 最小值为 0
                Duty1=Duty1-4;                            //PWM1 占空比减 4
                if(Duty1<0)       { Duty1=0; }            //Duty1 最小值为 0
                while( SW17 = = 0 );                      //等待按键松开
            }
        }
        if( SW18 = = 0 )              //按键+
        {
            Delay ( 100 );
            if( SW18 = = 0 )
```

```
            {
                Duty0++;                                        //PWM0 占空比加 1
                //取值范围，8 位 PWM 对应 0～255，7 位 PWM 对应 0～127，6 位 PWM 对应 0～63
                if ( Duty0 > 255)    { Duty0 = 255;}
                Duty1=Duty1+4;                                  //PWM1 占空比加 4
                if ( Duty1 > 1023 )   { Duty1 = 1023; }  //取值范围，10 位 PWM 对应 0～1023
                while( SW18 = = 0 );                            //等待按键松开
            }
        }
//      以下选择模块 0 工作于 8/7/6 位 PWM 模式并刷新占空比
        PCA_PWM0 = 0x00;                                //模块 0 工作于 8 位 PWM 模式
//      PCA_PWM0 = 0x40;                                //模块 0 工作于 7 位 PWM 模式
//      PCA_PWM0 = 0x80;                                //模块 0 工作于 6 位 PWM 模式
        CCAP0H = CCAP0L = Duty0;                        //刷新 PWM0 的占空比
//      以下选择 PCA 模块 1 工作于 10 位 PWM 模式并刷新占空比
        if ( Duty1 < 256 )                    { PCA_PWM1 = 0xC0; }
                              //PWM1_B9H = PWM1_B9L =0；PWM1_B8H = PWM1_B8L =0;
        if ( Duty1>255 && Duty1 < 512 )       { PCA_PWM1 = 0xD4; }
                              //PWM1_B9H = PWM1_B9L =0；PWM1_B8H = PWM1_B8L =1;
        if ( Duty1 > 511 && Duty1 < 768 )     { PCA_PWM1 = 0xE8; }
                              //PWM1_B9H = PWM1_B9L =1；PWM1_B8H = PWM1_B8L =0;
        if ( Duty1 > 767 && Duty1 < 1024 )    { PCA_PWM1 = 0xFC; }
                              //PWM1_B9H = PWM1_B9L =1；PWM1_B8H = PWM1_B8L =1;
        CCAP1H = CCAP1L = (unsigned char)( Duty1 & 0xff );  //刷新 PWM1 占空比低 8 位
          }
}
```

题目小结：在本例中，由 CMOD 决定 PCA 时钟源，也就确定了 PWM 方波信号的频率；对于模块 0 工作于 8/7/6 位 PWM 模式来说，只要改变 CCAP0H、CCAP0L 的值，就可以改变输出 PWM 方波信号的占空比；对于模块 1 工作于 10 位 PWM 模式来说，则需要改变 PCA_PWM1 中的 PWM1_B9H、PWM1_B9L、PWM1_B8H、PWM1_B8L 的值和 CCAP1H、CCAP1L 的值，才可以改变输出 PWM 方波信号的占空比。

12.3 基于 Proteus 仿真与 STC 实操 PCA 秒表

1．系统功能

利用 PCA 模块 16 位软件定时器功能设计一个秒表，计时结果保留一位小数点。设计两个按键，一个用于启停秒表，一个用于复位秒表。

2．硬件设计

结合 STC15 系列单片机的官方学习板进行硬件设计。SW17 用作秒表的启停按键，SW18 用作秒表的复位按键，LED7 用作工作指示灯，8 位 LED 数码管用作秒表的显示。用 Proteus

绘制的 PCA 秒表电路原理图如图 12.8 所示。

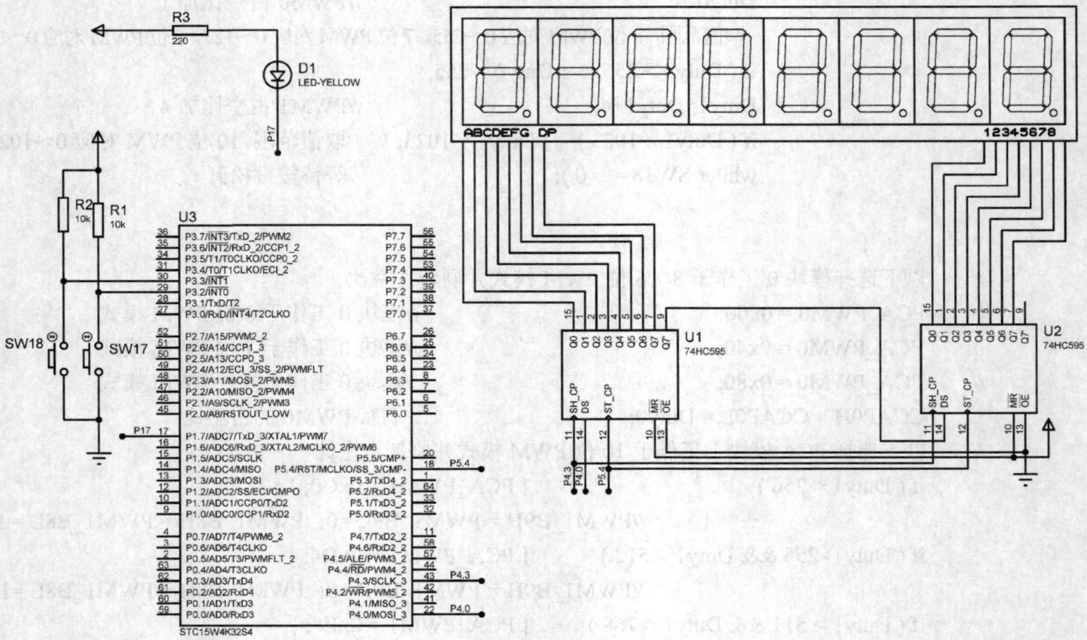

图 12.8 用 Proteus 绘制的 PCA 秒表电路原理图

3. 程序设计

（1）程序说明。

① 这里的 SW17、SW18 不是用作开关（松开为关、按住为开）的，保留 SW17 按键的本质，每按一次代表一种操作。这里用到了按键的键识别、软件去抖动、键释放等处理技术，具体内容见 13 章。

② SW18 的复位功能采用 STC 单片机的软复位功能实现。

（2）参考程序（PCA 秒表.c）如下。

```
#include <stc15.h>                    //包含支持 STC15 系列单片机的头文件
#include <intrins.h>
#include <gpio.h>                     //包含 I/O 口初始化文件
#define uchar unsigned char
#define uint    unsigned int
#include <595hcd.h>
uchar    counter5mS=20;               //5ms 计数器
uint    counter100mS=0;               //0.1s 计数器
sbit LED_MCU_START=P1^7;              //工作指示灯（LED7）
sbit SW17=P3^2;                       //秒表启停按键
sbit SW18=P3^3;                       //秒表复位按键

/*－－－－－系统时钟频率为 11.0592MHz 时为 tms 的延时函数－－－－－－－－－－*/
```

```
void Delayxms(uint t)
{
	uchar i;
	for(i=0;i<t;i++)
	{
		Delay1ms();                     //在 display.h 文件中已定义
	}
}

/*——————————————主函数——————————————*/
void	main(void)
{
	gpio();
	LED_MCU_START=0;                        //点亮工作指示灯
	CMOD=0x80;                              //设置 PCA 模块在空闲模式下停止 PCA 计数器工作
	                                        //PCA 计数器时钟源频率为 fSYS / 12
	                                        //禁止 PCA 计数器溢出中断
	CCON=0;                                 //将 PCA 模块各中断请求标志位 CCFn 清 0
	CL=0;                                   //PCA 计数器从 0000H 开始计数
	CH=0;
	CCAP0L=0;                               //为模块 0 的 CCAP0L 赋初始值
	CCAP0H=0x12;
	CCAPM0=0x49;                            //设置模块 0 为 16 位软件定时器
	                                        //开放模块 0 中断
	EA=1;                                   //开放总中断
	while(1)
	{
		if(SW17==0)                     //SW17 的键识别
		{
			Delayxms(10);           //SW17 的软件去抖动
			if(SW17==0)
			CR=~CR;
			while(SW17==0);         //SW17 的键释放
		}
		if(SW18==0)                     //SW18 复位秒表至初始状态
		{
			Delayxms(10);
			if(SW18==0)
			IAP_CONTR=0x20;
			while(SW18==0);
		}
		display();
	}
}
/*——————————————PCA 中断函数——————————————*/
void	PCA_int(void)interrupt 7                //PCA 中断服务程序
```

```
{
    union                                    //定义一个联合体
    {
        uint num;
        struct
        {                                    //在联合体中定义一个结构
            uchar   Hi,   Lo;
        }Result;
    }temp;
    temp.num=(uint)(CCAP0H<<8)+CCAP0L+0x1200;
    CCAP0L=temp.Result.Lo;                   //取计算结果的低 8 位
    CCAP0H=temp.Result.Hi;                   //取计算结果的高 8 位
    CCF0=0;                                  //将模块 0 的中断请求标志位清 0
    counter5mS--;                            //中断次数计数器减 1
    if(counter5mS==0)                        //如果 counter5mS 为 0，说明 0.1s 时间到
    {
        counter5mS=20;                       //恢复中断计数初始值
        counter100mS++;                      //0.1s 计数器加 1
        if(counter100mS==10000) counter100mS=0;
        Dis_buf[7]=counter100mS%10;                              //取小数点后的数送显示缓冲区
        Dis_buf[6]=counter100mS/10%10+17;                        //取个位数送显示缓冲区
        Dis_buf[5]= counter100mS/100%10;                         //取十位数送显示缓冲区
        Dis_buf[4]= counter100mS/1000%10;                        //取百位数送显示缓冲区
        Dis_buf[3]= counter100mS/10000%10;                       //取千位数送显示缓冲区
    }
}
```

4．系统调试

（1）用 Keil C 集成开发环境编辑与编译用户程序（PCA 秒表.c），生成机器代码文件 PCA 秒表.hex。

（2）Proteus 仿真。

① 按图 12.8 绘制电路。

② 将 PCA 秒表.hex 程序下载到 STC15W4K32S4 单片机中。

③ 启动仿真，观察并记录程序运行结果。

- 初始状态：工作指示灯 LED7 亮，显示为 0，处于秒表停止状态。
- 按动 SW17，秒表启动，有 5 位显示位，包含一位小数点，每 0.1s 小数点位加 1。
- 按动 SW17，秒表停止计时，再按动 SW17，又启动计时。
- 按动 SW18，秒表恢复初始状态。

（3）STC 单片机实操。

① 用 USB 接口连接计算机与 STC15W 系列单片机官方学习板（若非官方学习板，则需要根据实际端口修改程序）。

② 启动 STC-ISP 在线编程软件，将 PCA 秒表.hex 程序下载到 STC15W 系列单片机学习板中的单片机中。

③ 按照与 Proteus 仿真调试一样的流程，进行实操测试与记录。

（4）修改程序，实现 LED 数码管的高位灭零功能。

12.4 基于 Proteus 仿真与 STC 实操 PWM 驱动 LED

1. 系统功能

利用 PCA 模块的 PWM 功能输出一个脉宽可调的 PWM 脉冲，用于驱动 LED，即亮度可调的 LED。

2. 硬件设计

结合 STC15 系列单片机的官方学习板进行硬件设计。采用 PCA 模块的模块 0 输出 8 位 PWM 脉冲，驱动 LED7；SW17 用作脉宽增加键，SW18 用作脉宽减小键。用 Proteus 绘制的 PWM 驱动 LED 电路原理图如图 12.9 所示。

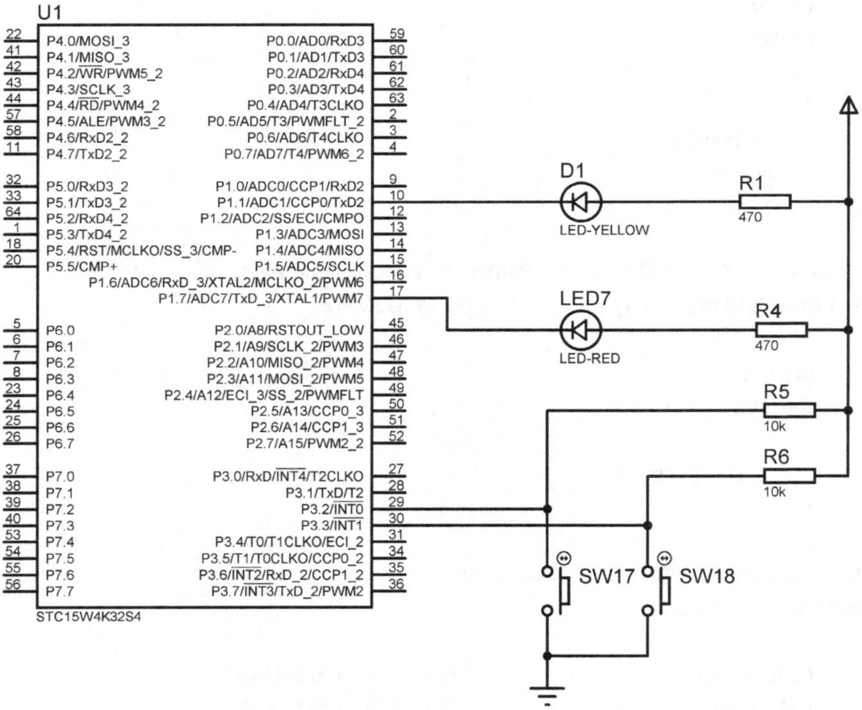

图 12.9 用 Proteus 绘制的 PWM 驱动 LED 电路原理图

3. 程序设计

（1）程序说明。

① 因为模块 0 的 PWM 是从 P1.1 引脚输出的，所以在编程时需要将 P1.1 引脚输出转移到 LED7 的控制端（P1.7 引脚）。

② 按键调整，可单次调整，也可连续调整。

（2）参考程序（PWM 驱动 LED.c）如下。

```
#include <stc15.h>                          //包含支持 STC15 系列单片机的头文件
#include <intrins.h>
#include <gpio.h>                           //包含 I/O 口初始化文件
#define uchar unsigned char
#define uint   unsigned int
uchar PWM_counter=0;
sbit SW17=P3^2;
sbit SW18=P3^3;
sbit LED7=P1^7;
/*----------系统时钟频率为 11.0592MHz 时 10ms 的延时函数------------*/
void Delay10ms()                            //@11.0592MHz
{
    unsigned char i, j;

    i = 108;
    j = 145;
    do
    {
        while (--j);
    } while (--i);
}

/*------------系统时钟频率为 11.0592MHz 时 t×1ms 的延时函数------------*/
void DelayX10ms(uchar t)                    //@18.432MHz
{
    uchar i;
    for(i=0;i<t;i++)
    {
        Delay10ms();
    }
}
/*------------PWM 初始化函数------------*/
void PWM_init(void)
{
    CMOD = 0x02;                  //设置 PCA 计数时钟源
    CH = 0x00;                    //设置 PCA 计数初始值
    CL = 0x00;
    CCAPM0 = 0x42;                //设置模块 0 为 PWM 功能
    CCAP0L = 0xC0;                //设定 PWM 的脉宽
    CCAP0H = 0xC0;                //与 CCAP0L 相同，寄存 PWM 的脉宽参数
    CR =1 ;                       //启动 PCA 计数器，进行计数
}
/*------------主函数------------*/
void main(void)
```

```
{
    gpio();
    PWM_init();
    while(1)
    {
        LED7=P11;                        //模块 0 的输出转移到 LED7 输出
        if(SW17==0)                      //若按动 SW17，则脉宽增加
        {
            DelayX10ms(1);
            if(SW17==0)
            {
                if(PWM_counter<255)
                {
                    PWM_counter++;
                    CCAP0H=256-PWM_counter;
                }
                DelayX10ms(10);          //若按住 SW17，则连续增加脉宽
            }
        }
        if(SW18==0)                      //若按动 SW18，则减小脉宽
        {
            DelayX10ms(1);
            if(SW18==0)
            {
                    if(PWM_counter>0)PWM_counter--;
                    CCAP0H=256-PWM_counter;
                    DelayX10ms(10);      //若按住 SW18，则连续减小脉宽
            }
        }
    }
}
```

4．系统调试

（1）用 Keil C 集成开发环境编辑与编译用户程序（PWM 驱动 LED.c），生成机器代码文件 PWM 驱动 LED.hex。

（2）Proteus 仿真。

① 按图 12.9 绘制电路。

② 将 PWM 驱动 LED.hex 程序下载到 STC15W4K32S4 单片机中。

③ 启动仿真，观察并记录程序运行结果。

- 初始状态：LED7 亮，应是最亮状态。
- 按动 SW17 或按住 SW17，应观察到 LED7 的亮度逐渐变暗。
- 按动 SW18 或按住 SW18，应观察到 LED7 的亮度逐渐变亮。

（3）STC 单片机实操。

① 用 USB 接口连接计算机与 STC15W 系列单片机官方学习板（若非官方学习板，则需

要根据实际端口修改程序）。

② 启动 STC-ISP 在线编程软件，将 PWM 驱动 LED.hex 程序下载到 STC15W 系列单片机学习板中的单片机中。

③ 按照与 Proteus 仿真调试一样的流程，进行实操测试与记录。

（4）设置一个个人认为合适的初始亮度、最小亮度及最大亮度，同时选择一个合适的调整步长，修改并调试程序，设计一个满意的 LED。

建议选择真正的 LED 台灯作为灯源（注意单片机的输出电流不能直接驱动大功率 LED 灯源，需要加驱动电路）。

本章小结

STC15W4K32S4 单片机集成了 2 路 PCA 模块，可实现外部脉冲的捕获、软件定时器、高速脉冲输出及 PWM 输出等功能。

PWM 模式又分为 8 位 PWM、7 位 PWM、6 位 PWM、10 位 PWM 这 4 种模式，可改变 PWM 输出波形的占空比，利用 PWM 功能还可实现 D/A 转换。

习　题　12

一、填空题

1. STC15W4K32S4 单片机集成了________路 PCA 模块，可实现________、________、________及________等功能。

2. STC15W4K32S4 单片机 PCA 计数器的时钟源有 1/12 系统时钟、________、1/6 系统时钟、________、1/2 系统时钟、________、定时/计数器 T0 溢出时钟和________等 8 种，由________中的 CPS2、CPS1、CPS0 来选择。

3. STC15W4K32S4 单片机 CCON 中的________控制位是 PCA 计数器的启动控制位。

4. STC15W4K32S4 单片机 PCA 模块 PWM 的位数有________、________、________和________4 种，PWM 的位数由 PCA_PWM*n* 中________控制位来选择。

5. STC15W4K32S4 单片机 PCA 模块的中断向量是________，中断号是________。

二、选择题

1. 在 STC15W4K32S4 单片机中，当(CCAPM0)=42H 时，PCA 模块中的模块 0 的工作模式是________。

　A．PWM 模式，无中断

　B．PWM 模式，由低到高产生中断

　C．PWM 模式，由高到低产生中断

　D．PWM 模式，由高到低或由低到高产生中断

2. 在 STC15W4K32S4 单片机中，当(CCAPM1)=21 时，PCA 模块中的模块 1 的工作模式是________。

　A．16 位捕获模式，由 PCA1 的上升沿触发

　B．16 位捕获模式，由 PCA1 的下降沿触发

C．16 位高速输出模式

D．16 软件定时器模式

3. 在 STC15W4K32S4 单片机中，当(CCAPM0)=4DH 时，PCA 模块中的模块 0 的工作模式是________。

A．16 软件定时器模式

B．无操作

C．16 位高速输出模式

D．PWM 模式

4. 在 STC15W4K32S4 单片机中，当(CCAPM0)=42H、(PCA_PWM0)=40H 时，PCA 模块中的模块 0 PWM 的位数是________。

A．8　　B．7　　C．6　　D．无效

三、判断题

1．STC15W4K32S4 单片机 PCA 中断的中断请求标志位包括 CF、CCF0、CCF1、CCF2，当 PCA 中断响应后，其中断请求标志不会自动撤除。（　　）

2．STC15W4K32S4 单片机 PCA 模块中的模块 0、模块 1 不可以设置在同一种工作模式下。（　　）

3．STC15W4K32S4 单片机 PCA 计数器是 16 位的，是 PCA 模块中的模块 0、模块 1 的公共时间基准。（　　）

4．STC15W4K32S4 单片机 PCA 模块 8 位 PWM 周期是定时时钟源周期乘以 256。（　　）

四、问答题

1. STC15W4K32S4 单片机 PCA 模块包括几个独立的工作模块？PCA 计数器是多少位的？PCA 计数器的脉冲源有哪些？如何选择这些时钟源？

2．STC15W4K32S4 单片机 PCA 模块的工作模式是如何设置的？

3．简述 STC15W4K32S4 单片机 PCA 模块高速脉冲输出的工作特性。

4．简述 STC15W4K32S4 单片机 PCA 模块 16 位软件定时器的工作特性。

5．简述 STC15W4K32S4 单片机 PCA 模块 PWM 输出的工作特性。

6．简述 STC15W4K32S4 单片机 PCA 模块 16 位捕获的工作特性。

7．当 STC15W4K32S4 单片机 PCA 模块处于 PWM 输出模式时，在什么情况下固定输出高电平？在什么情况输出低电平？

8．STC15W4K32S4 单片机 PCA 模块 PWM 输出的输出周期如何计算？其占空比如何计算？

五、程序设计题

1．利用 STC15W4K32S4 单片机 PCA 模块的 16 位软件定时器功能设计一个 LED 闪烁灯，闪烁间隔为 500ms。要求画出硬件电路原理图，绘制程序流程图，编写程序并上机调试。

2．利用 STC15W4K32S4 单片机 PCA 模块的 PWM 功能设计一个周期为 1s、占空比为 1/20～9/20、脉宽可调的 PWM 脉冲。一个按键用于增加占空比，一个按键用于减小占空比。要求画出硬件电路原理图，绘制程序流程图，编写程序并上机调试。

3．利用 STC15W4K32S4 单片机 PCA 模块的 PWM 功能和外接滤波电路，设计一个频率为 100Hz 的正弦波信号。要求画出硬件电路原理图，绘制程序流程图，编写程序并上机调试。

第 13 章 单片机应用系统的设计

13.1 单片机应用系统的设计和开发

由于不同的单片机应用系统的应用目的不同，因此在设计时要考虑其应用特点。例如，有些系统可能对用户的操作体验有较高的要求，有些系统可能对测量精度有较高的要求，有些系统可能对实时控制能力有较高的要求，有些系统可能对数据处理能力有特别的要求。如果要设计一个符合生产要求的单片机应用系统，就必须充分了解这个系统的应用目的和特殊性。虽然各种单片机应用系统的特点不同，但一般的单片机应用系统的设计和开发过程具有一定的共性。本节从单片机应用系统的设计原则、开发流程和工程报告的编制来论述一般通用的单片机应用系统的设计和开发。

13.1.1 单片机应用系统的设计原则

（1）系统功能应满足生产要求。

以系统功能需求为出发点，根据实际生产要求设计各个功能模块，如显示、键盘、数据采集、检测、通信、控制、驱动、供电等模块。

（2）系统运行应安全可靠。

在元器件选择和使用上，应选用可靠性高的元器件，防止元器件损坏，影响系统的可靠运行；在硬件电路设计上，应选用典型应用电路，排除电路的不稳定因素；在系统工艺设计上，应采取必要的抗干扰措施，如去耦、光耦隔离和屏蔽等防止环境干扰的硬件抗干扰措施，以及传输速率、节电方式和掉电保护等软件抗干扰措施。

（3）系统应具有较高的性价比。

简化外围硬件电路，在系统性能允许的范围内尽可能用软件程序取代硬件电路，以降低系统的制造成本，取得最高的性价比。

（4）系统应易于操作和维护。

操作方便表现在操作简单、直观形象和便于操作。在进行系统设计时，在系统性能不变的情况下，应尽可能简化人机交互接口，可以配置操作菜单，但常用参数及设置应明显，以实现良好的用户体验。

（5）系统功能应灵活，便于扩展。

如果要实现灵活的功能扩展，就要充分考虑和利用现有的各种资源，使得系统结构、数据接口等能够灵活扩展，为将来可能的应用拓展提供空间。

（6）系统应具有自诊断功能。

应采用必要的冗余设计或增加自诊断功能。成熟、批量化生产的电子产品在这方面表现突出，如空调、洗衣机、电磁炉等产品，当这些产品出现故障时，通常会显示相应的代码，提示用户或专业人员哪一个模块出现了故障，帮助用户或专业人员快速锁定故障点。

（7）系统应能与上位机通信或并用。

上位机具有强大的数据处理能力及友好的控制界面，系统的许多操作可通过上位机的软件界面的相应按钮来完成，从而实现远程控制等。单片机系统与上位机之间通常通过串行通信端口传输数据来实现相关的操作。

在单片机应用系统的设计原则中，适用、可靠、经济最为重要。对一个单片机应用系统的设计要求应根据具体任务和实际情况进行具体分析后提出。

13.1.2 单片机应用系统的开发流程

1. 系统需求调查分析

做好详细的系统需求调查是对研制的新系统进行准确定位的关键。在建造一个新的单片机应用系统时，首先要调查市场或用户的需求，了解用户对新系统的期望和要求，通过对各种需求信息进行综合分析，得出市场或用户是否需要新系统的结论；其次，应对国内外同类系统的状况进行调查。调查的主要内容包括如下。

（1）原有系统的结构、功能及存在的问题。

（2）国内外同类系统的最新发展情况及与新系统有关的各种技术资料。

（3）同行业中哪些用户已经采用了新系统，新系统的结构、功能、使用情况及产生的经济效益。

根据需求调查结果整理出需求报告，作为系统可行性分析的主要依据。显然，需求报告的准确性将影响可行性分析的结果。

2. 系统可行性分析

系统可行性分析用于明确整个设计项目在现有的技术条件和个人能力上是否可行。首先要保证设计项目可以利用现有的技术来实现，通过查找资料和寻找类似设计项目找到与需要完成的设计项目相关的设计方案，从而分析该项目是否可行以及如何实现；如果设计的是一个全新的项目，则需要了解该项目的功能需求、体积和功耗等，同时需要非常熟悉当前的技术条件和元器件性能，以确保选用合适的元器件能够完成所有的功能。其次需要了解整个项目开发所需要的知识是否都具备，如果不具备，则需要估计在现有的知识背景和时间限制下能否掌握并完成整个设计，必要的时候，可以选用成熟的开发板来加快设计速度。

系统可行性分析将对新系统开发研制的必要性及可实现性给出明确的结论，根据这一结论决定系统的开发研制工作是否继续进行。系统可行性分析通常从以下几个方面进行论证。

（1）市场或用户需求。

（2）经济效益和社会效益。

（3）技术支持与开发环境。

（4）现在的竞争力与未来的生命力。

3. 系统总体方案设计

系统总体方案设计是系统实现的基础。系统总体方案设计的主要依据是市场或用户的需求、应用环境状况、关键技术支持、同类系统经验借鉴及开发人员设计经验等，主要内容包括系统结构设计、系统功能设计和系统实现方法。单片机的选型和元器件的选择，要做到性能特点适合所要完成的任务，避免过多的功能闲置；性价比要高，以提高整个系统的性价比；结构原理要熟悉，以缩短开发周期；货源要稳定，有利于批量的增加和系统的维护。对于硬件与软件的功能划分，在 CPU 时间不紧张的情况下，应尽量采用软件实现；如果系统回路多、实时性要求高，那么就要考虑用硬件实现。

4．系统硬件电路设计、印制电路板设计和硬件焊接调试

（1）系统硬件电路设计。

系统硬件电路设计主要包括单片机电路设计、扩展电路设计、输入输出通道应用功能模块设计和人机交互控制面板设计。单片机电路设计主要是进行单片机的选型，如 STC 单片机，一个合适的单片机能最大限度地降低其外围连接电路，从而简化整个系统的硬件。扩展电路设计主要是 I/O 电路的设计，根据实际情况确定是否需要扩展程序存储器 ROM、数据存储器 RAM 等电路的设计。输入输出通道应用功能模块设计主要是采集、测量、控制、通信等功能涉及的传感器电路、放大电路、A/D 转换电路、D/A 转换电路、开关量接口电路、驱动及执行机构电路等的设计。人机交互控制面板设计主要是用户操作接触到的按键、开关、显示屏、报警和遥控等电路的设计。

（2）印制电路板（PCB）设计。

印制电路板设计采用专门的绘图软件来完成，如 Altium Designer 等，电路原理图（SCH）转化成印制电路板必须做到正确、可靠、合理和经济。印制电路板要结合产品外壳的内部尺寸确定其形状、外形尺寸、基材和厚度等。印制电路板是单面板、双面板还是多层板要根据电路的复杂程度确定。印制电路板元器件布局通常与信号的流向保持一致，做到以每个功能电路的核心元器件为中心，围绕该元器件布局，元器件应均匀、整齐、紧凑地排列在印制电路板上，尽量减少各元器件间的引线和缩短各元器件之间的连线。印制电路板导线的最小宽度主要由导线与绝缘基板间的黏附强度和流过它们的电流值决定，在密度允许的条件下尽量用宽线，尤其注意加宽电源线和地线，导线越短，间距越大，绝缘电阻越大。在印制电路板布线过程中，尽量采用手动布线，同时操作人员需要具有一定的印制电路板设计经验，对电源线、地线等要进行周全的考虑，避免引入不必要的干扰。

（3）硬件焊接调试。

硬件焊接之前需要准备所有元器件，将所有元器件准确无误地焊接完成后进入硬件焊接调试阶段。硬件焊接调试分为静态调试和动态调试。静态调试是检查印制电路板、连接线路和元器件部分有无物理性故障，主要检查手段有目测、用万用表测试和通电检查等。

目测是检查印制电路板的印制线是否有断线、毛刺，线与线和线与焊盘之间是否粘连、焊盘是否脱落、过孔是否未金属化等现象；还可以检查元器件是否焊接准确、焊点是否有毛刺、焊点是否有虚焊、焊锡是否使线与线或线与焊盘之间短路等。通过目测可以查出某些明确的元器件缺陷、设计缺陷，并及时进行处理。必要时还可以使用放大镜进行辅助观察。

在目测过程中，有些可疑的边线或接点需要用万用表进行检测，以进一步排除可能存在的问题，然后检查所有电源的电源线和地线之间是否有短路现象。

经过以上的检查没有明显问题后就可以尝试通电检查。接通电源后，首先检查电源各组电压是否正常，然后检查各个芯片插座的电源端的电压是否在正常范围内、某些固定引脚的电平是否准确。切断电源，将芯片逐一准确地安装到相应的插座中，当再次接通电源时，不要急于用仪器观测波形和数据，而是要及时仔细地观察各芯片或器件是否有过热、变色、冒烟、异味、打火等现象，如果有异常应立即切断电源，查找原因并解决问题。

接通电源后若没有明显的异常情况，则可以进行动态调试。动态调试是一种在系统工作状态下，发现和排除硬件中存在的元器件内部故障、元器件间连接的逻辑错误等问题的一种硬件检查方法。硬件的动态调试必须在开发系统的支持下进行，故又称为联机仿真调试，具体方法是利用开发系统友好的交互界面，对单片机外围扩展电路进行访问、控制，使单片机外围扩展电路在运行中暴露问题，从而发现故障并予以排除。

5. 系统软件程序的设计与调试

单片机应用系统的软件程序通常包括数据采集和处理程序、控制算法实现程序、人机对话程序和数据处理与管理程序。

在进行具体的程序设计之前需要对程序进行总体设计。程序的总体设计是指从整个系统方面考虑程序结构、数据格式和程序功能的实现方法和手段。程序的总体设计包括拟定总体设计方案，确定算法和绘制程序流程图等。对于一些简单的工程项目，或对于经验丰富的设计人员来说，往往并不需要很详细的程序流程图，而对于初学者来说，绘制程序流程图是非常有必要的。

常用的程序设计方法有模块化程序设计和自顶向下逐步求精程序设计。

模块化程序设计的思想是先将一个完整、较长的程序分解成若干个功能相对独立且较小的程序模块，然后对各个程序模块分别进行设计、编程和调试，最后把各个调试好的程序模块装配起来进行联调，从而得到一个有实用价值的程序。

自顶向下逐步求精程序设计要求从系统级的主干程序开始，从属的程序和子程序先用符号来代替，集中力量解决全局问题；然后层层细化、逐步求精，编制从属程序和子程序；最终完成一个复杂程序的设计。

软件程序调试是通过对目标程序的编译、链接、执行来发现软件程序中存在的语法错误与逻辑错误，并加以纠正的过程。软件程序调试的原则是先独立后联机，先分块后组合，先单步后连续。

6. 系统软/硬件联合调试

系统软/硬件联合调试是指将软件和硬件联合起来进行调试，从中发现硬件故障或软/硬件设计错误。软/硬件联合调试可以对设计系统的正确与可靠进行检验，从中发现组装问题或设计错误。这里的设计错误是指设计过程中出现的小错误或局部错误，绝不允许出现重大错误。

系统软/硬件联合调试主要用于检验软、硬件是否能按设计的要求工作；系统运行时是否有潜在的在设计时难以预料的错误；系统的精度、运行速度等动态性能指标是否满足设计要求等。

7. 系统方案局部修改、再调试

对于系统调试中发现的问题或错误，以及出现的不可靠因素，要提出有效的解决方法，然后对原方案做局部修改，再进行调试。

8. 生成正式系统或产品

作为正式系统或产品，不仅要求该系统或产品能正确、可靠地运行，还应提供关于该系统或产品的全部文档。这些文档包括系统设计方案、硬件电路原理图、软件程序清单、软/硬件功能说明、软/硬件装配说明书、系统操作手册等。在开发产品时，还要考虑产品的外观设计、包装、运输、促销、售后服务等问题。

13.1.3 单片机应用系统工程报告的编制

在一般情况下，单片机应用系统需要编制一份工程报告，报告内容主要包括封面、目录、摘要、正文、参考文献、附录等，对于具体的字体、字号、图表、公式等书写格式要求，总体来说必须做到美观、大方和规范。

1. 报告内容

（1）封面。

封面应包括设计系统名称、设计人与设计单位名称、完成时间等。名称应准确、鲜明、简洁，能概括整个设计系统中最重要的内容，应避免使用不常用的缩略词、首字母缩写字、字符、代号和公式等。

（2）目录。

目录按章、节、条序号和标题编写，一般为二级或三级，包含摘要（中文、英文）、正文各章节标题、结论、参考文献、附录等，以及相对应的页码。

（3）摘要。

摘要应包括目的、方法、结果和结论等，也就是对设计报告内容、方法和创新点的总结，一般字数为300字左右，应避免将摘要写成目录格式的内容介绍。此外，还需有3～5个关键词，按词条的外延层次排列（外延大的排在前面），有时可能需要相对应的英文版的摘要和关键词。

（4）正文。

正文是整个工程报告的核心，主要包括系统整体设计方案、硬件电路框图及原理图设计、软件程序流程图及程序设计、系统软/硬件综合调试、关键数据测量及结论等。正文分章节撰写，每章应另起一页。章节标题要突出重点、简明扼要、层次清晰，字数一般在15字以内，不得使用标点符号。总的来说，正文要结构合理，层次分明，推理严密，重点突出，图表、公式、源程序规范，内容集中简练，文笔通顺流畅。

（5）参考文献。

凡有直接引用他人成果（文字、数据、事实及转述他人的观点）之处均应加标注说明，列于参考文献中，按文中出现的顺序列出直接引用的主要参考文献。引用参考文献标注方式应全文统一，标注的格式为[序号]，放在引文或转述观点的最后一个句号之前，所引文献序号以上角标形式置于方括号中。参考文献的格式如下。

① 学术期刊文献：

［序号］作者．文献题名[J]．刊名，出版年份，卷号（期号）：起始页码–终止页码。

② 学术著作：

［序号］作者．书名[M]．版次（首次可不注）．翻译者．出版地：出版社，出版年：起始页码-终止页码。

③ 有 ISBN 号的论文集：

［序号］作者．题名[A]．主编．论文集名[C]．出版地：出版社，出版年：起始页码-终止页码

④ 学位论文：

［序号］作者．题名[D]．保存地：保存单位，年份

⑤ 电子文献：

［序号］作者．电子文献题名[文献类型（DB 数据库）/载体类型（OL 联机网络）]．文献网址或出处，发表或更新日期/引用日期（任选）

（6）附录。

对于与设计系统相关但不适合写在正文中的元器件清单、仪器仪表清单、电路图图纸、设计的源程序、系统（作品）操作使用说明等有特色的内容，可作为附录排写，序号采用“附录 A”“附录 B”等。

2．书写格式要求

（1）字体和字号。

一级标题是各章标题，字体为小二号黑体，居中排列；二级标题是各节一级标题，字体为小三号宋体，居左顶格排列；三级标题是各节二级标题，字体为四号黑体，居左顶格排列；四级标题是各节三级标题，字体为小四号粗楷体，居左顶格排列；四级标题下的分级标题字体为五号宋体，标题中的英文字体均采用 Times New Roman 字体，字号同标题字号；正文字体一般为五号宋体。不同场合下的字体和字号不尽相同，上述格式仅供参考。

（2）名词术语。

科技名词术语及设备、元器件的名称，应采用国家标准或行业标准中规定的术语或名称。标准中未规定的术语或名称要采用行业通用术语或名称。全文名词和术语必须统一。一些特殊名词或新名词应在适当位置加以说明或注解。在采用英语缩写词时，除本行业广泛应用的通用缩写词外，文中第一次出现的缩写词应该用括号注明英文全称。

（3）物理量。

物理量的名称和符号应统一。物理量的计量单位及符号除用人名命名的单位第一个字母用大写字母之外，其他字母一律用小写字母。物理量符号、物理常量、变量符号用斜体，计量单位等符号均用正体。

（4）公式。

公式原则上应居中书写。公式序号按章编排，如第一章第一个公式的序号为“(1-1)”，附录 B 中的第一个公式为“(B-1)”等。正文中一般用“见式（1-1）”或“由公式（1-1）”形式引用公式。公式中用斜线表示“除”的关系，若有多个字母，则应加括号，以免含糊不清，如 $a/(b\cos x)$。

（5）插图。

插图包括曲线图、结构图、示意图、框图、流程图、记录图、布置图、地图、照片等。

每个图均应有图题（由图号和图名组成）。图号按章编排，如第一章第一张图的图号为“图1-1”等。图题置于图下，图注或其他说明，应置于图题之上。图名在图号之后空一格排写。插图与其图题为一个整体，不得拆开排于两页，该页空白不够排写该插图整体时，可将其后文字部分提前排写，将图移至次页最前面。插图应符合国家标准及专业标准，对无规定符号的图形应采用其行业的常用画法。插图应与文字紧密配合，且保证文图相符，技术内容正确。

（6）表。

表不加左边线、右边线，表头设计应简单明了，尽量不用斜线。每个表均应有表号与表题，表号与表题之间应空一格，置于表上。表号一般按章编排，如第一章第一个表的序号为“表 1-1”等。表题中不允许使用标点符号，表题后不加标点，整个表如用同一单位，应将单位符号移至表头右上角，并加圆括号。如果某个表需要跨页接排，在随后的各页应重复表的编排。编号后跟表题（可省略）和“(续表)”字样。表中数据应正确无误，书写清楚，数字空缺的格内加一字线，不允许用空格同上之类的写法。

13.2 人机对话接口应用设计

13.2.1 键盘接口与应用编程

键盘可分为编码键盘和非编码键盘。编码键盘是指键盘上闭合键的识别由专用的硬件编码器实现，并产生键编码号或键值的键盘，如计算机键盘；非编码键盘是指靠软件编程来识别的键盘。在单片机应用系统中，常用的键盘是非编码键盘。非编码键盘又分为独立键盘和矩阵键盘。

1. 按键工作原理

（1）按键外形及符号。

常用的单片机应用系统中的机械式按键实物图如图 13.1 所示。单片机应用系统中常用的按键都是机械弹性按键，当用力按下按键时，按键闭合，两个引脚导通；当松开手后，按键自动恢复常态，两个引脚断开。按键符号如图 13.2 所示。

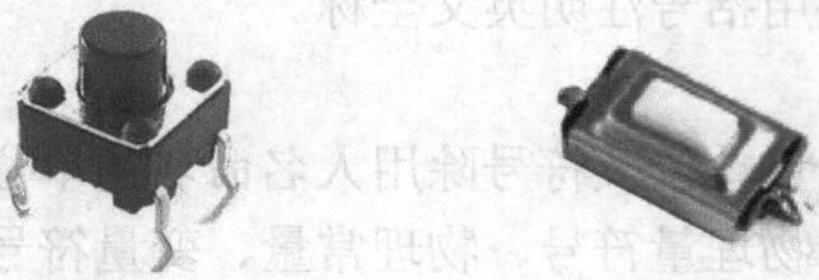

图 13.1　常用的单片机应用系统中的机械式按键实物图

图 13.2　按键符号

（2）按键触点的机械抖动及处理。

机械式按键在按下或松开时，由于机械弹性作用的影响，通常伴随有一定时间的触点机械抖动，之后其触点才能稳定下来。按键触点的机械抖动如图 13.3 所示。

按键在按下或松开瞬间有明显的抖动现象，抖动时间的长短与按键的机械特性有关，一般为 5～10ms。按键被按下且未松开的时间一般称为按键稳定闭合期，这个时间由用户操作按键的动作决定，一般为几十毫秒至几百毫秒，甚至更长时间。因此，单片机应用系统在检测按键是否按下时都要进行去抖动处理，去抖动处理通常有硬件电路去抖动和软件延时去抖动两种方法。用于去抖动的硬件电路主要有 R-S 触发器去抖动电路、RC 积分去抖动电路和专用去抖动芯片电路等。软件延时去抖动的方法也可以很好地解决按键抖动问题，并且不需要添加额外的硬件电路，节省了硬件成本，因此其在实际单片机应用系统中得到了广泛应用。

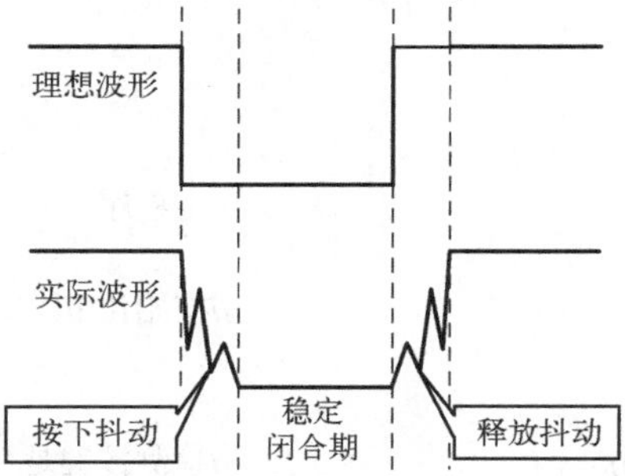

图 13.3　按键触点的机械抖动

2．独立键盘的原理及应用

在单片机应用系统中，如果不需要输入数字 0～9，只需要几个功能键，则可以采用独立键盘。

（1）独立键盘的结构与原理。

独立键盘是直接用单片机 I/O 口构成的单个按键电路，其特点是每个按键单独占用一个 I/O 口，每个按键的工作不会影响其他 I/O 口的状态。独立键盘的电路原理图如图 13.4 所示。当按键处于常态时，由于单片机硬件复位后按键输入端默认是高电平，所以按键输入采用低电平有效，即按下按键时出现低电平。单片机 P1、P2 和 P3 这 3 个端口内部具有上拉电阻，按键外电路可以不接上拉电阻；单片机 P0 端口内部没有上拉电阻，如果独立按键接在 P0 等没有上拉电阻的 I/O 口，那么一定要接上拉电阻。

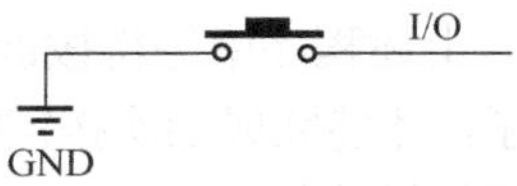

图 13.4　独立键盘的电路原理图

（2）查询式独立按键的原理及应用。

查询式独立按键是单片机应用系统中常用的按键结构。先逐位查询每个 I/O 口的输入状态，如果某个 I/O 口输入低电平，则进一步确认该 I/O 口所对应的按键是否已按下，如果确实是低电平则转向该按键对应的功能处理程序。软件处理的流程如下。

- 循环检测是否有按键按下且出现低电平。
- 调用延时子程序进行软件去抖动处理。
- 再次检测是否有按键按下且出现低电平。
- 进行按键功能处理。
- 等待按键松开。

例 13.1　利用独立按键（按 P3.2）控制 1 个 LED（按 P4.6）亮灭，单片机工作频率为 12.0MHz。

解：C 语言源程序如下。

```
#include "stc15.h"                      //包含支持 STC15 系列单片机头文件
#include "gpio.h"                       //包含初始化 I/O 口头文件
sbit SW17 = P3^2;                       //定义按键接口
sbit LED10 = P4^6;                      //定义 LED 接口
void Delay(unsigned int v)              //延时子程序
{
    while(v!=0)
    v--;
}
void main ( )                           //主程序
{
    gpio();                             //初始化 I/O 口为准双向口
    while(1)
    {
            if(SW17 ==0)                //检测按键是否按下且出现低电平
            {
                    Delay(1000);        //调用延时子程序进行软件去抖动处理
                    if(SW17 ==0)        //再次检测按键是否按下且出现低电平
                    {
                            LED10 = ～LED10;  //输出取反
                            while(SW17 ==0);  //等待按键松开
                    }
            }
    }
}
```

上述程序中等待按键松开语句 while (SW17 == 0)，用于严格检测按键是否松开，只有按键松开了，才能完成当次按键操作。这样处理的好处是每按一次按键，都只进行一次操作，可以避免出现按键连续按下的情况。当需要按键实现连续操作功能时，如实现按下按键不松开一直连续加 1 或减 1，则可以把语句 while (SW17 == 0)换为一句延时语句，为使用户有更好的操作体验，延时时间需要根据实际按键效果调整，在进行程序设计时可以根据需要选择。

（3）中断式独立按键的原理及应用。

中断式独立按键是单片机外部中断的典型应用。例如，利用单片机的 2 个外部中断源 INT0（P3.2）和 INT1（P3.3）组成 2 个中断式独立按键，如图 13.5 所示，很明显一个按键占用一个外部中断源，浪费单片机的资源。

改进后的中断式独立按键电路原理图如图 13.6 所示，4 个独立按键，并可以继续扩展更多，却只占用一个外部中断。

例 13.2 用中断式独立按键 P3.2 控制连接在单片机 P4.6 引脚的 LED，单片机工作频率为 12.0MHz。

解 C 语言源程序如下。

```
#include "stc15.h"                      //包含支持 STC15 系列单片机头文件
sbit LED10 = P4^6;                      //定义 LED10 接口
main ( )
{
    IT0=1;                              //外部中断 INT0 边沿触发
```

```
        EX0=1;                              //外部中断 INT0 允许
        EA=1;                               //打开总中断请求
        while(1)
        {
        }//while
    }//main
    void INT0_intrupt() interrupt 0 using 1     //外部中断 INT0 处理按键程序
    {
        EA=0;                               //禁止总中断
        LED10 =~LED10;                      //LED10 输出取反
        EA=1;                               //打开总中断
    }
```

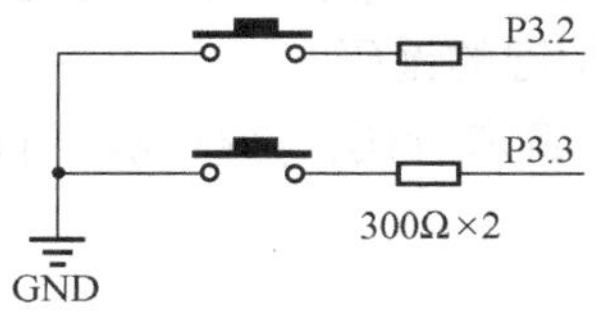

图 13.5　中断式独立按键电路原理图

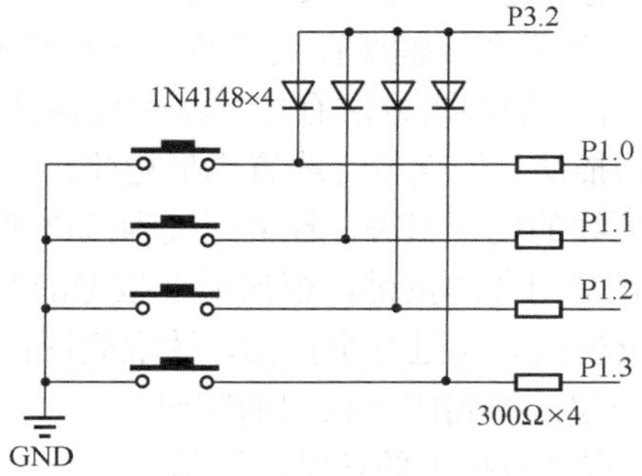

图 13.6　改进后的中断式独立按键电路原理图

3．矩阵键盘的原理及应用

在单片机应用系统中，如果需要输入数字 0～9，那么采用独立键盘就会占用过多的单片机 I/O 口资源，在这种情况下通常选用矩阵键盘。

（1）矩阵键盘的结构与原理。

矩阵键盘由行线和列线组成，按键位于行线和列线的交叉点上，其电路原理图如图 13.7 所示，只需要 8 个 I/O 口就可以构成 4×4 共 16 个按键，比独立键盘的按键多出一倍。由于 4×4 键盘与单片机 P0 口相连，所以需要接上拉电阻。

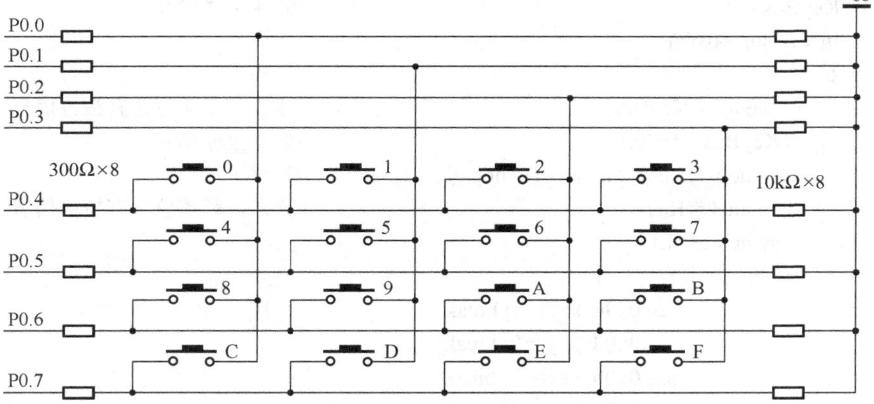

图 13.7　矩阵键盘的电路原理图

在矩阵键盘中，行线和列线分别连接按键开关的两端，列线通过上拉电阻（若单片机端口内部有上拉电阻则不需要外接上拉电阻）接正电源，并将行线所接的单片机的 I/O 口作为输出端，列线所接的 I/O 口则作为输入端。当按键没有按下时，所有的输入端都是高电平，代表无按键按下，行线输出的是低电平，且拉低能力较强，一旦有按键按下，则输入端电平就会被拉低，所以通过读取输入端电平的状态就可得知是否有按键按下。若要判断具体是哪一个按键被按下，则需要将行线信号、列线信号配合起来进行适当处理。

（2）矩阵键盘的识别与编码。

① 判断有无按键按下。将全部行线置为低电平，然后检测列线的电平状态。只要列线不全是高电平，即只要有一列的电平为低，就表示有键被按下，而且闭合的键位于低电平线与 4 根行线相交叉的 4 个按键之中。若所有列线均为高电平，则键盘中无键按下。

② 判断闭合按键所在的位置。在确认有按键按下后，即可进入确定闭合按键所在位置的过程。常见的判断方法有扫描法和反转法。

- 扫描法。依次将行线置为低电平，在确定为低电平的某根行线的位置后，逐行检测各列线的电平状态。若某列线为低电平，则该列线与被置为低电平的行线交叉处的按键就是闭合的按键，根据闭合按键的行值和列值得到按键的键码。
- 反转法。通过行全扫描，读取列码；通过列全扫描，读取行码；将行码、列码组合在一起，得到闭合按键的键码。

（3）定义被按下的按键的键值。

常用的定义被按下的按键的键值的方法有查表法和计算法。根据闭合按键的键码，采用查表法将闭合按键的行值和列值转换成所定义的键值，查表法得到的键值一般用 0～15 或 1～16 来表示。

例 13.3 矩阵键盘的电路原理图如图 13.7 所示，该键盘工作方法为反转法。

解 C 语言源程序如下。

```
#include "stc15.h"                              //包含支持 STC15 系列单片机头文件
#include <intrins.h>
unsigned char keyscan(void)
{
    unsigned char temH, temL, key;
    KeyBus = 0x0f;                              //高 4 位输出 0
    if(KeyBus!=0x0f)
    {
        temL = KeyBus;                          //读入，低 4 位含有按键信息
        KeyBus = 0xf0;                          //低 4 位输出 0
        _nop_();_nop_();_nop_();_nop_();        //延时
        temH = KeyBus;                          //读入，高 4 位含有按键信息
        switch(temL)
        {
            case 0x0e: key = 1; break;
            case 0x0d: key = 2; break;
            case 0x0b: key = 3; break;
            case 0x07: key = 4; break;
```

```
            default: return 0;                    //没有按键输出 0
        }
        switch(temH)
          {
            case 0xe0: return key;break;
            case 0xd0: return key + 4;break;
            case 0xb0: return key + 8;break;
            case 0x70: return key + 12;break;
            default: return 0;                    //没有按键输出 0
          }
    }//while
}//main
```

不管是反转法、扫描法，还是其他方法，都是把闭合按键所在位置找出来，并加以编码，从而使每一个按键对应一个键值，进而实现对相关功能的控制。

（4）矩阵键盘的应用。

矩阵键盘的应用主要由键盘的工作方式来决定的，键盘的工作方式应根据实际应用系统中程序结构和功能实现的复杂程度等因素来选取，键盘的工作方式主要有查询扫描、定时扫描和中断扫描三种。

假设单片机 P0 口接有 4×4 矩阵键盘，观察在不同的工作方式中，矩阵键盘扫描程序 keyscan( )所在的位置。

① 查询扫描。在查询扫描工作方式下，键盘扫描子程序和其他子程序被并列排在一起，单片机循环分时运行各个子程序，当按键按下且单片机查询到该按键的键值时立即响应键盘输入操作，根据键值执行相应的功能操作。

例 13.4 矩阵键盘的电路原理图如图 13.7 所示，该键盘与单片机 P0 口相连，工作于查询扫描方式，通过 4 个 LED 二进制显示 4×4 矩阵键盘的键值 0～15，单片机工作频率为 12MHz。

解 4×4 矩阵键盘工作于查询扫描方式，矩阵键盘扫描程序 keyscan( )位于主程序中，主程序每循环一次就扫描矩阵键盘扫描程序一次。

C 语言源程序如下。

```
#include "stc15.h"                 //包含支持 STC15 系列单片机头文件
#include <intrins.h>               //使用_nop_();
sbit   LED7   =   P1^7;            //定义 LED7 引脚
sbit   LED8   =   P1^6;            //定义 LED8 引脚
sbit   LED9   =   P4^7;            //定义 LED9 引脚
sbit   LED10  =   P4^6;            //定义 LED10 引脚
#define KeyBus P0                  //矩阵键盘接口
unsigned char keyscan ( );         //矩阵键盘扫描程序声明
main()
{
    unsigned char i;               //定义局部变量存放按键键值
    P0M1 = 0x00;                   //设置 P0 准双向口
    P0M0 = 0x00;                   //设置 P0 准双向口
```

```
        P1M1 &=~(1<<7);             //设置 P1.7 准双向口
        P1M0 &=~(1<<7);             //设置 P1.7 准双向口
        P1M1 &=~(1<<6);             //设置 P1.6 准双向口
        P1M0 &=~(1<<6);             //设置 P1.6 准双向口
        while(1)
        {
            i=keyscan();            //将按键键值赋予变量 i
            if(i!=0)                //按键键值不等于 0 表示有按键按下
            {
                switch(i-1)         //按键键值 0～15
                {
                    case 0:  LED7=1;    LED8=1;    LED9=1;    LED10=1; break;
                    case 1:  LED7=1;    LED8=1;    LED9=1;    LED10=0; break;
                    case 2:  LED7=1;    LED8=1;    LED9=0;    LED10=1; break;
                    case 3:  LED7=1;    LED8=1;    LED9=0;    LED10=0; break;
                    case 4:  LED7=1;    LED8=0;    LED9=1;    LED10=1; break;
                    case 5:  LED7=1;    LED8=0;    LED9=1;    LED10=0; break;
                    case 6:  LED7=1;    LED8=0;    LED9=0;    LED10=1; break;
                    case 7:  LED7=1;    LED8=0;    LED9=0;    LED10=0; break;
                    case 8:  LED7=0;    LED8=1;    LED9=1;    LED10=1; break;
                    case 9:  LED7=0;    LED8=1;    LED9=1;    LED10=0; break;
                    case 10: LED7=0;    LED8=1;    LED9=0;    LED10=1; break;
                    case 11: LED7=0;    LED8=1;    LED9=0;    LED10=0; break;
                    case 12: LED7=0;    LED8=0;    LED9=1;    LED10=1; break;
                    case 13: LED7=0;    LED8=0;    LED9=1;    LED10=0; break;
                    case 14: LED7=0;    LED8=0;    LED9=0;    LED10=1; break;
                    case 15: LED7=0;    LED8=0;    LED9=0;    LED10=0; break;
                }
            }
        }//while
    }//main
```

② 定时扫描。在定时扫描工作方式下，单片机内部定时器定时扫描键盘是否有操作，一旦检测到有按键按下立即响应，根据键值执行相应的功能操作。

例 13.5 矩阵键盘的电路原理图如图 13.7 所示，该键盘与单片机 P0 口相连，工作于定时扫描方式，通过 4 个 LED 二进制显示 4×4 矩阵键盘的键值 0～15，单片机工作频率为 12MHz。

解 4×4 矩阵键盘工作于定时扫描方式，矩阵键盘扫描程序 keyscan( )位于定时器中断程序中，利用定时器定时扫描检测矩阵键盘是否有按键被按下。

C 语言源程序如下。

```
    #include "stc15.h"                  //包含支持 STC15 系列单片机头文件
    #include <intrins.h>                //使用_nop_();
    unsigned char i;                    //定义全局变量存放按键键值
    sbit  LED7   =   P1^7;              //定义 LED7 引脚
    sbit  LED8   =   P1^6;              //定义 LED8 引脚
```

```
sbit   LED9    =   P4^7;               //定义 LED9 引脚
sbit   LED10   =   P4^6;               //定义 LED10 引脚
#define KeyBus P0                      //矩阵键盘接口
unsigned char keyscan ( );             //矩阵键盘扫描程序声明
void main()
{
    TMOD=0x01;                         //设定定时/计数器 T0 的工作方式为工作方式 1
    EA=1;                              //开总中断
    TH0=0xD8;                          //高 8 位装初始值  TH0=(65536-10000)/256
    TL0=0xF0;                          //低 8 位装初始值  TL0=(65536-10000)%256
    ET0=1;                             //开定时/计数器 T0
    TR0=1;                             //启动定时/计数器 T0
    P0M1 = 0x00;                       //设置 P0 准双向口
    P0M0 = 0x00;                       //设置 P0 准双向口
    P1M1 &=~(1<<7);                    //设置 P1.7 准双向口
    P1M0 &=~(1<<7);                    //设置 P1.7 准双向口
    P1M1 &=~(1<<6);                    //设置 P1.6 准双向口
    P1M0 &=~(1<<6);                    //设置 P1.6 准双向口
    while(1)
    {
            if(i!=0)                   //按键键值不等于 0 表示有按键按下
            {
                    switch(i-1)        //按键键值 0～15
                    {
                        case 0:  LED7=1;     LED8=1;      LED9=1;      LED10=1; break;
                                 //中间省略，同例 13.4
                        case 15: LED7=0;     LED8=0;      LED9=0;      LED10=0; break;
                    }
            }
    }//while
}//main
void timer0() interrupt 1              //定时/计数器 T0 中断程序
{
    TH0=0xD8;                          //再装一次初始值
    TL0=0xF0;
    i=keyscan();                       //将按键键值赋予变量 i
}
```

③ 中断扫描。中断扫描工作方式能够提高单片机工作效率，在没有按键按下的情况下，单片机并不扫描矩阵键盘扫描程序，一旦有按键按下，通过硬件产生外部中断，单片机将立即扫描矩阵键盘扫描程序并根据键值执行相应的功能操作。

例 13.6　中断扫描矩阵键盘电路原理图如图 13.8 所示，该键盘与单片机 P0 口相连，工作于中断扫描方式，通过 4 个 LED 二进制显示 4×4 矩阵键盘的键值 0～15，单片机工作频率为 12MHz。

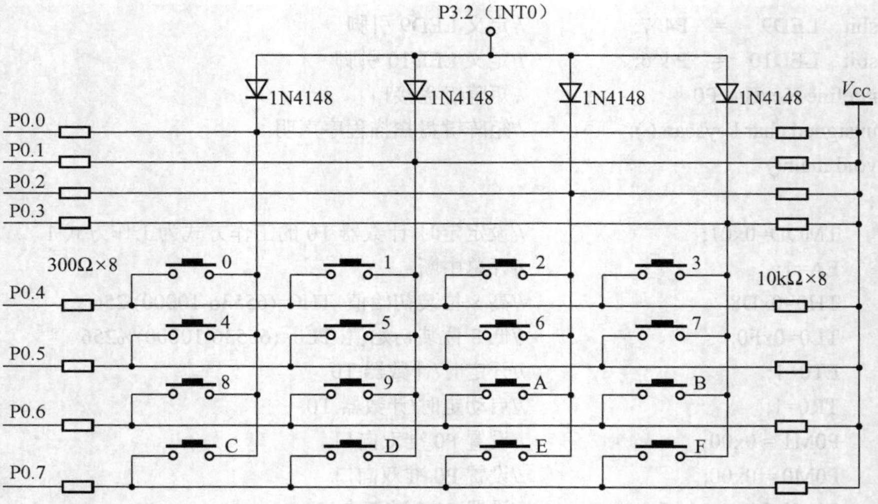

图 13.8 中断扫描矩阵键盘电路原理图

解 4×4 矩阵键盘工作在中断扫描方式下，矩阵键盘扫描程序 keyscan( )位于外部中断子程序中，只有当有按键被按下导致硬件产生外部中断时，矩阵键盘扫描程序才会被执行。

C 语言源程序如下。

```
#include "stc15.h"                    //包含支持 STC15 系列单片机头文件
#include <intrins.h>                  //使用_nop_();
unsigned char i;                      //定义局部变量存放按键键值
sbit   LED7    =    P1^7;             //定义 LED7 引脚
sbit   LED8    =    P1^6;             //定义 LED8 引脚
sbit   LED9    =    P4^7;             //定义 LED9 引脚
sbit   LED10   =    P4^6;             //定义 LED10 引脚
#define KeyBus P0                     //矩阵键盘接口
unsigned char keyscan ( );            //矩阵键盘扫描程序声明
void main()
{
    IT0=1;                            //外部中断 INT0 边沿触发
    EX0=1;                            //外部中断 INT0 允许
    EA=1;                             //打开总中断请求
    P0M1 = 0x00;                      //设置 P0 准双向口
    P0M0 = 0x00;                      //设置 P0 准双向口
    P1M1 &=～(1<<7);                  //设置 P1.7 准双向口
    P1M0 &=～(1<<7);                  //设置 P1.7 准双向口
    P1M1 &=～(1<<6);                  //设置 P1.6 准双向口
    P1M0 &=～(1<<6);                  //设置 P1.6 准双向口
    while(1)
    {
        KeyBus = 0x0f;                //高 4 位输出 0，有按键按下产生外部中断
```

```
            if(i!=0)                    //按键键值不等于 0 表示有按键按下
            {
                switch(i-1)             //按键键值 0～15
                {
                    case 0:  LED7=1;    LED8=1;     LED9=1;     LED10=1; break;
                                        //中间省略，同例 13.4
                    case 15: LED7=0;    LED8=0;     LED9=0;     LED10=0; break;
                }
            }
    }//while
}//main
void int0( ) interrupt 0                //外部中断 INT0
{
    i=keyscan();                        //将按键键值赋予变量 i
}
```

13.2.2 LED 数码管显示与应用编程

1. LED 数码管显示原理

LED 数码管是显示数字和字母等数据的重要显示器件之一，其显示原理是通过点亮内部的 LED，实现相应数字和字母的显示。常用的 LED 数码管有一位 LED 数码管、两位 LED 数码管、三位 LED 数码管和四位 LED 数码管，还有“米”字 LED 数码管等。LED 数码管的右下角有带小数点的，也有些不带小数点的，也有带冒号“：”的，带冒号的常用于时钟的显示。各种常用 LED 数码管实物图如图 13.9 所示。LED 数码管的显示颜色以红色居多，也有可以显示绿色、蓝色等颜色的产品，用户可以根据需要选用。

图 13.9　各种常用 LED 数码管实物图

一位 LED 数码管中共有 8 个独立的 LED，每个 LED 称为一字段，有用于显示的 a、b、c、d、e、f、g 7 个字段，用于显示小数点的 dp1 个字段，还有一个同时连接引脚 3 和引脚 8 的公共端 com，所以一位 LED 数码管一共封装了 10 个引脚。一位 LED 数码管引脚分布如图 13.10（a）所示。LED 数码管根据公共端是阳极还是阴极连在一起又分为共阳极 LED 数码管和共阴极 LED 数码管。共阴极 LED 数码管内部原理如图 13.10（b）所示，共阳极 LED 数码管内部原理如图 13.10（c）所示。

共阳极 LED 数码管内部 8 个 LED 的阳极全部连接在一起作为公共端 com，在硬件电路设计时接高电平，阴极接低电平则相应的 LED 点亮。类似地，共阴极 LED 数码管内部 8 个 LED 的阴极全部连接在一起作为公共端 com，在硬件电路设计时接低电平，阳极接高电平则相应的 LED 点亮。如果要显示数字，则需要同时点亮相应的字段，也就是要给 0～9 这 10

个数字编码，具体的编码根据共阳极LED数码管和共阳极LED数码管的不同，点亮LED高低电平是相反的，和硬件的连接也是息息相关的，一般是按顺序从高位到低位或从低位到高位进行编码的，有时也会根据硬件连接的需要按任意顺序进行编码。

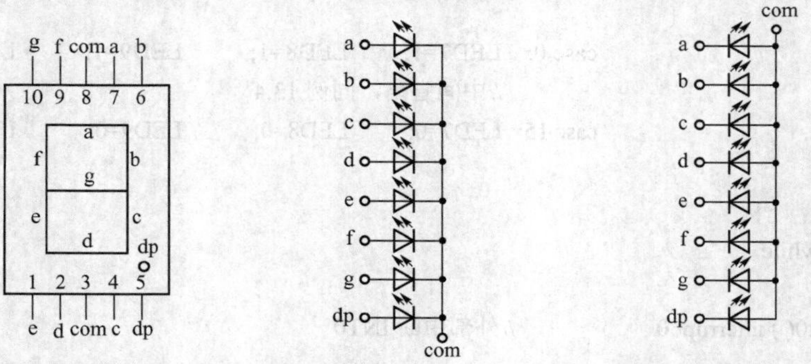

（a）一位LED数码管引脚分布　（b）共阴极LED数码管内部原理　（c）共阳极LED数码管内部原理

图 13.10　一位 LED 数码管引脚分布及其内部原理

共阴极LED数码管按顺序从高位到低位进行编码显示代码如表13.1所示。共阳极LED数码管按顺序从高位到低位进行编码显示代码如表13.2所示。共阴极LED数码管根据硬件连接的需要按任意顺序进行编码显示代码如表13.3所示。需要注意的是，数据位和字段的连接关系是由硬件决定的。

表 13.1　共阴极 LED 数码管按顺序从高位到低位进行编码显示代码

数据位	D7	D6	D5	D4	D3	D2	D1	D0	共阴极编码
字段	dp	g	f	e	d	c	b	a	不带小数点/带小数点
0	0 / 1	0	1	1	1	1	1	1	0x3F / 0xBF
1	0 / 1	0	0	0	0	1	1	0	0x06 / 0x86
2	0 / 1	1	0	1	1	0	1	1	0x5B / 0xDB
3	0 / 1	1	0	0	1	1	1	1	0x4F / 0xCF
4	0 / 1	1	1	0	0	1	1	0	0x66 / 0xE6
5	0 / 1	1	1	0	1	1	0	1	0x6D / 0xED
6	0 / 1	1	1	1	1	1	0	1	0x7D / 0xFD
7	0 / 1	0	0	0	0	1	1	1	0x07 / 0x87
8	0 / 1	1	1	1	1	1	1	1	0x7F / 0xFF
9	0 / 1	1	1	0	1	1	1	1	0x6F / 0xEF

表 13.2　共阳极 LED 数码管按顺序从高位到低位进行编码显示代码

数据位	D7	D6	D5	D4	D3	D2	D1	D0	共阳极编码
字段	dp	g	f	e	d	c	b	a	不带小数点/带小数点
0	1 / 0	1	0	0	0	0	0	0	0xC0 / 0x40
1	1 / 0	1	1	1	1	0	0	1	0xF9 / 0x79
2	1 / 0	0	1	0	0	1	0	0	0xA4 / 0x24
3	1 / 0	0	1	1	0	0	0	0	0xB0 / 0x30
4	1 / 0	0	0	1	1	0	0	1	0x99 / 0x19

续表

数据位	D7	D6	D5	D4	D3	D2	D1	D0	共阳极编码
5	1 / 0	0	0	1	0	0	1	0	0x92 / 0x12
6	1 / 0	0	0	0	0	0	1	0	0x82 / 0x02
7	1 / 0	1	1	1	1	0	0	0	0xF8 / 0x78
8	1 / 0	0	0	0	0	0	0	0	0x80 / 0x00
9	1 / 0	0	0	1	0	0	0	0	0x90 / 0x10

表 13.3　共阴极 LED 数码管根据硬件连接的需要按任意顺序进行编码显示代码

数据位	D7	D6	D5	D4	D3	D2	D1	D0	共阴极编码
字段	g	f	dp	c	b	a	e	d	不带小数点/带小数点
0	0	1	0 / 1	1	1	1	1	1	0x5F / 0x7F
1	0	0	0 / 1	1	1	0	0	0	0x18 / 0x38
2	1	0	0 / 1	0	1	1	1	1	0x8F / 0xAF
…	…	…	…	…	…	…	…	…	…

由表 13.1～表 13.3 可以看出，不同的硬件连接对应不同的显示代码，根据硬件电路设计的需要可以有多种不同的编码方式，但编码遵循的原理都是一样的，一般在常规应用中按从高位到低位进行编码更具通用性和可移植性。

除了一位 LED 数码管，两位一体 LED 数码管、三位一体 LED 数码管和四位一体 LED 数码管都是实际应用较多的显示器件。多位一体 LED 数码管的内部每一位独立对应一个公共端 com，从而控制相应的 LED 数码管，通常把公共端称为位选线；a、b、c、d、e、f、g、dp 对应的段线每位全部连接在一起，从而控制 LED 数码管显示的数字，通常把这个连接在一起的段线称为段选线。单片机及外围电路通过控制位选和段选就可以控制任意的 LED 数码管显示任意的数字。三位一体共阳极 LED 数码管内部原理图如图 13.11 所示。

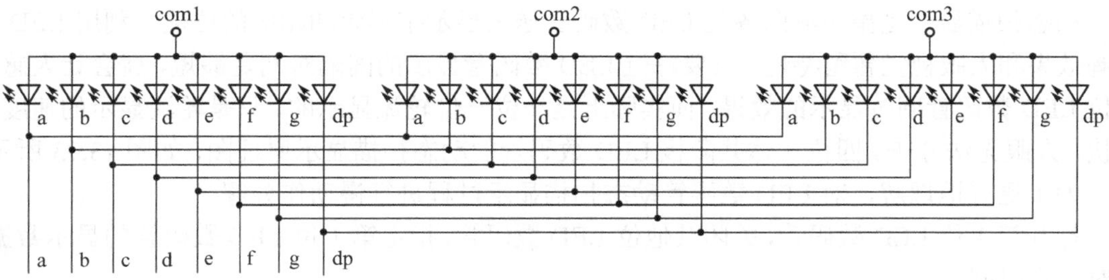

图 13.11　三位一体共阳极 LED 数码管内部原理图

单片机控制 LED 数码管显示的方式主要有以硬件为主的静态显示和以软件为主的动态扫描显示两种。LED 数码管在进行显示时，传输数据用的是并行数据，有时为了节省单片机 I/O 口，需要将并行数据转换成串行数据。

2．LED 数码管的静态显示

静态显示是指 LED 数码管在显示某一字符时，相应的 LED 恒定导通或截止。每位 LED

数码管工作时相互独立，共阴极 LED 数码管所有公共端恒定接地，共阳极 LED 数码管所有公共端恒定接正电源；每个 LED 数码管的 8 个字段分别与一个 8 位 I/O 口地址相连，I/O 口只要有段码输出，相应的字符就能显示出来，并保持不变，直到 I/O 口输出新的段码。三位共阳极 LED 数码管的静态显示原理图如图 13.12 所示。需要注意的是，静态显示的每位 LED 数码管必须由独立的一位 LED 数码管来充当，而不能由多位一体 LED 数码管来充当。采用静态显示方式，较小的电流即可获得较高的亮度，所以同等显示环境下的限流电阻的取值要比采用动态扫描显示方式限流电阻的取值大。在静态显示时，各位 LED 数码管同时显示不需要扫描，所以占用 CPU 时间少，编程简单，便于监测和控制，但这些优点是以牺牲硬件资源来实现的。所以静态显示的 LED 数码管占用单片机 I/O 口多，硬件电路复杂，成本高，只适合显示位数较少的场合，一般情况下不超过三位 LED 数码管，实际应用较少。

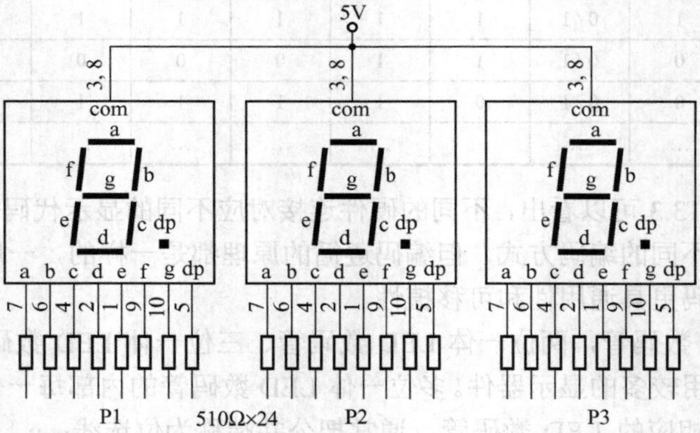

图 13.12　三位共阳极 LED 数码管的静态显示原理图

3. LED 数码管的动态扫描显示

动态扫描显示是指轮流向各位 LED 数码管送出显示字形码和相应的位选，利用 LED 的余辉效果和人眼视觉暂留特性，只要每位 LED 数码管显示的间隔时间足够短，就会让人感觉每位 LED 数码管同时显示的效果，而实际上是一位一位轮流显示的，只是轮流显示的速度非常快，人眼无法分辨。四位一体共阳极 LED 数码管的动态扫描显示原理图，如图 13.13 所示。

为了更好地理解，对 LED 数码管动态扫描显示过程进行慢动作分解：

打开第 1 位 LED 数码管，关闭其他位 LED 数码管，指定第 1 位 LED 数码管的显示数据，延时一定时间；

打开第 2 位 LED 数码管，关闭其他位 LED 数码管，指定第 2 位 LED 数码管的显示数据，延时一定时间；

……

打开第 *n* 位 LED 数码管，关闭其他位 LED 数码管，指定第 *n* 位 LED 数码管的显示数据，延时一定时间；

依次循环。

从慢动作分解可以看到，第 1 位 LED 数码管以一定时间显示相应的数字，然后熄灭；

第 2 位 LED 数码管以一定时间显示相应的数字，然后熄灭；一直到第 n 位 LED 数码管以一定时间显示相应的数字，然后熄灭；依次循环。只要延时的时间足够短，所有 LED 数码管就可以同时稳定地显示。

采用动态扫描显示方式比较节省单片机的 I/O 口，其硬件电路较静态显示方式的硬件电路简单，但其显示亮度不如静态显示方式，而且在显示位数较多时，单片机需要依次扫描，占用 CPU 时间较多。

工作于动态扫描显示方式的 LED 数码管需要通过增大扫描时的驱动电流来提高 LED 数码管的显示亮度。一般情况下采用三极管分立元件或专用的驱动芯片（如 ULN2003 等）作为位选驱动，采用 74LS244 或 74LS573 作为段选锁存及驱动。STC 单片机 I/O 口具有较强的驱动能力，特别是对低电平的拉低能力，也可以直接驱动 LED 数码管。

例 13.7 四位共阳极 LED 数码管分别显示数字 5～8，如图 13.13 所示。

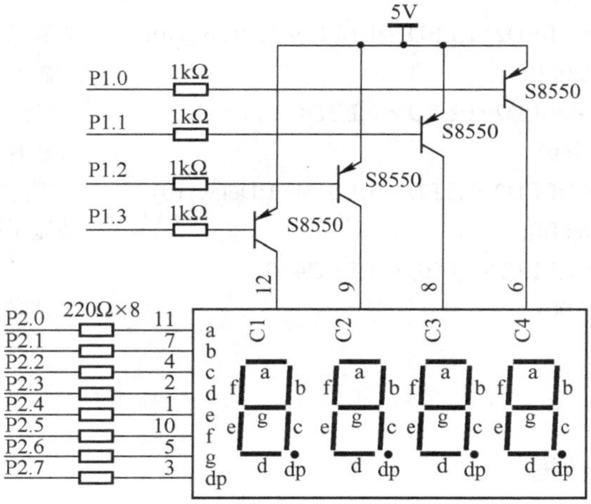

图 13.13　四位一体共阳极 LED 数码管的动态扫描显示原理图

解　C 语言源程序如下。

```
#include "stc15.h"                            //包含支持 STC15 系列单片机头文件
#include "gpio.h"                             //包含初始化 I/O 口头文件
unsigned char tab[]={0x28,0xee,0x32,0xa2,0xe4,0xa1,0x21,0xea,0x20,0xa0};   //数字 0～9 编码
#define LED P0                                //4 位共阳极 LED 数码管段选
sbit LED1=P2^4;                               //第 1 位 LED 数码管位选
sbit LED2=P2^5;                               //第 2 位 LED 数码管位选
sbit LED3=P2^6;                               //第 3 位 LED 数码管位选
sbit LED4=P2^7;                               //第 4 位 LED 数码管位选
void Delay(unsigned int v)                    //延时子程序
{
    while(v!=0)
        v--;
}
```

```
void main(void)                                      //主程序
{
    gpio();                                          //初始化 I/O 口为准双向口
    while(1)
    {
        LED1=1;LED2=1;LED3=1;LED4=1;Delay(10);       //消除重影
        LED=tab[5];                                  //显示数字 5
        LED1=0;LED2=1;LED3=1;LED4=1;                 //打开第 1 位 LED 数码管
        Delay(100);                                  //延时一定时间
        LED1=1;LED2=1;LED3=1;LED4=1;Delay(10);       //消除重影
        LED=tab[6];                                  //显示数字 6
        LED1=1;LED2=0;LED3=1;LED4=1;                 //打开第 2 位 LED 数码管
        Delay(100);                                  //延时一定时间
        LED1=1;LED2=1;LED3=1;LED4=1;Delay(10);       //消除重影
        LED=tab[7];                                  //显示数字 7
        LED1=1;LED2=1;LED3=0;LED4=1;                 //打开第 3 位 LED 数码管
        Delay(100);                                  //延时一定时间
        LED1=1;LED2=1;LED3=1;LED4=1;Delay(10);       //消除重影
        LED=tab[8];                                  //显示数字 8
        LED1=1;LED2=1;LED3=1;LED4=0;                 //打开第 4 位 LED 数码管
        Delay(100);                                  //延时一定时间
    }
}
```

4. 串行数据转并行数据

从图 13.12 中可以看出，占用单片机硬件资源的 24 个 I/O 口用于显示数据；从图 13.13 中可以看出，占用单片机硬件资源的 8 个 I/O 口用于输出段码，4 个 I/O 口用于输出位控制码，12 个 I/O 口用于显示数据。一些稍微复杂的单片机系统中的 I/O 口资源可能不够用，这时就需要使用串行数据转并行数据芯片，以减少占用单片机 I/O 口的数量。常用串行数据转并行数据芯片有 74HC595、74LS164、CD4094 等，其中 74LS164 多用于一位 LED 数码管的驱动显示，广泛应用于电磁炉等小家电产品；74HC595 多用于多位 LED 点阵显示屏的驱动显示，广泛应用于 P10、P16 等 LED 点阵显示模块。

74HC595 串行数据转并行数据三位 LED 数码管静态显示原理图如图 13.14 所示，只需要占用 3 个单片机 I/O 口，就可以实现三位 LED 数码管的静态显示。

74HC595 串行数据转并行数据八位 LED 数码管动态扫描显示原理图如图 13.15 所示，段选和位选都可以加入串行数据转并行数据芯片，这样大大减少了占用的单片机 I/O 口数量。

例 13.8 74HC595 串行数据转并行数据八位 LED 数码管动态扫描显示原理图如图 13.15 所示。通过两个独立按键 SW17（P3.2）和 SW18（P3.3），实现按 SW17 使二位 LED 数码管显示的数字加 1，按 SW18 使二位 LED 数码管显示的数字减 1，当加 1 到最大值 99 后回到最小值 0，当减 1 到最小值 0 后回到最大值 99。单片机工作频率为 12.0MHz。

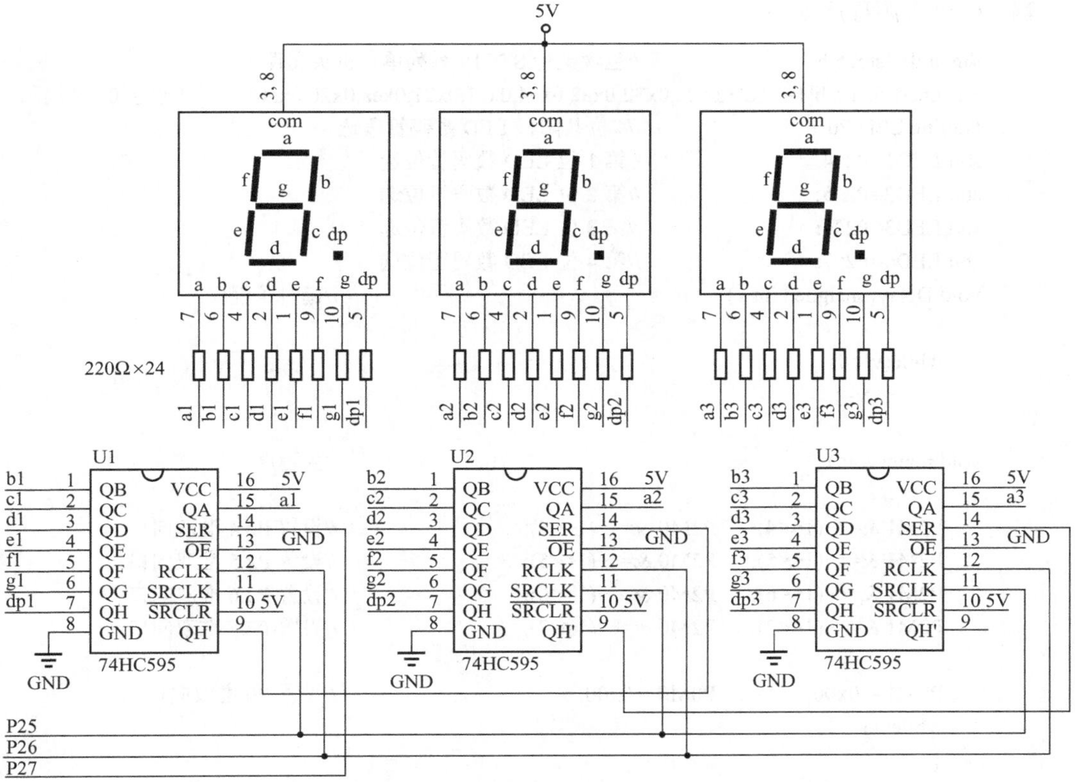

图 13.14　74HC595 串行数据转并行数据三位 LED 数码管静态显示原理图

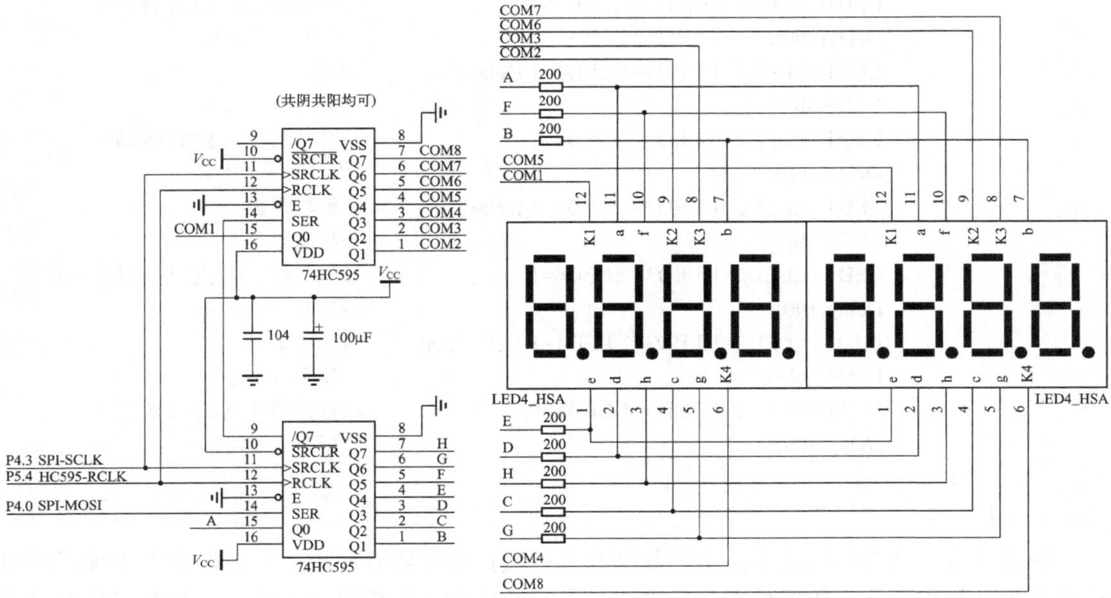

图 13.15　74HC595 串行数据转并行数据八位 LED 数码管动态扫描显示原理图

解　C 语言源程序如下。

```
#include "stc15.h"                    //包含支持 STC15 系列单片机头文件
unsigned char tab[]={0x28,0xee,0x32,0xa2,0xe4,0xa1,0x21,0xea,0x20,0xa0};    //数字 0～9 编码
#define LED P0                        //4 位共阳极 LED 数码管段选
sbit LED1=P2^4;                       //第 1 位 LED 数码管位选
sbit LED2=P2^5;                       //第 2 位 LED 数码管位选
sbit LED3=P2^6;                       //第 3 位 LED 数码管位选
sbit LED4=P2^7;                       //第 4 位 LED 数码管位选
void Delay(unsigned int v)                                  //延时子程序
{
    while(v!=0)
        v--;
}
void main(void)                                             //主程序
{
    P2M1 &=~(1<<4);    P2M0 &=~(1<<4);                      //设置 P2.4 准双向口
    P2M1 &=~(1<<5);    P2M0 &=~(1<<5);                      //设置 P2.5 准双向口
    P2M1 &=~(1<<6);    P2M0 &=~(1<<6);                      //设置 P2.6 准双向口
    P2M1 &=~(1<<7);    P2M0 &=~(1<<7);                      //设置 P2.7 准双向口

    P0M1 = 0x00;       P0M0 = 0x00;                         //设置 P0 准双向口
    while(1)
    {
        LED1=1;LED2=1;LED3=1;LED4=1;Delay(10);              //消除重影
        LED=tab[5];                                         //显示数字 5
        LED1=0;LED2=1;LED3=1;LED4=1;                        //打开第 1 位 LED 数码管
        Delay(100);                                         //延时一定时间
        LED1=1;LED2=1;LED3=1;LED4=1;Delay(10);              //消除重影
        LED=tab[6];                                         //显示数字 6
        LED1=1;LED2=0;LED3=1;LED4=1;                        //打开第 2 位 LED 数码管
        Delay(100);                                         //延时一定时间
        LED1=1;LED2=1;LED3=1;LED4=1;Delay(10);              //消除重影
        LED=tab[7];                                         //显示数字 7
        LED1=1;LED2=1;LED3=0;LED4=1;                        //打开第 3 位 LED 数码管
        Delay(100);                                         //延时一定时间
        LED1=1;LED2=1;LED3=1;LED4=1;Delay(10);              //消除重影
        LED=tab[8];                                         //显示数字 8
        LED1=1;LED2=1;LED3=1;LED4=0;                        //打开第 4 位 LED 数码管
        Delay(100);                                         //延时一定时间
    }
}
```

静态显示、动态扫描显示、串行数据和并行数据相互组合应用，可以衍生出 4 种不同的显示电路，分别是并行数据静态显示电路、并行数据动态扫描显示电路、串行数据静态显示电路、串行数据动态扫描显示电路。其中静态显示电路在实际工程中的应用比较少，动态扫描显示电路是否需要进行串行数据转并行数据可以根据实际需要选用。

5. LED 数码管显示专用芯片

在实际单片机应用系统开发过程中，为了节省宝贵的单片机 I/O 口资源，提高 CPU 的处理效率，在 LED 数码管的显示接口设计方面，特别是同时伴随有按键电路的情况下，通常使用专用的 LED 数码管显示驱动和键盘扫描专用芯片。常用的芯片有 MAX7219、TM1628、TM1638 等，下面对这些芯片进行简单介绍，读者可以根据需要查阅相关的芯片手册，进行相关的设计应用。

MAX7219 是一种集成化的串行 I/O 共阴极显示驱动器，它可以驱动八位 LED 数码管，也可以连接 64 个独立的 LED。MAX7219 采用方便的四线串行通信端口，可以连接所有通用的微处理器，包括一个片上的 B 型 BCD 编码器、多路扫描回路、段字驱动器；还包括一个 8×8 的静态 RAM，用来存储每一个数据，每个数据都可以单独寻址，在更新时不需要改写所有的显示数据。MAX7219 还可以设置 LED 数码管显示的亮度。

TM1628、TM1638 是一种带键盘扫描接口的 LED 驱动控制专用集成电路芯片，可以驱动八位 LED 数码管，其内部集成有 CPU 数字接口、数据锁存器、LED 高压驱动、键盘扫描等电路，广泛应用于 LED 显示屏驱动，采用 SOP28 封装形式。

13.2.3 LCD 接口与应用编程

1. LCD 模块概述

LCD（液晶显示）模块是一种将 LCD 元器件、连接件、集成电路、印制电路板、背光源、结构件装配在一起的组件。根据显示方式和内容的不同，LCD 模块可以分为数显笔段型 LCD 模块、点阵字符型 LCD 模块和点阵图形型 LCD 模块 3 种。

（1）数显笔段型 LCD 模块是一种段型 LCD 元器件，主要用于显示数字和一些标识符号（通常由 7 个字段在形状上组成数字“8”的结构），广泛应用于计算器、电子手表、数字万用表等产品中。

（2）点阵字符型 LCD 模块是由点阵字符 LCD 元器件和专用的行列驱动器、控制器，以及必要的连接件、结构件装配而成的，能够显示 ASCII 码字符（如数字、大小写字母、各种符号等），但不能显示图形，每一个字符单元显示区域由一个 5×7 的点阵组成，典型产品有 LCD1602 和 LCD2004 等。

（3）点阵图形型 LCD 模块的点阵像素在行和列上是连续排列的，不仅可以显示字符，还可以显示连续、完整的图形，甚至集成了字库，可以直接显示汉字，典型产品有 LCD12864 和 LCD19264 等。

从 LCD 模块的命名数字可以看出，LCD 模块通常是按照显示字符的行数或 LCD 点阵的行列数来命名的，如 1602 是指 LCD 模块每行可以显示 16 个字符，一共可以显示 2 行；12864 是指 LCD 点阵区域有 128 列、64 行，可以控制任意一个点显示或不显示。

常用的 LCD 模块均自带背光，不开背光的时候需要自然采光才可以看清楚，开启背光则是通过背光源采光，在黑暗的环境下也可以正常使用。

内置控制器的 LCD 模块可以与单片机 I/O 口直接相连，硬件电路简单，使用方便，显示信息量大，不需要占用 CPU 扫描时间，在实际产品中得到广泛应用。

本节主要介绍 LCD1602 和 LCD12864 两种典型的 LCD 模块，详细分析并行数据操作方式和串行数据操作方式。目前常用的 LCD1602 和 LCD12864 都可以工作于并行或串行数据操作方式，但实际应用中的 LCD1602 常工作于并行数据操作方式，LCD12864 则在两种操作方式中都得到了广泛应用。

2. 点阵字符型 LCD 模块 LCD1602

LCD1602 是由 32 个 5×7 点阵块组成的字符块集，每个字符块是一个字符位，每一位显示一个字符，字符位之间有一个点的间隔，起到字符间距和行距的作用，其内部集成了日立公司的控制器 HD44780U 或与 LCD1602 兼容的 HD44780U 的替代品。

（1）LCD1602 特性概述。

① 采用+5V 供电，对比度可调整，背光灯可控制。

② 内含振荡电路，系统内含重置电路。

③ 提供各种控制指令，如复位显示器、字符闪烁、光标闪烁、显示移位多种功能。

④ 显示用数据 RAM 共 80 字节。

⑤ 字符产生器 ROM 共有 160 个 5×7 点阵字形。

⑥ 字符产生器 RAM 可由用户自行定义 8 个 5×7 点阵字形。

（2）LCD1602 引脚说明及应用电路。

LCD1602 的实物图如图 13.16 所示。LCD1602 硬件接口采用标准的 16 引脚单列直插封装 SIP16。LCD1602 的引脚及应用电路图如图 13.17 所示。

图 13.16 LCD1602 的实物图

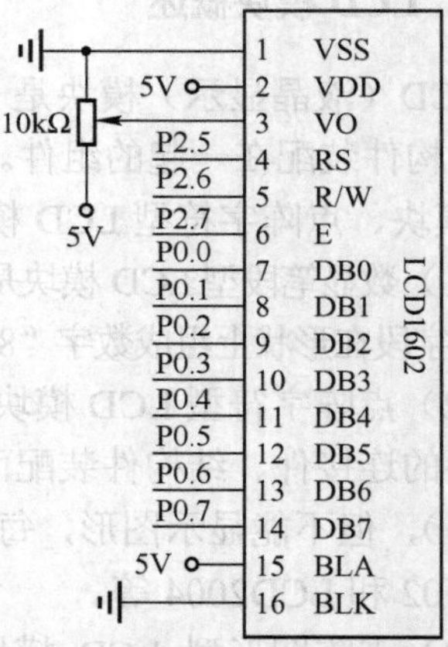

图 13.17 LCD1602 的引脚及应用电路图

① 第 1 引脚 VSS：电源负极。

② 第 2 引脚 VDD：电源正极。

③ 第 3 引脚 VO：LCD 对比度调节端，一般接 10kΩ 的电位器调整对比度，或者接一合适的固定电阻固定对比度。

④ 第 4 引脚 RS：数据/指令选择端，(RS)= 0，读/写指令；(RS)= 1，读/写数据。RS 可接单片机 I/O 口。

⑤ 第 5 引脚 R/W：读/写选择端，(R/W)= 0，写入操作；(R/W)= 1，读取操作。R/W 可接单片机 I/O 口。

⑥ 第 6 引脚 E：使能信号控制端，高电平有效。E 可接单片机 I/O 口。

⑦ 第 7～14 引脚 DB0～DB7：数据 I/O 引脚。一般接单片机 P0 口，也可以接 P1、P2、P3 口，由于 LCD1602 内部自带上拉电阻，所以在设计实际硬件电路时可以不加上拉电阻。

⑧ 第 15 引脚 BLA：背光灯电源正极。

⑨ 第 16 引脚 BLK：背光灯电源负极。

（3）LCD1602 控制方式及指令。

以 CPU 来控制 LCD 元器件，其内部可以看作两组寄存器：一组为指令寄存器，另一组为数据寄存器，由 RS 引脚进行控制。所有对指令寄存器或数据寄存器的存取均需要检查 LCD 内部的忙碌标志位，此标志位用来告知 LCD 内部正在工作，不允许接收任何控制指令。对于忙碌标志位，可以在 RS 为 0 时，读取位 7 来判断其状态，当忙碌标志位为 0 时，才可以写入指令或数据。LCD1602 内部的控制器共有 11 条控制指令。

① 复位显示器指令，指令码为 0x01，将 LCD 的 DDRAM 数据全部填入空白码 20H，执行此指令，将清除 LCD 的内容，同时光标将移到左上角。

② 光标归位设置指令，指令码为 0x02，地址计数器被清 0，DDRAM 数据不变，光标移到左上角。

③ 字符进入模式设置指令，其格式如表 13.4 所示。

表 13.4 字符进入模式设置指令格式

位号	DB7	DB6	DB5	DB4	DB3	DB2	DB1	DB0
位名称	0	0	0	0	0	0	I/D	S

I/D：地址计数器递增或递减控制位。(I/D)=1，递增，每读写一次显示 RAM 中的字符码，地址计数器加 1，同时光标所显示的位置右移 1 位；同理，(I/D)=0，递减，每读写一次显示 RAM 中的字符码，地址计数器减 1，同时光标所显示的位置左移 1 位。

S：显示屏移动或不移动控制位。当(S)= 1 时，向 DDRAM 中写入一个字符，若(I/D)= 1 则显示屏向左移动一格，若(I/D)= 0 则显示屏向右移动一格，而光标位置不变；当(S)= 0 时，显示屏不移动。

④ 显示屏开关指令，其格式如表 13.5 所示。

表 13.5 显示屏开关指令格式

位号	DB7	DB6	DB5	DB4	DB3	DB2	DB1	DB0
位名称	0	0	0	0	1	D	C	B

D：显示屏打开或关闭控制位。(D)= 1，显示屏打开；(D)= 0，显示屏关闭。

C：光标出现控制位。(C)= 1，光标出现在地址计数器所指的位置；(C)= 0，光标不出现。

B：光标闪烁控制位。(B)= 1，光标出现后会闪烁；(B)= 0，光标不闪烁。

⑤ 显示光标移位指令，其格式如表 13.6 所示。

表 13.6 显示光标移位指令格式

位号	DB7	DB6	DB5	DB4	DB3	DB2	DB1	DB0
位名称	0	0	0	1	S/C	R/L	*	*

注：“*”表示“0”或“1”都可以，后面类似表同此说明。

显示光标移位操作控制如表 13.7 所示。

表 13.7　显示光标移位操作控制

S/C	R/L	操作
0	0	光标向左移，即 10H
0	1	光标向右移，即 14H
1	0	字符和光标向左移，即 18H
1	1	字符和光标向右移，即 8CH

⑥ 功能置位指令，其格式如表 13.8 所示。

表 13.8　功能置位指令格式

位号	DB7	DB6	DB5	DB4	DB3	DB2	DB1	DB0
位名称	0	0	1	DL	N	F	*	*

DL：数据长度选择位。(DL)= 1，传输 8 位数据；(DL)= 0，传输 4 位数据，使用 D7～D4 各位，分 2 次送入一个完整的字符数据。

N：显示屏为单行或双行选择位。(N) = 1，双行显示；(N) = 0，单行显示。

F：大小字符显示选择位。(F)= 1，为 5×10 点阵，字会大些；(F)= 0，为 5×7 点阵。

LCD1602 常被设置为 8 位数据接口，16×2 双行显示，5×7 点阵，则初始化数据为 00111000B，即 38H。

⑦ CGRAM 地址设置指令，其格式如表 13.9 所示。将 CGRAM 设置为 6 位的地址值，便可对 CGRAM 进行读/写数据操作。

表 13.9　CGRAM 地址设置指令格式

位号	DB7	DB6	DB5	DB4	DB3	DB2	DB1	DB0
位名称	0	1	A5	A4	A3	A2	A1	A0

⑧ DDRAM 地址设置指令，其格式如表 13.10 所示。将 DDRAM 设置为 7 位的地址值，便可对 DDRAM 进行读/写数据操作。

表 13.10　DDRAM 地址设置指令格式

位号	DB7	DB6	DB5	DB4	DB3	DB2	DB1	DB0
位名称	1	A6	A5	A4	A3	A2	A1	A0

⑨ 忙碌标志读取指令，其格式如表 13.11 所示。

表 13.11　忙碌标志读取指令格式

位号	DB7	DB6	DB5	DB4	DB3	DB2	DB1	DB0
位名称	BF	A6	A5	A4	A3	A2	A1	A0

LCD 的忙碌标志位 BF 用于指示 LCD 目前的工作情况。当(BF)= 1 时，表示 LCD 正在进行内部数据处理，不接受外界送来的指令或数据；当(BF)= 0 时，表示 LCD 已准备接收指令或数据。

当程序读取一次数据的内容时，DB7 表示忙碌标志位，另外 7 个位地址表示 CGRAM 或 DDRAM 中的地址，至于指向哪一个地址，根据最后写入的地址设置指令而定。

⑩ 当写数据到 CGRAM 或 DDRAM 中时，需要先设置 CGRAM 或 DDRAM 的地址，再写数据。

⑪ 当从 CGRAM 或 DDRAM 中读取数据时，需要先设置 CGRAM 或 DDRAM 的地址，再读取数据。

（4）LCD1602 的 RAM 地址映射。

LCD 模块的操作需要一定的时间，所以在执行每条指令之前，一定要确认 LCD 模块的忙碌标志位为低电平，否则此指令无效。当需要显示字符时，需要先指定要显示字符的地址，也就是告诉 LCD 模块显示字符的位置，再指定具体的显示字符内容。LCD1602 的内部显示地址如图 13.18 所示。

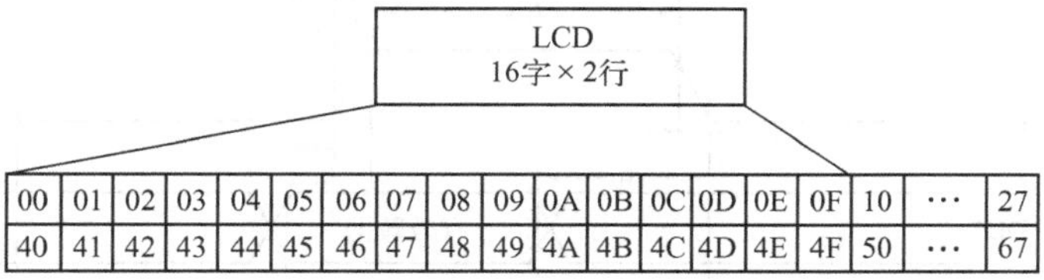

图 13.18　LCD1602 的内部显示地址

由于在向 LCD1602 写入显示地址时，要求最高位 D7 恒为高电平，所以 LCD1602 实际显示地址（十六进制）如表 13.12 所示。

表 13.12　LCD1602 实际显示地址（十六进制）

80	81	82	83	84	85	86	87	88	89	8A	8B	8C	8D	8E	8F
C0	C1	C2	C3	C4	C5	C6	C7	C8	C9	CA	CB	CC	CD	CE	CF

在对 LCD 模块进行初始化时，要先设置显示模式。LCD 模块在显示字符时，光标是自动右移的，无须人工干预。每次在输入指令前，都要判断 LCD 模块是否处于忙碌状态。

（5）LCD1602 的读/写时序图。

LCD1602 的读/写时序是有严格要求的，在实际应用中，由单片机控制 LCD1602 的读/写时序，并对其进行相应的显示操作。LCD1602 的写操作时序图如图 13.19 所示。

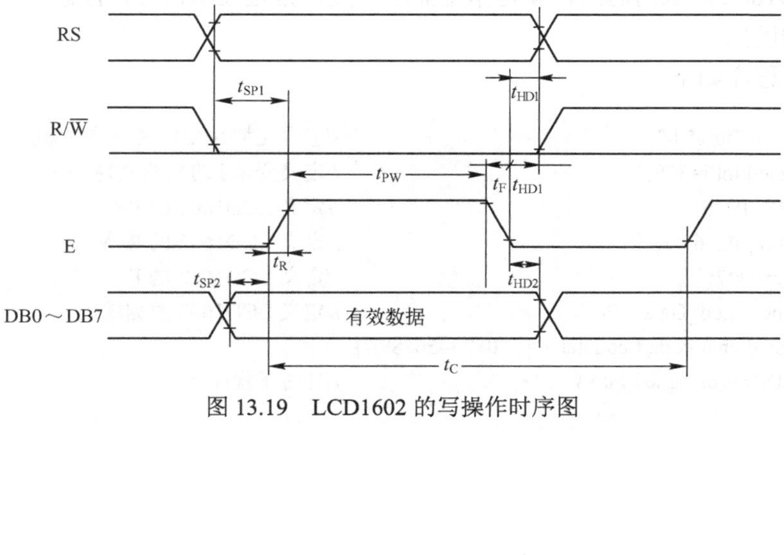

图 13.19　LCD1602 的写操作时序图

由 LCD1602 的写操作时序图可知 LCD1602 的写操作流程如下。

① 通过 RS 确定是写数据还是写指令。写指令包括使 LCD1602 的光标显示/ 不显示、光标闪烁/不闪烁、需要/不需要移屏、指定显示位置等。写数据是指定显示内容。

② 将读/写控制端设置为低电平，则为写模式。

③ 将数据或指令送到数据线上。

④ 给 E 一个高脉冲将数据送入液晶控制器，完成写操作。

LCD1602 的读操作时序图如图 13.20 所示。

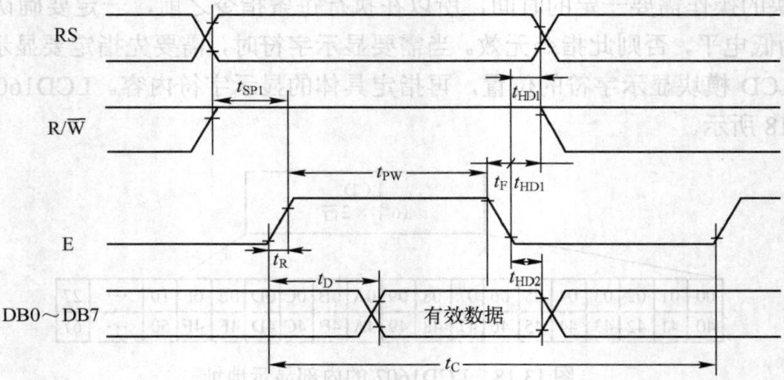

图 13.20　LCD1602 的读操作时序图

由 LCD1602 的读操作时序图可知 LCD1602 的读操作流程如下。

① 通过 RS 确定是读取忙碌标志及地址计数器内容还是读取数据寄存器内容。

② 读/写控制端设置为高电平，则为读模式。

③ 将忙碌标志位或数据送到数据线上。

④ 给 E 一个高脉冲将数据送入单片机，完成读操作。

（6）LCD1602 的软件程序设计应用。

例 13.9　在 LCD1602 的引脚及应用电路图如图 13.17 所示，在指定位置显示数据，该数据可由两个外部中断按键实现加 1 或减 1，并通过运算得到个位、十位、百位；在指定位置显示 ASCII 码字符；在指定位置显示数字。

解　LCD1602 的应用思路，就是指定显示位置，指定显示内容，注意显示内容是字符、数字和变量的区别。

C 语言源程序如下。

```
#include "stc15.h"                          //包含支持 STC15 系列单片机头文件
unsigned int i=315;                         //定义变量 i 的初始值为 315
sbit RS=P2^5;                               //定义 LCD1602 的 RS
sbit RW=P2^6;                               //定义 LCD1602 的 R/W
sbit E=P2^7;                                //定义 LCD1602 的 E
#define    Lcd_Data    P0                   //定义 LCD1602 数据端口
unsigned char code Lcddata[ ] = {"0123456789:"};
void Delay(unsigned int v)                  //延时子程序
{
```

```
    while(v!=0)
            v--;
}
void Read_Busy(void)                              //读忙碌信号判断
{
    unsigned char ch;
    cheak:Lcd_Data=0xff;
    RS=0;
    RW=1;
    E=1;
    Delay(10);
    ch=Lcd_Data;
    E=0;
    ch=ch|0x7f;
    if(ch!=0x7f)
    goto cheak;
}
void Write_Comm(unsigned char lcdcomm)            //写指令函数
{
    Read_Busy();
    RW=0;
    Delay(10);
    Lcd_Data=lcdcomm;
    E=1;
    E=0;
}
void Write_Char(unsigned int num)                 //写字符函数
{
    Read_Busy();
    RS=1;
    RW=0;
    Delay(10);
    Lcd_Data = Lcddata[ num ];
    E=1;
    E=0;
}
void Write_Data(unsigned char lcddata)            //写数据函数
{
    Read_Busy();
    RS=1;
    RW=0;
    Delay(10);
    Lcd_Data = lcddata;
    E=1;
    E=0;
```

```
}
void Init_LCD(void)                                //初始化 LCD1602
{
    Write_Comm(0x01);                              //清除显示
    Write_Comm(0x38);                              //8 位数据 2 行 5×7
    Write_Comm(0x06);                              //文字不动，光标右移
    Write_Comm(0x0c);                              //显示开/关，光标开，闪烁开
}
void main(void)                                    //主函数
{
    IT0=1;                                         //外部中断 INT0 边沿触发
    EX0=1;                                         //外部中断 INT0 允许
    IT1=1;                                         //外部中断 INT1 边沿触发
    EX1=1;                                         //外部中断 INT1 允许
    EA=1;                                          //打开总中断
    P2M1 &=~(1<<5);                                //设置 P2.5 准双向口
    P2M0 &=~(1<<5);                                //设置 P2.5 准双向口
    P2M1 &=~(1<<6);                                //设置 P2.6 准双向口
    P2M0 &=~(1<<6);                                //设置 P2.6 准双向口
    P2M1 &=~(1<<7);                                //设置 P2.7 准双向口
    P2M0 &=~(1<<7);                                //设置 P2.7 准双向口
    P0M1 = 0x00;                                   //设置 P0 准双向口
    P0M0 = 0x00;                                   //设置 P0 准双向口
    Init_LCD( );                                   //初始化 LCD1602
    Write_Comm(0xC2);                              //指定显示位置
    Write_Data( 'I' );                             //指定显示数据
    Write_Data( 'A' );
    Write_Data( 'P' );
    Write_Comm(0xC5);                              //指定显示位置
    Write_Data( '1' );                             //指定显示数据
    Write_Data( '5' );
    Write_Data( 'W' );
    Write_Data( '4' );
    Write_Data( 'K' );
    Write_Char(5);
    Write_Char(8);
    Write_Data( 'S' );
    Write_Char(4);
    while(1)
    {
            Write_Comm(0x80);                      //指定显示位置
            Write_Char(i/100);                     //显示 i 百位
            Write_Char(i%100/10);                  //显示 i 十位
            Write_Char(i%100%10);                  //显示 i 个位
    }
```

```
    }
    void INT0() interrupt 0                          //外部中断 INT0 处理按键程序
    {
        EA=0;                                        //禁止总中断
        i--;                                         //变量 i 减 1
        if(i<0){i=999;}                              //判断如果 i 小于 0 就回到 999
        EA=1;                                        //打开总中断
    }
    void INT1() interrupt 2                          //外部中断 INT1 处理按键程序
    {
        EA=0;                                        //禁止总中断
        i++;                                         //变量 i 加 1
        if(i>999){i=0;}                              //判断如果 i 大于 999 就回到 0
        EA=1;                                        //打开总中断
    }
```

题目小结：指定显示位置使用 Write_Comm( )语句，具体数据如表 13.12 所示；显示运算后得到的数字使用 Write_Char( )语句；显示 ASCII 码字符使用 Write_Data(' ')语句；显示数字使用 Write_Char( )语句或 Write_Data(' ')语句。

3. 点阵图形型 LCD 模块 LCD12864

点阵图形型 LCD 模块一般简称为图形 LCD 或点阵 LCD，分为包含中文字库的点阵图形型 LCD 模块与不包含中文字库的点阵图形型 LCD 模块；其数据接口可分为并行接口（8 位或 4 位）和串行通信端口。本节以包含中文字库的点阵图形型 LCD 模块 LCD12864 为例，介绍点阵图形型 LCD 的应用。虽然不同厂家生产的 LCD12864 不一定完全一样，但具体应用大同小异，以厂家配套的技术文档为依据。

（1）LCD12864 特性概述。

内部包含 GB/T 2312—1980 的 LCD12864 的控制器芯片型号是 ST7920，具有 128×64 点阵，能够显示 4 行，每行 8 个汉字，每个汉字是 16×16 点阵的。为了便于简单显示汉字，LCD12864 具有 2MB 的中文字形 CGROM，其中含有 8192 个 16×16 点阵中文字库；为了便于显示汉字拼音、英文和其他常用字符，LCD12864 具有 16KB 的 16×8 点阵的 ASCII 字符库；为了便于构造用户图形，LCD12864 提供了一个 64×256 点阵的 GDRAM 绘图区域；为了便于用户自定义字形，LCD12864 提供了 4 组 16×16 点阵的造字空间。所以 LCD12864 能够实现汉字、ASCII 码、点阵图形、自定义字形的同屏显示。

LCD12864 的工作电压为 5V 或 3.3V，具有睡眠、正常及低功耗工作模式，可满足系统各种工作电压及电池供电的便携仪器低功耗的要求。LCD12864 具有 LED 背光灯显示功能，外观尺寸为 93mm×70mm，具有硬件接口电路简单、操作指令丰富和软件编程应用简便等优点，可构成全中文人机交互图形操作界面，在实际应用中得到广泛使用。

（2）LCD12864 引脚说明及应用电路。

LCD12864 的实物图如图 13.21 所示。LCD12864 硬件接口采用标准的 20 引脚单列直插封装 SIP20。LCD12864 的引脚及并行数据应用电路图如图 13.22 所示。

图 13.21　LCD12864 的实物图

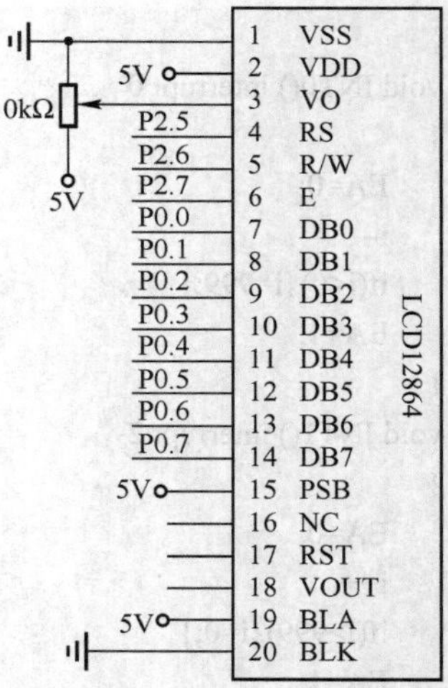

图 13.22　LCD12864 引脚及并行数据应用电路图

LCD12864 的引脚定义及硬件电路接口应用说明如下。

① 第 1 引脚 VSS：电源负极。

② 第 2 引脚 VDD：电源正极。

③ 第 3 引脚 VO：空引脚或对比度调节电压输入端，悬空或接 10kΩ 的电位器调整对比度，或接合适的固定电阻固定对比度。

④ 第 4 引脚 RS（CS）：数据/指令选择端，(RS)= 0，读/写指令；(RS)= 1，读/写数据。LCD12864 工作于串行数据传输模式时为 CS，为模块的片选端，高电平有效。该引脚可接单片机 I/O 口，或者在传输串行数据时 CS 直接接高电平。

⑤ 第 5 引脚 R/W(SID)：读/写选择端，(R/W) = 0，写入操作；(R/W) = 1，读取操作。LCD12864 工作于串行数据传输模式时为 SID，为串行传输的数据端。该引脚可接单片机 I/O 口。

⑥ 第 6 引脚 E（SCLK）：使能信号控制端，高电平有效。LCD12864 工作于串行数据传输模式时为 SCLK，为串行传输的时钟输入端。该引脚可接单片机 I/O 口。

⑦ 第 7～14 引脚 DB0～DB7：三态数据 I/O 口。一般接单片机 P0 口，也可以接 P1、P2、P3 口，由于 LCD12864 内部自带上拉电阻，因此在进行实际硬件电路的设计时可以不加上拉电阻。LCD12864 工作于串行数据传输模式时，第 7～14 引脚留空即可。

⑧ 第 15 引脚 PSB：(PSB)= 1，并行数据模式；(PSB) = 0，串行数据模式。

⑨ 第 16 引脚：空引脚。

⑩ 第 17 引脚 RST：复位端，低电平有效。LCD12864 内部接有上电复位电路，在不需要经常复位的一般电路设计中，直接悬空即可。

⑪ 第 18 引脚 VOUT：空引脚或驱动电源电压输出端。

⑫ 第 19 引脚 BLA：背光灯电源正极。

⑬ 第 20 引脚 BLK：背光灯电源负极。

（3）LCD12864 编程控制指令。

LCD12864 控制芯片提供两套编程控制指令。基本编程指令表（RE 为 0 时）如表 13.13 所示。扩展编程指令表（RE 为 1 时）如表 13.14 所示。

表 13.13　基本编程指令表（RE 为 0 时）

指令名称	引脚控制		指令码								功能说明
	RS	R/W	D7	D6	D5	D4	D3	D2	D1	D0	
清除显示	0	0	0	0	0	0	0	0	0	1	将 DDRAM 填满 20H，并将 DDRAM 的地址计数器 AC 设定为 00H
地址归位	0	0	0	0	0	0	0	0	1	X	将 DDRAM 的地址计数器 AC 设定为 00H，并将光标移到开头原点位置；这个指令不改变 DDRAM 的内容
显示状态开/关	0	0	0	0	0	0	1	D	C	B	(D)= 1，整体显示 ON (C)= 1，光标 ON (B)= 1，光标位置反白允许
进入模式设定	0	0	0	0	0	0	0	1	I/D	S	数据在读取与写入时，设定光标的移动方向及指定显示的移位
光标或显示移位控制	0	0	0	0	0	1	S/C	R/L	X	X	设定光标的移动与显示的移位控制位；这个指令不改变 DDRAM 的内容
功能设置	0	0	0	0	1	DL	X	RE	X	X	(DL)= 0/1：4/8 位数据 (RE)=1：扩充指令操作 (RE)=0：基本指令操作
设置 CGRAM 地址	0	0	0	1	AC5	AC4	AC3	AC2	AC1	AC0	设定 CGRAM 地址
设置 DDRAM 地址	0	0	1	0	AC5	AC4	AC3	AC2	AC1	AC0	设定 DDRAM 地址（显示位置）
读取忙碌标志位和地址	0	1	BF	AC6	AC5	AC4	AC3	AC2	AC1	AC0	读取忙碌标志位 BF 可以确认内部动作是否完成，同时读出地址计数器 AC 的值
写数据到 RAM	1	0	D7	D6	D5	D4	D3	D2	D1	D0	将数据 D7～D0 写入内部 RAM（DDRAM/CGRAM/IRAM/GRAM）
读出 RAM 的值	1	1	D7	D6	D5	D4	D3	D2	D1	D0	从内部 RAM（DDRAM/CGRAM/IRAM/GRAM）读取数据 D7～D0

表 13.14　扩展编程指令表（RE 为 1 时）

指令名称	引脚控制		指令码								功能说明
	RS	R/W	D7	D6	D5	D4	D3	D2	D1	D0	
待命模式	0	0	0	0	0	0	0	0	0	1	进入待命模式，执行其他任何指令都将终止待命模式
卷动地址或 IRAM 地址选择	0	0	0	0	0	0	0	0	1	SR	(SR)= 1：允许输入垂直卷动地址 (SR)= 0：允许输入 IRAM 地址
反白选择	0	0	0	0	0	0	0	1	R1	R0	选择 4 行中的任一行进行反白显示，可循环设置反白显示或正常显示
睡眠模式	0	0	0	0	0	0	1	SL	X	X	(SL) = 0：进入睡眠模式 (SL) = 1：脱离睡眠模式
扩充功能设定	0	0	0	0	1	CL	X	RE	G	0	(CL) = 0/1：4/8 位数据 (RE) = 1：扩充指令操作 (RE) = 0：基本指令操作 (G) = 1：绘图显示开 (G) = 0：绘图显示关
设定 IRAM 地址或卷动地址	0	0	0	1	AC5	AC4	AC3	AC2	AC1	AC0	(SR)= 1：AC5～AC0 为垂直卷动地址 (SR)= 0：AC3～AC0 为 ICON IRAM 地址
设定绘图 RAM 地址	0	0	1	AC6	AC5	AC4	AC3	AC2	AC1	AC0	设定 CGRAM 地址到地址计数器 AC

LCD12864 在接收指令前，单片机必须先确认 LCD12864 内部处于非忙碌状态，即读取

BF 时，BF 为 0 方可接收新的指令或数据。如果在送出一个指令前不检查 BF，那么在前一个指令和当前指令中间必须延时一段较长的时间，等待前一个指令执行完成。

（4）LCD12864 字符显示。

带中文字库的 LCD12864 每屏可显示 4 行 8 列共 32 个 16×16 点阵的汉字，每个显示 RAM 可显示 1 个中文字符或 2 个 16×8 点阵的 ASCII 码字符，即每屏最多可同时实现 32 个中文字符或 64 个 ASCII 码字符的显示。带中文字库的 LCD12864 内部提供 128×2 字节的字符显示 RAM（DDRAM）。字符显示是通过将字符显示编码写入 DDRAM 实现的。

根据写入编码的不同，可分别在 LCD12864 屏上显示 CGROM（中文字库）、HCGROM（ASCII 码字库）及 CGRAM（自定义字形）的内容。

① 显示半宽字形（ASCII 码字符）：将 8 位字元数据写入 DDRAM，字符编码范围为 02H～7FH。

② 显示 CGRAM 字形：将 16 位字元数据写入 DDRAM，字符编码范围为 0000～0006H（实际上只有 0000H、0002H、0004H、0006H）。

③ 显示中文字形：将 16 位字元数据写入 DDRAM，字符编码范围为 A1A0H～F7FFH。

DDRAM 在 LCD12864 中的地址为 80H～9FH。DDRAM 地址与 32 个字符显示区域有着对应关系，如表 13.15 所示。

表 13.15　DDRAM 地址与 32 个字符显示区域的对应关系

80H		81H		82H		83H		84H		85H		86H		87H	
90H		91H		92H		93H		94H		95H		96H		97H	
88H		89H		8AH		8BH		8CH		8DH		8EH		8FH	
98H		99H		9AH		9BH		9CH		9DH		9EH		9FH	
H	L	H	L	H	L	H	L	H	L	H	L	H	L	H	L

在实际应用 LCD12864 时需要特别注意，每个显示地址包括两个单元，当字符编码为 2 字节时，应先写入高位字节，再写入低位字节，中文字符编码的第一字节只能出现在高位字节（H）位置，否则会出现乱码。在显示中文字符时，应先设定显示字符的位置，即先设定显示地址，再写入中文字符编码。显示 ASCII 码字符的过程与显示中文字符的过程相同，不过在显示连续字符时，只需要设定一次显示地址，由模块自动对地址加 1 并指向下一个字符位置；否则，显示的字符中将会有一个空 ASCII 字符位置。

（5）LCD12864 图形显示。

先连续写入垂直坐标地址（AC6～AC0）与水平坐标地址（AC3～AC0），再写入两个 8 位图形显示数据到绘图 RAM，此时水平坐标地址计数器 AC 会自动加 1。GDRAM 的坐标地址与资料排列顺序如图 13.23 所示。

LCD12864 图形显示的操作步骤如下。

① 在写入绘图 RAM 之前，先进入扩充指令操作。

② 将垂直坐标写入绘图 RAM 地址。

③ 将水平坐标写入绘图 RAM 地址。

④ 返回基本指令操作。

⑤ 将图形数据的 DB15～DB8 写入绘图 RAM。

⑥ 将图形数据的 DB7～DB0 写入绘图 RAM。

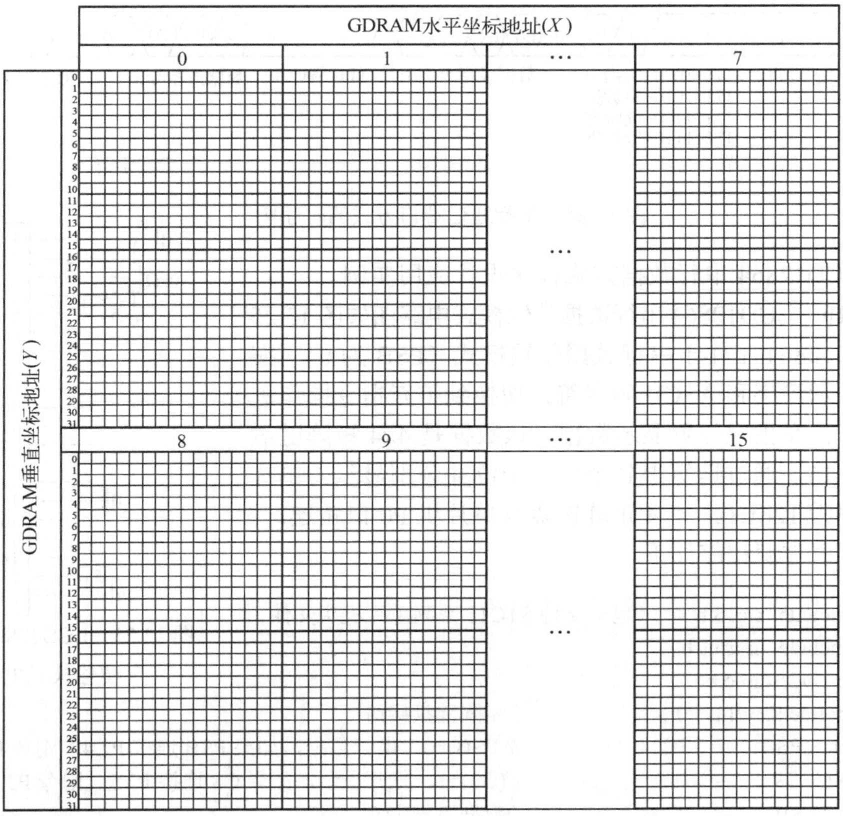

图 13.23　GDRAM 的坐标地址与资料排列顺序

（6）LCD12864 接口时序图。

① 当 LCD12864 的 15 引脚 PSB 接高电平时，LCD12864 工作于并行数据传输模式，单片机与 LCD12864 通过第 4 引脚 RS、第 5 引脚 RW、第 6 引脚 E、第 7～14 引脚 DB0～DB7 完成数据传输。LCD12864 工作于并行工作方式时，单片机写数据到 LCD12864 和单片机从 LCD12864 读取数据时序图与 LCD1602 并行数据工作方式类似。

② 当 LCD12864 的 15 引脚 PSB 接低电平时，LCD12864 工作于串行数据传输模式，单片机通过与 LCD12864 第 4 引脚 CS、第 5 引脚 SID、第 6 引脚 SCLK 完成数据传输。一个完整的串行传输流程是，首先传输起始字节（又称同步字符串）（5 个连续的 1）。在传输起始字节时，传输计数将被重置且串行传输将被同步，跟随起始字节的 2 个位字符串分别指定传输方向位 RW 及寄存器选择位 RS，最后第 8 位则为 0。在接收到同步位及 RW 和 RS 资料的起始字节后，每一个 8 位的指令将被分成 2 字节接收：高 4 位（D7～D4）的指令资料将被放在第一字节的 LSB 部分，低 4 位（D3～D0）的指令资料将被放在第二字节的 LSB 部分，至于相关的另 4 位则都为 0。串行通信端口方式的时序图如图 13.24 所示。

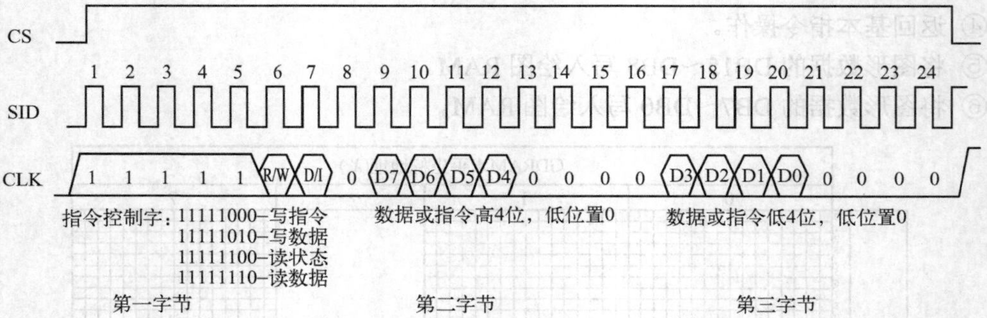

图 13.24　串行通信端口方式的时序图

（7）LCD12864 串行数据方式程序设计应用实例。

例 13.10　LCD12864 串行数据传输模式电路图如图 13.25 所示，LCD12864 工作于串行数据传输模式（PSB 为 0）。在指定位置显示汉字和 ASCII 码字符；切换到扩充指令操作进行绘图操作；在指定位置显示数据，该数据是 4×4 矩阵键盘的键值 0～15，通过运算得到个位、十位并分别显示。单片机工作频率为 12MHz，4×4 矩阵键盘与单片机 P0 口相连。

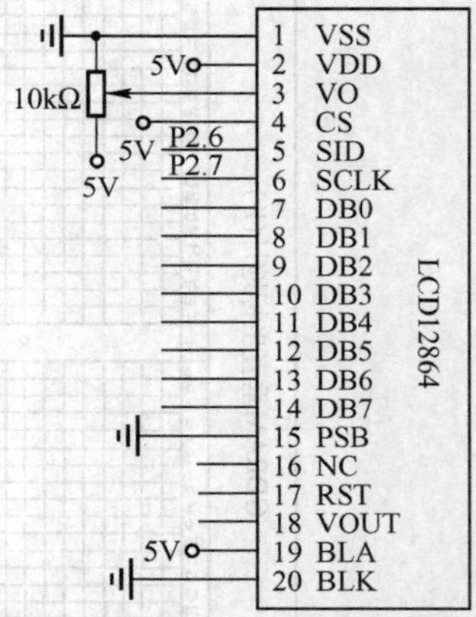

图 13.25　LCD12864 串行数据传输模式电路图

解　C 语言源程序如下。

```
#include "stc15.h"      //包含支持 STC15 系列单片机头文件
#include <intrins.h>
#include<gpio.h>
#define KeyBus P0                       //矩阵键盘接口
sbit   PSB    =   P2^4;                 //(PSB)=0，串行数据，如果 PSB 连接 P2.4，则令 P2.4 为 0
sbit   CS     =   P2^5;                 //(CS)=1，打开显示，如果 CS 连接 P2.5，则令 P2.5 为 1
sbit   SID    =   P2^6;                 //数据引脚定义
sbit   SCLK   =   P2^7;                 //时钟引脚定义
delayms(unsigned int t)                 //延时
{
    unsigned int i,j;
    for(i=0;i<t;i++)
    for(j=0;j<120;j++);
}
unsigned char lcm_r_byte(void)          //接收一字节
{
    unsigned char i,temp1,temp2;
    temp1 = 0;
    temp2 = 0;
    for(i=0;i<8;i++)
    {
            temp1=temp1<<1;
            SCLK = 0;
            SCLK = 1;
            SCLK = 0;
```

```
            if(SID) temp1++;
        }
        for(i=0;i<8;i++)
        {
            temp2=temp2<<1;
            SCLK = 0;
            SCLK = 1;
            SCLK = 0;
            if(SID) temp2++;
        }
        return ((0xf0&temp1)+(0x0f&temp2));
    }
    void lcm_w_byte(unsigned char bbyte)                    //发送一字节
    {
        unsigned char i;
        for(i=0;i<8;i++)
        {
            SID=bbyte&0x80;                                 //取出最高位
            SCLK=1;
            SCLK=0;
            bbyte<<=1;                                      //左移
        }
    }
    void CheckBusy( void )                                  //检查忙碌状态
    {
        do    lcm_w_byte(0xfc);                             //11111，RW(1)，RS(0)，0
        while(0x80&lcm_r_byte());                           //(BF)=1，忙
    }
    void lcm_w_test(bit start, unsigned char ddata)         //写指令或数据
    {
        unsigned char start_data,Hdata,Ldata;
        if(start==0)          start_data=0xf8;              //0 写指令
        else     start_data=0xfa;                           //1 写数据
        Hdata=ddata&0xf0;                                   //取高 4 位
        Ldata=(ddata<<4)&0xf0;                              //取低 4 位
        lcm_w_byte(start_data);                             //发送起始信号
        lcm_w_byte(Hdata);                                  //发送高 4 位
        lcm_w_byte(Ldata);                                  //发送低 4 位
        CheckBusy( );                                       //检查忙碌标志位
    }
    void lcm_w_char(unsigned char num)                      //向 LCD12864 发送一个数字
    {
        lcm_w_test(1,num+0x30);
    }
    void lcm_w_word(unsigned char *str)        //向 LCD12864 发送一个字符串，长度不超过 64 字符
    {
        while(*str != '\0')
        {
```

```
            lcm_w_test(1,*str++);
        }
        *str = 0;
}
void lat_disp (unsigned char data1,unsigned char data2)
{
        unsigned char i,j,k,x,y;
        x=0x80;y=0x80;          //上半屏显示
        for(k=0;k<2;k++)
        {
                for(j=0;j<16;j++)
                {
                        for(i=0;i<8;i++)
                        {
                                lcm_w_test(0,0x36);             //扩充指令操作
                                lcm_w_test(0,y+j*2);            //垂直坐标写入绘图 RAM 地址
                                lcm_w_test(0,x+i);              //水平坐标写入绘图 RAM 地址
                                lcm_w_test(0,0x30);             //基本指令操作
                                lcm_w_test(1,data1);            //图形数据的 DB8～DB15 写入绘图 RAM
                                lcm_w_test(1,data1);            //图形数据的 DB0～DB7 写入绘图 RAM
                        }
                        for(i=0;i<8;i++)
                        {
                                lcm_w_test(0,0x36);             //扩充指令操作
                                lcm_w_test(0,y+j*2+1);          //垂直坐标写入绘图 RAM 地址
                                lcm_w_test(0,x+i);              //水平坐标写入绘图 RAM 地址
                                lcm_w_test(0,0x30);             //基本指令操作
                                lcm_w_test(1,data2);    //图形数据的 DB8～DB15 写入绘图 RAM
                                lcm_w_test(1,data2);    //图形数据的 DB0～DB7 写入绘图 RAM
                        }
                }
                x=0x88;                                         //下半屏显示
        }
}
void lcm_init(void)                                             //初始化 LCD12864
{
        delayms(100);                                           //延时
        lcm_w_test(0,0x30);                                     //8 位数据，基本指令集
        lcm_w_test(0,0x0c);                                     //显示打开，光标关，反白关
        lcm_w_test(0,0x01);                                     //清屏，将 DDRAM 的地址计数器清 0
        delayms(100);                                           //延时
}
void lcm_clr(void)                                              //清屏函数
{
        lcm_w_test(0,0x01);
        delayms(40);
}
unsigned char keyscan(void)
```

```
{
    unsigned char temH, temL, key;
    KeyBus = 0x0f;                              //高 4 位输出 0
    if(KeyBus!=0x0f)
    {
        temL = KeyBus;                          //读入，低 4 位含有按键信息
      KeyBus = 0xf0;                            //低 4 位输出 0
        _nop_();_nop_();_nop_();_nop_();        //延时
        temH = KeyBus;                          //读入，高 4 位含有按键信息
      switch(temL)
        {
            case 0x0e: key = 1; break;
            case 0x0d: key = 2; break;
            case 0x0b: key = 3; break;
            case 0x07: key = 4; break;
            default: return 0;                  //没有按键输出 0
      }
      switch(temH)
        {
            case 0xe0: return key;break;
            case 0xd0: return key + 4;break;
            case 0xb0: return key + 8;break;
            case 0x70: return key + 12;break;
            default: return 0;                  //没有按键输出 0
        }
    }
}

main( )    //主程序
{
    unsigned char i=0,j=0;
    gpio();
    PSB = 0;                                    //(PSB)=0 表示工作于串行数据传输模式
    CS = 1;                                         //(CS)=1 打开显示
    lcm_init( );                                    //初始化液晶显示器
    lcm_clr( );                                     //清屏
    lcm_w_test(0,0x80);lcm_w_word(" ┌──────────┐ ");  //先指定显示位置
    lcm_w_test(0,0x90);lcm_w_word(" │STC15W4K32S4│ "); //再显示内容
    lcm_w_test(0,0x88);lcm_w_word(" │LCD12864 应用│ ");
    lcm_w_test(0,0x98);lcm_w_word(" └──────────┘ ");
    delayms(20000);                                 //延时，观察显示内容
    lcm_clr( );                                     //清屏
    lat_disp (0xaa,0x55);                           //10101010 和 01010101 交错显示
    delayms(5000);                                  //延时，观察显示内容
    lcm_clr( );                                     //清屏
    lcm_w_test(0,0x90);                             //指定显示位置
    lcm_w_word("4X4 矩阵键盘应用");                  //显示
    lcm_w_test(0,0x88);                             //指定显示位置
```

```
        lcm_w_word("==================");                    //显示
        while(1)
        {
                i=keyscan();                                 //按键键值赋予变量 i
                if(i!=0)                                     //有按键按下刷新显示按键键值
                {
                        j=i-1;                               //对应按键 0～15
                        lcm_w_test(0,0x9C);                  //先指定显示位置
                        lcm_w_char(j/10);                    //计算十位并显示
                        lcm_w_char(j%10);                    //计算个位并显示
                }
        }//while
}//main
```

13.2.4 基于 Proteus 仿真与 STC 实操电子时钟的设计

1. 系统功能

利用单片机内部定时器和外部按键接口设计一个电子时钟。

2. 硬件设计

结合 STC15 系列单片机的官方学习板进行硬件设计。采用 8 位 LED 数码管作为电子时钟的显示器，利用单片机内部定时器实现 24 小时计时功能，采用单片机外部独立按键作为电子时钟的调整按键。用 Proteus 绘制的电子时钟电路原理图如图 13.26 所示。

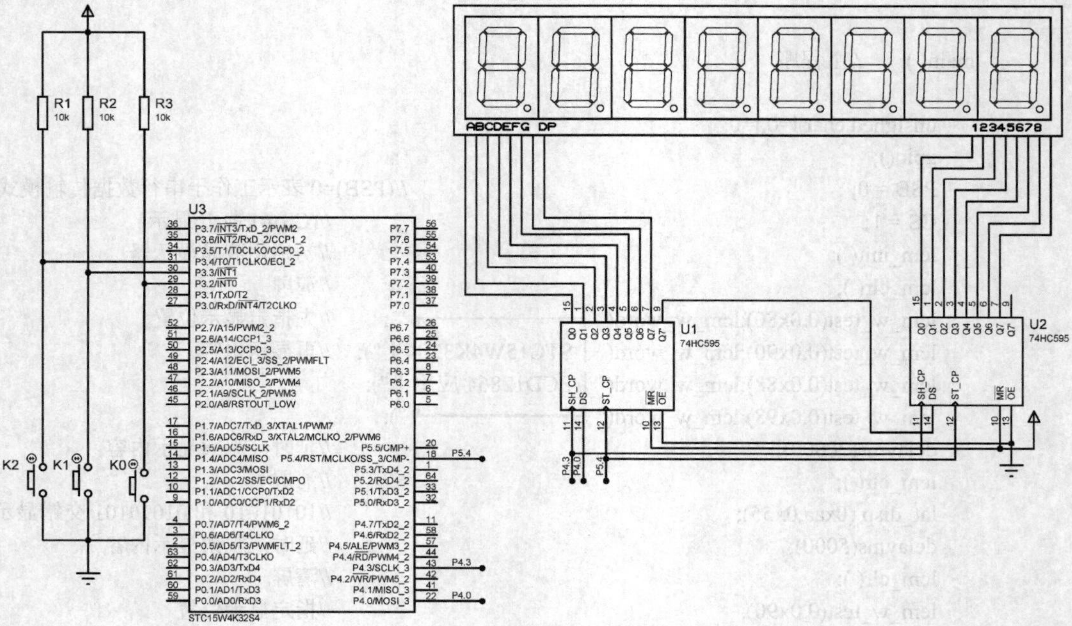

图 13.26　用 Proteus 绘制的电子时钟电路原理图

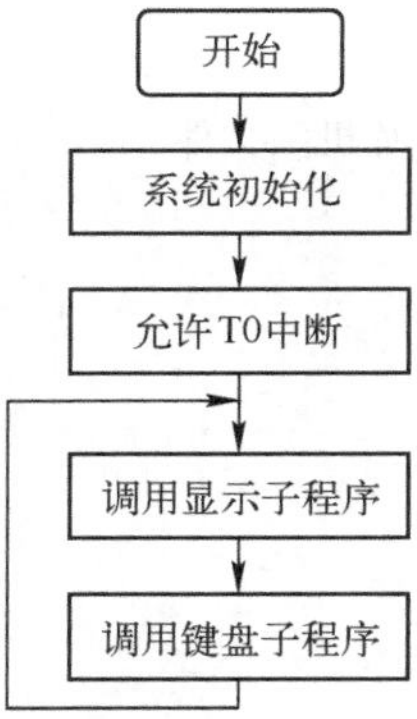

图 13.27　主程序流程图

3．程序设计

（1）程序说明。

① 主程序。主程序主要用于循环调用显示子程序并进行键盘扫描，其流程图如图 13.27 所示。

② LED 显示子程序。LED 数码管显示的数据存放在内存单元 Dis_buf[2]～Dis_buf [7]。其中秒数据存放在 Dis_buf [6]、Dis_buf [7]，分数据存放在 Dis_buf [4]、Dis_buf [5]，时数据存放在 Dis_buf [2]、Dis_buf [3]。

③ 键盘扫描子程序。在调整时间功能程序的设计方法时，按动 k0（SW17）按键，进入调整时间状态，等待操作，此时计时器停止走动。首先进入秒十位调整状态，继续按动 k0 按键往前进一位，到时钟十位，若此时再按动 k0 按键，则退出调整时间状态，时钟继续走动。在调整时间状态下，按动 k1（SW18）按键、k2（SWxx，在开发板上不存在，实操时可通过程序切换应用 SW18 来实现）按键可对指定位实现加 1 或减 1 操作。

④ 定时中断子程序。采用定时/计数器 T0 进行时间计时，中断定时周期设为 50ms。中断进入后，判断时钟计时累计中断到 20 次（1s）时，对秒计数单元进行加 1 操作。时钟计数单元地址分别为 timedata[1]～timedata[0]（秒）、timedata[3]～timedata[2]（分）和 timedata[5] ～ timedata[4]（时），最大计时值为 23 时 59 分 59 秒。在时钟计数单元中采用十进制 BCD 码计数，满 60 进位，T0 中断处理子程序流程图如图 13.28 所示。

T1 中断处理子程序用于指示调整单元数字的闪烁。在时间调整状态下，每过 0.3s 将对应单元的显示数据换成“熄灭符”数据（＃10H）。这样在调整时间时，对应调整单元的显示数据会间隔闪烁。T1 中断处理子程序流程图如图 13.29 所示。

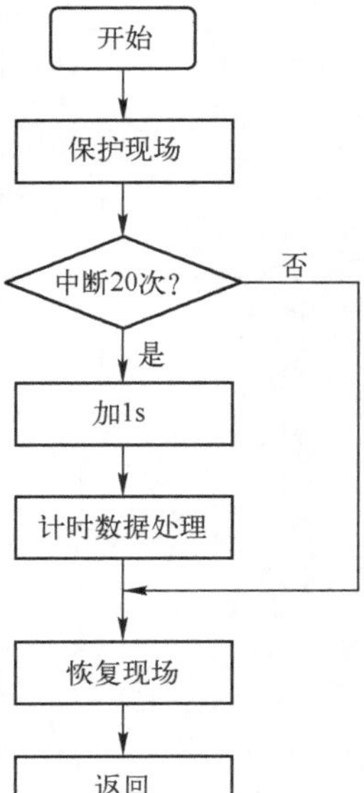

图 13.28　T0 中断处理子程序流程图

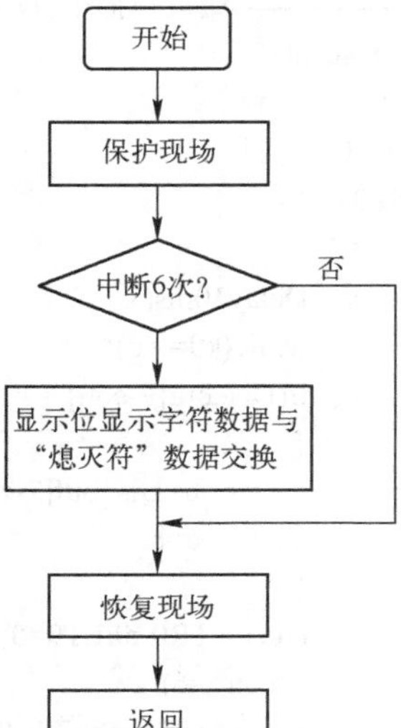

图 13.29　T1 中断处理子程序流程图

（2）参考程序（电子时钟.c）如下。

```
#include <stc15.h>                                    //包含支持 STC15 系列单片机头文件
#include <intrins.h>
#include <gpio.h>                                     //包含 I/O 口初始化文件
#define uchar unsigned char
#define uint  unsigned int
#include <595hcd.h>
 /*--------定义 k0、k1、k2 输入引脚----------*/
sbit k0=P3^2;
sbit k1=P3^3;
sbit k2=P3^4;
uchar data timedata[6]={0x00,0x00,0x00,0x00,0x02,0x01,};         //计时单元数据初始值，共 6 个
uchar data con1s=0x00,con03s=0x00,con=0x00;                    //秒定时用
uchar a=16,b;                                                  //用于闪烁功能交换数据
/*——————系统时钟频率为 11.0592MHz 时为 10ms 的延时函数——————————*/
void Delay10ms()            //@12.000MHz
{
    unsigned char i, j;

    i = 117;
    j = 184;
    do
    {
        while (--j);
    } while (--i);
}


/*------------------键盘扫描子程序-------------------------*/
void keyscan()
{
    EA=0;
    if(k0==0)
    {
        Delay10ms();
        while(k0==0);
        if(Dis_buf[7-con] ==16)
        {
            b=Dis_buf[7-con];Dis_buf[7-con]=a;
            a=b;
        }
        con++;TR0=0;ET0=0;TR1=1;ET1=1;
        if(con>=6)
        {con=0;TR1=0;ET1=0;TR0=1;ET0=1;}
    }
    if(con!=0)
```

```
    {
        if(k1==0)
        {
            Delay10ms();
            while(k1==0);
            timedata[con]++;
            switch(con)
            {
                case 1:
                //判断是否为分十位、秒十位，如果是，加到大于 5，变为 0
                case 3: if(timedata[con]>=6)
                        {timedata[con]=0;}
                        break;
                case 2:
                //判断是否为时个位、分个位，如果是，加到大于 9，变为 0
                case 4:  if(timedata[con]>=10)
                        {timedata[con]=0;}
                        break;
                //判断是否为小时十位，如果是，加到大于 2，变为 0
                case 5: if(timedata[con]>=3)
                        {timedata[con]=0;}
                        break;
                default:;
            }
            Dis_buf[7-con]=timedata[con];a=0x10;
        }
    }
    if(con!=0)
    {
        if(k2==0)
        {
            Delay10ms();
            while(k2==0);
            switch(con)
            {
                case 1:
                //判断是否为分十位、秒十位，如果是，减到等于 0，变为 5
                case 3: if(timedata[con]==0)
                        {timedata[con]=0x05;}
                        else {timedata[con]--;}
                        break;
                case 2:
                //判断是否为时个数、分个位，如果是，减到等于 0，变为 9
                case 4: if(timedata[con]==0)
                        {timedata[con]=0x09;}
                        else {timedata[con]--;}
```

```
                                        break;
                                        //判断是否为小时十位，如果是，减到等于 0，变为 2
                                        case 5: if(timedata[con]==0)timedata[con]=0x02;
                                                else {timedata[con]--;}
                                                 break;
                                        default:;
                    }
                    Dis_buf[7-con]=timedata[con];a=0x10;
                }
        }
        EA=1;
}

/*-------------定时器初始化-----------------------------------*/
void T_init()
{
        int i;
        for(i=0;i<6;i++)                                //将时钟计时单元值填充到显示缓冲区
        {
                Dis_buf[7-i]=timedata[i];
        }
        TH0 = 0X3C; TL0 = 0XB0;                         //50ms 定时初始值
        TH1 = 0X3C; TL1 = 0XB0;
        TMOD = 0X00; ET0 = 1;ET1 = 1; TR0 = 1; TR1 = 0; EA=1;
}
/*----------------------主程序-------------------------------*/
void main()
{
        gpio();
        T_init();
        while(1)
        {
                display();
                keyscan();
        }
}
/*-------------------------------T0 中断处理子程序-----------------*/
void Timer0_int (void) interrupt 1
{
        con1s++;
        if(con1s==20)
        {
                con1s=0x00;
                timedata[0]++;
                if(timedata[0]>=10)
                {
                        timedata[0]=0;timedata[1]++;
                        if(timedata[1]>=6)
```

```
            {
                    timedata[1]=0;timedata[2]++;
                    if(timedata[2]>=10)
                    {
                            timedata[2]=0;timedata[3]++;
                            if(timedata[3]>=6)
                            {
                                    timedata[3]=0;timedata[4]++;
                                    if(timedata[4]>=10)
                                    {
                                            timedata[4]=0;timedata[5]++;
                                    }
                                    if(timedata[5]==2)
                                    {
                                            if(timedata[4]==4)
                                            {

                                                    timedata[4]=0;timedata[5]=0;
                                            }
                                    }
                            }
                    }
            }
        }
        Dis_buf[7]=timedata[0];
        Dis_buf[6]=timedata[1];
        Dis_buf[5]=timedata[2];
        Dis_buf[4]=timedata[3];
        Dis_buf[3]=timedata[4];
        Dis_buf[2]=timedata[5];
    }
}
/*-----------------------0.3s 闪烁中断处理子程序----------------------*/
void Timer1_int (void) interrupt 3
{
    con03s++;
    if(con03s==6)
    {
        con03s=0x00;
        b=Dis_buf[7-con];Dis_buf[7-con]=a;a=b;
    }

}
```

4．系统调试

（1）用 Keil C 集成开发环境编辑与编译用户程序（电子时钟.c），生成机器代码文件电子时钟.hex。

（2）Proteus 仿真。

① 按图 13.26 绘制电路。

② 将电子时钟.hex 程序下载到 STC15W4K32S4 单片机中。

③ 启动仿真，观察并记录程序运行结果。

- 初始状态：LED 数码管显示为 120000，并计时。
- 按动 k0 按键，秒十位数显示位闪烁；按动 k1 按键，每按动一次，秒十位数加 1，多次按动 k1 按键，观察并记录运行结果；按动 k2 按键，每按动一次，秒十位数减 1，多次按动 k2 按键，观察并记录运行结果。
- 按动 k0 按键，分个位数显示位闪烁；按动 k1 按键，每按动一次，分个位数加 1，多次按动 k1 按键，观察并记录运行结果；按动 k2 按键，每按动一次，分个位数减 1，多次按动 k2 按键，观察并记录运行结果。
- 按动 k0 按键，分十位数显示位闪烁；按动 k1 按键，每按动一次，分十位数加 1，多次按动 k1 按键，观察并记录运行结果；按动 k2 按键，每按动一次，分十位数减 1，多次按动 k2 按键，观察并记录运行结果。
- 按动 k0 按键，分个位数显示位闪烁；按动 k1 按键，每按动一次，分个位数加 1，多次按动 k1 按键，观察并记录运行结果；按动 k2 按键，每按动一次，分个位数减 1，多次按动 k2 按键，观察并记录运行结果。
- 按动 k0 按键，时十位数显示位闪烁；按动 k1 按键，每按动一次，时十位数加 1，多次按动 k1 按键，观察并记录运行结果；按动 k2 按键，每按动一次，时十位数减 1，多次按动 k2 按键，观察并记录运行结果。
- 按动 k0 按键，回到正常计时状态：在时、分、秒调整后的基础上进行计时。

（3）STC 单片机实操。

① 用 USB 接口连接计算机与 STC15 系列单片机官方学习板（若非官方学习板，则需要根据实际端口修改程序）。

② 启动 STC-ISP 在线编程软件，将电子时钟.hex 程序下载到 STC15W 系列单片机学习板中的单片机中。

③ 按照 Proteus 仿真调试的流程，进行实操测试与记录。

注意：STC15 系列单片机官方学习板只有 SW17、SW18 两个独立按键，SW17 可固定作为 k0 按键；而 SW18 需要先设置为 k1 按键，进行数字加 1 调整测试，然后才可以用作 k2 按键，进行数字减 1 测试；也可以在 DIY 区焊接一个按键，使用该按键系统地进行测试。

（4）采用矩阵键盘输入时间设置指令及设置数字，修改程序并调试。

13.3 串行总线接口技术与应用编程

目前常用的单片机与外部设备之间进行数据传输的串行总线主要有 I^2C 总线、单总线和 SPI 总线。I^2C 总线以同步串行两线方式进行通信（一条时钟线 CLK，一条数据线 SDA）。SPI 总线则以同步串行三线方式进行通信（一条串行时钟线 SCLK，一条主出从入线 MOSI，一条主入从出线 MISO）。而单总线与上述两种总线不同，它采用单条信号线进行通信，既可传输时钟，又可传输数据，而且数据传输是双向的，因而单总线具有线路简单，硬件少，成本低，便于进行总线扩展和维护等优点。单总线适用于单主机系统，能够控制一个或多个从机设备。

13.3.1 I²C 总线接口技术与应用编程

1. I²C 总线概述

（1）I²C 总线介绍。

I²C（Inter-Integrated Circuit）总线是由 PHILIPS 公司开发的两线式串行总线，用于连接 CPU 及其 I/O 设备，具有接口线少、通信速率高等优点。I²C 总线只有两根线，分别是数据线 SDA（Serial Data）和时钟线 SCL（Serial Clock）。I²C 总线有 3 种通信模式，分别是标准模式（100kbit/s）、快速模式（400kbit/s）和高速模式（3.4Mbit/s），寻址方式有 7 位方式和 10 位方式。

在主从通信中，可以有多个 I²C 总线元器件同时接到 I²C 总线上，所有与 I²C 总线兼容的元器件都具有标准的接口，通过地址来识别通信对象，可以经由 I²C 总线互相直接通信。CPU 发出的控制信号分为地址码和数据码两部分：地址码用来选址，即接通需要控制的电路；数据码是通信的内容。因此，各 I²C 控制电路虽然挂在同一条 I²C 总线上，但彼此是独立的。

（2）I²C 总线硬件结构图。

I²C 总线只有两根线，一根是数据线 SDA，另一根是时钟线 SCL。所有连接到 I²C 总线上的元器件的数据线都接到 SDA 上，各元器件的时钟线都接到 SCL 上。I²C 总线系统的硬件结构图如图 13.30 所示。I²C 总线上各元器件都采用漏极开路结构与 I²C 总线相连，因此 SDA 和 SCL 均需要上拉电阻，I²C 总线在空闲状态下均保持高电平，连到 I²C 总线上的任一元器件输出的低电平都将使 I²C 总线的信号变低，即各元器件的 SDA 及 SCL 都是线“与”关系。

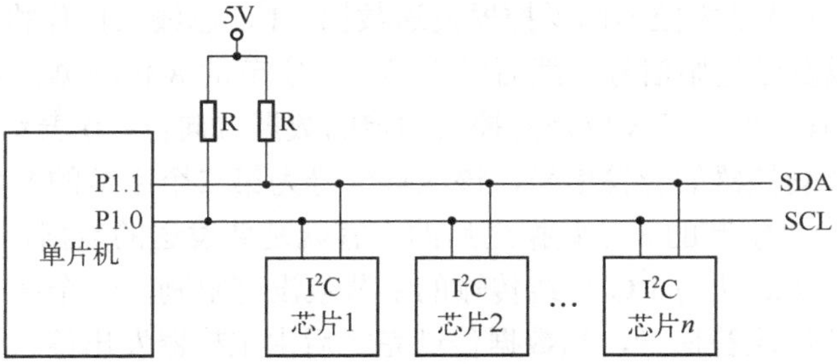

图 13.30　I²C 总线系统的硬件结构图

I²C 总线支持多主和主从两种工作方式，通常为主从工作方式。在主从工作方式中，系统中只有一个主机，一般由单片机或其他微处理器充当，其他元器件都是具有 I²C 总线的外围从元器件。主机启动数据的发送（发出启动信号），产生时钟信号，发出停止信号。

（3）I²C 总线数据位的有效性规定。

在 I²C 总线上，每一位数据位的传送都与时钟脉冲相对应，逻辑“0”和逻辑“1”的信号电平取决于相应电源的电压 V_{CC}（如 5V 或 3.3V 等）。

I^2C 总线在进行数据传送时，时钟信号为高电平期间，SDA 上的数据必须保持稳定，只有在时钟信号为低电平期间，SDA 上的数据才允许变化，如图 13.31 所示。

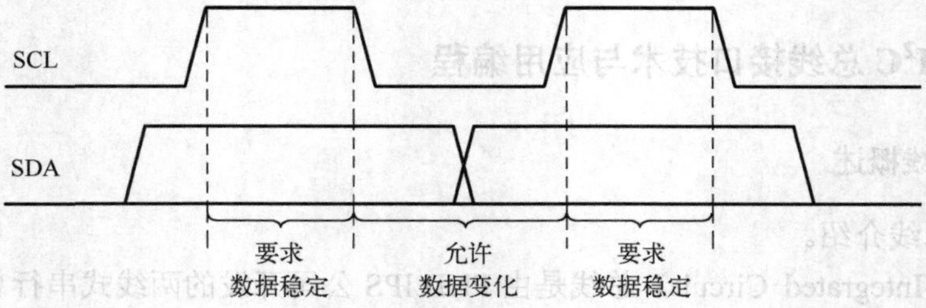

图 13.31　I^2C 总线数据位的有效性规定

（4）I^2C 总线通信格式。

I^2C 总线上进行一次数据传输的通信格式，即 I^2C 总线的完整时序，如图 13.32 所示。当主控器接收数据时，在最后一个数据字节，必须发送一个非应答信号，使受控器释放 SDA，以便主控器产生一个终止信号来终止 I^2C 总线的数据传送。

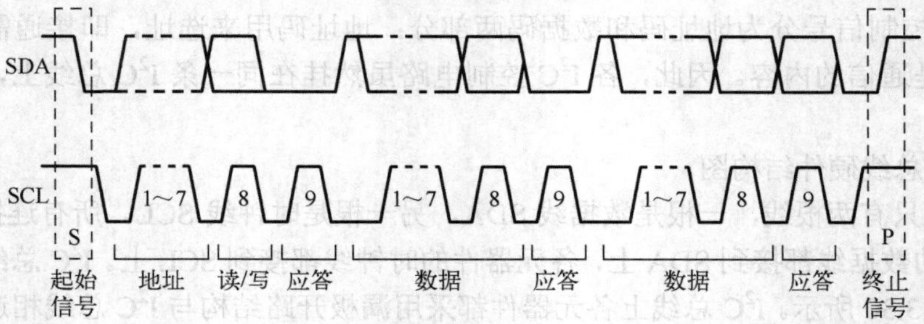

图 13.32　I^2C 总线上进行一次数据传输的通信格式

（5）I^2C 总线的写操作。

I^2C 总线的写操作就是主控器向受控器发送数据。I^2C 总线写操作格式如图 13.33 所示。主控器先对 I^2C 总线发送起始信号，然后发送第一个字节的 8 位数据，第一个字节的从地址（受控器的地址）只有 7 位，第 8 位是受控器约定的数据方向位，0 表示写，第一个字节的 8 位数据之后紧跟一个受控器的应答信号，该应答信号为第二个字节的 8 位数据（多为受控器的寄存器地址），第一个字节的 8 位数据之后的内容就是要发送的数据，当数据发送完后将产生一个应答信号。每次启动的 I^2C 总线传输的字节数没有限制，一个字节地址或数据过后的第 9 个脉冲是受控器的应答信号，当数据传送完之后由主控器发出停止信号来终止 I^2C 总线的数据发送。

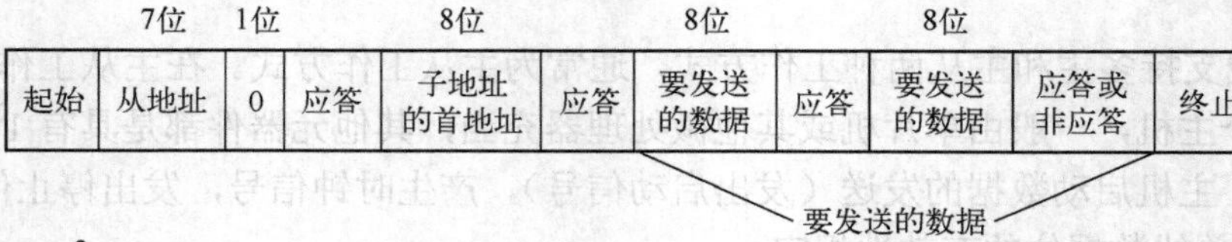

图 13.33　I^2C 总线写操作格式

（6）I^2C 总线的读操作。

I^2C 总线的读操作指受控器向主控器发送数据。I^2C 总线读操作格式如图 13.34 所示。首先，由主控器发出起始信号，前两个传送的字节与写操作传送的字节相同，但是第二个字节之后需要重新启动 I^2C 总线，改变数据传送的方向，前面两个字节数据传送方向为写，即 0；第二次启动 I^2C 总线后，数据方向为读，即 1；之后就是要接收的数据。从图 13.34 中可以看到有两种应答信号：一种是受控器的；另一种是主控器的。前面三个字节的数据方向均指向受控器，所以应答信号就由受控器发出。但是后面要接收的 *N* 个数据则指向主控器，所以应答信号由主控器发出，当 *N* 个数据接收完成之后，主控器发出一个非应答信号，告知受控器数据接收完成，不用再发送。最后的终止信号同样是由主控器发出的。

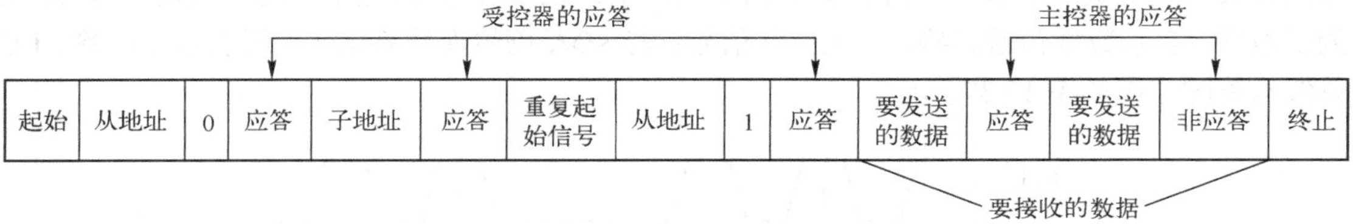

图 13.34　I^2C 总线读操作格式

2. 单片机模拟 I^2C 总线通信

目前部分单片机内置硬件 I^2C 总线控制单元，其 I^2C 总线状态由硬件监测，用户只需要设置好内部相关的寄存器就可以灵活地运用，操作简单。但 STC15W4K32S4 单片机未内置硬件 I^2C 总线接口，在使用过程中可以用普通的 I/O 口通过软件模拟 I^2C 总线的工作时序，这样就可以方便地扩展 I^2C 总线接口的外部。

（1）起始信号。

在利用 I^2C 总线进行数据传输时，首先由主机发出起始信号，启动 I^2C 总线。在 SCL 为高电平期间，SDA 出现下降沿则为起始信号，此时，具有 I^2C 总线接口的从机会检测到该信号。I^2C 总线启动时序图如图 13.35 所示。SCL 在高电平期间，SDA 产生一个下降沿起始信号。I^2C 总线模拟启动时序图如图 13.36 所示。

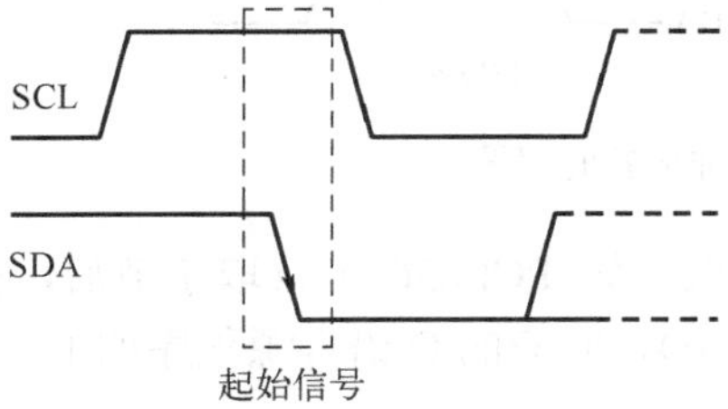

图 13.35　I^2C 总线启动时序图

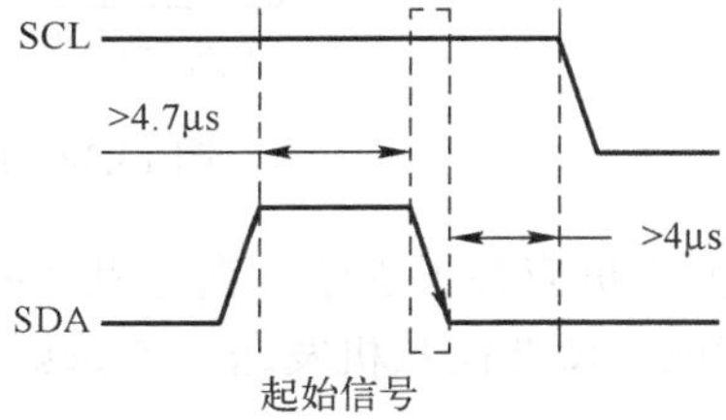

图 13.36　I^2C 总线模拟启动时序图

起始信号 C 语言源程序如下。

```
void start( )          //启动
{
    sda=1;
```

```
        delay_();
        scl=1;              //SCL 为高电平期间
        delay_();
        sda=0;              //SDA 由 1 变 0 的下降沿，表示起始信号
        delay_();
        scl=0;
        delay_();
    }
```

（2）应答信号。

I^2C 总线协议规定，每传送一个字节数据（含地址及命令字）后，都要有一个应答信号，以确定数据是否被对方收到。应答信号由从机产生，在 SCL 为高电平期间，从机将 SDA 拉为低电平，表示数据传输正确，产生应答信号；若 SDA 仍然保持高电平，则表示非应答。I^2C 总线应答时序图如图 13.37 所示。

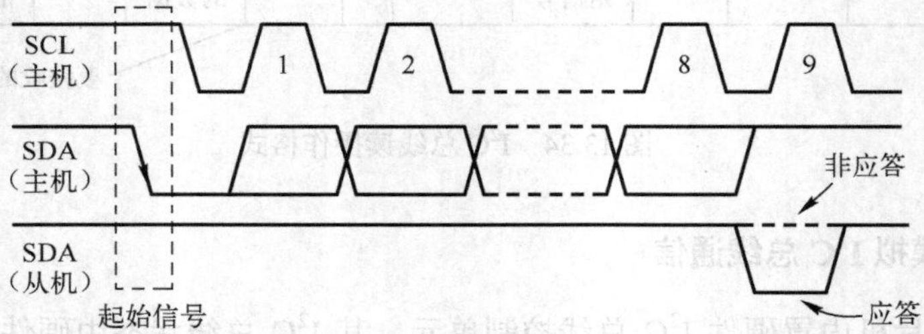

图 13.37　I^2C 总线应答时序图

I^2C 总线模拟应答/非应答时序图如图 13.38 所示。SCL 在高电平期间，SDA 被从机拉为低电平表示应答；SDA 没有被从机拉为低电平，即 SDA 仍然保持高电平，表示非应答。

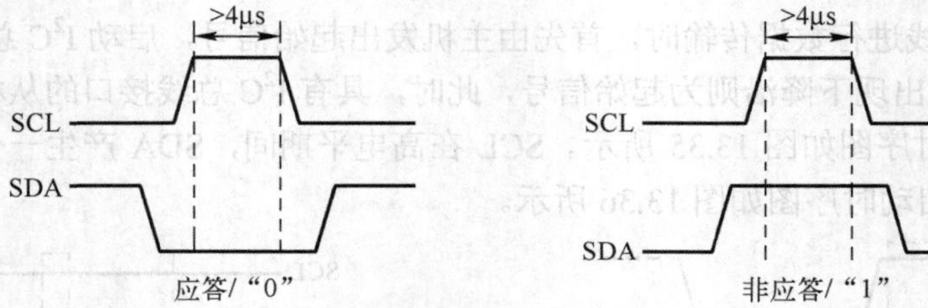

图 13.38　I^2C 总线模拟应答/非应答时序图

① 主机应答子程序，当主机（如单片机）从从机（如 PCF8563）读取字节后，如果要继续读取，就要向从机发送一个 ack（应答，SDA 为 0），对应的 C 语言源程序如下。

```
    void ack( )                         //主机应答
    {
        unsigned char i;
        sda=0;
        delay_();
        scl=1;                          //在 SCL 为高电平期间，SDA 被从机拉为低电平，表示应答
```

```
    delay_( );
    while((sda==1)&&(i<250))    i++;        //最多等待 250 个 CPU 时钟周期
    scl=0;
    delay_( );
}
```

② 主机无应答子程序，主机（如单片机）从从机（如 PCF8563）读取字节后，如果不再进行读取，就要向从机发送一个 nack（无应答，SDA 为 1），对应的 C 语言源程序如下。

```
void nack( )                                //主机无应答
{
    unsigned char i;
    sda=1;
    delay_( );
    scl=1;                  //在 SCL 为高电平期间，SDA 仍然保持高电平，表示无应答
    while((sda==0)&&(i<250))    i++;        //最多等待 250 个 CPU 时钟周期
    delay_( );
    scl=0;
    delay_( );
}
```

③ 检查应答子程序，每次主机向从机进行写操作时均需要检查从机是否有应答，从机应返回应答值。如果 SDA 为 0，则说明主机成功向从机写入了字节；如果 SDA 为 1，则说明写入失败。C 语言源程序如下。

```
unsigned char getack( )             //从机应答
{
    unsigned char error;
    sda=1;                          //为了后面能对 SDA 的状态进行读取
    delay_( );                      //将 I/O 口置为高电平当作输入
    scl=1;                          //SCL 为高电平时，从机发出应答信号
    delay_( );
    error=sda;                      //对 SDA 的状态进行读取并赋值给 error
    delay_( );
    scl=0;
    delay_( );
    return error;
}
```

（3）终止信号。

在全部数据传送完毕后，主机发送终止信号，即在 SCL 为高电平期间，SDA 上产生一个上升沿信号。I^2C 总线终止时序图如图 13.39 所示。

SCL 在高电平期间，SDA 产生一个上升沿终止信号。I^2C 总线模拟终止时序图如图 13.40 所示。C 语言源程序如下。

```
void stop( )                        //终止
```

```
{
    sda=0;
    delay_();
    scl=1;                              //SCL 在高电平期间
    delay_();
    sda=1;                              //SDA 由 0 变 1 的上升沿，表示终止信号
    delay_();
    scl=0;
    delay_();
}
```

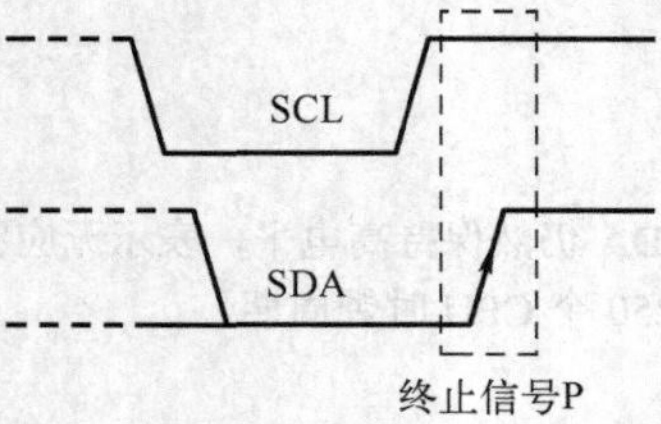

图 13.39　I²C 总线终止时序图

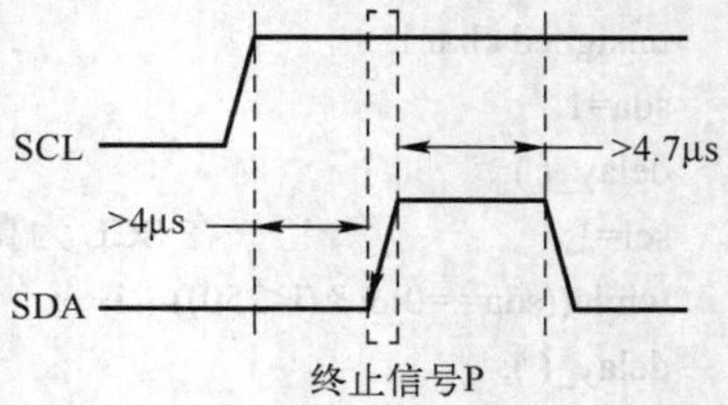

图 13.40　I²C 总线模拟终止时序图

（4）写一个字节。

I²C 总线在串行发送一个字节时，需要把这个字节中的 8 个位一位一位地发出去，对应的 C 语言源程序如下。

```
unsigned char writebyte(unsigned char dat)          //写一个字节
{
    unsigned char i;
    for(i=0;i<8;i++)
    {
        sda=((dat<<i)&0x80);      //先写字节的高位，并将其赋值给 SDA
        scl=1;                    //SCL 在高电平期间，SDA 上的数据稳定有效，被写入从机
        delay_();
        scl=0;
        delay_();
    }
    return getack();                  //返回从机应答
}
```

（5）读一个字节。

I²C 总线在串行接收一个字节时，需要一位一位地接收这个字节中的 8 个位，然后将接收的 8 个位组合成一个字节返回数据，对应的 C 语言源程序如下。

```
unsigned char readbyte()              //读一个字节
{
    unsigned char i,rbyte=0;
    scl=0;
```

```
    delay_( );
    sda=1;                              //为了后面能对 SDA 上的状态进行读取
    delay_( );                          //将 I/O 口置为高电平当作输入
    for(i=0;i<8;i++)
    {
        scl=1;  //SCL 上升沿时，从机将数据放在 SDA 上，SCL 在高电平期间，数据稳定，可以接收
        delay_( );
        rbyte=(rbyte<<1)|sda;
        scl=0;                          //拉低 SCL，使发送端可以把数据放在 SDA 上
        delay_( );
    }
    return rbyte;                       //读取的字节
}
```

上面程序定义了一个临时变量 rbyte，将 rbyte 左移一位后与 SDA 进行“或”运算，依次把 8 个独立的位放入一个字节中来完成字节的接收。

3．I^2C 总线应用实例

具有 I^2C 总线接口的集成电路芯片有很多种，比较常用的有实时时钟芯片 PCF8563、EEPROM 存储器芯片的 AT24C 系列等。下面以 PCF8563 为例介绍 I^2C 总线的应用。

（1）PCF8563 概述。

PCF8563 是 PHILIPS 公司推出的一款工业级内含 I^2C 总线接口功能的具有极低功耗的多功能时钟/日历芯片。PCF8563 具有报警、定时器、时钟输出及中断输出等多种功能，能完成各种复杂的定时服务。PCF8563 最大总线通信速度为 400kbit/s，每次读/写数据后，其内嵌的字节地址寄存器会自动产生增量。PCF8563 可广泛应用于便携式仪器及使用电池供电的仪器仪表等产品。PCF8563 的主要特性如下。

① 宽电压范围（1.0～5.5V），复位电压标准值 V_{low}=0.9V。

② 超低功耗：典型值为 0.25μA（V_{DD}=3.0V，T_{amb}=25℃）。

③ 输出方波频率有 32.768kHz、1024Hz、32Hz、1Hz。

CLKOUT 频率寄存器（地址为 0DH）决定了方波的频率。CLKOUT 是开漏输出引脚，通电时有效，无效时为高阻抗。

④ 4 种报警功能和定时器功能。当一个或多个报警寄存器 MSB 的 AE（Alarm Enable，报警使能位）清 0 时，相应的报警条件有效，这样，一个报警在每分钟至每星期范围内产生一次。设置报警标志位 AF（控制/状态寄存器 2 的位 3）用于产生中断。AF 只可以用软件清 0。

8 位倒计数器（地址为 0FH）由定时器控制寄存器（地址为 0EH）控制。定时器控制寄存器用于设定定时器的频率（4096Hz、64Hz、1Hz、1/60Hz），以及定时器有效或无效。定时器从软件设置的 8 位二进制数倒计数，每次倒计数结束，定时器设置标志位 TF（见表 13.21），TF 只可以用软件清 0。TF 用于产生一个中断（$\overline{\text{INT}}$），每个倒计数周期产生一个脉冲作为中断信号。TI/TP（见表 13.20）控制中断产生的条件。当读定时器时，返回当前倒计数的数值。

⑤ 内含复位电路。当振荡器停止工作时，复位电路开始工作。在复位状态下，I^2C 总线

初始化，TF、VL、TD1、TD0、TESTC 和 AC 被置为逻辑 1，其他寄存器和地址指针被清 0。

⑥ 内含振荡器电容电路。对石英晶体频率的调整方法有如下 3 种。

方法 1：定值 OSCI 电容。计算所需的电容平均值，电容值为此值的定值电容通电后，在其 CLKOUT 管脚上测出的频率值应为 32.768kHz，测出的频率值偏差取决于石英晶体本身，电容偏差和器件之间的偏差平均为$\pm 5\times10^{-6}$。平均偏差可达 5min/年。

方法 2：OSCI 微调电容。可通过调整 OSCI 管脚的微调电容来调整振荡器的频率，以获得更高的精度，通电时管脚 CLKOUT 上的信号频率应为 32.768kHz。

方法 3：OSCI 输出。直接测量管脚 OSCI 的输出。

⑦ 内含掉电检测电路。当 V_{DD} 低于 V_{low} 时，VL（Voltage Low，秒寄存器的位 7）被置 1，用于指明可能产生不准确的时钟/日历信息。VL 只可以用软件清除。当 V_{DD} 慢速降低（如电池供电）达到 V_{low} 时，VL 被设置，这时可能会产生中断。

⑧ 开漏中断引脚输出。

⑨ 400kHz 的 I^2C 总线接口（V_{DD}=1.8～5.5V）。

⑩ I^2C 总线从地址：读对应的是 0A3H；写对应的是 0A2H。

（2）PCF8563 的引脚排列及应用电路图。

PCF8563 的引脚排列图如图 13.41 所示。

第 4、8 引脚是电源负极 VSS 和电源正极 VDD。

第 1、2 引脚是振荡器输入 OSCI 和振荡器输出 OSCO。

第 5、6 引脚是 I^2C 总线的 SDA 和 SCL。

第 3 引脚是开漏型中断输出 $\overline{\text{INT}}$，低电平有效。

第 7 引脚是开漏型时钟输出。

单片机与 PCF8563 的接口应用电路原理图如图 13.42 所示。在图 13.42 中，第 8 引脚 SDA 和第 7 引脚 SCL 与单片机 I/O 口相连。后备电池用于保持当前数据，单片机可以读取实时时钟数据。

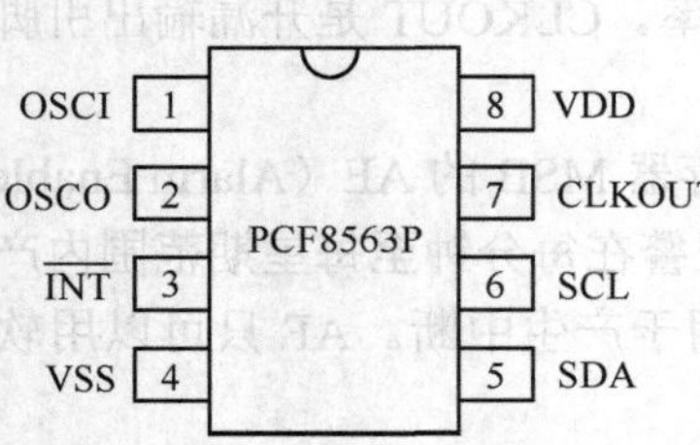

图 13.41 PCF8563 的引脚排列图

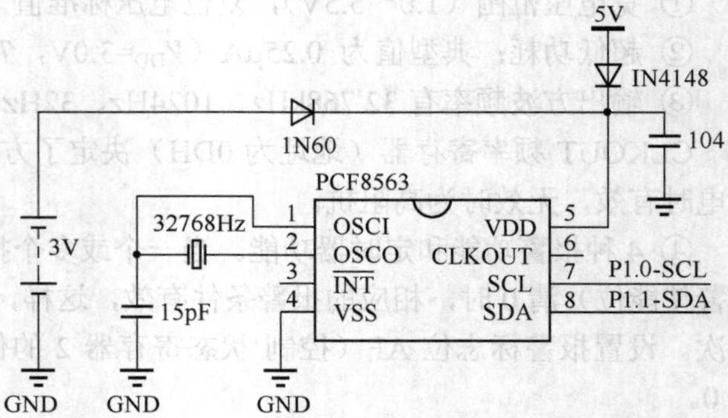

图 13.42 单片机与 PCF8563 的接口应用电路原理图

（3）PCF8563 的寄存器结构。

PCF8563 有 16 个 8 位寄存器：可自动增量的地址寄存器，内置的 32.768kHz 振荡器（带有内部集成电容），分频器（用于给实时时钟 RTC 提供源时钟），可编程输出时钟，定时器，报警器，掉电检测器和 400kHz 的 I^2C 总线接口。

这 16 个寄存器都设计成可寻址的 8 位并行寄存器，但不是所有位都有用。前两个寄存器（内存地址为 00H，01H）用于控制寄存器和状态寄存器，内存地址 02H～08H 用于时钟计数器，地址 09H～0CH 用于报警寄存器（定义报警条件），地址 0DH 控制 CLKOUT 管脚的输出频率，地址 0EH 和 0FH 分别用于定时器控制寄存器和定时器寄存器。

秒、分钟、小时、日、月、年、分钟报警、小时报警、日报警寄存器的编码格式为 BCD 码，星期和星期报警寄存器不以 BCD 格式编码。当一个 RTC 寄存器被读取时，所有计数器的内容都将被锁存，因此，在传送条件下，可以禁止对 PCF8563 的错读。

非 BCD 格式编码寄存器概况如表 13.16 所示，其中标明“—”的位无效，标明“0”的位应置逻辑 0。

表 13.16　非 BCD 格式编码寄存器概况

地址	寄存器名称	B7	B6	B5	B4	B3	B2	B1	B0
00H	控制/状态寄存器 1	TEST1	0	STOP	0	TESTC	0	0	0
01H	控制/状态寄存器 2	0	0	0	TI/TP	AF	TF	AIE	TIE
0DH	CLKOUT 输出寄存器	FE	—	—	—	—	—	FD1	FD0
0EH	倒计数定时器控制寄存器	TE	—	—	—	—	—	TD1	TD0
0FH	定时器倒计数数值寄存器	定时器倒计数数值（二进制）							

BCD 格式编码寄存器概况如表 13.17 所示，其中标明“—”的位无效。

表 13.17　BCD 格式编码寄存器概况

地址	寄存器名称	B7	B6	B5	B4	B3	B2	B1	B0
02H	秒寄存器	VL	00～59　BCD 码格式数						
03H	分钟寄存器	—	00～59　BCD 码格式数						
04H	小时寄存器	—	—	00～23　BCD 码格式数					
05H	日寄存器	—	—	01～31　BCD 码格式数					
06H	星期寄存器	—	—	—	—	—	0～6　BCD 码格式数		
07H	月/世纪寄存器	C	—	—	01～12　BCD 码格式数				
08H	年寄存器	00～99　BCD 码格式数							
09H	分钟报警寄存器	AE	00～59　BCD 码格式数						
0AH	小时报警寄存器	AE	—	00～23　BCD 码格式数					
0BH	日报警寄存器	AE	—	01～31　BCD 码格式数					
0CH	星期报警寄存器	AE	—	—	—	—	0～6　BCD 码格式数		

① 控制/状态寄存器 1。控制/状态寄存器 1 的地址为 00H，其功能描述如表 13.18 所示。

表 13.18　控制/状态寄存器 1 的功能描述

位号	B7	B6	B5	B4	B3	B2	B1	B0
位名称	TEST1	0	STOP	0	TESTC	0	0	0

TEST1：普通/测试模式。(TEST1) = 0，普通模式；(TEST1) = 1，EXT_CLK 测试模式。

STOP：芯片时钟运行/停止。(STOP) = 0，芯片时钟运行；(STOP) = 1，所有芯片分频器异步置逻辑 0，芯片时钟停止运行（CLKOUT 在 32.768kHz 时可用）。

TESTC：电源复位功能。(TESTC) = 0，电源复位功能失效（普通模式时置逻辑 0）；(TESTC) = 1，电源复位功能有效。

其他位默认值置逻辑 0。

② 控制/状态寄存器 2。控制/状态寄存器 2 的地址为 01H，其功能描述如表 13.19 所示。

表 13.19 控制/状态寄存器 2 的功能描述

位号	B7	B6	B5	B4	B3	B2	B1	B0
位名称	0	0	0	TI/TP	AF	TF	AIE	TIE

TI/TP：(TI/TP) = 0，当 TF 有效时 $\overline{\text{INT}}$ 有效（取决于 TIE 的状态）；(TI/TP) = 1，$\overline{\text{INT}}$ 脉冲有效（取决于 TIE 的状态）。(TI/TP) = 1 时的 $\overline{\text{INT}}$ 周期与源时钟关系如表 13.20 所示。

表 13.20 (TI/TP) = 1 时的 $\overline{\text{INT}}$ 周期与源时钟关系

源时钟（Hz）	$\overline{\text{INT}}$ 周期	
	n=1	n>1
4096	1/8192	1/4096
64	1/128	1/64
1	1/64	1/64
1/60	1/64	1/64

注：若 AF 和 AIE 都有效，则 $\overline{\text{INT}}$ 一直有效。TF 和 $\overline{\text{INT}}$ 同时有效。n 为倒计数定时器的数值。当 n=0 时，定时器停止工作。

AF 和 TF：当报警发生时，AF 被置逻辑 1；在定时器倒计数结束时，TF 被置逻辑 1。AF 和 TF 在被软件重写前一直保持原有值。AF 值和 TF 值的描述如表 13.21 所示。

表 13.21 AF 值和 TF 值的描述

R/W	AF		TF	
	值	描述	值	描述
读	0	报警标志位无效	0	定时器标志位无效
	1	报警标志位有效	1	定时器标志位有效
写	0	报警标志位被清 0	0	定时器标志位被清 0
	1	报警标志位保持不变	1	定时器标志位保持不变

若定时器和报警中断同时发出请求，中断源由 AF 和 TF 共同决定，若要清 0 一个标志位而防止另一标志位被重写，则应运用逻辑指令 AND。

AIE 和 TIE：AIE 和 TIE 决定一个中断的请求有效或无效。当 AF 或 TF 中的一个为 1 时，是否中断取决于 AIE 和 TIE 的值。(AIE) = 0，报警中断无效；(AIE) = 1，报警中断有效。(TIE) = 0，定时器中断无效；(TIE) = 1，定时器中断有效。

③ 秒寄存器、分钟寄存器和小时寄存器。秒寄存器、分钟寄存器和小时寄存器的地址分别为 02H、03H、04H，其功能描述如表 13.22 所示。

表 13.22　秒寄存器、分钟寄存器、小时寄存器的功能描述

寄存器名称	B7	B6	B5	B4	B3	B2	B1	B0
秒寄存器	VL	<秒>						
分钟寄存器	—	<分钟>						
小时寄存器	—	—	<小时>					

VL：(VL)=0，保证准确的时钟/日历数据；(VL)=1，不保证准确的时钟/日历数据。

<秒>：代表 BCD 格式的当前秒数值，值为 00～59。

<分钟>：代表 BCD 格式的当前分钟数值，值为 00～59。

<小时>：代表 BCD 格式的当前小时数值，值为 00～23。

标明“—”的位无效。

④ 日寄存器、星期寄存器、月/世纪寄存器和年寄存器。日寄存器、星期寄存器、月/世纪寄存器和年寄存器的地址分别为 05H、06H、07H、08H，其功能描述如表 13.23 所示。

表 13.23　日寄存器、星期寄存器、月/世纪寄存器和年寄存器的功能描述

寄存器名称	B7	B6	B5	B4	B3	B2	B1	B0
日寄存器	—	—	<日>					
星期寄存器	—	—	—	—	—	<星期>		
月/世纪寄存器	C	—	—	<月>				
年寄存器	<年>							

<日>：代表 BCD 格式的当前日数值，值为 01～31。当年计数器的值是闰年时，PCF8563 自动给二月增加一个值，使其成为 29 天。

<星期>：代表 BCD 格式的当年数值，值为 0～6，000 表示星期日；001 表示星期一；010 表示星期二；011 表示星期三；100 表示星期四；101 表示星期五；110 表示星期六。

C：世纪位。C 为 0，指定世纪数为 20××；C 为 1，指定世纪数为 19××，“××”为年寄存器中的值。当年寄存器中的值由 99 变为 00 时，世纪位会改变。

<月>：代表 BCD 格式的当前月数值，值为 01～12，00001 表示一月；00010 表示二月；00011 表示三月；00100 表示四月；00101 表示五月；00110 表示六月；00111 表示七月；01000 表示八月；01001 表示九月；10000 表示十月；10001 表示十一月；10010 表示十二月。

<年>：代表 BCD 格式的当前年数值，值为 00～99。

标明“—”的位无效。

⑤ 报警寄存器。当一个或多个报警寄存器写入合法的分钟、小时、日或星期数值，它们相应的 AE 为逻辑 0，并且当这些数值与当前的分钟、小时、日或星期数值相等时，AF 被设置。AF 保存设置值，直到被软件清 0 为止。AF 被清 0 后，只有在时间增量与报警条件再次相匹配时才可被设置。报警寄存器在它们相应的 AE 置为逻辑 1 时将被忽略。

分钟报警寄存器、小时报警寄存器、日报警寄存器和星期报警寄存器的地址分别为 09H、0AH、0BH、0CH，其功能描述如表 13.24 所示。

表 13.24　分钟报警寄存器、小时报警寄存器、日报警寄存器和星期报警寄存器的功能描述

寄存器名称	B7	B6	B5	B4	B3	B2	B1	B0
分钟报警寄存器	AE	<分钟报警>						
小时报警寄存器	AE	—	<小时报警>					
日报警寄存器	AE	—	<日报警>					
星期报警寄存器	AE	—	—	—	—	<星期报警>		

分钟报警(FD1)/(FD0)=AE：(AE) = 0，分钟报警(FD1)/(FD0)=有效；(AE) = 1，分钟报警(FD1)/(FD0)=无效。

<分钟报警>：代表 BCD 格式的分钟报警数值，值为 00～59。

小时报警(FD1)/(FD0)=AE：(AE) = 0，小时报警(FD1)/(FD0)=有效；(AE) = 1，小时报警(FD1)/(FD0)=无效。

<小时报警>：代表 BCD 格式的小时报警数值，值为 00～23。

日报警(FD1)/(FD0)=AE：(AE) = 0，日报警(FD1)/(FD0)=有效；(AE) = 1，日报警(FD1)/(FD0)=无效。

<日报警>：代表 BCD 格式的日报警数值，值为 00～31。

星期报警(FD1)/(FD0)=AE：(AE) = 0，星期报警(FD1)/(FD0)=有效；(AE) = 1，星期报警(FD1)/(FD0)=无效。

<星期报警>：代表 BCD 格式的星期报警数值，值为 0～6。

标明"—"的位无效。

⑥ CLKOUT 输出寄存器。CLKOUT 输出寄存器的地址为 0DH，其功能描述如表 13.25 所示。

表 13.25　CLKOUT 输出寄存器的功能描述

位号	B7	B6	B5	B4	B3	B2	B1	B0
位名称	FE	—	—	—	—	—	FD1	FD0

FE：CLKOUT 输出使能。(FE)=0，CLKOUT 输出被禁止并设成高阻抗；(FE)=1，CLKOUT 输出有效。

FD1 和 FD0：用于控制 CLKOUT 输出管脚的频率（f_{CLKOUT}）。(FD1)/(FD0)=0/0 设置输出频率为 32.768kHz；(FD1)/(FD0)=0/1 设置输出频率为 1024Hz；(FD1)/(FD0)=1/0 设置输出频率为 32Hz；(FD1)/(FD0)=1/1 设置输出频率为 1Hz。

标明"—"的位无效。

⑦ 倒计数定时器控制寄存器和倒计数定时器倒计数数值寄存器。倒计数定时器倒计数数值寄存器是一个 8 位字节的寄存器，它的有效或无效由倒计数定时器控制控制器中的 TE 决定，定时器的时钟也可以由定时器控制器选择，其他定时器功能（如中断产生）由控制/状态寄存器 2 控制。为了能精确读回倒计数数值，I^2C 总线的 SCL 的频率至少应为所选定的定时器时钟频率的 2 倍。

倒计数定时器控制寄存器和倒计数定时器倒计数数值寄存器的地址分别为 0EH 和 0FH，其功能描述如表 13.26 所示。

表 13.26　倒计数定时器控制寄存器和倒计数定时器倒计数数值寄存器的功能描述

位号	B7	B6	B5	B4	B3	B2	B1	B0
位名称	TE	—	—	—	—	—	TD1	TD0
倒计数定时器控制寄存器和倒计数定时器倒计数数值寄存器	倒计数定时器倒计数数值（二进制）							

TE：定时器使能。(TE) = 0，定时器无效；(TE) = 1，定时器有效。

TD1 和 TD0：定时器时钟频率选择位，决定倒计数定时器的时钟频率。(TD1)/(TD0)=0/0 设置时钟频率为 4096Hz；(TD1)/(TD0)=0/1 设置时钟频率为 64Hz；(TD1)/(TD0)=1/0 设置时钟频率为 1Hz；(TD1)/(TD0)=1/1 设置时钟频率为 1/60Hz（不用时也设置为(TD1)/(TD0)=1/1 以降低电源损耗）。

<定时器倒计数数值>：倒计数数值为 n，倒计数周期＝n/时钟频率。

标明“—”的位无效。

（4）应用实例。

例 13.11　单片机与 PCF8563 的接口应用电路原理图如图 13.42 所示，读取 PCF8563 的实时年、月、日、小时、分钟、秒和星期信息，并分别计算十位和个位，通过串行通信端口波特率 9600bit/s 发送到计算机串行通信端口助手显示并观察。单片机频率为 11.059MHz。

解　C 语言源程序如下。

```
#include "stc15.h"                          //包含支持 STC15 系列单片机头文件
#include <intrins.h>
sbit scl=P1^0;                              //定义 PCF8563 的 SCL
sbit sda=P1^1;                              //定义 PCF8563 的 SDA
void start();                               //I2C 启动
void stop();                                //I2C 结束
void ack();                                 //主机应答
void nack();                                //主机无应答
unsigned char getack();                     //从机应答
unsigned char writebyte(unsigned char dat); //写一字节
unsigned char readbyte();                   //读一字节

void delay_()                               //延时
{
    unsigned char i;
    i = 3;
    while (--i);
}

struct Time                    //时间结构体，包括了秒、分钟、小时、日、星期、月、年
{
    unsigned char second;
    unsigned char minute;
    unsigned char hour;
    unsigned char day;
```

```
	unsigned char week;
	unsigned char month;
	unsigned char year;
};
struct Time time;                      //用来装载时间数据
```

//向 ddr 写多字节，addr 表示寄存器地址　length 表示要写入的字节数　pbuf 表示指向数据缓冲区的指针

```
unsigned char pcfwrite(unsigned char addr,unsigned char length,unsigned char *pbuf )
{
	unsigned char i=0;
	start();
	if(writebyte(0xa2)) return 1;          //写 PCF8563 的 ID 与读控制位，通信有误返回 1
	if(writebyte(addr)) return 1;          //写寄存器地址，失败返回 1
	for(i=0;i<length;i++)                  //写入 length 字节
	{
		if(writebyte(pbuf[i])) return 1;   //写数据
	}
	stop();
	return 0;                              //操作结果，0 表示成功，1 表示失败
}
```

//从 addr 读多字节，addr 表示寄存器地址　length 表示要读出的字节数　pbuf 表示指向数据缓冲区的指针

```
unsigned char pcfread(unsigned char addr,unsigned char length,unsigned char *pbuf)
{
	unsigned char i=0;
	start();                               //通信开始
	if(writebyte(0xa2)) return 1;          //写 PCF8563 的 ID 与读（写）控制位，通信有误返回 1
	if(writebyte(addr)) return 1;          //写寄存器地址，失败返回 1
	start();                               //通信开始
	if(writebyte(0xa3)) return 1;          //写 PCF8563 的 ID 与（读）写控制位，通信有误返回 1
	for(i=0;i<length-1;i++)                //写入前 length-1 字节，并做出应答
	{
		pbuf[i]=readbyte();
		ack();                             //每读取一字节，主机应答
	}
	pbuf[i]=readbyte();                    //写入最后一字节且不应答
	nack();
	stop();
	return 0;                              //操作结果，0 表示成功，1 表示失败
}

unsigned char bcdval(unsigned char x)      //将 BCD 码转换为十进制的数值
{
	return (x>>4)*10+(x&0x0f);             //高 4 位乘以十加上低 4 位
```

```
}

unsigned char valbcd(unsigned char x)       //将十进制的数值转换为 BCD 码
{
    return (x/10)*16+(x%10);                //十位乘以 16 加上个位
}

unsigned char readtime()                    //读取时间
{
    unsigned char temp[7];                  //用于装载读回来的秒至年的 7 字节的数据
    if(!pcfread(0x02,7,temp))               //读取时间寄存器 02，读取 7 字节放到 temp 中
    {       //以下对读取到 temp 中的时间数据进行截取，并转换为十进制数据写入 time
            time.second=bcdval(temp[0]&0x7f);   //秒，通过与操作屏蔽多余的位
            time.minute=bcdval(temp[1]&0x7f);   //分钟，获取真正的时间
            time.hour   =bcdval(temp[2]&0x3f);  //小时，bcdval 是将 BCD 码转换成十进制数的函数
            time.day    =bcdval(temp[3]&0x3f);  //日
            time.week   =bcdval(temp[4]&0x07);  //星期
            time.month =bcdval(temp[5]&0x1f);   //月
            time.year   =bcdval(temp[6]      ); //年
            return 0;                           //返回 0，表示运行成功
    }
    else return 1;                              //否则返回 1，表示失败
}

unsigned char settime()                         //设置时间
{                                               //操作结果，0 表示成功，1 表示失败
    unsigned char i,temp[7];
    for(i=0;i<7;i++)
    {
            //将 time 中的十进制时间数据转换为 BCD 码，转换完成后装到临时数组 temp[7]中
            temp[i]=valbcd(((unsigned char *)(&time))[i]);
    }
    return pcfwrite(0x02,7,temp);   //将 temp 中的数据写入时间寄存器
}

void Delay(unsigned int x)                      //@11.0592MHz    x ms
{
    unsigned char i, j;
    while(x--)
    {
            _nop_();_nop_();_nop_();
            i = 11;j = 190;
            do
            {
                    while (--j);
            }
```

```
        while (--i);
    }
}

void SendASC(char ASC)                      //向串行通信端口发送一个字符
{
    TI=0;
    SBUF=ASC;
    while(!TI);
}

void main()
{   //初始化，11.059MHz，9600bit/s
    unsigned char a[]="0123456789";
    SCON = 0x50;                            //8 位可变波特率
    AUXR1= AUXR1 & 0x3F;
    AUXR = 0x40;                            //定时/计数器 1 为 1T 模式
    TMOD = 0x20;                            //定时/计数器 1 为模式 2（8 位自动重载）
    TL1 = 0xDC;                             //设置波特率重装值
    TH1 = 0xDC;
    TR1 = 1;                                //定时/计数器 1 开始工作
    EA = 1;
    time.year   =14;                        //以下设置初始值
    time.month =9;
    time.day    =1;
    time.hour   =12;
    time.minute=0;
    time.second=0;
    time.week   =4;
    settime();   //设定时间，将初始值设定好的 time 值（十进制）转换成 BCD 码输入时间寄存器
    while(1)
    {
        readtime();                         //读取时间
        SendASC(a[time.year/10]);           //发送年十位
        SendASC(a[time.year%10]);           //发送年个位
        SendASC('-');                       //发送短横线
        SendASC(a[time.month/10]);          //发送月十位
        SendASC(a[time.month%10]);          //发送月个位
        SendASC('-');                       //发送短横线
        SendASC(a[time.day/10]);            //发送日十位
        SendASC(a[time.day%10]);            //发送日个位
        SendASC(0x0D);                      //回车
        SendASC(0x0A);                      //换行
        SendASC(a[time.hour/10]);           //发送小时十位
        SendASC(a[time.hour%10]);           //发送小时个位
```

```
            SendASC(':');                          //发送冒号
            SendASC(a[time.minute/10]);            //发送分钟十位
            SendASC(a[time.minute%10]);            //发送分钟个位
            SendASC(':');                          /发送冒号
            SendASC(a[time.second/10]);            //发送秒十位
            SendASC(a[time.second%10]);            //发送秒个位
            SendASC(0x0D);                         //回车
            SendASC(0x0A);                         //换行
            SendASC(a[time.week/10]);              //发送星期十位
            SendASC(a[time.week%10]);              //发送星期个位
            SendASC(0x0D);                         //回车
            SendASC(0x0A);                         //换行
            Delay(999);                            //延时
        }
    }
```

13.3.2 单总线接口技术与应用编程

1．单总线概述

单总线采用单条信号线，既可传输时钟，又可传输数据，而且数据传输是双向的，具有线路简单、硬件少、成本低、便于进行总线扩展和维护等优点，适用于单主机系统，能够控制一个或多个从机。当只有一个从机时，系统按单节点系统操作；当有多个从机时，系统按多节点系统操作。主机或从机通过一个漏极开路或三态端口连至单总线，以允许设备在不发送数据时能够释放单总线，而让其他设备使用单总线。单总线通常要求外接一个阻值约为 4.7kΩ 的上拉电阻，当单总线闲置时，其状态为高电平。主机和从机之间的通信可通过 3 个步骤完成，分别为初始化 One-Wire 器件、识别 One-Wire 器件和交换数据。

美国 DALLAS 半导体公司的数字化温度传感器 DS18B20 是世界上第一个支持 One-Wire 单总线接口的温度传感器，其内部使用了在板（ON-BOARD）专利技术，其全部传感元件及转换电路集成在一个芯片内。DS18B20 在启动后，即可自动测量环境温度，并将测量值以数字信号形式存储在 DS18B20 的寄存器中，单片机通过读取时序即可读取数据。

2．DS18B20

（1）DS18B20 的主要特性。

① 适应电压范围宽（3～5.5V），在寄生电源方式下可由数据线供电。

② 独特的单线接口方式，它与微处理器连接时仅需要一条口线即可实现微处理器与 DS18B20 的双向通信。

③ 支持多点组网功能，多个 DS18B20 并联在一起可以实现组网多点测温。

④ 在使用时不需要任何外围元件，全部传感元件及转换电路集成在一只形似三极管的集成电路内。

⑤ 测温范围为−55～+125℃，在−10～+85℃时，测温精度为±0.5℃。

⑥ 可编程分辨率为 9 位、10 位、11 位、12 位，对应的可分辨温度分别为 0.5℃、0.25℃、

0.125℃和 0.0625℃，可实现高精度测温。

⑦ 在 9 位分辨率时，最多在 93.75ms 内把温度值转换为数字；在 12 位分辨率时，最多在 750ms 内把温度值转换为数字。

⑧ 测量结果直接输出数字温度信号，以单总线串行方式传送给 CPU，同时可传送 CRC 校验码，具有极强的抗干扰纠错能力。

⑨ 负压特性，电源极性接反时，芯片不会因发热而烧毁，但不能正常工作。

（2）DS18B20 引脚排列及应用电路原理图。

DS18B20 有 2 种封装形式，即 3 脚 TO-92 直插式封装和 8 脚 SOP8 表贴式封装，其中 3 脚 TO-92 直插式封装是最常用的封装形式，其外形及引脚排列图如图 13.43 所示。

DS18B20 的引脚功能定义如下。

① GND：电源负极。

② DQ：单总线数字信号 I/O 口。

③ VDD：电源正极。

DS18B20 的供电方式可分为外部电源供电方式、寄生电源供电方式和寄生电源强上拉供电方式等。在寄生电源供电方式和寄生电源强上拉供电方式中，DS18B20 的 VDD 引脚必须接地。在外部电源供电方式中，DS18B20 工作电源由 VDD 接入，此时 I/O 线不需要强上拉，不存在电源电流不足的问题，可以保证转换精度；同时，理论而言，在总线上可以挂接任意数量的 DS18B20 传感器，组成多点测温系统。但在实际应用中，当单总线同时挂接超过 8 个芯片时，仍然需要考虑 I/O 线驱动问题。外部电源供电方式测温应用电路原理图如图 13.44 所示。

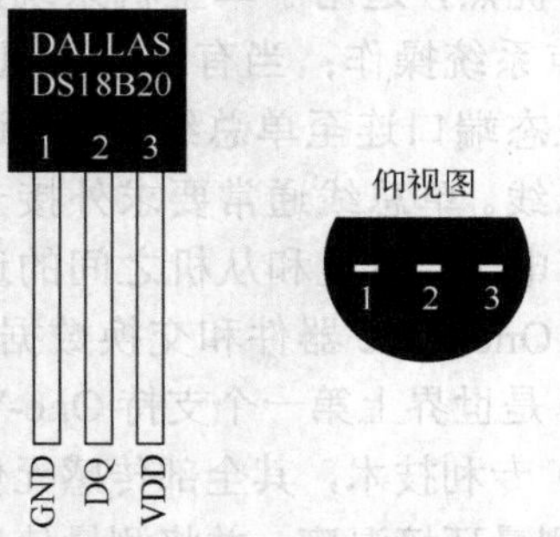

图 13.43 3 脚 TO-92 直插式 DS18B20 的外形及引脚排列图

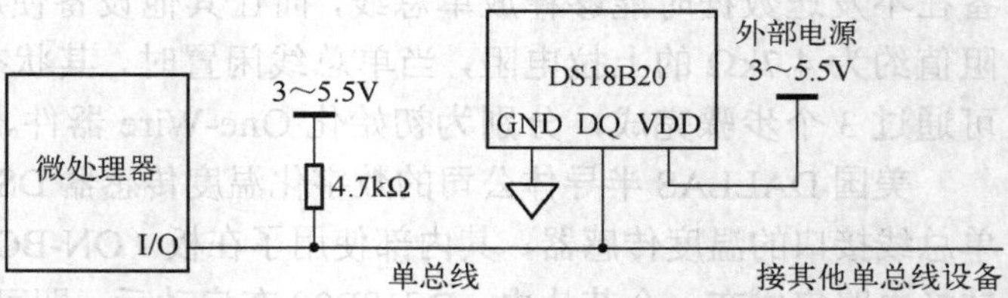

图 13.44 外部电源供电方式测温应用电路原理图

外部电源供电方式的 DS18B20 工作稳定可靠，抗干扰能力强，而且电路比较简单，可以设计出稳定可靠的单点或多点温度测量系统。如果控制多个 DS18B20 进行温度采集，则只需要将所有 DS18B20 的 I/O 口全部连接到一起即可，软件是通过读取每个 DS18B20 内部的序列号来识别各个 DS18B20 的。

（3）光刻 ROM 中的 64 位序列号。

64 位光刻 ROM 中的序列号是出厂前被光刻好的，该序列号可以看作 DS18B20 的地址序列码，其排列顺序是：开始 8 位（28H）是产品类型标号，接着 48 位是 DS18B20 自身的序列号，最后 8 位是前面 56 位的 CRC 循环冗余校验码（CRC=X8+X5+X4+1）。光刻 ROM 的作用是使每一个 DS18B20 各不相同，以实现一条总线上挂接多个 DS18B20。

（4）指令表。

当主机需要对多个在线 DS18B20 中的某一个进行操作时，首先应将主机与 DS18B20 逐个挂接，读出其序列号；然后将所有 DS18B20 挂接到单总线上，单片机发出匹配 ROM 命令（55H）；主机提供的 64 位序列号之后的操作就是针对该 DS18B20 的了。DS18B20 的 ROM 指令表如表 13.27 所示。

表 13.27　DS18B20 的 ROM 指令表

指令	约定代码	功能
读 ROM	33H	读 DS18B20 温度传感器 ROM 中的编码，即 64ROM 位地址
符合 ROM	55H	发出此指令之后，发出 64 位 ROM 编码，访问单总线上与该编码相对应的 DS18B20，使其做出响应，为下一步对该 DS18B20 的读/写做准备
搜索 ROM	0F0H	用于确定挂接在同一单总线上的 DS18B20 的个数和识别 64 位 ROM 地址，为操作各元器件做准备
跳过 ROM	0CCH	忽略 64 位 ROM 地址，直接向 DS18B20 发送温度变换指令，适用于单芯片工作
报警搜索指令	0ECH	执行该指令后，只有温度超过设定值上限或下限的芯片才做出响应

如果主机只对一个 DS18B20 进行操作，就不需要读取 ROM 编码及匹配 ROM 编码了，只要用跳过 ROM 指令，就可以进行温度转换和读取操作。DS18B20 中的 RAM 指令表如表 13.28 所示。

表 13.28　DS18B20 中的 RAM 指令表

指令	约定代码	功能
温度变换	44H	启动 DS18B20 进行温度转换，12 位转换时转换时长最长为 750ms，9 位转换时转换时长最长为 93.75ms，结果存入内部 9 字节 RAM 中
读暂存器	0BEH	读内部 RAM 中 9 字节的内容
写暂存器	4EH	发出向内部 RAM 的 2、3、4 字节写上、下限温度数据和配置寄存器指令，该指令发送完之后传送 3 字节的数据
复制暂存器	48H	将 RAM 中 2、3、4 字节的内容复制到 EEPROM 中
重调 EEPROM	0B8H	将 EEPROM 中的内容恢复到 RAM 的 2、3、4 字节
读供电方式	0B4H	读 DS18B20 的供电模式。寄生电源供电时，DS18B20 发送 0；外部电源供电时，DS18B20 发送 1

（5）高速暂存存储器 RAM 与可电擦除 EEPROM。

DS18B20 中的高速暂存存储器 RAM 由 9 字节的存储器组成，其具体分配如表 13.29 所示，其中第 0～1 个字节是温度转换后的温度值的二字节补码形式。

表 13.29　DS18B20 中的高速暂存存储器 RAM 的具体分配

寄存器内容	字节地址	备份寄存器
温度值低位（LSB）	0	—
温度值高位（MSB）	1	—
高温限值（TH）	2	EEPROM
低温限值（TL）	3	EEPROM
配置寄存器	4	EEPROM

续表

寄存器内容	字节地址	备份寄存器
保留	5	—
保留	6	—
保留	7	—
CRC 校验值	8	—

可电擦除 EEPROM 存放高温度触发器和低温度触发器 TH 和 TL 及配置寄存器。配置寄存器的格式如表 13.30 所示，其中低 5 位一直都是 1；TM 是测试模式位，用于设置 DS18B20 是在工作模式还是在测试模式，出厂时默认设置为“0”为工作模式，用户不要改动；R1 和 R0 用来设置温度分辨率，出厂时默认设置为 12 位，用户可根据需要更改。温度分辨率设置与最长转换时间表如表 13.31 所示。

表 13.30　配置寄存器的格式

TM	R1	R0	1	1	1	1	1

表 13.31　温度分辨率设置与最长转换时间表

R1	R0	分辨率/位	最长转换时间/ms
0	0	9	93.75
0	1	10	187.5
1	0	11	375
1	1	12	750

（6）温度值数据存储格式。

DS18B20 的分辨率出厂时默认设置为 12 位，存储在两个 8 位的 RAM 中。DS18B20 的温度值数据存储格式如表 13.32 所示。单片机在读取温度值数据时，一次会读 2 字节共 16 位，读完后将低 11 位的二进制数转化为十进制数后再乘以 0.0625 便为测得的实际温度值。

表 13.32　DS18B20 的温度值数据存储格式

LSB								
位	B7	B6	B5	B4	B3	B2	B1	B0
数据	2^3	2^2	2^1	2^0	2^{-1}	2^{-2}	2^{-3}	2^{-4}
MSB								
位	B15	B14	B13	B12	B11	B10	B9	B8
数据	S	S	S	S	S	2^6	2^5	2^4

需要注意的是，最高位前 5 位为符号位，当测得的温度值为负值时，前 5 位都为 1，测得的数值需要取反加 1 再乘以 0.0625 才可以得到实际温度值；当测得的温度值为正值时，前 5 位都为 0，只要将测得的数值乘以 0.0625 即可得到实际温度值。

例如，+125℃的数字输出二进制数为 00000111 11010000B，十六进制数为 07D0H；+85℃的数字输出二进制数为 00000101 01010000B，十六进制数为 0550H；+25.0625℃的数字输出二进制数为 00000001 10010001B，十六进制数为 0191H；0℃的数字输出二进制数为 00000000 00000000B，十六进制数为 0000H。DS18B20 在开机复位时，其温度寄存器的值是+85℃（0550H）。

（7）单总线的时序。

所有的单总线元器件都要遵循严格的通信协议，以保证数据的完整性。One-Wire 协议定义了复位与应答脉冲、写 0 与写 1 时序、读 0 与读 1 时序等几种信号类型。所有的单总线指令序列（初始化、ROM 指令、功能指令）都是由这些基本的信号类型组成的。在这些信号中，除了应答脉冲，其他信号均由主机发出同步信号，并且发送的所有指令和数据都是字节的低位在前。下面以单总线元器件 DS18B20 为例介绍单总线时序。

① 初始化时序。初始化时序包括主机发出的复位脉冲和从机发出的应答脉冲。初始化时序图如图 13.45 所示。

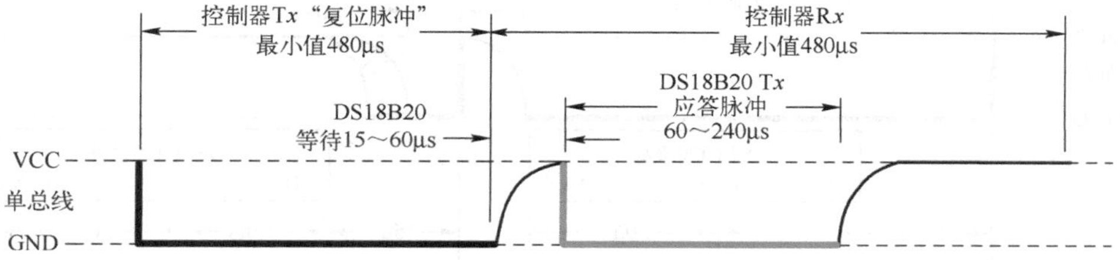

图 13.45　初始化时序图

在图 13.45 中，▬▬表示总线控制器低电平，▬▬表示 DS18B20 低电平，——表示电阻上拉。初始化 DS18B20 的具体步骤如下。

- 微控制器先将数据线置高电平 1。
- 延时，该延时时间要求不严格，可尽量短一点。
- 微控制器将数据线拉至低电平 0。
- 延时 750μs，该延时时间范围为 480～960μs，一般取中间值。
- 上拉电阻将数据线拉到高电平 1。
- 延时等待。如果初始化成功，则在 15～60μs 内产生一个由 DS18B20 返回的低电平 0，以确定有芯片存在。
- 若微控制器读到数据线上的低电平 0 后，则还需延时一定时间。

初始化 DS18B20 的 C 语言源程序如下。

```
void Delay(unsigned int v)   //延时子程序
{
      while(v!=0)
      v--;
}
void Init_DS18B20(void)      //DS18B20 初始化函数
{
      unsigned char x=0;
      DQ = 1;                //DQ 复位
      Delay(80);             //延时一定时间
      DQ = 0;                //单片机将 DQ 拉低
      Delay(800);            //延时时间大于 480μs
      DQ = 1;                //拉高总线
      Delay(100);
      x=DQ;                  //延时一定时间后，如果 x=0 则初始化成功；如果 x=1 则初始化失败
```

```
        Delay(50);
    }
```

② 写时序。在每一个时序中，单总线只能传输 1 位数据。所有的读时序和写时序都至少需要 60μs，并且每两个独立的时序之间至少需要 1μs 的恢复时间。读时序和写时序均始于主机拉低总线。DS18B20 写数据时序图如图 13.46 所示。在图 13.46 中，▬▬表示总线控制器低电平，——表示电阻上拉。

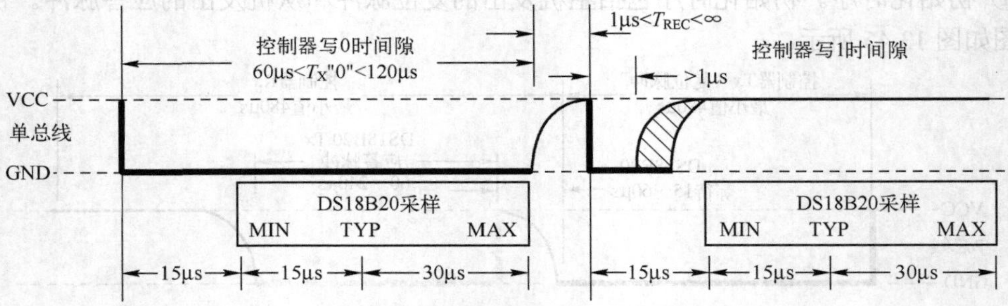

图 13.46 DS18B20 写数据时序图

向 DS18B20 写一字节的具体步骤如下。

- 微控制器先将数据线置低电平 0。
- 延时确定的时间为 15μs。
- 按从低位到高位的顺序发送数据，一次只发送一位。
- 延时时间为 45μs。
- 上拉电阻将数据线拉到高电平 1。
- 重复上面 5 个步骤，直到发送完整个字节。
- 最后上拉电阻将数据线拉高到 1。

向 DS18B20 写一字节 C 语言源程序如下。

```
void WriteOneChar(unsigned char dat)          //写一字节
{
    unsigned char i=0;
    for (i=8; i>0; i--)
    {
        DQ = 0;
        DQ = dat&0x01;
        Delay(50);
        DQ = 1;
        dat>>=1;
    }
    Delay(50);
}
```

③ 读时序。因为单总线元器件仅在主机发出读时序时才向主机传输数据，所以，当主机向单总线元器件发出读数据指令后，必须马上产生读时序，以便单总线元器件能传输数据。在主机发出读时序之后，单总线元器件才开始在总线上发送 0 或 1。若单总线元器件发送 1，

则单总线保持高电平；若单总线元器件发送 0，则拉低单总线。DS18B20 读数据时序图如图 13.47 所示。在图 13.47 中，▬▬表示总线控制器低电平，▬▬表示 DS18B20 低电平，——表示电阻上拉。

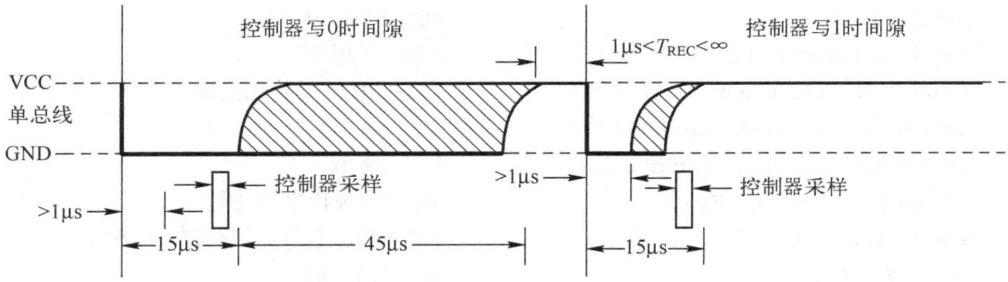

图 13.47　DS18B20 读数据时序图

从 DS18B20 读一字节具体步骤如下。

- 微控制器将数据线拉高到 1。
- 延时 2μs。
- 微控制器将数据线拉低到 0。
- 延时 6μs。
- 上拉电阻将数据线拉高到 1。
- 延时 4μs。
- 读数据线的状态得到一个状态位，并进行数据处理。
- 延时 30μs。
- 重复上述几个步骤，直到读取完一字节。

从 DS18B20 读一字节 C 语言源程序如下。

```
unsigned char ReadOneChar(void)          //读一字节
{
    unsigned char i=0;
    unsigned char dat = 0;
    for (i=8;i>0;i--)
    {
        DQ = 0;                          //给脉冲信号
        dat>>=1;
        DQ = 1;                          //给脉冲信号
        if(DQ)
        dat|=0x80;
        Delay(50);
    }
    return(dat);
}
```

3．单总线应用实例

例 13.12　单片机 P2.4 引脚连接一个 DS18B20，外接电源，测量当前实际温度，温度值通过 LED 数码管进行显示。单片机工作频率为 12MHz。

解 C 语言源程序如下。

```
#include "stc15.h"                                    //包含支持 STC15 系列单片机头文件
sbit DQ=P2^4;                                         //DS18B20 硬件端口
void Delay(unsigned int v);                           //延时子程序
void Init_DS18B20(void);                              // DS18B20 初始化函数
unsigned char ReadOneChar(void);                      //读一字节
void WriteOneChar(unsigned char dat);                 //写一字节
unsigned char bdata OutByte;                          //定义待输出字节变量
sbit Bit_Out=OutByte^7;                               //定义输出字节的最高位，即输出位
sbit SER=P4^0;                                        //位输出引脚
sbit SRCLK=P4^3;                                      //位同步脉冲输出
sbit RCLK=P5^4;                                       //锁存脉冲输出
unsigned char code Segment[]={0x3F,0x06,0x5B,0x4F,0x66,0x6D,0x7D,0x07,0x7F,0x6F,     //0～9
                    0xBF,0x86,0xDB,0xCF,0xE6,0xED,0xFD,0x87,0xFF,0xEF};     //0.～9.
unsigned char code Addr[]={0x00,0x01,0x02,0x04,0x08,0x10,0x20,0x40,0x80};
void OneLed_Out(unsigned char i,unsigned char Location)      //输出点亮一个 7 段 LED 数码管
{
    unsigned char j;
    OutByte=～Addr[Location];                         //先输出位码
    for(j=1;j<=8;j++)
    {
        SER=Bit_Out;
        SRCLK=0;SRCLK=1;SRCLK=0;                      //位同步脉冲输出
        OutByte=OutByte<<1;
    }
    OutByte=Segment[i];                               //再输出段码
    for(j=1;j<=8;j++)
    {
        SER=Bit_Out;
        SRCLK=0;SRCLK=1;SRCLK=0;                      //位同步脉冲输出
        OutByte=OutByte<<1;
    }
    RCLK=0;RCLK=1;RCLK=0;                             //一个锁存脉冲输出
}
unsigned int ReadTemperature(void)                    //读取温度
{
    unsigned char a=0;
    unsigned char b=0;
    unsigned int t=0;
    float tt=0;
    Init_DS18B20();                                   // DS18B20 初始化
    WriteOneChar(0xCC);                               //跳过读序号列号的操作
    WriteOneChar(0x44);                               //启动温度转换
```

```
        Init_DS18B20( );                         //DS18B20 初始化
        WriteOneChar(0xCC);                      //跳过读序列号的操作
        WriteOneChar(0xBE);                      //读取温度寄存器
        a=ReadOneChar( );
        b=ReadOneChar( );
        t=b;
        t<<=8;
        t=t|a;
        tt=t*0.0625;
        t= tt*10+0.5;
        return(t);
    }
    main()
    {
        unsigned int temp;
        while(1)
        {
            temp=ReadTemperature( );             //读取温度
            OneLed_Out(temp/100,6);              //LED 数码管显示
            temp=ReadTemperature( );             //LED 读取温度
            OneLed_Out((temp%100/10)+10,7);      //LED 数码管显示
            temp=ReadTemperature( );             //LED 读取温度
            OneLed_Out(temp%100%10,8);           //LED 数码管显示
        }
    }
```

13.4 基于 Proteus 仿真的数字温度计

1．系统功能

用 DS18B20 设计一个数字温度计，可测量温度范围为 0～125℃，精确到 1 位小数；采用 LCD1602 显示。

程序分成如下 2 部分进行调试。

① LCD1602 显示部分：第一行显示“Welcome!”；第二行显示“www.stcmcu.com”。LCD1602 的驱动函数设计成一个独立的头文件 LCD1602.h。

② 数字温度计：用 DS18B20 测量温度，将测量温度值用 LCD1602 显示。DS18B20 的操作函数也设计成一个独立头文件 DS18B20.h。

2．LCD1602 显示部分

（1）硬件设计。

采用 LCD1602 作为显示器。用 Proteus 绘制的 LCD1602 的接口电路原理图如图 13.48 所示。

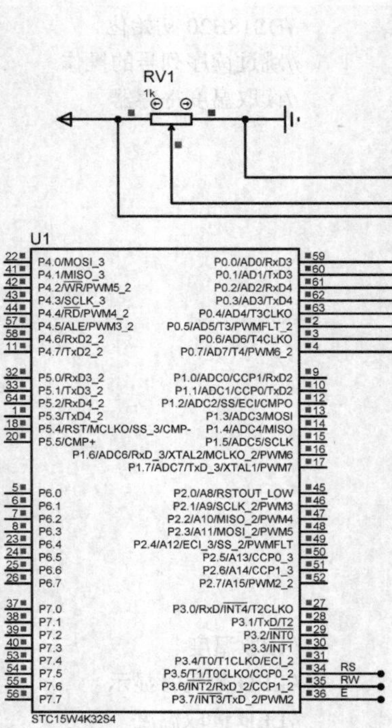

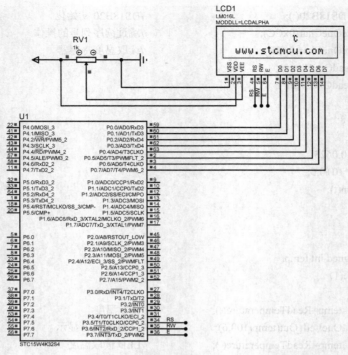

图 13.48　用 Proteus 绘制的 LCD1602 的接口电路原理图

（2）程序设计。

① 程序说明。第一行从第 5 个字符位置开始显示，第二行从第 2 个字符位置开始显示。

② 参考程序如下。

LCD1602.h：

```
#define LCD_DATA P0                          //定义 LCD1602 的数据端口
sbit rs = P3^5;                              //指令寄存器与数据寄存器选择 RS
sbit rw = P3^6;                              //读写选择 R/W
sbit e = P3^7;                               //使能信号 E
/*--------------------系统时钟频率为 11.0592MHz 时 10μs 延时函数----------------*/
void Delay10us()                             //@11.0592MHz
{
    unsigned char i;
    _nop_();
    i = 25;
    while (--i);
}
/*--------------------系统时钟频率为 11.0592MHz 时 x×10μs 延时函数---------------*/
void Delayx10us(uint x)                      //@11.0592MHz
{
    uchar i;
    for(i=0;i<x;i++)
    {
        Delay10us();
```

```c
        }
}
/*----------- 判别 LCD1602 忙碌状态-----------------------------*/
bit lcd_bz()
{
        bit result;
        rs = 0;
        rw = 1;
        e = 1;
        Delayx10us(10);
        result = (bit)(LCD_DATA & 0x80);
        e = 0;
        return result;
}
/*-----------------写入指令数据到 LCD1602--------------------------*/
void lcd_wcmd(uchar cmd)
{
 //     while(lcd_bz());                              //Proteus 仿真时，注释掉该语句
        rs = 0;
        rw = 0;
        e = 0;
        LCD_DATA = cmd;
        e = 1;
       Delayx10us(10);
        e = 0;
}
/*------------------设定显示位置-------------------*/
void lcd_start(uchar start)
{
        lcd_wcmd(start | 0x80);
}
/*------------------写入字符显示数据到 LCD1602---------------------*/
void lcd_data(uchar dat)
{
 //     while(lcd_bz());                              //Proteus 仿真时，注释掉该语句
        rs = 1;
        rw = 0;
        e = 0;
        LCD_DATA = dat;
        e = 1;
       Delayx10us(10);
        e = 0;
}
/*--------------------LCD 初始化设定-----------------------------*/
void lcd_init()
{
```

```
    Delayx10us(15);
    lcd_wcmd(0x38);                    //设定 LCD 为 16×2 显示，5×7 点阵，8 位数据接口
    Delayx10us(2);
    lcd_wcmd(0x0c);                    //开显示，不显示光标
    Delayx10us(2);
    lcd_wcmd(0x06);                    //显示光标自动右移，整屏不移动
    Delayx10us(2);
    lcd_wcmd(0x01);                    //显示清屏
    Delayx10us(2);
}
```

LCD1602 显示.c：

```
#include <stc15.h>                     //包含支持 STC15 系列单片机的头文件
#include <intrins.h>
#include "gpio.h"                      //包含 I/O 口初始化文件
#define uchar unsigned char
#define uint    unsigned int
# include "LCD1602.h"
uchar code dis1[] = {"Welcome!"};
uchar code dis2[] = {"www.stcmcu.com"};
/*—————系统时钟频率为 11.0592MHz 时为 1ms 的延时函数—————————*/
void Delay1ms()                                //@11.0592MHz
{
    unsigned char i, j;
    _nop_();
    _nop_();
    _nop_();
    i = 11;
    j = 190;
    do
    {
        while (--j);
    } while (--i);
}
/*—————系统时钟频率为 11.0592MHz 时为 x×1ms 的延时函数—————————*/
void Delayxms(uint x)
{
    uchar i;
    for(i=0;i<x;i++)
    {
        Delay1ms();
    }
}

/*---------------------主函数---------------------------*/
void main()
```

```
{
      uchar i;
     gpio();
      lcd_init();                              // 初始化 LCD1602
      Delayxms (20);
      lcd_start(4);                            // 设置显示位置为第一行的第 5 个字符
      i = 0;
      while(dis1[i] != '\0')
      {                                        // 显示第一行字符
            lcd_data(dis1[i]);
            i++;
      }
      lcd_start(0x41);                         // 设置显示位置为第二行第 2 个字符
      i = 0;
      while(dis2[i] != '\0')
      {
            lcd_data(dis2[i]);                 // 显示第二行字符
            i++;
      }
Delayxms (5000);                               //设置 5s 时间，便于与下面操作内容显示分隔
      while(1);
}
```

（3）系统调试。

① 用 Keil C 集成开发环境编辑与编译用户程序 LCD1602 显示.c，生成机器代码文件 LCD1602 显示.hex。

② Proteus 仿真。

- 按图 13.48 绘制电路。
- 将 LCD1602 显示.hex 代码下载到 STC15W4K32S4 单片机中。
- 启动仿真。LCD1602 的显示效果图如图 13.49 所示。

图 13.49　LCD1602 的显示效果图

③ 在 LCD1602 中添加温度符号℃。

LCD1602 的 CGRAM 使用说明如下。

LCD1602 标准字库中不包含温度的单位符号℃，但可以利用 LCD1602 的 CGRAM 自定义该字符。LCD1602 能存储 8 个自定义字符，这 8 个自定义字符在 CGRAM 中的存储首地址分别为 0x00、0x08、0x10、0x18、0x20、0x28、0x30、0x38，每个字符占用 8 字节。其中，0x0 在 CGRAM 中的存储格式如图 13.50 所示。

如果采用 5×7 点阵字符，左边 3 列和最后一行是不用的，用数字 0 填充。当需要定义某个字符时，要先获取相应的点阵数据。℃的点阵数据如图 13.51 所示，其中实心框表示“1”，

空白框表示“0”。从图 13.51 中可以看出，0x00～0x07 对应的数据分别为 0x00、0x16、0x09、0x08、0x08、0x09、0x06、0x00。

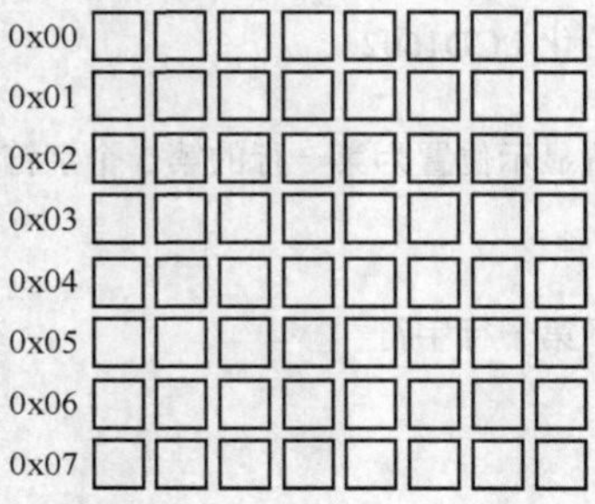

图 13.50　0x0 在 CGRAM 中的存储格式

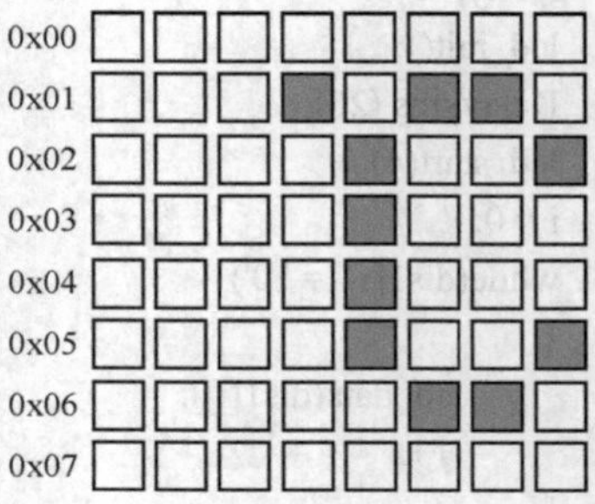

图 13.51　℃的点阵数据

这 8 个自定义字符对应的数据代码为 0x00～0x07，比如，当向 DDRAM4FH 单元写入 0x00 时，DDRAM4FH 单元对应的显示位置就会显示以 0x00 为起始地址的 CGRAM 中自定义的字符。

下面简单介绍 CGRAM 的应用编程。

在 LCD1602.h 中定义一个数组 LCD_CGRAM[8]，用于存放自定义字符的点阵数据：

```
uchar LCD_CGRAM[8];
```

在 LCD1602.h 中定义一个写 CGRAM 的函数 CGRAM_WRITE（uchar CGRAM_addr），用于向以 CGRAM_addr 为起始地址的 CGRAM 中写入 8 字节自定义的字符数据：

```
void CGRAM_WRITE(uchar CGRAM_addr)
{
    uchar i;
    lcd_wcmd(CGRAM_addr|0x40);
    for(i=0;i<8;i++)
    {
        lcd_data(LCD_CGRAM[i]);
    }
}
```

在 LCD1602 显示.c 中添加如下语句，实现向 LCD1602 中以 CGRAM00H 为起始地址的空间中写入温度符号的点阵数据：

```
LCD_CGRAM[0]=0x00;    LCD_CGRAM[1]=0x16; LCD_CGRAM[2]=0x09; LCD_CGRAM[3]=0x08;
LCD_CGRAM[4]=0x08;    LCD_CGRAM[5]=0x09; LCD_CGRAM[6]=0x06; LCD_CGRAM[0]=0x00;
CGRAM_WRITE(0x00);    //自定义温度符号
```

在 LCD1602 第一行第 11 个字符位（0x0A）显示温度符号，需要将第一行字符清除，采用 LCD 初始化指令，然后添加温度符号与第二行字符，需要在 LCD1602 显示.c 中添加如下语句：

```
lcd_init();                    // 初始化 LCD1602
    Delayxms (20);
```

```
        lcd_start(0x0A);        // 设置显示位置为第一行第 11 个字符
    lcd_data(0x00);             // 显示温度符号
        lcd_start(0x41);        // 设置显示位置为第二行第 2 个字符
        i = 0;
        while(dis2[i] != '\0')
        {
            lcd_data(dis2[i]); // 显示第二行字符
            i++;
        }
    Delayxms (5000);      //设置 5s 延时，便于与下面操作内容显示分隔
```

编辑、编译上述程序，然后调试程序。

℃的显示效果如图 13.52 所示。

图 13.52　℃的显示效果

3. 数字温度计

（1）硬件设计。

采用 DS18B20 来进行温度测量。用 Proteus 绘制的数字温度计电路原理图 13.53 所示。

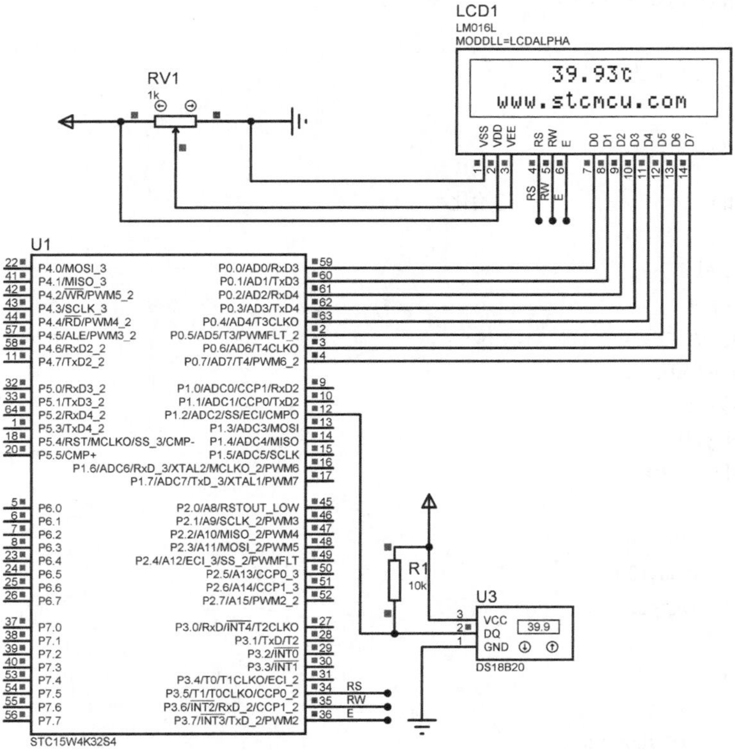

图 13.53　用 Proteus 绘制的数字温度计电路原理图

（2）软件设计。

① 软件说明如下。

- 新建项目与新建主程序文件数字温度计.c，从 LCD1602 显示文件夹中将 LCD1602 显示.c 复制到数字温度计 c 中，在此基础上进行修改。
- 本单片机自身不具备单总线驱动接口，采用软件模拟单总线工作函数，并将软件函数设计成一个独立的头文件 ONE_BUS.h。
- 规划 LCD1602 的显示格式，在 LCD1602 显示格式的基础上，在温度符号左边显示 6 位，包括整数部分 3 位，小数点 1 位，小数部分 2 位。
- 要求 LCD1602 显示变量值（数字），因此要预先定义一个数组 LCD_num[]，用于存放数字 0～9 的 ASCII 码。
- 程序工作过程：欢迎界面→延时 5s→添加温度符号与显示温度符号→延时 5s→周期测量温度与显示温度。

② 参考程序如下。

ONE_BUS.h：

```
bit DS_flag=0;
sbit DQ=P1^2;
void delay(uint j)                //时序基准时间，根据不同的时钟要求进行调整
{
    uint k;
    for(k=0;k<(j*3);k++)
    {
        _nop_();
    }
}

void init()                       //初始化
{
    DQ=1;
    _nop_();
    DQ=0;
    delay(60);
    DQ=1;
    delay(10);
    if(DQ==0)
    {
        DS_flag=1;
        delay(20);
        DQ=1;
    }
    else
    {
        DS_flag=0;
        delay(20);
```

```
			DQ=1;
		}
}

uchar read_date(void)			//读字节数据
{
	uchar temp,i;
	for(i=0;i<8;i++)
	{
	DQ=1;
	_nop_();
	_nop_();
	DQ=0;
	_nop_();
	_nop_();
	_nop_();
	DQ=1;
	_nop_();
	temp>>=1;
	if(DQ){temp=temp|0x80;}
	delay(5);
	}
	return temp;
}

void write_date(uchar date)			//写字节数据
{
	uchar i;
	for(i=0;i<8;i++)
	{
		DQ=0;
		_nop_();
		_nop_();
		DQ=date&0x01;
		delay(5);
		DQ=1;
		date>>=1;
	}
}
```

数字温度计.c：

```
#include <stc15.h>			//包含支持 STC15 系列单片机的头文件
#include <intrins.h>
#include "gpio.h"			//包含 I/O 口初始化文件
#define uchar unsigned char
#define uint	unsigned int
```

```
#include "LCD1602.h"
#include "ONE_BUS.h"
uchar code dis1[] = {"Welcome!"};
uchar code dis2[] = {"www.stcmcu.com"};
uchar LCD_num[]={0x30,0x31,0x32,0x33,0x34,0x35,0x36,0x37,0x38,0x39};
/*————————系统时钟频率为 11.0592MHz 时为 1ms 的延时函数————————————*/
void Delay1ms()                          //@11.0592MHz
{
    unsigned char i, j;
    _nop_();
    _nop_();
    _nop_();
    i = 11;
    j = 190;
    do
    {
        while (--j);
    } while (--i);
}
/*————————系统时钟频率为 11.0592MHz 时为 x×1ms 的延时函数————————————*/
void Delayxms(uint x)
{
    uint i;
    for(i=0;i<x;i++)
    {
        Delay1ms();
    }
}
/*--------------------读出 DS18B20 转换后的温度值------------------*/
uint dcwdsj(void)
{
    uchar themh=0;
    uchar theml=0;
    uint tem=0;
    init();
    if(DS_flag==1)                      //检测传感器是否存在
    {
        write_date(0xcc);               //跳过 ROM 匹配
        write_date(0x44);               //发出温度转换指令
        delay(100);
    }
    init();
    if(DS_flag==1)
     {
        write_date(0x0cc);              //跳过 ROM 匹配
        write_date(0x0be);              //发出读温度指令
```

```
            theml=read_date() ;                    //读出温度值并将其存放在 theml 和 themh
            themh=read_date() ;
        }
        tem=(themh*256)+theml;
        return tem;
}
/*----------------------主函数---------------------------*/
void main()
{
        uchar i;
        uint T_volume;
        gpio();
        lcd_init();                        // 初始化 LCD1602
        Delayxms (20);
        lcd_start(4);                      // 设置显示位置为第一行第 5 个字符
        i = 0;
        while(dis1[i] != '\0')
        {                                  // 显示第一行字符
            lcd_data(dis1[i]);
            i++;
        }
        lcd_start(0x41);                   // 设置显示位置为第二行第 2 个字符
        i = 0;
        while(dis2[i] != '\0')
        {
            lcd_data(dis2[i]);             // 显示第二行字符
            i++;
        }
        Delayxms (5000);                   //设置 5s 延时，便于与下面操作内容显示分隔
        /*----------------添加自定义符号（温度符号）与显示温度--------*/
        LCD_CGRAM[0]=0x00; LCD_CGRAM[1]=0x16; LCD_CGRAM[2]=0x09; LCD_CGRAM[3]=0x08;
        LCD_CGRAM[4]=0x08; LCD_CGRAM[5]=0x09; LCD_CGRAM[6]=0x06; LCD_CGRAM[0]=0x00;
        CGRAM_WRITE(0x00);                 //自定义温度符号
        lcd_init();                        // 初始化 LCD1602
        Delayxms (20);
        lcd_start(0x0A);                   // 设置显示位置为第二行最后一个字符
        lcd_data(0x00);
        lcd_start(0x41);                   // 设置显示位置为第二行第 2 个字符
        i = 0;
        while(dis2[i] != '\0')
        {
            lcd_data(dis2[i]);             // 显示第二行字符
            i++;
        }
        Delayxms (5000);                   //设置 5s 延时，便于与下面操作内容显示分隔
        while(1)
```

```
        {
            T_volume =dcwdsj();
            lcd_start(0x04);
            i= ((T_volume>>4)&0x007f)/100%10;
            if(i==0)lcd_data(' ');            //高位清 0
            else
            lcd_data(LCD_num[((T_volume>>4)&0x007f)/100%10]);
            lcd_data(LCD_num[((T_volume>>4)&0x007f)/10%10]);
            lcd_data(LCD_num[((T_volume>>4)&0x007f)%10]);
            lcd_data('.');
            lcd_data(LCD_num[(T_volume&0x000F)*625/1000%10]);       //小数点处理
            lcd_data(LCD_num[(T_volume&0x000F)*625/100%10]);
        }
    }
```

（3）系统调试。

① 用 Keil C 集成开发环境编辑与编译用户程序数字温度计.c，生成机器代码文件数字温度计.hex。

② Proteus 仿真。

在如图 13.48 所示的 LCD1602 的接口电路原理图中添加 DS18B20，以及与单片机的接口电路，如图 13.53 所示。

将数字温度计.hex 程序下载到 STC15W4K32S4 单片机中。

启动仿真，程序运行情况如下。

- 欢迎界面 5s；
- 温度符号显示界面 5s；
- 进入温度测量状态。温度计的显示效果图如图 13.54 所示，LCD1602 显示温度为 39.93℃，DS18B20 的显示温度为 39.9℃；

图 13.54　温度计的显示效果图

- 调节 DS18B20 的温度，按右边按键，每按一次按键温度增加 1℃，此时 LCD1602 显示也跟着变化；
- 调节 DS18B20 的温度，按左边按键，每按一次按键温度减小 1℃，此时 LCD1602 显示也跟着变化；
- 打开 DS18B20 的属性编辑框，调整 DS18B20 温度调节的步长（如由步长 1 改为 0.1），进行加减调试与记录，并分析调试结果。

DS18B20 的测温范围是−55～125℃，但本程序的测温范围是 0～125℃，试修改程序，实现 DS18B20 的全量程测试。

13.5 STC15W4K32S4 单片机的低功耗设计与可靠性设计

13.5.1 低功耗设计

单片机应用系统的低功耗设计越来越重要，特别是对采用电池供电的手持设备电子产品来说，低功耗设计十分重要。STC15W4K32S4 单片机可以工作于正常模式、慢速模式、空闲（待机）模式和掉电（停机）模式，一般把后 3 种模式称为省电模式。

对于普通的单片机应用系统，使用正常工作模式即可；如果对于速度要求不高，可对系统时钟进行分频，让单片机工作在慢速模式。电源电压为 5V 的 STC15W4K32S4 单片机的典型工作电流为 2.7～7mA。对于采用电池供电的手持设备电子产品，不管是工作在正常模式还是工作在慢速模式，均可以根据需要进入空闲模式或掉电模式，从而大大降低单片机的工作电流。在空闲模式下，STC15W4K32S4 单片机的工作电流典型值为 1.8mA；在掉电模式下，STC15W4K32S4 单片机的工作电流小于 0.1μA。

1. 慢速模式

STC15W4K32S4 单片机的慢速模式由时钟分频寄存器 CLK_DIV（地址为 97H，复位值为 0000 x000B）控制，CLK_DIV 可以对系统时钟进行分频，使单片机工作在较低频率，减小单片机工作电流。CLK_DIV 各位的定义如表 13.33 所示。系统时钟的分频情况如表 13.34 所示。

表 13.33　CLK_DIV 各位的定义

位号	B7	B6	B5	B4	B3	B2	B1	B0
位名称	MCKO_S1	MCKO_S0	ADRJ	TX-RX	—	CLKS2	CLKS1	CLKS0

表 13.34　系统时钟的分频情况

CLKS2	CLKS1	CLKS0	系统时钟频率
0	0	0	主时钟频率 f_{OSC}
0	0	1	主时钟频率 $f_{OSC}/2$
0	1	0	主时钟频率 $f_{OSC}/4$
0	1	1	主时钟频率 $f_{OSC}/8$
1	0	0	主时钟频率 $f_{OSC}/16$
1	0	1	主时钟频率 $f_{OSC}/32$
1	1	0	主时钟频率 $f_{OSC}/64$
1	1	1	主时钟频率 $f_{OSC}/128$

注：主时钟可以是内部 RC 时钟，也可以是外部输入的时钟或外部晶体振荡产生的时钟。主时钟既可以在正常模式分频工作，也可以在空闲模式分频工作。

2. 空闲模式和掉电模式

STC15W4K32S4 单片机的空闲模式和掉电模式主要应用于省电方式的进入和省电方式

的退出（唤醒）两个方面。

（1）空闲模式和掉电模式的进入控制。

空闲模式和掉电模式的进入由电源控制寄存器 PCON（地址为 87H，复位值为 0011 0000B）的相应位控制。PCON 各位的定义如表 13.35 所示。

表 13.35 PCON 各位的定义

位号	B7	B6	B5	B4	B3	B2	B1	B0
位名称	SMOD	SMOD0	LVDF	POF	GF1	GF0	PD	IDL

① IDL：将 IDL 置 1，即 PCON |为 0x01，单片机将进入空闲模式（待机模式）。在空闲模式下，除 CPU 无时钟不工作外，其余模块仍正常运行，如外部中断、内部低电压检测电路、A/D 转换模块。

而看门狗定时器在空闲模式下是否工作取决于看门狗定时器控制寄存器 WDT_CONTR 的 IDLE_WDT（WDT_CONTR.3）的状态。当 IDLE_WDT 的位被设置为 1 时，看门狗定时器在空闲模式正常工作；当 IDLE_WDT 的位被设置为 0 时，看门狗定时器在空闲模式停止工作。

在空闲模式下，RAM、堆栈指针（SP）、程序计数器（PC）、程序状态字（PSW）、累加器（A）等寄存器都保持原有数据。I/O 口保持进入空闲模式前一时刻的逻辑状态。单片机所有外围设备都能正常工作（除 CPU 无时钟不工作外）。

② PD：将 PD 置 1，即 PCON |为 0x02，单片机将进入掉电模式（停机模式）。在掉电模式下，时钟停振，定时/计数器 CPU、看门狗定时器、A/D 转换模块、串行通信端口全部停止工作，只有外部中断继续工作。进入掉电模式后，所有 I/O 口、特殊功能寄存器均保持进入掉电模式前一时刻的状态。

③ LVDF：低电压检测标志位，也是低电压检测中断请求标志位。在进入掉电模式前，如果低电压检测电路允许产生中断，则低电压检测电路在进入掉电模式后也可继续工作；否则，低电压检测电路在进入掉电模式后将停止工作，以降低功耗。

④ POF：上电复位标志位，单片机停电后，POF 为 1，可由软件清 0。

⑤ GF1 和 GF0 分别是通用用户标志 1 和 0，用户可以随意使用。

⑥ SMOD 和 SMOD0 是串行通信端口的相关设置位，与电源控制无关，在此不进行介绍。

注意：当单片机进入空闲模式或掉电模式后，中断的产生使单片机被唤醒，CPU 将继续执行进入省电模式语句的下一条指令；当下一条指令执行完，是继续执行下一条指令还是进入中断是有一定区别的，所以建议在设置单片机进入省电模式的语句后加几条_nop_语句（空语句）。

例 13.13 LED 以一定时间闪烁，按下按键，单片机进入空闲模式或掉电模式，LED 停止闪烁并停留在当前亮或灭状态，按键 SW18 连接单片机 P3.3 引脚，LED10 连接单片机 P4.6 引脚。

解 C 语言程序如下。

```
#include "stc15.h"                    //包含支持 STC15 系列单片机头文件
```

```
#include"intrins.h"
sbit SW18 = P3^3;                          //定义按键接口
sbit LED10 = P4^6;                         //定义 LED 接口
delayms(unsigned int t)                    //延时
{
    unsigned int i,j;
    for(i=0;i<t;i++)
    for(j=0;j<120;j++);
}
void main( )
{
    while(1)
    {
        LED10 =～LED10;                    //进行按键功能处理
        delayms(3000);
        if(SW18 = =0)                      //检测按键是否按下
        {
            delayms(1);                    //调用延时子程序进行软件去抖动
            if(SW18 = =0)                  //再次检测按键是否按下
            {
                while(SW18 = =0);          //等待按键松开
                PCON|=0x01;                //将 IDL 置 1，单片机将进入空闲模式
                //PCON|=0x02;              //将 PD 置 1，单片机将进入掉电模式
                _nop_;_nop_;_nop_;_nop_;
            }
        }
    }//while
}//main
```

（2）空闲模式的退出及应用。

有如下两种方式可以退出空闲模式。

① 外部复位（RST）引脚硬件复位，将复位引脚拉高，产生复位。通过拉高复位引脚来产生复位的信号源需要保持 24 个时钟加 20μs 才能产生复位，之后将复位引脚拉低，结束复位，单片机从用户程序 0000H 处开始进入正常模式。

② 外部中断、定时器中断、低电压检测中断及 A/D 转换中断中的任何一个中断的产生都会引起 IDL/PCON.0 被硬件清除，从而使单片机退出空闲模式。任何一个中断的产生都可以将单片机唤醒，单片机被唤醒后，CPU 将继续执行进入空闲模式语句的下一条指令，之后将进入相应的中断服务子程序。

（3）掉电模式的退出及应用。

有如下 5 种方式可以退出掉电模式。

① 外部复位引脚硬件复位，可退出掉电模式。复位后，单片机从用户程序 0000H 处开始进入正常模式。

② 外部中断 INT0、INT1、$\overline{\text{INT2}}$、$\overline{\text{INT3}}$、$\overline{\text{INT4}}$ 和 CCP 中断 CCP0、CCP1、CCP2 可唤醒单片机。其中 INT0、INT1 的上升沿和下降沿中断均可唤醒单片机，$\overline{\text{INT2}}$、$\overline{\text{INT3}}$、$\overline{\text{INT4}}$

只有下降沿中断可唤醒单片机。单片机被唤醒后，CPU 将继续执行进入掉电模式语句的下一条指令，然后执行相应的中断服务子程序。

③ 定时/计数器 T0、T1、T2 中断可唤醒单片机。如果定时/计数器 T0、T1、T2 中断在进入掉电模式前被设置允许，则进入掉电模式后，定时/计数器 T0、T1、T2 的外部引脚只要发生由高到低的电平变化就可以将单片机从掉电模式唤醒。单片机被唤醒后，如果主时钟使用的是内部时钟，则单片机在等待 64 个时钟后，将时钟供给 CPU 工作；如果主时钟使用的是外部晶振时钟，则单片机在等待 1024 个时钟后，将时钟供给 CPU 工作。CPU 获得时钟后，程序从设置单片机进入掉电模式语句的下一条语句开始往下执行，不进入相应定时/计数器的中断服务子程序。

④ 串行通信端口中断可唤醒单片机。如果串行通信端口 1、串行通信端口 2 中断在进入掉电模式前被设置允许，则进入掉电模式后，串行通信端口 1、串行通信端口 2 的数据接收端 RxD、RxD2 只要发生由高到低的电平变化就可以将单片机从掉电模式唤醒。单片机被唤醒后，如果主时钟使用的是内部时钟，则单片机在等待 64 个时钟后，将时钟供给 CPU 工作；如果主时钟使用的是外部晶振时钟，则单片机在等待 1024 个时钟后，将时钟供给 CPU 工作。CPU 获得时钟后，程序从设置单片机进入掉电模式语句的下一条语句开始往下执行，不进入相应串行通信端口的中断服务子程序。

⑤ 使用内部掉电唤醒专用定时器可唤醒单片机。STC15W4K32S4 单片机由其内部的掉电唤醒专用定时器 WKTCH 和 WKTCL 进行管理和控制。

WKTCH 不可位寻址，地址为 ABH，复位值为 0111 1111B，其各位的定义如表 13.36 所示。WKTCL 不可位寻址，地址为 AAH，复位值为 1111 1111B，其各位的定义如表 13.37 所示。

表 13.36 WKTCH 各位的定义

位号	B7	B6	B5	B4	B3	B2	B1	B0
位名称	WKTEN	15 位定时器计数值低 7 位						

表 13.37 WKTCL 各位的定义

位号	B7	B6	B5	B4	B3	B2	B1	B0
位名称	15 位定时器计数值高 8 位							

WKTEN：掉电唤醒专用定时器的使能控制位。当(WKTEN)=1 时，允许掉电唤醒专用定时器工作；当(WKTEN)=0 时，禁止掉电唤醒专用定时器工作。

掉电唤醒专用定时器是由 WKTCH 的低 7 位和 WKTCL 的高 8 位构成的一个 15 位的定时器，定时时间从 0 开始计数，最大计数值是 32768。

相比于传统 8051 单片机，STC15W4K32S4 单片机除增加了 WKTCH 和 WKTCL 外，还增加了两个隐藏的特殊功能寄存器 WKTCH_CNT 和 WKTCL_CNT，用来控制内部停机唤醒专用定时器。WKTCL_CNT 和 WKTCL 共用一个地址 AAH，WKTCH_CNT 和 WKTCH 共用一个地址 ABH，WKTCH_CNT 和 WKTCL_CNT 是隐藏的，对用户是不可见的。WKTCH_CNT 和 WKTCL_CNT 实际上用作计数器，而 WKTCH 和 WKTCL 实际上用作比较器。当用户对 WKTCH 和 WKTCL 写入内容时，该内容只写入 WKTCH 和 WKTCL；当用户读 WKTCH 和 WKTCL 的内容时，实际上读的是 WKTCH_CNT 和 WKTCL_CNT 的实际计数内容，而不是

WKTCH 和 WKTCL 的内容。

通过软件将 WKTCH 中的 WKTEN 置 1，允许掉电唤醒专用定时器工作，单片机一旦进入掉电模式，WKTCH_CNT 和 WKTCL_CNT 就从 7FFFH 开始计数，直到计数值与 WKTCH 的低 7 位和 WKTCL 的高 8 位共 15 位寄存器设定的计数值相等，此时系统时钟开始振荡。如果主时钟使用的是内部时钟，则单片机在等待 64 个时钟后，将时钟供给 CPU 等各个功能模块；如果主时钟使用的是外部晶振时钟，则单片机在等待 1024 个时钟后，将时钟供给 CPU 等各个功能模块。CPU 获得时钟后，程序从设置单片机进入掉电模式的下一条语句开始往下执行，不进入相应中断服务子程序。单片机从掉电模式被唤醒后，可通过读 WKTCH 和 WKTCL 的内容（实际上读的是 WKTCH_CNT 和 WKTCL_CNT 的实际计数内容）来得到单片机在掉电模式等待的时间。

因为内部掉电唤醒定时器计数一次的时间大约是 488.28μs，所以定时时间为 WKTCH 的低 7 位和 WKTCL 的 8 位共 15 位寄存器设定的计数值加 1 再乘以 488.28μs。因此，掉电唤醒专用定时器最小计数时间约为 488.28μs，掉电唤醒专用定时器最长计数时间约为 488.28×32768=16s。

例 13.14 采用内部掉电唤醒定时器唤醒单片机，唤醒时间为 500ms。

解 唤醒时间为 500ms，需要计数值为 X=500ms/488μs≈400H，因此 WKTCH 和 WKTCL 的设定计数值为 400H 减 1(3FFH)，即(WKTCH)=03H，(WKTCL)= FFH。

C 语言源程序如下。

```
#include "stc15.h"              //包含支持 STC 系列单片机头文件
sfr WKTCH=0xAB;
sfr WKTCL=0xAA;
void main(void)
{
    WKTCH=0x03;
    WKTCL=0xFF;
    //…
}
```

13.5.2 可靠性设计

随着单片机应用系统在各行各业的应用越来越广泛，其可靠性变得越来越重要，工业控制、汽车电子、航空航天等领域尤其需要高可靠性的单片机应用系统中。为了防止外部电磁干扰或单片机自身程序设计异常等情况导致的电子系统中的单片机程序跑飞，使得系统长时间无法正常工作，一般情况下需要在系统中设计一个看门狗定时器电路。看门狗定时器电路的基本作用就是监视 CPU 的运行。如果 CPU 在规定的时间内没有按要求访问看门狗定时器，就认为 CPU 处于异常状态，看门狗定时器就会强迫 CPU 复位，使系统从头开始按规律执行用户程序。当系统正常工作时，单片机可以通过一个 I/O 引脚定时向看门狗定时器脉冲输入端输入脉冲（定时时间只要不超出看门狗定时器的溢出时间即可）。系统一旦死机，单片机就会停止向看门狗定时器脉冲输入端输入脉冲，超过一定时间后，硬件看门狗定时器电路就会发出复位信号，将系统复位，使系统恢复正常工作。

1. 看门狗定时器寄存器与计算

传统 8051 单片机一般需要外置看门狗定时器专用集成电路来实现看门狗定时器电路，STC15W4K32S4 单片机内部集成了看门狗定时器，使单片机系统的可靠性设计变得更加方便、简洁。用户可以通过设置和控制看门狗定时器控制寄存器 WDT_CONTR（地址为 C1H，复位值为 xx00 0000B）来使用看门狗定时器功能。WDT_CONTR 各位的定义如表 13.38 所示。

表 13.38　WDT_CONTR 各位的定义

位号	B7	B6	B5	B4	B3	B2	B1	B0
位名称	WDT_FLAG	—	EN_WDT	CLR_WDT	IDLE_WDT	PS2	PS1	PS0

（1）WDT_FLAG：看门狗定时器溢出标志位，当溢出时，该位由硬件置 1，可用软件将其清 0。

（2）EN_WDT：看门狗定时器允许位。当该位设置为 1 时，看门狗定时器启动；当该位设置为 0 时，看门狗定时器不起作用。

（3）CLR_WDT：看门狗定时器清 0 位。当该位设置为 1 时，看门狗定时器将重新计数。硬件将自动清 0 此位。

（4）IDLE_WDT：看门狗定时器 IDLE 模式（空闲模式）位。当该位设置为 1 时，看门狗定时器在空闲模式计数；当该位设置为 0 时，看门狗定时器在空闲模式不计数。

（5）PS2、PS1、PS0：看门狗定时器预分频系数控制位。

看门狗定时器溢出时间计算方法如下：

$$看门狗定时器溢出时间=(12\times预分频系数\times32768)/晶振时钟频率$$

例如，当晶振时钟频率为 12MHz，(PS2)=0，(PS1)=0，(PS0)=1 时，看门狗定时器溢出时间为

$$(12\times4\times32768)/\ 12000000=131.0\text{ms}$$

常用预分频系数设置和看门狗定时器溢出时间如表 13.39 所示。

表 13.39　常用预分频系数设置和看门狗定时器溢出时间

PS2	PS1	PS0	预分频系数	看门狗定时器溢出时间 /ms（11.0592MHz）	看门狗定时器溢出时间 /ms（12MHz）	看门狗定时器溢出时间 /ms（20MHz）
0	0	0	2	71.1	65.5	39.3
0	0	1	4	142.2	131.0	78.6
0	1	0	8	284.4	262.1	157.3
0	1	1	16	568.8	524.2	314.6
1	0	0	32	1137.7	1048.5	629.1
1	0	1	64	2275.5	2097.1	1250
1	1	0	128	4551.1	4194.3	2500
1	1	1	256	9102.2	8388.6	5000

2. 看门狗定时器的使用

当启用看门狗定时器后，用户程序必须周期性地复位看门狗定时器，以表示程序还在正常运行，并且复位周期必须小于看门狗定时器的溢出时间。如果用户程序在一段时间之后（超

出看门狗定时器的溢出时间）不能复位看门狗定时器，看门狗定时器就会溢出，将强制 CPU 自动复位，从而确保程序不会进入死循环，或者执行到无程序代码区。复位看门狗定时器的方法是重写看门狗定时器控制寄存器的内容。

例 13.15 设系统周期性工作时间为 1000ms，试设置看门狗定时器溢出时间，并启动看门狗定时器。

解 该系统时钟频率为 11.0592MHz，由表 13.39 可知，分频系数应选取 32，此时的看门狗定时器溢出时间为 1137.7ms，满足系统要求。使用看门狗定时器的 C 语言程序如下。

```
#include "stc15.h"                  //包含支持 STC15 系列单片机头文件
void main(void)
{
    ......                          //其他初始化代码
    WDT_CONTR = 0x3c;               //看门狗定时器初始化，即 0011 1100B
    //(EN_WDT)=1，开启看门狗定时器；(CLR_WDT)=1，看门狗定时器重新计数
    //(IDLE_WDT)=1，设置看门狗定时器在空闲模式时也计数
    //(PS2)=1，(PS1)=0，(PS0)=0，设置预分频系数为 32
    while(1)
    {
        display( );                 //显示子程序
        keyboard( );                //键盘子程序
        ...                         //其他程序
        WDT_CONTR=0x3c;             //复位 WDT
    }
}
```

3．看门狗定时器的应用实例

例 13.16 单片机接有一个按键 key 和一个 LED，LED 以时间间隔 t_0 闪烁，设置看门狗定时器溢出时间大于 t_0，程序正常运行。当按下 key 时，t_0 逐渐变大，LED 闪烁变慢，按下 key 若干次后 t_0 大于看门狗定时器溢出时间，以此模拟程序跑飞，迫使系统自动复位，单片机重新运行程序，LED 以时间间隔 t_0 闪烁。要求应用看门狗定时器来实现。

解 假设单片机频率为 12MHz，当 key 被按下时，单片机运行时间为一次按键工作时间加上 LED 闪烁间隔 t_0，根据表 13.39 将看门狗定时器溢出时间设置为 2.0971s，即(PS2)=1，(PS1)=0，(PS0)=1，(WDT_CONTR)=0x3D，C 语言源程序如下。

```
#include "stc15.h"                       //包含支持 STC15 系列单片机头文件
sbit key = P3^3;                         //定义按键接口
sbit led = P4^6;                         //定义 LED 接口
delayms(unsigned int t)                  //延时
{
    unsigned int i,j;
    for(i=0;i<t;i++)
    for(j=0;j<120;j++);
}
void main(void)
{
```

```
        unsigned int t0=1000;
        WDT_CONTR=0x3D;                    /看门狗定时器初始化
        while(1)
        {
            led =~led;
            delayms(t0);
            if(key == 0)
            {
                delayms(1);
                if(key==0)
                {
                    t0=t0+5000;            //t0变大直至程序跑飞
                    while(key ==0);        //等待按键松开
                }
            }
            WDT_CONTR=0x3D;    //复位看门狗定时器
        }
    }
```

本章小结

本章从单片机应用系统的设计原则、开发流程和工程报告的编制方面论述了一般通用的单片机应用系统的设计和开发过程。

本章重点介绍了数码管并行数据静态显示、并行数据动态扫描显示、串行数据静态显示和串行数据动态扫描显示及其应用。

根据显示方式和内容的不同，LCD 模块可以分为数显笔段型 LCD 模块、点阵字符型 LCD 模块和点阵图形型 LCD 模块。本章重点介绍了 LCD1602 和 LCD12864 的硬件接口、指令表，以及应用编程。

单片机键盘电路主要有独立键盘电路和矩阵键盘电路。如果只需要几个功能键，一般采用独立键盘电路；如果需要输入数字 0～9，通常采用矩阵键盘电路。本章重点介绍了查询扫描、定时扫描和中断扫描 3 种工作方式的详细应用。

I^2C 总线是一种由 PHILIPS 公司开发的两线式串行总线，用于连接 CPU 及其外围设备。本章以 PCF8563 为例介绍了 I^2C 总线的基本工作时序及相应的驱动程序，并详细介绍了 PCF8563 的硬件电路原理、寄存器结构及编程应用。

单总线采用单条信号线，既可传输时钟，又可传输数据，而且数据传输是双向的。美国 DALLAS 半导体公司的数字化温度传感器 DS18B20 是世界上第一个支持 One-Wire 单总线接口的温度传感器。本章详细介绍了 DS18B20 的指令表、基本工作时序和相应的驱动程序及应用编程。

单片机应用系统的低功耗和可靠性都是非常重要的。STC15W4K32S4 单片机可以工作于正常模式、慢速模式、空闲模式和掉电模式，一般把后 3 种模式称为省电模式。STC15W4K32S4 单片机内部集成了看门狗定时器，使单片机应用系统的可靠性设计变得更加方便，能够有效地防止程序跑飞。

习　题　13

一、填空题

1．按键的机械抖动时间一般为________。消除机械抖动的方法有硬件去抖动和软件去抖动，硬件去抖动主要有________触发器和________两种；软件去抖动是通过调用的________延时程序来实现的。

2．键盘按按键的结构原理可分为________和________两种；按接口原理可分为________和________两种；按按键的连接结构可分为________和________两种。

3．独立键盘中的各个按键是________，与微处理器的接口关系是每个按键占用一个________。

4．当单片机有 8 位 I/O 口线用于扩展键盘时，若采用独立键盘结构，可扩展________个按键；当采用矩阵键盘结构时，最多可扩展________个按键。

5．为保证每次按键动作只完成一次的功能，必须对按键进行________处理。

6．单片机应用系统的设计原则，包括________、________、操作维护方便与________四个方面。

7．在 LCD1602 中，16 代表________，02 代表________。

8．在 LCD12864 中，128 代表________，64 代表________。

9．在 LCD1602 的引脚中，RS 引脚的功能是________，R/W 引脚的功能是________，E 引脚的功能是________。

10．在 LCD1602 的引脚中，VO 引脚的功能是________。

11．在 LCD1602 的引脚中，LEDA 引脚的功能是________，LEDK 引脚的功能是________。

12．在 LCD12864（不包含中文字库）的引脚中，CS1 引脚的功能是________，CS2 引脚的功能是________。

13．在 LCD12864（不包含中文字库）的引脚中，RET 引脚的功能是________，VEE 引脚的功能是________。

14．在 LCD12864（包含中文字库）的引脚中，PSB 引脚的功能是________。

15．在 LCD1602 中，第 1 行第 2 位对应的 DDRAM 地址是________，若要显示某个字符，则把该字符的________写入该位置的 DDRAM 地址中。

16．LCD12864（不包含中文字库）的显示屏分为________屏，每屏分为________页________列。

17．I^2C 总线有两根双向信号线，一根是________，另一根是________。

18．I^2C 总线是一种________总线，总线上可以有一个或多个主机，总线的运行由________控制。

19．I^2C 总线的 SDA 和 SCK 是双向的，连接时均通过________接正电源。

20．根据 I^2C 总线协议的规定，SCL 处于高电平期间，SDA 由高电平向低电平的变化表示________信号；SCL 处于高电平期间，SDA 由低电平向高电平的变化表示________信号；

21．I^2C 总线在进行数据传输时，时钟信号处于高电平期间，SDA 上的数据必须保持________。

22．I^2C 总线协议规定，在起始信号后必须传送一个控制字节，高 7 位为________的地址，最低位表示数据的传送方向，用________表示主机发送数据，用________表示主机接收数据。无论是主机，还是从机，接收完一字节数据后，都需要向对方发送一个________信号，________表示应答。

23．PCF8563 的 03H 寄存器存储的数据是________，数据格式是________。

24．PCF8563 的 02H 寄存器存储的数据是________，其中最高位为 1 时表示________。

25．PCF8563 的 09H 寄存器存储的数据是________，其中最高位用于________。

26．单总线适用于________主机系统，能够控制一个或多个从机。

27．单总线只有一根数据线，通常要求外接一个阻值约为 4.7kΩ的________。主机与从机的通信可以通过 3 个步骤完成，分别为________、________和________。主机访问单总线元器件必须严格遵循单总线指令序列，即________、________和________。

28．在单总线的复位信号与应答信号中，复位信号是主机发出的，通过拉低单总线至少________μs 来产生复位脉冲；应答信号是从机发出的，通过拉低单总线至少________μs 来产生应答脉冲。

29．在单总线中，所有的读时序和写时序至少需要________μs，且每两个独立的时序之间需要________μs

的恢复时间，读时序和写时序均始于主机______总线。

30．STC15W4K32S4 单片机工作的典型功耗是______，空闲模式下的典型功耗是______，停机模式下的典型功耗是______。

31．STC15W4K32S4 单片机的低功耗设计是指通过编程让单片机工作在______、空闲模式和______。

32．STC15W4K32S4 单片机在空闲模式下，除______不工作外，其余模块仍继续工作。

33．STC15W4K32S4 单片机在空闲模式下，任何中断的产生都会引起______被硬件清 0，从而退出空闲模式。

34．STC15W4K32S4 单片机在停机模式下，单片机所使用的时钟停振，CPU、看门狗定时器、串行通信端口、A/D 转换模块等功能模块停止工作，但______继续工作。

35．STC15W4K32S4 单片机进入停机模式后，CPU 除了可以通过外部中断及其他中断的外部引脚进行唤醒，还可以通过内部______唤醒。

36．STC15W4K32S4 单片机的可靠性设计是指启动单片机中的______定时器。

37．STC15W4K32S4 单片机是通过设置特殊功能寄存器______实现看门狗定时器功能的。

二、选择题

1．按键的机械抖动时间一般为______。

A．1～5ms　　B．5～10ms　　C．10～15ms　　D．15～20ms

2．软件去抖动是通过调用去抖动延时程序来避开按键的抖动时间的，去抖动延时程序的延时时间一般为______。

A．5ms　　B．10ms　　C．15ms　　D．20ms

3．人为按键的操作时间一般为______。

A．100ms　　B．500ms　　C．750ms　　D．1000ms

4．若 P1.0 引脚连接一个独立按键，按键未按下时是高电平，按键识别处理正确的语句是______。

A．while(P10==0)　　B．if(P10==0)

C．while(P10!=0)　　D．while(P10==1)

5．若 P1.1 引脚连接一个独立按键，按键未按下时是高电平，按键识别处理正确的语句是______。

A．if(P11==0)　　B．if(P11==1)　　C．while(P11==0)　　D．while(P11==1)

6．在画程序流程图时，代表疑问性操作的框图是______。

A．　　B．　　C．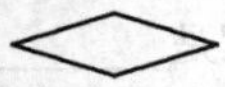　　D．

7．在工程设计报告的参考文献中，代表期刊文章的标识是______。

A．M　　B．J　　C．S　　D．R

8．在工程设计报告的参考文献中，D 代表的是______。

A．专著　　B．论文集　　C．学位论文　　D．报告

9．在 LCD 控制中，若(RS)=1，(R/W)=0，E 为使能，此时 LCD 的操作是______。

A．读数据　　B．写指令　　C．写数据　　D．读忙碌标志位

10．在 LCD 控制中，若(RS)=1，(R/W)=1，E 为使能，此时 LCD 的操作是______。

A．读数据　　B．写指令　　C．写数据　　D．读忙碌标志位

11．在 LCD 控制中，若(RS)=0，(R/W)=0，E 为使能，此时 LCD 的操作是______。

A．读数据　B．写指令　C．写数据　D．读忙碌标志位

12．在 LCD 控制中，若(RS)=0，(R/W)=1，E 为使能，此时 LCD 的操作是________。

A．读数据　B．写指令　C．写数据　D．读忙碌标志位

13．在 LCD1602 指令中，01H 指令的功能是________。

A．光标返回　B．清除显示

C．设置字符输入模式　D．显示开/关控制

14．在 LCD1602 指令中，88H 指令的功能是________。

A．设置字符发生器的地址　B．设置 DDRAM 地址

C．光标或字符移位　D．设置基本操作

15．若要在 LCD1602 的第 2 行第 0 位显示字符“D”，则应把________数据写入 LCD1602 对应的 DDRAM 中。

A．0DH　B．44H　C．64H　D．D0H

16．在 LCD12864（不含中文字库）的指令中，B8H 指令的功能是________。

A．设置显示起始行　B．设置页地址

C．设置列地址　D．显示开/关设置

17．在 LCD12864（含中文字库）的指令中，RE 的作用是________。

A．显示开/关选择位　B．游标开/关选择位

C．4/8 位数据选择位　D．扩充指令/基本指令选择位

18．在 LCD12864（含中文字库）的基本指令中，81H 指令代表的功能是________。

A．设置 CGRAM 地址　B．设置 DDRAM 地址

C．地址归位　D．显示状态的开/关

19．PCF8563 的 02H 寄存器是秒信号单元，当读取 02H 单元内容为 95H 时，说明秒信号值为________。

A．21s　B．15s　C．95s　D．149s

20．PCF8563 的 09H 寄存器是分钟报警信号存储单元，当写入 95H 时，代表的含义是________。

A．允许报警，分钟报警时间是 15min　B．禁止分钟报警

C．允许报警，分钟报警时间是 21min　D．允许报警，分钟报警时间是 14min

21．PCF8563 的 07H 寄存器是月/世纪存储单元，08H 寄存器是年存储单元，当读取 07H、08H 单元内容分别为 86H、15H 时，代表的含义是________。

A．2015 年 6 月　B．1915 年 6 月　C．2021 年 6 月　D．1921 年 6 月

22．在 DS18B20 数字温度计中，读取的温度数据为 07D0H 时，说明测量温度为________。

A．125℃　B．85℃　C．120℃　D．65℃

23．在 DS18B20 数字温度计中，读取的温度数据为 F998H 时，说明测量温度为________。

A．102.5℃　B．66.5℃　C．−102.5℃　D．−66.5℃

24．DS18B20 数字温度计配置寄存器设置为 7FH 时，测量分辨率为________位。

A．9　B．10　C．11　D．12

25．CCH ROM 指令代表的含义是________。

A．读 ROM　B．符合 ROM　C．搜索 ROM　D．跳过 ROM

26．BEH RAM 指令代表的含义是________。

A．启动温度转换　B．读暂存器　C．写暂存器　D．复制暂存器

27．当(PCON)=25H 时，STC15W4K32S4 单片机进入________。

A．空闲模式　　B．停机模式　　C．低速模式

28．当(PCON)=22H 时，STC15W4K32S4 单片机进入________。

A．空闲模式　　B．停机模式　　C．低速模式

29．当(PCON)=81H 时，STC15W4K32S4 单片机进入________。

A．空闲模式　　B．停机模式　　C．低速模式

30．当 f_{osc}=12MHz、(CLK_DIV)=01H 时，STC15W4K32S4 单片机的系统时钟频率为________。

A．12MHz　　B．6MHz　　C．3MHz　　D．1.5MHz

31．当 f_{osc}=18MHz、(CLK_DIV)=02H 时，STC15W4K32S4 单片机的系统时钟频率为________。

A．18MHz　　B．9MHz　　C．4.5MHz　　D．3MHz

32．当(WKTCH)=81H、(WKTCL)=55H 时，STC15W4K32S4 单片机内部掉电专用唤醒定时器的定时时间为________。

A．341×488μs　　B．85×488μs　　C．129×488μs　　D．33109×488μs

33．当 f_{osc}=20MHz、(WDT_CONTR)=35H 时，STC15W4K32S4 单片机看门狗定时器的溢出时间为________。

A．629.1ms　　B．1250ms　　C．1048.5ms　　D．2097.1ms

34．若 f_{osc}=12MHz，用户程序中周期性最大循环时间为 500ms，对看门狗定时器设置正确的是________。

A．(WDT_CONTR)=0x33；　　B．(WDT_CONTR)=0x3C；

C．(WDT_CONTR)=0x32；　　D．(WDT_CONT)=0xB3；

三、判断题

1．机械开关与机械按键的工作特性是一致的，仅是称呼不同而已。（　　）

2．计算机键盘属于非编码键盘。（　　）

3．单片机用于扩展键盘的 I/O 口线为 10 根，可扩展的最大按键数为 24 个。（　　）

4．按键释放处理中，必须进行去抖动处理。（　　）

5．参考文献的文献题名后面的英文表识 M 代表的是专著。（　　）

6．LCD 是主动显示的，而 LED 是被动显示的。（　　）

7．LCD1602 可以显示 32 个 ASCII 码字符。（　　）

8．LCD12864（包含中文字库）可以显示 32 个中文字符。（　　）

9．LCD12864（包含中文字库）可以显示 64 个 ASCII 码字符。（　　）

10．LCD12864（不包含中文字库）不可以显示中文字符。（　　）

11．一个 16×16 点阵字符的字模数据需要占用 32 字节地址空间。（　　）

12．一个 32×32 点阵字符的字模数据需要占用 128 字节地址空间。（　　）

13．LCD12864（不包含中文字库）写入数据是按屏按页按列进行的。（　　）

14．I^2C 总线适用于多主机系统，而单总线仅适用于单主机系统。（　　）

15．I^2C 总线与单总线都适用于多主机系统。（　　）

16．每个 I^2C 总线元器件都有一个唯一的地址。（　　）

17．每个单总线元器件都有一个唯一的地址。（　　）

18．PCF8563 的 $\overline{INT}$ 引脚仅是时间报警的中断请求信号输出端。（　　）

19．当 DS18B20 启动读指令后，读取的第 1 字节数据是温度数据的低 8 位。（　　）

20．当 DS18B20 启动写指令后，写入的第 1 字节数据写到暂存器的配置寄存器中。（　　）

21．当 CLKS2、CLKS2、CLKS2 分别为 0、1、0 时，$f_{SYS}=f_{osc}/2$。（　　）

22．当 CLKS2、CLKS2、CLKS2 分别为 0、1、0 时，$f_{SYS}=f_{osc}/8$。（　　）

23．当 STC15W4K32S4 单片机处于空闲模式时，任何中断都可以唤醒 CPU，从而使单片机退出空闲模式。（　　）

24．当 STC15W4K32S4 单片机处于空闲模式时，若外部中断未被允许，则中断请求信号不能唤醒 CPU。（　　）

25．当 STC15W4K32S4 单片机处于掉电模式时，除外部中断外，其他允许中断的外部引脚信号也可唤醒 CPU，使单片机退出掉电模式。（　　）

26．STC15W4K32S4 单片机内部专用掉电唤醒定时器的定时时间与系统时钟频率无关。（　　）

27．STC15W4K32S4 单片机看门狗定时器溢出时间的大小与系统频率无关。（　　）

28．STC15W4K32S4 单片机 WDT_CONTR 的 CLR_WDT 是看门狗定时器的清 0 位，当该位设置为 0 时，看门狗定时器将重新计数。（　　）

四、问答题

1．简述编码键盘与非编码键盘的工作特性。一般单片机应用系统采用的是编码键盘还是非编码键盘？

2．画出 RS 触发器的硬件去抖动电路，并分析其工作原理。

3．在矩阵键盘处理中，全扫描指的是什么？

4．简述矩阵键盘中巡回扫描识别键盘的工作过程。

5．简述矩阵键盘中反转法识别键盘的工作过程。

6．在有按键释放处理的程序中，当按键时间较长时，会出现动态 LED 数码管显示变暗或闪烁的情况，试分析原因并提出解决方法。

7．在 LED 数码管的显示中，如何让选择位闪烁显示？

8．很多单片机应用系统为了防止用户误操作，设计了键盘锁定功能，应该如何实现键盘锁定功能？

9．简述单片机应用系统的开发流程。

10．在 LCD 模块的操作中，如何写入数据？

11．在 LCD 模块的操作中，如何写入指令？

12．在 LCD 模块的操作中，如何读取忙碌标志位？

13．向 LCD 模块写入数据或写入指令，应注意什么？

14．在 LCD1602 中，若要在第 2 行第 5 位显示字符“W”，应如何操作？

15．若要在 LCD12864（不包含中文字库）中显示中文字符，简述操作步骤。

16．若要在 LCD12864（包含中文字库）中显示 ASCII 码字符，简述操作步骤。

17．若要在 LCD12864（包含中文字库）中显示中文字符，简述操作步骤。

18．若要在 LCD12864（包含中文字库）中绘图，简述操作步骤。

19．在 LCD12864（包含中文字库）中，如何实现基本指令与扩充指令的切换？

20．在字模提取软件的参数设置中，横向取模方式与纵向取模方式有何不同？

21．在字模提取软件的参数设置中，倒序设置的含义是什么？

22．简述 I^2C 总线主机向无子地址从机发送数据的工作流程。

23．简述 I^2C 总线主机从无子地址从机读取数据的工作流程。

24．简述 I^2C 总线主机向有子地址从机发送数据的工作流程。

25．简述 I^2C 总线主机从有子地址从机读取数据的工作流程。

26．简述 I^2C 总线起始信号、终止信号、有效传输数据信号的时序要求。

27．简述 PCF8563 的 $\overline{\text{INT}}$ 引脚的功能。

28．简述 DS18B20 的温度数据的格式。

29．简述 DS18B20 的暂存器的存储结构。

30．简述 DS18B20 的 ROM 指令与 RAM 指令的作用。

31．DS18B20 的温度测量范围是多少？有几种测量分辨率，其对应的转换时间是多少？

32．DS18B20 的温度数据存放在高速暂存器的什么位置？温度数据的存放格式是什么？

33．STC15W4K32S4 单片机的低功耗设计有哪几种工作模式？如何设置？

34．STC15W4K32S4 单片机如何进入空闲模式？在空闲模式下，STC15W4K32S4 单片机的工作状态是怎样的？

35．STC15W4K32S4 单片机如何进入掉电模式？在掉电模式下，STC15W4K32S4 单片机的工作状态是怎样的？

36．STC15W4K32S4 单片机在空闲模式下，如何唤醒 CPU？退出空闲模式后，CPU 执行指令的情况是怎样的？

37．STC15W4K32S4 单片机在掉电模式下，如何唤醒 CPU？退出掉电模式后，CPU 执行指令的情况是怎样的？

38．在 STC15W4K32S4 单片机程序的设计中，如何选择时钟分频器的预分频系数？如何设置 WDT_CONTR，实现看门狗定时器功能？

五、程序设计题

1．设计一个电子时钟，采用 24 小时制计时，具备闹铃功能。

（1）采用独立键盘实现校对时间与设置闹铃时间功能。

（2）采用矩阵键盘实现校对时间与设置闹铃时间功能。

2．设计两个按键，1 个用于数字加，1 个用于数字减，采用 LCD1602 显示数字，初始值为 100。画出硬件电路图，编写程序并上机运行。

3．设计一个图片显示器，采用 LCD12864（不包含中文字库）显示。采用 1 个按键进行图片切换，共 4 幅图片，图片内容自定义。画出硬件电路图，编写程序并上机运行。

4．设计一个图片显示器，采用 LCD12864（包含中文字库）显示。采用按键手动切换与定时自动切换。手动切换采用 2 个按键，1 个按键用于往上翻，1 个按键用于往下翻。定时自动切换时间为 2s，显示屏中同时显示图片与自动切换时间（倒计时形式）。画出硬件电路图，编写程序并上机运行。

5．将本题中第 1 小题的电子时钟的显示改为用 LCD1602 显示。

6．将本题中第 1 小题的电子时钟的显示改为用 LCD12864（不包含中文字库）显示。

7．将本题中第 1 小题的电子时钟的显示改为用 LCD12864（包含中文字库）显示。

8．利用 PCF8563，编程实现整点报时功能。

9．利用 PCF8563，编程实现秒信号输出功能。

10．利用 PCF8563，编程倒计时秒表的功能，并且回零时声光报警。倒计时时间用 LED 数码管进行显示。

11．编程读取 DS18B20 的地址，并用 LCD12864 进行显示。

第 14 章　STC15W4K32S4 单片机的 SPI 接口与增强型 PWM 模块

14.1　SPI 接口

14.1.1　SPI 接口的结构与控制

1．SPI 接口简介

STC15W4K32S4 单片机集成了高速同步串行通信接口，即 SPI 接口。SPI 接口是一种全双工、高速、同步的通信接口，有两种工作模式：主机模式和从机模式。SPI 接口工作在主机模式时支持高达 3Mbit/s 的速率（工作频率为 12MHz），可以与具有 SPI 兼容接口的元器件（如存储器、A/D 转换器、D/A 转换器、LED 驱动器或 LCD 驱动器等）进行同步通信。SPI 接口还可以和其他微处理器通信，但工作于从机模式时速率无法太快，频率在 $f_{SYS}/4$ 以内较好。此外，SPI 接口还具有传输完成标志位和写冲突标志位保护功能。

2．SPI 接口的结构

STC15W4K32S4 单片机 SPI 接口功能方框图如图 14.1 所示。

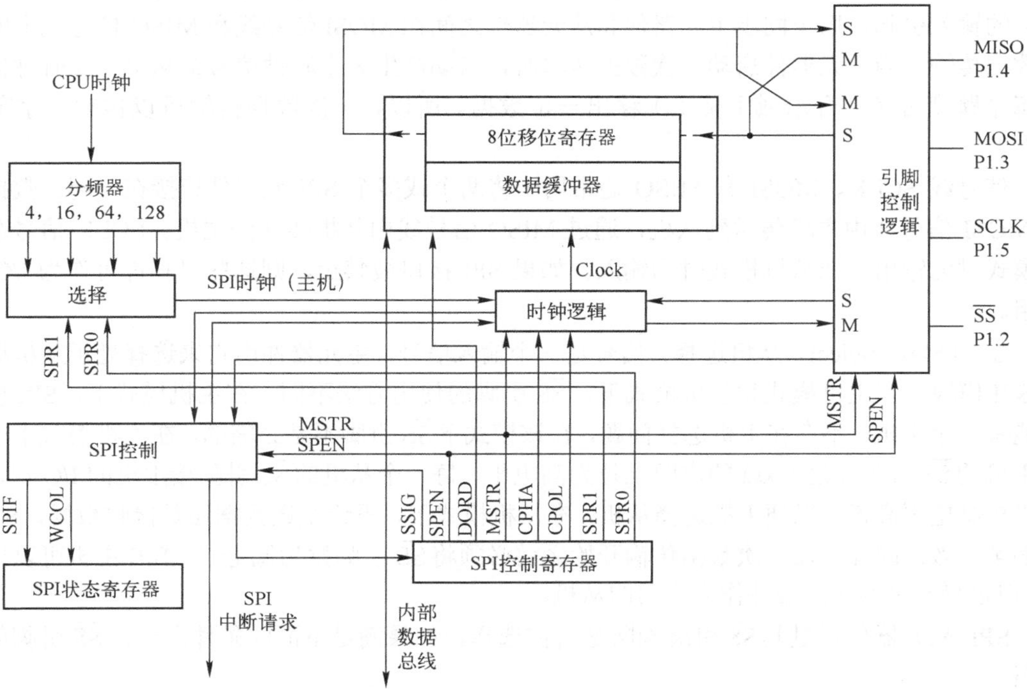

图 14.1　STC15W4K32S4 单片机 SPI 接口功能方框图

SPI 接口的核心结构是 8 位移位寄存器和数据缓冲器，可以同时发送和接收数据。在 SPI 数据的传输过程中，发送和接收的数据都存储在数据缓冲器中。

对于主机模式，若要发送 1 字节数据，只需要将这个数据写到 SPDAT 寄存器中。在主机模式下传输数据时，$\overline{SS}$ 信号不是必须的；但在从机模式下，必须在 $\overline{SS}$ 信号变为有效并接收到合适的时钟信号后，方可进行数据的传输。在从机模式下，如果 1 字节数据传输完成后，$\overline{SS}$ 信号变为高电平，那么这个字节立即被硬件逻辑标志为接收完成，SPI 接口准备接收下一个数据。

任何 SPI 控制寄存器的改变都将复位 SPI 接口，并清除相关寄存器。

3. SPI 接口的信号

SPI 接口由 MOSI（P1.3）、MISO（P1.4）、SCLK（P1.5）和 $\overline{SS}$（P1.2）4 根信号线构成，可通过设置 P_SW1 中的 SPI_S1 和 SPI_S0 将 MOSI、MISO、SCLK 和 $\overline{SS}$ 功能脚切换到 P2.3、P2.2、P2.1、P2.4，或者 P4.0、P4.1、P4.3、P5.4。

MOSI（Master Out Slave In，主出从入）：主元器件的输出和从元器件的输入，用于主元器件到从元器件的串行数据传输。根据 SPI 规范，多个从机共享一根 MOSI 信号线。在时钟边界的前半周期，主机将数据传送至 MOSI 信号线，从机在时钟边界的前半周期获取该数据。

MISO（Master In Slave Out，主入从出）：从元器件的输出和主元器件的输入，用于实现从元器件到主元器件的数据传输。在 SPI 规范中，一个主机可连接多个从机，因此，主机的 MISO 信号线会连接到多个从机上，或者说，多个从机共享一根 MISO 信号线。当主机与一个从机通信时，其他从机应将其 MISO 引脚驱动置为高阻状态。

SCLK（SPI Clock，串行时钟信号）：主元器件串行时钟信号的输出引脚和从元器件时钟信号的输入引脚，用于同步主元器件和从元器件之间在 MOSI 信号线和 MISO 信号线上的串行数据传输。当主元器件启动一次数据传输时，自动产生 8 个时钟信号给从机。在时钟信号的每个跳变处（上升沿或下降沿）移出一位数据。所以，一次数据传输可以传输一字节的数据。

信号线 SCLK、MOSI 和 MISO 通常用于将两个或多个 SPI 元器件连接在一起。数据通过 MOSI 信号线由主机传送到从机，通过 MISO 信号线由从机传送到主机。SCLK 信号在主机模式时为输出，在从机模式时为输入。如果 SPI 接口被禁止，则这些引脚都可作为 I/O 口使用。

$\overline{SS}$（Slave Select，从机选择）信号是一个输入信号，主元器件用它来选择处于从机模式的 SPI 模块。在主机模式和从机模式下，$\overline{SS}$ 引脚的使用方法不同。在主机模式下，SPI 接口只能有一个主机，不存在主机选择问题，在该模式下 $\overline{SS}$ 引脚不是必需的。在主机模式下通常将主机的 $\overline{SS}$ 引脚通过 10kΩ 的电阻上拉为高电平。每一个从机的 $\overline{SS}$ 引脚接主机的 I/O 口，由主机控制电平高低，以便主机选择从机。在从机模式下，不论发送数据还是接收数据，$\overline{SS}$ 信号必须有效。因此，在一次数据传输开始之前必须将 $\overline{SS}$ 引脚拉为低电平。SPI 主机可以使用 I/O 口选择一个 SPI 元器件作为当前的从机。

SPI 从元器件通过其 $\overline{SS}$ 引脚判断是否被选择。如果满足下面的条件之一，$\overline{SS}$ 引脚就被忽略。

① SPI 功能被禁止，即 SPEN 为 0（复位值）。

② SPI 配置为主机，即 MSTR 为 1，并且 P1.2 配置为输出（P1M0.2 为 0，P1M1.2 为 1）。

③ $\overline{SS}$ 引脚被忽略，即 SSIG 位为 1，该引脚用作 I/O 口。

4. SPI 接口的特殊功能寄存器

与 SPI 接口有关的特殊功能寄存器有 SPI 控制寄存器 SPCTL、SPI 状态寄存器 SPSTAT、SPI 数据寄存器 SPDAT，以及与 SPI 中断管理有关的控制位。下面详细介绍各寄存器的功能含义。

（1）SPCTL。

SPCTL 的每一位都有控制含义，SPCTL 的地址为 CEH，复位值为 0000 0000B，其各位的定义如表 14.1 所示。

表 14.1　SPCTL 各位的定义

位号	B7	B6	B5	B4	B3	B2	B1	B0
位名称	SSIG	SPEN	DORD	MSTR	CPOL	CPHA	SPR1	SPR0

SSIG：$\overline{SS}$ 引脚忽略控制位。若(SSIG)=1，则由 MSTR 确定元器件为主机还是从机，$\overline{SS}$ 引脚被忽略，并可配置为 I/O 口；若(SSIG)=0，则由 $\overline{SS}$ 引脚的输入信号确定元器件是主机还是从机。

SPEN：SPI 使能位。若(SPEN)=1，则 SPI 使能；若(SPEN)=0，则 SPI 被禁止，所有 SPI 信号引脚用作 I/O 口。

DORD：SPI 数据发送与接收顺序的控制位。若(DORD)=1，则 SPI 数据的传送顺序为由低电平到高电平；若(DORD)=0，则 SPI 数据的传送顺序为由高电平到低电平。

MSTR：SPI 主机/从机模式位。若(MSTR)=1，则为主机模式；若(MSTR)=0，则为从机模式。SPI 接口的工作状态还与其他控制位有关，具体配置如表 14.2 所示。

表 14.2　SPI 接口的具体配置

SPEN	SSIG	$\overline{SS}$	MSTR	SPI 模式	MISO	MOSI	SCLK	备注
0	X	P1.2	X	禁止	P1.4	P1.3	P1.5	SPI 信号引脚用作普通 I/O 口
1	0	0	0	从机	输出	输入	输入	选择为从机模式
1	0	1	0	从机（未选中）	高阻	输入	输入	未被选中，MISO 引脚处于高阻状态，以避免总线冲突
1	0	0	1→0	从机	输出	输入	输入	$\overline{SS}$ 引脚配置为输入或准双向口，SSIG 为 0，如果选择 $\overline{SS}$ 引脚为低电平，则选择为从机模式；当 $\overline{SS}$ 引脚变为低电平时，会自动将 MSTR 清 0
1	0	1	1	主机（空闲）	输入	高阻	高阻	当主机空闲时，MOSI 引脚和 SCLK 引脚为高阻状态以避免总线冲突。用户必须将 SCLK 引脚上拉或下拉（根据 CPOL 确定）以避免 SCLK 引脚出现悬浮状态
				主机（激活）		输出	输出	主机激活时，MOSI 引脚和 SCLK 引脚为强推挽输出
1	1	P1.2	0	从机	输出	输入	输入	
			1	主机	输入	输出	输出	

CPOL：SPI 时钟信号极性选择位。若(CPOL)=1，则 SPI 空闲时 SCLK 为高电平，SCLK 的前跳变沿为下降沿，后跳变沿为上升沿；若(CPOL)=0，则 SPI 空闲时 SCLK 为低电平，SCLK

的前跳变沿为上升沿，后跳变沿为下降沿。

CPHA：SPI 时钟信号相位选择位。若(CPHA)=1，则 SPI 数据由前跳变沿驱动到口线，后跳变沿采样；若(CPHA)=0，当$\overline{SS}$引脚为低电平（且 SSIG 为 0）时数据被驱动到口线，并在 SCLK 的后跳变沿被改变，在 SCLK 的前跳变沿被采样。需要注意的是，SSIG 为 1 时操作未定义。

SPR1、SPR0：主模式时 SPI 时钟频率选择位。00 表示 $f_{SYS}/4$；01 表示 $f_{SYS}/16$；10 表示 $f_{SYS}/64$；11 表示 $f_{SYS}/128$。

（2）SPSTAT。

SPSTAT 记录了 SPI 接口的传输完成标志与写冲突标志，其地址为 CDH，复位值为 00xx xxxxB，各位的定义如表 14.3 所示。

表 14.3　SPSTAT 各位的定义

位号	D7	D6	D5	D4	D3	D2	D1	D0
位名称	SPIF	WCOL	—	—	—	—	—	—

SPIF：SPI 传输完成标志位。当一次传输完成时，SPIF 置位，此时，如果 SPI 中断允许，则向 CPU 申请中断。当 SPI 处于主机模式且(SSIG)=0 时，如果$\overline{SS}$引脚为输入且为低电平，则 SPIF 也将置位，表示模式改变（由主机模式变为从机模式）。

SPIF 通过软件向其写 1 而清 0。

WCOL：SPI 写冲突标志位。当有数据还在传输的同时向 SPDAT 写入数据时，WCOL 被置位，以指示数据冲突。在这种情况下，当前发送的数据继续发送，而新写入的数据将丢失。WCOL 通过软件向其写 1 而清 0。

（3）SPDAT。

SPDAT 的地址是 CFH，用于保存通信数据字节。

（4）与 SPI 中断管理有关的控制位。

SPI 中断允许控制位 ESPI：位于 IE2 的 B1 位。(ESPI)=1，允许 SPI 中断；(ESPI)=0，禁止 SPI 中断。如果允许 SPI 中断，那么在发生 SPI 中断时，CPU 就会跳转到中断服务程序的入口地址 004BH 处执行中断服务程序。需要注意的是，在中断服务程序中，必须把 SPI 中断请求标志位清 0（通过写 1 实现）。

SPI 中断优先级控制位 PSPI：位于 IP2 的 B1 位。利用 PSPI 可以将 SPI 中断设置为 2 个优先等级。

14.1.2　SPI 接口的数据通信

1．SPI 接口的数据通信方式

STC15W4K32S4 单片机 SPI 接口的数据通信方式有 3 种：单主机－单从机方式，一般简称为单主单从方式；双元器件方式，两个元器件可互为主机和从机，一般简称为互为主从方式；单主机－多从机方式，一般简称为单主多从方式。

（1）单主单从方式。

单主单从方式数据通信的连接如图 14.2 所示。主机将 SPCTL 的 SSIG 及 MSTR 位置 1，选择主机模式，此时主机可使用任何一个 I/O 口（包括$\overline{SS}$引脚）来控制从机的$\overline{SS}$引脚；从机将 SPCTL 的 SSIG 及 MSTR 位置 0，选择从机模式，当从机$\overline{SS}$引脚被拉为低电平时，从机被选中。

当主机向 SPDAT 中写入一字节时，立即启动一个连续的 8 位数据移位通信过程：主机的 SCLK 引脚向从机的 SCLK 引脚发出一串脉冲，在这串脉冲的控制下，刚被写入主机 SPDAT 的数据从主机 MOSI 引脚移出，送到从机的 MOSI 引脚，同时之前写入从机 SPDAT 的数据从从机的 MISO 引脚移出，送到主机的 MISO 引脚。因此，主机既可主动向从机发送数据，又可主动读取从机中的数据；从机既可接收主机发送的数据，也可在接收主机所发数据的同时向主机发送数据，但这个过程不可以由从机主动发起。

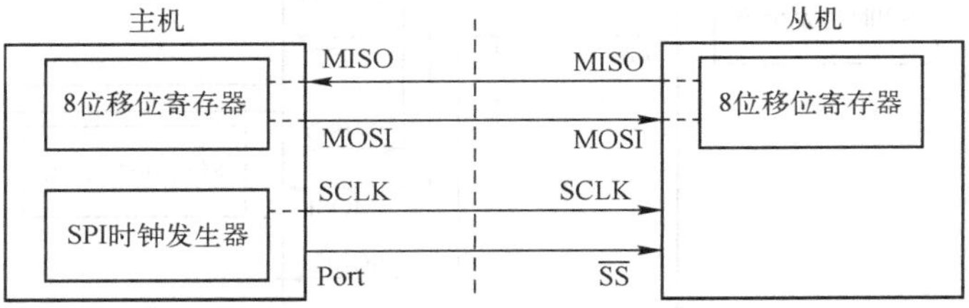

图 14.2　单主单从方式数据通信的连接

（2）互为主从方式。

互为主从方式数据通信的连接如图 14.3 所示，两个单片机可以互为主机或从机。初始化后，两个单片机都将各自设置成由$\overline{SS}$（P1.2）引脚的输入信号确定的主机模式，即将各自的 SPCTL 中的 MSTR、SPEN 置 1，SSIG 清 0，$\overline{SS}$（P1.2）引脚配置为准双向口（复位模式）并输出高电平。

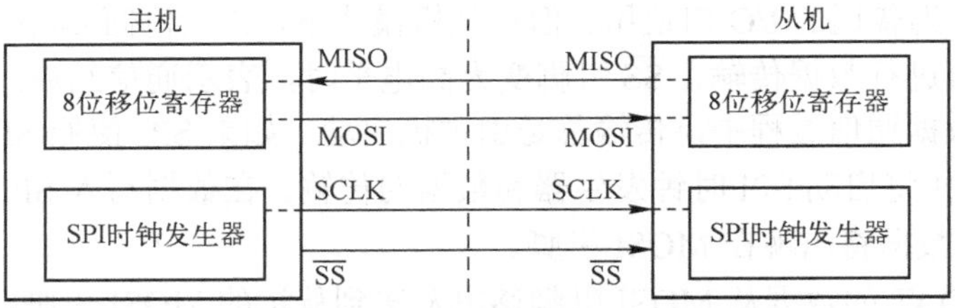

图 14.3　互为主从方式数据通信的连接

当一方要向另一方主动发送数据时，先检测$\overline{SS}$引脚的电平状态，如果$\overline{SS}$引脚为高电平，就将自己的 SSIG 置 1，设置成忽略$\overline{SS}$引脚的主机模式，并将$\overline{SS}$引脚的电平拉低，强制将对方设置为从机模式，这就是单主单从数据通信方式。通信完毕，当前主机再次将$\overline{SS}$引脚置高电平，将自己的 SSIG 清 0，回到初始状态。

在将 SPI 配置为主机模式（MSTR 和 SPEN 都为 1），并且将(SSIG)=0 配置为由$\overline{SS}$引脚（P1.2）的输入信号确定主机或从机的情况下，$\overline{SS}$引脚可配置为输入或准双向模式，只要$\overline{SS}$引脚电平被拉低，即可实现模式的转变，即 SPI 由主机变为从机，并将 SPSTAT 中的 SPIF 置 1。

注意：互为主/从模式时，双方的 SPI 通信速率必须相同。如果使用外部晶振，双方的晶振频率也要相同。

（3）单主多从方式。

单主多从方式数据通信的连接如图 14.4 所示。主机将 SPCTL 的 SSIG 及 MSTR 置 1，选择主机模式，此时主机使用不同的 I/O 口来控制不同从机的$\overline{SS}$引脚；从机将 SPCTL 的 SSIG

及 MSTR 置 0，选择从机模式。

当主机要与某一个从机进行通信时，只要将对应从机的 $\overline{SS}$ 引脚拉低，该从机就被选中。其他从机的 $\overline{SS}$ 引脚保持高电平，这时主机与该从机的通信已成为单主单从方式的通信。通信完毕主机再将该从机的 $\overline{SS}$ 引脚置高电平。

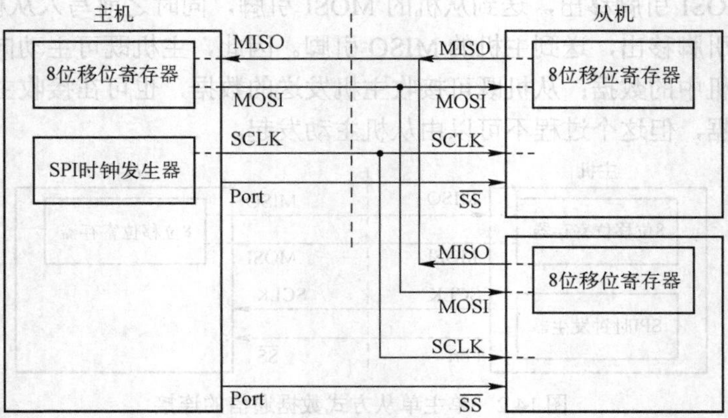

图 14.4　单主多从方式数据通信的连接

2．SPI 接口的数据通信过程

在 SPI 的 3 种通信方式中，$\overline{SS}$ 引脚的使用在主机模式和从机模式下是不同的。对于主机模式，当发送 1 字节数据时，只需要将数据写到 SPDAT 中即可启动发送过程，此时 $\overline{SS}$ 引脚不是必需的，可作为普通的 I/O 口使用。但在从机模式下，$\overline{SS}$ 引脚必须在被主机驱动为低电平的情况下，才可进行数据传输，$\overline{SS}$ 引脚变为高电平时，表示通信结束。

在 SPI 串行数据通信过程中，传输总是由主机启动。如果 SPI 使能(SPEN)=1，那么主机对 SPDAT 的写操作将启动 SPI 时钟发生器和数据的传输。在数据写入 SPDAT 之后的半个到 1 个 SPI 位时间，数据将出现在 MOSI 引脚。

写入主机 SPDAT 的数据从 MOSI 引脚移出发送到从机的 MOSI 引脚，同时，从机 SPDAT 的数据从 MISO 引脚移出发送到主机的 MISO 引脚。传输完 1 字节后，SPI 时钟发生器停止运行，SPIF 置位并向 CPU 申请中断（SPI 中断允许时）。主机和从机的 CPU 的两个移位寄存器可以看作一个 16 位循环移位寄存器。当数据从主机移出发送到从机的同时，从机的数据也以相反的方向移入主机，这意味着在一个移位周期中，主机和从机的数据相互交换。

SPI 接口在发送数据时为单缓冲，在接收数据时为双缓冲。在前一次数据发送尚未完成之前，不能将新的数据写入移位寄存器。当在数据的发送过程中对 SPDAT 进行写操作时，WCOL 将被置 1，以表示发生写数据冲突。在这种情况下，当前发送的数据继续发送，而新写入的数据将丢失。在接收数据时，接收到的数据传送到一个并行读数据缓冲区，从而释放移位寄存器以进行下一个数据的接收，但必须在下一次数据完全移入之前，将接收的数据从 SPDAT 中读出，否则，前一次接收的数据将被覆盖。

3．SPI 总线数据传输格式

SPI 时钟信号相位选择位 CPHA 用于设置采样和改变数据的时钟边沿，SPI 时钟信号极性选择位 CPOL 用于设置时钟极性，SPI 数据发送与接收顺序的控制位 DORD 用于设置数据传送高低位的顺序。通过对 SPI 相关参数的设置，可以适应各种外部设备 SPI 通信的要求。

（1）(CPHA)=0 时的从机 SPI 总线数据传输格式。

(CPHA)=0 时的从机 SPI 总线数据传输格式如图 14.5 所示，数据在时钟的第一个边沿被采样，在第二个边沿被改变。主机将数据写入 SPDAT 后，SPDAT 的首位即可呈现在 MOSI 引脚上，从机的 $\overline{SS}$ 引脚被拉低时，从机的 SPDAT 的首位即可呈现在 MISO 引脚上。当数据发送完毕不再发送其他数据时，时钟恢复空闲状态，MOSI、MISO 两根信号线上均保持最后一位数据的状态，从机的 $\overline{SS}$ 引脚电平被拉高时，从机的 MISO 引脚呈现高阻状态。

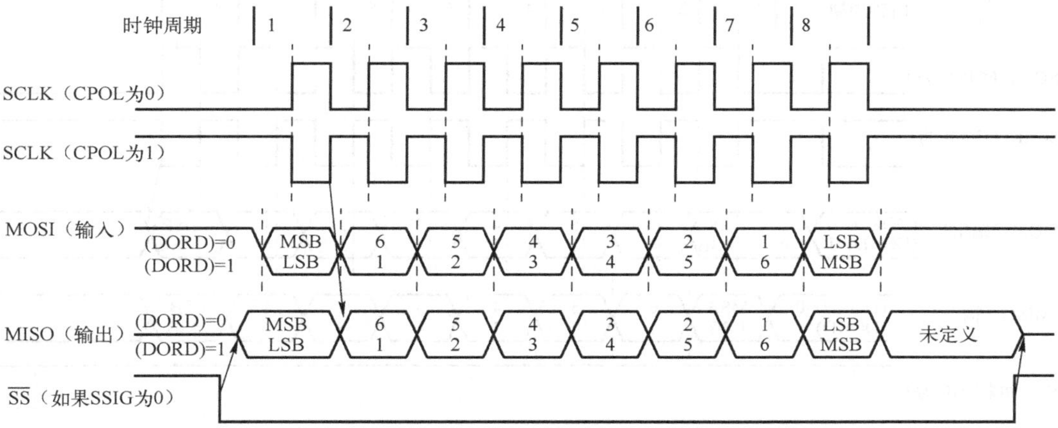

图 14.5　(CPHA)=0 时的从机 SPI 总线数据传输格式

注意：在从机模式下，若(CPHA)=0，则 SSIG 必须为 0，即不能忽略 $\overline{SS}$ 引脚，$\overline{SS}$ 引脚必须置 0 并在每个连续的串行字节发送完后重新设置为高电平。如果 SPDAT 在 $\overline{SS}$ 引脚有效（低电平）时执行写操作，那么将导致写冲突错误。(CPHA)=0 且(SSIG)=0 时的操作未定义。

（2）(CPHA)=1 时的从机 SPI 总线数据传输格式。

(CPHA)=1 时的从机 SPI 总线数据传输格式如图 14.6 所示，数据在时钟的第一个边沿被改变，在第二个边沿被采样。

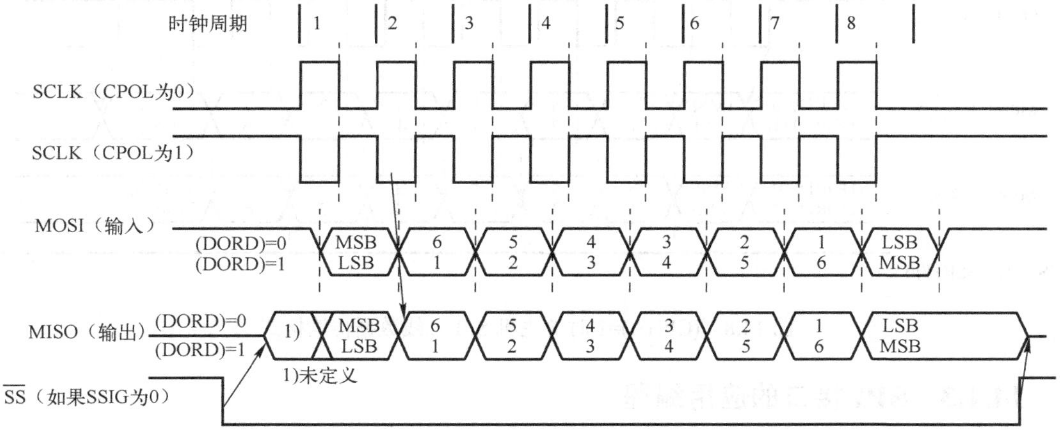

图 14.6　(CPHA)=1 时的从机 SPI 总线数据传输格式

注意：当(CPHA)=1 时，SSIG 可以为 1 或 0。如果(SSIG)=0，则 $\overline{SS}$ 引脚可在数据连续传输时保持低电平有效（一直固定为低电平）。这种方式有时适用于具有单固定主机和单从机驱动 MISO 数据线的系统。

（3）(CPHA)=0 时的主机 SPI 总线数据传输格式。

(CPHA)=0 时的主机 SPI 总线数据传输格式如图 14.7 所示，数据在时钟的第一个边沿被采样，在第二个边沿被改变。在通信时，当主机将一字节发送完毕不再发送其他数据时，时钟恢复空闲状态，MOSI、MISO 两根线上均保持最后一位数据的状态。

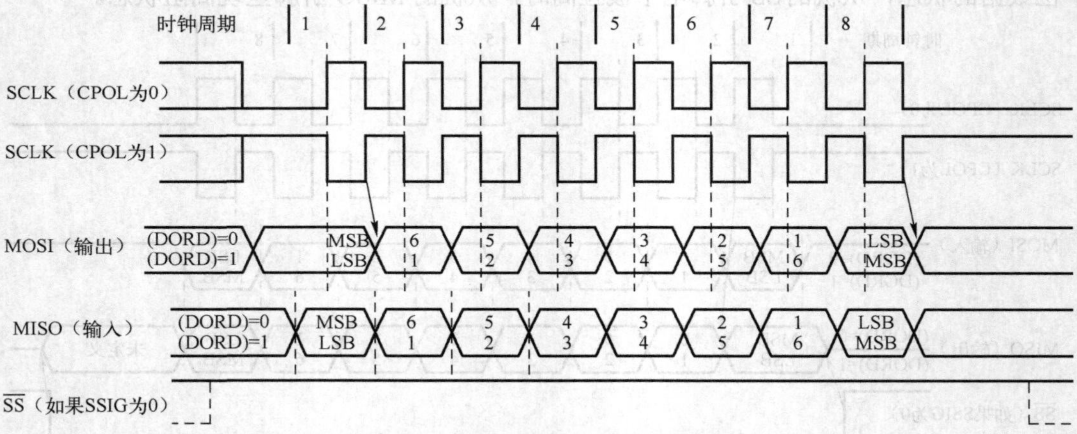

图 14.7 (CPHA)=0 时的主机 SPI 总线数据传输格式

（4）(CPHA)=1 时的主机 SPI 总线数据传输格式。

(CPHA)=1 时的主机 SPI 总线数据传输格式如图 14.8 所示，数据在时钟的第一个边沿被改变，在第二个边沿被采样。

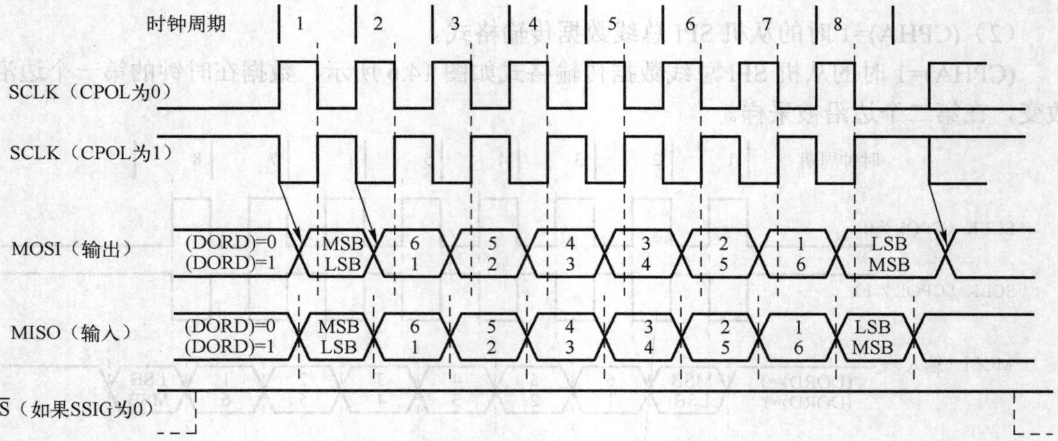

图 14.8 (CPHA)=1 时的主机 SPI 总线数据传输格式

14.1.3 SPI 接口的应用编程

SPI 接口工作在主机模式时可以与具有 SPI 兼容接口的元器件进行同步通信，如与存储器、

A/D 转换器、D/A 转换器、LED 驱动器或 LCD 驱动器等进行同步通信，可以很好地扩展外围元器件实现相应的功能。

SPI 串行通信初始化思路如下。

① 设置 SPCTL。设置 SPI 接口的主机/从机工作模式等。

② 设置 SPSTAT。写入 0C0H，将 SPIF 和 WCOL 清 0。

③ 根据需要打开 SPI 中断 ESPI 和总中断 EA。

例 14.1 利用 STC15W4K32S4 单片机的 SPI 接口功能从串行 Flash 存储器 PM25LV040 中读取数据并向其中写入数据，实现类似数码分段开关功能，断电数据不丢失。具体过程为，第一次通电，打开 LED7（P1.7）；第二次通电，打开 LED8（P1.6）；第三次通电，打开 LED9（P4.7）；第四次通电，打开 LED10（P4.6）；第五次通电，回到第一次状态，依次循环。PM25LV040 接口电路如图 14.9 所示。

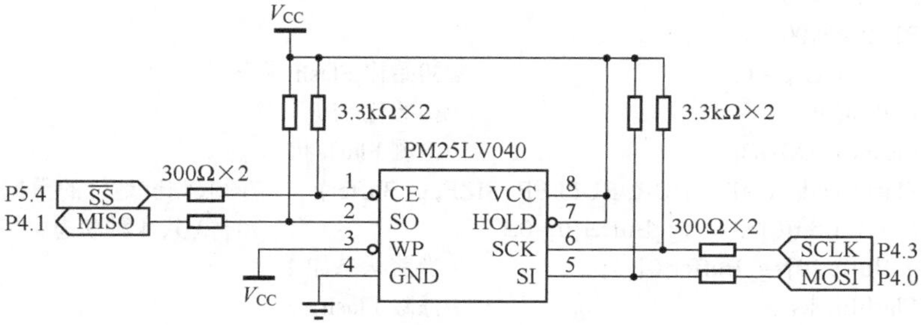

图 14.9 PM25LV040 接口电路

解 PM25LV040 是一个 512KB×8（4Mbit）的非挥发性（Non-Volatile）存储芯片，具有 SPI 接口，采用宽范围单电源供电，与按照字节擦除的 EEPROM 芯片不同，Flash 芯片是按照块擦除的。

C 语言源程序如下。

```
#include "stc15.h"                              //包含支持 STC15 系列单片机头文件
sbit LED10 = P4^6;
sbit LED9 = P4^7;
sbit LED8 = P1^6;
sbit LED7 = P1^7;
sbit SS     =     P5^4;                         //SPI 的 SS 引脚，连接到 Flash 的 CE
#define     SPI_S0          0x04
#define     SPI_S1          0x08
#define     SPIF            0x80                //SPSTAT.7
#define     WCOL            0x40                //SPSTAT.6
#define     SSIG            0x80                //SPCTL.7
#define     SPEN            0x40                //SPCTL.6
#define     MSTR                0x10            //SPCTL.4
#define     TEST_ADDR           0               //Flash 测试地址
#define     BUFFER_SIZE         1               //缓冲区大小
unsigned char xdata g_Buffer[BUFFER_SIZE];      //Flash 读写缓冲区
bit g_fFlashOK;                                 //Flash 状态
```

```
//函数声明
void InitSpi();                                          //SPI 初始化
unsigned char SpiShift(unsigned char dat);     //使用 SPI 方式与 Flash 进行数据交换
bit FlashCheckID();                                   //检测 Flash 是否准备就绪
bit IsFlashBusy();                                     //检测 Flash 的忙碌状态
void FlashWriteEnable();                            //使能 Flash 写指令
void FlashErase();                                     //擦除整片 Flash
void FlashRead(unsigned long addr, unsigned long size, unsigned char *buffer);  //从 Flash 中读取数据
void FlashWrite(unsigned long addr, unsigned long size, unsigned char *buffer); //写数据到 Flash 中

void main( )//主程序
{
    int i=0;
    P1M1=0x00;
    P1M0=0x00;
    g_fFlashOK = 0;                                   //初始化 Flash 状态
    InitSpi( );                                           //初始化 SPI
    FlashCheckID();                                    //检测 Flash 状态
    FlashRead(TEST_ADDR, BUFFER_SIZE, g_Buffer);      //读取测试地址的数据
    if(g_Buffer[0]>3)    {g_Buffer[0]=0;}                   //0～3 共 4 种状态
    g_Buffer[0]=g_Buffer[0]+1;                  //当前状态加 1
    FlashErase( );                                      //擦除 Flash
    FlashWrite(TEST_ADDR, BUFFER_SIZE, g_Buffer);     //将缓冲区的数据写到 Flash 中
    while (1)
    {
        if(g_Buffer[0]= =1) {LED7=0;LED8=1;LED9=1;LED10=1;}    //状态 1 开 LED7
        if(g_Buffer[0]= =2) {LED7=1;LED8=0;LED9=1;LED10=1;}    //状态 2 开 LED8
        if(g_Buffer[0]= =3) {LED7=1;LED8=1;LED9=0;LED10=1;}    //状态 3 开 LED9
        if(g_Buffer[0]= =4) {LED7=1;LED8=1;LED9=1;LED10=0;}    //状态 4 开 LED10
    }
}

void InitSpi( )    //SPI 初始化
{
    ACC = P_SW1;                          //切换到第三组 SPI 引脚
    ACC &=～(SPI_S0 | SPI_S1);        //(SPI_S0)=0，(SPI_S1)=1
    ACC |= SPI_S1;                        //(P5.4/SS_3，P4.0/MOSI_3，P4.1/MISO_3，P4.3/SCLK_3)
    P_SW1 = ACC;

    SPSTAT = SPIF | WCOL;             //清除 SPI 状态
    SS = 1;
    SPCTL = SSIG | SPEN | MSTR;    //设置 SPI 为主机模式
}

unsigned char SpiShift(unsigned char dat)      //使用 SPI 方式与 Flash 进行数据交换
{    //入口参数 dat 是准备写入的数据，出口参数是从 Flash 中读出的数据
```

```
        SPDAT = dat;                          //触发 SPI 发送
        while (!(SPSTAT & SPIF));  //等待 SPI 数据传输完成
        SPSTAT = SPIF | WCOL;     //清除 SPI 状态
        return SPDAT;
    }

    bit FlashCheckID( )            //检测 Flash 是否准备就绪
    {   //返回 0 表示没有检测到正确的 Flash，返回 1 表示 Flash 准备就绪
        unsigned char dat1, dat2;
        SS = 0;
        SpiShift(0xAB);            //发送读取 ID 命令
        SpiShift(0x00);            //空读 3 字节
        SpiShift(0x00);
        SpiShift(0x00);
        dat1 = SpiShift(0x00);     //读取制造商 ID1
        SpiShift(0x00);            //读取设备 ID
        dat2 = SpiShift(0x00);     //读取制造商 ID2
        SS = 1;
        g_fFlashOK = ((dat1 == 0x9d) && (dat2 == 0x7f));      //检测是否为 PM25LVxx 系列的 Flash
        return g_fFlashOK;
    }

    bit IsFlashBusy( )             //检测 Flash 的忙碌状态
    {   //0 表示 Flash 处于空闲状态，1 表示 Flash 处于忙碌状态
        unsigned char dat;
        SS = 0;
        SpiShift(0x05);            //发送读取状态指令
        dat = SpiShift(0);         //读取状态
        SS = 1;
        return (dat & 0x01);       //状态值的 Bit0 为忙碌标志
    }

    void FlashWriteEnable( )       //使能 Flash 写指令
    {
        while (IsFlashBusy());     //Flash 忙碌检测
        SS = 0;
        SpiShift(0x06);            //发送写使能指令
        SS = 1;
    }

    void FlashErase( )             //擦除整片 Flash
    {
        if (g_fFlashOK)
        {
            FlashWriteEnable();    //使能 Flash 写指令
```

```
            SS = 0;
            SpiShift(0xC7);             //发送片擦除指令
            SS = 1;
        }
    }

    void FlashRead(unsigned long addr, unsigned long size, unsigned char *buffer)   //从 Flash 中读取数据
    {                       // addr 为地址参数，size 为数据块大小，buffer 为缓冲从 Flash 中读取的数据
        if (g_fFlashOK)
        {
            while (IsFlashBusy());                          //Flash 忙碌检测
            SS = 0;
            SpiShift(0x0B);                                 //使用快速读取指令
            SpiShift(((unsigned char *)&addr)[1]);          //设置起始地址
            SpiShift(((unsigned char *)&addr)[2]);
            SpiShift(((unsigned char *)&addr)[3]);
            SpiShift(0);                                    //需要空读一字节
            while (size)
            {
                *buffer = SpiShift(0);                      //自动连续读取并保存
                addr++;
                buffer++;
                size--;
            }
            SS = 1;
        }
    }

    void FlashWrite(unsigned long addr, unsigned long size, unsigned char *buffer)  //写数据到 Flash 中
    {                       // addr 为地址参数，size 为数据块大小，buffer 为缓冲需要写入 Flash 的数据
        if (g_fFlashOK)
        while (size)
        {
            FlashWriteEnable();                             //使能 Flash 写指令
            SS = 0;
            SpiShift(0x02);                                 //发送页编程指令
            SpiShift(((unsigned char *)&addr)[1]);          //设置起始地址
            SpiShift(((unsigned char *)&addr)[2]);
            SpiShift(((unsigned char *)&addr)[3]);
            while (size)
            {
                SpiShift(*buffer);                          //连续页内写
                addr++;
                buffer++;
                size--;
```

```
                if ((addr & 0xff) == 0) break;
            }
            SS = 1;
        }
    }
```

14.2 增强型 PWM 模块

14.2.1 增强型 PWM 模块的结构与控制

STC15W4K32S4 单片机集成了 6 路独立的增强型 PWM 波形发生器。由于 6 路增强型 PWM 波形发生器是各自独立的，且每路增强型 PWM 波形发生器的初始状态可以进行设定，所以用户可以将其中的任意 2 路配合使用，这样可以实现互补对称输出及死区控制等特殊应用。

增强型 PWM 波形发生器还可实现对外部异常事件（包括外部 P2.4 引脚的电平异常、比较器比较结果异常）进行监控的功能，可用于紧急关闭 PWM 输出。增强型 PWM 波形发生器还可在 15 位的 PWM 计数器归零时触发外部事件（A/D 转换）。

1. 增强型 PWM 模块的结构

STC15W4K32S4 单片机增强型 PWM 模块的增强型 PWM 波形发生器框图如图 14.10 所示。增强型 PWM 模块内部有一个 15 位的 PWM 计数器供 6 路 PWM 波形发生器使用，用户可以设置每路增强型 PWM 波形发生器的初始电平。另外，增强型 PWM 模块为每路增强型 PWM 波形发生器设计了两个用于控制波形翻转的定时/计数器 T1 和 T2，可以非常灵活地设置每路增强型 PWM 波形发生器的高低电平宽度，从而达到对 PWM 的占空比及 PWM 的输出延迟进行控制的目的。

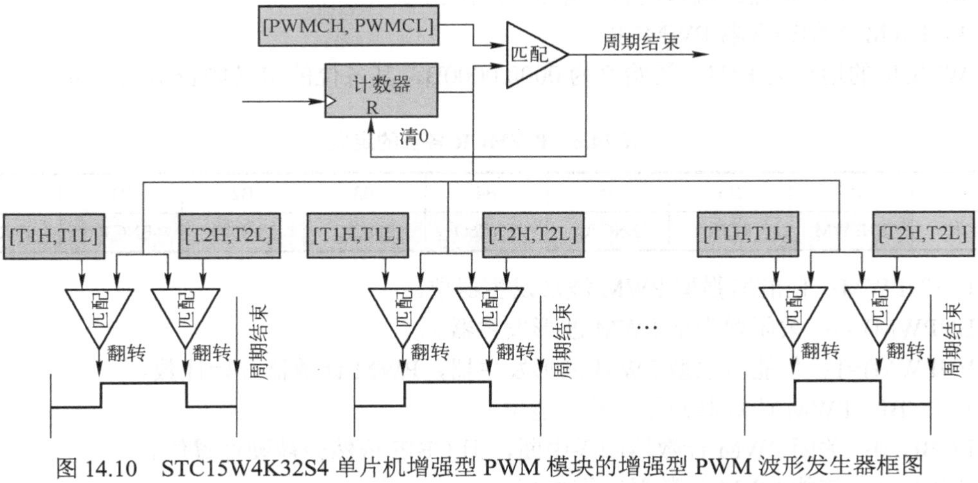

图 14.10 STC15W4K32S4 单片机增强型 PWM 模块的增强型 PWM 波形发生器框图

2. 增强型 PWM 模块的控制

（1）端口配置寄存器 P_SW2。

P_SW2 的地址为 BAH，初始值为 0000 0000B，其各位的定义如表 14.4 所示。

表 14.4 P_SW2 各位的定义

位号	B7	B6	B5	B4	B3	B2	B1	B0
位名称	EAXSFR	0	0	0	—	S4_S	S3_S	S2_S

EAXSFR：扩展 SFR 访问控制使能位。

(EAXSFR)=0：MOVX A,@DPTR/MOVX @DPTR,A 指令的操作对象为扩展 RAM（XRAM）。

(EAXSFR)=1：MOVX A,@DPTR/MOVX @DPTR,A 指令的操作对象为扩展 SFR（XSFR）。

注意：若要访问 PWM 在扩展 RAM 区的特殊功能寄存器，必须先将 EAXSFR 置为 1。其中 D6、D5、D4 用于内部测试，用户必须填 0。

（2）PWM 配置寄存器 PWMCFG。

PWMCFG 的地址为 F1H，初始值为 0000 0000B，其各位的定义如表 14.5 所示。

表 14.5 PWMCFG 各位的定义

位号	B7	B6	B5	B4	B3	B2	B1	B0
位名称	—	CBTADC	C7INI	C6INI	C5INI	C4INI	C3INI	C2INI

① CBTADC：PWM 计数器归零时（CBIF 为 1 时）触发 A/D 转换位。

(CBTADC)=0：PWM 计数器归零时不触发 A/D 转换。

(CBTADC)=1：PWM 计数器归零时自动触发 A/D 转换，但需要满足前提条件 PWM 和 A/D 必须被使能，即(ENPWM)=1 且(ADCON)=1。

② C*n*INI：设置 PWM 输出端口的初始电平位。

(C*n*INI)=0：PWM 输出端口的初始电平为低电平。

C*n*INI)=1：PWM 输出端口的初始电平为高电平。

（3）PWM 控制寄存器 PWMCR。

PWMCR 的地址为 F5H，初始值为 0000 0000B，其各位的定义如表 14.6 所示。

表 14.6 PWMCR 各位的定义

位号	B7	B6	B5	B4	B3	B2	B1	B0
位名称	ENPWM	ECBI	ENC7O	ENC6O	ENC5O	ENC4O	ENC3O	ENC2O

① ENPWM：使能增强型 PWM 波形发生器位。

(ENPWM)=0：关闭增强型 PWM 波形发生器。

(ENPWM)=1：使能增强型 PWM 波形发生器，PWM 计数器开始计数。

② ECBI：PWM 计数器归零中断使能位。

(ECBI)=0：关闭 PWM 计数器归零中断，但 CBIF 依然会被硬件置位。

(ECBI)=1：使能 PWM 计数器归零中断。

③ ENC*n*O：PWM 输出使能位。

(ENC*n*O)=0：相应 PWM 通道的端口为 GPIO。

(ENC*n*O)=1：相应 PWM 通道的端口为 PWM 输出口，受增强型 PWM 波形发生器控制。

（4）PWM 中断标志寄存器 PWMIF。

PWMIF 的地址为 F6H，初始值为 x000 0000B，其各位的定义如表 14.7 所示。

表 14.7　PWMIF 各位的定义

位号	B7	B6	B5	B4	B3	B2	B1	B0
位名称	—	CBIF	C7IF	C6IF	C5IF	C4IF	C3IF	C2IF

① CBIF：PWM 计数器归零中断标志位。

当 PWM 计数器归零时，硬件自动将此位置 1。当(ECBI)=1 时，程序会跳转到相应中断入口执行中断服务程序。CBIF 需要用软件清 0。

② C*n*IF：第 *n* 通道的 PWM 中断标志位。

可设置在翻转点 1 和翻转点 2 触发 C*n*IF（详见 PWM*n*CR 的 EC*n*T1SI 和 EC*n*T2SI）。当 PWM 发生翻转时，硬件自动将此位置 1。当(EPWM*n*I)=1 时，程序会跳转到相应中断入口执行中断服务程序。C*n*IF 需要用软件清 0。

（5）PWM 外部异常控制寄存器 PWMFDCR。

PWMFDCR 的地址为 F7H，初始值为 xx00 0000B，其各位的定义如表 14.8 所示。

表 14.8　PWMFDCR 各位的定义

位号	B7	B6	B5	B4	B3	B2	B1	B0
位名称	—	—	ENFD	FLTFLIO	EFDI	FDCMP	FDIO	FDIF

① ENFD：PWM 外部异常检测功能控制位。

(ENFD)=0：关闭 PWM 的外部异常检测功能。

(ENFD)=1：使能 PWM 的外部异常检测功能。

② FLTFLIO：发生 PWM 外部异常时对 PWM 输出口控制位。

(FLTFLIO)=0：发生 PWM 外部异常时，PWM 的输出口不进行任何改变。

(FLTFLIO)=1：发生 PWM 外部异常时，PWM 的输出口立即被设置为高阻输入模式，只有(ENC*n*O)=1 对应的端口才会被强制悬空。

③ EFDI：PWM 异常检测中断使能位。

(EFDI)=0：关闭 PWM 异常检测中断，但 FDIF 依然会被硬件置位。

(EFDI)=1：使能 PWM 异常检测中断。

④ FDCMP：设定 PWM 异常检测源为比较器的输出。

(FDCMP)=0：比较器与 PWM 无关。

(FDCMP)=1：当比较器的输出由低变高时，触发 PWM 异常。

⑤ FDIO：设定 PWM 异常检测源为 P2.4 引脚的状态。

(FDIO)=0：P2.4 引脚的状态与 PWM 无关。

(FDIO)=1：当 P2.4 引脚的电平由低变高时，触发 PWM 异常。

⑥ FDIF：PWM 异常检测中断标志位。

当发生 PWM 异常（比较器的输出由低变高或 P2.4 引脚的电平由低变高）时，硬件自动将此位置 1。当(EFDI)=1 时，程序会跳转到相应中断入口执行中断服务程序。该位需要用软件清 0。

（6）PWM 计数器的高字节 PWMCH。

PWMCH（高 7 位）的地址为 FFF0H（XSFR），初始值为 x000 0000B，其各位的定义如表 14.9 所示。

表 14.9 PWMCH（高 7 位）各位的定义

位号	B7	B6	B5	B4	B3	B2	B1	B0
位名称	—	PWMCH[14:8]						

（7）PWM 计数器的低字节 PWMCL。

PWMCL（低 8 位）的地址为 FFF1H（XSFR），初始值为 0000 0000B，其各位的定义如表 14.10 所示。

表 14.10 PWMCL（低 8 位）各位的定义

位号	B7	B6	B5	B4	B3	B2	B1	B0
位名称	PWMCL[7:0]							

PWM 计数器是一个 15 位的寄存器，可设定 1～32767 之间的任意值作为 PWM 的周期。PWM 计数器从 0 开始计数，每个 PWM 时钟周期递增 1，当 PWM 计数器的计数值达到[PWMCH,PWMCL]所设定的 PWM 周期时，PWM 计数器将从 0 重新开始计数，硬件会自动将 CBIF 置 1，若(ECBI)=1，则程序跳转到相应中断入口执行中断服务程序。

（8）PWM 时钟选择寄存器 PWMCKS。

PWMCKS 的地址为 FFF2H（XSFR），初始值为 xxx0 0000B，其各位的定义如表 14.11 所示。

表 14.11 PWMCKS 各位的定义

位号	B7	B6	B5	B4	B3	B2	B1	B0
位名称	—	—	—	SELT2	PS[3:0]			

① SELT2：PWM 时钟源选择位。

(SELT2)=0：PWM 时钟源为系统时钟经分频器分频之后的时钟。

(SELT2)=1：PWM 时钟源为定时/计数器 T2 的溢出脉冲。

② PS[3:0]：系统时钟预分频参数。当(SELT2)=0 时，PWM 时钟为系统时钟/(PS[3:0]+1)。

（9）用于 PWM 波形翻转的定时/计数器 T1 和 T2。

当 PWM 计数器的计数值与 T1 和 T2 设定的值相匹配时，PWM 的输出波形将发生翻转。

① PWM*n* 的第一次翻转定时/计数器 T1 的高字节 PWM*n*T1H（*n*=2~7）的地址如表 14.17 所示，初始值为 x000 0000B，其各位的定义如表 14.12 所示。

表 14.12 PWM*n*T1H（*n*=2～7）各位的定义

位号	B7	B6	B5	B4	B3	B2	B1	B0
位名称	—	PWM*n*T1H[14:8]						

② PWM*n* 的第一次翻转定时/计数器 T1 的低字节 PWM*n*T1L（*n*=2~7）的地址如表 14.17 所示，初始值为 0000 0000B，其各位的定义如表 14.13 所示。

表 14.13　PWM*n*T1L（*n*=2～7）各位的定义

位号	B7	B6	B5	B4	B3	B2	B1	B0
位名称	PWM*n*T1L[7:0]							

③ PWM*n* 的第二次翻转定时/计数器 T2 的高字节 PWM*n*T2H（*n*=2~7）的地址如表 14.17 所示，初始值为 x000 0000B，其各位的定义如表 14.14 所示。

表 14.14　PWM*n*T2H（*n*=2～7）各位的定义

位号	B7	B6	B5	B4	B3	B2	B1	B0
位名称	—	PWM2T2H[14:8]						

④ PWM*n* 的第二次翻转定时/计数器 T2 的低字节 PWM*n*T2L（*n*=2~7）的地址如表 14.17 所示，初始值为 0000 0000B，其各位的定义如表 14.15 所示。

表 14.15　PWM*n*T2L（*n*=2～7）各位的定义

位号	B7	B6	B5	B4	B3	B2	B1	B0
位名称	PWM*n*T2L[7:0]							

（10）PWM*n* 的控制寄存器 PWM*n*CR。

PWM*n*CR 的地址如表 14.17 所示，它的初始值为 xxxx0000B，其各位的定义如表 14.16 所示。

表 14.16　PWM*n*CR 各位的定义

位号	B7	B6	B5	B4	B3	B2	B1	B0
位名称	—	—	—	—	PWM*n*_PS	EPWM*n*I	EC*n*T2SI	EC*n*T1SI

① PWM*n*_PS：PWM*n* 输出引脚选择位。

(PWM*n*_PS)=0：PWM*n* 的输出引脚为第 1 组 PWM*n*。

(PWM*n*_PS)=1：PWM*n* 的输出引脚为第 2 组 PWM*n*_2。

② EPWM*n*I：PWM*n* 中断使能控制位。

(EPWM*n*I)=0：关闭 PWM*n* 中断。

(EPWM*n*I)=1：使能 PWM*n* 中断，当 C*n*IF 被硬件置 1 时，程序将跳转到相应中断入口执行中断服务程序。

③ EC*n*T2SI：PWM*n* 的 T2 匹配发生波形翻转时的中断控制位。

(EC*n*T2SI)=0：关闭 T2 翻转时中断。

(EC*n*T2SI)=1：使能 T2 翻转时中断，当 PWM 计数器的计数值与 T2 设定的值相匹配时，PWM 的波形发生翻转，同时硬件将 C*n*IF 置 1，若此时(EPWM*n*I)=1，则程序将跳转到相应中断入口执行中断服务程序。

④ EC*n*T1SI：PWM*n* 的 T1 匹配发生波形翻转时的中断控制位。

(EC*n*T1SI)=0：关闭 T1 翻转时中断。

(EC*n*T1SI)=1：使能 T1 翻转时中断，当 PWM 计数器的计数值与 T1 设定的值相匹配时，PWM 的波形发生翻转，同时硬件将 C*n*IF 置 1，若此时(EPWM*n*I)=1，则程序将跳转到相应中断入口执行中断服务程序。

PWM*n* 和 PWM*n*CR（*n*=2~7）的地址如表 14.17 所示。

表 14.17　PWM*n* 和 PWM*n*CR（*n*=2～7）的地址

地址		PWM2	PWM3	PWM4	PWM5	PWM6	PWM7
T1	高字节	FF00H	FF10H	FF20H	FF30H	FF40H	FF50H
	低字节	FF01H	FF11H	FF21H	FF31H	FF41H	FF51H
T2	高字节	FF02H	FF12H	FF22H	FF32H	FF42H	FF52H
	低字节	FF03H	FF13H	FF23H	FF33H	FF43H	FF53H
PWM*n*CR		FF04H	FF14H	FF24H	FF34H	FF44H	FF54H

（11）PWM 中断优先级控制寄存器 IP2。

IP2 的地址为 B5H，复位值为 0000 0000B，其各个中断源均为低优先级中断。IP2 不可位寻址，只能用字节操作指令更新相关内容，其各位的定义如表 14.18 所示。

表 14.18　IP2 各位的定义

位号	B7	B6	B5	B4	B3	B2	B1	B0
位名称	—	—	—	PX4	PPWMFD	PPWM	PSPI	PS2

① PPWMFD：PWM 异常检测中断优先级控制位。

(PPWMFD)=0：PWM 异常检测中断为最低优先级中断（优先级 0）。

(PPWMFD)=1：PWM 异常检测中断为最高优先级中断（优先级 1）。

② PPWM：PWM 中断优先级控制位。

(PPWM)=0：PWM 中断为最低优先级中断（优先级 0）。

(PPWM)=1：PWM 中断为最高优先级中断（优先级 1）。

14.2.2　增强型 PWM 模块的应用编程

STC15W4K32S4 单片机内部共有 6 路增强型 PWM 波形发生器，每路增强型 PWM 波形发生器的结构一样，都包含两个 15 位的用于对 PWM 波形进行翻转的定时/计数器 T1 和 T2。当 PWM 计数器的计数值与某个定时/计数器的值相等时，就对对应的 I/O 引脚取反，从而对 PWM 波形占空比进行控制，进而实现翻转 PWM 波形。

PWM 计数器一旦运行，就会从 0 开始在每个 PWM 时钟到来时加 1，其值线性上升，当计数到与[PWMCH,PWMCL]相等时，PWM 计数器归 0，并产生中断，称为归零中断。

根据 STC15W4K32S4 单片机增强型 PWM 模块的特性，任意一路增强型 PWM 波形发生器都能够实现占空比和频率实时调整的 PWM 波形输出，任意两路增强型 PWM 波形发生器配合都能够实现互补对称输出及死区控制等应用。

1．增强型 PWM 模块输出 PWM 波形应用

例 14.2　利用 STC15W4K32S4 单片机增强型 PWM 模块，生成一个重复的 PWM 波形，增强型 PWM 波形发生器的时钟频率为系统时钟频率，波形由通道 7（P1.7）输出。设置 2 个按键分别控制占空比的加和减，占空比初始值为 50%。设置 2 个按键分别控制频率的加和减，系统晶振频率为 24.0MHz。

解 由于 STC15W4K32S4 单片机增强型 PWM 模块的特殊功能寄存器位于扩展 RAM 区，因此在对增强型 PWM 模块进行操作设置时，必须先将 P_SW2 的 EAXSFR 置为 1。

C 语言源程序代码如下。

```
#include "stc15.h"                    //包含支持 STC15 系列单片机头文件
#define   EAXSFR()     P_SW2 |=  0x80
                /* MOVX A,@DPTR/MOVX @DPTR,A 指令的操作对象为扩展 SFR(XSFR) */
#define   EAXRAM()     P_SW2 &=~0x80
                /* MOVX A,@DPTR/MOVX @DPTR,A 指令的操作对象为扩展 RAM(XRAM) */
sbit SW17 =  P3^2;                    //按键占空比+
sbit SW18 =  P3^3;                    //按键占空比-
sbit key24 =  P2^4;                   //按键频率+
sbit key25 =  P2^5;                   //按键频率-
void Delay(unsigned  int x)           //延时
{
    for(;x>0;x--);
}
void FlashDuty(unsigned int Duty)     //刷新占空比
{
    EAXSFR();                         // 先将 P_SW2 的 BIT7 设置为 1，访问 XFR
    PWM7T2H=(Duty) / 256;             // 第二个翻转计数高字节
    PWM7T2L=(Duty) % 256;             // 第二个翻转计数低字节
    EAXRAM();                         // 恢复访问 XRAM
}
void FlashFreq(unsigned int Freq)     //刷新频率
{
    EAXSFR();                         // 先将 P_SW2 的 BIT7 设置为 1，访问 XFR
    PWMCH = Freq / 256;               // PWM 计数器的高字节，PWM 的周期
    PWMCL = Freq % 256;               // PWM 计数器的低字节
    EAXRAM();                         // 恢复访问 XRAM
}
void main(void)  //主程序
{
    unsigned int Duty=600;        //初始化 PWM 占空比 50%
    unsigned int Freq = 1200;
    EAXSFR();                     // 先将 P_SW2 的 BIT7 设置为 1，访问 XFR
    PWM7T1H=0;                    // 第一个翻转计数高字节
    PWM7T1L=0;                    // 第一个翻转计数低字节
    PWM7T2H = Duty / 256;         // 第二个翻转计数高字节
    PWM7T2L = Duty % 256;         // 第二个翻转计数低字节
    PWM7CR= 0;                    // PWM7 输出选择 P1.7，无中断
    PWMCR   |=   0x20;  // 相应PWM 通道的端口为PWM 输出端口，由增强型PWM 波形发生器控制
//  PWMCFG &=~0x20;               // 设置 PWM 输出端口的初始电平为 0
```

```
        PWMCFG |=   0x20;             // 设置 PWM 输出端口的初始电平为 1
        P17 = 1;                      // 设置 P1.7 初始电平为 1
        P1M1 &=~(1<<7);               // 设置 P1.7 强推挽输出
        P1M0 |=   (1<<7);             // 设置 P1.7 强推挽输出

        PWMCH = Freq / 256;           // PWM 计数器的高字节，PWM 的周期
        PWMCL = Freq % 256;           // PWM 计数器的低字节
        PWMCKS= 0;                    // PWMCKS，PWM 时钟选择 PwmClk_1T
        EAXRAM();                     // 恢复访问 XRAM

        PWMCR |= 0x80;                // 使能增强型 PWM 波形发生器，PWM 计数器开始计数
        PWMCR &=~0x40;                // 禁止 PWM 计数器归零中断
//      PWMCR |=   0x40;              // 允许 PWM 计数器归零中断
        while (1)
        {
            if(SW17==0)                                //按键
            {
                Delay(100);
                if(SW17==0)
                {
                    Duty=Duty-10;                      //改变 PWM 占空比
                    if(Duty<1) { Duty=1;  }            //取值范围
                    FlashDuty(Duty);                   //刷新占空比
                    while(SW17==0);                    //等待按键松开
                }
            }
            if(SW18==0)                                //按键
            {
                Delay(100);
                if(SW18==0)
                {
                    Duty=Duty+10;                      //改变 PWM 占空比
                    if(Duty>=Freq)   {Duty=Freq;}      //取值范围
                    FlashDuty(Duty);                   //刷新占空比
                    while(SW18==0);                    //等待按键松开
                }
            }
            if(key24==0)                               //按键
            {
                Delay(100);
                if(key24==0)
                {
                    Freq=Freq-10;                      //改变 PWM 频率
                    if(Freq<Duty) { Freq=Duty;}        //取值范围
                    FlashFreq(Freq);                   //刷新频率
                    while(key24==0);                   //等待按键松开
```

```
            }
        }
        if(key25==0)                            //按键
        {
            Delay(100);
            if(key25==0)
            {
                Freq=Freq+10;                   //改变 PWM 频率
                if(Freq>=32767) {Freq=32767;}   //取值范围
                FlashFreq(Freq);                //刷新频率
                while(key25==0);                //等待按键松开
            }
        }
    }//while
}//main
```

题目小结：改变 PWMCH、PWMCL 和增强型 PWM 波形发生器的时钟频率就可以改变输出 PWM 波形的频率和周期；改变两个用于控制波形翻转的定时/计数器 T1 和 T2 的值，PWM 的输出波形将发生翻转，从而可以改变输出 PWM 波形的占空比。

2．增强型 PWM 模块互补对称输出及死区控制应用

例 14.3 利用 STC15W4K32S4 单片机 2 个增强型 PWM 波形发生器，生成两个互补对称输出的 PWM 波形。假设晶振频率为 24.0MHz，增强型 PWM 波形发生器的时钟频率为系统时钟频率，PWM 周期为 2400，死区有 12 个时钟（0.5μs），正弦波表用 200 点，则输出正弦波频率=24000000/2400/200=50Hz。波形由 PWM6（P1.6）输出正向脉冲，由 PWM7（P1.7）输出反向脉冲，两个脉冲互补对称，频率相同。

解 本例周期设置为 2400，也就是 PWM 计数器从 0 计到 2399，下一个时钟就归零。假设(PWM6T1)=65，(PWM6T2)=800，(PWM7T1)=53，(PWM7T2)=812，并且 PWM6 输出引脚 P1.6 初始状态为低电平，PWM7 输出引脚 P1.7 初始状态为高电平，当(PWM7T1)=53 时，P1.7 引脚输出电平由高变低，当(PWM6T1)=65 时，P1.6 引脚输出电平由低变高，当(PWM6T2)=800 时，P1.6 引脚输出电平由高变低，当(PWM7T2)=812 时，P1.7 引脚输出电平由低变高。

C 语言源程序代码如下。

```
#include "stc15.h"                  //包含支持 STC15 系列单片机头文件
unsigned char   PWM_Index;          //SPWM 查表索引
#define    PWM_DeadZone       12    /* 死区时钟数，6～24 */
#define    EAXSFR()        P_SW2 |=  0x80
                    /* MOVX A,@DPTR/MOVX @DPTR,A 指令的操作对象为扩展 SFR(XSFR) */
#define    EAXRAM()        P_SW2 &=～0x80
                    /* MOVX A,@DPTR/MOVX @DPTR,A 指令的操作对象为扩展 RAM(XRAM) */
unsigned int code T_SinTable[]={
1220,  1256,  1292,  1328,  1364,  1400,  1435,  1471,  1506,  1541,
1575,  1610,  1643,  1677,  1710,  1742,  1774,  1805,  1836,  1866,
1896,  1925,  1953,  1981,  2007,  2033,  2058,  2083,  2106,  2129,
```

```
2150,  2171,  2191,  2210,  2228,  2245,  2261,  2275,  2289,  2302,
2314,  2324,  2334,  2342,  2350,  2356,  2361,  2365,  2368,  2369,
2370,  2369,  2368,  2365,  2361,  2356,  2350,  2342,  2334,  2324,
2314,  2302,  2289,  2275,  2261,  2245,  2228,  2210,  2191,  2171,
2150,  2129,  2106,  2083,  2058,  2033,  2007,  1981,  1953,  1925,
1896,  1866,  1836,  1805,  1774,  1742,  1710,  1677,  1643,  1610,
1575,  1541,  1506,  1471,  1435,  1400,  1364,  1328,  1292,  1256,
1220,  1184,  1148,  1112,  1076,  1040,  1005,   969,   934,   899,
865,   830,   797,   763,   730,   698,   666,   635,   604,   574,
544,   515,   487,   459,   433,   407,   382,   357,   334,   311,
290,   269,   249,   230,   212,   195,   179,   165,   151,   138,
126,   116,   106,    98,    90,    84,    79,    75,    72,    71,
70,     71,    72,    75,    79,    84,    90,    98,   106,   116,
126,   138,   151,   165,   179,   195,   212,   230,   249,   269,
290,   311,   334,   357,   382,   407,   433,   459,   487,   515,
544,   574,   604,   635,   666,   698,   730,   763,   797,   830,
865,   899,   934,   969,  1005,  1040,  1076,  1112,  1148,  1184,
};

void main(void)   //主程序
{
      EAXSFR();                        //先将 P_SW2 中的 BIT7 设置为 1，访问 XFR
      PWM6T1H = 0;                     // PWM6 第一个翻转计数高字节
      PWM6T1L = 65;                    // PWM6 第一个翻转计数低字节
      PWM6T2H = 1220 / 256;            // PWM6 第二个翻转计数高字节
      PWM6T2L = 1220 % 256;            // PWM6 第二个翻转计数低字节
      PWM6CR = 0;                      // PWM6 输出选择 P1.6，无中断
      PWMCR  |=  0x10;    // 相应PWM 通道的端口为PWM 输出端口，由增强型 PWM 波形发生器控制
      PWMCFG &=~0x10;                  // 设置 PWM 输出端口的初始电平为 0
//    PWMCFG |=   0x10;                // 设置 PWM 输出端口的初始电平为 1
      P16 = 0;                         // 设置 P1.6 初始电平为 0
      P1M1 &=~(1<<6);                  // 设置 P1.6 强推挽输出
      P1M0 |=   (1<<6);                // 设置 P1.6 强推挽输出
      PWM7T1H=0;                                  // PWM7 第一个翻转计数高字节
      PWM7T1L=65-PWM_DeadZone;                    // PWM7 第一个翻转计数低字节
      PWM7T2H=(1220+PWM_DeadZone) / 256;  // PWM7 第二个翻转计数高字节
      PWM7T2L=(1220+PWM_DeadZone) % 256;// PWM7 第二个翻转计数低字节
      PWM7CR= 0;                       // PWM7 输出选择 P1.7，无中断
      PWMCR  |=  0x20;    // 相应PWM 通道的端口为PWM 输出端口，由增强型 PWM 波形发生器控制
//    PWMCFG &=~0x20;                  // 设置 PWM 输出端口的初始电平为 0
      PWMCFG |=   0x20;                // 设置 PWM 输出端口的初始电平为 1
      P17 = 1;                         // 设置 P1.7 初始电平为 0
      P1M1 &=~(1<<7);                  // 设置 P1.7 强推挽输出
      P1M0 |=   (1<<7);                // 设置 P1.7 强推挽输出
      PWMCH = 2400 / 256;              // PWM 计数器的高字节，PWM 的周期
      PWMCL = 2400 % 256;              // PWM 计数器的低字节
```

```
        PWMCKS= 0;                      // PWMCKS，PWM 时钟选择 PwmClk_1T
        EAXRAM();                       // 恢复访问 XRAM
        PWMCR |= 0x80;                  // 使能增强型 PWM 波形发生器，PWM 计数器开始计数
//      PWMCR &=~0x40;                  // 禁止 PWM 计数器归零中断
        PWMCR |=   0x40;                // 允许 PWM 计数器归零中断
        EA = 1;                         // 开总中断
        while (1)
        {
        }
}

void PWM_int (void) interrupt 22            //PWM 中断函数
{
        unsigned int        j;
        unsigned char       SW2_tmp;
        if(PWMIF & 0x40)                    //PWM 计数器归零中断标志
        {
                PWMIF &=~0x40;                              //清除中断标志
                SW2_tmp = P_SW2;                            //保存 SW2 设置
                EAXSFR();                                   //访问 XFR
                j = T_SinTable[PWM_Index];
                PWM6T2H = (unsigned char)(j >> 8);          //PWM6 第二个翻转计数高字节
                PWM6T2L = (unsigned char)j;                 //PWM6 第二个翻转计数低字节
                j += PWM_DeadZone;                          //死区
                PWM7T2H = (unsigned char)(j >> 8);          //PWM7 第二个翻转计数高字节
                PWM7T2L = (unsigned char)j;                 //PWM7 第二个翻转计数低字节
                P_SW2 = SW2_tmp;                            //恢复 SW2 设置
                if(++PWM_Index >= 200)   PWM_Index = 0;
        }
}
```

题目小结：直接用示波器观察，会看到比较凌乱的 PWM 波形，这是因为 PWM 波形一直在变化。测试时使用数字示波器进行波形观察，按下 Run/Stop 按钮让示波器处于某一时刻的波形，这样可以清楚观察到两路互补对称的 PWM 波形，并且两路 PWM 波形高低电平转换接近位置相差 12 个时钟数。

两路 PWM 波形信号通过由 1kΩ 电阻和 1μF 电容组成的 RC 低通滤波器之后，就得到两个反相的正弦波。本例使用 24MHz 时钟，PWM 时钟为 1T 模式，PWM 周期为 2400，正弦采样为 200 点，则输出正弦波频率 ＝24000000/2400/200=50Hz。

本 章 小 结

STC15W4K32S4 单片机集成了串行外部设备接口，即 SPI 接口。SPI 接口既可以和其他微处理器通信，也可以与具有 SPI 兼容接口的元器件（如存储器、A/D 转换器、D/A 转换器、LED 驱动器或 LCD 驱动器等）进行同步通信。SPI 接口有两种工作模式：主机模式和从机模式。在主机模式下，支持高达 3Mbit/s 的速率；

在从机模式下，速率无法太快，频率在 $f_{SYS}/4$ 以内较好。此外，SPI 接口还具有传输完成标志位和写冲突标志位保护功能。

STC15W4K32S4 单片机的 SPI 接口共有 3 种通信方式：单主单从方式、互为主从方式、单主多从方式，主要用于 2 片或多片单片机之间数据的传输。

STC15W4K32S4 单片机集成有 6 路带死区控制的增强型 PWM 波形发生器，每路增强型 PWM 波形发生器都有两个用于控制波形翻转的定时/计数器 T1 和 T2，可以非常灵活地控制 PWM 输出波形的占空比及频率，并且每路 PWM 的初始状态高低电平可以进行设定，任意 2 路增强型 PWM 波形发生器配合起来使用实现互补对称输出及死区控制等特殊应用。

习　题

一、填空题

1．SPI 接口是一种________的高速同步通信总线。STC15W4K32S4 系列单片机集成的 SPI 接口提供了两种工作模式：主机模式和________。

2．与 STC15W4K32S4 单片机的 SPI 接口有关的特殊功能寄存器有 SPSTAT、SPCTL 和 SPDAT，SPSTAT 是________寄存器，SPCTL 是________寄存器，SPDAT 是________寄存器。

3．SPI 接口的通信方式通常有 3 种：单主单从方式、互为主从方式和________。

4．SPI 中断的中断向量地址是________，中断号是________。

5．STC15W4K32S4 单片机增强型 PWM 波形发生器有________路。

6．当 P_SW2 中 EAXSFR 为________时，访问的特殊功能寄存器是基本特殊功能寄存器；当 P_SW2 中 EAXSFR 为________时，访问的特殊功能寄存器是扩展特殊功能寄存器。

7．每路增强型 PWM 波形发生器都有两个用于控制波形翻转的定时/计数器________和________，可以非常灵活地设置每路 PWM 的高低电平。

8．PWM 时钟源的选择控制位是 PWMCKS 中的 SELT2，当 SELT2 为____时，PWM 时钟源是定时/计数器 T2 的溢出时钟；当 SELT2 为________时，PWM 时钟源是系统时钟经分频器分频之后的时钟。

二、选择题

1．SPI 接口的使能控制位是____。

A．$\overline{SS}$　　B．SSIG　　C．SPEN　　D．MSTR

2．SPI 接口主机模式的设置是置位____。

A．$\overline{SS}$　　B．SSIG　　C．SPEN　　D．MSTR

3．SPI 数据传输的缓冲情况是____。

A．发送时为单缓冲、接收时为双缓冲　　B．发送时为双缓冲、接收时为单缓冲

C．发送、接收时都为单缓冲　　D．发送、接收时都为双缓冲

4．当单片机时钟频率为 12MHz 时，PWMCKS 的 SELT2 为 0、PS[3:0]为 0011 时，PWM 时钟频率为_____。

A．2MHz　　B．3MHz　　C．4MHz　　D．6MHz

5．PWM 中断是由_____个中断源构成的。

A．9　　B．5　　C．6　　D．8

6．PWM 计数器是一个____位计数器。

A．8　　B．9　　C．15　　D．16

7．PWM 中断的中断号是_____。

A．21　　B．22　　C．23　　D．24

三、判断题

1．SPI 接口工作在主机模式、从机模式时都支持高达 3Mbit/s 的速率。（　　）

2．任何 SPI 控制寄存器的改变都将复位 SPI 接口，并清除相关寄存器。（　　）

3．SPI 接口由 MOSI、MISO、SCLK 和 $\overline{SS}$ 这 4 根信号线构成，在任何模式下，都必须用到这 4 根信号线。（　　）

4．SCLK 是 SPI 时钟信号线，SPI 时钟信号由主元器件提供。（　　）

5．$\overline{SS}$ 信号是从机选择信号，主元器件用它来选择处于从模式的 SPI 模块。（　　）

6．SPI 接口中断的中断优先级是固定的最低中断优先级。（　　）

7．当增强型 PWM 波形发生器内部计数值与 PWM*n* 通道 T2 计数器设置值相匹配时，PWM*n* 波形发生器发生反转，同时将 CnIF 置 1，并引发中断。（　　）

8．PWM 计数器归零时，一定会产生归零中断。（　　）

9．PWM 中断内含 9 个中断源。（　　）

10．PWM 通道输出的初始电平为低电平。（　　）

四、问答题

1．STC15W4K32S4 单片机的 SPI 接口的数据通信有哪几种工作方式？简述这几种工作方式的异同点。

2．简述 STC15W4K32S4 单片机的 SPI 接口的数据通信过程。

3．如何设置 PWM 通道输出的初始电平？

4．如何设置 PWM 输出的占空比？

5．如何选择 PWM 时钟？如何设置 PWM 周期？

6．何为 PWM 死区控制？如何设置死区时间？

7．PWM 异常检测中断指的是什么？

五、设计题

1．设计一个 1 主机 4 从机的 SPI 接口系统。主机从 4 路模拟信号输入通道输入数据，实现定时巡回检测，并将 4 路检测数据分别送至 4 个从机，从 P2 口输出，用 LED 显示检测数据。要求画出电路原理图，并编写程序。

2．利用 STC15W4K32S4 单片机增强型 PWM 模块如何实现对 LED 亮暗的控制？编写程序实现。

3．利用 STC15W4K32S4 单片机的 3 路增强型 PWM 波形发生器对 RGB 全彩 LED 进行控制，3 路增强型 PWM 波形发生器可独立控制实现任意颜色的混合发光效果。编写程序实现。

4．利用 STC15W4K32S4 单片机增强型 PWM 模块实现三相 SPWM，三相相位差为 120°。编写程序实现波形的输出。

第 15 章　STC8 系列单片机简介

STC8 系列单片机是目前 STC 单片机最为先进的产品，又分为 STC8A8K××S4A12、STC8F8K××S4A12 及 STC8F2K××S4 3 个子系列，具体介绍如下。

15.1　STC8A8K××S4A12 系列单片机

15.1.1　特性

1．内核

- 超快速 8051 内核（1T）。
- 指令完全兼容传统 8051 内核。
- 具有 22 个中断源，4 级中断优先级。
- 支持在线仿真。

2．电源

- 工作电压：2.0～5.5V。
- 内建 LDO。
- 电源管理：空闲模式、掉电模式（停机模式）。

3．工作温度

- -40～+85℃。

4．Flash 存储器

- 具有最大存储容量为 63.5 千字节的 Flash 空间，用于存储用户代码。
- 支持用户配置 EEPROM 大小，512 字节单页擦除，擦写次数可达 10 万次。
- 支持在系统编程方式（ISP）更新用户应用程序，无须专用编程器。
- 支持单芯片仿真，无须专用仿真器，理论断点个数无限制。

5．SRAM

- 128 字节内部直接访问 RAM（DATA，低 128 字节）。
- 128 字节内部间接访问 RAM（IDATA，高 128 字节）。
- 8192 字节内部扩展 RAM（XDATA，内部）。
- 外部最大可扩展 64 千字节 RAM（XDATA，外部）。

6．时钟控制

- 内部 24MHz 高精度 IRC：±0.3%误差，±1%温漂（-40～+85℃），±0.6%温漂（常温下）。
- 内部 32kHz 低速 IRC，误差较大。
- 外部时钟（频率为 4～333MHz）

7．复位

- 上电复位：内部高可靠复位，ISP 编程时 4 级复位门槛电压可选，可彻底省掉外围复位电路。
- 复位引脚复位。
- 看门狗定时器溢出复位。
- 低压检测复位。
- 软件复位。

8．中断

- 提供 22 个中断源：INT0、INT1、/INT2、/INT3、/INT4、T0、T1、T2、T3、T4、串行通信端口 1、串行通信端口 2、串行通信端口 3、串行通信端口 4、A/D 转换、LVD 低压检测、PCA 模块、SPI 接口、I^2C 总线接口、比较器、增强型 PWM 模块、增强型 PWM 异常检测。
- 提供 4 级中断优先级

9．数字接口

- 5 个 16 位可重装载初始值的定时/计数器（T0、T1、T2、T3、T4），其中定时/计数器 T0 的工作模式 3 具有 NMI（不可屏蔽中断）。
- 4 个高速全双工异步串行通信端口（串行通信端口 1、串行通信端口 2、串行通信端口 3、串行通信端口 4）。
- 4 通道 16 位 PCA 模块（CCP0、CCP1、CCP2、CCP3），可用于捕获、高速脉冲输出，以及进行 6/7/8 位的 PWM 输出。
- 8 组 15 位增强型 PWM，可实现带死区的控制，并支持外部异常检测功能。
- 高速 SPI 接口，支持主机模式、从机模式，以及主机/从机自动切换模式。
- I^2C 总线接口，支持主机模式和从机模式。

10．模拟接口

- A/D 转换器，支持 12 位 16 通道的 A/D 转换。
- 比较器，可当 1 路 A/D 转换器使用，可用于掉电检测。

11．GPIO

- 最多可达 59 个 GPIO：P0.0～P0.7、P1.0～P1.7、P2.0～P2.7、P3.0～P3.7、P4.0～P4.4、P5.0～P5.5、P6.0～P6.7、P7.0～P7.7。

● 所有 GIO 均支持 4 种工作模式：准双向口模式、强推挽输出模式、开漏输出模式、高阻输入模式。

15.1.2 STC8A8K××S4A12 系列单片机机型一览表

STC8A8K××S4A12 系列单片机各机型的不同点主要在于程序存储器与可配置 EEPROM 容量的不同，具体情况如表 15.1 所示。

表 15.1 STC8A8K××S4A12 系列单片机机型一览表

型号	程序存储器	数据存储器 SRAM	复位门槛电压	I/O 口数量（最大）	16 路 A/D 转换模块	I^2C 总线接口	程序加密后传输（防拦截）	可设程序更新指令	支持 RS485 下载	支持 USB 下载	封装类型
STC8A8K64S4A12	64 字节	8 字节	4 级	59	12 位	有	有	是	是	是	LQFP64S LQFP48 LQFP44
STC8A8K32S4A12	32 字节	8 字节	4 级	59	12 位	有	有	是	是	是	
STC8A8K16S4A12	16 字节	8 字节	4 级	59	12 位	有	有	是	是	是	

15.2 STC8F8K××S4A12 系列单片机

15.2.1 特性

1. 内核

● 超快速 8051 内核（1T）。
● 指令完全兼容传统 8051 内核。
● 22 个中断源，4 级中断优先级。
● 支持在线仿真。

2. 电源

● 工作电压：2.0～5.5V。
● 内建 LDO。
● 电源管理：空闲模式、掉电模式（停机模式）。

3. 工作温度

-40～85℃。

4. Flash 存储器

● 最大 63.5 千字节 Flash 空间，用于存储用户程序。
● 支持用户配置 EEPROM 大小，512 字节单页擦除，擦写次数可达 10 万次。

- 支持在系统编程方式（ISP）更新用户应用程序，无须专用编程器。
- 支持单芯片仿真，无须专用仿真器，理论断点个数无限制。

5．SRAM

- 128 字节内部直接访问 RAM（DATA，低 128 字节）。
- 128 字节内部间接访问 RAM（IDATA，高 128 字节）。
- 8192 字节内部扩展 RAM（XDATA，内部）。
- 外部最大可扩展 64 千字节 RAM（XDATA，外部）。

6．时钟控制

- 内部 24MHz 高精度 IRC：误差±0.3%，±1%温漂（-40～85℃），±0.6%温漂（常温下）。
- 内部 32kHz 低速 IRC，误差较大。
- 外部时钟（4MHz～333MHz）。

7．复位

- 上电复位：内部高可靠复位，ISP 编程时 4 级复位门槛电压可选，可彻底省掉外围复位电路。
- 复位引脚复位。
- 看门狗溢出复位。
- 低压检测复位。
- 软件复位。

8．中断

- 提供 22 个中断源：INT0、INT1、/INT2、/INT3、/INT4、T0、T1、T2、T3、T4、串行通信端口 1、串行通信端口 2、串行通信端口 3、串行通信端口 4、A/D 转换、LVD 低压检测、PCA 模块、SPI 接口、I^2C 总线接口、比较器、增强型 PWM 模块、增强型 PWM 异常检测。
- 提供 4 级中断优先级。

9．数字接口

- 5 个 16 位可重装载初始值的定时/计数器（T0、T1、T2、T3、T4），其中定时/计数器 T0 的工作模式 3 具有 NMI（不可屏蔽中断）功能。
- 4 个高速全双工异步串行通信端口（串行通信端口 1、串行通信端口 2、串行通信端口 3、串行通信端口 4）。
- 4 通道 16 位 PCA 模块（CCP0、CCP1、CCP2、CCP3），可用于捕获、高速脉冲输出，以及进行 6/7/8 位的 PWM 输出。
- 8 组 15 位增强型 PWM，可实现带死区的控制，并支持外部异常检测功能。
- 高速 SPI 接口，支持主机模式、从机模式，以及主机/从机自动切换模式。

● I^2C 总线接口，支持主机模式和从机模式。

10．模拟接口

● A/D 转换器，支持 12 位 16 通道的 A/D 转换。
● 比较器，可当 1 路 A/D 转换器使用，可用于掉电检测。

11．GPIO

● 最多可达 62 个 GPIO：P0.0～P0.7、P1.0～P1.7、P2.0～P2.7、P3.0～P3.7、P4.0～P4.7、P5.0～P5.5、P6.0～P6.7、P7.0～P7.7。
● 所有 GIO 均支持 4 种工作模式：准双向口模式、强推挽输出模式、开漏输出模式、高阻输入模式。

15.2.2 STC8F8K××S4A12 系列单片机机型一览表

STC8F8K××S4A12 系列单片机各机型的不同点主要在于程序存储器与可配置 EEPROM 容量的不同，具体情况如表 15.2 所示。

表 15.2　STC8F8K××S4A12 系列单片机机型一览表

型号	程序存储器	数据存储器 SRAM	复位门槛电压	I/O 口数量（最大）	16 路 A/D 转换模块	I^2C 总线接口	程序加密后传输（防拦截）	可设程序更新指令	支持 RS485 下载	支持 USB 下载	封装类型
STC8F8K64S4A12	64 字节	8 字节	4 级	62	12 位	有	有	是	是	是	LQFP32
STC8F8K32S4A12	32 字节	8 字节	4 级	62	12 位	有	有	是	是	是	
STC8F8K16S4A12	16 字节	8 字节	4 级	62	12 位	有	有	是	是	是	

15.3 STC8F2K××S4 系列单片机

15.3.1 特性

1．内核

● 超快速 8051 内核（1T）。
● 指令完全兼容传统 8051 内核。
● 19 个中断源，4 级中断优先级。
● 支持在线仿真。

2．电源

● 工作电压：2.0～5.5V。
● 内建 LDO。

- 电源管理：空闲模式、掉电模式（停机模式）。

3. 工作温度

- -40～85℃。

4. Flash 存储器

- 最大存储容量为 63.5 千字节的 Flash 空间，用于存储用户程序。
- 支持用户配置 EEPROM 大小，512 字节单页擦除，擦写次数可达 10 万次。
- 支持在系统编程方式（ISP）更新用户应用程序，无须专用编程器。
- 支持单芯片仿真，无须专用仿真器，理论断点个数无限制。

5. SRAM

- 128 字节内部直接访问 RAM（DATA，低 128 字节）。
- 128 字节内部间接访问 RAM（IDATA，高 128 字节）。
- 8192 字节内部扩展 RAM（XDATA，内部）。
- 外部最大可扩展 64 千字节 RAM（XDATA，外部）。

6. 时钟控制

- 内部 24MHz 高精度 IRC：±0.3%误差，±1%温漂（-40～85℃），±0.6%温漂（常温下）。
- 内部 32kHz 低速 IRC，误差较大。
- 外部时钟（4～333MHz）。

7. 复位

- 上电复位：内部高可靠复位，ISP 编程时 4 级复位门槛电压可选，可彻底省掉外围复位电路。
- 复位引脚复位。
- 看门狗溢出复位。
- 低压检测复位。
- 软件复位。

8. 中断

- 提供 19 个中断源：INT0、INT1、/INT2、/INT3、/INT4、T0、T1、T2、T3、T4、串行通信端口 1、串行通信端口 2、串行通信端口 3、串行通信端口 4、LVD 低压检测、PCA 模块、SPI 接口、I^2C 总线接口、比较器。
- 提供 4 级中断优先级。

9. 数字接口

- 5 个 16 位可重装载初始值的定时/计数器（T0、T1、T2、T3、T4），其中定时/计数器

T0 的工作模式 3 具有 NMI（不可屏蔽中断）功能。

- 4 个高速全双工异步串行通信端口（串行通信端口 1、串行通信端口 2、串行通信端口 3、串行通信端口 4）。
- 4 通道 16 位 PCA 模块（CCP0、CCP1、CCP2、CCP3），可用于捕获、高速脉冲输出，以及进行 6/7/8 位的 PWM 输出。（A、B 版有此功能，C 版无此功能）
- 高速 SPI 接口，支持主机模式、从机模式，以及主机/从机自动切换模式。
- I^2C 总线接口，支持主机模式和从机模式。

10．模拟接口

- 比较器，可当 1 路 A/D 转换器使用，可用于掉电检测。

11．GPIO

- 最多可达 42 个 GPIO：P0.0～P0.7、P1.0～P1.7、P2.0～P2.7、P3.0～P3.7、P4.0～P4.7、P5.4～P5.5。
- 所有 GIO 均支持 4 种工作模式：准双向口模式、强推挽输出模式、开漏输出模式、高阻输入模式。

15.3.2 STC8F2K××S4 系列单片机机型一览表

STC8F2K××S4 系列单片机各机型的不同点主要在于程序存储器与可配置 EEPROM 容量的不同，具体情况如表 15.3 所示。

表 15.3 STC8F2K××S4 系列单片机机型一览表

型号	程序存储器	数据存储器SRAM	复位门槛电压	I/O口数量（最大）	16路A/D转换模块	I^2C总线接口	程序加密后传输（防拦截）	可设程序更新指令	支持RS485下载	支持USB下载	封装类型
STC8F2K64S4	64 字节	2 字节	4 级	42	无	有	有	是	是	是	LQFP32 LQFP44
STC8F2K32S4	32 字节	2 字节	4 级	42	无	有	有	是	是	是	
STC8F2K16S4	16 字节	2 字节	4 级	42	无	有	有	是	是	是	

本 章 小 结

STC15 系列单片机是 STC 最近推出的新型系列产品，其指令执行速度比传统 8051 单片机指令执行速度快 11.2～13.2 倍。相比于 STC8 系列单片机，STC15 系列单片机的主要工作特性包括电压工作范围更宽、指令执行速度更快、A/D 转换精度提高至 12 位，增加了增强型 PWM 通道及 I^2C 总线接口。

附录 A　ASCII 码表

附录表 A.1　ASCII 码表

b6b5b4 b3b2b1b0	000	001	010	011	100	101	110	111
0000	NUL	DLE	SP	0	@	P	、	p
0001	SOH	DC1	!	1	A	Q	a	q
0010	STX	DC2	”	2	B	R	b	r
0011	ETX	DC3	#	3	C	S	c	s
0100	EOT	DC4	$	4	D	T	d	t
0101	ENQ	NAK	%	5	E	U	e	u
0110	ACK	SYN	&	6	F	V	f	v
0111	BEL	ETB	,	7	G	W	g	w
1000	BS	CAN	（	8	H	X	h	x
1001	HT	EM	）	9	I	Y	i	y
1010	LF	SUB	*	：	J	Z	j	z
1011	VT	ESC	+	；	K	[	k	{
1100	FF	FS	,	<	L	\	l	|
1101	CR	GS	-	=	M	]	m	}
1110	SO	RS	.	>	N	↑	n	～
1111	SI	US	/	?	O	←	o	DEL

ASCII 码表中各控制字符的含义如下。

NUL	空字符	VT	垂直制表符	SYN	空闲同步
SOH	标题开始	FF	换页	ETB	信息组传送结束
STX	正文开始	CR	回车	CAN	取消
ETX	正文结束	SO	移位输出	EM	介质中断
EOT	传输结束	SI	移位输入	SUB	替补
ENQ	请求	DLE	数据链路转义	ESC	溢出
ACK	确认	DC1	设备控制 1	FS	文件分隔符
BEL	响铃	DC2	设备控制 2	GS	组分隔符
BS	退格	DC3	设备控制 3	RS	记录分隔符
HT	水平制表符	DC4	设备控制 4	US	单元分隔符
LF	换行	NAK	拒绝接收	SP	空格

附录 B　STC15W4K32S4 单片机指令系统表

附录表 B.1　STC15W4K32S4 单片机指令系统表

指令	功能说明	机器码	字节数	指令执行时间（系统时钟数）
数据传送类指令				
MOV　A,Rn	寄存器送累加器	E8～EF	1	1
MOV　A,direct	直接地址单元内容送累加器	E5 （direct）	2	2
MOV　A,@Ri	间接 RAM 送累加器	E6～E7	1	2
MOV　A,#data	立即数送累加器	74 （data）	2	2
MOV　Rn,A	累加器送寄存器	F8～FF	1	1
MOV　Rn,direct	直接地址单元内容送寄存器	A8～AF （direct）	2	3
MOV　Rn,#data	立即数送寄存器	78～7F （data）	2	2
MOV　direct,A	累加器送直接地址单元	F5 （direct）	2	2
MOV　direct,Rn	寄存器送直接地址单元	88～8F （direct）	2	2
MOV　direct1,direct2	直接地址单元 2 内容送直接地址单元 1	85 （direct1）（direct2）	3	3
MOV　direct,@Ri	间接 RAM 送直接地址单元	86～87（direct）	2	3
MOV　direct,#data	立即数送直接地址单元	75（direct）（data）	3	3
MOV　@Ri,A	累加器送间接 RAM	F6～F7	1	2
MOV　@Ri,direct	直接地址单元内容送间接 RAM	A6～A7（direct）	2	3
MOV　@Ri,#data	立即数送间接 RAM	76～77（data）	2	2
MOV　DPTR,# data16	16 位立即数送数据指针	90（data15～8）（data7～0）	3	3
MOVC　A,@A+DPTR	以 DPTR 为变址寻址的程序存储器读操作	93	1	5
MOVC　A,@A+PC	以 PC 为变址寻址的程序存储器读操作	83	1	4
MOVX　A,@Ri	外部 RAM（8 位地址）读操作	E2～E3	1	2*
MOVX　A,@ DPTR	外部 RAM（16 位地址）读操作	E0	1	2*
MOVX　@Ri,A	外部 RAM（8 位地址）写操作	F2～F3	1	4*
MOVX　@ DPTR,A	外部 RAM（16 位地址）写操作	F0	1	3*
PUSH　direct	直接地址单元内容进栈	C0（direct）	2	3
POP　direct	直接地址单元内容出栈	D0（direct）	2	2
XCH　A,Rn	交换累加器和寄存器	C8～CF	1	2
XCH　A,direct	交换累加器和直接字节	C5（direct）	2	3
XCH　A,@Ri	交换累加器和间接 RAM	C6～C7	1	3
XCHD　A,@Ri	交换累加器和间接 RAM 的低 4 位	D6～D7	1	3
SWAP　A	半字节交换	C4	1	1

续表

指令	功能说明	机器码	字节数	指令执行时间（系统时钟数）
算术运算指令				
ADD A,Rn	寄存器加到累加器	28～2F	1	1
ADD A,direct	直接地址单元内容加到累加器	25（direct）	2	2
ADD A,@Ri	间接 RAM 加到累加器	26～27	1	2
ADD A,#data	立即数加到累加器	24（data）	2	2
ADDC A,Rn	寄存器带进位加到累加器	38～3F	1	1
ADDC A,direct	直接地址单元内容带进位加到累加器	35（direct）	2	2
ADDC A,@Ri	间接 RAM 带进位加到累加器	36～37	1	2
ADDC A,#data	立即数带进位加到累加器	34（data）	2	2
SUBB A,Rn	累加器带寄存器	98～9F	1	1
SUBB A,direct	累加器带借位减去直接地址单元内容	95（direct）	2	2
SUBB A,@Ri	累加器带借位减去间接 RAM	96～97	1	2
SUBB A,#data	累加器带借位减去立即数	94（data）	2	2
MUL AB	A 乘以 B	A4	1	2
DIV AB	A 除以 B	84	1	6
INC A	累加器加 1	04	1	1
INC Rn	寄存器加 1	08～0F	1	2
INC direct	直接地址单元内容加 1	05（direct）	2	3
INC @Ri	间接 RAM 加 1	06～07	1	3
INC DPTR	数据指针加 1	A3	1	1
DEC A	累加器减 1	14	1	1
DEC Rn	寄存器减 1	18～1F	1	2
DEC direct	直接地址单元内容减 1	15（direct）	2	3
DEC @Ri	间接 RAM 减 1	16～17	1	3
DA A	十进制调整	D4	1	3
逻辑运算指令				
ANL A,Rn	Rn 与 A 相与，结果送 A	58～5F	1	1
ANL A,direct	直接地址单元内容与累加器相与，结果送 A	55（direct）	2	2
ANL A,@Ri	间接 RAM 与 A 相与，结果送 A	56～57	1	2
ANL A,#data	立即数与 A 相与，结果送 A	54（data）	2	2
ANL direct,A	A 与直接地址单元内容相与，结果送地址单元	52（direct）	2	3
ANL direct,#data	立即数与地址单元内容相与，结果送地址单元	53（direct）（data）	3	3
ORL A,Rn	Rn 与 A 相或，结果送 A	48～4F	1	1
ORL A,direct	直接地址单元内容与累加器相或，结果送 A	45（direct）	2	2
ORL A,@Ri	间接 RAM 与 A 相或，结果送 A	46～47	1	2
ORL A,#data	立即数与 A 相或，结果送 A	44（data）	2	2
ORL direct,A	A 与直接地址单元内容相或，结果送地址单元	42（direct）	2	3

续表

指令	功能说明	机器码	字节数	指令执行时间（系统时钟数）
逻辑运算指令				
ORL direct,#data	立即数与地址单元内容相或，结果送地址单元	43（direct）（data）	3	3
XRL A,Rn	Rn 与 A 相异或，结果送 A	68～6F	1	1
XRL A,direct	直接地址单元内容与累加器相异或，结果送 A	65（direct）	2	2
XRL A,@Ri	间接 RAM 与 A 相异或，结果送 A	66～67	1	2
XRL A,#data	立即数与 A 相异或，结果送 A	64（data）	2	2
XRL direct,A	A 与直接地址单元内容相异或，结果送地址单元	62（direct）	2	3
XRL direct,#data	立即数与地址单元内容相异或，结果送地址单元	63（direct）（data）	3	3
CLR A	累加器清 0	E4	1	1
CPL A	累加器取反	F4	1	1
移位操作指令				
RL A	循环左移	23	1	1
RLC A	带进位循环左移	33	1	1
RR A	循环右移	03	1	1
RRC A	带进位循环右移	13	1	1
位操作指令				
MOV C,bit	直接地址位送进位位	A2（bit）	2	2
MOV bit,C	进位位送直接地址位	92（bit）	2	3
CLR C	进位位清 0	C3	1	1
CLR bit	直接地址位清 0	C2（bit）	2	3
SETB C	进位位置 1	D3	1	1
SETB bit	直接地址位置 1	D2（bit）	2	3
CPL C	进位位取反	B3	1	1
CPL bit	直接地址位取反	B2（bit）	2	3
ANL C,bit	直接地址位与 C 相与，结果送 C	82（bit）	2	2
ANL C,/bit	直接地址位的取反值与 C 相与，结果送 C	B0（bit）	2	2
ORL C,bit	直接地址位与 C 相或，结果送 C	72（bit）	2	2
ORL C,/bit	直接地址位的取反值与 C 相或，结果送 C	A0（bit）	2	2
控制转移指令				
LJMP addr16	长转移	02addr15～0	3	4
AJMP addr11	绝对转移	addr10～800001 addr7～0	2	3
SJMP rel	短转移	80（rel）	2	3
JMP @A+DPTR	间接转移	73	1	5
JZ rel	累加器为 0 转移	60（rel）	2	4
JNZ rel	累加器不为 0 转移	70（rel）	2	4
CJNE A,direct,rel	A 与直接地址单元内容比较，不相等转移	B5（direct）（rel）	3	5

续表

指令	功能说明	机器码	字节数	指令执行时间（系统时钟数）
控制转移指令				
CJNE A,#data,rel	A 与立即数比较，不相等转移	B4 （data）（rel）	3	4
CJNE Rn,#data,rel	Rn 与立即数比较，不相等转移	B8～BF （data）（rel）	3	4
CJNE @Rn,#data,rel	间接 RAM 与立即数比较，不相等转移	B6～B7 （data）（rel）	3	5
DJNZ Rn,rel	寄存器内容减 1，不为 0 转移	D8～DF （rel）	2	4
DJNZ direct,rel	直接地址单元内容减 1，不为 0 转移	D5 （direct）（rel）	3	5
JC rel	进位位为 1 转移	40 （rel）	2	3
JNC rel	进位位为 0 转移	50 （rel）	2	3
JB bit，rel	直接地址位为 1 转移	20 （bit）（rel）	3	4
JNB bit，rel	直接地址位为 0 转移	30 （bit）（rel）	3	4
JBC rel	直接地址位为 1 转移并清 0 该位	10 （bit）（rel）	3	5
LCALL addr16	长子程序调用	12addr15～0	3	4
ACALL addr11	绝对子程序调用	addr10～810001 addr7～0	2	4
RET	子程序返回	22	1	4
RETI	中断返回	32	1	4
NOP	空操作	00	1	1

对附录表 B.1 中的相关内容说明如下。

addr11：11 位地址 addr10～0。

addr16：16 位地址 addr15～0。

bit：位地址。

rel：相对地址，8 位有符号数。

direct：直接地址单元。

#data：立即数。

Rn：工作寄存器 R0～R7。

A：累加器。

Ri：i 为 0 或 1，数据指针。

DPTR：16 位数据指针。

*：STC 单片机利用传统扩展片外 RAM 的方法，将扩展 RAM 集成在片内，采用传统片外 RAM 的访问指令进行读写操作，表中所列数字为访问片内扩展 RAM 时的指令执行时间；STC 单片机保留了片外扩展 RAM 或扩展 I/O 口的功能，但片内扩展 RAM 与片外扩展 RAM 不能同时使用，虽然访问指令相同，但访问片外扩展 RAM 的时间比访问片内扩展 RAM 所需时间长，访问片外扩展 RAM 的指令时间如下。

```
MOVX A, @Ri          5×ALE_BUS_SPEED+2
MOVX A, @DPTR        5×ALE_BUS_SPEED+1
MOVX @Ri, A          5×ALE_BUS_SPEED+3
MOVX @DPTR, A        5×ALE_BUS_SPEED+2
```

其中，ALE_BUS_SPEED 是由总线速率控制特殊功能寄存器 BUS_SPEED 选择确定的。

附录 C　C51 常用头文件与库函数

1. stdio.h（输入/输出函数）

附录表 C.1　stdio.h 表

函数名	函数原型	功能	返回值	说明
clearerr	void clearerr(FILE * fp);	使 fp 所指文件的错误、标志和文件结束标志置 0	无返回值	
close	int close(int fp);	关闭文件	成功返回 0，不成功返回-1	非 ANSI 标准
creat	int creat(char * filename, int mode);	以 mode 所指定的方向建立文件	成功返回正数，否则返回-1	非 ANSI 标准
eof	inteof(int fd);	检查文件是否结束	遇到文件结束返回 1，否则返回 0	非 ANSI 标准
fclose	int fclose(FILE * fp);	关闭 fp 所指的文件，释放文件缓冲区	有错返回非 0，否则返回 0	
feof	int feof(FILE * fp);	检查文件是否结束	遇到文件结束符返回非 0 值，否则返回 0	
fgetc	int fgetc(FILE * fp);	从 fp 所指定的文件中取得下一个字符	返回所得到的字符，若读入出错，返回 EOF	
fgets	char *fgets(char * buf,int n,FILE * fp);	从 fp 指向的文件读取一个长度为(n−1)的字符串，存入起始地址为 buf 的空间	返回地址 buf，若遇到文件结束或出错，返回 NULL	
fopen	FILE * fopen(char * filename, char * mode);	以 mode 指定的方式打开名为 filename 的文件	成功返回一个文件指针（文件信息区的起始地址），否则返回 0	
fprintf	int fprintf(FILE *fp,char * format,args,……);	把 args 的值以 format 指定的格式输出到 fp 所指定的文件中	返回实际输出的字符数	
fputc	int fputc(char ch,FILE* fp);	将字符 ch 输出到 fp 指向的文件中	成功则返回该字符，否则返回非 0	
fputs	int fputs(char*str,FILE*fp);	将 str 指向的字符串输出到 fp 所指定的文件	返回 0，若出错返回非 0	
fread	int fread(char * pt,unsigned size,unsigned n,FILE *fp);	从 fp 所指定的文件中读取长度为 size 的 n 个数据项，存到 pt 所指向的内存区	返回所读的数据项个数，如遇到文件结束或出错返回 0	
fscanf	int fscanf(FILE * fp,char format,args,……);	从 fp 指定的文件中按 format 给定的格式将输入数据送到 args 所指向的内存单元（args 是指针）	返回已输入的个数	
fseek	int fseek(FILE * fp,long offset,int base);	将 fp 所指向的文件的位置指针移到以 base 所指出的位置为基准、以 offset 为位移量的位置	返回当前位置，否则，返回-1	
ftell	long ftell(FILE * fp);	返回 fp 所指向的文件中的读写位置	成功则返回 fp 所指向的文件中的读写位置	
fwrite	int fwrite(char * ptr, unsigned size,unsigned n, FILE * fp);	把 ptr 所指向的 n×size 个字节输出到 fp 所指向的文件中	成功则返回写到 fp 文件中的数据项的个数	

续表

函数名	函数原型	功能	返回值	说明
getc	int getc(FILE * fp);	从 fp 所指向的文件中读入一个字符	成功则返回所读的字符，若文件结束或出错，返回 EOF	
getchar	int getchar(void);	从标准输入设备读取下一个字符	成功则返回所读字符，若文件结束或出错，返回-1	
getw	int getw(FILE * fp);	从 fp 所指向的文件读取下一个字（整数）	成功则返回输入的整数，如文件结束或出错，返回-1	非 ANSI 标准函数
open	int open(char * filename,int mode);	以 mode 指出的方式打开已存在的名为 filename 的文件	成功则返回文件号（正数），如打开失败，返回-1	非 ANSI 标准函数
printf	int printf(char * format, args,……);	按 format 指向的格式字符串所规定的格式，将输出表列 args 的值输出到标准输出设备	成功则返回输出字符的个数，若出错，返回负数。format 可以是一个字符串，也可以是一个字符数组的起始地址	
putc	int putc(int ch,FILE *fp);	把一个字符 ch 输出到 fp 所指定的文件中	成功则返回输出的字符 ch，若出错，返回 EOF	
putchar	int putchar(char ch);	把字符 ch 输出到标准输出设备	成功则返回输出的字符 ch，若出错，返回 EOF	
puts	int puts(char * str);	把 str 指向的字符串输出到标准输出设备	成功则返回换行符，若失败，返回 EOF	
putw	int putw(int w,FILE *fp);	将一个整数 w（一个字）写到 fp 指向的文件中	返回输出的整数，若出错，返回 EOF	非 ANSI 标准函数
read	int read(int fd,char * buf,unsigned count);	从文件号 fd 所指示的文件中读 count 个字节到由 buf 指示的缓冲区中	返回真正读入的字节个数，若遇到文件结束返回 0，出错返回-1	非 ANSI 标准函数
rename	int rename(char * oldname, char * newname);	把由 oldname 所指的文件改名为由 newname 所指的文件	成功返回 0，出错返回-1	
rewind	void rewind(FILE * fp);	将 fp 指示的文件中的位置指针置于文件开头位置，并清除文件结束标志和错误标志	无返回值	
scanf	int scanf(char*format, args, ……);	从标准输入设备按 format 指向的格式字符串所规定的格式，输入数据给 args 所指向的单元，读取赋给 args 的数据个数。args 为指针	遇到文件结束返回 EOF，出错返回 0	
write	int write(int fd,char * buf, unsigned count);	从 buf 指示的缓冲区输出 count 个字符到 fd 所标志的文件中	返回实际输出的字节数，若出错返回-1	非 ANSI 标准函数

2．math.h（数学函数）

附录表 C.2　math.h 表

函数名	函数原型	功能	返回值	说明
abs	int abs(int x);	求整型数 x 的绝对值	返回计算结果	
acos	double acos(double x);	计算 $\cos^{-1}(x)$的值，x 应在-1 到 1 范围内	返回计算结果	
asin	double asin(double x);	计算 $\sin^{-1}(x)$的值，x 应在-1 到 1 范围内	返回计算结果	
atan	double atan(double x);	计算 $\tan^{-1}(x)$的值	返回计算结果	
atan2	double atan2(double x, double y);	计算 $\tan^{-1}/(x/y)$的值	返回计算结果	

续表

函数名	函数原型	功能	返回值	说明
cos	double cos(double x);	计算 cos(x)的值，x 的单位为弧度	返回计算结果	
cosh	double cosh(double x);	计算 x 的双曲余弦 cosh(x)的值	返回计算结果	
exp	double exp(double x);	求 e^x 的值	返回计算结果	
fabs	duoble fabs(fouble x);	求 x 的绝对值	返回计算结果	
floor	double floor(double x);	求出不大于 x 的最大整数	返回该整数的双精度实数	
fmod	double fmod(double x, double y);	求整除 x/y 的余数	返回该余数的双精度	
frexp	double frexp(double x, double *eptr);	把双精度数 val 分解为数字部分（尾数）x 和以 2 为底 n 的指数，即 $val=x\times2^n$，n 存放在 eptr 指向的变量中，$0.5\leqslant x<1$	返回数字部分 x	
log	double log(double x);	求 $\log_e x$，即 lnx	返回计算结果	
log10	double log10(double x);	求 $\log_{10}x$	返回计算结果	
modf	double modf(double val, double *iptr);	把双精度数 val 分解为整数部分和小数部分，把整数部分存到 iptr 指向的单元	返回 val 的小数部分	
pow	double pow(double x, double y);	计算 xy 的值	返回计算结果	
rand	int rand(void);	产生-90 到 32767 之间的随机整数	返回随机整数	
sin	double sin(double x);	计算 sinx 的值，x 单位为弧度	返回计算结果	
sinh	double sinh(double x);	计算 x 的双曲正弦函数 sinh(x)的值	返回计算结果	
sqrt	double sqrt(double x);	计算 $\sqrt{x}$，x 应≥0	返回计算结果	
tan	double tan(double x);	计算 tan(x)的值，x 单位为弧度	返回计算结果	
tanh	double tanh(double x);	计算 x 的双曲正切函数 tanh(x)的值	返回计算结果	

3. ctype.h（字符函数）

附录表 C.3 ctype.h 表

函数名	函数原型	功能	返回值	说明
isalnum	int isalnum(int c)	判断字符 c 是否为英文字母或数字	当 c 为数字 0～9 或字母 a～z 及 A～Z 时，返回非 0，否则返回 0	
isalpha	int isalpha(int c)	判断字符 c 是否为英文字母	当 c 为英文字母 a～z 或 A～Z 时，返回非 0，否则返回 0	
iscntrl	int iscntrl(int c)	判断字符 c 是否为控制字符	当 c 在 0x00～0x1F 之间或等于 0x7F(DEL)时，返回非 0，否则返回 0	
isxdigit	int isxdigit(int c)	判断字符 c 是否为十六进制数字	当 c 为 A～F，a～f 或 0～9 之间的十六进制数字时，返回非 0，否则返回 0	
isgraph	int isgraph(int c)	判断字符 c 是否为除空格外的可打印字符	当 c 为可打印字符（0x21～0x7e）时，返回非 0，否则返回 0	

续表

函数名	函数原型	功能	返回值	说明
islower	int islower(int c)	检查 c 是否为小写字母	是，返回 1；不是，返回 0	
isprint	int isprint(int c)	判断字符 c 是否为含空格的可打印字符	当 c 为可打印字符（0x20～0x7e）时，返回非 0，否则返回 0	
ispunct	int ispunct(int c)	判断字符 c 是否为标点符号。标点符号指那些既不是字母数字，也不是空格的可打印字符	当 c 为标点符号时，返回非 0，否则返回 0	
isspace	int isspace(int c)：	判断字符 c 是否为空白符。空白符指空格、水平制表、垂直制表、换页、回车和换行符	当 c 为空白符时，返回非 0，否则返回 0	
isupper	int isupper(int c)	判断字符 c 是否为大写英文字母	当 c 为大写英文字母（A～Z）时，返回非 0 值，否则返回 0	
isxdigit	int isxdigit(int c)	判断字符 c 是否为十六进制数字	当 c 为 A～F，a～f 或 0～9 之间的十六进制数字时，返回非 0 值，否则返回 0	
tolower	int tolower (int c)	将字符 c 转换为小写英文字母	如果 c 为大写英文字母，则返回对应的小写字母；否则返回原来的值	
toupper	int toupper(int c)	将字符 c 转换为大写英文字母	如果 c 为小写英文字母，则返回对应的大写字母；否则返回原来的值	
toascii	int toascii(int c)	将字符 c 转换为 ASCII 码，toascii 函数将字符 c 的高位清 0，仅保留低 7 位	返回转换后的数值	

4．string.h（字符串函数）

附录表 C.4　string.h 表

函数名	函数原型	功能	返回值	说明
memset	void *memset(void *dest, int c，size_t count)	将 dest 前面 count 个字符置为字符 c	返回 dest 的值	
memmove	void *memmove(void *dest，const void *src，size_t count)	从 src 复制 count 字节的字符到 dest。如果 src 和 dest 出现重叠，函数会自动处理	返回 dest 的值	
memcpy	void *memcpy(void *dest, const void *src，size_t count)	从 src 复制 count 字节的字符到 dest。与 memmove 功能一样，只是不能处理 src 和 dest 出现重叠问题	返回 dest 的值	
memchr	void *memchr(const void *buf，int c，size_t count)	在 buf 前面 count 字节中查找首次出现字符 c 的位置。找到了字符 c 或已经搜寻了 count 字节，查找即停止	操作成功则返回 buf 中首次出现 c 的位置指针，否则返回 NULL	
memccpy	void *_memccpy(void *dest，const void *src，int c，size_t count)	从 src 复制 0 个或多个字节的字符到 dest。当字符 c 被复制或者 count 字符被复制时，复制停止	如果字符 c 被复制，函数返回这个字符后面紧挨一个字符位置的指针，否则返回 NULL	
memcmp	int memcmp(const void *buf1，const void *buf2，size_t count)	比较 buf1 和 buf2 前面 count 字节大小	返回值< 0，表示 buf1 小于 buf2；返回值为 0，表示 buf1 等于 buf2；返回值> 0，表示 buf1 大于 buf2	
memicmp	int memicmp(const void *buf1，const void *buf2，size_t count)	比较 buf1 和 buf2 前面 count 字节大小，与 memcmp 不同的是，它不区分大小写	返回值< 0，表示 buf1 小于 buf2；返回值为 0，表示 buf1 等于 buf2；返回值> 0，表示 buf1 大于 buf2	

续表

函数名	函数原型	功能	返回值	说明
strlen	size_t strlen(const char *string)	获取字符串长度，字符串结束符 NULL 不计算在内	没有返回值指示操作错误	
strrev	char *strrev(char *string)	将字符串 string 中的字符顺序颠倒过来，NULL 结束符位置不变	返回调整后的字符串的指针	
_strupr	char *_strupr(char *string)	将string中所有小写字母替换成相应的大写字母，其他字符保持不变	返回调整后的字符串的指针	
_strlwr	char *_strlwr(char *string)	将string中所有大写字母替换成相应的小写字母，其他字符保持不变	返回调整后的字符串的指针	
strchr	char *strchr(const char *string，int c)	查找字符 c 在字符串 string 中首次出现的位置，NULL 结束符也包含在查找中	返回一个指针，指向字符 c 在字符串 string 中首次出现的位置，如果没有找到，则返回 NULL	
strrchr	char *strrchr(const char *string，int c)	查找字符 c 在字符串 string 中最后一次出现的位置，也就是对 string 进行反序搜索，包含 NULL 结束符	返回一个指针，指向字符 c 在字符串 string 中最后一次出现的位置，如果没有找到，则返回 NULL	
strstr	char *strstr(const char *string，const char *strSearch)	在字符串 string 中查找 strsearch 子串	返回子串 strsearch 在 string 中首次出现位置的指针。如果没有找到子串 strsearch，则返回 NULL；如果子串 strsearch 为空串，函数返回 string	
strdup	char *strdup(const char *strSource)	函数运行中会自动调用 malloc 函数为复制字符串 strSource 分配存储空间，然后将 strSource 复制到分配到的空间中。注意要及时释放这个分配的空间	返回一个指针，指向为复制字符串分配的空间；如果分配空间失败，则返回 NULL	
strcat	char*strcat(char *strDestination，const char *strSource)	将源串 strSource 添加到目标串 strDestination 后面，并在得到的新串后面加上 NULL 结束符。源串 strSource 的字符会覆盖目标串 strdestination 后面的结束符 NULL。在字符串的复制或添加过程中没有溢出检查，所以要保证目标串空间足够大。本函数不能处理源串与目标串重叠的问题	返回 strDestination 值	
strncat	char *strncat(char *strDestination，const char *strSource，size_t count)	将源串 strSource 开始的 count 个字符添加到目标串 strDest 后．源串 strSource 的字符会覆盖目标串 strDestination 后面的结束符 NULL。如果 count 大于源串长度，则会用源串的长度值替换 count，得到的新串后面会自动加上 NULL 结束符。与 strcat 函数一样，本函数不能处理源串与目标串重叠的问题	返回 strDestination 值	
strcpy	char *strcpy(char *strDestination，const char *strSource)	复制源串 strSource 到目标串 strDestination 所指定的位置，包含 NULL 结束符。本函数不能处理源串与目标串重叠的问题	返回 strDestination 值	

续表

函数名	函数原型	功能	返回值	说明
strncpy	char *strncpy(char *strDestination，const char *strSource，size_t count)	将源串 strSource 开始的 count 个字符复制到目标串 strDestination 所指定的位置。如果 count 小于或等于 strSource 串的长度，不会自动添加 NULL 结束符到目标串中；而当 count 大于 strSource 串的长度时，则将 strSource 用 NULL 结束符填充，即补齐 count 个字符，复制到目标串中。本函数不能处理源串与目标串重叠的问题	返回 strDestination 值	
strset	char *strset(char *string，int c)	将 string 串的所有字符设置为字符 c，遇到 NULL 结束符停止	返回内容调整后的 string 指针	
strnset	char *strnset(char *string，int c，size_t count)	将 string 串开始 count 个字符设置为字符 c，如果 count 大于 string 串的长度，将用 string 的长度替换 count	返回内容调整后的 string 指针	
size_t strspn	size_t strspn(const char *string，const char *strCharSet)	查找任何一个不包含在 strCharSet 串中的字符（字符串结束符 NULL 除外）在 string 串中首次出现的位置序号	返回一个整数值，指定在 string 中全部由 characters 中的字符组成的子串的长度。如果 string 以一个不包含在 strCharSet 中的字符开头，函数将返回 0	
size_t strcspn	size_t strcspn(const char *string，const char *strCharSet)	查找 strCharSet 串中任何一个字符在 string 串中首次出现的位置序号，包含字符串结束符 NULL	返回一个整数值，指定在 string 中全部由非 characters 中的字符组成的子串的长度。如果 string 以一个包含在 strCharSet 中的字符开头，函数将返回 0	
strspnp	char *strspnp(const char *string，const char *strCharSet)	查找任何一个不包含在 strCharSet 串中的字符（字符串结束符 NULL 除外）在 string 串中首次出现的位置指针	返回一个指针，指向非 strCharSet 串中的字符在 string 串中首次出现的位置	
strpbrk	char *strpbrk(const char *string，const char *strCharSet)	查找 strCharSet 串中任何一个字符在 string 串中首次出现的位置，不包含字符串结束符 NULL	返回一个指针，指向 strCharSet 中任一字符在 string 中首次出现的位置。如果两个字符串参数不含相同字符，则返回 NULL	
strcmp	int strcmp(const char *string1，const char *string2)	比较字符串 string1 和 string2 的大小	返回值< 0，表示 string1 串小于 string2 串； 返回值为 0，表示 string1 串等于 string2 串； 返回值> 0，表示 string1 串大于 string2 串	
stricmp	int stricmp(const char *string1，const char *string2)	比较字符串 string1 和 string2 的大小，和 strcmp 不同，比较的是它们的小写字母版本	返回值< 0，表示 string1 串小于 string2 串； 返回值为 0，表示 string1 串等于 string2 串； 返回值> 0，表示 string1 串大于 string2 串	
strcmpi	int strcmpi(const char *string1，const char *string2)	等价于 stricmp 函数		
strncmp	int strncmp(const char *string1，const char *string2，size_t count)	比较字符串 string1 和 string2 的大小，只比较前面 count 个字符。在比较过程中，任何一个字符串的长度小于 count，则 count 将被较短的字符串的长度取代。此时如果两串前面的字符都相等，则较短的串要小	返回值< 0，表示 string1 串的子串小于 string2 串的子串； 返回值为 0，表示 string1 串的子串等于 string2 串的子串； 返回值> 0，表示 string1 串的子串大于 string2 串的子串	

续表

函数名	函数原型	功能	返回值	说明
strnicmp	int strnicmp(const char *string1, const char *string2, size_t count)	比较字符串 string1 和 string2 大小，只比较前面 count 个字符。与 strncmp 不同的是，比较的是它们的小写字母版本	返回值与 strncmp 相同	
strtok	char *strtok(char *strToken, const char *strDelimit)	在 strToken 串中查找下一个标记，strDelimit 字符集则指定了在当前查找调用中可能遇到的分界符	返回一个指针，指向在 strToken 串中找到的下一个标记。如果找不到标记，就返回 NULL。每次调用都会修改 strToken 内容，用 NULL 字符替换遇到的每个分界符	

5．malloc.h（或 stdlib.h，或 alloc.h，动态存储分配函数）

附录表 C.5 malloc.h 表

函数名	函数原型	功能	返回值	说明
calloc	void *calloc(unsigned int num，unsigned int size);	按所给数据个数和每个数据所占字节数开辟存储空间	分配内存单元的起始地址，若不成功返回 0	
free	void free(void *ptr);	将以前开辟的某内存空间释放	无	
malloc	void *malloc(unsigned int size);	开辟指定大小的存储空间	返回该存储区的起始地址，若内存不够返回 0	
realloc	void *realloc(void *ptr, unsigned int size);	重新定义所开辟内存空间的大小	返回指向该内存空间的指针	

6．reg51.h（C51 函数）

该头文件对标准 8051 单片机的所有特殊功能寄存器及可寻址的特殊功能寄存器位进行了地址定义，在 C51 编程中，必须包含该头文件，否则，8051 单片机的特殊功能寄存器符号及可寻址位符号就不能直接使用了。

7．intrins.h（C51 函数）

附录表 C.6 intrins.h 表

函数名	函数原型	功能	返回值	说明
crol	unsigned char _crol_(unsigned char val,unsigned char n)	将 char 字符循环左移 n 位	char 字符循环左移 n 位后的值	
cror	unsigned char _cror_(unsigned char val,unsigned char n);	将 char 字符循环右移 n 位	char 字符循环右移 n 位后的值	
irol	unsigned int _irol_(unsigned int val,unsigned char n);	将 val 整数循环左移 n 位	val 整数循环左移 n 位后的值	
iror	unsigned int _iror_(unsigned int val,unsigned char n);	将 val 整数循环右移 n 位	val 整数循环右移 n 位后的值	
lrol	unsigned int _lrol_(unsigned int val,unsigned char n);	将 val 长整数循环左移 n 位	Val 长整数循环左移 n 位后的值	
lror	unsigned int _lror_(unsigned int val,unsigned char n);	将 val 长整数循环右移 n 位	Val 长整数循环右移 n 位后的值	
nop	void _nop_(void);	产生一个 NOP 指令	无	
testbit	bit _testbit_(bit x);	产生一个 JBC 指令，该函数测试一个位，如果该位置为 1，则将该位复位为 0。该函数只能用于可直接寻址的位，在表达式中使用是不允许的	当 x 为 1 时返回 1，否则返回 0	

附录 D　STC-ISP 在线编程软件实用程序简介

最新版本的 STC-ISP 在线编程软件 stc-isp-15xx-v6.82E 除包含了与下载有关的功能外，还新增了波特率计算器、定时器计算器、软件延时计算器、头文件等工具，极大地方便了编程。

1. 波特率计算器

若串行通信端口 1 工作在工作方式 1、工作方式 3，当串行通信端口 2、串行通信端口 3、串行通信端口 4 工作时，需要用定时/计数器 T1、T2、T3 或 T4 作为波特率发生器，此时，就需要根据所需波特率与选择的定时/计数器，设置串行通信端口与定时/计数器。STC-ISP 在线编程软件提供了专门用于波特率计算与编程的波特率计算器，如图 D.1 所示，只需要输入相关参数，单击“生成 C 代码”或“生成 ASM 代码”按钮就能得到波特率发生器所需 C 语言或汇编语言的程序代码。

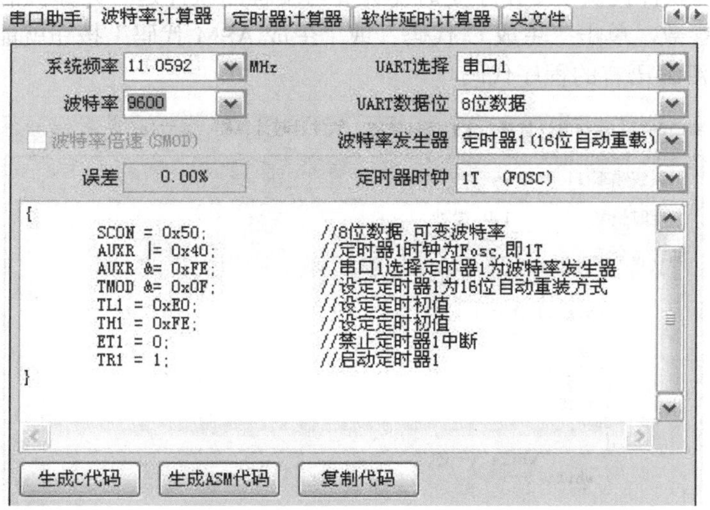

图 D.1　STC-ISP 在线编程软件的波特率计算器

2. 定时器计算器

在实时控制中，经常需要使用定时器来实现不同需求的定时或延时。STC-ISP 在线编程软件提供了专用于定时器计算与编程的定时器计算器，如图 D.2 所示，只需要输入相关参数，单击“生成 C 代码”或“生成 ASM 代码”按钮，就能得到定时器定时所需的 C 语言或汇编语言的程序代码。

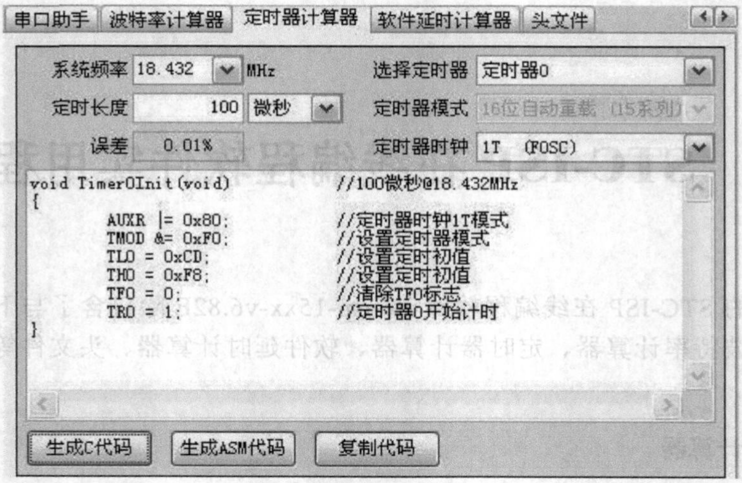

图 D.2　STC-ISP 在线编程软件的定时器计算器

3．软件延时计算器

在键盘、显示及时序控制等应用编程中，经常采用软件延时的方法来实现定时。在软件延时编程中，需要根据指令的执行系统周期数及系统周期的大小来计算延时时间，比较烦琐。STC-ISP 在线编程软件提供了专用于定时器计算与编程的软件延时计算机器，如图 D.3 所示，只需要输入相关参数，单击“生成 C 代码”或“生成 ASM 代码”按钮就能得到定时器定时所需的 C 语言或汇编语言的程序代码。

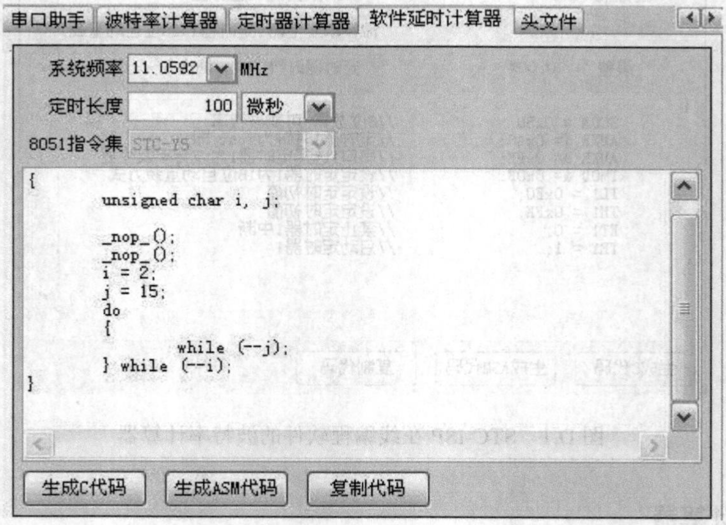

图 D.3　STC-ISP 在线编程软件的软件延时计算器

4．头文件生成器

随着增强型 8051 单片机功能的扩展，系统增加了用于功能接口部件的特殊功能寄存器，传统的编译器不具备新增特殊功能寄存器的地址说明。因此，在使用增强型 8051 单片机时，需要在程序中对新增特殊功能寄存器进行定义，不同的单片机，新增的特殊功能寄存器不一样，新增的数目也不一样。这样在使用一款新型的增强型 8051 单片机时，会比较麻烦。STC-ISP 在线编程软件提供了专用于 STC 单片机头文件的头文件生成器，如图 D.4 所示，只需要输入单片机的系列号，单击“保存文件”按钮，在保存文件对话框中单击“保存”按钮即可（默认文件名为所选单片机型号），或重新输入新的文件单击“保存”按钮；单击“复制代码”按钮，就会将头文件代码复制到计算机的粘贴板上，再利用粘贴工具粘贴到自己的应用程序中。

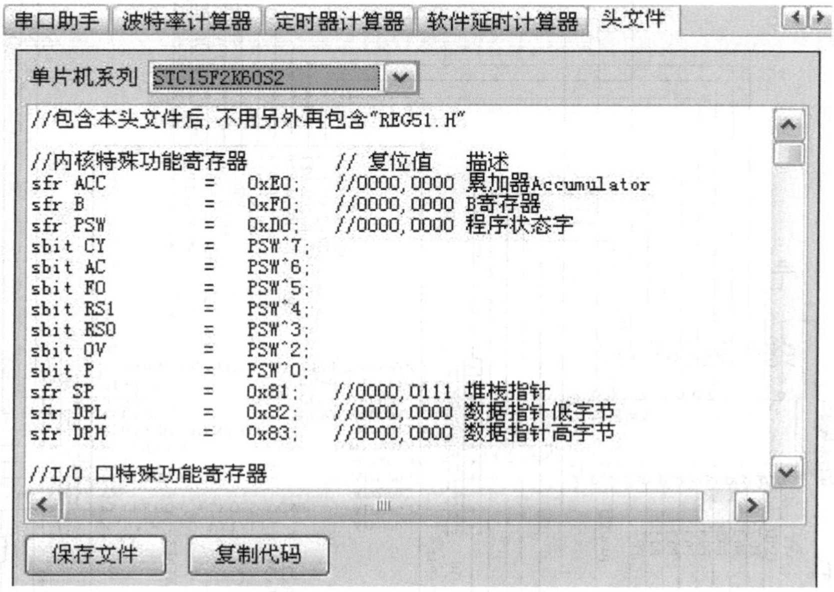

图 D.4　STC-ISP 在线编程软件的头文件生成器

附录 E　STC15 系列单片机学习板各模块电路

（1）IAP15W4K61S4 单片机与外围电路如图 E.1 所示。

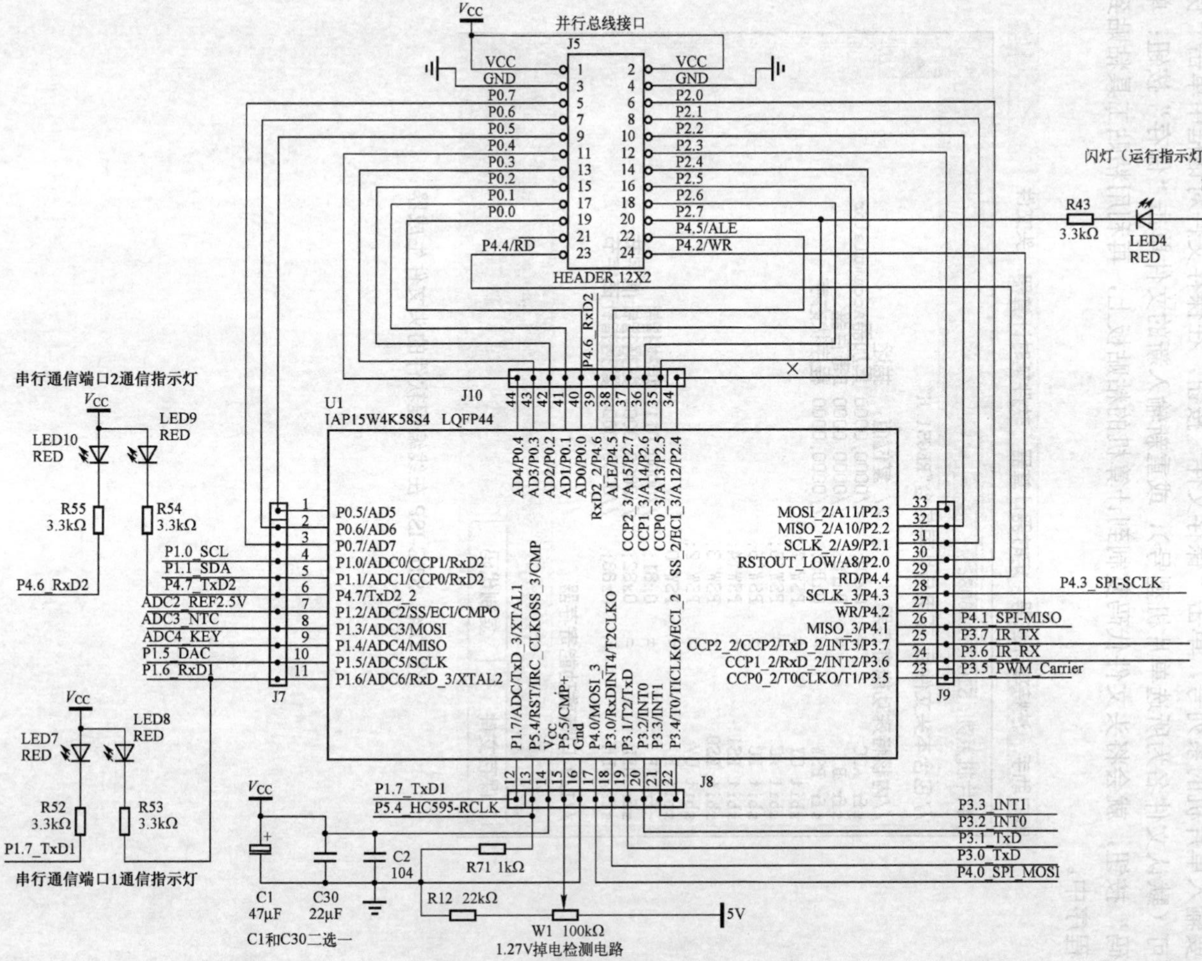

图E.1　IAP15W4K61S4单片机与外围电路

（2）电源与下载电路如图 E.2 所示。

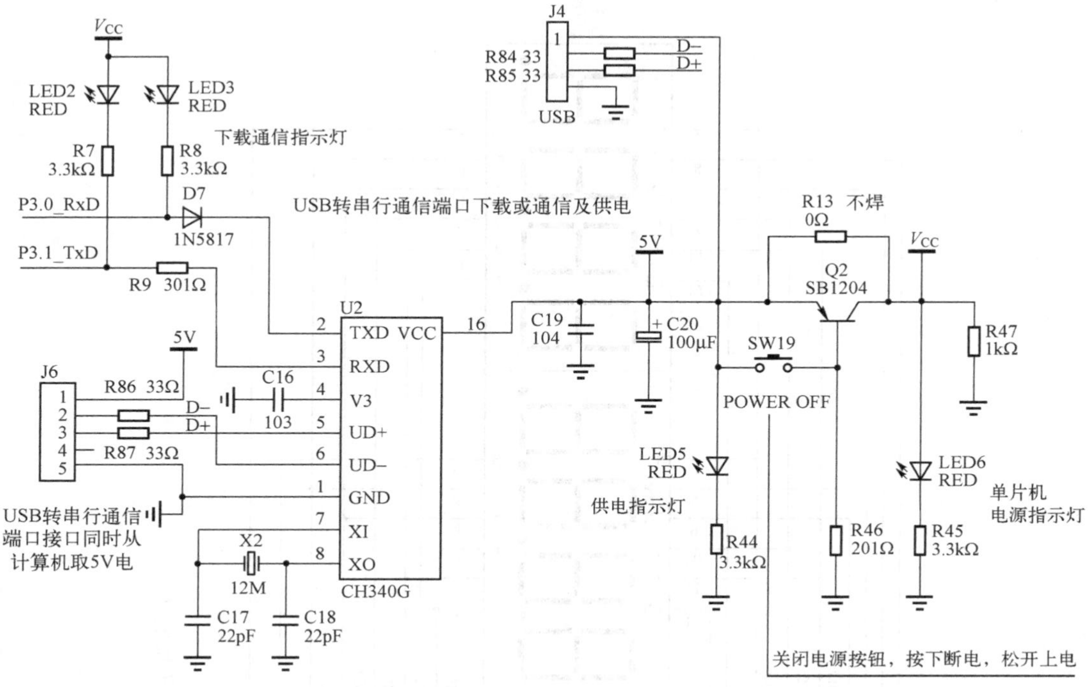

图 E.2　电源与下载电路

（3）独立键盘电路如图 E.3 所示。

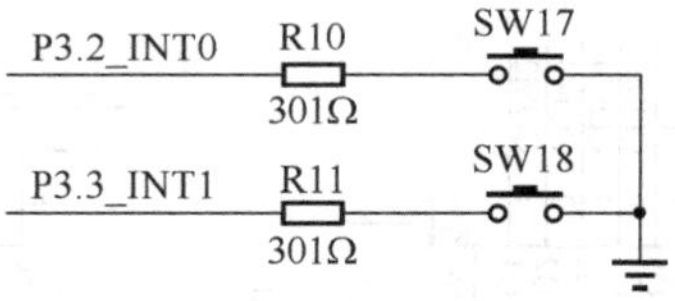

图 E.3　独立键盘电路

（4）数码 LED 显示模块电路如图 E.4 所示。

（5）LCD12864 接口插座电路如图 E.5 所示。

（6）基准电压测量模块电路如图 E.6 所示。

（7）NTC 测温模块电路如图 E.7 所示。

（8）双串行通信端口 RS232 电平转换模块电路如图 E.8 所示。

（9）单机串行通信端口 TTL 电平通信模块电路如图 E.9 所示。

（10）红外遥控发射模块电路如图 E.10 所示。

（11）红外遥控接收模块电路如图 E.11 所示。

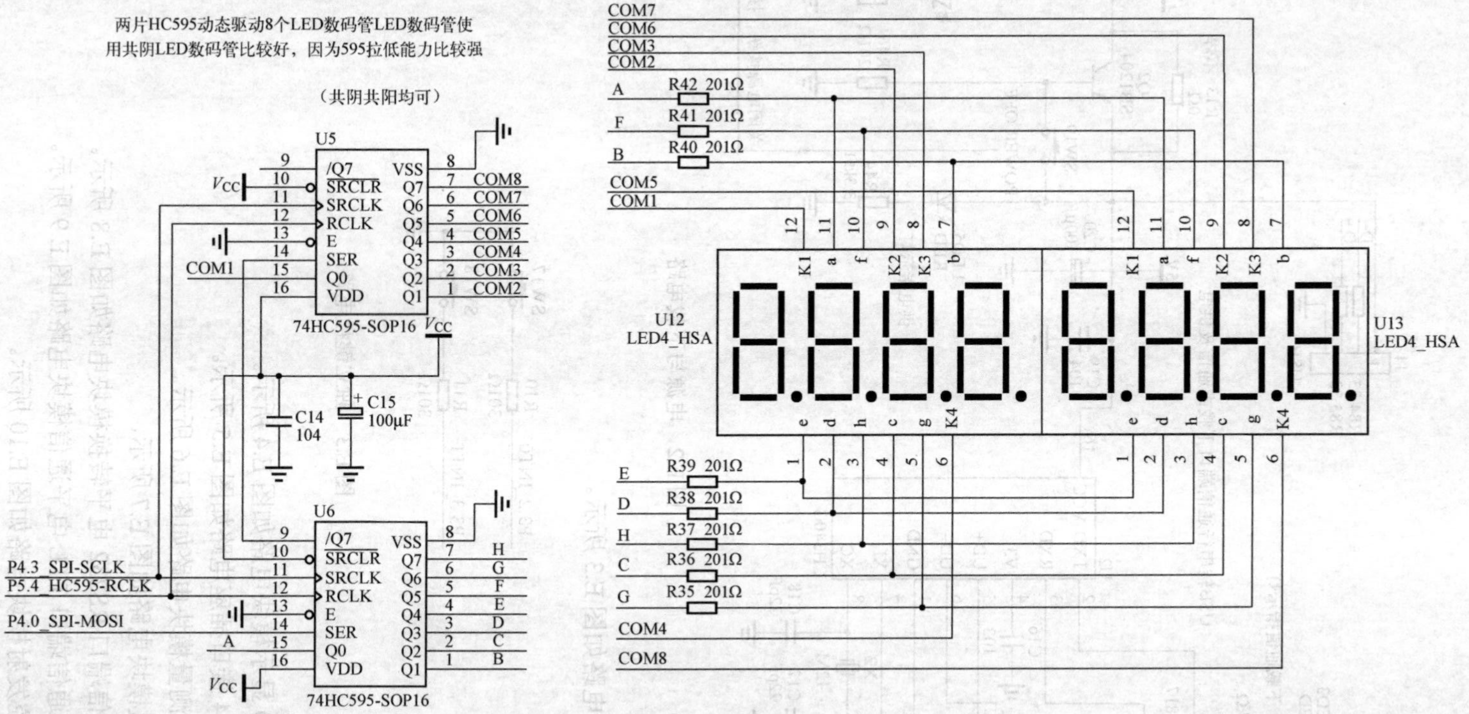

图E.4　数码LED显示模块电路

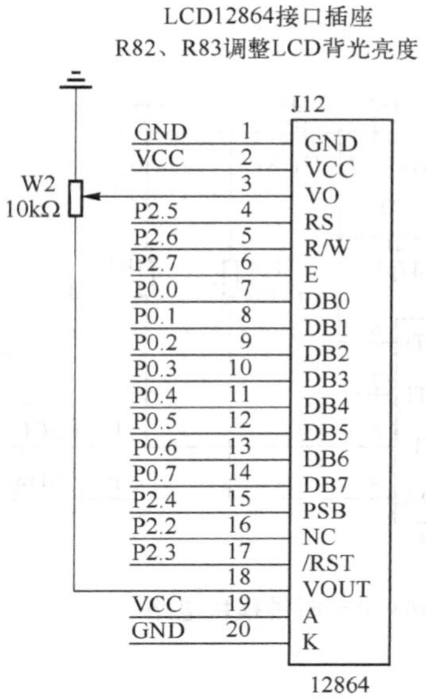

图 E.5　LCD12864 接口插座电路

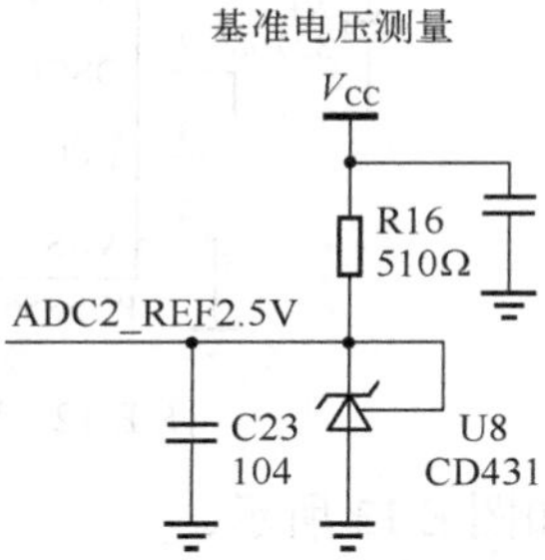

图 E.6　基准电压测量模块电路

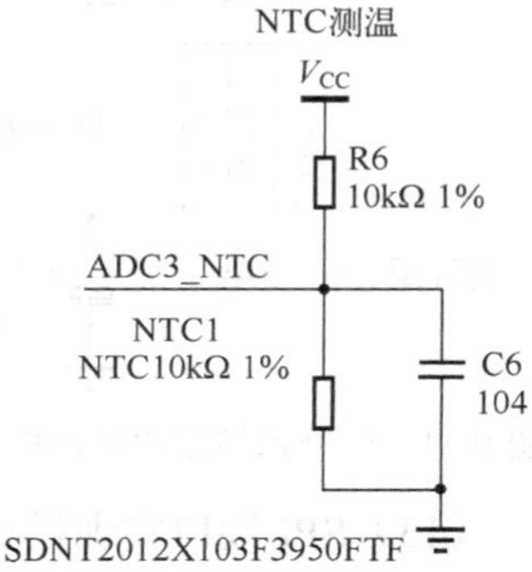

图 E.7　NTC 测温模块电路

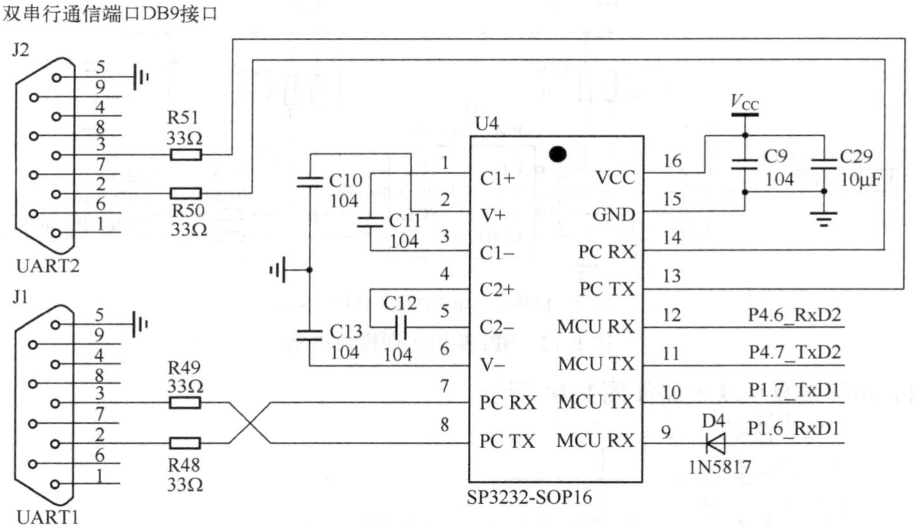

图 E.8　双串行通信端口 RS232 电平转换模块电路

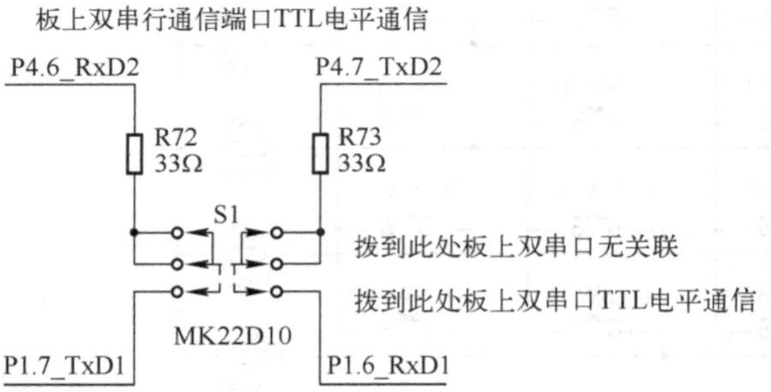

图 E.9　单机串行通信端口 TTL 电平通信模块电路

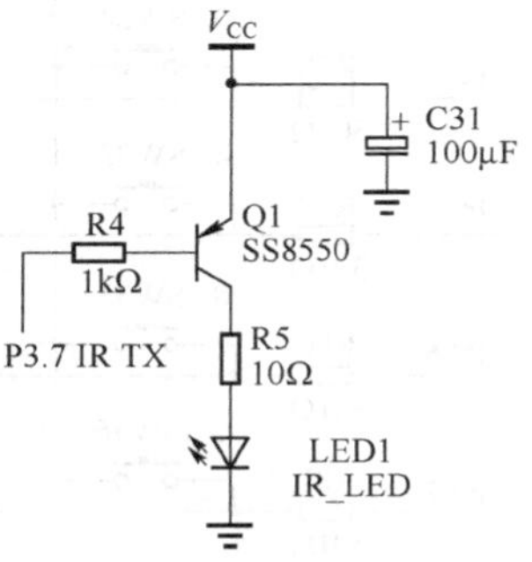

图 E.10　红外遥控发射模块电路

（12）PCF8563 电子时钟模块电路如图 E.12 所示。

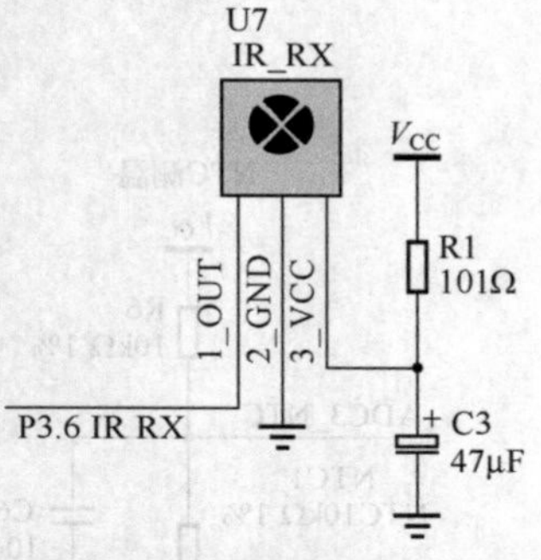

图 E.11　红外遥控接收模块电路

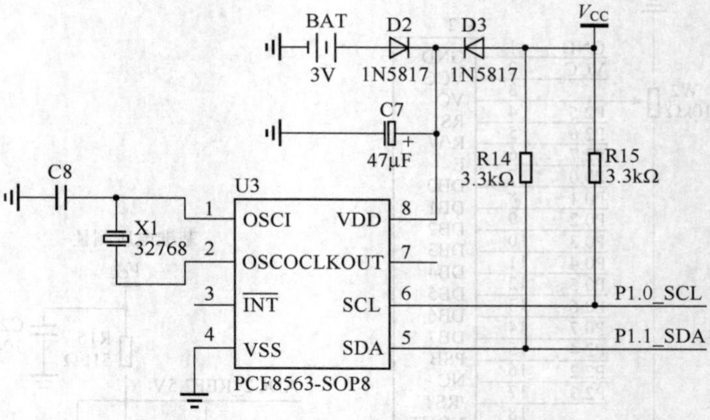

图 E.12　PCF8563 电子时钟模块电路

（13）SPI 接口实训模块电路如图 E.13 所示。

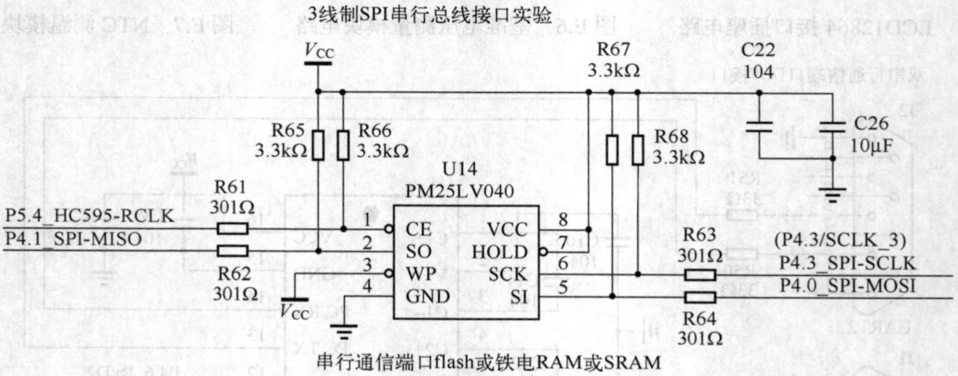

图 E.13　SPI 接口实训模块电路

（14）矩阵键盘模块电路如图 E.14 所示。

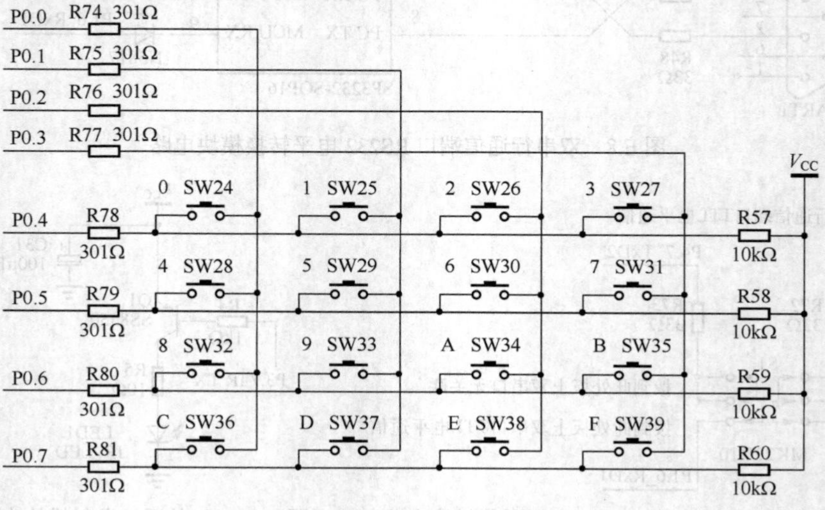

图 E.14　矩阵键盘模块电路

（15）ADC 键盘模块电路如图 E.15 所示。

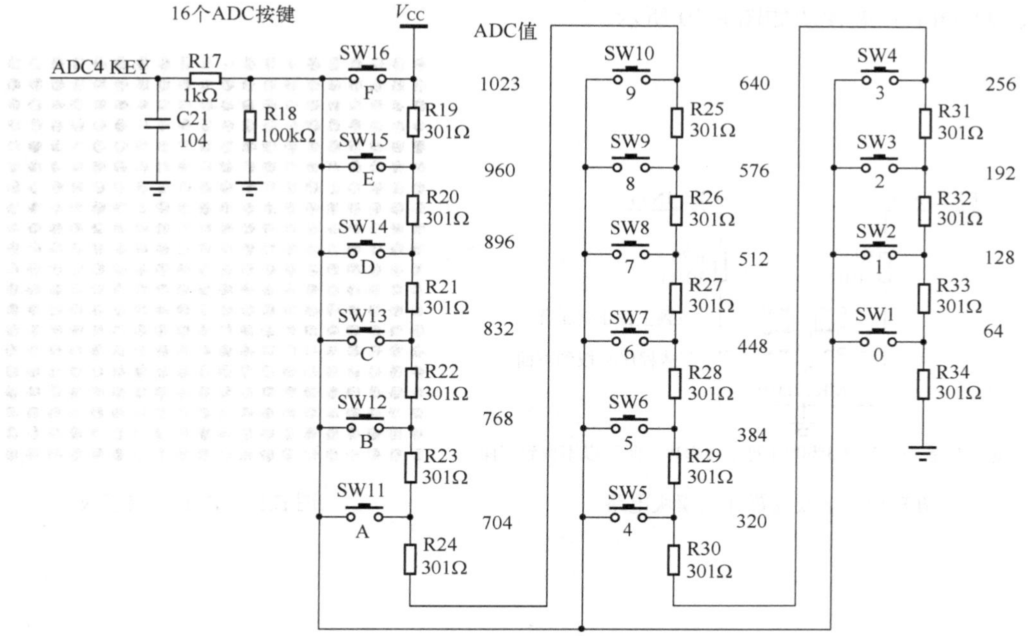

图 E.15　ADC 键盘模块电路

（16）PWM 输出滤波电路（D/A 转换）如图 E.16 所示。

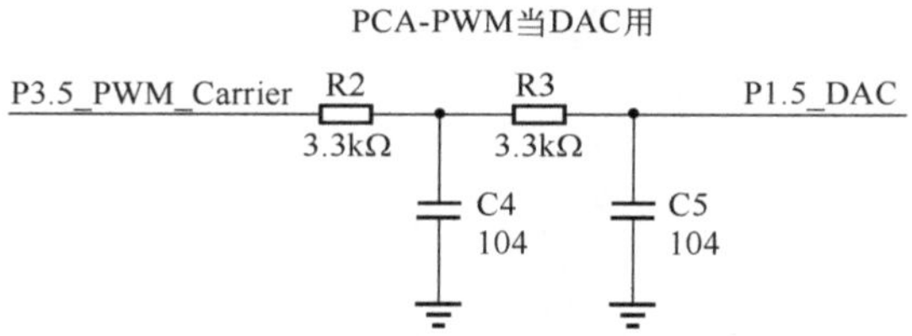

图 E.16　PWM 输出滤波电路（D/A 转换）

（17）并行扩展 32 字节 RAM 模块电路如图 E.17 所示。

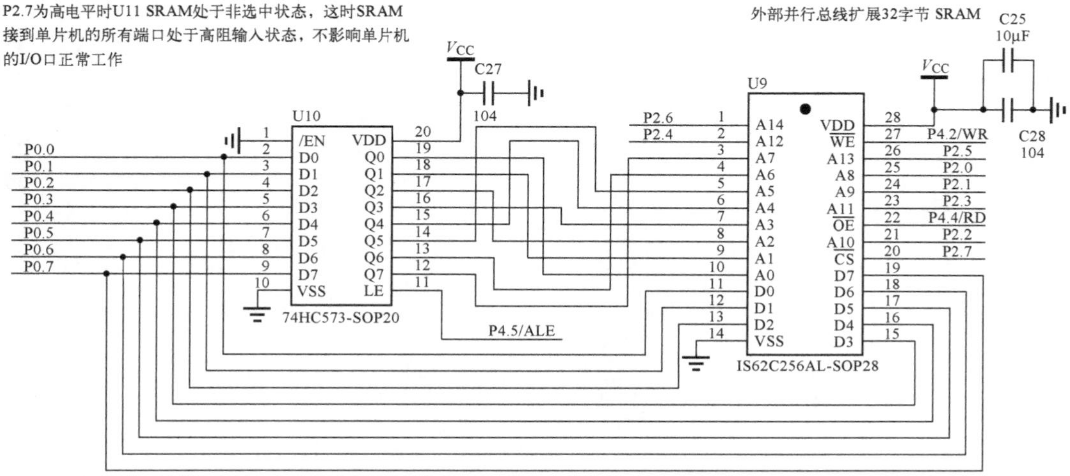

图 E.17　并行扩展 32 字节 RAM 模块

（18）下载设置开关模块电路如图 E.18 所示。

（19）DIY 扩展模块如图 E.19 所示。

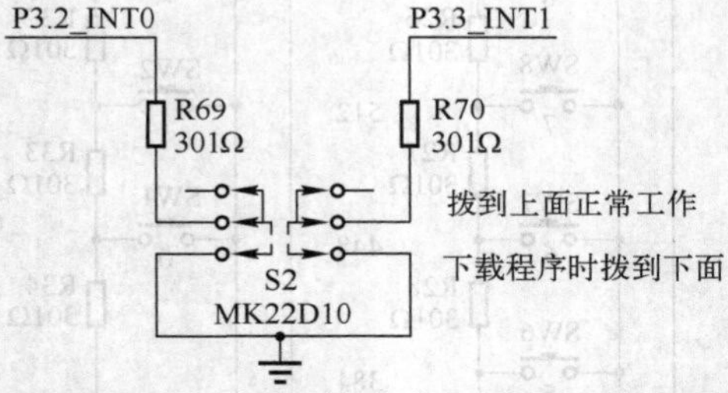

注：没有设置“P3.2/P3.3为00才可下载程序”时可以不拨到下面

图 E.18　下载设置开关模块电路

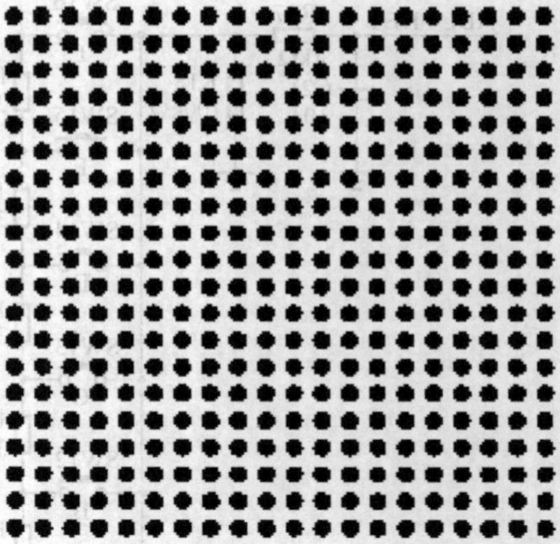

图 E.19　DIY 扩展模块

附录 F　STC15 系列单片机头文件与 LED 数码管驱动函数

1．汇编语言部分

（1）STC 单片机新增特殊功能寄存器的定义文件（STC15.INC）。

① 程序文件说明：该文件包含 STC15 系列单片机新增特殊功能寄存器的地址定义，文件名称为 STC15.INC。

② 程序清单如下。

```
P4          DATA   0C0H         ;1111 1111  端口 4
P5          DATA   0C8H         ;xxxx 1111  端口 5
P6          DATA   0E8H         ;0000 0000  端口 6
P7          DATA   0F8H         ;0000 0000  端口 7
P0M0        DATA   0x94         ;0000 0000  端口 0 模式寄存器 0
P0M1        DATA   093H         ;0000 0000  端口 0 模式寄存器 1
P1M0        DATA   092H         ;0000 0000  端口 1 模式寄存器 0
P1M1        DATA   091H         ;0000 0000  端口 1 模式寄存器 1
P2M0        DATA   096H         ;0000 0000  端口 2 模式寄存器 0
P2M1        DATA   095H         ;0000 0000  端口 2 模式寄存器 1
P3M0        DATA   0B2H         ;0000 0000  端口 3 模式寄存器 0
P3M1        DATA   0B1H         ;0000 0000  端口 3 模式寄存器 1
P4M0        DATA   0B4H         ;0000 0000  端口 4 模式寄存器 0
P4M1        DATA   0B3H         ;0000 0000  端口 4 模式寄存器 1
P5M0        DATA   0CAH         ;0000 0000  端口 5 模式寄存器 0
P5M1        DATA   0C9H         ;0000 0000  端口 5 模式寄存器 1
P6M0        DATA   0CCH         ;0000 0000  端口 6 模式寄存器 0
P6M1        DATA   0CBH         ;0000 0000  端口 6 模式寄存器 1
P7M0        DATA   0E2H         ;0000 0000  端口 7 模式寄存器 0
P7M1        DATA   0E1H         ;0000 0000  端口 7 模式寄存器 1
                                ;系统管理特殊功能寄存器
AUXR        DATA     08EH       ;0000 0000  辅助寄存器
AUXR1       DATA     0A2H       ;0000 0000  辅助寄存器 1
P_SW1       DATA     0A2H       ;0000 0000  外部设备端口切换寄存器 1
CLK_DIV     DATA     097H       ;0000 0000  时钟分频控制寄存器
BUS_SPEED   DATA     0A1H       ;xx10 x011  总线速率控制寄存器
P1ASF       DATA     09DH       ;0000 0000  端口 1 模拟功能配置寄存器
P_SW2       DATA     0BAH       ;0xxx x000  外部设备端口切换寄存器
                                ;中断特殊功能寄存器
IE2         DATA     0AFH       ;0000 0000  中断控制寄存器 2
IP2         DATA     0B5H       ;xxxx xx00  中断优先级寄存器 2
```

```
INT_CLKO     DATA    08FH       ;0000 0000 外部中断与时钟输出控制寄存器
                                ;定时器特殊功能寄存器
T4T3M        DATA    0D1H       ;0000 0000 T3/T4 模式寄存器
T3T4M        DATA    0D1H       ;0000 0000 T3/T4 模式寄存器
T4H          DATA    0D2H       ;0000 0000 T4 高字节
T4L          DATA    0D3H       ;0000 0000 T4 低字节
T3H          DATA    0D4H       ;0000 0000 T3 高字节
T3L          DATA    0D5H       ;0000 0000 T3 低字节
T2H          DATA    0D6H       ;0000 0000 T2 高字节
T2L          DATA    0D7H       ;0000 0000 T2 低字节
WKTCL        DATA    0AAH       ;0000 0000 掉电唤醒定时器低字节
WKTCH        DATA    0ABH       ;0000 0000 掉电唤醒定时器高字节
WDT_CONTR    DATA    0C1H       ;0000 0000 看门狗定时器控制寄存器
                                ; 串行通信端口特殊功能寄存器
S2CON        DATA    09AH       ;0000 0000 串行通信端口 2 控制寄存器
S2BUF        DATA    09BH       ;xxxx xxxx 串行通信端口 2 数据寄存器
S3CON        DATA    0ACH       ;0000 0000 串行通信端口 3 控制寄存器
S3BUF        DATA    0ADH       ;xxxx xxxx 串行通信端口 3 数据寄存器
S4CON        DATA    084H       ;0000 0000 串行通信端口 4 控制寄存器
S4BUF        DATA    085H       ;  xxxx xxxx 串行通信端口 4 数据寄存器
SADDR        DATA    0A9H       ;0000 0000 从机地址寄存器
SADEN        DATA    0B9H       ;0000 0000 从机地址屏蔽寄存器
                                ;ADC 特殊功能寄存器
ADC_CONTR    DATA    0BCH       ;0000 0000 A/D 转换控制寄存器
ADC_RES      DATA    0BDH       ;0000 0000 A/D 转换结果高 8 位
ADC_RESL     DATA    0BEH       ;0000 0000 A/D 转换结果低 2 位
                                ;SPI 特殊功能寄存器
SPSTAT       DATA    0CDH       ;00xx xxxx SPI 状态寄存器
SPCTL        DATA    0CEH       ;0000 0100 SPI 控制寄存器
SPDAT        DATA    0CFH       ;0000 0000 SPI 数据寄存器
                                ;IAP/ISP 特殊功能寄存器
IAP_DATA     DATA    0C2H       ;0000 0000 EEPROM 数据寄存器
IAP_ADDRH    DATA 0C3H          ;0000 0000 EEPROM 地址高字节
IAP_ADDRL    DATA 0C4H          ;0000 0000 EEPROM 地址低字节
IAP_CMD      DATA 0C5H          ;xxxx xx00 EEPROM 指令寄存器
IAP_TRIG     DATA 0C6H          ;0000 0000 EEPRPM 指令触发寄存器
IAP_CONTR    DATA 0C7H          ;0000 x000 EEPROM 控制寄存器
                                ;PCA/PWM 特殊功能寄存器
CCON         DATA    0D8H       ;00xx xx00 PCA 控制寄存器
CF           BIT    CCON.7      ;
CR           BIT    CCON.6      ;
CCF2         BIT    CCON.2      ;
CCF1         BIT    CCON.1      ;
CCF0         BIT    CCON.0      ;
CMOD         DATA    0D9H       ;0xxx x000 PCA 工作模式寄存器
CL           DATA    0E9H       ;0000 0000 PCA 计数器低字节
```

```
CH          DATA   0F9H   ;0000 0000 PCA 计数器高字节
CCAPM0      DATA   0DAH   ;0000 0000 PCA 模块 0 的 PWM 寄存器
CCAPM1      DATA   0DBH   ;0000 0000 PCA 模块 1 的 PWM 寄存器
CCAPM2      DATA   0DCH   ;0000 0000 PCA 模块 2 的 PWM  寄存器
CCAP0L      DATA   0EAH   ;0000 0000 PCA 模块 0 的捕捉/比较寄存器低字节
CCAP1L      DATA   0EBH   ;0000 0000 PCA 模块 1 的捕捉/比较寄存器低字节
CCAP2L      DATA   0ECH   ;0000 0000 PCA 模块 2 的捕捉/比较寄存器低字节
PCA_PWM0    DATA   0F2H   ;xxxx xx00 PCA 模块 0 的 PWM 寄存器
PCA_PWM1    DATA   0F3H   ;xxxx xx00 PCA 模块 1 的 PWM 寄存器
PCA_PWM2    DATA   0F4H   ;xxxx xx00 PCA 模块 2 的 PWM 寄存器
CCAP0H      DATA   0FAH   ;0000 0000 PCA 模块 0 的捕捉/比较寄存器高字节
CCAP1H      DATA   0FBH   ;0000 0000 PCA 模块 1 的捕捉/比较寄存器高字节
CCAP2H      DATA   0FCH   ;0000 0000 PCA 模块 2 的捕捉/比较寄存器高字节
                          ;比较器特殊功能寄存器
CMPCR1      DATA   0E6H   ;0000 0000  比较器控制寄存器 1
CMPCR2      DATA   0E7H   ;0000 0000  比较器控制寄存器 2
                          ;增强型 PWM 波形发生器特殊功能寄存器
PWMCFG      DATA   0F1H   ;x000 0000 PWM 配置寄存器
PWMCR       DATA   0F5H   ;0000 0000 PWM 控制寄存器
PWMIF       DATA   0F6H   ;x000 0000 PWM 中断标志寄存器
PWMFDCR     DATA   0F7H   ;xx00 0000 PWM 外部异常检测控制寄存器
```

（2）STC15W4K32S4 单片机 I/O 口初始化文件（GPIO.INC）。

① 程序文件说明：该文件对 STC15 系列单片机的 I/O 口进行初始化，将 I/O 口的状态设置为准双向口，文件名称为 GPIO.INC，初始化 I/O 口程序的入口地址为 GPIO。

② 程序清单如下。

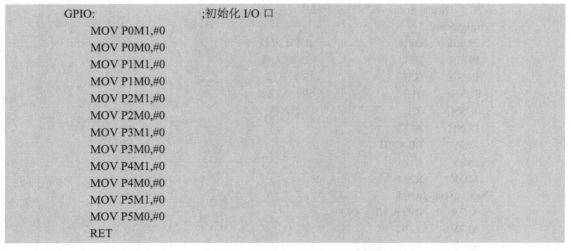

```
GPIO:                      ;初始化 I/O 口
     MOV P0M1,#0
     MOV P0M0,#0
     MOV P1M1,#0
     MOV P1M0,#0
     MOV P2M1,#0
     MOV P2M0,#0
     MOV P3M1,#0
     MOV P3M0,#0
     MOV P4M1,#0
     MOV P4M0,#0
     MOV P5M1,#0
     MOV P5M0,#0
     RET
```

（3）STC15W4K32S4 单片机学习板 LED 数码管驱动文件（595HC.INC）。

① 程序文件说明：该程序文件是 LED 数码管 595 芯片驱动程序，名称为 595HC.INC。显示缓冲区为 30H～37H，30H 是最高位，37H 是最低位；显示子程序的入口地址为 F_DisplayScan。

② 程序清单如下。

```
;*************I/O 口定义**************/
P_HC595_SER      BIT P4.0         ;pin 14    SER       data input
P_HC595_RCLK     BIT P5.4         ;pin 12    RCLk      store (latch) clock
P_HC595_SRCLK BIT P4.3            ;pin 11    SRCLK     Shift data clock

; ********************** 显示相关程序
T_Display:                        ;标准字库
;0    1    2    3    4    5    6    7    8    9    A    B    C    D    E    F
DB  03FH,006H,05BH,04FH,066H,06DH,07DH,007H,07FH,06FH,077H,07CH,039H,05EH,079H,071H
; black  -    H    J    K    L    No   P    U    t    G    Q    r    M    y
DB  000H,040H,076H,01EH,070H,038H,037H,05CH,073H,03EH,078H,03dH,067H,050H,037H,06EH
T_COM:
DB  0FEH,0FDH,0FBH,0F7H,0EFH,0DFH,0BFH,07FH       ;      位码
; 函数: F_Send_595，向 HC595 发送一字节子程序
F_Send_595:
    PUSH    02H                   ;R2 入栈
    MOV     R2, #8
L_Send_595_Loop:
    RLC A
    MOV     P_HC595_SER,C
    SETB    P_HC595_SRCLK
    CLR     P_HC595_SRCLK
    DJNZ    R2, L_Send_595_Loop
    POP     02H                   ;R2 出栈
    RET
; 函数: F_DisplayScan，显示扫描子程序
F_DisplayScan:
    PUSH    DPH                   ;DPH 入栈
    PUSH    DPL                   ;DPL 入栈
    PUSH    00H                   ;R0 入栈
    PUSH    01H                   ;R1 入栈
    PUSH    02H                   ;R2 入栈
    PUSH    ACC
    MOV     R0,#30H
    MOV     R1,#0
    MOV     R2,#8
F_DisplayScan_LOOP:
    MOV     DPTR, #T_COM
    MOV     A, R1
    MOVC    A, @A+DPTR
    INC     R1
    LCALL   F_Send_595            ;输出位码
    MOV     DPTR, #T_Display
    MOV     A, @R0                ;取显示缓冲区数据
    INC     R0
```

```
        MOVC    A, @A+DPTR              ;取显示码
        LCALL   F_Send_595              ;输出段码
        SETB    P_HC595_RCLK
        CLR     P_HC595_RCLK            ;锁存输出数据
        LCALL   DELAY1MS
        DJNZ    R2, F_DisplayScan_LOOP
L_QuitDisplayScan:
        POP     ACC
        POP     02H                     ;R2 出栈
        POP     01H                     ;R1 出栈
        POP     00H                     ;R0 出栈
        POP     DPL                     ;DPL 出栈
        POP     DPH                     ;DPH 出栈
        RET
DELAY1MS:                               ;@11.0592MHz
        PUSH 30H
        PUSH 31H
        MOV 30H,#9
        MOV 31H,#150
NEXT:
        DJNZ 31H,NEXT
        DJNZ 30H,NEXT
        POP 31H
        POP 30H
        RET
```

2．C 语言部分

（1）STC15W4K32S4 单片机特殊功能寄存器定义头文件（stc15.h）。

① 程序文件说明：该文件包含 STC15 系列单片机特殊功能寄存器及可寻址特殊功能寄存器位的地址定义，文件名称为 stc15.h。该文件程序可从 STC-ISP 在线编程软件中获得。

② 程序清单如下。

```
#ifndef __STC15F2K60S2_H_
#define __STC15F2K60S2_H_
//内核特殊功能寄存器                    // 复位值    描述
sfr ACC         =       0xE0;           //0000 0000  累加器 Accumulator
sfr B           =       0xF0;           //0000 0000 B 寄存器
sfr PSW         =       0xD0;           //0000 0000  程序状态字
sbit CY         =       PSW^7;
sbit AC         =       PSW^6;
sbit F0         =       PSW^5;
sbit RS1        =       PSW^4;
sbit RS0        =       PSW^3;
sbit OV         =       PSW^2;
sbit P          =       PSW^0;
```

```
sfr SP      = 0x81;    //0000 0111  堆栈指针
sfr DPL     = 0x82;    //0000 0000  数据指针低字节
sfr DPH     = 0x83;    //0000 0000  数据指针高字节
                       //I/O 口特殊功能寄存器
sfr P0      = 0x80;    //1111 1111  端口 0
sbit P00    = P0^0;
sbit P01    = P0^1;
sbit P02    = P0^2;
sbit P03    = P0^3;
sbit P04    = P0^4;
sbit P05    = P0^5;
sbit P06    = P0^6;
sbit P07    = P0^7;
sfr P1      = 0x90;    //1111 1111  端口 1
sbit P10    = P1^0;
sbit P11    = P1^1;
sbit P12    = P1^2;
sbit P13    = P1^3;
sbit P14    = P1^4;
sbit P15    = P1^5;
sbit P16    = P1^6;
sbit P17    = P1^7;
sfr P2      = 0xA0;    //1111 1111  端口 2
sbit P20    = P2^0;
sbit P21    = P2^1;
sbit P22    = P2^2;
sbit P23    = P2^3;
sbit P24    = P2^4;
sbit P25    = P2^5;
sbit P26    = P2^6;
sbit P27    = P2^7;
sfr P3      = 0xB0;    //1111 1111  端口 3
sbit P30    = P3^0;
sbit P31    = P3^1;
sbit P32    = P3^2;
sbit P33    = P3^3;
sbit P34    = P3^4;
sbit P35    = P3^5;
sbit P36    = P3^6;
sbit P37    = P3^7;
sfr P4      = 0xC0;    //1111 1111  端口 4
sbit P40    = P4^0;
sbit P41    = P4^1;
sbit P42    = P4^2;
sbit P43    = P4^3;
sbit P44    = P4^4;
```

```
sbit P45     =  P4^5;
sbit P46     =  P4^6;
sbit P47     =  P4^7;
sfr P5       =  0xC8;    //xxxx 1111  端口 5
sbit P50     =  P5^0;
sbit P51     =  P5^1;
sbit P52     =  P5^2;
sbit P53     =  P5^3;
sbit P54     =  P5^4;
sbit P55     =  P5^5;
sbit P56     =  P5^6;
sbit P57     =  P5^7;
sfr P6       =  0xE8;    //0000 0000  端口 6
sbit P60     =  P6^0;
sbit P61     =  P6^1;
sbit P62     =  P6^2;
sbit P63     =  P6^3;
sbit P64     =  P6^4;
sbit P65     =  P6^5;
sbit P66     =  P6^6;
sbit P67     =  P6^7;
sfr P7       =  0xF8;    //0000 0000  端口 7
sbit P70     =  P7^0;
sbit P71     =  P7^1;
sbit P72     =  P7^2;
sbit P73     =  P7^3;
sbit P74     =  P7^4;
sbit P75     =  P7^5;
sbit P76     =  P7^6;
sbit P77     =  P7^7;
sfr P0M0     =  0x94;    //0000 0000  端口 0 模式寄存器 0
sfr P0M1     =  0x93;    //0000 0000  端口 0 模式寄存器 1
sfr P1M0     =  0x92;    //0000 0000  端口 1 模式寄存器 0
sfr P1M1     =  0x91;    //0000 0000  端口 1 模式寄存器 1
sfr P2M0     =  0x96;    //0000 0000  端口 2 模式寄存器 0
sfr P2M1     =  0x95;    //0000 0000  端口 2 模式寄存器 1
sfr P3M0     =  0xB2;    //0000 0000  端口 3 模式寄存器 0
sfr P3M1     =  0xB1;    //0000 0000  端口 3 模式寄存器 1
sfr P4M0     =  0xB4;    //0000 0000  端口 4 模式寄存器 0
sfr P4M1     =  0xB3;    //0000 0000  端口 4 模式寄存器 1
sfr P5M0     =  0xCA;    //0000 0000  端口 5 模式寄存器 0
sfr P5M1     =  0xC9;    //0000 0000  端口 5 模式寄存器 1
sfr P6M0     =  0xCC;    //0000 0000  端口 6 模式寄存器 0
sfr P6M1     =  0xCB;    //0000 0000  端口 6 模式寄存器 1
sfr P7M0     =  0xE2;    //0000 0000  端口 7 模式寄存器 0
sfr P7M1     =  0xE1;    //0000 0000  端口 7 模式寄存器 1
```

```
                                        //系统管理特殊功能寄存器
sfr PCON          =   0x87;             //0001 0000  电源控制寄存器
sfr AUXR          =   0x8E;             //0000 0000  辅助寄存器
sfr AUXR1         =   0xA2;             //0000 0000  辅助寄存器 1
sfr P_SW1         =   0xA2;             //0000 0000  外部设备端口切换寄存器 1
sfr CLK_DIV       =   0x97;             //0000 0000  时钟分频控制寄存器
sfr BUS_SPEED     =   0xA1;             //xx10 x011  总线速率控制寄存器
sfr P1ASF         =   0x9D;             //0000 0000  端口 1 模拟功能配置寄存器
sfr P_SW2         =   0xBA;             //0xxx x000  外部设备端口切换寄存器
                                        //中断特殊功能寄存器
sfr IE            =   0xA8;             //0000 0000  中断控制寄存器
sbit EA           =   IE^7;
sbit ELVD         =   IE^6;
sbit EADC         =   IE^5;
sbit ES           =   IE^4;
sbit ET1          =   IE^3;
sbit EX1          =   IE^2;
sbit ET0          =   IE^1;
sbit EX0          =   IE^0;
sfr IP            =   0xB8;             //0000 0000  中断优先级寄存器
sbit PPCA         =   IP^7;
sbit PLVD         =   IP^6;
sbit PADC         =   IP^5;
sbit PS           =   IP^4;
sbit PT1          =   IP^3;
sbit PX1          =   IP^2;
sbit PT0          =   IP^1;
sbit PX0          =   IP^0;
sfr IE2           =   0xAF;             //0000 0000  中断控制寄存器 2
sfr IP2           =   0xB5;             //xxxx xx00  中断优先级寄存器 2
sfr INT_CLKO      =   0x8F;             //0000 0000  外部中断与时钟输出控制寄存器
                                        //定时器特殊功能寄存器
sfr TCON          =   0x88;             //0000 0000 T0/T1 控制寄存器
sbit TF1          =   TCON^7;
sbit TR1          =   TCON^6;
sbit TF0          =   TCON^5;
sbit TR0          =   TCON^4;
sbit IE1          =   TCON^3;
sbit IT1          =   TCON^2;
sbit IE0          =   TCON^1;
sbit IT0          =   TCON^0;
sfr TMOD          =   0x89;             //0000 0000 T0/T1 模式寄存器
sfr TL0           =   0x8A;             //0000 0000 T0 低字节
sfr TL1           =   0x8B;             //0000 0000 T1 低字节
sfr TH0           =   0x8C;             //0000 0000 T0 高字节
sfr TH1           =   0x8D;             //0000 0000 T1 高字节
```

```
sfr T4T3M       =   0xD1;      //0000 0000 T3/T4 模式寄存器
sfr T3T4M       =   0xD1;      //0000 0000 T3/T4 模式寄存器
sfr T4H         =   0xD2;      //0000 0000 T4 高字节
sfr T4L         =   0xD3;      //0000 0000 T4 低字节
sfr T3H         =   0xD4;      //0000 0000 T3 高字节
sfr T3L         =   0xD5;      //0000 0000 T3 低字节
sfr T2H         =   0xD6;      //0000 0000 T2 高字节
sfr T2L         =   0xD7;      //0000 0000 T2 低字节
sfr WKTCL       =   0xAA;      //0000 0000  掉电唤醒定时器低字节
sfr WKTCH       =   0xAB;      //0000 0000  掉电唤醒定时器高字节
sfr WDT_CONTR   =   0xC1;      //0000 0000  看门狗定时器控制寄存器
                               //串行通信端口特殊功能寄存器
sfr SCON        =   0x98;      //0000 0000 串行通信端口 1 控制寄存器
sbit SM0        =   SCON^7;
sbit SM1        =   SCON^6;
sbit SM2        =   SCON^5;
sbit REN        =   SCON^4;
sbit TB8        =   SCON^3;
sbit RB8        =   SCON^2;
sbit TI         =   SCON^1;
sbit RI         =   SCON^0;
sfr SBUF        =   0x99;      //xxxx xxxx 串行通信端口 1 数据寄存器
sfr S2CON       =   0x9A;      //0000 0000 串行通信端口 2 控制寄存器
sfr S2BUF       =   0x9B;      //xxxx xxxx 串行通信端口 2 数据寄存器
sfr S3CON       =   0xAC;      //0000 0000 串行通信端口 3 控制寄存器
sfr S3BUF       =   0xAD;      //xxxx xxxx 串行通信端口 3 数据寄存器
sfr S4CON       =   0x84;      //0000 0000 串行通信端口 4 控制寄存器
sfr S4BUF       =   0x85;      //xxxx xxxx 串行通信端口 4 数据寄存器
sfr SADDR       =   0xA9;      //0000 0000  从机地址寄存器
sfr SADEN       =   0xB9;      //0000 0000  从机地址屏蔽寄存器
                               //ADC  特殊功能寄存器
sfr ADC_CONTR   =   0xBC;      //0000 0000 A/D 转换控制寄存器
sfr ADC_RES     =   0xBD;      //0000 0000 A/D 转换结果高 8 位
sfr ADC_RESL    =   0xBE;      //0000 0000 A/D 转换结果低 2 位
                               //SPI  特殊功能寄存器
sfr SPSTAT      =   0xCD;      //00xx xxxx SPI 状态寄存器
sfr SPCTL       =   0xCE;      //0000 0100 SPI 控制寄存器
sfr SPDAT       =   0xCF;      //0000 0000 SPI 数据寄存器
                               //IAP/ISP  特殊功能寄存器
sfr IAP_DATA    =   0xC2;      //0000 0000 EEPROM 数据寄存器
sfr IAP_ADDRH   =   0xC3;      //0000 0000 EEPROM 地址高字节
sfr IAP_ADDRL   =   0xC4;      //0000 0000 EEPROM 地址低字节
sfr IAP_CMD     =   0xC5;      //xxxx xx00 EEPROM 指令寄存器
sfr IAP_TRIG    =   0xC6;      //0000 0000 EEPRPM 指令触发寄存器
sfr IAP_CONTR   =   0xC7;      //0000 x000 EEPROM 控制寄存器
//PCA/PWM  特殊功能寄存器
```

```
sfr CCON        = 0xD8;    //00xx xx00 PCA 控制寄存器
sbit CF         = CCON^7;
sbit CR         = CCON^6;
sbit CCF2       = CCON^2;
sbit CCF1       = CCON^1;
sbit CCF0       = CCON^0;
sfr CMOD        = 0xD9;    //0xxx x000 PCA 工作模式寄存器
sfr CL          = 0xE9;    //0000 0000 PCA 计数器低字节
sfr CH          = 0xF9;    //0000 0000 PCA 计数器高字节
sfr CCAPM0      = 0xDA;    //0000 0000 PCA 模块 0 的 PWM 寄存器
sfr CCAPM1      = 0xDB;    //0000 0000 PCA 模块 1 的 PWM 寄存器
sfr CCAPM2      = 0xDC;    //0000 0000 PCA 模块 2 的 PWM 寄存器
sfr CCAP0L      = 0xEA;    //0000 0000 PCA 模块 0 的捕捉/比较寄存器低字节
sfr CCAP1L      = 0xEB;    //0000 0000 PCA 模块 1 的捕捉/比较寄存器低字节
sfr CCAP2L      = 0xEC;    //0000 0000 PCA 模块 2 的捕捉/比较寄存器低字节
sfr PCA_PWM0    = 0xF2;    //xxxx xx00 PCA 模块 0 的 PWM 寄存器
sfr PCA_PWM1    = 0xF3;    //xxxx xx00 PCA 模块 1 的 PWM 寄存器
sfr PCA_PWM2    = 0xF4;    //xxxx xx00 PCA 模块 2 的 PWM 寄存器
sfr CCAP0H      = 0xFA;    //0000 0000 PCA 模块 0 的捕捉/比较寄存器高字节
sfr CCAP1H      = 0xFB;    //0000 0000 PCA 模块 1 的捕捉/比较寄存器高字节
sfr CCAP2H      = 0xFC;    //0000 0000 PCA 模块 2 的捕捉/比较寄存器高字节
                           //比较器特殊功能寄存器
sfr CMPCR1      = 0xE6;    //0000 0000 比较器控制寄存器 1
sfr CMPCR2      = 0xE7;    //0000 0000 比较器控制寄存器 2
                           //增强型 PWM 波形发生器特殊功能寄存器
sfr PWMCFG      = 0xf1;    //x000 0000 PWM 配置寄存器
sfr PWMCR       = 0xf5;    //0000 0000 PWM 控制寄存器
sfr PWMIF       = 0xf6;    //x000 0000 PWM 中断标志寄存器
sfr PWMFDCR     = 0xf7;    //xx00 0000 PWM 外部异常检测控制寄存器
#endif
```

（2）STC15W4K32S4 单片机 I/O 口初始化文件（gpio.h）。

① 程序文件说明：该文件对 STC15 系列单片机的 I/O 口进行初始化，将 I/O 口的状态设置为准双向口，文件名称为 gpio.h，初始化 I/O 口的函数为 GPIO()。

② 程序清单如下。

```
void GPIO()         //初始化 I/O 口
{
    P0M1=0;
    P0M0=0;
    P1M1=0;
    P1M0=0;
    P2M1=0;
    P2M0=0;
    P3M1=0;
    P3M0=0;
```

```
        P4M1=0;
        P4M0=0;
        P5M1=0;
        P5M0=0;
    }
```

（3）STC15W4K32S4 单片机学习板 LED 数码管驱动文件（595hc.h）。

① 程序文件说明：该程序文件是 LED 数码管 595 芯片驱动程序，名称为 595hc.h。显示缓冲区为 Dis_buf[]数组，Dis_buf[0]是最高位，Dis_buf[7]是最低位；显示函数为 display()。

② 程序清单如下。

```
    /*-------------I/O 口定义---------------*/
    sbit P_HC595_SER=P4^0;              //pin 14    SER       data input
    sbit P_HC595_RCLK=P5^4;             //pin 12    RCLk      store (latch) clock
    sbit P_HC595_SRCLK=P4^3;            //pin 11    SRCLK     Shift data clock
    /*-------------段控制码、位控制码、显示缓冲区的定义 ---------------*/
    uchar  code  SEG7[]={0x3F,0x06,0x5B,0x4F,0x66,0x6D,0x7D,0x07,0x7F,0x6F,0x77,0x7C,0x39,0x5E,
0x79, 0x71,0x00};
    // “0、1、2、3、4、5、6、7、8、9、A、B、C、D、E、F、灭”的共阴极字形码
    uchar code Scon_bit[]={0xfe,0xfd,0xfb,0xf7,0xef,0xdf,0xbf,0x7f};  //位控制码
    uchar data Dis_buf[]={16,16,16,16,16,16,16,0};                    //显示缓冲区定义
    void Delay1ms()       //@11.0592MHz
    {
        unsigned char i, j;

        _nop_();
        _nop_();
        _nop_();
        i = 11;
        j = 190;
        do
        {
            while (--j);
        } while (--i);
    }
    /*------------ 向 595 发送字节函数----------------*/
    void F_Send_595(uchar x)
    {
        uchar i;
        for(i=0;i<8;i++)
        {
            x=x<<1;
            P_HC595_SER=CY;
            P_HC595_SRCLK=1;
            P_HC595_SRCLK=0;
        }
```

```
}
/*------------ LED 数码管显示函数----------------*/
void display(void)
{
    uchar i;
    for(i=0;i<8;i++)
        {
         F_Send_595(Scon_bit[i]);
         F_Send_595(SEG7[Dis_buf[i]]);
         P_HC595_RCLK=1;
         P_HC595_RCLK=0;
        Delay1ms();
    }
}
```

附录 G　U8 脱机编程器的操作使用

（1）U8 脱机编程器的用途。

U8 脱机编程器用于生产现场批量生产，适用于所有 STC15 系列单片机。

（2）U8 脱机编程器的面板图。

U8 脱机编程器的面板图如图 G.1 所示，图 G.1 中标识了与计算机的连接接口、目标芯片的放置位置，以及脱机烧录用户程序按键。

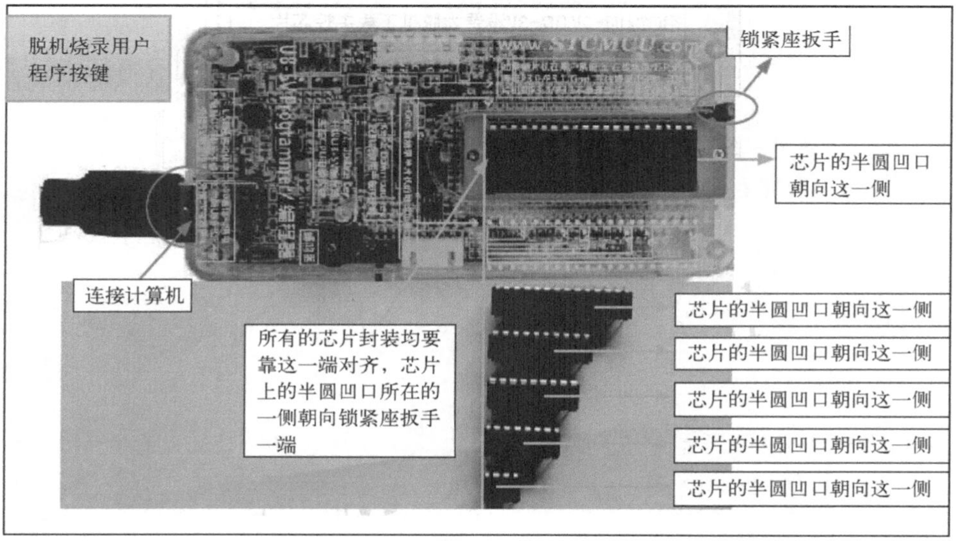

图 G.1　U8 脱机编程器的面板图

（3）U8 脱机编程的操作步骤。

① 用 USB 线将计算机与 U8 脱机下载器相连。

② 启动 STC-ISP 在线编程软件，选择好目标芯片的型号，打开要下载的程序文件。

③ 选择“脱机下载/U8/U7”选项，如图 G.2 所示。

④ 在脱机下载界面，设置脱机编程数量，其他选项一般按默认设置即可。

⑤ 单击“将用户程序下载到 U8/U7 编程器以供脱机下载”按钮，系统自动启动下载，将用户程序下载到 U8 脱机编程器。

⑥ 手动按下 U8 脱机编程器的脱机烧录用户程序按键，U8 脱机编程器就进入脱机编程状态。

将要烧录的目标芯片正确放入烧录 IC 座，压下拉杆，锁紧目标芯片，系统会自动识别用户程序并将其烧录到目标芯片中，烧录完成后，会发出“烧录结束”提示音，此时松开拉杆，取出芯片即可。重复上述过程，就可实现批量烧录芯片，当烧录芯片数量超过设置的编程数量时，此次的脱机下载自动结束。

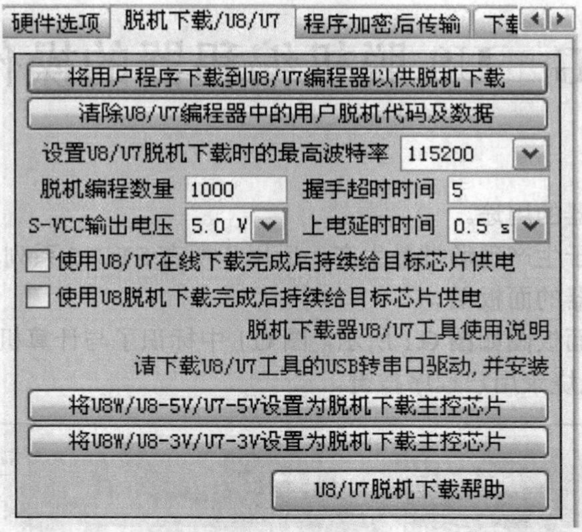

图 G.2　STC-ISP 在线编程软件的设置脱机编程界面

附录 H　STC15W4K32S4 单片机特殊功能寄存器一览表

表 H.1　STC15W4K32S4 单片机特殊功能寄存器表（一）

符号	寄存器名称	地址	位地址与符号								复位值
			B7	B6	B5	B4	B3	B2	B1	B0	
P0	P0 端口	80H	—								1111 1111
SP	堆栈指针	81H	—								0000 0111
DPL	数据指针（低字节）	82H	—								0000 0000
DPH	数据指针（高字节）	83H	—								0000 0000
S4CON	串行通信端口 4 控制寄存器	84H	S4SM0	S4ST4	S4SM2	S4REN	S4TB8	S4RB8	S4TI	S4RI	0000 0000
S4BUF	串行通信端口 4 数据寄存器	85H									0000 0000
PCON	电源控制寄存器	87H	SMOD	SMOD0	LVDF	POF	GF1	GF0	PD	IDL	0011 0000
TCON	定时器控制寄存器	88H	TF1	TR1	TF0	TR0	IE1	IT1	IE0	IT0	0000 0000
TMOD	定时器模式寄存器	89H	GATE	C/T	M1	M0	GATE	C/T	M1	M0	0000 0000
TL0	定时/计数器 0 低 8 为寄存器	8AH	—								0000 0000
TL1	定时/计数器 1 低 8 为寄存器	8BH	—								0000 0000
TH0	定时/计数器 0 高 8 为寄存器	8CH	—								0000 0000
TH1	定时/计数器 1 高 8 为寄存器	8DH	—								0000 0000
AUXR	辅助寄存器 1	8EH	T0x12	T1x12	UART_M0x6	T2R	T2_C/T	T2x12	EXTRAM	S1ST2	0000 0001
INT_CLKO	中断与时钟输出控制寄存器	8FH	—	EX4	EX3	EX2	—	T2CLKO	T1CLKO	T0CLKO	x000 x000
P1	P1 端口	90H	—								1111 1111
P1M1	P1 口配置寄存器 1	91H	—								0000 0000
P1M0	P1 口配置寄存器 0	92H	—								0000 0000
P0M1	P0 口配置寄存器 1	93H	—								0000 0000
P0M0	P0 口配置寄存器 0	94H	—								0000 0000
P2M1	P2 口配置寄存器 1	95H	—								0000 0000
P2M0	P2 口配置寄存器 0	96H	—								0000 0000
CLK_DIV	时钟分频寄存器	97H	MCKO_S1	MCKO_S0	ADRJ	TX_RX	—	CLKS2	CLKS1	CLKS0	0000 x000
SCON	串行通信端口 1 控制寄存器	98H	SM0/FE	SM1	SM2	REN	TB8	RB8	TI	RI	0000 0000
SBUF	串行通信端口 1 数据寄存器	99H	—								0000 0000
S2CON	串行通信端口 2 控制寄存器	9AH	S2SM0	—	S2SM2	S2REN	S2TB8	S2RB8	S2TI	S2RI	0100 0000
S2BUF	串行通信端口 2 数据寄存器	9BH	—								0000 0000

续表

符号	寄存器名称	地址	位地址与符号								复位值
			B7	B6	B5	B4	B3	B2	B1	B0	
P1ASF	模拟输入端口设置寄存器	9DH	P17ASF	P16ASF	P15ASF	P14ASF	P13ASF	P12ASF	P11ASF	P10ASF	0000 0000
P2	P2 端口	A0H				—					1111 1111
BUS_SPEED	总线速度控制寄存器	A1H	—	—	—	—	—	—	EXRTS[1:0]		xxxx xx10
P_SW1	外设端口切换寄存器 1	A2H	S1_S1	S1_S0	CCP_S1	CCP_S0	SPI_S1	SPI_S0	0	DPS	0000 0000
IE	中断允许寄存器	A8H	EA	ELVD	EADC	ES	ET1	EX1	ET0	EX0	0000 0000
WKTCL	掉电唤醒定时器低字节	AAH				—					1111 1111
WKTCH	掉电唤醒定时器高字节	ABH	WKTEN				—				0111 1111
S3CON	串行通信端口 3 控制寄存器	ACH	S3SM0	S3ST3	S3SM2	S3REN	S3TB8	S3RB8	S3TI	S3RI	0000 0000
S3BUF	串行通信端口 3 数据寄存器	ADH				—					0000 0000
IE2	中断允许寄存器 2	AFH	—	ET4	ET3	ES4	ES3	ET2	ESPI	ES2	x000 0000
P3	P3 端口	B0H				—					1111 1111
P3M1	P3 口配置寄存器 1	B1H				—					n000 0000
P3M0	P3 口配置寄存器 0	B2H				—					n000 0000
P4M1	P4 口配置寄存器 1	B3H				—					0000 0000
P4M0	P4 口配置寄存器 0	B4H				—					0000 0000
IP2	中断优先级控制寄存器 2	B5H	—	—	—	PX4	PPWMFD	PPWM	PSPI	PS2	x000 0000
IP	中断优先级控制寄存器	B8H	PPCA	PLVD	PADC	PS	PT1	PX1	PT0	PX0	0000 0000
SADEN	串行通信端口 1 从机地址屏蔽寄存器	B9H				—					0000 0000
P_SW2	外设端口切换寄存器 2	BAH	EAXSFR	—	0	0	—	S4_S	S3_S	S2_S	0000 x000
ADC_CONTR	A/D 转换控制寄存器	BCH	ADC_POWER	SPEED1	SPEED0	ADC_FLAG	ADC_START	CHS2	CHS1	CHS0	0000 0000
ADC_RES	A/D 转换结果高位寄存器	BDH				—					0000 0000
ADC_RESL	A/D 转换结果低位寄存器	BEH				—					0000 0000
P4	P4 端口	C0H				P4[7:0]					1111 1111
WDT_CONTR	看门狗定时器控制寄存器	C1H	WDT_FLAG	—	EN_WDT	CLR_WDT	IDL_WDT	PS2	PS1	PS0	0x00 0000
IAP_DATA	IAP 数据寄存器	C2H				—					1111 1111
IAP_ADDRH	IAP 高地址寄存器	C3H				—					0000 0000
IAP_ADDRL	IAP 低地址寄存器	C4H				—					0000 0000
IAP_CMD	IAP 指令寄存器	C5H	—	—	—	—	—	—	CMD[1:0]		xxxx xx00
IAP_TRIG	IAP 触发寄存器	C6H									xxxx xxxx
IAP_CONTR	IAP 控制寄存器	C7H	IAPEN	SWBS	SWRST	CMD_FAIL	-	WT2	WT1	WT0	0000 x000
P5	P5 端口	C8H	—	—				—			xx11 1111
P5M1	P5 口配置寄存器 1	C9H	—	—				—			xx11 1111
P5M0	P5 口配置寄存器 0	CAH	—	—				—			xx11 1111
SPSTAT	SPI 状态寄存器	CDH	SPIF	WCOL	—	—	—	—	—	—	00xx xxxx

续表

符号	寄存器名称	地址	位地址与符号								复位值
			B7	B6	B5	B4	B3	B2	B1	B0	
SPCTL	SPI 控制寄存器	CEH	SSIG	SPEN	DORD	MSTR	CPOL	CPHA	SPR[1:0]		0000 0100
SPDAT	SPI 数据寄存器	CFH	—								0000 0000
PSW	程序状态字寄存器	D0H	CY	AC	F0	RS1	RS0	OV	—	P	0000 00x0
T4T3M	定时/计数器 4/3 控制寄存器	D1H	T4R	T4_C/T	T4x12	T4CLKO	T3R	T3_C/T	T3x12	T3CLKO	0000 0000
T4H	定时/计数器 4 高字节	D2H	—								0000 0000
T4L	定时/计数器 4 低字节	D3H	—								0000 0000
T3H	定时/计数器 3 高字节	D4H	—								00000000
T3L	定时/计数器 3 低字节	D5H	—								0000 0000
T2H	定时/计数器 2 高字节	D6H	—								0000 0000
T2L	定时/计数器 2 低字节	D7H	—								0000 0000
CCON	PCA 控制寄存器	D8H	CF	CR	—	—	—	—	CCF1	CCF0	00xx 0000
CMOD	PCA 模式寄存器	D9H	CIDL	—	—	—	CPS2	CPS1	CPS0	ECF	0xxx 0000
CCAPM0	PCA 模块 0 模式控制寄存器	DAH	—	ECOM0	CAPP0	CAPN0	MAT0	TOG0	PWM0	ECCF0	x000 0000
CCAPM1	PCA 模块 1 模式控制寄存器	DBH	—	ECOM1	CAPP1	CAPN1	MAT1	TOG1	PWM1	ECCF1	x000 0000
ACC	累加器	E0H	—								0000 0000
CMPCR1	比较器控制寄存器 1	E6H	CMPEN	CMPIF	PIE	NIE	PIS	NIS	CMPOE	CMPRES	0000 0000
CMPCR2	比较器控制寄存器 2	E7H	INVCMPO	DISFLT	LCDTY[5:0]						0000 0000
CL	PCA 计数器低字节	E9H	—								0000 0000
CCAP0L	PCA 模块 0 低字节	EAH	—								00000000
CCAP1L	PCA 模块 1 低字节	EBH	—								0000 0000
B	B 寄存器	F0H	—								0000 0000
PWMCFG	增强型 PWM 配置寄存器	F1H	—	CBTADC	C7INI	C6INI	C5INI	C4INI	C3INI	C2INI	x000 0000
PCA_PWM0	PCA0 的 PWM 模式寄存器	F2H	EBS0_1	EBS0_0	—	—	—	—	EPC0H	EPC0L	00xx xx00
PCA_PWM1	PCA1 的 PWM 模式寄存器	F3H	EBS1_1	EBS1_0	—	—	—	—	EPC1H	EPC1L	00xx xx00
PWMCR	PWM 控制寄存器	F5H	ENPWM	ECBI	ENC7O	ENC6O	ENC5O	ENC4O	ENC3O	ENC2O	0000 0000
PWMIF	增强型 PWM 中断标志寄存器	F6H	—	CBIF	C7IF	C6IF	C5IF	C4IF	C3IF	C2IF	x000 0000
PWMFDCR	PWM 异常检测控制寄存器	F7H	—	—	ENFD	FLTFLIO	EFDI	FDCMP	FDIO	FDIF	xx00 0000
CH	PCA 计数器高字节	F9H	—								0000 0000
CCAP0H	PCA 模块 0 高字节	FAH	—								0000 0000
CCAP1H	PCA 模块 1 高字节	FBH	—								0000 0000
PWMCR	PWM 控制寄存器	FEH	ENPWM	ECBI	—	—	—	—	—	—	00xx xxxx
RSTCFG	复位配置寄存器	FFH	—	ENLVR	—	P54RST	—	—	LVDS[1:0]		0000 0000

表 H.2　STC15W4K32S4 单片机特殊功能寄存器表（二）

符号	寄存器名称	地址	位地址与符号								复位值
			B7	B6	B5	B4	B3	B2	B1	B0	
PWMCH	PWM 计数器高字节	FFF0H	—				—				x000 0000
PWMCL	PWM 计数器低字节	FFF1H					—				0000 0000
PWMCKS	PWM 时钟选择	FFF2H	—	—	—	SELT2	PWM_PS[3:0]				xxx0 0000
TADCPH	触发 A/D 转换计数值高字节	FFF3H	—				—				x000 0000
TADCPL	触发 A/D 转换计数值低字节	FFF4H					—				0000 0000
PWM2T1H	PWM2T1 计数值高字节	FF00H	—				—				x000 0000
PWM2T1L	PWM2T1 计数值低字节	FF01H					—				0000 0000
PWM2T2H	PWM2T2 数值高字节	FF02H	—				—				x000 0000
PWM2T2L	PWM2T2 数值低字节	FF03H					—				0000 0000
PWM2CR	PWM2 控制寄存器	FF04H	—	—	—	—	PWM2_PS	EPWM2I	EC2T2SI	EC2T1SI	xxxx 0000
PWM3T1H	PWM3T1 计数值高字节	FF10H	—				—				x000 0000
PWM3T1L	PWM3T1 计数值低字节	FF11H					—				0000 0000
PWM3T2H	PWM3T2 数值高字节	FF12H	—				—				x000 0000
PWM3T2L	PWM3T2 数值低字节	FF13H					—				0000 0000
PWM3CR	PWM3 控制寄存器	FF14H	—	—	—	—	PWM3_PS	EPWM3I	EC3T2SI	EC3T1SI	xxxx 0000
PWM4T1H	PWM4T1 计数值高字节	FF20H	—				—				x000 0000
PWM4T1L	PWM4T1 计数值低字节	FF21H					—				00000000
PWM4T2H	PWM4T2 数值高字节	FF22H	—				—				x000 0000
PWM4T2L	PWM4T2 数值低字节	FF23H					—				0000 000
PWM4CR	PWM4 控制寄存器	FF24H	—	—	—	—	PWM4_PS	EPWM4I	EC4T2SI	EC4T1SI	xxxx 0000
PWM5T1H	PWM5T1 计数值高字节	FF30H	—				—				x000 0000
PWM5T1L	PWM5T1 计数值低字节	FF31H					—				0000 000
PWM5T2H	PWM5T2 数值高字节	FF32H	—				—				x000 000
PWM5T2L	PWM5T2 数值低字节	FF33H					—				0000 000
PWM5CR	PWM5 控制寄存器	FF34H	—	—	—	—	PWM5_PS	EPWM5I	EC5T2SI	EC5T1SI	xxx 000
PWM6T1H	PWM6T1 计数值高字节	FF40H	—				—				x000 000
PWM6T1L	PWM6T1 计数值低字节	FF41H					—				0000 000
PWM6T2H	PWM6T2 数值高字节	FF42H	—				—				x000 000
PWM6T2L	PWM6T2 数值低字节	FF43H					—				0000 000
PWM6CR	PWM6 控制寄存器	FF44H	—	—	—	—	PWM6_PS	EPWM6I	EC6T2SI	EC6T1SI	xxx 000
PWM7T1H	PWM7T1 计数值高字节	FF50H	—				—				x000 000
PWM7T1L	PWM7T1 计数值低字节	FF51H					—				0000 000
PWM7T2H	PWM7T2 数值高字节	FF52H	—				—				x000 000
PWM7T2L	PWM7T2 数值低字节	FF53H					—				0000 000
PWM7CR	PWM7 控制寄存器	FF54H	—	—	—	—	PWM7_PS	EPWM7I	EC7T2SI	EC7T1SI	xxx 000

附录 I　C 语言编译常见错误信息一览表

表 I.1　C 语言编译常见错误信息一览表

序号	错误信息	错误信息说明
1	Bad call of in-line function	内部函数非法调用，在使用一个宏定义的内部函数时，没能正确调用
2	Irreducible expression tree	不可约表达式树，这种错误指的是文件行中的表达式太复杂，使得代码生成程序无法为它生成代码
3	Register allocation failure	存储器分配失败，这种错误指的是文件行中的表达式太复杂，代码生成程序无法为它生成代码
4	#operator not followed by maco argument name	“#”后没跟宏变量名称，在宏定义中，“#”用于标识一宏变串。“#”后必须跟一个宏变量名称
5	'xxxxxx' not an argument	“xxxxxx”不是函数参数，在源程序中将该标识符定义为一个函数参数，但此标识符没有在函数中出现
6	Ambiguous symbol 'xxxxxx'	二义性符“xxxxxx”，两个或多个结构的某一域名相同，但具有的偏移、类型不同
7	Argument # missing name	参数#名丢失。参数名已脱离用于定义函数的函数原型。如果函数以原型定义，该函数必须包含所有的参数名
8	Argument list syntax error	参数表出现语法错误，函数调用的参数间必须以逗号隔开，并以一个右括号结束。若源文件中含有一个其后不是逗号也不是右括号的参数，则出错
9	Array bounds missing	数组的界限符“]”丢失。在源文件中定义了一个数组，但此数组没有以右方括号结束
10	Array size too large	数组太大。定义的数组太大，超过了可用内存空间
11	Assembler statement too long	汇编语句太长。内部汇编语句最长不能超过 480 字节
12	Bad configuration file	配置文件不正确。TURBOC.CFG 配置文件中包含的不是合适指令行选择项的注解文字。配置文件指令选择项必须以一个短横线开始
13	Bad file name format in include directive	包含指令中文件名格式不正确，包含文件名必须用引号或尖括号括起来，否则将产生本类错误。如果使用了宏，则产生的扩展文本也不正确，因为没有引号无法识别
14	Bad ifdef directive syntax	ifdef 指令语法错误，#ifdef 必须以单个标识符（只此一个）作为 ifdef 指令的体
15	Bad ifndef directive syntax	ifndef 指令语法错误，#ifndef 必须以单个标识符(只此一个)作为 ifdef 指令的体
16	Bad undef directive syntax	undef 指令语法错误，#undef 必须以单个标识符(只此一个)作为 undef 指令的体
17	Bad file size syntax	位字段长语法错误，一个位字段长必须是 1～16 位的常量表达式
18	Call of non-function	调用未定义函数，正被调用的函数无定义，通常由不正确的函数声明或函数名拼错造成
19	Cannot modify a const object	不能修改一个常量对象。对定义为常量的对象进行不合法操作（如常量赋值）引起本错误
20	Case outside of switch	case 语句出现在 switch 语句外。编译程序发现 case 语句出现在 switch 语句之外，这类故障通常是由括号不匹配造成的
21	Case statement missing	case 语句漏掉，case 语句必须包含一个以冒号结束的常量表达式，如果漏了冒号或在冒号前多了其他符号，则会出现此类错误
22	Character constant too long	字符常量太长，字符常量的长度通常只能是一个或两个字符长，超过此长度则会出现这种错误

续表

序号	错误信息	错误信息说明
23	Compound statement missing	漏掉复合语句，编译程序扫描到源文件末时，未发现结束符号（大括号），此类故障通常是由大括号不匹配导致的
24	Conflicting type modifiers	类型修饰符冲突。对于同一指针，只能指定一种变址修饰符（如 near 或 far）；而对于同一函数，也只能给出一种语言修饰符（如 Cdecl、pascal 或 interrupt）
25	Constant expression required	需要常量表达式。数组的大小必须是常量，本错误通常由#define 常量的拼写错误引起
26	Could not find file 'xxxxxx.xxx'	找不到"xxxxxx.xx"文件。编译程序找不到指令行上给出的文件
27	Declaration missing	漏掉了说明。当源文件中包含一个 struct 或 union 域声明，而后面漏掉了分号，则会出现此类错误
28	Declaration needs type or storage class	说明必须给出类型或存储类。正确的变量说明必须指出变量类型，否则会出现此类错误
29	Declaration syntax error	说明出现语法错误。在源文件中，若某个说明丢失了某些符号或输入多余的符号，则会出现此类错误
30	Default outside of switch	default 语句在 switch 语句外出现。这类错误通常是由括号不匹配引起的
31	Define directive needs an identifier	define 指令后面必须有一个标识符。#define 后面的第一个非空格符必须是一个标识符，若该位置出现其他字符，则会出现此类错误
32	Division by zero	除数为零。当源文件的常量表达式出现除数为零的情况，则会出现此类错误
33	Do statement must have while	do 语句中必须有 while 关键字，若源文件中包含了一个无 while 关键字的 do 语句，则出现本错误
34	DO while statement missing(	do while 语句中漏掉了符号"("，在 do 语句中。若 while 关键字后无左括号，则出现本错误
35	Do while statement missing;	do while 语句中掉了分号。在 do 语句的条件表达式中，若右括号后面无分号则出现此类错误
36	Duplicate Case	case 情况不唯一。switch 语句的每个 case 必须有一个唯一的常量表达式值，否则会出现此类错误
37	Enum syntax error	enum 语法错误。若 enum 说明的标识符表格式不对，将会引起此类错误
38	Enumeration constant syntax error	枚举常量语法错误。若赋给 enum 类型变量的表达式值不为常量，则会出现此类错误
39	Error Directive : xxxx	error 指令：xxxx。源文件处理#error 指令时，显示该指令指出的信息
40	Error Writing output file	写输出文件错误。这类错误通常是由磁盘空间已满，无法进行写入操作造成的
41	Expression syntax error	表达式语法错误。本错误通常是由出现两个连续的操作符、括号不匹配、缺少括号、前一语句漏掉了分号引起的
	Extra parameter in call	调用时出现多余参数。在调用函数时，其实际参数个数多于函数定义中的参数个数
42	Extra parameter in call to xxxxxx	调用 xxxxxx 函数时出现了多余参数
43	File name too long	文件名太长。#include 给出的文件名太长，致使编译程序无法处理，则会出现此类错误
44	For statement missing)	for 语句缺少")"。在 for 语句中，如果控制表达式后缺少右括号，则会出现此类错误
45	For statement missing(	for 语句缺少"("
46	For statement missing;	for 语句缺少";"
47	Function call missing)	函数调用缺少")"。如果函数调用的参数表漏掉了右括号或括号不匹配，则会出现此类错误
48	Function definition out of place	函数定义位置错误
49	Function doesn't take a variable number of argument	函数不接受可变的参数个数
50	Goto statement missing label	goto 语句缺少标号

续表

序号	错误信息	错误信息说明
51	If statement missing	if 语句缺少“(”
52	If statement missing)	if 语句缺少“)”
53	Illegal initialization	非法初始化
54	Illegal octal digit	非法八进制数
55	Illegal pointer subtraction	非法指针相减
56	Illegal structure operation	非法结构操作
57	Illegal use of floating point	浮点运算非法
58	Illegal use of pointer	指针使用非法
59	Improper use of a typedef symbol	typedef 符号使用不当
60	Incompatible storage class	不相容的存储类型
61	Incompatible type conversion	不相容的类型转换
62	Incorrect command line argument:xxxxxx	不正确的指令行参数：xxxxxx
63	Incorrect command file argument:xxxxxx	不正确的配置文件参数：xxxxxx
64	Incorrect number format	不正确的数据格式
65	Incorrect use of default	default 不正确使用
66	Initializer syntax error	初始化语法错误
67	Invaild indirection	无效的间接运算
68	Invalid macro argument separator	无效的宏参数分隔符
69	Invalid pointer addition	无效的指针相加
70	Invalid use of dot	点使用错误
71	Macro argument syntax error	宏参数语法错误
72	Macro expansion too long	宏扩展太长
73	Mismatch number of parameters in definition	定义中参数个数不匹配
74	Misplaced break	break 位置错误
75	Misplaced continue	位置错
76	Misplaced decimal point	十进制小数点位置错
77	Misplaced else	else 位置错
78	Misplaced else driective	else 指令位置错
80	Misplaced endif directive	endif 指令位置错
81	Must be addressable	必须是可编址的
82	Must take address of memory location	必须是内存一地址
83	No file name ending	无文件终止符
84	No file names given	未给出文件名
85	Non-portable pointer assignment	对不可移植的指针赋值
86	Non-portable pointer comparison	不可移植的指针比较
87	Non-portable return type conversion	不可移植的返回类型转换
88	Not an allowed type	不允许的类型
89	Out of memory	内存不够
90	Pointer required on left side of	操作符左边需要是一指针

续表

序号	错误信息	错误信息说明
91	Redeclaration of 'xxxxxx'	"xxxxxx"重新定义
92	Size of structure or array not known	结构或数组大小不定
93	Statement missing;	语句缺少";"
94	Structure or union syntax error	结构或联合语法错误
95	Structure size too large	结构太大
96	Subscription missing]	下标缺少"]"
97	Switch statement missing (	switch 语句缺少"("
98	Switch statement missing)	switch 语句缺少")"
99	Too few parameters in call	函数调用参数太少
	Too few parameter in call to'xxxxxx'	调用"xxxxxx"时参数太少
100	Too many cases	case 太多
101	Too many decimal points	十进制小数点太多
102	Too many default cases	defaut 太多
103	Too many exponents	阶码太多
104	Too many initializers	初始化太多
105	Too many storage classes in declaration	说明中存储类型太多
106	Too many types in decleration	说明中类型太多
107	Too much auto memory in function	函数中自动存储太多
108	Too much global define in file	文件中定义的全局数据太多
109	Type mismatch in parameter #	参数"#"类型不匹配
110	Type mismatch in parameter # in call to 'XXXXXXX'	调用"XXXXXXX"时参数"#"类型不匹配
111	Type missmatch in parameter 'XXXXXXX'	参数"XXXXXXX"类型不匹配
112	Type mismatch in parameter 'XXXXXXXX' in call to 'YYYYYYYY'	调用"YYYYYYYY"时参数"XXXXXXXX"数据类型不匹配
113	Type mismatch in redeclaration of 'XXX'	重新定义类型不匹配
114	Unable to creat output file 'XXXXXXXX.XXX'	不能创建输出文件"XXXXXXXX.XXX"
115	Unable to create turboc.lnk	不能创建 turboc.lnk
116	Unable to execute command 'xxxxxxxx'	不能执行"xxxxxxxx"指令
117	Unable to open inputfile 'xxxxxxx.xxx'	不能打开输入文件"xxxxxxxx.xxx"
118	Undefined label 'xxxxxxx'	标号"xxxxxxx"未定义
119	Undefined structure 'xxxxxxxxx'	结构"xxxxxxxxxx"未定义
120	Undefined symbol 'xxxxxxx'	符号"xxxxxxxx"未定义
121	Unexpected end of file in comment started on line #	源文件在某个注释中意外结束
122	Unexpected end of file in conditional stated on line #	源文件在"#"行开始的条件语句中意外结束
123	Unknown preprocessor directive 'xxx'	不认识的预处理指令:"xxx"
124	Untermimated character constant	未终结的字符常量
125	Unterminated string	未终结的串
126	Unterminated string or character constant	未终结的串或字符常量
127	User break	用户中断
128	Value required	赋值请求

续表

序号	错误信息	错误信息说明
129	While statement missing (	while 语句漏掉 “(”
130	While statement missing)	while 语句漏掉 “)”
131	Wrong number of arguments in of 'xxxxxxxx'	调用“xxxxxxxx”时参数个数错误

附录 J　C51 的模块化编程与 C51 库函数的制作

在开发单片机时广泛采用 C 语言进行编程，通常会将一些常用功能函数，如 LED 数码管显示函数、LCD1602 显示函数等独立出来，单独存储在一个文件中，文件扩展名可为“.c”或“.h”。初学 C 语言时，为了更直观，一般直接在主函数中采用包含的方法，把调用函数所在的文件包含到主函数文件中，使用时直接调用即可。

为了更好地对源程序进行管理，一般采用模块化方式编程；有时，为了保护自己的劳动成果、保护自己的知识产权，可对自定义的函数进行加密，将自定义的功能函数进行封装，制作属于自己的库函数。下面介绍 C51 的模块化编程与 C51 库函数的制作。

一、C51 的模块化编程

1. 模块化编程思想

模块化编程思想其实就是将程序分为一个个模块来使用，一个模块分为两个部分：一个是功能模块源程序.c 文件；另一个是调用模块的.h 头文件。

2. 模块化编程

下面以 LED 数码管显示为例来说明模块化编程的方法。

通用独立的 LED 数码管显示功能函数的文件如图 J.1 所示，该文件可以存储为“.c”或“.h”格式文件，如“display.c”或“display.h”，供主函数文件包含以及调用。当进行模块化编程时，需要分别设计功能模块源程序.c 文件和调用模块的.h 头文件。

```
#include<stc15.h>
#include<intrins.h>
#define font_PORT  P0             //定义字形码输出端口
#define position_PORT  P2         //定义位控制码输出端口
uchar code  SEG7[]={0x3f,0x06,0x5b,0x4f,0x66,0x6d,0x7d,0x07,0x7f,0x6f,0x77,
                    0x7c,0x39,0x5e,0x79,0x71,0x00,0xbf,0x86,0xdb,0xcf,0xe6,
                    0xed,0xfd,0x87,0xff,0xef };
  //定义"0、1、2、3、4、5、6、7、8、9"，"A、B、C、D、E、F"以及"灭"的字形码
  //定义"0、1、2、3、4、5、6、7、8、9"（含小数点）的字形码
uchar code  Scan_bit[]={0xfe,0xfd,0xfb,0xf7,0xef,0xdf, 0xbf, 0x7f};   //定义扫描位控制码
uchar data  Dis_buf[]={0,16,16,16,16,16,16,16};   //定义显示缓冲区，最低位显示"0"，其它为"灭"
/*————————延时函数————————*/
void Delay1ms()     //@11.0592MHz
{
    unsigned char i, j;
    _nop_();
    _nop_();
    _nop_();
    i = 11;
    j = 190;
    do
    {
        while (--j);
    } while (--i);
}
/*————————显示函数————————*/
void display(void)
{
    uchar i;
    for(i=0;i<8;i++)
    {
        position_PORT =0xff; font_PORT =SEG7[Dis_buf[i]]; position_PORT = Scan_bit[i]; Delay1ms ();
    }
}
```

图 J.1　通用独立的 LED 数码管显示功能函数的文件

1）.c 文件的设计

.c 文件一般为函数主体文件，用于实现具体功能。与如图 J.1 所示的文件的格式是一致的，但为了便于后期更好地对.c 文件进行调用及将.c 文件封装成库函数，可对上述.c 文件做如下处理。

① 将涉及 I/O 引脚的定义抽取出来，放到.c 文件对应的.h 头文件（如 display.h）中。

② 将常用的宏定义放到.c 文件对应的.h 头文件（如 display.h）中。

模块化编程的“display.c”如图 J.2 所示。

```
#include <stc15.h>                    //包含支持IAP15W4K58S4单片机的头文件
#include <intrins.h>
#include<display.h>
uchar code  SEG7[]={0x3f,0x06,0x5b,0x4f,0x66,0x6d,0x7d,0x07,0x7f,
                    0x6f,0x77,0x7c,0x39,0x5e,0x79,0x71,0x00,0xbf,
                    0x86,0xdb,0xcf,0xe6,0xed,0xfd,0x87,0xff,0xef };
  //定义"0、1、2、3、4、5、6、7、8、9"，"A、B、C、D、E、F"以及"灭"的字形码
  //定义"0、1、2、3、4、5、6、7、8、9"（含小数点）的字形码
uchar code  Scan_bit[]={0xfe,0xfd,0xfb,0xf7,0xef,0xdf, 0xbf, 0x7f};   //定义扫描位控制码
uchar data  Dis_buf[]={0,16,16,16,16,16,16,16};   //定义显示缓冲区，最低位显示"0"，其它为"灭"
/*----------延时函数-----------*/
void Delay1ms()      //@11.0592MHz
{
    unsigned char i, j;
    _nop_();
    _nop_();
    _nop_();
    i = 11;
    j = 190;
    do
    {
        while (--j);
    } while (--i);
}
/*----------显示函数-----------*/
void display(void)
{
    uchar i;
    for(i=0;i<8;i++)
    {
        position_PORT =0xff; font_PORT =SEG7[Dis_buf[i]]; position_PORT = Scan_bit[i]; Delay1ms();
    }
}
```

图 J.2　模块化编程的“display.c”

从图 J.2 中可以看到模块化编程的“display.c”的宏定义不见了，而是放在.h 头文件中，在此为“display.h”。

2）.h 头文件的设计

在设计.h 头文件的时候需要将.c 文件中端口的定义及一些宏定义放在.h 头文件中，以方便之后修改。

.h 头文件总的原则是：不该让外界知道的信息就不要出现在.h 头文件里，而外界调用模块内接口函数或接口变量所必需的信息一定要出现在.h 头文件里，否则外界就无法正确调用。因而为了让外部函数或文件调用接口功能，就必须包含接口描述文件（.h 头文件）。同时，提供接口功能的模块也需要包含.h 头文件，因为其包含了.c 文件中所需要的宏定义或端口定义。

（1）.h 头文件的编写格式。

在编写.h 头文件之前，首先需要预防重复定义，通常使用条件编译指令#ifndef--#endif 实现。若要建立声明.h 头文件的.c 文件的名称是 time.c，则其对应的声明头文件的名称为 time.h，其编写格式为

```
#ifndef   TIME_H
#define   TIME_H
……                //宏定义及一些端口定义
                  //函数的外部声明与全局变量定义
#endif
```

#define FILENAME_H 为基本格式，其中 FILENAME_H 为头文件名称，字母全部为大写的，“.”改为“_”，使用单下画线后紧跟一个 H 表明是头文件。

（2）“display.h”对应的声明头文件。

“display.h”对应的声明头文件如图 J.3 所示。

```
#ifndef DISPLAY_H
#define DISPLAY_H
#define font_PORT  P0          //定义字形码输出端口
#define position_PORT  P2      //定义位控制码输出端口
#define uchar unsigned char
#define uint  unsigned int
extern void display(void);
extern uchar data  Dis_buf[]; //定义显示缓冲区，最低位显示"0"，其它为"灭"
#endif
```

图 J.3 “display.h”对应的声明头文件

3）调用模块化文件中的功能函数

（1）在调用主文件中，使用包含指令（#include）将被调函数文件所在文件（display.c）的声明头文件（display.h）包含进去即可。

（2）在利用 Keil C 集成开发环境进行调试时，除要添加主函数文件外，还要将“display.h”对应的“display.c”添加到工程项目中。

二、C51 库函数的制作

模块化编程的.c 函数，经过调试无误后就可以进行库函数封装，封装方法如下。

（1）移走不需要封装的.c 文件。

若要封装 LED 数码管显示文件（display.c），则除此文件外，其他文件移走，如图 J.4 所示。

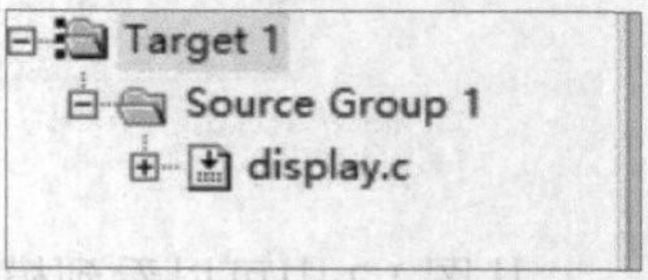

图 J.4 保留的封装文件

注意：在封装成库时，可以将多个.c 文件封装成一个库文件，但在每个.c 文件中都必须包含该库的.h 头文件。

（2）进行 keil 设置。

执行“Project”→“Options for Target”命令，在弹出的“Options for Target ‘Target 1’”对话框中单击“Create Library”（创建库函数）单选按钮，并将库文件名修改为与封装文件名相同的名字，或其他指定的名字，具体设置如图 J.5 所示。完成后，单击“OK”按钮。

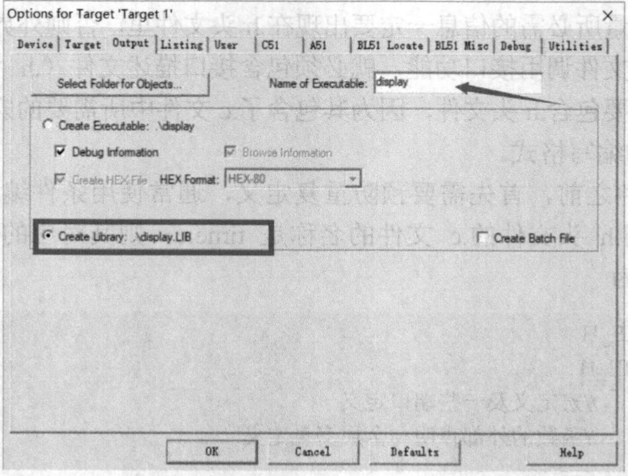

图 J.5 “Options for Target ’Target 1’”对话框

（3）编译。

单击“编译”按钮，完成后即可生成库文件。库文件存放在当前的项目文件夹中，其后缀名为.lib。这时，可以删除对应的.c 文件 display.c。

三、C51 库函数的调用

库函数的调用很简单，一是在调用的主程序文件中用包含指令将库函数对应的声明头文件包含进来；二是将被调用函数（如 display()）的库文件（如 display.lib）添加到工程项目中，在主程序文件中直接调用。当然原被封装的.c 文件（display.c）也就不用添加到工程项目中，实际就不需要存在了。

注意：在主程序文件编写完成后需要编译时，需要单击图 J.5 中的“Create Executable”（创建可执行文件）单选按钮。

参考文献

[1] 宏晶科技. STC15 系列单片机技术手册[Z]. 2014

[2] 宏晶科技. STC15 系列单片机技术手册[Z]. 2017

[3] 风标电子. Proteus V8 教程

[4] 丁向荣. 单片机应用系统与开发技术项目教程. 北京：清华大学出版社，2017.2

[5] 丁向荣. 单片微机原理与接口技术——基于 STC15W4K32S4 系列单片机. 北京：电子工业出版社，2015.5

[6] 丁向荣. 单片微机原理与接口技术（第 2 版）——基于 STC15W4K32S4 系列单片机.北京：电子工业出版社，2018.1